# Nachhaltigkeit und Innovation

*Geschäftsführender Herausgeber*

Prof. Dr. Jens Horbach
Hochschule Anhalt, Bernburg

*Reihenherausgeber*

Prof. Dr. Eberhard Feess
RWTH Aachen

Dr. Jens Hemmelskamp
Ruprecht-Karls-Universität Heidelberg

Prof. Dr. Joseph Huber
Martin-Luther-Universität Halle-Wittenberg

Dr. René Kemp
Universität Maastricht, Niederlande

Prof. Dr. Marco Lehmann-Waffenschmidt
Technische Universität Dresden

Prof. Dr. Arthur P.J. Mol
Landwirtschaftliche Universität Wageningen, Niederlande

# Nachhaltigkeit und Innovation

*Bisher erschienen:*

Hans J. Harloff et al. (Hrsg.)
**Nachhaltiges Wohnen**
2002. ISBN 3-7908-1508-X

Jens Horbach (Ed.)
**Indicator Systems for Sustainable Innovation**
2005. ISBN 3-7908-1553-5

Regine Barth et al. (Hrsg.)
**Umweltfreundliche öffentliche Beschaffung**
2005. ISBN 3-7908-1570-5

Bernd Hansjürgens · Ralf Nordbeck
(Herausgeber)

# Chemikalienregulierung und Innovationen zum nachhaltigen Wirtschaften

Mit 21 Abbildungen und 14 Tabellen

Physica-Verlag
Ein Unternehmen
von Springer

Professor Dr. Bernd Hansjürgens
UFZ – Umweltforschungszentrum Leipzig-Halle GmbH
Department Ökonomie
Permoserstraße 15
04318 Leipzig
bernd.hansjuergens@ufz.de

Dipl.-Pol. Ralf Nordbeck
Universität für Bodenkultur Wien
Institut für Wald-, Umwelt- und Ressourcenpolitik
Feistmantelstraße 4
1180 Wien
ralf.nordbeck@boku.ac.at

ISSN 1610-1340
ISBN-10 3-7908-1597-7 Physica-Verlag Heidelberg
ISBN-13 978-3-7908-1597-9 Physica-Verlag Heidelberg

Bibliografische Information Der Deutschen Bibliothek
Die Deutsche Bibliothek verzeichnet diese Publikation in der Deutschen Nationalbibliografie; detaillierte bibliografische Daten sind im Internet über <http://dnb.ddb.de> abrufbar.

Dieses Werk ist urheberrechtlich geschützt. Die dadurch begründeten Rechte, insbesondere die der Übersetzung, des Nachdrucks, des Vortrags, der Entnahme von Abbildungen und Tabellen, der Funksendung, der Mikroverfilmung oder der Vervielfältigung auf anderen Wegen und der Speicherung in Datenverarbeitungsanlagen, bleiben, auch bei nur auszugsweiser Verwertung, vorbehalten. Eine Vervielfältigung dieses Werkes oder von Teilen dieses Werkes ist auch im Einzelfall nur in den Grenzen der gesetzlichen Bestimmungen des Urheberrechtsgesetzes der Bundesrepublik Deutschland vom 9. September 1965 in der jeweils geltenden Fassung zulässig. Sie ist grundsätzlich vergütungspflichtig. Zuwiderhandlungen unterliegen den Strafbestimmungen des Urheberrechtsgesetzes.

Physica-Verlag ist ein Unternehmen von Springer Science+Business Media GmbH
springer.de

© Physica-Verlag Heidelberg 2005
Printed in Germany

Die Wiedergabe von Gebrauchsnamen, Handelsnamen, Warenbezeichnungen usw. in diesem Werk berechtigt auch ohne besondere Kennzeichnung nicht zu der Annahme, dass solche Namen im Sinne der Warenzeichen- und Markenschutz-Gesetzgebung als frei zu betrachten wären und daher von jedermann benutzt werden dürften.

Umschlaggestaltung: Erich Kirchner, Heidelberg

SPIN 11501657      88/3153-5 4 3 2 1 0 – Gedruckt auf säurefreiem Papier

# Vorwort

Für eine nachhaltige Entwicklung kommt der Chemikalienpolitik eine entscheidende Bedeutung zu. Von ihr hängt es ab, ob es gelingt, Stoffe und Stoffverbindungen zu entwickeln und zu nutzen, die die Gesundheit und das Leben des Menschen sowie die Umwelt schützen und gleichzeitig wirtschaftliche Entwicklung und Wohlstand ermöglichen. Dabei ist umstritten, inwieweit durch die Chemikalienregulierung Innovationen zum nachhaltigen Wirtschaften in der Volkswirtschaft befördert oder behindert werden. Insbesondere unter dem Eindruck des Entwurfs für eine neue europäische Chemikalienregulierung, dem so genannten REACH-System, ist diese Frage in hohem Maße kontrovers.

Der vorliegende Band setzt sich vor diesem Hintergrund mit den Wirkungen der Chemikalienregulierung auf Innovationen zum nachhaltigen Wirtschaften auseinander. Die Autoren analysieren aus dem Blickwinkel unterschiedlicher Disziplinen, welche Bestimmungsgründe für die Förderung von Innovationen in der Volkswirtschaft identifiziert werden können, ob und inwieweit dabei speziell Umweltregulierung eine Rolle spielt, welche Wirkungen von der bestehenden europäischen Chemikalienregulierung sowie dem neuen europäischen REACH-System auf Innovationen zum nachhaltigen Wirtschaften ausgehen, ob die Chemikalienregulierung zu Wettbewerbsnachteilen für Europa führt, wie naturwissenschaftliche Testverfahren für die Prüfung von Chemikalien aussehen können, die bei gleicher Sicherheit günstigere Innovationseffekte aufweisen, und welche Reformvorschläge mit Blick auf die Generierung von Wissen für eine zukünftige Chemikalienpolitik entwickelt werden können.

Der vorliegende Band ist damit einerseits Forschungsarbeiten zur Bestimmung von volkswirtschaftlichen Innovationen und dem Zusammenhang von Innovationen und Nachhaltigkeit zuzuordnen, wobei mit dem Chemiebereich ein besonders prominenter Wirtschaftssektor angesprochen wird. Andererseits greift der Band mit der Chemikalienpolitik ein besonders aktuelles Politikfeld auf, das derzeit äußerst kontrovers diskutiert wird und für das gegenwärtig (Frühjahr 2005) noch nicht abschließend geklärt ist, wie die Weichenstellungen auf EU-Ebene endgültig aussehen werden.

Die Grundlage für den Band bildet das vom Bundesministerium für Bildung und Forschung (BMBF) geförderte Projekt „Regulative Vorsorgepolitik in ihren Wirkungen auf Innovationen zum nachhaltigen Wirtschaften – dargelegt am Beispiel der Chemikalienregulierung (INNOCHEM)", das im Rahmen des BMBF-Förderschwerpunktes „Rahmenbedingungen für Innovationen zum nachhaltigen Wirtschaften (RIW)" in der Zeit von Juni 2001 bis Januar 2004 gefördert wurde. Die Koordination für das Projekt lag beim UFZ-Umweltforschungszentrum Leipzig-Halle GmbH. Für die gute Zusammenarbeit bei der Projektabwicklung danken wir dem Projektträger GSF, insbesondere Dr. Jens Hemmelskamp und Dr. Manfred Gast.

Ausdrücklich möchten wir uns auch bei den Kolleginnen und Kollegen der beiden „Komplementärprojekte" zur Chemischen Industrie im RIW-Forschungsverbund für die vielfältigen Anregungen und Diskussionen bedanken. Unser Dank gilt an dieser Stelle Dr. Dieter Ewringmann und Lars Koch (Finanzwissenschaftliches Forschungsinstitut an der Universität zu Köln), Prof. Dr. Arnim von Gleich und Andrea Effinger (Universität Bremen/HAW Hamburg) sowie Andreas Ahrens und Kerstin Heitmann (Ökopol).

Zu guter Letzt möchten wir noch all den Mitarbeitern der Europäischen Kommission, des BMU, des BMWA, des Umweltbundesamtes, des VCI und TEGEWA sowie des Europäischen Umweltbüros danken, die uns im Laufe des Projektes bei Interviews und Hintergrundgesprächen bereitwillig Auskunft gegeben haben und damit einen Beitrag zur Entstehung dieses Buches leisteten.

Die Formatierung der Beiträge sowie die Drucklegung wurden maßgeblich unterstützt durch die wertvolle Hilfe von Sabine Linke im Department Ökonomie des UFZ. Ihr danken wir ebenso wie der Geschäftsführung des UFZ für finanzielle Unterstützung bei der Drucklegung.

Leipzig und Wien, im April 2005                    Bernd Hansjürgens
                                                    Ralf Nordbeck

# Inhaltsverzeichnis

| | | |
|---|---|---|
| Vorwort | | V |
| Teil I: | **Chemikalienregulierung und Innovationen zum nachhaltigen Wirtschaften – konzeptionelle Ansätze** | 1 |
| Kapitel 1: | Einführung<br>*Bernd Hansjürgens, Ralf Nordbeck* | 3 |
| Kapitel 2: | Der Einfluss umweltpolitischer Regulierung auf Innovationen<br>*Torsten Frohwein* | 17 |
| Kapitel 3: | Auf der Suche nach dem innovationsfördernden Politikmuster für die neue europäische Chemikalienpolitik<br>*Ralf Nordbeck* | 45 |
| Kapitel 4: | Die Entwicklung des Vorsorgeprinzips im Recht – ein Hemmnis für Innovationen zum nachhaltigen Wirtschaften?<br>*Wolfgang Köck* | 85 |
| Teil II: | **Wettbewerbsaspekte der neuen europäischen Chemikalienregulierung** | 121 |
| Kapitel 5: | Europäische Chemikalienregulierung – Hemmnis oder Anreiz für Innovationen zum nachhaltigen Wirtschaften?<br>*Ralf Nordbeck* | 123 |
| Kapitel 6: | Chemikalienregulierung und Innovationen – REACH im Lichte theoretischer Ansätze und empirischer Wirkungsanalysen<br>*Ralf Nordbeck, Michael Faust* | 169 |
| Kapitel 7: | Die Porter-Hypothese im Lichte der Neuordnung europäischer Chemikalienregulierung<br>*Torsten Frohwein* | 211 |
| Teil III: | **Reformvorschläge zur Ausgestaltung der Stoffregulierung und Generierung von Risikoinformationen** | 241 |
| Kapitel 8: | Risiken – Nutzen – Alternativen – Kosten: ein Abwägungsmodell und seine Instrumentierung<br>*Gerd Winter* | 243 |
| Kapitel 9: | Die Neugestaltung der Vorlage von Prüfnachweisen im EG-Chemikalienrecht<br>*Nils Wagenknecht* | 269 |

Kapitel 10: Innovative Risikobewertungsverfahren als Instrumente nachhaltiger Chemikalienpolitik................................. 299
*Michael Faust, Thomas Backhaus*

**Teil IV: Zusammenfassung**............................................. 347

Kapitel 11: Zusammenfassung der Ergebnisse und Empfehlungen............ 349
*Bernd Hansjürgens, Michael Faust, Ralf Nordbeck, Gerd Winter*

# Teil I:

## Chemikalienregulierung und Innovationen zum nachhaltigen Wirtschaften – konzeptionelle Ansätze

# Kapitel 1
# Einführung

Bernd Hansjürgens[1], Ralf Nordbeck[2]

[1] UFZ-Umweltforschungszentrum Leipzig-Halle GmbH, Department Ökonomie, Permoserstr. 15, 04318 Leipzig
[2] BOKU-Universität für Bodenkultur, Institut für Wald-, Umwelt- und Ressourcenpolitik, Feistmantelstr. 4, 1180 Wien

## 1.1 Problemstellung

Eines der bedeutsamsten Felder für den zukünftigen Umgang des Menschen mit seiner Umwelt ist der Bereich der Chemikalienpolitik. Von der Chemikalienpolitik hängt es ab, ob es gelingt, Stoffe und Stoffverbindungen zu entwickeln und zu nutzen, die die Gesundheit und das Leben des Menschen sowie die Umwelt schützen und gleichzeitig wirtschaftliche Entwicklung und Wohlstand ermöglichen. Der Bereich der Chemikalienpolitik stellt jedoch eine grundsätzlich andersartige Problematik als viele andere umweltbezogene Politikbereiche dar. Dies ergibt sich daraus, dass in der chemischen Industrie nicht (oder jedenfalls nicht primär) die mit der Produktionstätigkeit verbundenen Emissionen das Umweltproblem verursachen, sondern die hergestellten und einer wirtschaftlichen Verwendung zugeführten Produkte selbst ein Risiko für das Leben und die Gesundheit des Menschen sowie für die Umwelt darstellen.

Vor diesem Hintergrund ist weitgehend unumstritten, dass die Herstellung und Verwendung von Chemikalien einer umweltpolitischen Regulierung bedarf. Wie diese Regulierung jedoch konkret auszusehen hat, darüber gehen die Meinungen auseinander. Einerseits soll sie dafür Sorge tragen, dass ein ausreichendes Maß an Sicherheit gewährleistet ist, um das menschliche Leben und die Gesundheit sowie die Umwelt zu schützen. Andererseits wird befürchtet, dass ein zu hohes Schutzniveau wirtschaftliche Entwicklungsmöglichkeiten in der chemischen Industrie behindert und zu einem Wettbewerbsnachteil im Vergleich zur Konkurrenz in den USA und Japan führt (Fleischer 2002; Nordbeck u. Faust 2002).

Eine Schlüsselgröße in der Diskussion um die Ausgestaltung der Chemikalienregulierung stellen hierbei Innovationen dar. Denn obgleich das vorrangige Ziel von Umweltpolitik ist, den Menschen und die Umwelt vor Schäden zu bewahren, tritt gleichzeitig die Notwendigkeit von Innovationen zur Lösung von Umweltproblemen in den Vordergrund. Innovationen sind eine wichtige strategische Schlüsselgröße für die wirtschaftliche Entwicklung und tragen in dieser Funktion gleichermaßen zur Lösung gesellschaftlicher Probleme bei. Ohne Innovationen sind

Umweltprobleme dauerhaft nicht zu bewältigen und lässt sich das Schutzniveau für Mensch und Umwelt nicht steigern. Innovationen sind daher eine wesentliche Zwischengröße, von der umweltpolitische Ziele und wirtschaftliche Entwicklung in starkem Maße abhängen. An Gewicht gewinnen damit Fragen nach Bestimmungsgründen für Innovationsaktivitäten und – daran anschließend – den Möglichkeiten der Gestaltung von umweltpolitischen Einflussgrößen mit innovationsförderlichen Auswirkungen.

Der vorliegende Band setzt sich vor diesem Hintergrund mit den Wirkungen der Chemikalienregulierung auf Innovationen zum nachhaltigen Wirtschaften auseinander. Die Autoren analysieren aus dem Blickwinkel unterschiedlicher Disziplinen, welche Bestimmungsgründe für die Förderung von Innovationen in der Volkswirtschaft identifiziert werden können, ob und inwieweit dabei speziell Umweltregulierung eine Rolle spielt, welche Wirkungen von der bestehenden europäischen Chemikalienregulierung sowie dem neuen europäischen System der Chemikalienregulierung, dem REACH-System[1], auf Innovationen zum nachhaltigen Wirtschaften ausgehen, ob die Chemikalienregulierung zu Wettbewerbsnachteilen für Europa führt, wie naturwissenschaftliche Testverfahren für die Prüfung von Chemikalien aussehen können, die bei gleicher Sicherheit günstigere Innovationseffekte aufweisen, und welche Reformvorschläge mit Blick auf die Generierung von Wissen für eine zukünftige Chemikalienpolitik entwickelt werden können. Der vorliegende Band ist damit einerseits Forschungsarbeiten zur Bestimmung von volkswirtschaftlichen Innovationen und dem Zusammenhang von Innovationen und Nachhaltigkeit zuzuordnen. Andererseits greift er mit der Chemikalienpolitik ein besonders wichtiges und aktuelles Politikfeld auf, das äußerst kontrovers diskutiert wird und für das gegenwärtig (Frühjahr 2005) noch nicht abschließend geklärt ist, wie die Weichenstellungen auf EU-Ebene endgültig aussehen werden.

In den verbleibenden Abschnitten dieses einführenden Kapitels werden zunächst die notwendigen begrifflichen Grundlagen dargelegt (Abschnitt 1.2). Anschließend wird der Zusammenhang zwischen Bestimmungsgründen für Innovationen und der Rolle umweltpolitischer Regulierung problematisiert (Abschnitte 1.3 und 1.4). Daran anknüpfend wird auf die gegenwärtige Situation in der europäischen Chemikalienregulierung eingegangen (Abschnitt 1.5). Der letzte Abschnitt gibt einen kurzen Überblick über die nachfolgenden Einzelbeiträge (Abschnitt 1.6).

## 1.2 Begriffsbestimmung: Innovationen zum nachhaltigen Wirtschaften

Dem Begriff der *Innovation* kommt vor allem in der ökonomischen Literatur seit jeher geraume Bedeutung zu. Das Grundverständnis für den Innovationsprozess und die Bedeutung von Innovationen für die Dynamik des technologischen Wan-

---

[1] REACH steht für registration, evaluation, authorisation and restriction of chemicals. Siehe Kommission der EU (2003).

dels beruht auf den klassischen Arbeiten *Schumpeters* (1911, 1942). Schumpeter prägt die Einteilung des Innovationsprozesses in Invention, Innovation und Diffusion und begründet die Notwendigkeit (temporärer) Monopole zur Erzielung von Pioniergewinnen und außergewöhnlicher Profite. Die Invention stellt dabei die Erfindung eines neuen Produkts oder Verfahrens dar. Innovationen beschreiben die Durchsetzung der Invention durch den Unternehmer am Markt. Sie werden von Schumpeter in Verfahrens- und Produktinnovationen unterteilt. Während erstere organisatorische Neuerungen im Produktionsprozess beinhalten, stellen letztere auf die Entwicklung neuer Produkte ab. Die Diffusion beschreibt schließlich die Nachahmung von Innovationen und damit die breitere Durchdringung des Marktes. Stellt Schumpeter in seinem Streben, technischen Wandel zu erklären, in frühen Arbeiten noch den Pionierunternehmer in den Mittelpunkt, erfährt diese Deutung in späteren Werken einen Wandel, indem technischer Fortschritt neu interpretiert selbst als Gegenstand planvollen unternehmerischen Handelns verstanden wird.

*Innovationen* zur Verbesserung der Umwelteffizienz haben *in der chemischen Industrie* eine lange Tradition. In der Literatur finden sich viele historische Beispiele, in denen Innovationen in der chemischen Industrie zu einer verbesserten ökonomischen und ökologischen Performanz geführt haben (Faber et al. 1995, Porter u. van der Linde 1995a). Die Innovationsrate ist jedoch in weiten Teilen der chemischen Industrie rückläufig, und radikale Innovationen sind weniger häufig (Eder 2003). Dies gilt vor allem für die industriellen Subsektoren mit einem hohen Material- und Energieverbrauch, wie der organischen und anorganischen Basischemie. Vor diesem Hintergrund steht die Frage im Raum, ob es sich bei der chemischen Industrie um einen Innovationsmotor oder eine reife Branche handelt (Felcht 2000; Rammer et al. 2003). Innovationen in der chemischen Industrie werden zumeist mit der Entwicklung von Neustoffen (Stoffinnovation) oder mit der Entwicklung von neuen Anwendungen für bereits existierende Stoffe (Anwendungsinnovationen) gleichgesetzt. Wenn es gelingt, neue umweltverträgliche Stoffe zu entwickeln und den Bereich der Chemieindustrie stärker in Richtung einer „green chemistry" zu bewegen, dürften insbesondere Produktinnovationen für eine nachhaltige (im Sinne dauerhaft-umweltgerechter) Entwicklung der Volkswirtschaften von Bedeutung sein.

Wie innovativ die chemische Industrie im internationalen Vergleich ist und welche Innovationswirkungen zum Beispiel von der europäischen Chemikalienregulierung ausgehen, bestimmt sich nach diesem Verständnis anhand der Zahl der Innovationen. Diese quantitative Größe entspricht der Innovations*rate*. Die Innovations*richtung* bleibt bei dieser Betrachtungsweise ausgeblendet. Als *Innovationen zum nachhaltigen Wirtschaften* können demgegenüber nur solche Innovationen bezeichnet werden, die im Rahmen der Stoffentwicklung die Ziele des Umwelt- und Gesundheitsschutzes beachten und die dazu führen, dass die Verwendung bedenklicher Stoffe durch unbedenkliche Stoffe ersetzt wird. Solche Innovationen vollziehen sich unter den gegebenen Marktbedingungen nicht von selbst, sondern sind auf eine unterstützende staatliche Umweltpolitik angewiesen. Der Innovationsbegriff stellt daher kein homogenes Konzept dar, und Innovationen führen nicht zwangsläufig zu gesellschaftlichem Fortschritt und mehr Lebensqualität. Eine hohe Innovationsrate kann auch mit einer sozial und ökologisch nicht erwünschten Innovationsrichtung einhergehen (Mahdi et al. 2002). Will man eine fundierte Aussage über die Innovationswirkungen der europäischen Chemikalienregulierung treffen, ist es daher notwendig, die quantitativen Wirkungen (Innovationsrate) um eine Betrachtung der qualitativen Wirkungen (der Innovationsrichtung) der Chemikalienregulierung zu ergänzen. Während für die Bestimmung der Innovationsrate mehrere weit verbreitete Indikatoren zur Verfügung stehen (Patentstatistiken, Neustoffanmeldungen), gibt es keinen vergleichbar standardisierten Indikator zur Messung der Innovationsqualität (RCEP 2003: 155).

*Regulierungen* sind zentrale Bereiche der umweltpolitischen Gesetzgebung zur Steuerung der Inanspruchnahme von Umweltressourcen. Regulierung als eine Form staatlichen Handelns bedarf einer geeigneten Instrumentierung. Zur Anwendung kommen prinzipiell zwei Arten von Instrumenten: Marktorientierte Instrumente zielen auf eine Verhaltensänderung, die wirtschaftliche Tätigkeit über die Beeinflussung von Preisen zu lenken versucht. Der Katalog ordnungsrechtlicher Maßnahmen umfasst Ge- und Verbote, mit denen Handlungsspielräume gezielt geschlossen oder erlaubte Handlungsspielräume definitorisch festgelegt werden.

Die *Chemikalienregulierung* als ein Teilbereich der Umwelt- und Verbraucherschutzpolitik ist von ordnungsrechtlichen Regulierungsstrategien dominiert. Ihr Gegenstand ist die Reduzierung von Risiken chemischer Stoffe für Mensch und Umwelt, die im Produktionsprozess und im Ge- und Verbrauch entstehen. Mit dieser Zielstellung ist der Regulierungszweck nicht auf den Industriesektor der chemischen Industrie beschränkt, sondern wirkt Branchen übergreifend. Für Unternehmen der Chemieindustrie und nachfolgender Industriezweige hat die neue europäische Chemikalienregulierung die Form einer ordnungsrechtlichen Marktzutrittsbeschränkung durch Produktregulierung. Nach Ablauf einer Übergangsfrist dürfen nur Produkte der chemischen Industrie in Verkehr gebracht und vermarktet werden, bei denen kein Schadensrisiko für Mensch und Umwelt besteht oder bei ordnungsgemäßem Gebrauch ausgeschlossen werden kann. Um dieses Ziel sicherzustellen, ist die Industrie über differenzierte ordnungsrechtliche Ausgestaltungsmechanismen verpflichtet, umfangreiche Testdaten und Risikoanalysen bereitzustellen, mit denen sie eine sichere Herstellung, den Gebrauch und die Weiterverwendung von Chemikalien gewährleistet.

Eine Besonderheit des vorliegenden Bandes liegt darin, dass er sich sowohl mit Analysen zu den Auswirkungen der Chemikalienregulierung auf die Innovationsrate in der chemischen Industrie auseinander setzt, als auch ihren Einfluss auf die Innovationsrichtung in den Blick zu nehmen und zu erfassen versucht. In dieser Hinsicht geht das Buch über die Mehrzahl der bestehenden Studien hinaus, die den Aspekt der Innovationsrichtung nicht berücksichtigen.[2]

---

[2] Für die Bedeutung der Innovationsrichtung bei der Beurteilung umweltökonomischer Instrumente vgl. auch Johnstone (2005).

## 1.3 Bestimmungsfaktoren von Innovationen zum nachhaltigen Wirtschaften

Um den Einfluss von umweltbezogener (bzw. chemiepolitischer) Regulierung auf Innovationen zum nachhaltigen Wirtschaften abschätzen zu können, muss in einem ersten Schritt verstanden werden, welche Einflussgrößen Innovationen in der chemischen Industrie befördern oder behindern. Es muss somit ein Modell über die Bestimmungsgründe von Innovationen erstellt werden, dass die zentralen Stellgrößen umfasst und gleichzeitig auch Aussagen zu ihrer relativen Bedeutung enthält.

Grundsätzlich kann davon ausgegangen werden, dass Innovationen zum nachhaltigen Wirtschaften in ihrer Entstehung und Verbreitung denselben Impulsen und Einflüssen wie sonstige Innovationen unterliegen. Auch Umweltinnovationen werden weder durch einzelne Determinanten noch von einzelnen umweltpolitischen Instrumenten ausgelöst, sondern durch eine Vielzahl von Faktoren beeinflusst (Pfriem u. Zundel 1999: 159). Abbildung 1.1 gibt einen Überblick über die wichtigsten Faktoren, die auf den Innovationsprozess einwirken.

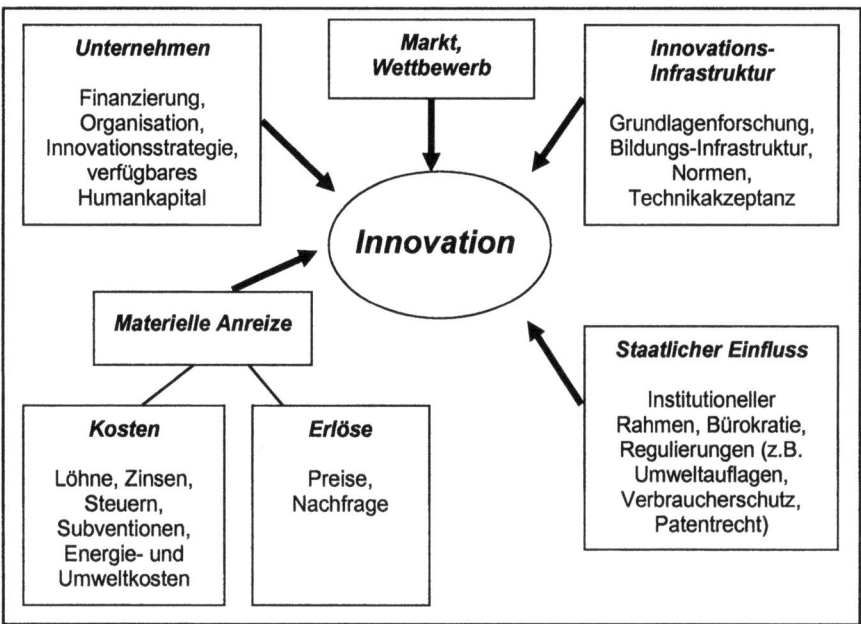

**Abb. 1.1.** Determinanten der Innovation
Quelle: Institut der deutschen Wirtschaft (2001: 65).

Zentrale Bedeutung für den Innovationsprozess haben der wissenschaftsinstitutionelle Rahmen, den Markt bestimmende Einflüsse und damit verbundene materielle Anreize, innovationsrelevante betriebliche Faktoren und staatliche Auflagen und Vorgaben. Gerade im Bereich der Umweltinnovationen kommt dem Staat eine besondere Rolle zu, handelt es sich dabei doch um Neuerungen, die eine Verbesserung der Umwelt- und Lebensqualität zur Folge haben und damit einen positiven externen Effekt darstellen (Klemmer et al. 1999: 29). Die Entstehung von Umweltinnovationen mitsamt ihrer Diffusion ist deshalb stark von politischer Einflussnahme abhängig (SRU 2002; Ashford 2000; Jänicke 2000; Porter u. van der Linde 1995). In empirischen Studien hat sich zudem gezeigt, dass insbesondere die Diffusionsphase in vergleichsweise starkem Maße durch staatliche Regulierung beeinflusst wird. Dabei reicht vielfach schon die Ankündigung regulativer Maßnahmen aus, um einen Innovationseffekt herbeizuführen. Andererseits wird die Innovationswirkung des Ordnungsrechts durch die Trägheit des politischen Entscheidungsprozesses begrenzt, und die politische Willensbildung ist stark vom Interessenausgleich mit den betroffenen Unternehmen geprägt (Lehr u. Löbbe 1999).

Auch im Bereich der chemischen Industrie ist staatliche Regulierung nur einer von mehreren Bestimmungsgründen für Innovationen zum nachhaltigen Wirtschaften. In einer empirischen Studie über die Ursprünge radikaler Innovationen in der chemischen Industrie haben Achilladelis et al. (1990) sieben Einflussfaktoren unterschieden und diese auf ihre Bedeutung als Triebkraft für Innovationen hin untersucht. In Tabelle 1.1 werden die Einschätzungen von 25 befragten Unternehmen für insgesamt 203 „radikale Innovationen" in der chemischen Industrie dargestellt. Die Prozentzahlen geben an, wie oft der Faktor von den Unternehmen entweder als allein ausschlaggebend oder als sehr wichtig eingestuft worden ist.

**Tabelle 1.1.** Antriebskräfte für radikale Innovationen in der chemischen Industrie 1950–1980 (in Prozent)

| | Innovation | Determinanten | | | | | | |
|---|---|---|---|---|---|---|---|---|
| | | Betriebsinterne Expertise und Technologien | Marktnachfrage | Externe Forschung und Technologien | neue Rohstoffe | Wettbewerb | Soziale Bedürfnisse | Regulierung |
| 1 | Prozess/Produkt | 69 | 51 | 35 | 27 | 29 | 8 | 5 |
| 2 | Prozess | 35 | 22 | 23 | 33 | 13 | 4 | 5 |
| 3 | Produkt | 31 | 27 | 16 | 7 | 17 | 7 | 2 |
| | Gesamt | 135 | 100 | 74 | 67 | 59 | 19 | 12 |

Quelle: Achilladelis et al. (1990: 7).

Die Verteilung der einzelnen Faktoren zeigt, dass die beiden wichtigsten Faktoren für radikale Innovationen die unternehmensinterne Expertise und die Marktnachfrage sind. Ihnen folgen der externe Technologie-Push und die Verfügbarkeit neuer Rohstoffe. Auf dem fünften Platz liegt der Wettbewerbsimpuls und mit einigem Abstand die Reaktion auf zukünftige gesellschaftliche Bedürfnisse und staatliche Regulierung.

Im Ergebnis weist die Studie somit einen sehr geringen Stellenwert für staatliche Regulierung als Innovationsfaktor aus und lässt die Schlussfolgerung zu, dass Regulierung kaum zur Stimulierung radikaler Innovationen beiträgt. Dies kann unter Umständen damit zusammenhängen, dass sich der Beginn einer eigenständigen Regulierung von Industriechemikalien für die Mehrheit der Industriestaaten und auch die Europäische Union auf die zweite Hälfte der siebziger Jahre datieren lässt. Der hier untersuchte Zeitraum von 1950 bis 1980 wird somit nur in den letzten fünf Jahren von chemikalienpolitischer Regulierung substantiell tangiert. Die steigende Zahl gesetzlicher Vorschriften im Bereich der Chemikalienpolitik in den Jahren nach 1980 lässt hingegen vermuten, dass sich der Stellenwert der staatlichen Regulierung für Innovationsprozesse in den folgenden Dekaden erhöht hat.

Die Ergebnisse von Achilladelis et al. (1990) sind aber durchaus kompatibel mit den Aussagen empirischer Studien zu Umweltinnovationen, die belegen, dass regulative Politik vor allem eine rasche *Diffusion* von Neuerungen bewirken kann. Das Ordnungsrecht fördert in erster Linie die Verbreitung vorhandener technischer Lösungen, es induziert aber nur selten direkt die Entwicklung von neuen Lösungen. Mit seiner Orientierung am Stand der Technik führt Regulierung vielmehr zu einer Begünstigung von inkrementalen Innovationen zum Beispiel in Form von nachgeschalteten Technologien.

Im Gegensatz dazu lassen sich für die Regulierung von bereits vermarkteten Produkten deutlich stärkere Innovationsanreize konstatieren. In mehreren Studien des Massachusetts Institute of Technology (MIT) ist für die USA nachgewiesen worden, dass die Regulierung von Altstoffen zu radikalen Veränderungen in den Produkt- und Prozesstechnologien geführt hat, vorausgesetzt die Regulierung war strikt und zielgerichtet (Ashford u. Heaton 1979, 1983; Ashford et al. 1985). In Tabelle 1.2 werden einige Beispiele von regulierungsbedingten radikalen Innovationen genannt.

Die Auflistung zeigt aber auch, dass nicht jede strikte Produktregulierung von bereits auf dem Markt befindlichen Chemikalien eine radikale Innovation zur Folge hat. Zudem lässt sich die Liste strikter chemikalienpolitischer Regulierung nicht beliebig verlängern. Die Zahl von Stoffverboten mit Ausnahmen oder sogar vollständigen Stoffverboten ist sehr gering, vielmehr handelt es sich in den Fällen strikter Regulierung mehrheitlich um Maßnahmen zur kontrollierten Verwendung, das heißt, sie beschränken die Stoffe für bestimmte Verwendungszwecke. In der Mehrzahl der Stoffregulierungen ist die Regulierungsintensität jedoch weitaus geringer und in der Folge meistens auch die Innovationshöhe.

Nichtsdestotrotz zeigen die angeführten Studien, dass die Innovationswirkungen einer Regulierung von so genannten chemischen Altstoffen, also Chemikalien, die bereits seit vielen Jahren vermarktet werden, direkter und auch radikaler ausfallen können, als dies im Vergleich dazu von Mitteilungs- und Anmeldeverfahren für chemische Neustoffe zu erwarten ist.

**Tabelle 1.2.** Stoffregulierung und industrielle Innovationen in den USA

| Stoff | Anwendung | Regulierungstyp | Stringenz | Industriereaktion Intensität | Art |
|---|---|---|---|---|---|
| PCB | Alle | Produkt | Sehr strikt | Radikal | Produkt |
| | | | | Inkremental | Prozess |
| FCKW | Aerosol | Produkt | Sehr strikt | Radikal | Prozess |
| | | | | Inkremental | Produkt |
| Quecksilber | Farbstoff | Produkt | Sehr strikt | Diffusion | Produkt |
| Blei | Farbstoff | Produkt | Sehr strikt | Diffusion | Produkt |
| Blei | Treibstoffzusatz | Produkt | Sehr strikt | Inkremental | Produkt |
| Quecksilber | Chloralkali-Verfahren | Prozess | Strikt | Inkremental | Prozess |
| | | | | Diffusion | Prozess |
| Blei | Herstellung | Prozess | Sehr strikt | Radikal | Beides |
| | | | | Diffusion | Prozess |
| Vinylchlorid | Herstellung | Prozess | Sehr strikt | Inkremental | Prozess |
| | | | | Diffusion | Prozcss |
| Baumwollstaub | Herstellung | Prozess | Sehr strikt | Diffusion | Prozess |
| Asbest | Herstellung | Prozess | Mittel | Diffusion | Prozess |

Quelle: Ashford et al. (1985: 431).

Insgesamt lässt sich festhalten, dass staatliche Regulierung, und dies gilt auch und gerade für umweltpolitische Maßnahmen, lediglich *eine* Bestimmungsgröße des Innovationsverhaltens von Unternehmen darstellt, deren Wirksamkeit entscheidend von der Interaktion mit anderen Determinanten abhängt (SRU 2002: 44). Tatsächlich scheinen weitere empirische Studien zu belegen, dass sich Umweltinnovationen nicht monokausal erklären lassen. Sie entstehen vielmehr aus einer Kombination von individuellen Umweltzielen, ordnungsrechtlichen Vorgaben und ökonomischen Anreizen (Linscheidt u. Tidelski 1999: 146f.). Dies lenkt den Blick auf die Frage, welche Anreize von der Umweltregulierung für Innovationen ausgehen.

## 1.4 Der Einfluss regulativer Umweltpolitik auf Innovation: Wildavsky-These versus Porter-Hypothese

Der Zusammenhang von Umweltregulierung und Innovationen ist in den letzten Jahren vermehrt zum Gegenstand der wissenschaftlichen Forschung geworden. Die empirischen Befunde zeigen, wie schon angedeutet, ein ambivalentes Bild, das geprägt ist von einem dynamischen Wechselspiel zwischen Innovation und

Regulierung, bei dem Innovationen oftmals erst den Weg für neue Regulierungen ebnen. Einfache Anreiz-Wirkungs-Modelle sind daher kaum geeignet, die Dynamiken und zirkulären Kausalitäten der Realität entsprechend abzubilden.

In der jüngeren Literatur zur Innovationsforschung gewinnen daher systemische Ansätze in Form von kontextorientierten und interaktiven Modellen zunehmend an Akzeptanz. Diese Ansätze gehen prinzipiell davon aus, dass Innovationen in komplexen Interaktionen des Unternehmens mit seiner Umwelt entstehen. Diese institutionelle Einbettung bezieht sich zum einen auf das Marktsystem (Kunden, Wettbewerber, Wertschöpfungsketten, Kooperationsnetzwerke) und zum anderen auf das gesellschaftliche und politische Umfeld (staatliche Politik, Forschungsinfrastruktur, gesellschaftliche Werte und Normen). Staatliche Regulierung ist nach diesem Verständnis nur ein Teil des Innovationssystems.

In der Diskussion um Regulierung und Innovation lassen sich grundsätzlich *zwei verschiedene Standpunkte* ausmachen. Einerseits wird behauptet, dass Regulierung einen negativen Effekt auf das Innovationsverhalten von Unternehmen ausübt, da Ressourcen aus „produktiven" Bereichen, zum Beispiel für Forschung und Entwicklung, in den „unproduktiven" Bereich der Regeleinhaltung umgelenkt werden (Eads 1979). Diese unproduktive Nutzung wird durch einen negativen Multiplikatoreffekt noch weiter verstärkt, da durch Umweltregulierung erzwungene Investitionen zum Schutz der Umwelt andere Investitionen verdrängen, die zu einer Erhöhung der Produktivität hätten führen können (ELI 1999: 4). Ein zweites Argument lautet, dass Regulierung neue Unsicherheiten für unternehmensinterne Forschung und Entwicklung schafft und damit die Kalkulierbarkeit zukünftiger Erlöse verringert. Drittens wird argumentiert, dass Umweltregulierung durch unnötige Rigidität und schlechtes Design zu Produktivitätsverlusten führen kann.

In der Literatur zur Risikoregulierung findet sich über die bereits angeführten Argumente hinaus eine spezifische Position. Es wird die Auffassung vertreten, dass durch eine vorsorgeorientierte Umweltpolitik nicht nur Innovationen behindert, sondern durch das Abschneiden von potenziellen Entwicklungspfaden und damit verbundenen Lernchancen sogar neue Risiken erzeugt werden. Am prominentesten ist diese These vom „Risiko der Risikoregulierung" von Aaron Wildavsky (1988) vertreten worden. In diesem Zusammenhang wird von der *Wildavsky-Hypothese* gesprochen.

Demgegenüber vertritt eine Reihe von Autoren den Standpunkt, dass Umweltregulierung und Innovationen keinen Gegensatz darstellen (Ashford et al. 1979; Rothwell 1980, 1992; Porter u. van der Linde 1995a, 1995b). Vielmehr werden Innovationen durch Regulierung in eine wirtschaftlich und sozial erwünschte Richtung gelenkt. Von den Umweltinnovationen profitieren, so wird behauptet, nicht nur die Gesellschaft durch die Verringerung von Sozialasten in den Bereichen Umwelt und Gesundheit, sondern auch die Unternehmen selbst. So werden laut *Porter-Hypothese* die betroffenen Unternehmen durch strenge Umweltregulierungen zu Innovationen und Effizienzsteigerungen veranlasst. Aus der Einführung umweltfreundlicher Produktionsverfahren und Produkte ergeben sich dann unmittelbare Kosteneinsparungen und neue Marktchancen für die Unternehmen, welche die zusätzlichen Kosten der Regulierung mindestens kompensieren (ausführlicher Frohwein u. Hansjürgens 2005; Frohwein in diesem Band).

Für eine innovationsorientierte Umweltpolitik müssen daher im Vorfeld einer neuen Regulierung vor allem drei Fragen beantwortet werden (Ashford 1993: 284): welche Innovationswirkungen sind wünschenswert, in welchen Branchensegmenten sind Innovationen wahrscheinlich und welches Regulierungsmuster wird die erwünschten Reaktionen auslösen? Das Ergebnis der innovationsorientierten Umweltpolitik wird demnach sowohl durch die Schaffung von Innovationsmöglichkeiten durch eine geeignete Ausgestaltung der Regulierung als auch von der prinzipiellen Fähigkeit von Unternehmen und ihrem Willen zur Innovation bestimmt: „In order for innovation to occur, the firm or government itself must have the willingness, opportunity, and capability or capacity to innovate" (Ashford 2002: 19).

## 1.5 Zum Stand der Chemikalienregulierung in der EU

Die Chemikalienregulierung erfasst allgemeine Industriechemikalien, die durch die europäische Neustoffrichtlinie und die europäische Altstoffverordnung reguliert sind und für deren Risikobewertung das *Technical Guidance Documents* (TGD) der EU-Kommission maßgeblich ist. Insgesamt handelt es sich um gut 100 000 Stoffe. Spezielle Stoffverwendungen, die eigenständigen Regulierungen mit Zulassungsverfahren unterworfen sind, wie beispielsweise Pestizide oder Arzneimittel, sind hingegen nicht Gegenstand der Betrachtungen. Die Neustoffrichtlinie trat 1981 in Kraft und wurde seither durch zahlreiche Änderungen ausgebaut und verfeinert. Die Altstoffverordnung trat gut ein Jahrzehnt später im Jahre 1993 in Kraft, und die erste Fassung des TGD wurde 1996 veröffentlicht.

Die Erfahrungen, die im Laufe der 1990er Jahre mit diesem ‚dualen System' aus Neu- und Altstoffregulierung gesammelt wurden, waren insgesamt unbefriedigend und führten zu der allmählich wachsenden Einsicht, dass eine Reform dringend notwendig sei. Aus umwelt- und gesundheitspolitischer Sicht entzündete sich die Kritik vor allem an der mangelnden Effektivität der Altstoffverordnung. Aus ökonomischer Sicht wurden hingegen vor allem eine mangelnde Effizienz sowie innovationshemmende Effekte der Neustoffregulierung beklagt. Gleichzeitig führte die Nachhaltigkeitsdebatte zu der Frage, wie das Regulierungssystem so umgestaltet werden könne, dass Innovationen wirksamer in Richtung auf eine nachhaltige Chemiewirtschaft gelenkt würden. Der umwelt- und gesundheitswissenschaftliche Diskurs schließlich nährte wachsende Zweifel an der Zuverlässigkeit und der Effizienz etablierter Risikobewertungsverfahren für chemische Belastungen von Mensch und Umwelt.

Vor diesem Hintergrund ergriff die Europäische Kommission die Initiative, um den Bereich der Chemikalienpolitik neu zu gestalten. Sie veröffentlichte dazu im Februar 2001 ihr Weißbuch mit dem Titel *Strategie für eine zukünftige Chemikalienpolitik* (Kommission der EU 2001). Am 29. Oktober 2003 publizierte die Kommission schließlich ihren endgültigen Vorschlag für ein neues Regulierungssystem, das REACH-System (Kommission der EU 2003). Dazwischen lag eine Phase außerordentlich kontroverser umwelt- und wirtschaftpolitischer Debatten über die Ausgestaltung des REACH-Systems, die sich während der nun anstehenden Beratungen im Europäischen Parlament und im Ministerrat in den kommenden Jahren weiter fortsetzen werden.

Die im vorliegenden Band enthaltenen Einzelbeiträge greifen somit eine außerordentlich aktuelle und kontrovers geführte Diskussion auf, deren Ende derzeit noch nicht absehbar ist. Es ist auch noch nicht endgültig geklärt, welche Ausgestaltungsvarianten das REACH-System bis zu einer Verabschiedung aufweisen wird. Mit der Analyse der Effektivität sowie der Abschätzung der Innovationswirkungen der bestehenden Chemikalienregulierung einerseits sowie des neuen REACH-Systems andererseits soll ein Beitrag zu dieser Diskussion geleistet werden. Zudem stellen die Analysen zu den Bestimmungsgründen und Einflussfaktoren von Innovationen einen Beitrag zum Verständnis dieser wirtschaftspolitisch bedeutsamen Schlüsselvariable dar. Mit dem Bezug zur chemischen Industrie werden die in der wirtschaftswissenschaftlichen sowie risikobezogenen Literatur diskutierten Konzepte von Wildavsky und Porter aufgegriffen und an einem konkreten Beispiel geprüft.

## 1.6 Überblick über die nachfolgenden Einzelbeiträge

Der vorliegende Band ist in drei Teile gegliedert.

Im nachfolgenden **Teil I** sind konzeptionelle Grundlagen enthalten, die sich dem Gegenstand „Chemikalienregulierung und Innovationen zum nachhaltigen Wirtschaften" aus Sicht unterschiedlicher Disziplinen nähern. In Kapitel 2 („Der Einfluss umweltpolitischer Regulierung auf Innovationen") befasst sich *Torsten Frohwein* aus einer ökonomischen Sicht mit den grundsätzlichen Bestimmungsgründen und Einflussfaktoren für Innovationen. Er entwickelt ein Modell, das Innovationen letztlich aus dem Zusammenspiel individueller, unternehmens- sowie marktbezogener Faktoren erklärt. *Ralf Nordbeck* liefert in Kapitel 3 („Auf der Suche nach dem innovationsfördernden Politikmuster für die neue europäische Chemikalienpolitik") eine Erklärung für die Ausgestaltung der neuen europäischen Chemikalienregulierung, indem er die Veränderungen im Politikmuster der EU-Chemikalienpolitik anhand der Akteurskonstellationen, Politikstile und Instrumentenwahl nachzeichnet. In Kapitel 4 („Die Entwicklung des Vorsorgeprinzips im Recht – ein Hemmnis für Innovationen zum nachhaltigen Wirtschaften?") analysiert *Wolfgang Köck* den Zusammenhang zwischen dem Vorsorgeprinzip und Innovationen. Er nimmt zu der Frage Stellung, wie die Reichweite des Vorsorgeprinzips zu definieren ist, ohne wirtschaftliche Entwicklungsmöglichkeiten abzuschneiden.

**Teil II** des vorliegenden Bandes zielt auf eine Auseinandersetzung mit den Diskussionen um die Wettbewerbswirkungen der neuen europäischen Chemikalienregulierung, die derzeit im politischen Bereich – wie oben dargelegt – einen erheblichen Raum einnehmen. In Kapitel 5 („Europäische Chemikalienregulierung – Hemmnis oder Anreiz für Innovationen zum nachhaltigen Wirtschaften?") lenkt *Ralf Nordbeck* zunächst den Blick auf die Innovationswirkungen der bestehenden

Chemikalienregulierung, da sich aus ihr bereits wichtige Anhaltspunkte zu den Innovationswirkungen des neuen REACH-Systems entnehmen lassen. *Ralf Nordbeck* und *Michael Faust* untersuchen dann in Kapitel 6 („Chemikalienregulierung und Innovationen – REACH im Lichte theoretischer Ansätze und empirischer Wirkungsanalysen") ausführlich die vorgesehenen Bestimmungen des neuen REACH-Systems, wobei sie auch die in der derzeitigen Diskussion befindlichen Studien zu den Wettbewerbswirkungen aufgreifen und kritisch analysieren. *Torsten Frohwein* fokussiert schließlich in Kapitel 7 („Die Porter-Hypothese im Lichte der Neuordnung europäischer Chemikalienregulierung") auf die Porter-Hypothese, die er darlegt und anhand der Strukturen in der chemischen Industrie prüft.

Teil III des vorliegenden Bandes widmet sich schließlich einer vertiefenden Betrachtung von Reformvorschlägen zur Ausgestaltung der Stoffregulierung sowie der Generierung von Risikoinformationen. *Gerd Winter* („Risiken – Nutzen – Alternativen – Kosten: ein Abwägungsmodell und seine Instrumentierung") legt dabei in Kapitel 8 aus einer juristischen Sicht einen besonderen Schwerpunkt auf die Gegenüberstellung von Risiken und Kosten unter Einbeziehung von Substituten und entwickelt auf dieser Basis einen Vorschlag für ein Abwägungsmodell. *Nils Wagenknecht* greift in Kapitel 9 („Die Neugestaltung der Vorlage von Prüfnachweisen im EG-Chemikalienrecht") den wichtigen Aspekt auf, ob Prüfnachweise von Unternehmen der Allgemeinheit zur Verfügung gestellt werden müssen. Würde diese Frage bejaht, so könnten die volkswirtschaftlichen Kosten der Prüfung erheblich reduziert werden, und zugleich würde die Verbreitung des Wissens über Stoffeigenschaften von Chemikalien deutlich erhöht. In Kapitel 10 („Innovative Risikobewertungsverfahren als Instrumente nachhaltiger Chemikalienpolitik") prüfen *Michael Faust* und *Thomas Backhaus* kritisch, ob und inwieweit naturwissenschaftliche Risikobewertungsverfahren durch alternative Verfahren ersetzt werden können.

Im abschließenden Kapitel 11 fassen *Bernd Hansjürgens, Michael Faust, Ralf Nordbeck* und *Gerd Winter* die wichtigsten Ergebnisse zusammen und formulieren Empfehlungen zur Ausgestaltung der Chemikalienregulierung wie auch für den weiteren Forschungsbedarf.

## Literatur

Achilladelis B, Schwarzkopf A, Cines M (1990) The Dynamics of Technological Innovation: The Case of the Chemical Industry. Research Policy 19: 1–34

Ashford NA (1993) Understanding Technological Responses of Industrial Firms to Environmental Problems: Implications for Government Policy. In: Fischer K, Schot J (eds) Environmental Strategies for Industry. Island Press, Washington D.C., pp 277–307

Ashford NA (2000) An Innovation-Based Strategy for a Sustainable Environment. In: Hemmelskamp J, Rennings K, Leone F (eds) Innovation-oriented Environmental Regulation. Physica, Heidelberg, pp 67–107

Ashford NA (2002) Technology-Focused Regulatory Approaches for Encouraging Sustainable Industrial Transformations: Beyond Green, Beyond the Dinosaurs, and Beyond

Evolution Theory. (Paper presented at the 3rd Blueprint Workshop on Instruments for Integrating Environmental and Innovation Policy, 26–27 September 2002, Brussels)

Ashford NA, Heaton GR (1979) The Effects of Health and Environmental Regulation on Technological Change in the Chemical Industry: Theory and Evidence. In: Hill CT (ed) Federal Regulation and Chemical Innovation. American Chemical Society Symposium Series No. 109, pp 45–66

Ashford NA, Heaton GR (1983) Regulation and Technological Innovation in the Chemical Industry. Law and Contemporary Problems 46(3): 109–157

Ashford NA, Ayers C, Stone RF (1985) Using Regulation to Change the Market for Innovation. Harvard Environmental Law Review 9(2): 419–466

Eads GC (1979) Chemicals as a Regulated Industry. In: Hill CT (ed) Federal Regulation and Chemical Innovation. American Chemical Society Symposium Series No. 109, pp 1–19

Eder P (2003) Eder P und Sotoudeh M (2000) Innovation and cleaner technologies as a key to sustainable development: the case of the chemical industry. IPTS, Sevilla (Spain)

ELI (Environmental Law Institute) (1999) Proceedings of the Conference on Cost, Innovation and Environmental Regulation: A Research and Policy Update. Environmental Law Institute, Washington D.C.

Faber M, Jöst F, Müller-Fürstenberger G (1995) Umweltschutz und Effizienz in der chemischen Industrie. Eine empirische Untersuchung mit Fallstudien. Zeitschrift für angewandte Umweltforschung 8(2): 168–179

Felcht U-H (2000) Chemie. Eine reife Industrie oder weiterhin Innovationsmotor? Universitätsbuchhandlung Blazek und Bergmann, Frankfurt

Fischer K, Schot J (eds) (1993) Environmental Strategies for Industry. Island Press, Washington D.C.

Fleischer M (2002) Regulation and Innovation: Chemicals Policy in the EU, Japan and the USA. IPTS Report No. 64, Sevilla (Spain)

Frohwein T, Hansjürgens B (2005) Chemicals Regulation and the Porter Hypothesis: A Critical Reviw of the New European Chemicals Regulation. In: Journal of Business Chemistry 2: 19–36

Hemmelskamp J, Rennings K, Leone F (eds) (2000) Innovation-oriented Environmental Regulation. Physica, Heidelberg

Hill CT (ed) (1979) Federal Regulation and Chemical Innovation. American Chemical Society Symposium Series No. 109

Horbach J (ed) Indicator Systems for Sustainable Innovation. Physica, Heidelberg

Institut der deutschen Wirtschaft (2001) Regulierungsdichte und technischer Fortschritt. IW-Trends Heft 4, Köln

Jänicke M et al. (2000) Environmental Policy and Innovation: an International Comparison of Policy Frameworks and Innovation Effects. In: Hemmelskamp J, Rennings K, Leone F (eds) Innovation-oriented Environmental Regulation. Physica, Heidelberg, pp 125–152

Johnstone N (2005) The Innovation Effects of Environmental Policy Instruments. In: Horbach J (ed) Indicator Systems for Sustainable Innovation. Physica, Heidelberg, pp 21–41

Klemmer P (Hrsg) (1999) Innovationen und Umwelt: Fallstudien zum Anpassungsverhalten in Wirtschaft und Gesellschaft. Analytica, Berlin

Kommission der Europäischen Gemeinschaften (2001) Weißbuch: Strategie für eine zukünftige Chemikalienpolitik. KOM (2001) 88 endg., Brüssel

Kommission der Europäischen Gemeinschaften (2003) Vorschlag für eine Verordnung des Europäischen Parlamentes und des Rates zur Registrierung, Bewertung und Zulassung chemischer Stoffe (REACH). KOM (2003)644 endg., Brüssel

Lehr U, Löbbe K (1999) Umweltinnovationen – Anreize und Hemmnisse. Ökologisches Wirtschaften Heft 2, S 13–15

Linscheidt B, Tidelski O (1999) Innovationseffekte kommunaler Abfallgebühren. In: Klemmer P (Hrsg) Innovationen und Umwelt: Fallstudien zum Anpassungsverhalten in Wirtschaft und Gesellschaft. Analytica, Berlin, S 137–157

Mahdi S, Nightingale P, Berkhout F (2002) A Review of the Impact of Regulation on the Chemical Industry. Final Report to the Royal Commission on Environment Pollution. SPRU, University of Sussex, Brighton (UK)

Nordbeck R, Faust M (2002) Innovationswirkungen der europäischen Chemikalienregulierung: eine Bewertung des EU-Weißbuchs für eine zukünftige Chemikalienpolitik. In: Zeitschrift für Umweltpolitik und Umweltrecht 25(4): 535–564

Pfriem R, Zundel S (1999) Greening the Innovation System? Zeitschrift für angewandte Umweltforschung 12: 158–160

Porter ME, van der Linde C (1995a) Toward a New Conception of the Environment-Competitiveness Relationship. Journal of Economic Perspectives 9: 97–118

Porter ME, van der Linde C (1995b) Green and Competitive: Ending the Stalemate. Harvard Business Review 73: 120–134

Rammer C, Heneric O, Sofka W, Legler H (2003) Innovationsmotor Chemie – Ausstrahlung von Chemie-Innovationen auf andere Branchen, Studie im Auftrag des Verbandes der Chemischen Industrie e.V., Mannheim

RCEP (Royal Commission on Environmental Pollution) (2003) Chemicals in Products. Safeguarding the Environment and Human Health. TSO, London

Rothwell R (1980) The Impact of Regulation on Innovation: Some U.S. Data. Technological Forecasting and Social Change 17(1): 7–34

Rothwell R (1992) Industrial Innovation and Government Environmental Regulation: Some Lessons from the Past. Technovation 12(7): 447–458

Schumpeter JA (1911) Theorie der wirtschaftlichen Entwicklung. München Leipzig

Schumpeter JA (1942) Capitalism, Socialism and Democracy. Harper & Row, New York

SRU (Sachverständigenrat für Umweltfragen) (2002) Umweltgutachten 2002: Für eine neue Vorreiterrolle. Metzler-Poeschel, Stuttgart

Wildavsky A (1988) Searching for Safety. Transaction Publishers, New Brunswick (USA) and Oxford (UK)

# Kapitel 2

# Der Einfluss umweltpolitischer Regulierung auf Innovationen

Torsten Frohwein

UFZ-Umweltforschungszentrum Leipzig-Halle GmbH, Department Ökonomie, Permoserstr. 15, 04318 Leipzig

## 2.1 Einleitung

Umweltpolitik operiert gemeinhin unter der Voraussetzung, dass privatwirtschaftliche Aktivitäten in einem marktwirtschaftlichen System zu Fehlallokationen von knappen Umweltgütern führen. Vor diesem Hintergrund wird staatliches Eingreifen gerechtfertigt. Dies gilt auch für die neue europäische Chemikalienpolitik (als Teilbereich der Umweltpolitik): Sie will mit umfassenden Informationen über chemische Stoffe und deren Gefährdungspotenzial Risiken für Mensch und Umwelt vorbeugen. Differenzierte ordnungsrechtliche Ausgestaltungsverfahren sollen die Etablierung und Remanenz von Risiken zu Lasten Dritter mindern. Als Schlüsselgröße bei der Korrektur von Allokationsentscheidungen zugunsten einer höheren Umweltqualität und der Risikominderung kommt der Förderung von Innovationsaktivitäten eine wichtige Rolle zu. Strittig ist dabei jedoch, ob die neue europäische Chemikalienregulierung Innovationsaktivitäten tatsächlich fördert oder ob sie nicht vielmehr unternehmerische Handlungsspielräume einschränkt und insofern als Innovationshemmnis anzusehen ist.

Damit Aussagen über die Innovationswirkungen der europäischen Chemikalienregulierung getroffen werden können, müssen zunächst die grundlegenden Bestimmungsgründe für Innovationen in der Volkswirtschaft analysiert werden. Erst wenn bekannt ist, welche Größen unternehmerische Innovationen entscheidend beeinflussen, können die Effekte der Umwelt- (bzw. hier: der Chemikalien)politik auf diese Bestimmungsgründe – und damit auf die Innovationsaktivitäten selbst – genauer beurteilt werden. Werden tendenziell innovationsfeindliche Ausgestaltungsmerkmale der Chemikalienregulierung identifiziert, so können auch Anknüpfungspunkte für eine innovationsfreundlichere Ausgestaltung abgeleitet werden.

Bei einer solchen Analyse der Wirkungen der Chemikalienregulierung auf das unternehmerische Innovationsverhalten können zwei prinzipielle Vorgehensweisen unterschieden werden:

1. Zum einen kann untersucht werden, ob die zu erwartenden innovationsrelevanten Impulse in der Chemiepolitik geeignet sind, die umweltpolitischen Zielvor-

stellungen zu unterstützen und auf diese Art der Schlüsselfunktion von Innovationen gerecht zu werden. Hierfür sind die Besonderheiten des speziellen Politikfeldes „Chemiepolitik" genauer in den Blick zu nehmen)[1].
2. Zum anderen stellen sich in allgemeiner Form – und damit der vorangehenden Frage übergeordnet – die generellen Fragen nach den Wirkungen eines regulativen Eingriffes auf die Innovationsfaktoren in einem marktwirtschaftlichen System. Ein allgemeines und umfassendes Erklärungsmuster für die Innovationstätigkeit hilft, die Voraussetzungen für umweltpolitische Interventionen mit innovationsfördernder Absicht zu klären. Es kann auch dazu beitragen, regulative Steuerungsgrenzen zu lokalisieren.

Der vorliegende Beitrag ist der zweiten – eher grundlegend orientierten – Fragestellung zuzuordnen. Das Ziel ist die Analyse der Einflussfaktoren für das Neuerungsverhalten in der Volkswirtschaft. Der Beitrag fragt nach einem gesamtheitlichen Erklärungsmuster für Bedingungen des Entstehens und der Verbreitung von Innovationen, bei der sich regulatives Handeln als nur einer von mehreren Faktoren darstellt. Gleichzeitig erlaubt dieses Vorgehen eine Interpretation derjenigen Faktoren, mit denen die unterschiedlichen Innovationsaktivitäten und Reaktionen auf einen regulativen Impuls erklärt werden können. Die Auseinandersetzung mit dem Innovationsprozess als solchem öffnet zugleich auch das Verständnis für weitere steuerungsparadigmatische Fragen, die zugleich Hinweise auf Grenzen einer regulativen Einflussnahme auf die Innovationstätigkeit aufzeigen. Methodisch wird dazu ein theoretisch-konzeptioneller Analyserahmen entwickelt. Eine empirische Unterfütterung der Aussagen erfolgt an dieser Stelle nicht.

Folgendes Vorgehen wird gewählt: Zunächst werden ausgewählte Ansätze der ökonomischen Theorie dargestellt, die einen Erklärungsbeitrag für Innovationen aufweisen. Sie geben erste Anhaltspunkte über wichtige Determinanten im Innovationsprozess und deren Einordnung in ein ganzheitliches Erklärungsschema (Abschnitt 2.2). Aus der Darlegung der ökonomischen Ansätze heraus wird der Einfluss von Regulierung auf Innovationen herausgearbeitet, der anschließend in einem eigenen Erklärungsansatz – in Anlehnung an Röpke (1977) – dargelegt wird (Abschnitt 2.3). Der eigene Erklärungsansatz stellt dabei drei zentrale Betrachtungsebenen in den Mittelpunkt, die für das unternehmerische Innovationsverhalten als entscheidend angesehen werden. Daran anknüpfend wird in einem wieteren Abschnitt untersucht, auf welche Weise umweltpolitische Regulierung (als ein spezieller Faktor) Einfluss auf die einzelnen Bestimmungsgründe für Innovationen nimmt (Abschnitt 2.4). Eine kurze Zusammenfassung beendet diesen Beitrag (Abschnitt 2.5).

---

[1] Siehe dazu den nachfolgenden Beitrag von Nordbeck „Auf der Suche nach dem innovationsfördernden Politikmuster für die neue europäische Chemikalienpolitik".

## 2.2 Die Konzeption von Innovationen in der ökonomischen Theorie

Innovationen sind eine wichtige strategische Schlüsselgröße für die wirtschaftliche Entwicklung und tragen in dieser Funktion gleichermaßen zur Lösung gesellschaftlicher Probleme bei. Ohne Innovationen sind Umweltprobleme nicht zu bewältigen und lässt sich das Schutzniveau für Mensch und Umwelt nicht steigern. Innovationen sind daher die wesentliche Zwischengröße, von der gerade umweltpolitische Ziele in starkem Maße abhängen. An Gewicht gewinnen damit Fragen nach Bestimmungsgründen für Innovationsaktivitäten und – daran anschließend – den Möglichkeiten der Gestaltung von umweltpolitischen Einflussgrößen mit innovationsförderlichen Auswirkungen. Unter diesem Blickwinkel werden im Folgenden ausgewählte Ansätze verschiedener ökonomischer Denkrichtungen auf ihren Gehalt an grundsätzlichen Erklärungsfaktoren für Innovationen untersucht. Die Suche nach Bestimmungsgründen von Innovationen konzentriert sich in diesem Abschnitt zunächst auf unterschiedliche Erklärungsebenen, die jede für sich einen spezifischen Zugang für das Verständnis des Innovationsprozesses bergen.

### 2.2.1 Der Ansatz von Schumpeter als Ausgangspunkt

Dem Begriff der Innovation kommt in der ökonomischen Literatur seit jeher geraume Bedeutung zu. Das Grundverständnis für den Innovationsprozess und die Bedeutung von Innovationen für die Dynamik des technologischen Wandels beruht auf den klassischen Arbeiten Schumpeters (1911, 1942). Schumpeter prägt die Einteilung des Innovationsprozesses in Invention, Innovation und Diffusion und begründet die Notwendigkeit (temporärer) Monopole zur Erzielung von Pioniergewinnen und außergewöhnlicher Profite. Stellt Schumpeter in seinem Streben, technischen Wandel zu erklären, in frühen Arbeiten noch den Pionierunternehmer in den Mittelpunkt, erfährt diese Deutung in späteren Werken einen Wandel, indem technischer Fortschritt neu interpretiert selbst als Gegenstand planvollen unternehmerischen Handelns verstanden wird. Verantwortlich für diese Neuinterpretation ist die Erkenntnis der zunehmend großen Bedeutung von unternehmensinternen Forschungs- und Entwicklungsabteilungen für die Erschließung neuer Technologien und Märkte. Schumpeter sieht in der Innovationskonkurrenz eine weitaus stärkere wettbewerbliche Wirkung als in der von der Neoklassik (Abschnitt 2.2.2) beschriebenen Preiskonkurrenz. Er formuliert Überlegungen zur Unternehmensgröße und der Marktstruktur als erklärende Variablen für das Innovationsgeschehen und schärft auf diese Weise das Grundverständnis für einen systemorientierten Ansatz. Trotz des Hauptinteresses Schumpeters an den Konsequenzen von Innovationen für den Wirtschaftsprozess ergeben sich für die Erklärung von Innovationen zwei miteinander verbundene Ebenen. Zentral ist einerseits die individuelle Verhaltensebene des mit bestimmten Eigenschaften gekennzeichneten Unternehmers. Daneben sind für Schumpeter andererseits der Markt und der Innovationswettbewerb wesentliche Größen für das Verständnis von Innovationen.

Wenngleich Schumpeters Arbeit als zentral für die Erklärung von Innovationen in der Volkswirtschaft angesehen werden kann, greifen die verschiedenen ökonomischen „Schulen" nicht alle in gleichem Umfang auf ihn zurück. Dies gilt insbesondere für die neoklassisch geprägten Ansätze, die Schumpeters Ansatz ganz außer Acht lassen.

### 2.2.2 Neoklassik und Neue Wachstumstheorie

Innerhalb der neoklassischen Theorie widmen sich vor allem zwei Erklärungsansätze dem Innovationsproblem: mikroökonomische Überlegungen zur effizienten Ressourcenallokation und wachstumstheoretische Ansätze mit makroökonomischer Ausrichtung. Grundgedanke in der mikroökonomischen geprägten neoklassischen Innovationstheorie sind Optimierungsentscheidungen von rational handelnden Akteuren. Betrachtet werden Entscheidungskalküle bei vollständiger Information und als bekannt unterstellter Innovationsalternativen, die unter Berücksichtigung der Kosten und Erträge einen maximalen Gewinn ermöglichen. Kernpunkte der Entscheidungsfindung sind die relativen Preise der Produktionsfaktoren und der marktgehandelten Güter. Eng mit dem Blick auf die relativen Preise verbunden ist allokationstheoretisch insbesondere die Frage nach den Ausgaben für Forschung und Entwicklung. Denn wenn sich Forschungs- und Entwicklungsbudgets der Unternehmen an den relativen Kosten der Produktionsfaktoren orientieren, dann wird die optimale Allokation der Ausgaben für die Entwicklung von Innovationen zu einem wesentlichen Entscheidungskriterium. Die neoklassische Theoriebasis legt damit gezielte preisliche Anreizinstrumente durch den Staat als marktkonforme umweltpolitische Instrumente nahe (Linscheidt 2000: 18).

Im Rahmen der neoklassischen Wachstumstheorie (Solow 1957), die Innovationen auf den technischen Fortschritt oder genauer dessen produktivitätssteigernde Wirkung reduziert, liegt der Schwerpunkt der Argumentation nicht so sehr auf dem Entstehungszusammenhang, sondern auf der Messung des dem technischen Fortschritts zuzurechnenden Anteils am Wachstum des Sozialproduktes. Das Wachstum wird dabei verstanden als Zunahme des Outputs, die durch eine Zunahme der Inputgrößen Arbeit, Kapital und technischer Fortschritt realisiert wird. Im Rahmen der drei Inputgrößen Arbeit, Kapital und technischer Fortschritt wird letzterer dabei als sog. „Restgröße" aufgefasst. Letztlich ist diese Vorgehensweise theoretisch wie empirisch unbefriedigend: Theoretisch wird Outputwachstum auf Inputwachstum zurückgeführt, wonach lediglich die eingesetzten Inputmengen zu vergrößern seien, um mehr Wachstum zu erreichen. Technischer Fortschritt wird nicht im eigentlichen Sinne „erklärt". Empirisch ist unbefriedigend, dass die die unerklärte „Restgröße" die für das Wachstum von Volkswirtschaften entscheidende Größe darstellt. So hat Denison (1985) im Rahmen langer Zeitreihen-Untersuchungen für die USA dargelegt, dass rund 80 Prozent des Wachstums in den USA durch den technischen Fortschritt zu erklären sind.

Das neoklassische Allokations- und das Wachstumsmodell teilen sich die Eigenschaft eines Diffusionsmodells (Klemmer et al 1999: 37). Der allokationstheoretische Modellansatz und das neoklassische Wachstumsmodell können somit zeigen, unter welchen Bedingungen sich eine gegebene Innovation verbreitet; sie versagen gleichwohl bei der Erklärung von Invention und Adaption. Die restriktiven Annahmen von individuell rational handelnden Akteuren und vollkommenen Märkte im Allokationsmodell können zudem individuelle Anreize, wie etwa intrinsische Motivationen oder gar strategisches Verhalten, nicht erfassen. Beide genannten Erklärungsversuche bleiben damit dem Kern der neoklassischen Orthodoxie, d.h. der allgemeinen Gleichgewichtstheorie verhaftet, die auch gar nicht dem Anspruch einer Theorie marktwirtschaftlicher Entwicklungsdynamik erhebt (Wegner 1991: 5).

Im Unterschied zur neoklassischen Wachstumstheorie behandelt die Neue Wachstumstheorie (Romer 1986, 1990; Lucas 1988, 1990) Innovationen als eine spezifische Art der Investition, bei der für den Erwerb technologischen Wissens eigene Mittel aufgewendet werden müssen. Parallelen zu mikroökonomischen Ansätzen der Neoklassik werden durchbrochen, indem die Ergebnisse von Forschungs- und Entwicklungstätigkeiten nicht mehr als öffentliches Gut angesehen werden, das allen Unternehmen gleichermaßen zu Verfügung steht. Möglich wird diese Bindung von technischem Fortschritt durch spezifische Investitionen in Humankapital. Neues technisches Wissen wird auf diese Weise im Unternehmen selbst gebildet und kann über eine Steigerung der Produktivität des Humankapitals überdurchschnittlich wachsen. Interessant ist diese Entwicklung, als sie die Beschränkungen des in der neoklassischen Innovationstheorie bevorzugten exogen modellierten technischen Wandels überwindet. Mit der Theorie rationaler Erwartungen wurde die Endogenisierung technischen Fortschritts weitestgehend vollzogen. Aus der Perspektive der neoklassischen Innovationstheorie und der Neuen Wachstumstheorie wird der Einteilung in die bis hier zwei Erklärungsebenen für Innovationsfaktoren »Markt« und »Individuum« eine weitere hinzugefügt: die einzelwirtschaftliche Unternehmensebene als eigenständiger, mit inkorporiertem Wissen ausgestatteter und spezifischen Restriktionen unterworfener Einflussfaktor.

### 2.2.3 Neue Institutionenökonomik

Auch die Neue Institutionenökonomik kann als ein Baustein zur Erklärung von Innovationen gelten. Obwohl es bislang keine expliziten Beiträge der Neuen Institutionenökonomik zum Zusammenhang zwischen dem Innovationsproblem und dem Einfluss von Regulierung gibt, lassen sich Elemente der institutionenökonomischen Denkrichtung für diesen Zweck nutzbar machen.

Die Neue Institutionenökonomik versteht sich selbst als Weiterentwicklung der neoklassischen Theorie. Entgegen den Vorstellungen der neoklassischen Theorie geht die Neue Institutionenökonomik jedoch zentral von der These aus, dass die Nutzung der Institution Markt und des Preismechanismus nicht kostenfrei sein kann. Des Weiteren ist die Definition des Individuums als die wesentliche entscheidungsfähige Einheit von Bedeutung. Mit der Annahme von unvollkommener Information und begrenzter Rationalität sind die handelnden Wirtschaftsobjekte nicht in der Lage, die gesamte Informationsmenge vollständig zu verarbeiten und daraus rationale Handlungspläne zu erstellen. Die Einsicht in die Unvollständigkeit der für eine Entscheidung verfügbaren Informationen zwingt die unternehmerischen Akteure, Transaktionskosten aufzuwenden (Richter u. Furubotn 1996).

Im Vergleich zur Neoklassik stellt sich aus Sicht der Neuen Institutionenökonomik die Frage, inwieweit eine Veränderung der relativen Preise zugunsten innovativer Optionen von den Wirtschaftssubjekten überhaupt wahrgenommen wird. Damit verengen sich auch die Überlegungen zu regulativen Eingriffsmöglichkeiten über Steuerungsoptionen durch eine gezielte Veränderung relativer Preise. Im Gegensatz zur neoklassischen Theorie, die üblicherweise die handlungsbeschränkenden Wirkungen staatlicher Regulierung und deren negativen Auswirkungen auf das Innovationsverhalten in den Vordergrund stellt, kann in einer institutionenökonomischen Welt das Argument der prinzipiellen Innovationsfeindlichkeit von ordnungsrechtlicher Regulierung in Form von Ge- und Verboten nicht gehalten werden. Auf Basis der beiden zentralen Konzepte der Institutionenökonomik, dem Transaktionskostenansatz und der Vertragstheorie, wird der staatlichen Regulierung eine innovationsfördernde informatorische Wirkung zugesprochen (Klemmer et al. 1999: 51). Der institutionenökonomische Grundansatz liefert damit insbesondere für die Diffusionsphase von innovationstheoretischen Fragestellungen relevante Ansatzpunkte, indem darauf verwiesen wird, dass regulative Regulierung Transaktionskosten senken und Risiken bei der Markteinführung von Innovationen mindern kann.

Die Neue Institutionenökonomik thematisiert gleichwohl nicht nur das Informationsproblem. Für Wirtschaftssubjekte als selbständig handelnde Individuen sind in vielfacher Weise Regeln institutionalisiert. Diese als gegeben aufgefassten Handlungsrechte umfassen jegliche Beschränkungen von Handlungsmöglichkeiten. Eine Analyse bestehender Regeln und Normen nach ihrer Funktionalität (Streit 1999; Wegner 1991: 123) erlaubt damit nicht nur Aussagen über das Spektrum möglicher Handlungsoptionen, sondern lenkt zugleich den Blick auf die Frage, nach welcher Richtung gegebene Innovationsaktivitäten gesteuert werden.

Aus Sicht der Neuen Institutionenökonomik ist zusammenfassend festzuhalten, dass Institutionen unmittelbar auf die Durchsetzung von Innovationen wirken. Dies geschieht durch die Abgrenzung von erlaubten zu untersagten Handlungsmöglichkeiten oder ihren spezifischen Beitrag zur Senkung von Transaktionskosten und Unsicherheiten, die dem Innovator im Innovationsprozess entstehen. Vor diesem Hintergrund liegt die Bedeutung der Neuen Institutionenökonomik für innovationstheoretische Fragestellungen in der Betonung individueller Entscheidungsprobleme und spezifischer Restriktionen, die dem Unternehmen im Innovationsprozess insbesondere für die Diffusion erwachsen.

### 2.2.4 Evolutorische Ökonomik

Die evolutorische Ökonomik stellt eine neue Antwort auf die Frage dar, was zur Entstehung und Verbreitung von Innovationen führt. Diese Antwort liegt vielmehr im methodischen Bereich, als im Erklärungsanliegen selbst. Die verschiedenen

Ansätze des gleichwohl heterogenen Theoriespektrums grenzen sich vor allem von der Neoklassik ab. Die wesentlichen Grundbausteine der evolutorischen Ökonomik sind die Anerkennung der Irreversibilität von Entwicklungen im historischen Zeitablauf, die zwangsläufig zur Pfadabhängigkeit von ökonomischen Entwicklungen führt, und die Annahme einer unvorhersehbaren und damit grundsätzlich zukunftsoffenen Entwicklung (Erdmann 1993). Die evolutorische Ökonomik steht sehr eng in der Tradition Schumpeters.

Ein entscheidendes Merkmal der Evolutorischen Ökonomik ist die Annahme der behavioristischen Theorie der Firma. Mit einer Schwerpunktsetzung auf Lernprozesse und auf adaptives Verhalten (Metcalfe 1994) ist das zugrunde liegende Innovationsverständnis verhaltenstheoretischer Natur. Die Verhaltensannahmen basieren auf begrenzter Rationalität der Akteure. Das auf dem Weg der Analogiebildung biologischen Evolutionsprozessen entlehnte Verständnis für Innovationsprozesse lässt sich als Aufeinanderfolge von Variation und Selektion beschreiben (u.a. Nelson u. Winter 1982). Der gemeinhin mit Variation gleichgesetzte Prozess der Generierung neuen Wissens und die Neukombination von Inputs sind im übertragenen Sinn mit der Phase der Invention zu vergleichen. Welche der vielfältigen Innovationen sich im Auswahlprozess des Marktes durchsetzen, wird über das Wettbewerbs- und Preissystem entschieden (Selektion). Dabei wird die regulierende Kraft der relativen Preise grundsätzlich bejaht (v. Hayek 1968), jedoch nicht als der einzig determinierende Einflussfaktor für Innovationen gesehen.

Wenngleich die evolutorische Ökonomik den Wirtschaftsprozess als grundsätzlich zukunftsoffenen und in seinen Resultaten und Implikationen nicht antizipierbaren Vorgang interpretiert, ist die Vielfalt und damit der Möglichkeitenraum zukünftiger Entwicklungen in gewisser Hinsicht beschränkter als aus neoklassischer Perspektive. Der von Dosi (1982) geprägte Begriff der technologischen Trajektorien beschreibt eine Entwicklungslinie des technologischen Fortschritts, die entlang historisch geprägter Pfade bzw. Paradigmen voranschreitet. Das Grundprinzip der Pfadabhängigkeit führt zu einer Verfestigung und Stabilisierung von technologischen Entwicklungsrichtungen. Die Folge solcher Beharrungstendenzen ist, dass Innovationen weiterhin innerhalb bestimmter, volkswirtschaftlich möglicherweise suboptimaler Entwicklungspfade in Form inkrementeller Verbesserungen stattfinden, ohne dass grundlegende Innovationen zum Durchbruch gelangen. In einer solchen verfestigten Entwicklungslinie ist die Anforderung an eine Änderung der relativen Preise zur Überwindung eines Innovationsparadigmas ausgesprochen hoch. Um die Möglichkeit zu schaffen, neuen Innovationsparadigmen Chancen zum Durchbruch zu eröffnen, muss eine Änderung der relativen Preise somit schockartig und in extremer Form erfolgen (Linscheidt 2000: 27).

Die evolutorische Ökonomik macht einen Wechsel des vorherrschenden Innovationspfades aber nicht allein von einer Änderung der relativen Preise abhängig. Andere Determinanten, wie den mit bestimmten Persönlichkeitseigenschaften ausgestatteten Pionierunternehmer oder die mit der erfolgreichen Besetzung von Nischenmärkten verbundene Ansammlung von Lerneffekten (Kemp 1997) sind Beispiele, die einen Übergang zu neuen Entwicklungslinien ebenso anstoßen können. Die Heterogenität der verschiedenen evolutionsökonomischen Ansätze vereint das gemeinsame Interesse am wirtschaftlichen Wandel, als dessen Schlüsselgröße Innovationen definiert werden, sowie deren Ursachen, Motive und das Verständnis für auf verschiedenen Betrachtungsebenen aggregierte Determinanten des Innovationsgeschehens.

Für sich genommen, ergeben die unterschiedlichen wirtschaftstheoretischen Ansätze für die Erklärung von Innovationen ein uneinheitliches Bild. Aus den skizzierten Denkrichtungen lassen sich jedoch drei grundsätzliche Betrachtungsebenen ableiten, an die sich eine Analyse von Bestimmungsfaktoren zur Erklärung von Innovationen und dem Einfluss von Regulierung binden kann und an die hier angeknüpft werden soll. Die interagierenden Bestimmungsgründe für Innovationen liegen demzufolge auf individueller und einzelbetrieblicher Ebene sowie auf der Betrachtungsebene von Faktoren des Marktumfeldes. Im folgenden Abschnitt werden diese Aspekte aufgegriffen, und es wird in Anlehnung an J. Röpke (1977) versucht, einen Rahmen für die Analyse des Einflusses von Regulierung auf das Innovationsgeschehen zu entwickeln.

## 2.3 Interaktion von Akteuren, Unternehmen und Markt – Ein Rahmenmodell zur Erklärung von Innovationen

### 2.3.1 Überblick

Als Ausgangspunkt für Innovationen haben wir im vorigen Abschnitt individuelle Verhaltensmomente klassifiziert. Innovationsaktivitäten nehmen damit den Ausgangspunkt in individuellen Fähigkeiten und Handlungsmotiven. Hinzu kommen einzelwirtschaftliche Unternehmensfaktoren, die einen weiteren wesentlichen Erklärungsbaustein für den Entstehungszusammenhang und die Umsetzungsmöglichkeiten von Innovationen liefern. Die Erklärung von Verhaltensvoraussetzungen und unternehmensinternen Innovationsfaktoren muss darüber hinaus in das weitere Umfeld des Marktes und der Wettbewerbsfaktoren eingebunden sein. Erst die Verbindung dieser drei Betrachtungsebenen ermöglicht einen ganzheitlichen Blick auf das Innovationsgeschehen und macht eine detaillierte Analyse des Regulierungseinflusses möglich.

Dem Faktor Regulierung wird für den Innovationsprozess dabei insofern Bedeutung beigemessen, als er nicht in der Rolle eines allein stehenden Faktors betrachtet wird, der Innovationsaktivitäten direkt beeinflusst, sondern als intervenierende Variable über die Beeinflussung der vielschichtigen Bestimmungsgründe für Innovationen. Ein Zusammenhang von Regulierung und Innovationen besteht somit über regulativ verursachte Änderungen im Gefüge der Bestimmungsgründe auf den drei Betrachtungsebenen Individuum, Unternehmen und Märkte (siehe Abbildung 2.1).

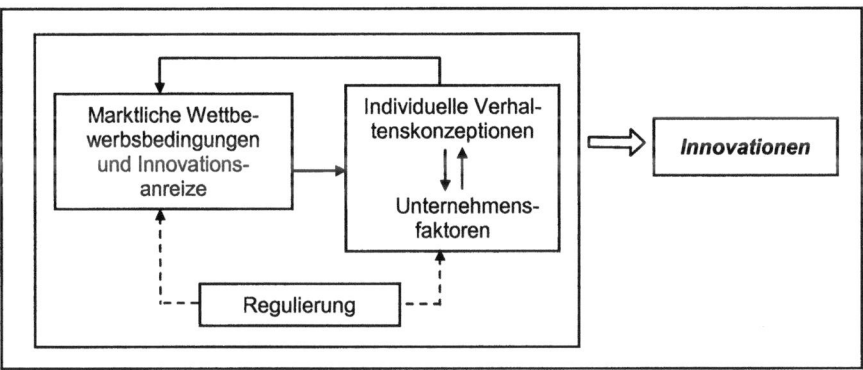

**Abb. 2.1.** Regulierung und Innovationen
Quelle: Eigene Darstellung.

Innovationsaktivitäten nehmen den Ausgangspunkt in individuellen Fähigkeiten und Handlungsmotiven. Hinzu kommen einzelwirtschaftliche Unternehmensfaktoren, die einen weiteren wesentlichen Erklärungsbaustein für den Entstehungszusammenhang und die Umsetzungsmöglichkeiten liefern. Technologische Faktoren, die Möglichkeit der Aneignung von Wissensvorsprüngen und Investitionsentscheidungen sind Beispiele einzelbetrieblicher Determinanten, die zusammen mit einer individuellen Verhaltenskonzeption Aussagen zu dem Innovationsgeschehen erlauben. Weiterhin muss die Erklärung von Verhaltensvoraussetzungen und unternehmensinternen Innovationsfaktoren in das weitere Umfeld des Marktes und der Wettbewerbsfaktoren eingebunden sein. Erst die Verbindung dieser drei Betrachtungsebenen ermöglicht einen ganzheitlichen Blick auf das Innovationsgeschehen und macht eine detaillierte Analyse des Regulierungseinflusses möglich. Eine Regulierung erlangt dahingehend Bedeutung, als durch sie bedingt Änderungen in der Verhaltenskonzeption von Marktteilnehmern und unternehmensinternen Innovationsbedingungen hervorgerufen, als auch in einem rückgekoppeltem Prozess über die Wettbewerbsbedingungen ein entscheidender Einfluss auf das Innovationsgeschehen ausübt werden kann.

Eine Regulierung kann das Innovationsgeschehen direkt beeinflussen, indem sie bestimmten unternehmerischen Handlungsoptionen Beschränkungen auferlegt. Die Wahrnehmung von Innovationsmöglichkeiten im Rahmen der nicht beschränkten Handlungsmöglichkeiten oder mit der Erweiterung des Handlungsspektrums innovatorische Freiräume zu schaffen, bleibt individuellen Entscheidungskalkülen unterworfen. Auf der Ebene von Markt und Wettbewerb kann Regulierung Veränderungen im Kausalschema von Marktstruktur, Marktverhalten und Marktergebnis bewirken. Änderungen von relativen Preisen, Transaktionskosten oder der Industriestruktur sind Beispiele möglicher Auswirkungen einer Regulierung, die mit diesem Wirkungsmechanismus das Potenzial besitzt, auch die durch den marktlichen Wettbewerb gesetzten Innovationsanreize entscheidend zu verändern.

Die folgenden Abschnitte beschäftigen sich näher mit jeder der drei Erklärungsebenen und untersuchen die jeweiligen Innovationsfaktoren. In Abschnitt 2.4

wird sich dann mit der Frage auseinander gesetzt, wie sich der Einfluss von Regulierung auf die einzelnen Bestimmungsebenen und deren Innovationsfaktoren bemisst.

### 2.3.2 Innovationsfaktoren auf der individuellen Verhaltensebene

Die zentrale Bedeutung der Unternehmerpersönlichkeit für das Innovationsgeschehen geht insbesondere aus dem evolutionsökonomischen Ansatz hervor. Mit der eigenständigen Entwicklung und Durchsetzung neuer Handlungskombinationen passt sich der Unternehmer nicht lediglich wie ein Unternehmen in der neoklassischen Theorie der Firma an veränderte Rahmenbedingungen an, sondern sucht aktiv seine wettbewerbliche Position zu verbessern. Die Verbesserung der ökonomischen Position mit überlegenen Leistungen ist eine Funktion der Fähigkeiten einer Unternehmung, neues Wissen zu produzieren oder, im Sinne von Schumpeter, neue Kombinationen durchzusetzen. Wenn der Unternehmer im Mittelpunkt der Erklärung des Innovationsprozesses steht, lenkt das den Blick auf bestimmte Eigenschaften, die in seiner Person als die individuellen Bestimmungsgründe des Innovationsverhaltens über die Geschwindigkeit, Rate und Richtung von Innovationsprozessen entscheiden.

Hypothesen über die individuellen Persönlichkeitsstrukturen mit Bezug auf die Innovationskompetenz bzw. die Innovationsfähigkeit beinhalten Aussagen über kognitive und motivationale Verhaltensmuster (Röpke 1977: 83ff.) (siehe auch Abbildung 2.2). Kognitive Fähigkeiten spielen für die Entdeckung und Durchsetzung von Innovationen eine zentrale Rolle. Intuition, Erfahrung, Kompetenz, Durchsetzungsvermögen, Frustrationstoleranz, Problemsensibilität und eine persönliche Präferenz zu Neuem sind Ausdrücke für kognititive Grundmuster. Die herausragende Komponente, im Prozess der individuellen Fähigkeit Neues zu schaffen, ist Kreativität (Zimmermann et al. 1998: 31). Der Prozess des kreativen Verhaltens zur Lösung einer problembehafteten Situation setzt sich aus zwei aufeinander folgenden Schritten zusammen: Basierend auf individuellen Handlungsgrundlagen entstehen kognitiv neue Verknüpfungen von Gedankenmustern (Variation). Diesem Prozess der eigentlichen Kreation folgt die Gegenüberstellung mit bereits bekannten Handlungsalternativen und die Auswahl (Selektion) und Realisierung von Handlungen mittels eines individuellen Ordnungsprinzips (Hesse u. Koch 1998: 425).

Das Vorhandensein kognitiver Fähigkeiten bildet im individuellen Verhaltenskonzept die Grundvoraussetzung für das Entstehen und die Durchsetzung von Innovationen. Darüber hinaus muss notwendig eine Motivation vorhanden sein, aktiv nach neuen Handlungsmöglichkeiten zu suchen und diese in Erfolg schaffender Weise umzusetzen (Röpke 1987: 234).

Kapitel 2: Der Einfluss umweltpolitischer Regulierung auf Innovationen 27

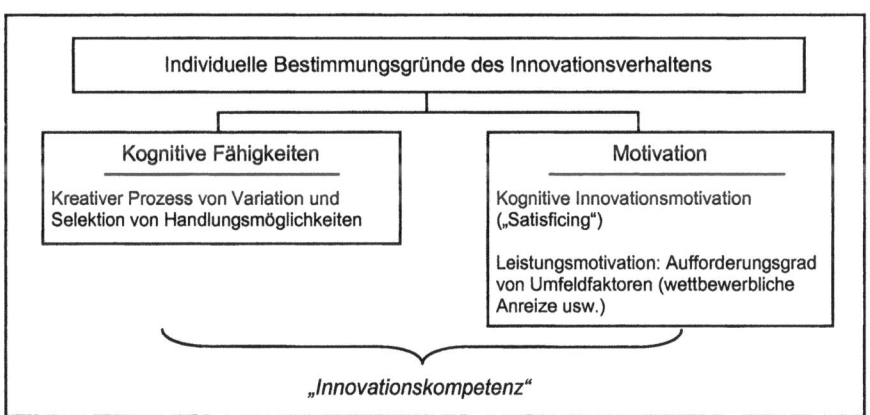

**Abb. 2.2.** Bestimmungsgründe von Innovationsverhalten
Quelle: Eigene Darstellung.

Die Motivationstheorie unterscheidet nach den Komponenten der Basismotivation, des kognitiv motivierten Neuerungsverhaltens und der Leistungsmotivation. Die genetisch determinierte Form der Basismotivation beinhaltet in elementarer Weise das Streben nach einer aktiven Auseinandersetzung mit der Umwelt und dem Erwerb von Informationen. Höheres Verhalten kann durch die Basismotivation jedoch nicht erklärt werden. Die Bedeutung von kognitiv motiviertem Innovationsverhalten liegt hingegen in der Fähigkeit, bestehende Handlungsmöglichkeiten zu reflektieren, neue Handlungsoptionen zu erschließen und mit subjektiven Erwartungen Verhalten auf bewusste oder unbewusste Ziele hin zu organisieren.

Die Motivation zur Suche nach Innovationen wird umso stärker sein, je höher die Diskrepanz zwischen der aktuellen Situation und dem individuellen Anspruchsniveau empfunden wird („satisficing") (Witt 1987: 143f.). Die Höhe der Anspruchsdiskrepanz ist in diesem Fall für die Aufnahme und das Ausmaß von Problemlösungsaktivitäten verantwortlich (Geisendorf 2001: 99).

An dieser Stelle wird bereits deutlich, welchen außerordentlichen Einfluss marktliche Wettbewerbsbedingungen als Umfeldvariablen auf die Innovationsmotivation eines Individuums besitzen. Ähnlich wie die Theorie des kognitiv motivierten Innovationshandelns geht die Leistungsmotivationstheorie (McClelland 1976; Heckhausen 1980) in ihrer zentralen Hypothese von einem Aufforderungsgrad verschiedener umgebender Situationsfaktoren, wie z.B. durch den Markt gesetzter wettbewerblicher Anreize aus. Leistungshandeln oder leistungsmotiviertes Handeln (Röpke 1980: 135) entspricht wettbewerblichen Zwängen und ist eine Vorbedingung einer erfolgreichen Innovation.

Zusammengefasst erlauben beide Grundmuster eine Aussage über die Innovationskompetenz (Röpke 1977: 84) einer individuellen Verhaltenskonzeption: Innovationen werden entscheidend durch die kognitiven Fähigkeiten und motivationale Komponenten beeinflusst (Oppenländer 1988: 90).

### 2.3.3 Innovationsrelevante Unternehmensdeterminanten

Der Ansatz am Persönlichkeitsprofil mit den Komponenten der kognitiven Kreativität und an Motivationsfaktoren schafft gleichwohl nur die Grundlage eines umfassenden Erklärungsansatzes für Innovationen. Wirkung erlangt die individuelle Verhaltenkonzeption erst in der Konfrontation mit relevanten Situationsfaktoren der Unternehmung und mit bestimmten wettbewerblichen Bedingungen (Abschnitt 2.3.4). Das lenkt die Aufmerksamkeit auf die innovationsrelevanten Faktoren eines Unternehmens und deren Charakteristika. Auf der Erklärungsebene des Unternehmens scheinen in erster Linie drei Dimensionen innovationsrelevant zu sein: die eingesetzte Technologie, die verfügbaren Ressourcen und die Möglichkeit der Aneignung von Innovationsvorteilen (siehe auch Abbildung 2.3).

Art, Form und Richtung von Innovationen sind nicht frei von Beschränkungen. Die Anerkennung von technologischem Wandel als einem kumulativen und graduellen Prozess birgt in seiner Konsequenz die Erkenntnis, dass technologischer Fortschritt und Innovationen entlang historisch geprägter Pfade bzw. Paradigmen voranschreiten. Für die Auffassung von Innovationen als paradigmengebundenen Problemlösungsprozessen (Dosi 1982: 152) und deren Tendenz zur Verfestigung des eingeschlagenen Entwicklungspfades lassen sich insbesondere folgende Ursachen nennen: Die eingeschlagene Technologierichtung initiiert einen Begleitprozess von kontinuierlichen Verbesserungen, aus dem im Zeitablauf Kostensenkungen und Qualitätssteigerungen resultieren. Diesen Vorteilen aus einem langwierigen Lernprozess stehen Unsicherheiten einer neuen Technologie gegenüber, deren vorteilhafte Eigenschaften zudem von kostenintensiven Anpassungen auf verschiedenen Ebenen begleitet werden. Verfestigungstendenzen lassen sich keineswegs ausschließlich durch rationale ökonomische Erwägungen begründen. Routinengebundene Verhaltensmuster (Nelson u. Winter 1982: 14) engen in Form von fest etablierten Entscheidungsregeln und Suchstrategien schon im Vorfeld das Spektrum von denkbaren Innovationsaktivitäten ein.

Mehr für die Realisierung als für den Anstoß von Innovationen sind die Ressourcen eines Unternehmens von Bedeutung. Mit Ressourcen sind das akkumulierte Wissenskapital und das verfügbare oder gebundene finanzielle Kapital gemeint. Freeman (1982) folgert aus dem zunehmenden wissenschaftlichen Charakter der Technologieentwicklung, der wachsenden Komplexität in hoch entwickelten System- und Netzwerktechniken und dem allgemeinen Trend zur arbeitsteiligen Spezialisierung eine herausragende Bedeutung von institutionalisierter Forschung. Gleichzeitig sind es diese Fortentwicklungen, die gleichwohl zu umwälzenden technologischen und gesellschaftlichen Entwicklungen geführt haben, die in ihrer notwendig kumulativen und firmenspezifischen Art der Wissensbindung einer Verfestigung von Entwicklungslinien Vorschub leisten. In dem Maß, wie neben explizitem Wissen und Fähigkeiten auch spezifische lokale Wissensbestände (tacit knowledge) aufgebaut werden, ist ein ökonomischer Erfolg durch relative Wettbewerbsvorteile erzielbar (Dosi 1982: 1126). Sind mit Innovationen auch neue Verhaltensmuster verbunden, verbergen sich hinter den verstärkten Rückkopplungen zwischen dem Entwicklungs- und Anwendungskontext, deren wettbewerbliche Vorteile für das Unternehmen erst im Zeitablauf nutzbar geworden sind, neben vielfältigen Chancen auch die Risiken des Verlustes derartiger nutzenstiftender Vernetzungseffekte. Insgesamt gilt es, versunkene Kosten von Lernprozessen weitgehend zu vermeiden. Kapitalgüter besitzen eine ähnlich gelagerte Problematik. Der Grundgedanke ist, dass die Entstehung und Realisierung von Innovationen einen Einsatz von finanziellen Ressourcen erfordert. Gleichzeitig bedeuten Innovationen für ein Unternehmen, über eine Investition unter Unsicherheit zu entscheiden. Investierte Kapitalgüter besitzen die Eigenschaft der Irreversibilität und von versunkenen Kosten (putty-clay). Einmal durchgeführte Investitionsentscheidungen lassen sich nur in geringem Maß revidieren und verfestigen so den Weg im Rahmen des eingeschlagenen Innovationspfades. Insofern sind Investitionen gleichermaßen als Chancen und Restriktionen unternehmerischer Entscheidungen zu verstehen. Die Aushaltung einer flexiblen Finanzposition, um in einer für das Unternehmen günstigen Marktsituation durch Innovationen einen relativen Vorteil gegenüber der Konkurrenz zu erzielen, verursacht jedoch Opportunitätskosten. In einer Phase von zeitlich absehbaren, stark veränderlichen Umfeldbedingungen besitzt jedoch auch die Aufrechterhaltung der finanziellen Flexibilität einen Wert. Der Wert dieser Realoption (Dixit u. Pindyck 1994) nimmt im Zusammenhang mit der möglichen Einführung von Innovationen das Bündel zukünftiger Handlungsspielräume und Investitionsmöglichkeiten auf. Unter der Annahme von knappen Kapitalgütern sinken die Realoptionen der mittelfristigen Handlungsspielräume für Innovationen mit dem Grad von bereits investiertem Finanzkapital.

| Technologie | Ressourcen | Aneignungsmöglichkeiten |
|---|---|---|
| ➢ Paradigmengebundene Vorteile (Kostensenkungen, Qualitätssteigerungen) der etablierten Technologierichtung<br>➢ unsichere Vorteile und Anwendungsgebiete einer neuen Technologie<br>➢ neue technologische Vorteile lassen sich erst im Zeitablauf erreichen | **Wissen**<br>➢ Wettbewerbserfolg durch spezifische lokale Wissensbestände<br>➢ Begünstigung von Innovationen durch vernetzten Prozess von Entwicklungs- und Anwendungskontext<br>➢ Vermeidung versunkener Kosten aus Lernprozessen<br>**Kapital**<br>➢ Irreversibilität von Kapitalinvestitionen (putty-clay)<br>➢ Opportunitätskosten einer flexiblen Investierungsposition (Realoption) | ➢ Aneignungsmöglichkeiten sind wesentliche Grundlage für technologische Weiterentwicklung<br>➢ ungeschützte Imitation hebt Innovationsanreiz auf<br>➢ Trittbrettfahrerverhalten und abwartendes Innovationsverhalten bei unsicheren Verwertungsmöglichkeiten<br>➢ Rückfluss von Vorsprungsgewinnen durch temporäre Monopolstellung bzw. Alleinverwertung der Innovationsleistung notwendig<br>➢ Eigenschutzstrategien |

 *Verfestigungstendenzen begünstigen Innovationen auf dem etablierten Technologiepfad, radikale Innovationen und Richtungswechsel werden erschwert*

**Abb. 2.3.** Unternehmensinterne Innovationsfaktoren
Quelle: Eigene Darstellung.

Das Ziel einer Innovation ist die Verbesserung der wettbewerblichen Position. Für ein Unternehmen erlangt der relative Vorteil einer Innovation seine wettbewerbswirksame Bedeutung allerdings erst dann, wenn die Innovation auch von einem ausreichenden Rückfluss von Pioniergewinnen begleitet ist. Um diesen Rückfluss zu gewährleisten, bedürfen die vorteilhaften Eigenschaften des neu geschaffenen Wissens von Innovationen einer Definition und des Schutzes von Eigentumsrechten. Geeignete Instrumente zum Schutz der Innovationsleistung sind die Patentstrategie oder das temporäre Verfügungsrecht über die Nutzung relevanter Informationen, die eine wirtschaftliche Verwertung ermöglichen. Dabei kann die Form der vorteilhaften Wirkung verschiedene Ausprägungen annehmen. Mit innovativen Lösungen werden z.B. die Vergrößerung des Marktanteils erleichtert, neue Geschäftsfelder erschlossen oder allgemein die Wettbewerbskraft gestärkt. Mit der Marktdurchdringung radikaler Innovationen sind in der Geschichte der technologischen Entwicklung immer auch Änderungen der relativen Preise von Produktionsfaktoren verbunden gewesen. Institutionalisierte Eigentumsrechte sind in dieser Hinsicht wesentlicher Bestandteil für die Erklärung der zahlenmäßigen und der qualitativen Ausprägung von unternehmensinternen Innovationstätigkeiten. Entscheidend ist die Ausgestaltung der dem Innovator zugesprochenen Verfügungsrechte (Abschnitt 2.4.3).

### 2.3.4 Innovationsfaktoren des Marktes und der Wettbewerbsbedingungen

Um das unterschiedliche Innovationsverhalten und die Unterschiede in der Art, der Form und der Richtung von Innovationen in verschiedenen Sektoren einer Volkswirtschaft zu erklären, eignen sich die bis zu diesem Punkt aus der individuellen Verhaltenskonzeption und den betrieblichen Determinanten getroffenen Aussagen zu Bestimmungsfaktoren für Innovationen jedoch nur beschränkt. Einen wesentlichen Erklärungsbeitrag für diese Frage liefern Bestimmungsgründe für Innovationen, die auf der Ebene des marktlichen Wettbewerbs liegen. An früherer Stelle (Abschnitt 2.3.2) wurde bereits auf die Motivationsfunktion der Wettbewerbsbedingungen hingewiesen.

Eine Hilfestellung liefert die Trennung in eine intersektorale und intrasektorale Betrachtungsebene (Dosi 1988). Obgleich die technologischen Aneignungsmöglichkeiten und die marktgerichteten Mechanismen einer branchenübergreifende Betrachtung, wie das Nachfragewachstum und die Einkommenselastizitäten, zu einem nicht unwesentlichen Teil differierendes Branchenverhalten erklären helfen, versprechen für unseren Zweck jedoch die intrasektoralen Eigenschaften einer Branche die wertvolleren Erkenntnisse. Wesentliche Aussagen lassen sich so aus dem Zusammenspiel von Konzentrationsgrad und der Unternehmensgröße, der Positionierung in der Wertschöpfung und dem technologischen Reifegrad der Branche ableiten (siehe auch Abbildung 2.4).

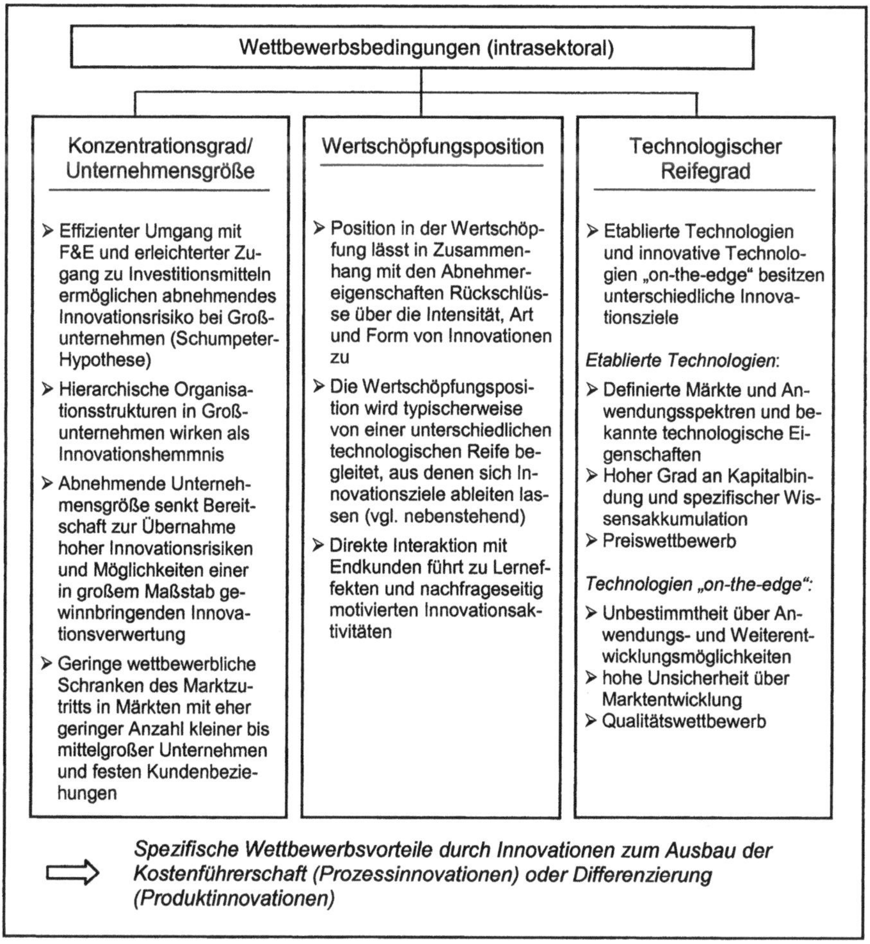

## Kapitel 2: Der Einfluss umweltpolitischer Regulierung auf Innovationen

```
┌─────────────────────────────────────────────────────────────────────┐
│                    Wettbewerbsbedingungen (intrasektoral)            │
└─────────────────────────────────────────────────────────────────────┘
```

| Konzentrationsgrad/ Unternehmensgröße | Wertschöpfungsposition | Technologischer Reifegrad |
|---|---|---|
| ➢ Effizienter Umgang mit F&E und erleichterter Zugang zu Investitionsmitteln ermöglichen abnehmendes Innovationsrisiko bei Großunternehmen (Schumpeter-Hypothese)<br>➢ Hierarchische Organisationsstrukturen in Großunternehmen wirken als Innovationshemmnis<br>➢ Abnehmende Unternehmensgröße senkt Bereitschaft zur Übernahme hoher Innovationsrisiken und Möglichkeiten einer in großem Maßstab gewinnbringenden Innovationsverwertung<br>➢ Geringe wettbewerbliche Schranken des Marktzutritts in Märkten mit eher geringer Anzahl kleiner bis mittelgroßer Unternehmen und festen Kundenbeziehungen | ➢ Position in der Wertschöpfung lässt in Zusammenhang mit den Abnehmereigenschaften Rückschlüsse über die Intensität, Art und Form von Innovationen zu<br>➢ Die Wertschöpfungsposition wird typischerweise von einer unterschiedlichen technologischen Reife begleitet, aus denen sich Innovationsziele ableiten lassen (vgl. nebenstehend)<br>➢ Direkte Interaktion mit Endkunden führt zu Lerneffekten und nachfrageseitig motivierten Innovationsaktivitäten | ➢ Etablierte Technologien und innovative Technologien „on-the-edge" besitzen unterschiedliche Innovationsziele<br><br>*Etablierte Technologien:*<br>➢ Definierte Märkte und Anwendungsspektren und bekannte technologische Eigenschaften<br>➢ Hoher Grad an Kapitalbindung und spezifischer Wissensakkumulation<br>➢ Preiswettbewerb<br><br>*Technologien „on-the-edge":*<br>➢ Unbestimmtheit über Anwendungs- und Weiterentwicklungsmöglichkeiten<br>➢ hohe Unsicherheit über Marktentwicklung<br>➢ Qualitätswettbewerb |

⇨ *Spezifische Wettbewerbsvorteile durch Innovationen zum Ausbau der Kostenführerschaft (Prozessinnovationen) oder Differenzierung (Produktinnovationen)*

**Abb. 2.4.** Innovationsfaktoren der Marktsituation und Wettbewerbsstellung
Quelle: Eigene Darstellung.

Der Konzentrationsgrad beschreibt allgemein die Dichte und die Ähnlichkeit hinsichtlich der Geschäftsfelder von auf einem Partialmarkt agierenden Unternehmen. Da sich wettbewerbliche Motivation und Anreize auf die Innovationstätigkeit vorwiegend aus der Konkurrenzsituation und der relativen Position des einzelnen Unternehmens in eben diesem Partialmarkt ergeben, konzentriert sich die weitere Analyse auf die Wettbewerbssituation in Teilmärkten. Dabei ist von einer hohen Innovationsintensität in Märkten mit einer mittleren Konzentration auszugehen (Kanzenbach 1967; Kamien u. Schwartz 1982). Konzentrationsgrad und Unternehmensgrößen sind hinsichtlich der Innovationstätigkeit eng zusammenhängende Faktoren. Den Arbeiten Schumpeters folgend, kann bei Großunternehmen im Vergleich zu kleinen Unternehmen von einem effizienteren Umgang von Forschung und Entwicklung und einem erleichterten Zugang zu Investitionsmitteln gesprochen werden. Unter monopolistischer Marktmacht ermöglicht diese Konstellation ein abnehmendes Innovationsrisiko (Schumpeter-Hypothese). Dem wird entgegengesetzt, dass hierarchische Organisationsstrukturen in Großunternehmen zumindest einen Teil der latenten Vorteile zunichte machen (Nelson u. Winter 1982: 115). Lässt sich eine Marktstruktur von kleineren und mittelgroßen Unternehmen beobachten und haben sich gleichwohl monopolistische oder oligopolistische Tendenzen auf diesen Teilmärkten herausgebildet, kann das Argument der organisationalen Hemmnisse nicht gehalten werden. Mit abnehmender Unternehmensgröße sinken jedoch zum einen die Bereitschaft zur Übernahme von hohen Innovationsrisiken und zum anderen auch die unternehmerischen Möglichkeiten einer in großem Maßstab gewinnbringenden Verwertung von Innovationen. Mehr über die branchenübergreifende Einführung und Verbreitung von Innovationen als über deren Entstehung entscheiden aus der Marktstruktur hervorgehende Marktzutrittsbarrieren. Im allgemeinen fällt der Marktzutritt auf neuen, aber auch auf etablierten Teilmärkten mit einer eher geringen Anzahl kleiner und mittelgroßer Wettbewerber leichter als auf einen monopolisierten Markt von Großunternehmen mit über die Zeit gefestigten Kundenbeziehungen.

Die Betonung der Wertschöpfungsposition und des darin angelegten Geschäftsfeldes begründet sich im Wesentlichen aus den Abnehmereigenschaften. Eine direkte Interaktion mit den Endkunden kann zu Lerneffekten und stetigen Verbesserungen führen. Schmookler (1966) erwartet aus der Anregung der Unternehmerinitiative durch Nachfragekräfte nicht einen allgemeinen Suchprozess mit ungewissen Folgen, sondern eine motivierte Forschungstätigkeit, die zudem eine gezielte Anwendung im Auge hat. Oftmals beginnend mit Nischenstrategien zeugen vielfältige Beispiele aber auch davon, dass die Innovationstätigkeit nicht ausschließlich an eine nachfrageinduzierte Motivation gebunden ist. Deutlich bleibt jedoch, wie evident die Rückkopplung zwischen Entwicklungs- und Anwendungskontext für motivationale Faktoren der Innovationstätigkeit und eine Anpassung an die Kundenbedürfnisse ist und das eine enge Interaktion zu einer Senkung von Transaktions- und Informationskosten beitragen kann.

Ein Industriesektor besteht aus einer Vielzahl von Teilmärkten mit unterschiedlichen Merkmalen. Für den Zusammenhang zwischen Marktstruktur und Innovationen stellt sich der Parameter einer unterschiedlichen technologischen Reife als wesentliche relevante Größe heraus (Abernathy u. Utterback 1975, 1978). Die Gliederung der Wertschöpfung folgt in nahezu allen Industriesektoren einem einheitlichen Schema:[2] Beginnend mit der Produktion von Basisgütern bilden sich über eine Reihe von Zwischenstufen verschiedene Branchen und Teilmärkte für hoch spezialisierte Endprodukte. Die Technologie und die Märkte für Basisgüter sind in hinreichendem Maß definiert, die Produktcharakteristika sind bekannt und folgen oftmals Standards. Mit dem über die Zeit akkumulierten Wissen ist ein effizienter Umgang mit der eingesetzten Technologie möglich. In den gesättigten Märkten für Basisgüter sind die Gewinnmargen bei hoher Kapitalintensität der Herstellungsverfahren typischerweise niedrig. Wettbewerb wird in diesen Teil-

---

[2] Vgl. hierzu ausführlicher mit Blick auf die Chemische Industrie Kapitel 7 von *Frohwein* in diesem Band zur Porter-Hypothese.

märkten in erster Linie über den Preis ausgetragen. Der Wettbewerb über den Preis zwingt Unternehmen, eine Strategie der Kostenführerschaft (Porter 1999) zu verfolgen. Prozessinnovationen führen in diesem Umfeld zum größten Teil zu inkrementalen Verbesserungen der Produktivität und verfestigen den Technologiepfad. Die Rigidität gegenüber Systeminnovationen begründet sich zum einen auf die Konzentration weniger Geschäftsfelder und einer geringen Flexibilität aufgrund von starken Verflechtungen in der Wertschöpfung und zum anderen auf die Vermeidung von versunkenen Kosten aus der akkumulierten Wissensstruktur.

Hingegen vereinen Unternehmen am Ende einer Wertschöpfungskette Eigenschaften, die ihnen spezifische Wettbewerbsvorteile durch Produktinnovationen eröffnen. In weiter untergliederten Teilmärkten bieten sich Vorteile durch Spezialisierung und Flexibilität. Differenzierung bedeutet eine weniger restriktive Vorbedingung für die mit Innovationen verbundenen Änderungen. Der in diesem Wertschöpfungssegment vorherrschende Qualitätswettbewerb motiviert zu immer fortlaufenden Produktinnovationen. Die Folge sind zum Teil günstigere Voraussetzungen für radikale Innovationen sowie deren Durchsetzung am Markt. Aus dem Blick auf den typischen Wertschöpfungsverlauf und deren Konsequenz für Unternehmensstrategien lassen sich Aussagen zu der technologischen Reife von Marktsegmenten treffen: Basisgüter und die zu ihrer Herstellung benötigten Technologien befinden sich in der Reifephase. Technologischer Wandel und Innovationen zielen in erster Linie auf graduelle und kumulative Produktionsverbesserungen ab. Die Herstellung von Gütern am Ende der ökonomischen Wertschöpfung ist in um ein vielfach differenzierteren Branchen bzw. Teilmärkten angestiegen. Wettbewerbsvorteile aus Produktinnovationen ergeben sich aus der ständigen innovativen Tätigkeit. Kennzeichnend ist die Unbestimmtheit der Entwicklungsmöglichkeiten, da sich die Produkte in der Entstehungs- bzw. Diffusionsphase befinden.

Mit den genannten Überlegungen zu den verschiedenen Betrachtungsebenen, sind auch die differenzierten Einflussfaktoren für Innovationen benannt. Im Hinblick auf die besonderen Umstände der Chemischen Industrie und der prognostizierten vielfältigen Auswirkungen der zukünftigen Chemikalienregulierung soll fortfolgend das bisherig verfolgte ganzheitliche Analyseschema der drei interagierenden Erklärungsebenen beibehalten werden. Dazu wird im folgenden Abschnitt zunächst der Begriff der Regulierung auf die in der Debatte stehenden ordnungsrechtlichen Maßnahmenbündel eingegrenzt, bevor in einer allgemeinen Sichtweise auf Regulierungswirkungen in den einzelnen Erklärungsebenen zurückgekommen werden kann.

## 2.4 Der Einfluss von Regulierung auf die Innovationsfaktoren

### 2.4.1 Arten und Formen von Regulierung

Die Hervorbringung und direkte Förderung von Innovationen war zu keiner Zeit explizite Stoßrichtung von Umweltpolitik (Zimmermann et al. 1998: 16). Allenfalls bewegte sich die Betrachtung von Innovationen im Rahmen der Bewertung verschiedener Instrumententypen, um so auf die dynamische Anreizfunktion umweltpolitischer Instrumente aufmerksam zu machen. Wie für die Mehrzahl aller umweltpolitischer Gesetzgebungen und ihrer Instrumente kann auch für die Chemikalienregulierung gelten, dass sie in erster Linie auf die Vermeidung von Schäden an Mensch und Umwelt gerichtet ist. Aus der traditionell verfolgten Perspektive sind Innovationen bestenfalls eine latente Folge umweltpolitischer Gesetzgebung. Im Unterschied dazu sind wir hier jedoch von den originären Bestimmungsgründen von Innovationen ausgegangen und fragen danach, ob und in welcher Qualität eine ordnungsrechtlich ausgestaltete Umweltpolitik auf die verschiedenen Bestimmungsgründe und innovationsbestimmenden Parameter Einfluss nehmen kann.

Zentrale Bereiche der umweltpolitischen Gesetzgebung sind Regulierungen zur Steuerung der Inanspruchnahme von Umweltressourcen. Regulierung als eine Form staatlichen Handelns bedarf einer geeigneten Instrumentierung. Zur Anwendung kommen zwei Arten von Instrumenten. Marktorientierte Instrumente zielen auf eine Verhaltensänderung, die wirtschaftliche Tätigkeit über die Beeinflussung von Preisen zu lenken versucht. Der Katalog ordnungsrechtlicher Maßnahmen umfasst Ge- und Verbote, mit denen Handlungsräume gezielt geschlossen oder erlaubte Handlungsspielräume definitorisch festgelegt werden.

Die Chemikalienregulierung ist ein Teilbereich der Umwelt- und Verbraucherschutzpolitik (soziale Regulierung), die von ordnungsrechtlichen Regulierungsstrategien dominiert ist. Ihr Gegenstand ist die Reduzierung von Risiken chemischer Stoffe für Mensch und Umwelt, die im Produktionsprozess und im Ge- und Verbrauch entstehen. Mit dieser Zielstellung ist der Regulierungszweck nicht auf den Industriesektor der Chemischen Industrie beschränkt, sondern wirkt branchenübergreifend. Für Unternehmen der Chemieindustrie und nachfolgender Industriezweige hat die neue europäische Chemikalienregulierung die Form einer ordnungsrechtlichen Marktzutrittsbeschränkung durch Produktregulierung. Nach Ablauf einer Übergangsfrist dürfen nur Produkte der Chemischen Industrie in Verkehr gebracht und vermarktet werden, bei denen kein Schadensrisiko für Mensch und Umwelt besteht oder bei ordnungsgemäßem Gebrauch ausgeschlossen werden kann. Um dieses Ziel sicherzustellen, ist die Industrie über differenzierte ordnungsrechtliche Ausgestaltungsmechanismen verpflichtet, umfangreiche Testdaten und Risikoanalysen bereitzustellen, mit denen sie eine sichere Herstellung, den Gebrauch und die Weiterverwendung von Chemikalien gewährleistet.

Unter dem Innovationsgesichtspunkt impliziert eine Produktregulierung Auswirkungen auf Innovationstätigkeiten in zweifacher Weise: Zum einen sollen durch sie insbesondere Produktinnovationen mit geringen Umwelt- und Gesundheitsrisiken begünstigt und Innovationen mit erheblichen Risiken begrenzt werden, zum anderen sollen sich gleichfalls die Chancen für eine erfolgreiche Vermarktung risikoarmer Produkte verbessern. Die Effekte einer umweltpolitischen Regulierung auf die Innovationsaktivitäten bemessen sich also nach dem Umfang und der Richtung produktbezogener Innovationen in den betroffenen Wirtschaftszweigen. Produktregulierungen beeinflussen die Innovationstätigkeit jedoch nicht nur dadurch, dass sie den Marktzugang verweigern oder unter Auflagen einschränken, sondern auch indem sie durch ihre zum Teil erheblichen Informationsanforderungen den Parameter Entwicklungskosten erhöhen und den Zeitpunkt der Markteinführung verschieben. Zudem besitzen Produktregulierungen den Effekt einer Erhöhung von Unsicherheiten für die Unternehmen, die bei der Beurteilung von Erfolgschancen eine erhöhte Risikoprämie zugrunde legen, so dass die Zahl von Innovationsvorhaben tendenziell zurückgeht.

Wie wir zeigen konnten, erhalten Analysen von Regulierungswirkungen auf die Innovationstätigkeit ihre Aussagekraft aus der Berücksichtigung verschiedener Erklärungsebenen. Die folgenden Abschnitte legen im Einzelnen dar, welche Wirkungen ein Regulierungsimpuls auf die Bestimmungsgründe für Innovationen besitzen kann.

### 2.4.2 Auswirkungen auf die Individualfaktoren

Die Einteilung der persönlichen Faktoren der Innovationskompetenz in kognitive und motivationale Komponenten bringt nunmehr die Frage auf, welche regulativen Bedingungen Kreativität und Motivation fördern bzw. innovatives Verhalten behindern. Aus der vorgetragenen Sicht ist weiter zu fragen, wie der Prozess des kreativen Ergänzens bestehender durch neue Handlungsmöglichkeiten unterstützt werden kann oder ob regulative Faktoren restriktiv auf das kreative Verhalten von Unternehmern einwirken. Ebenfalls ist die Wirkung auf motivationale Gesichtspunkte kritisch zu hinterfragen, können sie letztlich doch die entscheidende Komponente für die Verwirklichung von Innovationen sein.

Zentrale Größe für kreative Prozesse – vereinfacht als Neuschöpfung und Neukombination bereits vorhandener kognitiver Komponenten aufgefasst – ist das individuelle Wissen über Handlungsalternativen und deren Erfolgsmöglichkeiten. Wissen wiederum begründet sich auf Lernerfahrungen (Zimmermann et al. 1998: 32). Unterschiedliche kreative Reaktionen sind im Ergebnis auf verschiedene individuelle Problemwahrnehmungen zurückzuführen. Neben der gezielten Förderung und des Aufbaus spezifischen Wissens ist es also Aufklärung über die Problemerkennung und Stärkung des Problembewusstseins, die zu einer Steigerung kognitiver Fähigkeiten beitragen können. Mit der Vorgabe von Standards kann Regulierung aber auch dazu beitragen, spezifisches Wissen zu konservieren und so den Weg der Realisierung neuen Wissens behindern.

Selbst wenn die Bedingungen eines kreativen Wissenserwerbs durch Regulierung begünstigt werden, stellt sich die Frage nach den Auswirkungen einer Regulierung auf die Motivation, innovatives Verhalten hervorzubringen. Die Basismotivation gilt räumlich als auch zeitlich relativ konstant und wird daher als kaum beeinflussbar eingeschätzt (Witt 1994: 505). Die Beantwortung der Frage einer regulativen Beeinflussung von kognitiv motiviertem Innovationsverhalten ist weitaus schwieriger zu beantworten und führt zu der satisficing-These zurück. Eine Motivation, nach Innovationen zu suchen, wird nach dieser These umso stärker sein, je größer sich die Differenz zwischen dem Ist-Zustand und dem Anspruchsniveau bemisst. Regulative Zielgröße muss also das Anspruchsniveau sein. Je größer der verbleibende Handlungsspielraum ist, in dem eine Konkurrenzsituation um Innovationsvorteile besteht und je weniger eine Regulierung Einfluss auf einen wirtschaftlichen Misserfolg besitzt, desto stärker wird sich das Anspruchsniveau von dem aktuellen Ist-Zustand abheben und Raum für Innovationen freigeben. Für eine innovationsorientierte Umweltpolitik bedeutet das, den scheinbaren Widerspruch zwischen Schutzzieleffizienz und Innovationsfreundlichkeit aufzulösen. Ein größtmögliches Maß an Innovationsmotivation kann von regulativer Seite impliziert werden, indem Kosteneffizienz und die Anerkennung regulativer Wissensbeschränkungen Kriterien bei der Verfolgung der gesetzten Schutzziele sind. Darüber hinaus besteht auch im Zusammenhang mit der Leistungsmotivation ein erhebliches regulatives Potenzial der Beeinflussung. Eine Förderung leistungsmotivierten Innovationsverhaltens bedeutet, für Unternehmen wohlkalkulierbare Risiken zu schaffen, bei denen nicht sichere, wohl aber günstige Aussichten auf einen wirtschaftlichen Erfolg aus Innovationstätigkeit bestehen. Eine Überforderung, die spezifisches unternehmerisches Wissen obsolet werden lässt und dazu ein Übermaß neuer finanzieller Restriktionen bedeuten kann, macht das mögliche Leistungsergebnis von externen Faktoren und nicht von eigenen Fähigkeiten abhängig und ist damit nicht geeignet, leistungsmotiviertes Innovationsverhalten zu fördern. Zu der Frage einer regulativen Förderung leistungsmotivierten Innovationsverhaltens gehört auch der institutionalisierte Schutz von Eigentumsrechten. Denn die Aussicht auf Pioniergewinne ist Grundlage für die Entscheidung, Risiken einzugehen und Kosten aufzuwenden.

### 2.4.3 Regulierung und einzelbetriebliche Unternehmensfaktoren

Neben die individuellen Bestimmungsgründe für Innovationsverhalten treten die in Abschnitt 2.3.3 genannten unternehmensinternen Innovationsbedingungen. Die eingesetzte Technologie, die verfügbaren Ressourcen und die Aneignungsmöglichkeiten von Innovationsvorteilen bestimmen das Momentum des Unternehmens im Wettbewerb und sind ausschlaggebende unternehmensspezifische Eigenheiten, die auch über das Maß der Einflussnahme einer Produktregulierung auf die Innovationsaktivität entscheiden.

Mit der verfolgten Technologie eines Unternehmens, die sich entlang historisch geprägter und durch Vernetzung verstärkter Linien entwickelt, sind zumeist inkrementelle Verbesserungen verbunden. Obwohl die eingeschlagene Innovationsrichtung wegen zu großer Umweltbelastungen zu einem ökologisch als auch ökonomisch suboptimalen Zustand führen kann, fällt es wegen der genannten Verfestigungstendenzen schwer, sich davon zu lösen. Prinzipiell denkbare und technologisch durchführbare Neuerungen, die zu einer Verminderung der Umweltbelastung führen könnten, gelangen nicht zum Durchbruch. Die Aufgabe von Regulierung liegt nicht allein im Erkennen einer derartigen Problemsituation, sondern sie müsste die relativen Preise schockartig und in extremer Weise zum Nachteil der unerwünschten Innovationsrichtung verändern (Linscheidt 2000: 27). Ordnungspolitisch bedeutet dies für eine Produktregulierung, dass sie mit streng definierten Ge- und Verboten Handlungsbeschränkungen auferlegt, die erwünschten Produktinnovationen den Marktzugang erleichtert und eine Vermarktung von Produkten mit hohen Umweltrisiken nicht oder unter prohibitiven Auflagen gestattet. Zusätzlich ist eine geringe regulatorische Unsicherheit hilfreich, wenn die Begünstigung von dauerhaften Vorteilen aus umweltgerechten Innovationen der Aufgabe von Lernvorteilen und Vernetzungsstrukturen gegenübersteht.

Die Wissens- und Kapitalressourcen eines Unternehmens sind integrale Bestandteile für die erfolgreiche Realisierung von Innovationsvorhaben. Obwohl aus der Höhe der finanziellen Aufwendungen für Forschung und Entwicklung nicht zwingend Aussagen über den Umfang und die Richtung von Innovationen getroffen werden können, ist sie eine wichtige Voraussetzung für Innovationsaktivitäten. Jedoch binden Regulierungen auch Kapitalressourcen und schaffen dadurch Opportunitätskosten. Insbesondere umweltpolitische Produktregulierungen zeichnen sich durch einen hohen Grad an Informationsanforderungen über die Eigenschaften und möglichen Gefahrenpotenziale aus, die einen gesteigerten Einsatz von Humankapital und eine Erhöhung der Entwicklungskosten zur Folge haben (Ashford u. Heaton 1973). Gleichzeitig verschieben sich wichtige Parameter, an denen Investitionsvorhaben in neue Produkte bewertet werden. Die investive Bindung finanzieller Ressourcen ist durch Lernoptionen (Hommel u. Pritsch 1999) auch von Änderungen regulativer Bedingungen abhängig. Investitions- oder Desinvestitionsentscheidungen in Innovationsprojekte hängen von den Möglichkeiten ab, Lernkurveneffekte zu realisieren und Unsicherheiten zu begegnen. Produktregulierungen beinhalten eine Reihe von Anforderungen, an denen sich Innovationsprojekte ausrichten und durch die Fehlentwicklungen frühzeitig erkannt werden können. Die angesichts höherer Innovationskosten und -zeiten getroffene Zusammenstellung von Innovationsprojekten führt zu einem Portfolioeffekt (Fleischer 2001: 13). Der Portfolioeffekt beeinflusst mögliche Innovationsfelder in ihrer Rate, der Richtung und ihrer Verbreitungsgeschwindigkeit. Regulierung kann auch auf neue Wachstumsoptionen hinweisen und mit langfristig definierten Schutzzielen Sicherheit über zukünftige Entwicklungspfade schaffen. Damit reduziert sie Unsicherheitsfaktoren in der Optionsbewertung von Investitionsprojekten für Forschung und Entwicklung und ist ein wesentlicher, regulativ gesetzter Impuls für die Richtung von Innovationen.

Die von einem Unternehmen getätigten Aufwendungen von Human- und Finanzkapital für Forschung und Entwicklung dienen einem Zweck: der Verbesserung der Wettbewerbsposition durch eine auf Kostenoptimierung ausgerichtete neue Verfahrenstechnik oder um Pioniergewinne mit einer Differenzierung mit innovativen Produkten zu erreichen. Für beide genannte Fälle ist die Garantie über einen durch Gesetzeskraft gewährleisteten Rückfluss ein integrativer Bestandteil der Investitionsentscheidung in Forschung und Entwicklungsprojekte. Umweltpolitische Regulierungen, die den Marktzutritt nur unter Auflagen erteilen, binden Ressourcen von Unternehmen in Form von regulierungsbedingten Aufwendungen; allein nicht nur in der bestehenden Wertschöpfung, sondern auch der kosten- und zeitmäßigen Aufwendungen für Innovationsprojekte. Für den Innovationsanreiz unter einer Auflage ist von entscheidender Bedeutung, wie lange und in welcher Höhe sich Vorsprungsgewinne aus einem durch die Innovation erleichterten Marktzutritt erzielen lassen. Die für umweltpolitische Fragestellungen erwünschte schnelle Diffusion von Innovationen, die ein höheres Schutzniveau für Mensch und Umwelt versprechen, gerät hier mit dem wettbewerblichen Innovationsanreiz in Konflikt. Um Trittbrettfahrertum zu vermeiden und den Motivationsanreiz in regulierungszielkonforme Innovationen zu wahren, sind rechtliche Schutzmechanismen, wie Patente auf Zeit oder temporäre Verfügungsrechte über die Nutzung relevanter Informationen ein geeigneter Weg. Der zeitlich beschränkte Schutz von Eigentumsrechten stärkt die Aneignungsbedingungen für das innovierende Unternehmen und spielt eine bedeutende Rolle, einerseits die Innovationsanreize für Unternehmen zu erhalten und andererseits die Diffusion von Innovationen zum Schutz von Mensch und Umwelt zu gewährleisten.

### 2.4.4 Regulierung und deren Wirkungen auf Innovationsfaktoren im Markt

Das wettbewerbliche Umfeld von Unternehmen wurde in Form des Zusammenspiels von Konzentrationsgrad und Unternehmensgrößen, der Wertschöpfungsposition und der technologischen Reife als ein wesentlicher Erklärungsbaustein für die Innovationstätigkeit definiert. Eine umweltpolitische Regulierung kann in Form einer Produktregulierung auf indirektem Weg zum Teil auch das Zusammenspiel dieser marktlichen Komponenten und Innovationsanreize beeinflussen.

Regulierungen besitzen in vielen Fällen nicht intendierte Nebenwirkungen, die die Innovationstätigkeit einer ganzen Branche bestimmen können. Ausgehend von neu geschaffenen Marktzutrittsrechten besitzen Produktregulierungen das Potenzial, über nicht beabsichtigte Veränderungen der Marktstruktur auch das Innovationsergebnis zu beeinflussen. Für marktetablierte Unternehmen entstehen diese Nebenwirkungen direkt aus den neuen Anforderungen der Regulierung. Die unterschiedliche Aufnahme- und Verarbeitungsfähigkeit von Unternehmen (vgl. Abschnitt 2.3.3) für regulativ verursachte Aufwendungen kann in einem weiteren Schritt durch Marktaustritte oder Marktkonzentrationen die wettbewerbliche Struktur der Branche verändern (Ashford et al. 1979: 181). Für neue Unternehmen äußern sich die Folgen einer Regulierung vielfach in insgesamt zu hohen Markteintrittsbarrieren. Zusammengefasst sind regulativ veränderte Bedingungen des Marktzutritts verantwortlich für eine im Zeitablauf veränderte Zusammensetzung des relevanten Teilmarktes aus großen und kleineren Unternehmen und dem Ausmaß an monopolistischer Marktmacht. Auf diese Weise besitzen die strukturellen Wirkungen auf die Zusammensetzung betroffener Teilmärkte einen Effekt auf die Innovationstätigkeit und im Besonderen den Umfang und das Ziel von Innovationen in diesen Branchen. In dem Maß, wie eine Regulierung in Teilmärkten aber auch Marktchancen gerade für neue Unternehmen generiert, steigert sie die Motivation für etablierte Marktteilnehmer, ihre Innovationsanstrengungen zu erhöhen. Ashford (1979: 183) bezeichnet diesen langfristigen Effekt als den größten Innovationsbeitrag einer Regulierung.

Wie die vorangegangenen Untersuchungen gezeigt haben, liegt die Bedeutung der Wertschöpfungsposition für die Innovationstätigkeit in erster Linie in der durch die Kundenbeziehungen definierten Geschäftsfelder und den damit geschaffenen Nutzeneffekten durch lokales Wissen und Rückkopplungen. Eine enge Interaktion mit Endkunden war ausschlaggebend für Lerneffekte und stetige Verbesserungen. Nachfragekräfte sind speziell in diesem Wertschöpfungssegment die entscheidenden Innovationstreiber. Führt eine Regulierung zu einer Veränderung in der Zusammensetzung eines Teilmarktes, müssen betroffene Unternehmen zu Gunsten eines verstärkten Wettbewerbes unter Umständen auf diese relativen Vorteile verzichten. Mit neuen Marktchancen entstehen auch neue Kundenbeziehungen, die neue Wettbewerbsstrategien erfordern. Führt eine Produktregulierung zu Eingriffen in die Inputgrößen der Wertschöpfung selbst, sind zum Erhalt der Wettbewerbsposition Innovationen zur Neugestaltung der gesamten Produktionskette notwendig. Einen besonders großen Effekt besitzen diese Umgestaltungen, wenn aus der eigentlichen Produktion eine Vielzahl an Kuppelprodukten hervorgeht.

Typischer Weise finden sich innerhalb der gesamten Wertschöpfung unterschiedliche Phasen technologischer Produktreife. Der regulative Einfluss auf die Entwicklung neuer Technologien ist dadurch beschränkt (Abernathy u. Utterback 1978). In dem Innovations- oder Lebenszyklus einer Produkttechnologie unterscheiden sich Phasen mit offenen und flexiblen Entwicklungsmöglichkeiten, die zu Beginn der entwicklerischen Tätigkeiten bis hin zur Marktreife festzustellen und von technologischer Unsicherheit und unsicheren Vermarktungsmöglichkeiten gekennzeichnet sind, von eher stabilen Entwicklungsphasen reifer Technologien in etablierten Märkten. Variierende, für diese Phasen charakteristische Zielgrößen sind ein wichtiger Grund, weshalb externe Stimuli unterschiedliche Wirkungen auf die Innovationstätigkeit einer gesamten Branche besitzen. Der Impuls einer Produktregulierung, der neue Bedingungen des Marktzutritts definiert, ruft also im Unternehmen mit ausgereiften Produkttechnologien andere Innovationswirkungen hervor als in Unternehmen, die ihre Wettbewerbsstrategie auf eine Differenzierung von anderen Marktteilnehmern und ständige Neuentwicklung von innovativen Produkten ausgerichtet haben.

Umweltpolitische Regulierungen können neben den angestrengten Wirkungen auf den Schutz von Mensch und Umwelt auch nicht-intendierte Wirkungen auf die Zusammensetzung des Marktes und den Marktzutritt besitzen. Mit diesen möglichen Ergebnissen sind ebenfalls Auswirkungen auf die Innovationsaktivitäten verbunden. Eine Reorganisation der marktlichen Bedingungen und des wettbewerblichen Umfeldes verändern immer auch die Form, Zahl und Art der Innovationen in einer Branche oder Teilmarkt.

## 2.5 Schlussfolgerungen

Der Zweck von umweltpolitischen Regulierungen ist der Schutz des Menschen und der Umwelt vor Gefahren, die von wirtschaftlichen Aktivitäten ausgehen und die sich in einer Etablierung und Remanenz von Risiken zu Lasten Dritter äußern. Notwendig ist eine umweltpolitische Regulierung mit Einschränkungen und dem Ausschluss von Handlungsspielräumen verbunden. Eine Gleichsetzung dieses tautologischen Zusammenhangs mit der Verringerung von Innovationsaktivitäten, aus dem wiederum eine verschlechterte Wettbewerbsposition gefolgert wird, impliziert eine einseitige Sicht des Innovationsprozesses und führt zu systematischen Überschätzungen von regulativen Einflussmöglichkeiten. Überdies beinhaltet diese verkürzte Sicht eine bestimmte Perspektive auf innovationsrelevante Faktoren und setzt bestimmte Innovationsergebnisse als gegeben voraus. Obwohl bestimmten Regulierungsformen und -ausgestaltungen einen erheblichen und teilweise dominierenden Einfluss auf die Art, Anzahl und die Richtung von Innovationen ausüben können, kann mit der hier vorgestellten differenzierten Betrachtung des Innovationsverhaltens und deren vielschichtigen Faktoren einer generalisierenden Vorstellung nicht gefolgt werden.

Innovationen sind die wesentliche Zwischengröße für den Erhalt von Wettbewerbsfähigkeit und gleichermaßen der Schlüssel zur Lösung drängender Umweltprobleme. Der hier entwickelte Ansatz geht in seiner grundlegenden Betrachtung von kognitiven und motivationalen Verhaltenskonzepten aus und integriert unternehmensinterne und marktbezogene Innovationsfaktoren. Die so entwickelte Betrachtungsweise bildet auch die Grundlage für eine Auseinandersetzung mit regulativen Einflüssen. Der Regulierungseinfluss auf die Innovationstätigkeit wird im Wesentlichen durch Änderungen im Zusammenspiel von unternehmensinternen Innovationsfaktoren und marktlichen Anreizmechanismen bestimmt. Beide genannten Felder von Innovationsfaktoren werden aber erst durch das individuelle Innovationsverhalten und die Motivation, nach neuen Handlungsmöglichkeiten zu suchen und zu implementieren, wirksam. Das innovative Potenzial eines Unternehmens ist eine Funktion der Kreativität und der Fähigkeiten, die sich in seinem Wissenskapital widerspiegeln. Hinzu kommt die Motivation, nach Innovationen zu suchen und dazu Ressourcen bereitzustellen und das Ergebnis der Forschungs- und Entwicklungstätigkeit zum Nutzen des Unternehmens in marktreife Produkte übergehen zu lassen.

Aus der detaillierten Auseinandersetzung mit Unternehmenseigenschaften und den für einzelne Unternehmen verschieden Marktvariablen kristallisierten sich drei Einflussparameter einer Produktregulierung heraus. Für Unternehmen entstehen unmittelbar zusätzliche Kosten, die Entscheidungen über Innovationsprojekte beeinflussen und für die Umschichtung und Verlagerung von Investitionen verantwortlich sind. In dem Maß, wie die Erfüllung der Marktzutrittsbedingung mit erhöhten Entwicklungszeiten verknüpft ist, führen die Auflagen einer Produktregulierung zu einem verzögerten Marktzutritt. Darüber hinaus kann die Regulierung als eine zusätzliche Quelle von Unsicherheit auftreten. Eine Förderung leistungsmotivierten und proaktiven Innovationsverhaltens bedeutet, für Unternehmen keineswegs sichere, aber wohlkalkulierbare Risiken zu schaffen, bei denen günstige Aussichten auf wirtschaftlichen Erfolg aus Innovationstätigkeit bestehen.

Neben diesen direkten Effekten ist eine Reihe von nicht-intendierten Auswirkungen möglich, die wie veränderte Markt- und Wettbewerbsstrukturen ebenso über den Inhalt von Innovationsaktivitäten bestimmen. Mit den durch die Regulierung intendierten Neugestaltungen von z.B. Marktzutrittsrechten und den nicht-intendierten Wirkungen auf die Möglichkeiten und Fähigkeiten von Marktteilnehmern, Innovationen hervorzubringen, greift sie in den Prozess der Innovationstätigkeit ein und hat das Potenzial, die Rate und die Richtung von Innovationsaktivitäten zu steuern. Vermieden werden muss eine Steuerungseuphorie, die in erster Linie auf ein Lenkungsstreben hin zu einer bestimmten Innovationsrichtung gerichtet ist. Denn das einseitige Regulierungsziel einer Innovationsrichtung birgt durch eine Fehlbeanspruchung wirtschaftlicher Kapazitäten und eine Überschätzung regulativer Einflussmöglichkeiten in sich selbst das Risiko des Abschneidens nachhaltiger und gleichzeitig ökonomisch erfolgreicher Entwicklungspfade (Kerwer 1997).

Innovationswirkungen einer Regulierung können nicht auf eine gesamte Branche generalisiert werden. Differenzierte Innovationswirkungen sind das Ergebnis unterschiedlicher situativer Gegebenheiten, die in der verschiedenen Ausprägung von Innovationsfaktoren des Verhaltens, des Unternehmens und des relevanten Marktes liegen. Neu gestaltete Marktzutrittsbestimmungen können sich für einige Unternehmen als vorteilhaft erweisen, während sie für andere nachteilige Wirkungen im Wettlauf um Wettbewerbsvorteile besitzen. Auch kann der Regulierungsimpuls keineswegs als uniform bezeichnet werden. Gerade umweltpolitische Regulierungen sind komplex in ihren Zielvariablen und lösen in den verschiedenen Betrachtungsebenen interagierende Änderungen auf die Innovationsfaktoren und damit das Innovationsverhalten aus, die eine generalisierende Aussage unmöglich machen.

Das Erreichen umweltpolitischer Ziele ist eng mit der Einführung und Verbreitung von Innovationen verbunden. Aus der Auseinandersetzung mit grundlegenden Wirkungszusammenhängen und Faktoren des Innovationsverhaltens von Unternehmen kristallisieren sich wesentliche Grundprinzipien einer innovationsfreundlichen Umweltpolitik heraus: Stringenz in der Definition und der Verfolgung von Regulierungszielen senkt Unsicherheit und gibt Planungs- und Richtungssicherheit für Innovationsprojekte. Der gesetzgeberische Anspruch an die Zielerreichung muss sich dem Primat des begrenzten Regulierungswissens und des Erhaltens möglichst hoher Freiheitsgrade der unternehmerischen Innovateure unterordnen. Das Monitoring obliegt auf Kosteneffizienz ausgerichteten Bedingungen. Unter Beachtung dieser Grundregeln wird der für Innovationen offen stehende Freiheitsgrad nicht über das notwendige Maß hinaus eingeschränkt und das Potenzial der innovativen Lösung von Umweltproblemen gewahrt.

## Literatur

Abernathy WJ, Utterback JM (1975) A Dynamic Model of Process and Product Innovation. Omega, The International Journal of Management Sciences 3(6): 639–656

Abernathy WJ, Utterback JM (1978) Patterns of Industrial Innovation. Technology Review 80: 40–47.

Ashford WJ, Heaton G, Priest WC (1979) Environmental, Health and Safety Regulation and Technological Innovation. In: Hill CT, Utterback JM (eds) Technological Innovation for a Dynamic Economy. New York, pp 161–221

Ashford NA, Heaton GR (1983) Regulation and Technological Innovation in the Chemical Industry. Law and Contemporary Problems 46(3): 109–157

Borchert M, Fehl U, Oberender P (Hrsg) (1987) Markt und Wettbewerb. Festschrift für E. Heuß zum 65. Geburtstag. Haupt-Verlag, Bern Stuttgart

Denison EF (1985) Trends in American Economic Growth, 1929–1982. The Brookings Institution, Washington D.C.

Dixit A, Pindyck R (1994) Investment Under Uncertainty. Princeton University Press, Princeton (NY)

Dosi G (1982) Technological Paradigms and Technological Trajectories. Research Policy 11: 147–162

Dosi G (1988) Sources, Procedures and Microeconomic Effects of Innovation. Journal of Economic Literature 26: 1120–1171

Erdmann G (1993) Elemente einer evolutorischen Innovationstheorie. Mohr Siebeck, Tübingen

Fleischer M (2001) Regulierungswettbewerb und Innovationen in der Chemischen Industrie. Discussion Paper FS IV 01-09, Wissenschaftszentrum Berlin

Freeman C (1982) The Economics of Industrial Innovation. Pinter, London

Geisendorf S (2001) Evolutorische Ökologische Ökonomie. Metropolis, Marburg

Hayek FA von (1968) Competition as a Discovery Procedure (Translated by Marcellus S Snow (2002)The Quarterly Journal of Austrian Economics 5(3): 9–23)

Heckhausen H (1980) Motivation und Handeln. Springer, Berlin

Hesse G, Koch LT (1998) „Saltationismus" versus „Kumulative Variation-Selektion" – Die Entstehung einer Invention als Selbstorganisationsprozess. In: Pohlmann L, Krug H-J, Niedersen U (Hrsg) Selbstorganisation. Duncker & Humblot, Berlin, S 417–435

Hill CT, Utterback JM (eds) (1979) Technological Innovation for a Dynamic Economy. New York

Hiller P, Krücken G (Hrsg) (1997) Risiko und Regulierung. Soziologische Beiträge zu Technikkontrolle und präventiver Umweltpolitik. Suhrkamp, Frankfurt

Hommel U, Pritsch G (1999) Marktorientierte Investitionsbewertung mit dem Realoptionsansatz: Ein Implementationsleitfaden für die Praxis. Finanzmarkt und Portfolio Management 13: 121–144

Kamien MI, Schwartz N L (1982) Market Structure and Innovation. Cambridge University Press, Cambridge

Kanzenbach E (1967) Die Funktionsfähigkeit des Wettbewerbs. Göttingen

Kemp R (1997) Environmental Policy and Technical Change: A Comparison of the Technological Impact of Policy Instruments. Edward Elgar, Cheltenham

Kerwer D (1997) Mehr Sicherheit durch Risiko? Aaron Wildavsky und die Risikoregulierung. In: Hiller P, Krücken G (Hrsg) Risiko und Regulierung. Soziologische Beiträge zu Technikkontrolle und präventiver Umweltpolitik. Suhrkamp, Frankfurt, S 253–278
Klemmer P, Lehr U, Löbbe K (1999) Umweltinnovationen. Analytica, Berlin
Linscheidt B (2000) Umweltinnovationen durch Abgaben. Duncker & Humblot, Berlin
Lucas RE (1988) On the Mechanics of Economic Development. Journal of Monetary Economics 22: 3–42
Lucas RE (1990) Why Doesn't Capital Flow from Rich to Poor Countries? American Economic Review 80(2): 92–96
McClelland D (1976) The Achieving Society. Irvington Publishers, New York
Metcalfe JS (1994) Evolutionary Economics and Technology Policy. Economic Journal 104: 931–944
Nelson RR, Winter SG (1982) An Evolutionary Theory of Economic Change. Harvard University Press, Cambridge
Oppenländer KH (1988) Wachstumstheorie und Wachstumspolitik. Vahlen, München
Pohlmann L, Krug H-J, Niedersen U (Hrsg) (1998) Selbstorganisation. Duncker & Humblot, Berlin
Porter ME (1999) Wettbewerbsstrategie. Campus, Frankfurt
Richter R, Furubotn E (1996) Neue Institutionenökonomik. Mohr Siebeck, Tübingen
Romer PM (1986) Increasing Returns and Long-Run Growth. The Journal of the Political Economy 94: 1002–1037
Romer PM (1990) Endogenous Technological Change. The Journal of the Political Economy 98(5): 71–102
Röpke J (1977) Die Strategie der Innovation. Mohr Siebeck, Tübingen
Röpke J (1980) Zur Stabilität und Evolution marktwirtschaftlicher Systeme aus klassischer Sicht. In: Streissler E, Watrin C (Hrsg) Zur Theorie marktwirtschaftlicher Ordnungen. Mohr Siebeck, Tübingen, S 124–154
Röpke J (1987) Möglichkeiten und Grenzen der Steuerung wirtschaftlicher Entwicklung in komplexen Systemen. In: Borchert M, Fehl U, Oberender P (Hrsg) Markt und Wettbewerb. Festschrift für E. Heuß zum 65. Geburtstag. Haupt-Verlag, Bern Stuttgart, S 227–243
Schmookler J (1966) Invention and Economic Growth. Harvard University Press, Cambridge
Schumpeter JA (1911) Theorie der wirtschaftlichen Entwicklung. München und Leipzig
Schumpeter JA (1942) Capitalism, Socialism and Democracy. Harper & Row, New York
Solow RM (1957) Technical Change and the Aggregate Production Function. Review of Economics and Statistics 39: 312–320
Streissler E, Watrin C (Hrsg) (1980) Zur Theorie marktwirtschaftlicher Ordnungen. Mohr Siebeck, Tübingen
Streit ME (1999) Rechtsordnung und Handelnsordnung. Diskussionsbeitrag 6/99, Max-Planck-Institut zur Erforschung von Wirtschaftssystemen
Wegner G (1991) Wohlfahrtsaspekte evolutorischen Marktgeschehens: neoklassisches Fortschrittsverständnis und Innovationspolitik aus ordnungstheoretischer Sicht. Mohr Siebeck, Tübingen
Witt U (1987) Individualistische Grundlagen der evolutorischen Ökonomik. Mohr Siebeck, Tübingen
Zimmermann H, Otter N, Stahl D, Wohltmann M (1998) Innovationen jenseits des Marktes. Analytica, Berlin

# Kapitel 3

# Auf der Suche nach dem innovationsfördernden Politikmuster für die neue europäische Chemikalienpolitik

Ralf Nordbeck

BOKU-Universität für Bodenkultur, Institut für Wald-, Umwelt- und Ressourcenpolitik, Feistmantelstr. 4, 1180 Wien

## 3.1 Einleitung

In der Umweltforschung wird seit Mitte der neunziger Jahre eine ausführliche Debatte über die Innovationswirkungen regulativer Umweltpolitik geführt (Hemmelskamp 2000; OECD 2000; Porter u. van der Linde 1995a, 1995b; SRU 2002). Die international vergleichende Umweltpolitikforschung hat dabei in den letzten Jahren eine Reihe von Determinanten heraus gearbeitet, die Anreize für Innovationen zum nachhaltigen Wirtschaften durch politisch gesetzte Rahmenbedingungen darstellen (Jänicke 1997; Jänicke et al. 2000). Dazu zählen in erster Linie ein flexibel abgestuftes Instrumentarium, ein kooperativer Politikstil und die Integration und Vernetzung der beteiligten Akteure und Instanzen im Rahmen des Willensbildungs- und Entscheidungsprozesses.

Der Reformprozess zur europäischen Chemikalienpolitik enthält einige dieser Elemente eines innovationsfördernden Politikmusters. Mit der neuen Chemikalienpolitik soll nicht nur die geltende Chemikalienregulierung modernisiert, sondern über die Erfüllung der Schutzziele hinaus auch die Innovations- und Wettbewerbsfähigkeit der chemischen Industrie gestärkt werden. Diese Kombination von Zielen scheint auch dringend notwendig, gilt doch die momentane Chemikalienregulierung vor allem im Bereich der Altstoffe als sehr ineffektiv (Europäische Kommission 1998) und im Bereich der Neustoffe im internationalen Vergleich als innovationshemmend (Fleischer et al. 2000; Fleischer 2001, 2003).

Nach mehrjähriger intensiver Diskussion hat die Europäische Kommission im Oktober 2003 einen Verordnungsvorschlag für die Registrierung, Bewertung und Zulassung von Chemikalien vorgelegt. In den Monaten vor der Veröffentlichung des Vorschlags sind die Reaktionen auf die künftige europäische Chemikalienpolitik in zunehmendem Maße kontrovers verlaufen. Besonders umstritten ist dabei die Wirtschaftsverträglichkeit der neuen Chemikalienregulierung. Die Kommission geht davon aus, dass die zukünftige Chemikalienpolitik zwar kurzfristig zu einer Belastung für die chemische Industrie in der Europäischen Union führen kann, sich aber auf mittel- und langfristige Sicht als ein Instrument zur Stärkung der Innovations- und Wettbewerbsfähigkeit der chemischen Industrie erweisen wird. Während nach Auffassung der Kommission die neue Chemikalienregulierung in vielen Punkten geradezu ein Musterbeispiel innovationsorientierter Umweltpolitik darstellt, betrachten die Unternehmen und die Industrie- und Wirtschaftsverbände die Vorschläge der Kommission als nicht praktikabel, überbürokratisch und wirtschaftsfeindlich. Die neue Chemikalienpolitik werde im Resultat die Innovations- und Wettbewerbsfähigkeit der europäischen Wirtschaft im internationalen Vergleich massiv verschlechtern.

Dieser Beitrag geht am Beispiel der Chemikalienregulierung dem Zusammenhang zwischen dem Politikmuster einer Regulierung, verstanden als Komposition aus den drei Elementen Instrumentierung, Politikstil und Akteurskonstellation, und den resultierenden Innovationswirkungen nach. Zu diesem Zweck legt der Beitrag in Abschnitt 3.2 zunächst die Determinanten eines innovationsfreundlichen Politikmusters dar, rekapituliert dann in Abschnitt 3.3 das Politikmuster der derzeitigen Chemikalienregulierung, zeigt in Abschnitt 3.4 den Wandel im Politikmuster der neuen Chemikalienregulierung und bewertet abschließend in Abschnitt 3.5 die möglichen Innovationswirkungen, die von dieser Neuordnung der europäischen Chemikalienpolitik ausgehen.

## 3.2 Determinanten innovationsfreundlicher Politikmuster: Akteure, Politikstil und Instrumentenwahl

Um die umweltpolitischen Rahmenbedingungen für Innovationen auf der nationalen und europäischen Ebene zu verbessern, sind in den vergangenen Jahren eine Reihe von neuen politischen Konzepten entwickelt und angewendet worden. Gemeinsam ist diesen Ansätzen, dass sie eine Ergänzung der traditionellen hierarchischen Steuerungsform des „command and control" um marktkonforme, informatorische und stärker auf Eigenverantwortung setzende Formen der Steuerung darstellen, wobei prozedurale Regulierungen, ökonomische Anreize, Selbstverpflichtungen und die Beteiligung gesellschaftlicher Akteure eine große Rolle spielen. Staatliche Umweltpolitik mittels ordnungsrechtlicher Instrumente wird in diesem Zusammenhang in der Regel nicht als das Mittel erster Wahl zur Förderung von Innovationen angesehen. Nach allgemeinem Verständnis ist regulative Umweltpolitik in erster Linie Schutzrecht, welches zwangsläufig die Handlungsmöglichkeiten der Adressaten der Regulierung einschränkt und daher generell als innovationshemmend gilt.

Eine Reihe von Autoren vertreten in der laufenden Diskussion über die Innovationswirkungen regulativer Umweltpolitik explizit eine gegenteilige Position und verweisen auf empirische Studien, die einen positiven Zusammenhang zwischen Umweltregulierung und Innovationen belegen (Ashford 1993, 2000; Porter u. van der Linde 1995a, 1995b). Sie behaupten dabei, dass sich die Kosten umweltpolitischer Regulierung auf der Unternehmensebene durch Effizienzsteigerungen im Ressourcenverbrauch kompensieren lassen. Diese argumentative Figur wird auch als Porter-Hypothese bezeichnet. Im Kern besagt diese These, dass eine strikte Umweltpolitik die betroffenen Unternehmen zu Innovationen und Effizienzsteigerungen veranlasst und dadurch zu einer Verbesserung der internationalen Wettbewerbsfähigkeit beitragen kann (Taistra 2001: 242). Die Voraussetzung hierfür bildet jedoch eine innovationsfreundliche Umweltpolitik, die nicht nur die Schärfe ihrer Maßnahmen, sondern auch die eingesetzten Instrumente am Ziel der Innovationsstimulierung ausrichtet (Taistra 2001: 246).

Empirische Studien zur Porter-Hypothese zeigen ein ambivalentes Bild und belegen den komplexen Zusammenhang zwischen Umweltregulierung und der Entstehung von Umweltinnovationen (Jaffe et al. 1995; Cleff u. Rennings 2000; Hemmelskamp 2000) Umweltpolitische Maßnahmen stellen lediglich *eine* Bestimmungsgröße des Innovationsverhaltens von Unternehmen dar, deren Wirksamkeit entscheidend von der Interaktion mit anderen Determinanten abhängt (SRU 2002: 44). Die Bedeutung der Ausgestaltung des Regulierungsprozesses ist schon in zahlreichen älteren Untersuchungen hervorgehoben worden (Ashford u. Heaton 1979, 1983; Rothwell 1980). Zusammenfassend schreibt Rothwell (1982: 19): „it appears that it is not regulation per se that generally causes the major negative impact, but rather the regulation formulation and implementation processes". Eine innovationsfreundliche Umweltregulierung lässt sich daher nicht auf den Einsatz einzelner Instrumente reduzieren. Für die Förderung von Umweltinnovationen bedarf es vielmehr eines innovationsfreundlichen Politikmusters, in dem der gesamte Verlauf des Willensbildungs- und Entscheidungsprozesses von entscheidender Bedeutung ist, und nicht nur die gewählte Einzelmaßnahme (Jänicke 1997).

Benz verweist in diesem Zusammenhang auf die Erfolgsbedingungen innovationsorientierter Politik und explizit auf das Wechselspiel zwischen der Steuerung von Innovationen durch die Politik und dem eigenen Innovationsbedarf der Politik. Er argumentiert, dass es für den Erfolg von innovationsorientierter Politik neben dem Wandel der Politikinhalte eben auch der Innovation in den Strukturen und Verfahren bedarf. Es existiere somit eine Wechselbeziehung zwischen Innovationen in den staatlichen Institutionen, in Politikinhalten und in den gesellschaftlichen Sektoren (Benz 1998: 131).

Die international vergleichende Umweltpolitikforschung hat in den letzten Jahren eine Reihe von Faktoren heraus gearbeitet, mit denen sich Anreize für Innovationen zum nachhaltigen Wirtschaften durch regulative Politik setzen lassen. Ein innovationsfreundliches Politikmuster muss demnach mindestens drei Dimensionen abdecken (Jänicke 1997; Blazejczak u. Edler 1999; Jänicke et al. 2000):

1. innovationsfreundliche Instrumente, die sich sinnvoll kombinieren lassen, ökonomische Anreize setzen und auf den Innovationsprozess in allen Phasen unterstützend wirken;
2. ein innovationsfreundlicher Politikstil, der dialogisch und konsensorientiert ist und die Kalkulierbarkeit von Politik erhöht, und
3. eine innovationsfreundliche Akteurskonstellation, die wichtige Interessengruppen in den Dialog einbezieht und dadurch die Integration und Vernetzung der beteiligten Akteure und Instanzen begünstigt.

**Instrumente**

Politikinstrumente sind die vielfältigen Hilfsmittel in den Händen einer Regierung zur Umsetzung politischer Ziele. Häufig wird zwischen vier Basistypen von Instrumenten unterschieden: (1) ordnungsrechtlichen Ge- und Verboten, (2) marktorientierten Instrumenten, (3) informatorischen Instrumenten und (4) freiwilligen Vereinbarungen. In der umweltökonomischen Literatur wird überwiegend die Ansicht vertreten, eine innovationsfreundliche Umweltpolitik müsse vermehrt ökonomische Instrumente wie Abgaben oder Zertifikate einsetzen, da diese Instrumente einen permanenten Anreiz bieten, nach Möglichkeiten der Emissionsminderung zu suchen (Michaelis 1996). Staatliche Auflagen seien hingegen systemimmanent von vornherein wenig innovativ, da sie die Forschungs- und Entwicklungstätigkeit in Bezug auf emissionsmindernde Techniken und Produkte nicht systematisch fördern (Cansier 1993: 223). In der neueren Literatur zur Umweltinnovationsforschung werden strikte umweltpolitische Regulierungen mittlerweile durchaus positiv bewertet, sofern sie flexibel ausgestaltet sind, Übergangsfristen nutzen, Gebrauch von ökonomischen Anreizen machen und frühzeitig die betroffenen Zielgruppen am Entscheidungsprozess beteiligen (Porter u. van der Linde 1995a).

Die Innovationswirkungen einzelner umweltpolitischer Instrumente zu identifizieren, hat sich empirisch als schwieriges Unterfangen heraus gestellt, zumal die verschiedenen Instrumente in der praktischen Politik in reiner Form kaum zur Anwendung gelangen (siehe die Beiträge in Klemmer 1999). Stattdessen setzt sich in der Umweltpolitikforschung „verstärkt die Erkenntnis durch, das intendierte Politikwirkungen nicht durch ein einzelnes optimales Instrument, sondern durch einen Mix unterschiedlicher Instrumente erzielt werden" (Blazejczak et al. 1999: 17). Empirische Studien belegen überdies, dass sich Umweltinnovationen nicht monokausal erklären lassen. Sie entstehen vielmehr aus einer Kombination von individuellen Umweltzielen, ordnungsrechtlichen Vorgaben und ökonomischen Anreizen (Lindscheidt u. Tidelski 1999: 146f.). Gefragt ist deshalb eine staatliche Umweltpolitik, die Instrumente sinnvoll kombiniert und sich an strategischer Planung und langfristigen Zielvorgaben orientiert. Insgesamt kann die Wirkung staatlicher Instrumente nicht losgelöst vom Politikprozess – von der politischen Thematisierung (Agenda Setting) bis zur Implementation – betrachtet werden (Jänicke 1997).

**Politikstil**

Mit dem Politikstil wird die Art der Zielbildung und der Implementation von Umweltpolitik beschrieben. Der Begriff des „Politikstils" ist dabei der generelle Versuch, kulturelle Aspekte eines politischen Systems wie Verhaltens- und Interaktionsmuster in die Analyse politischer Prozesse einzubeziehen. Der Begriff ist erstmals 1982 von Richardson et al. in die Policy-Analyse eingeführt worden (Richardson 1982). Mit ihrem Konzept des Politikstils verfolgten Richardson et al. das Ziel, die routinemäßigen Abläufe eines politischen Systems bei der Formulierung und Umsetzung von Politik zu beschreiben (Richardson et al. 1982: 2). Um das Konzept so einfach wie möglich zu halten, entwickelten sie eine Typologie zur Charakterisierung von Politikstilen, die auf zwei Merkmalen beruht: (1) der

Art des Regierungshandelns zur Lösung von Problemen, von antizipativem/aktivem Handeln bis zu reaktivem Handeln reichend, und (2) der Beziehung zwischen Regierung und gesellschaftlichen Akteuren (Pluralismus, Korporatismus, Etatismus). Das Resultat ist eine simple 2x2-Matrix mit der sich unterschiedliche Politikstile „verorten" lassen.

Ein dialogischer und konsensualer Politikstil kann die Planungssicherheit der Akteure verbessern und dadurch innovationsfördernd wirken, und die frühzeitige Beteiligung der Zieladressaten einer Regulierung ist geeignet, das dezentrale Wissen zu mobilisieren, welches zur Generierung von Innovationen eine entscheidende Rolle spielt (Blazejczak u. Edler 1999: 43). Die Art der Zielbildung und das zeitliche Timing einer politischen Maßnahme sind gerade für Innovationen als latente Wirkung einer Regulierung von hoher Bedeutung, und der Politikstil ist besonders in der für Innovateure wichtigen Vorphase politischer Entscheidungen relevant (Jänicke 1999: 77). Dazu gehört aber auch ein aktiver Politikstil, der Umweltprobleme frühzeitig angeht und durch anspruchsvolle umweltpolitische Ziele die Anreize für innovative Lösungen schafft und dadurch die Marktchancen von Anbietern neuer Lösungen verbessert. Nur mit einer Umweltpolitik, die kalkulierbar, verlässlich und kontinuierlich ist, schafft man die notwendige Planungssicherheit für die betroffenen Akteure und eröffnet Aussichten auf Lerneffekte und Skalenerträge (Blazejczak u. Edler 1999: 44).

**Akteurskonstellation**

Umweltinnovationen erwachsen nicht nur aus gezieltem staatlichen Handeln, sondern auch aus der Interaktion von staatlichen und nichtstaatlichen Akteuren unter komplexen Handlungsbedingungen (Jänicke u. Weidner 1995; Andersen 2000). „Die Akteurskonstellation betrifft die Frage, mit wem staatliche Stellen typischerweise ihre Ziele abklären, festlegen und implementieren" (Jänicke 1997: 10). Die Vernetzung der Akteure betrifft einerseits die staatliche Instanzen selbst, da zur Förderung von Innovationen oft eine Politikintegration vertikal über verschiedene politisch-administrative Ebenen (Europäische Union, Bund, Länder, Kommunen) und horizontal über verschiedene Politikfelder (z.B. Umwelt-, Forschungs- und Technologiepolitik) notwendig ist, und andererseits die Einbeziehung der Zielgruppen und Interessenverbände in den politischen Entscheidungsprozess. Das betreffende Politiknetzwerk kann dabei entweder pluralistisch offen sein und Umweltinteressen einschließen, korporatistisch organisiert sein mit oder ohne Berücksichtigung der Umweltinteressen, oder es handelt sich um einen „closed shop", ein abgeschlossenes Netzwerk das bestimmte Verursacherinteressen begünstigt.

Die Bedeutung von Akteursnetzwerken für Umweltinnovationen ergibt sich zum einen aus der Mobilisierung von dezentralem Wissen und daraus gewonnenen Kenntnissen über das Innovationspotenzial der Zielgruppe und zum anderen aus der Erhöhung der Implementationschancen einer Regulierung, da der Erfolg einer Regulierung auch vom Zusammenspiel zwischen Regulierenden und Regulierten abhängt und mit dem Zielkonsens der Akteure die Bedeutung des Instrumentariums sinkt (Jänicke 1997; Mayntz 1983). Eine enge Vernetzung zwischen den Akteuren reduziert Unsicherheiten und trägt dadurch zu einer größeren Planungssicherheit bei. Überdies macht sie es für die verantwortlichen staatlichen Stellen leichter, den Unternehmen gegebenenfalls notwendige Spielräume und Flexibilität einzuräumen (Blazejczak u. Edler: 44). Andererseits ist zu bedenken, dass eine zu enge Verbindung aus Netzwerken einen politischen Filz entstehen lassen kann, der sich für Innovationen eher als abträglich erweist. Eine Hauptkritik an korporatistischen Modellen ist aus diesem Grunde, dass diese Arrangements dazu neigen, den Status quo fortzuschreiben und durch das Konsensprinzip nur inkrementalistische Fortschritte zuzulassen. Radikale Lösungen, dies zeigen auch empirische Studien im Bereich der Umweltinnovationen, werden häufig von neuen Wettbewerbern im Markt angestoßen und entwickelt, und nicht von den etablierten Marktakteuren: „Significant industrial transformations occur less often from dominant technology firms [...] than from new firms that displace existing products, processes and technologies. This can be seen in examples of significant technological innovations over the last fifty years including transistors, computers, and PCB replacements" (Ashford 2002: 17).

## 3.3 Das Politikmuster der europäischen Chemikalienregulierung

Aufgrund der Kompetenzverteilung zwischen der europäischen und der nationalen Ebene ist es notwendig, das Politikmuster in der Chemikalienpolitik im Zusammenspiel der beiden politisch-administrativen Ebenen zu verdeutlichen. Für den Entscheidungsprozess auf der nationalstaatlichen Ebene wird dabei vor allem auf die Entwicklungen in Deutschland zurückgegriffen.

### 3.3.1 Instrumentierung

Das Politikfeld der Chemikalienkontrolle ist in den vergangenen drei Jahrzehnten nahezu vollständig auf die europäische Ebene verlagert worden. Die europäische Chemikalienpolitik wird dabei stark von ordnungsrechtlichen Instrumenten geprägt, zu denen Eröffnungskontrollen und gegebenenfalls Vermarktungs- und Verwendungsbeschränkungen gehören. Idealtypisch lassen sich drei ordnungsrechtliche Regelungssysteme im Bereich der Chemikalien unterscheiden (Rehbinder 1978: 207; Hartkopf u. Bohne 1983: 307): (a) das Verbot mit Erlaubnisvorbehalt, (b) die Meldepflicht mit Eingriffsvorbehalt und (c) die primäre Herstellerverantwortlichkeit mit Eingriffsvorbehalt. Alle drei Regelungssysteme kommen in der EU zur Anwendung. So sind Zulassungsverfahren als Instrument des Verbots mit Erlaubnisvorbehalt in den einschlägigen Richtlinien für die meisten Agrarchemikalien (Pestizide, Düngemittel, Futtermittelzusätze und Tierarzneimittel), für Pharmazeutika, für Lebensmittelzusatzstoffe und für eine Reihe gefährlicher Stoffe (z.B. Sprengstoffe) etabliert. Demgegenüber unterliegen neue Industriechemikalien einem Anmeldeverfahren, also dem Instrument der Meldepflicht mit Erlaubnisvorbehalt. Das Inverkehrbringen chemischer Stoffe ohne Zulassungs- oder

Meldeverfahren ist nur in begrenzten Ausnahmefällen erlaubt, zum Beispiel bei der Abgabe von Stoffen zu Forschungs- und Entwicklungszwecken.

Den Regelungsrahmen für die Kontrolle von Industriechemikalien bilden in der EU vier zentrale Rechtsinstrumente:

– die Richtlinie 67/548/EWG zur Angleichung der Rechts- und Verwaltungsvorschriften über die Einstufung, Verpackung und Kennzeichnung gefährlicher Stoffe;
– die Richtlinie 88/379/EWG zur Angleichung der Rechts- und Verwaltungsvorschriften über die Einstufung, Verpackung und Kennzeichnung gefährlicher Zubereitungen;
– die Verordnung (EWG) 793/93 zur Bewertung und Kontrolle der Umweltrisiken chemischer Altstoffe;
– die Richtlinie 76/769/EWG zur Angleichung der Rechts- und Verwaltungsvorschriften der Mitgliedstaaten für Beschränkungen des Inverkehrbringens und der Verwendung gewisser gefährlicher Stoffe und Zubereitungen.

Das grundlegende Strukturmerkmal der europäischen Chemikalienregulierung ist die Unterscheidung zwischen Neustoffen und Altstoffen. Diese juristische Unterscheidung hat im Ergebnis zu einem dualen System von Neustoff- und Altstoffverfahren geführt. Die Altstoffe stellen dabei 97% der Gesamtzahl vermarkteter Chemikalien, mengenmäßig beträgt ihr Anteil sogar über 99%. Das Kontrollverfahren für Chemikalien teilt sich sowohl für die Neu- als auch für die Altstoffe generell in drei Etappen: (1) die Informationsbeschaffung, (2) die Risikobewertung und (3) das Risikomanagement. Die erste Etappe der Informationsbeschaffung etabliert Pflichten zur Beibringung von Informationen über risikorelevante Eigenschaften von Stoffen durch die Hersteller oder Importeure, abhängig von den jährlichen Produktionsmengen. Bei neu in den Verkehr zu bringenden Stoffen sind diese Verpflichtungen vor der Vermarktung zu erfüllen, d.h. die Stoffe sind anzumelden. Bei den bereits auf dem Markt befindlichen Altstoffen verhindern die Informationspflichten die Vermarktung nicht, sondern laufen neben dieser her (Winter 2000a: 248). An die Informationsbeschaffung schließt sich in der zweiten Phase die behördliche Risikobewertung des Stoffes durch nationale Bewertungsstellen an. Darauf gestützt kann es gegebenenfalls in der dritten Phase zu einem Verfahren über Vermarktungs- und Verwendungsbeschränkungen kommen.

Die Mängel dieses Verfahrens sind inzwischen weithin bekannt und gut dokumentiert (Europäische Kommission 1998; Winter et al. 1999; Winter 2000b; Köck 2001; Nordbeck u. Faust 2002). Das Hauptproblem sind die gravierenden Informationsdefizite über Stoffeigenschaften und Verwendungszwecke im Bereich der Altstoffe. Der Bericht der Europäischen Kommission über die Durchführung der zentralen Rechtsinstrumente gemeinschaftlicher Chemikalienpolitik, veröffentlicht im November 1998, offenbarte in Teilen der europäischen Chemikalienregulierung gravierende Defizite[1]. In seinen Schlussfolgerungen zur Chemikalienpolitik vom Juni 1999 stellte der Umweltministerrat fest, dass „der derzeitige Ansatz der Gemeinschaft zur Bewertung und Regelung von Chemikalien eine Reihe von kon-

---

[1] Arbeitsdokument der Kommission SEK (1998) 1986 endg.

zeptionellen und operationellen Unzulänglichkeiten aufweist"[2]. Mit Blick auf die Altstoffproblematik konstatierte der Rat, dass die Bewältigung der Altstoffproblematik im Sinne einer angemessenen Begrenzung der von Altstoffen ausgehenden Risiken für Mensch und Umwelt im Rahmen des gegenwärtigen Verfahrens nicht zu erwarten sei.

Tatsächlich erfolgen Stoffbeschränkungen und -verbote auf der europäischen Ebene erst nach langwierigen und mehrjährigen Verfahren oftmals für Stoffe, in denen Mitgliedstaaten im Vorfeld bereits regulativ die Initiative ergriffen haben. Krämer (2000: 25) vertritt sogar die Ansicht, es existiere praktisch keine aktive gemeinschaftliche Politik im Bereich der Verbote und Beschränkungen gefährlicher Stoffe. Die Maßnahmen im Rahmen der „Beschränkungsrichtlinie" 76/769 besitzen in der Regel die Form der kontrollierten Verwendung, das heißt sie beschränken Stoffe nur für gewisse Verwendungszwecke. Verbote mit Ausnahmen oder sogar vollständige Stoffverbote wie im Fall der PCB sind selten. Bei der überwiegenden Zahl der erfassten Stoffe handelt es sich überdies um krebserzeugende Stoffe, so dass die Beschränkungen in den meisten Fällen auf den Schutz der menschlichen Gesundheit abzielen (KOM 1998: 9).

Im Rahmen des ordnungsrechtlichen Instrumentariums von Ge- und Verboten kommen zur Risikominderung daher überwiegend informatorische Instrumente wie die Einstufung und Kennzeichnung von Gefahrstoffen und die Verwendung von Sicherheitsdatenblätter zum Einsatz, um dem berufsmäßigen Verwender die notwendigen Daten für den Umgang mit Stoffen und Zubereitungen zu vermitteln, damit dieser die erforderlichen Maßnahmen für den Gesundheitsschutz, die Sicherheit am Arbeitsplatz und den Schutz der Umwelt treffen kann.

Ökonomische Instrumente spielen in der europäischen Chemikalienregulierung bislang eine untergeordnete Rolle. Anwendungsbeispiele für Steuern und Abgaben auf Chemikalien finden sich derzeit nur auf der Ebene der Mitgliedstaaten der EU, und hier fast ausschließlich in den skandinavischen Ländern. Zum Beispiel hat Dänemark als einziges Mitglied der EU Abgaben als umweltpolitisches Instrument für den FCKW-Ausstieg genutzt. Überdies nutzt Dänemark Steuern und Abgaben im Bereich von Düngemitteln, Pestiziden, PVC, chlorierten Lösemitteln und Treibhausgasen. (Tema 1999; TemaNord 2002). In Schweden und Finnland werden Abgaben für Düngemittel und Pestizide erhoben. Neben den skandinavischen Ländern zeigt vor allem die britische Regierung ein reges Interesse an der Nutzung von ökonomischen Instrumenten in der Chemikalienpolitik. So hat das britische Umweltministerium in einer aktuellen Studie die Anwendungsmöglichkeiten von ökonomischen Instrumenten zur Reduzierung der Umwelt- und Gesundheitsgefahren am Beispiel von Nonylphenolen, chlorierten Lösemitteln und Schwermetallen prüfen lassen (RPA 2002). Die Europäische Kommission hat überdies in zwei Studien die Einführung von Abgaben für cadmiumhaltige Düngemittel und für Pestizide untersuchen lassen (EIM 1999; IVM 2000). Die Überlegungen zum Einsatz von umweltökonomischen Instrumenten in der Chemikalienpolitik auf der gemeinschaftlichen und nationalstaatlichen Ebene sind dabei Ausdruck eines insgesamt gestiegenen Interesses an neuen Instrumenten in der

---

[2] Entschließung des Umweltministerrates vom 24.6.1999, S. 9f.

Umweltpolitik in den neunziger Jahren. Sie spiegeln insofern aktuelle Entwicklungen wider, die noch keinen Niederschlag in der instrumentellen Ausgestaltung der gegenwärtigen europäischen Chemikalienpolitik gefunden haben.

### 3.3.2 Politikstil

Die europäischen Institutionen sind prinzipiell in hohem Maße offen für Einflüsse aus den Mitgliedstaaten und für einen Dialog mit den Verbänden und Interessengruppen. Zum Zeitpunkt der Verhandlungen über die 6. Änderungsrichtlinie, also Mitte bis Ende der siebziger Jahre, war die primärrechtliche Basis der Umweltpolitik noch ausgesprochen schwach. Erst mit der Einheitlichen Europäischen Akte (EEA) von 1987 erhielt die EU die formalen Kompetenzen für ihre umweltpolitischen Aktivitäten. Bis Mitte der achtziger mussten umweltpolitische Entscheidungen im Rat einstimmig gefällt werden, und das Europäische Parlament spielte zu diesem Zeitpunkt in der Umweltpolitik praktisch keine Rolle. Europäische Umweltpolitik in dieser Phase bedeutete in erster Linie, die unterschiedlichen nationalen Vorschriften der Mitgliedstaaten auf gemeinschaftlicher Ebene zu harmonisieren. Die Koordination von Interessenvielfalt im europäischen Entscheidungsprozess vollzog sich in diesem Kontext durch einen „regulativen Wettbewerb", in dem unterschiedliche nationale Regulierungstraditionen aufeinander stießen und zu einem Ausgleich gebracht wurden (Héritier et al. 1994). Der „Strategie des ersten Schrittes", um einer umweltpolitischen Innovation den Stempel der eigenen nationalen Regulierungstradition aufzudrücken, kommt in diesem Zusammenhang eine besondere Bedeutung zu (Héritier 1995).

Im Fall der 6. Änderungsrichtlinie gerieten die Verhandlungen auf der europäischen Ebene, nach der Vorlage eines Kommissionsentwurfs im Jahre 1976, im Ministerrat relativ schnell ins Stocken und waren 1978 aufgrund erheblicher Differenzen zwischen der britischen und der deutschen Position fast vollständig zum Erliegen gekommen. Brickman et al. (1985: 278f.) führen den Dissens auf den unterschiedlichen Stil regulativer Politik in Deutschland und in Großbritannien zurück. Während die britische Form der Regulierung zu einem erheblichen Teil auf informeller Kooperation zwischen Staat und Industrie beruht und deshalb Flexibilität einen hohen Stellenwert einräumt (Vogel 1986), soll Regulierung im stark formalisierten deutschen Stil in erster Linie formelle Rechtssicherheit garantieren und verlässliche Rahmenbedingungen für langfristige unternehmerische Entscheidungen schaffen. Insofern bestand von deutscher Seite ein hohes Interesse an einer detaillierten, einheitlichen europäischen Chemikalienregulierung, die möglichst wenig Raum für nationale Variationen zuließ, um so Wettbewerbsverzerrungen zu Lasten der deutschen chemischen Industrie vorzubeugen.

Neben den Regierungsvertretern traten in dieser Phase des Entscheidungsprozesses auf der europäischen Ebene allein der europäische Verband der chemischen Industrie CEFIC und die nationalen Chemieverbände als Interessenorganisationen in Erscheinung. Weder für die Gewerkschaften noch für die Umweltverbände kann man einen nennenswerten Einfluss bei den Verhandlungen auf der europäischen Ebene konstatieren. Dies liegt zum einen daran, dass die Chemikalienpolitik zu diesem Zeitpunkt weder bei den Gewerkschaften noch den Umweltverbänden als Thema besonders präsent war, und zum anderen an der bevorzugten Stellung der Chemieverbände. Als großer Arbeitgeber und bedeutender Wirtschaftsfaktor verfügt die chemische Industrie über eine gute Ausgangsposition für ihre Lobbyarbeit und hervorragende Beziehungen zu den Wirtschaftsministerien. Auf dieser Grundlage kann die chemische Industrie den politischen Prozess auf vielfältige Weise beeinflussen, „da ihre stärksten und besten Lobbyisten auf der europäischen Ebene die nationalen Regierungen sind" (Hey 1994: 49).

Während die deutsche Regierung im Verein mit der chemischen Industrie auf der europäischen Ebene an einer industriefreundlichen Chemikalienregulierung strickte und diese in den wesentlichen Punkten letztendlich auch durchsetzte, wurde auf der nationalen Ebene ein anderes Schauspiel aufgeführt. In der korporatistischen Politikarena in Deutschland wurde Brüssel der „Schwarze Peter" zugeschoben, und die europäische Richtlinie musste als Begründung herhalten, um weitergehende Forderungen des damals für den Umweltschutz zuständigen Innenministeriums, der Umweltverbände und der Chemiegewerkschaft abzublocken. In der Folge verhärteten sich die Fronten zunehmend, und im Frühjahr 1978 müssen die Konflikte zwischen Innenministerium und Gesundheitsministerium „relativ unversöhnlich gewesen sein" (Schneider 1988: 211). Der damalige Staatssekretär im BMI, Günther Hartkopf, resümierte später: „Nach zweijährigem Bemühen war der Versuch, im Dialog zu einem Konsens zu kommen, gescheitert" (zit. in Damaschke 1986: 101). Bei vielen Beteiligten hatte sich dabei der falsche Eindruck festgesetzt, die EG-Chemikalienrichtlinie verhindere eine Optimallösung beim deutschen Chemikaliengesetz. Dass es die deutsche Ministerialbürokratie selbst war, in engem Schulterschluss mit der chemischen Industrie, die genau diese Form der 6. Änderungsrichtlinie in Brüssel gegen viel Widerstand anderer europäischer Staaten durchgesetzt hatte, war nur von wenigen registriert worden (Schneider 1988: 223).

Im Ergebnis führte dieses Doppelspiel zu einer industriefreundlichen Ausgestaltung der europäischen Chemikalienregulierung, die man in ihren Zielsetzungen im internationalen Vergleich mit dem schwedischen oder japanischen Chemikaliengesetz, geschweige denn mit dem damals als sehr fortschrittlich geltenden amerikanischen Toxic Substances Control Act, schwerlich als besonders ambitioniert bezeichnen konnte. Noch schwerer wiegt rückblickend, dass der Verlauf der Entscheidungsprozesse auf der gemeinschaftlichen und auf der nationalen Ebene, insbesondere in Deutschland, einer Blockbildung Vorschub geleistet hat, die massives Misstrauen erzeugte. Ein konfrontatives Klima, das auch 1993 bei der Altstoffverordnung unverändert geblieben war, und dessen Konsequenzen für die europäische Chemikalienregulierung van der Kolk zutreffend mit dem Satz beschrieben hat: „an emphasis on procedures compensates for the lack of basic trust towards industry and between European countries" (van der Kolk 2000: 39).

Der regulative Wettbewerb zwischen britischer und deutscher Regulierungstradition spielte nicht nur für die Phase der Politikformulierung auf Gemeinschaftsebene eine wesentliche Rolle, sondern hinterließ in den folgenden Jahren auch deutliche Spuren bei der Umsetzung der europäischen Neustoffregulierung in den Mitgliedstaaten (Tabelle 3.1). Während in Großbritannien das Anmeldeverfahren für Neustoffe nach spätestens 6 Monaten abgeschlossen ist, hat zu diesem Zeitpunkt in Deutschland nur jede fünfte Neustoffanmeldung das Verfahren durchlaufen. Überdies dauert fast jede vierte Neustoffanmeldung in Deutschland und den Niederlanden länger als zwölf Monate.

**Tabelle 3.1.** Dauer der Neustoffanmeldung in ausgewählten EU-Mitgliedstaaten (Monate)

|  | 0–2 | 3–4 | 5–6 | 7–8 | 9–10 | 11–12 | >12 |
|---|---|---|---|---|---|---|---|
| Deutschland | - | 3% | 18% | 16% | 18% | 21% | 24% |
| Frankreich | 1% | 25% | 33% | 15% | 8% | 12% | 6% |
| Großbritannien | 24% | 66% | 10% | - | - | - | - |
| Niederlande | 5% | 39% | 11% | 3% | 13% | 6% | 23% |
| Schweden | - | 22% | 3% | 47% | 24% | 2% | 2% |

Quelle: European Commission (1998: 44).

Darüber hinaus zeigen sich nationale Unterschiede bei den Schlussfolgerungen der Risikobewertungen für Neustoffe. Abbildung 3.1 zeigt die Ergebnisse von 376 Risikobewertungen im Zeitraum von 1993 bis 1996.

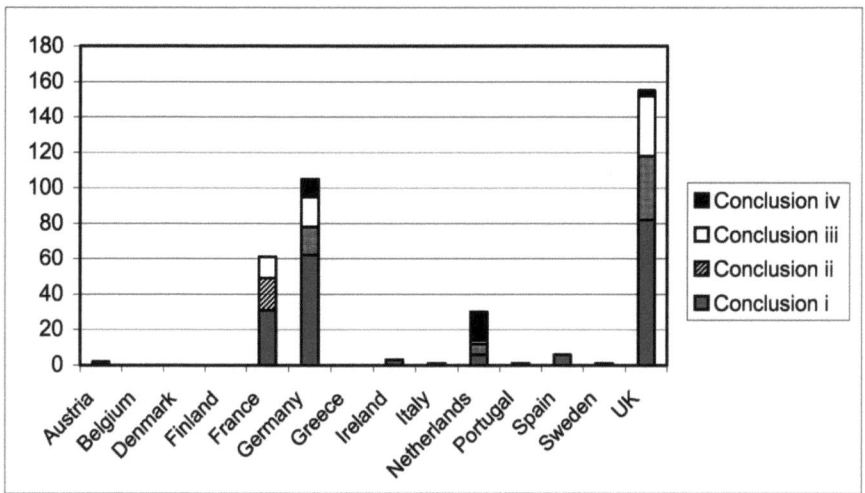

**Abb. 3.1.** Schlussfolgerungen aus den Risikobewertungen von Neustoffen (1993-1996)

Die meisten der Risikobewertungen wurden von Großbritannien (156), Deutschland (105) und Frankreich (62) durchgeführt. Bei 52% der Risikobewertungen wurde die Schlussfolgerung (i) gezogen, das heißt kein Anlass zur Besorgnis. Demgegenüber war es in 8% der Fälle die Schlussfolgerung (iv), also die Empfehlung von Maßnahmen zur Risikominderung. Die Abbildung 3.1 zeigt, dass die Häufigkeit der Schlussfolgerung (iv) zwischen den einzelnen Mitgliedstaaten sehr ungleich verteilt ist. In Deutschland und den Niederlanden kommt es überproportional häufig zu dieser Schlussfolgerung, während sie in Großbritannien als Ergebnis der Risikobewertung sehr selten, und in Frankreich sowie den anderen Mitgliedstaaten überhaupt nicht gezogen wurde. Das europäische Chemikalienbüro interpretiert diese Differenzen als Hinweis darauf, dass es in den Mitgliedstaaten Unterschiede bezüglich der Kriterien gibt, die zur Schlussfolgerung (iv) führen (European Commission 1998: 45). Plausibler scheint jedoch die Annahme, dass die Unterschiede in den Risikobewertungen prinzipiell auf Unterschieden in den nationalen Risikokulturen basieren.

### 3.3.3 Akteurskonstellation

Das Netzwerk der staatlichen und nicht-staatlichen Akteure im Bereich der europäischen Chemikalienpolitik ist ausgesprochen vielfältig, mit einer hohen Zahl von Beteiligten. Ursächlich hierfür ist zum einen die Überlagerung unterschiedlicher Schutzziele in der Chemikalienpolitik (Arbeits- und Gesundheitsschutz, Umweltschutz, Verbraucherschutz) und zum anderen, dass Chemikalien als globales Problem auf allen zur Verfügung stehenden politisch-administrativen Ebenen behandelt werden. Überdies betreffen regulative Maßnahmen zur Chemikalienkontrolle nicht allein die chemische Industrie, sondern auch eine Reihe nachfolgender Wirtschaftssektoren, da Chemikalien die Grundlage für eine Vielzahl von Produkten bilden. Das Feld der Akteure in der Chemikalienpolitik ist daher durch eine starke horizontale und vertikale Fragmentierung gekennzeichnet (Jacob 1999: 68ff.). Aus diesem Grund ist es im Rahmen dieses Beitrags nicht möglich, die gesamte Breite des Akteursnetzwerkes der europäischen Chemikalienpolitik erschöpfend darzustellen. Stellvertretend sei auf die Darstellungen in der einschlägigen Literatur verwiesen[3].

Auch wenn die Zahl der Akteure in der Politikarena relativ hoch ist, der spezifische Einfluss der jeweiligen Akteure divergiert ganz erheblich. Zur Abgrenzung derjenigen Akteure, die einen wesentlichen Einfluss auf die Politikentwicklung auf der nationalen und europäischen Ebenen ausüben, haben Grant et al. den Begriff der „core chemical policy community" verwendet. Für die EU-Ebene sowie Deutschland und Großbritannien haben sie die folgenden zentralen Akteure identifiziert (Grant et al: 1988: 68f.):

1. die Generaldirektionen III (Wirtschaft) und XI (Umwelt) der Europäischen Kommission,
2. die Chemiereferate in den jeweiligen nationalen Wirtschaftsministerien,
3. große multinationale Konzerne der chemischen Industrie, wie Bayer und BASF in Deutschland oder ICI und BP Chemicals in Großbritannien,
4. den europäischen Verband der chemischen Industrie CEFIC und die nationalen Verbände VCI und CIA.

---

[3] Ausführliche Darstellungen der Akteure und Netzwerke in der nationalen und europäischen Chemikalienpolitik finden sich in Damaschke 1986; Grant et al. 1988; Schneider 1988; Jacob 1999.

Diese Aufzählung enthält einige Überraschungen. So finden sich weder die nationalen Umweltministerien noch die Umweltverbände als zentrale Akteure wieder, und auch die Chemiegewerkschaften werden von Grant et al. nicht zur „Kerngruppe" in der Chemikalienpolitik gezählt.

Dass diese Einschätzung durchaus zutreffend ist, belegt die Analyse von Schneider zu Politiknetzwerken in der Chemikalienkontrolle an Hand des deutschen Chemikaliengesetzes (Schneider 1988). Er identifizierte insgesamt 47 verschiedene Akteure innerhalb des Politiknetzwerkes und ordnete die Akteure dann in Abhängigkeit von ihrem Einfluss und ihrer Tauschposition an (Abbildung 3.2). Die Variable „Tauschposition" misst dabei die Kapazitäten der Akteure für Austauschbeziehungen hauptsächlich auf der Ebene von finanziellen Ressourcen und wissenschaftlichen Informationen.

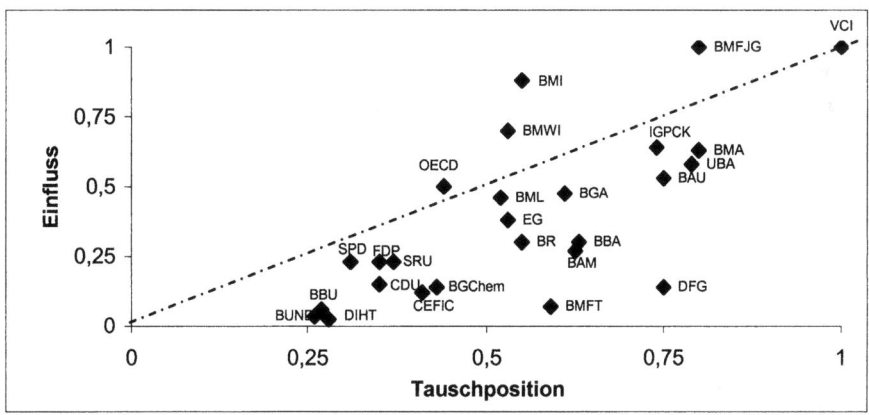

**Abb. 3.2.** Einfluss und Tauschposition
Quelle: Schneider (1988: 174).

Aus dem Diagramm lassen sich wichtige Zusammenhänge ableiten: als zentrale und mächtigste Akteure können zwei bis drei Ministerien, einige Bundesbehörden, der Verband der Chemischen Industrie und mit etwas Abstand auch die Chemiegewerkschaft identifiziert werden. Eine marginale Position zeigt die Netzwerkanalyse für die Umweltverbände und die Parteien. „In sämtlichen Netzen konnte als der zentrale Kern die Exekutive und die organisierten Wirtschaftsinteressen festgestellt werden" (Schneider 1988: 174).

Dieser Befund der Netzwerkanalyse bestätigt sich auch in den qualitativen Analysen des Politikprozesses zum deutschen Chemikaliengesetz (Damaschke 1986; Schneider 1988). So kommt Damaschke in seiner Untersuchung über den Einfluss von Verbänden auf den Gesetzgebungsprozess zu dem Ergebnis, dass die wesentlichen Entscheidungen bei der Politikformulierung des deutschen Chemikaliengesetzes „bereits in der inner- und interministeriellen Vorbereitungsphase (fielen), in der vor allem der VCI erhebliche Einflussvorteile hatte, da sowohl Gewerkschaften als auch Umweltverbände nicht von den Ministerien von Anfang an eingeschaltet wurden" (Damaschke 1986: 145). Ebenso spielte der parlamentarische Sektor, also die Parteien und der Bundestag, in der Formulierung der Chemikalienpolitik praktisch keine Rolle.

### 3.3.4 Änderungen des Politikmusters im Zeitverlauf

So deutlich die Übereinstimmung der Interessenspositionen von nationalen Regierungen und chemischer Industrie in der Anfangsphase der europäischen Chemikalienregulierung ist, so offensichtlich treten Veränderungen der Akteurskonstellationen im Zeitverlauf insbesondere seit 1987 zu Tage. Für die Änderungen innerhalb des Akteursnetzwerkes zeichnen mehrere Faktoren verantwortlich:

1. Die zunehmende Europäisierung der Chemikalienpolitik in den Jahren 1987 bis 1993 verlagert das Gewicht im politischen Mehrebenensystem zu Gunsten der drei europäischen Institutionen EU-Parlament, Ministerrat und EU-Kommission.
2. Die Einheitliche Europäische Akte von 1987 und der Maastricht-Vertrag 1992 haben die Mitwirkungs- und Mitbestimmungsrechte des Europaparlaments in der Umweltpolitik erheblich geschärft. Das EP hat sich seitdem einen Ruf als umweltfreundlichste der drei Institutionen erarbeitet und gilt auch in der europäischen Chemikalienpolitik als „conditional agenda setter" (Tsebelis u. Kalandrakis 1999).
3. Die Umweltverbände haben sich auf der europäischen Ebene als Interessenorganisationen fest etabliert, und das hohe Umweltbewusstsein in der europäischen Öffentlichkeit Ende der 80er und Anfang der 90er Jahre wirkte sich sehr positiv und legitimierend für die Umweltinteressen aus.

Diese Entwicklungen haben nicht dazu geführt, die ursprüngliche Dominanz der Wirtschaftsinteressen im Akteursnetzwerk vollständig zu unterminieren. Sie haben sie aber zumindest abgeschwächt und für eine stärkere Berücksichtigung von Umweltinteressen in der europäischen Chemikalienpolitik gesorgt. In der Konsequenz ist es daher sinnvoll, das Politikmuster der europäischen Chemikalienpolitik in zwei Phasen zu unterteilen.

Die erste Phase beginnt mit der Einführung eines Anmeldeverfahrens für Neustoffe auf der Gemeinschaftsebene durch die 6. Änderungsrichtlinie im September 1979 und beinhaltet dessen Umsetzung in den 80er Jahren. Instrumentell wird europäische Chemikalienpolitik durch ordnungsrechtliche Ge- und Verbote geprägt. Die Akteursnetzwerke auf nationaler und europäischer Ebene werden in diesem Zeitraum von den Interessenverbänden der chemischen Industrie dominiert, und die Positionen der Wirtschaftsverbände sind fast deckungsgleich mit den Verhandlungspositionen der nationalen Regierungen. Der Politikstil ist etatistisch, Umweltverbände und Gewerkschaften werden, wenn überhaupt, erst spät in die Politikformulierung einbezogen. Die Dominanz der Wirtschaftsinteressen in Kombination mit dem etatistischen Politikstil führt im Ergebnis zu einem „private interest government" in dieser Phase der europäischen Chemikalienregulierung.

Die zweite Phase der europäischen Chemikalienregulierung umfasst den Zeitraum zwischen 1987 und 1993. In dieser Phase kommt es zu deutlichen Änderungen im Politikmuster der europäischen Chemikalienpolitik. Erstens werden mit der Einheitlichen Europäischen Akte die formalen Grundlagen für umweltpolitisches Handeln auf der Gemeinschaftsebene geschaffen, was zu einer deutlichen Steigerung umweltpolitischer Aktivitäten der EU führt. Die Zahl umweltrechtlicher Vorschriften auf der Gemeinschaftsebene verdoppelt sich, und mit der Zubereitungsrichtlinie (1988), der 7. Änderungsrichtlinie (1992) und der Altstoffverordnung (1993) fallen auch bedeutende Veränderungen der europäischen Chemikalienregulierung in diesen Zeitraum. Das Regulierungsmuster der Chemikalienkontrolle wird in dieser Phase im Neustoffbereich ergänzt und korrigiert und zusätzlich auf den Bereich der Altstoffe ausgeweitet. Darüber hinaus wird auf der europäischen Ebene ein vermehrter Gebrauch von der Beschränkungsrichtlinie gemacht. Instrumentell werden im Rahmen der europäischen Chemikalienpolitik weiterhin fast ausschließlich ordnungsrechtliche Ge- und Verbote eingesetzt. Zweitens ist die Steigerung der chemiepolitischen Aktivitäten nur vor dem Hintergrund eines hohen Umweltbewusstseins in der Öffentlichkeit und der damit einhergehenden besseren Einflussposition für Umweltschutzinteressen zu verstehen. Neben den Änderungen im Akteursnetzwerk wandelt sich auch der Politikstil. Gerade für die deutsche chemische Industrie und den VCI lässt sich eine Abkehr von der konfliktorischen Haltung in den 70ern hin zu einer kooperativen und dialogbereiten Haltung in den 80ern konstatieren. Das Verhaltensmuster der Abwehr wurde abgelöst durch eine Anpassungsstrategie, mit der die chemische Industrie versuchte, den umweltpolitischen Rahmen durch Kooperation mit dem Staat, insbesondere den Genehmigungsbehörden, aktiv zu beeinflussen (Longolius 1993: 142).

### 3.3.5 Innovationswirkungen der gegenwärtigen Chemikalienregulierung

Innovationen in der chemischen Industrie werden zumeist mit der Entwicklung von Neustoffen (Stoffinnovation) oder mit der Entwicklung von neuen Anwendungen für bereits existierende Stoffe (Anwendungsinnovationen) gleichgesetzt. Wie innovativ die chemische Industrie im internationalen Vergleich ist, und welche Innovationswirkungen zum Beispiel von der europäischen Chemikalienregulierung ausgehen, bestimmt sich nach diesem Verständnis anhand der Zahl der Innovationen. Diese quantitative Größe entspricht der Innovationsrate. Die Innovationsrichtung bleibt bei dieser Betrachtungsweise ausgeblendet.

Als Innovationen zum nachhaltigen Wirtschaften können demgegenüber nur solche Innovationen bezeichnet werden, die im Rahmen der Stoffentwicklung die Ziele des Umwelt- und Gesundheitsschutzes beachten und die dazu führen, dass die Verwendung bedenklicher Stoffe durch unbedenkliche Stoffe ersetzt wird. Solche Innovationen vollziehen sich unter den gegebenen Marktbedingungen nicht von selbst, sondern sind auf eine unterstützende staatliche Umweltpolitik angewiesen.

**Wirkung auf die Innovationsrate**

Zur Messung der Wirkungen der europäischen Chemikalienregulierung auf die Innovationsrate wird in der Literatur häufig die Zahl der in Verkehr gebrachten anmeldepflichtigen Neustoffe als Indikator herangezogen. In einer international vergleichenden Studie zur Chemikalienregulierung haben Fleischer et al. (2000) die Zahl der Neustoffanmeldungen in den USA, Japan und der EU miteinander verglichen. Auf der Basis der jährlichen Neustoffzahlen kamen sie dabei zu dem Ergebnis, dass in den USA durchschnittlich 425 neue Chemikalien pro Jahr angemeldet wurden, während es in Japan 154 und in der EU nur 143 neue Chemikalien pro Jahr waren. Die Zahl der neuen Chemikalien sei somit in den USA dreimal so hoch wie in der EU. Fleischer et al. kritisierten daraufhin die EU-Chemikalienregulierung als innovationshemmend und empfahlen eine Annäherung an das amerikanische Regulierungssystem.

Die Aussagekraft der Neustoffanmeldungen, gerade als alleiniger Innovationsindikator, ist jedoch in aktuellen Beiträgen zur Frage der Innovationswirkungen der europäischen Chemikalienregulierung mit Recht kritisiert worden (Nordbeck u. Faust 2002; Mahdi et al. 2002). Auch Fleischer weist auf erhebliche Datenprobleme beim Vergleich der Neustoffanmeldungen hin und merkt an, „dass sich das Problem von Unstimmigkeiten in den Daten nicht generell lösen lässt" (Fleischer 2002: 3). Überdies zeigen andere Innovationsindikatoren im Vergleich USA-EU, wie die direkte Innovationszählung in Unternehmensberichten, eine gleichwertige oder sogar höhere Innovationsleistung für die EU (Mahdi et al. 2002).

Die britische Royal Commission on Environmental Pollution kam in einer aktuellen Studie mit Blick auf die Innovationswirkungen der Chemikalienregulierung insgesamt zu dem Schluss, dass die generelle Behauptung, die neue Regulierung würde die Innovations- und Wettbewerbsfähigkeit der chemischen Industrie beeinträchtigen, in dieser allgemeinen Form nicht aufrecht erhalten werden kann. Die Einführung einer neuer Regulierung verursache vielmehr einen temporären „Innovationsschock", der sich negativ auf die Gesamtzahl der Innovationen auswirke. Offen bleibt hierbei die Intensität und die Dauer des Absinkens der Innovationsrate als Folge der neuen Regulierung: „how serious this shock is and how long it persists varies from case to case" (RCEP 2003: 157).

Es ist naheliegend, dass die Intensität und Dauer dieses Innovationsschocks vom zugrundeliegenden Politikmuster beeinflusst werden. Eine plausible Hypothese ist daher die Annahme, dass Intensität und Dauer des Innovationsschocks zunehmen, je größer die Unsicherheit der Zieladressaten als Ergebnis der Regulierung ist. So kann Unsicherheit in der Phase der Politikformulierung entstehen, falls die neue Regulierung zwischen den beteiligten Akteuren sehr umstritten ist und der Prozess der Meinungs- und Willensbildung infolge dessen konfrontativ verläuft und damit die Konfliktkosten der Regulierung in die Höhe getrieben werden. In diesem Fall verlängert sich die Dauer des Entscheidungsprozesses beträchtlich, so dass die betroffenen Unternehmen in einem Übergangszustand mit fehlender Planungssicherheit und ohne verlässliche staatliche Rahmenbedingungen handeln müssen. Zudem können auch Unsicherheiten in der Phase der Politikumsetzung entstehen. Verantwortlich für diese Unsicherheiten in der Politikumsetzung zeichnet die Höhe des Anpassungsdrucks auf die betroffenen Unternehmen, der von der neuen Regulierung ausgeht. Dieser Anpassungsdruck bemisst sich nach der Notwendigkeit technologischer oder organisatorischer Veränderungen in den betroffenen Unternehmen und den daraus erwachsenden finanziellen und zeitlichen Belastungen.

In den ersten Jahren nach Einführung des Anmeldeverfahrens in der EU ist die Zahl der Neustoffanmeldungen praktisch Null. Erst ab dem Jahr 1983 beginnt eine leichte Erholung, und in der zweiten Hälfte der neunziger Jahre stabilisieren sich die EU-Neustoffzahlen bei einem durchschnittlichen Niveau von 300 neuen Stoffen pro Jahr (Abbildung 3.3).

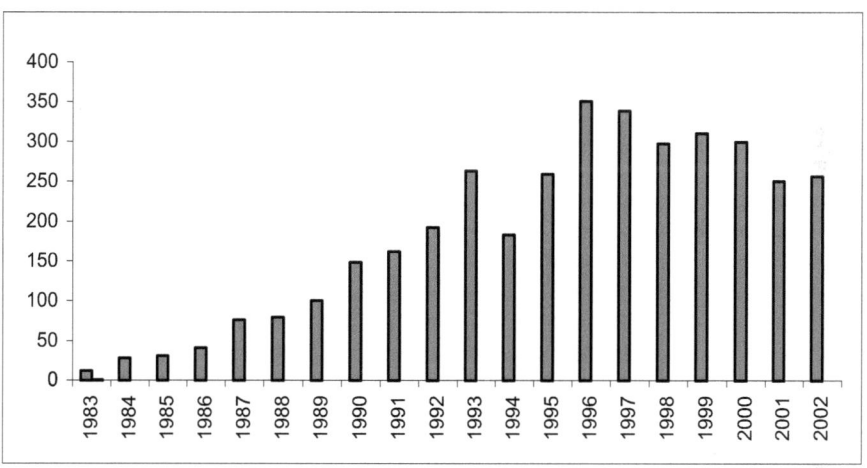

**Abb. 3.3.** Zahl der Neustoffanmeldungen in der EU (1983-2002)

Bewertet man diese Entwicklung anhand der Zahlen aus der Studie von Schulze und Weiser (1982), wird das Ausmaß der mangelnden Stoffinnovation erst recht deutlich. Für den Zeitraum zwischen 1975 und 1979 haben Schulze und Weiser die Zahl der in Verkehr gebrachten Neustoffe allein für die chemische Industrie in Westdeutschland auf 160 Stoffe pro Jahr geschätzt. Nach Einführung des Anmeldeverfahrens für Neustoffe im Jahre 1979 entfällt diese Stoffinnovationsleistung europaweit vollständig, und wird erst nach einigen Jahren langsam wieder aufgenommen.

Gemäß der oben vorgestellten These müsste diese negative Entwicklung der Innovationsrate zu Beginn der 80er Jahre entweder durch hohe Konfliktkosten im Rahmen der Politikformulierung der 6. Änderungsrichtlinie oder durch einen zu hohen Kosten- und Zeitaufwand bei der Neustoffanmeldung verursacht sein. Ein Konflikt während der Politikformulierung lässt sich als Ursache ausschließen, vielmehr haben die Interessenverbände der chemischen Industrie einen erheblichen Einfluss auf die Gestaltung der 6. Änderungsrichtlinie ausüben können. Die Belastung der Unternehmen durch den finanziellen und zeitlichen Aufwand des

Neustoffverfahrens erklärt sicher zum Teil den Rückgang bei den Stoffinnovationen. Allein mit der Etablierung des Neustoffverfahrens und den damit verbundenen Kosten lässt sich dieser radikale Niedergang der Innovationsrate jedoch nicht hinreichend erklären. Die Antwort liegt vielmehr in der juristischen Unterscheidung zwischen Neu- und Altstoffen durch die 6. Änderungsrichtlinie und dem Aufbau eines Altstoffinventars, dessen Stoffe ohne Anmeldung frei vermarktet werden durften. Die Beschränkung der Chemikalienregulierung auf Neustoffe ging einher mit einer „Aufrüstung" des europäischen Altstoffbestandes. Im Ergebnis wies das europäische Altstoffinventar beim Start der Neustoffregulierung knapp über 100.000 Altstoffe auf. Das vier Jahre früher eingerichtete US-amerikanische Altstoffinventar enthielt demgegenüber nur 62.000 Stoffe. Erst aus diesem Zusammenspiel von ungenügender Altstoffregulierung und der Einführung des Anmeldeverfahrens für Neustoffe ergibt sich die vermeintlich innovationshemmende Wirkung des europäischen Neustoffverfahrens. Tatsächlich führte die Etablierung des Neustoffverfahrens zu einer massiven Verlagerung der Innovationsaktivitäten der chemischen Industrie in den Bereich der Altstoffe (Staudt et al. 1997).

Demgegenüber hat die Verabschiedung der 7. Änderungsrichtlinie im Jahre 1992 keinen dramatischen Einbruch bei den Anmeldungen für Neustoffe bewirkt, dennoch lässt sich auch in diesem Fall ein Rückgang bei der Zahl der Neustoffanmeldungen konstatieren. Die 7. Änderungsrichtlinie trat zum 1.1.1994 in Kraft und wie man der Grafik entnehmen kann, hat die Phase der Unsicherheit, ausgelöst durch die neue Regulierung, nur kurze Zeit angehalten. Zwar gehen die Anmeldezahlen im Jahr 1994 zurück, aber schon im nächsten Jahr erreichen die Neustoffanmeldungen wieder den gleichen Stand wie vor der neuen Regulierung. Auffallend ist auch hier der Anstieg der Neustoffanmeldungen im Vorfeld der 7. ÄRL von 192 Neustoffen im Jahr 1992 auf 262 im Jahr 1993.

**Wirkung auf die Innovationsrichtung**

Im Gegensatz zu den Konsequenzen für die Innovationsrate lassen sich die Wirkungen der europäischen Chemikalienregulierung auf die Innovationsrichtung nur schlecht quantifizieren. Informationen in diesem Bereich basieren primär auf anekdotischer Evidenz. Es mangelt insbesondere an international vergleichenden Studien, welche die Schutzzieleffektivität der unterschiedlichen Regulierungsmuster in ihren Analysen mit berücksichtigen. In diesem Bereich gibt es nach wie vor eine Reihe offener Forschungsfragen. Mit Blick auf den Unterschied zwischen der Neustoff- und Altstoffregulierung lassen sich dennoch einige Aussagen zu den Wirkungen der Chemikalienregulierung auf die Innovationsrichtung festhalten.

Die Neustoffregulierung hat zum Zweck, den Menschen und die Umwelt vor schädlichen Einwirkungen gefährlicher Stoffe zu schützen. Zur Erreichung dieses Ziels werden mit Hilfe des Anmeldeverfahrens gefährliche Stoffe identifiziert und gegebenenfalls aussortiert. Die Wirkung des Anmeldeverfahrens wurde von einem Experten mit den folgenden Worten beschrieben: „Es ist so, das dieses Gesetz nicht nur dadurch wirkt, dass wir es ständig anwenden, sondern dass die Firmen einfach wissen was auf sie zukommt und die Dinge bei sich intern schon zur Seite legen" (zit. in Winter 1999: 5). Der Neustoffregulierung wird hier eine Orientierungsfunktion für den Prozess der Stoffentwicklung zugeschrieben, die schon im Vorfeld der Neustoffregulierung wirksam wird. Dies ändert nichts an der Tatsache, dass auch unter den Neustoffen ein hoher Prozentsatz von Gefahrstoffen zu verzeichnen ist (BMU 1998). Dennoch werden durch das Anmeldeverfahren für Neustoffe im Vorfeld der Anmeldung durchaus Maßstäbe gesetzt, wie eine Vertreterin des Umweltbundesamtes betont: „Ich bin mir ganz sicher, dass die Firmen die schlimmsten Klopper gar nicht zur Anmeldung bringen" (zit. in Winter 1999: 6). Insgesamt lässt sich damit festhalten, dass die gesetzlichen Pflichten zur Datenbeschaffung und die Befugnisse der staatlichen Stellen zur Stoffbeschränkung im Rahmen des Neustoffverfahrens zwar generell präventiv wirksam werden, jedoch nur in Form einer Grenzziehung gegenüber nicht mehr vertretbaren Risiken und nicht in Form eines dauerhaft wirksamen Anreizes für nachhaltige Stoffinnovationen.

Auch im Bereich der Altstoffe gibt es keine dynamischen Anreize zu Gunsten von Innovationen zum nachhaltigen Wirtschaften. Die Altstoffregulierung wirkt über die Regulierung von Einzelstoffen nur partiell auf die Innovationsrichtung ein. Im jeweiligen Einzelfall werden durch die Verwendungsbeschränkungen, und in Ausnahmefällen sogar völligen Stoffverbote, starke Innovationsanreize gesetzt. Dies führt in der Regel zur Entwicklung weniger gefährlicher Ersatzstoffe oder zur Nutzung ungefährlicherer Stoffe in den einzelnen Verwendungen und wirkt sich dadurch positiv auf die Innovationsrichtung aus. Vielfach reicht schon die bloße Ankündigung einer Stoffregulierung aus, um einen Rückzug des betroffenen Stoffes vom Markt zu bewirken und die Suche nach Substituten zu befördern (Jacob 1999). Angesichts der hohen Zahl von Altstoffen auf dem Markt muss man insgesamt allerdings zu dem Schluss kommen, dass das Verfahren der Altstoffprüfung viel zu schwerfällig ist, als dass von ihm in gewünschtem Umfang Anreize für Innovationen zum nachhaltigen Wirtschaften ausgehen würden.

## 3.4 Europäische Chemikalienpolitik im Wandel: das neue System zur Registrierung, Bewertung und Zulassung von Chemikalien

### 3.4.1 Chronologie der politischen Entscheidungsfindung

#### 3.4.1.1 Der „Chemical Review"-Prozess

Angestoßen wurde der Reformprozess in der Chemikalienpolitik durch fortwährende Zweifel einiger Mitgliedsstaaten an der Effektivität der gegenwärtigen europäischen Chemikalienregulierung. Im Mittelpunkt der Kritik stand dabei die mangelnde Umsetzung der EU-Altstoffverordnung VO 793/93. Auf der Tagung des Umweltrates im Dezember 1997 brachte die niederländische Delegation ihre Besorgnis über die starke Verzögerung bei der Umsetzung der Verordnung in den letzten beiden Jahren zum Ausdruck und wurde dabei von der deutschen und der dänischen Delegation unterstützt. Die Kommission erklärte, dass sie die Besorgnis dieser Delegationen teilt. Als Ursachen für die Verzögerungen wurden im Wesentlichen die ungenügende Ressourcenausstattung des Europäischen Büros für chemische Stoffe, der bürokratische Aufwand im Altstoffverfahren und die Unverbindlichkeit der Verordnung genannt.

Parallel zu den Diskussionen auf der Gemeinschaftsebene beschritten zu dieser Zeit mehrere Mitgliedsstaaten auf der nationalen Ebene neue Wege der Chemikalienpolitik, so Dänemark, Finnland, Großbritannien, die Niederlande und Schweden. Diese nationalen Reformimpulse haben ohne Zweifel das Tempo der Reformen auf der Gemeinschaftsebene mitbestimmt und dazu beigetragen, dass die Probleme der europäischen Chemikalienpolitik auch bei den informellen Umweltministertreffen in Chester (UK) und Weimar im April 1998 und Mai 1999 breit diskutiert wurden. In Chester präsentierten fünf Mitgliedsstaaten (Dänemark, Finnland, Niederlande, Österreich und Schweden) ein gemeinsames Papier zur Reform der Chemikalienpolitik, in dem ein grundlegender konzeptioneller Wandel angemahnt wurde (ENDS 1998). Die Besorgnis über den langsamen Prozess bei der Risikobewertung im Altstoffbereich wurde von den Umweltministern mehrheitlich geteilt. Verschiedener Ansicht waren die Mitgliedsstaaten aber über das Ausmaß der Reformen und die sehr weit gehenden Vorstellungen des finnischen Umweltministers Pekka Haavisto stießen bei seinen Kollegen aus „einflussreichen Mitgliedstaaten" auf harsche Kritik (ENDS 1998)[4]. Die Minister begrüßten andererseits das Angebot der damaligen EU-Umweltkommissarin Ritt Bjerregaard, einen Bericht über die Durchführung der zentralen Richtlinien und Verordnungen der gemeinschaftlichen Chemikalienpolitik zu verfassen. Der Bericht der Kommission wurde am 18. November 1998 vorgelegt und offenbarte in Teilen der europäischen Chemikalienregulierung gravierende Defizite. Lautete das Motto auf dem informellen Treffen in Chester noch „Reformen ja, aber nur in Maßen", erzeugten die Ergebnisse des Arbeitsdokuments der Kommission ein „Windows of Opportunity" für einen neuen Ansatz in der europäischen Chemikalienpolitik. In der ersten Stellungnahme des Umweltministerrats im Dezember 1998 hieß es noch recht vorsichtig, dass die bestehenden Rechtsakte „nicht immer auf dem erforderlichen Wirksamkeits- und Effizienzniveau funktionieren" (Europäischer Rat 1998) und für tiefgreifende Verbesserungen verstärkte Verknüpfungen zwischen den gegenwärtigen Verfahren und Rechtsakten erforderlich seien. In den folgenden sechs Monaten gewann die Überzeugung eines notwendigen Wandels hin zu einem integrierten und kohärenten Konzept für die künftige Chemikalienpolitik der Gemeinschaft, bei dem das Vorsorgeprinzip und der Grundsatz der Nachhaltigkeit in angemessener Weise zum Ausdruck kommen, deutlich an Gewicht. In seinen Schlussfolgerungen zur Chemikalienpolitik vom Juni 1999 stellte der Umweltministerrat fest, dass „der derzeitige Ansatz der Gemeinschaft zur Bewertung und Regelung von Chemikalien eine Reihe von konzeptionellen und operationellen Unzulänglichkeiten aufweist" (Europäischer Rat 1999). Mit Blick auf die Altstoffe

---

[4] Haavisto hatte vorgeschlagen, bis zum Jahr 2005 eine Risikobewertung für alle 100.000 Altstoffe zu verlangen. Nach dieser Frist sollten Altstoffe ohne Risikobewertung als Neustoffe eingestuft werden mit entsprechenden Anmeldepflichten.

konstatierte der Rat, dass die Bewältigung dieser Problematik im Sinne einer angemessenen Begrenzung der von Altstoffen ausgehenden Risiken für Mensch und Umwelt im Rahmen des gegenwärtigen Verfahrens nicht zu erwarten sei.

**Tabelle 3.2.** Fahrplan des „EU Chemicals Review"-Prozesses

| | |
|---|---|
| April 1998 | Startschuss auf dem Informellen Treffen des Umweltrates in Chester (UK) |
| November 1998 | Bericht der Kommission über die Durchführung der vier zentralen Rechtsvorschriften |
| Dezember 1998 | Rat unterstreicht die Notwendigkeit von Reformen |
| Februar 1999 | „Brainstorming Session" von Vertretern der Mitgliedstaaten und der interessierten Kreise |
| Mai 1999 | Informelles Treffen der Umweltminister in Weimar |
| Juni 1999 | Umweltrat ersucht die Kommission, eine neue Strategie zur Chemikalienpolitik zu entwickeln |
| Februar 2001 | Veröffentlichung des EU-Weißbuchs „Strategie für eine zukünftige Chemikalienpolitik" |

Der Rat forderte daher die Kommission auf, bis zum Ende des Jahres 2000 einen Vorschlag für eine neue Strategie zur europäischen Chemikalienpolitik vorzulegen und dieser Strategie das Vorsorgeprinzip, das Ziel einer nachhaltigen Entwicklung und der Umweltsicherheit sowie das reibungslose Funktionieren des Binnenmarkts zu Grunde zu legen. Diesem Auftrag ist die Kommission mit der Vorlage des Weißbuchs „Strategie für eine zukünftige Chemikalienpolitik" im Februar 2001 nachgekommen. Das EU-Weißbuch bildete damit den Abschluss einer dreijährigen Evaluationsphase der europäischen Chemikalienpolitik.

### 3.4.1.2 Vom Weißbuch zum Verordnungsvorschlag

Mit dem Weißbuch hat die EU-Kommission einen Vorschlag für eine umfassende Neugestaltung der europäischen Chemikalienpolitik unterbreitet, mit der das übergreifende Ziel einer nachhaltigen Entwicklung verfolgt wird. Die Europäische Kommission hat sich dabei für die zukünftige Chemikalienpolitik vorgenommen, die Sicherheit im Umgang mit Chemikalien für Mensch und Umwelt zu erhöhen und gleichzeitig die Wettbewerbsfähigkeit der chemischen Industrie und die Arbeitsplätze in der Branche zu erhalten. Schlüsselelemente der künftigen Chemikalienpolitik sind die rechtliche Gleichstellung von Alt- und Neustoffen, eine stärkere Produktverantwortung der Unternehmen, die Einbeziehung der Weiterverarbeiter und nachgeschalteten Anwender, die Einführung des Zulassungsverfahrens für besonders gefährliche Stoffe und eine Stärkung der Informationsrechte der Öffentlichkeit.

Die Reaktionen der Interessenverbände auf das Weißbuch waren überwiegend zustimmend und positiv. So unterstützten die Verbände der chemischen Industrie grundsätzlich die Reformziele des Weißbuchs und insbesondere die systematische

Überprüfung neuer und alter Stoffe nach einem einheitlichen Konzept mit klaren Fristsetzungen (CEFIC 2001). Die Weichenstellung hin zu einer systematischen Überprüfung stelle „eine längst fällige Korrektur des fehlgeschlagenen Konzepts der EU-Altstoffverordnung von 1993 dar" (VCI 2001: 2). Die vorgebrachte Kritik der Chemieverbände richtete sich zu diesem Zeitpunkt vor allem auf die Einführung eines Zulassungsverfahrens für besonders gefährliche Stoffe. Auch die Umweltverbände begrüßten in ihrer Stellungnahme das Weißbuch als einen ersten wichtigen Schritt für mehr Umwelt- und Gesundheitsschutz. Das Europäische Umweltbüro forderte darüber hinaus eine Verknüpfung des Weißbuchs mit dem Generationenziel der OSPAR-Konvention, alle Einträge gefährlicher Stoffe in die Umwelt bis zum Jahr 2020 zu beenden. Zur Erreichung dieses Ziels sprach sich das EEB für ein generelles Verbot von persistenten und bioakkumulierenden Stoffen aus.

Der EU-Umweltministerrat hat in seinen Schlussfolgerungen vom 07. Juni 2001 das Weißbuch in seinen wesentlichen Aussagen bestätigt, vertrat jedoch die Auffassung, dass an den Vorschlägen noch weiter gefeilt werden müsse, um die Einführung praktikabler und wirksamer Kontrollen von Chemikalien zu garantieren. Zugleich forderte der Rat die Kommission auf, bis Ende 2001 ihre Regelungsvorschläge zur Umsetzung der neuen Chemikalienpolitik vorzulegen. Das Europäische Parlament hat am 15. November 2001 ebenfalls zum Weißbuch Stellung genommen und dabei die Initiative der Kommission begrüßt und die Ratsschlussfolgerungen unterstützt. In seiner Entschließung ist das Parlament jedoch zum Teil deutlich über die gemachten Vorschläge von Kommission und Rat hinausgegangen.

Im Mai 2003 hat die Europäische Kommission einen ersten Verordnungsentwurf für die zukünftige EU-Chemikalienregulierung zur Konsultation vorgelegt. In den zwölf Monaten vor der Präsentation des Verordnungsentwurfs war die Diskussion über die zukünftige europäische Chemikalienpolitik in zunehmendem Maße kontrovers verlaufen. Besonders umstritten war dabei die Wirtschaftsverträglichkeit der neuen Chemikalienregulierung. Im Rahmen der achtwöchigen Konsultation sind nach Informationen der zuständigen Kommissionsdienststellen etwa 6.400 Beiträge eingegangen. Fast alle Stellungnahmen von Unternehmen, Verbänden und Gewerkschaften äußerten sich sehr kritisch zum Verordnungsentwurf. Befürchtet wurden negative wirtschaftliche Auswirkungen, der Verlust von Arbeitsplätzen und eine Beeinträchtigung der internationalen Wettbewerbsfähigkeit. Die im Entwurf vorgeschlagenen administrativen Verfahren und die finanziellen Belastungen wurden als nicht tragbar bewertet. Mehr als die Hälfte der Stellungnahmen von Unternehmen stammten von kleinen und mittleren Firmen, was die hohe Betroffenheit und Besorgnis dieser Unternehmen dokumentiert. Auch die im August 2003 veröffentlichte gemeinsame Bewertung der Bundesregierung, des VCI und der IG BCE kommt zu einer überwiegend kritischen Einschätzung des Entwurfs, da die Verfahren „zu bürokratisch und aufwändig gestaltet" seien, und dies „nicht der Zusage schneller, einfacher und kosteneffizienter Verfahren" entspreche.

Die europäischen Umwelt- und Verbraucherschutzverbände warfen der Industrie hingegen gezielte Desinformation und Schwarzmalerei vor. Die Schätzungen der Kosten für die neue Chemikalienregulierung seien systematisch überhöht, während die Nutzeneffekte der neuen Chemikalienpolitik keine Berücksichtigung fänden. Überdies stellten die geschätzten direkten Kosten der neuen Regulierung in Höhe von 1,7 bis 7 Milliarden Euro weniger als 1% des jährlichen Umsatzes der chemischen Industrie dar. Ähnlich argumentierte eine Stellungnahme der drei Gewerkschaften IG Metall, ver.di und IG BAU, in der die drei Gewerkschaften an die enormen Informationsdefizite und Gesundheitsrisiken im Zusammenhang mit Chemikalien erinnerten. Sie forderten, den Schutz der menschlichen Gesundheit und der Umwelt wieder in den Mittelpunkt der EU-Chemikalienpolitik zu stellen, anstatt in einer öffentlichen Kontroverse „Schreckensmeldungen über die existenzielle Bedrohung einer Industrie" zu verbreiten.

In ihrem Verordnungsvorschlag vom Oktober 2003 hat die Kommission viele der Kritikpunkte aus der Internetkonsultation aufgegriffen. So ist der Anwendungsbereich der Verordnung eingeschränkt worden, die Registrierungsanforderungen für Zwischenprodukte wurden gesenkt, und der Raum für flexible Ausnahmetatbestände ist deutlich erweitert worden. Der Vorschlag der Kommission steht gegenwärtig (Januar 2005) zur weiteren Beratung im Rat und im Europäischen Parlament an. Die bisherigen Verhandlungen in den Ministerräten und dem EU-Parlament haben sich allerdings als recht schwierig erwiesen und zu einer weiteren Verzögerung des Reformprozesses geführt. Die im November 2003 unter Beteiligung mehrerer Ministerräte gebildete Ad hoc-Gruppe zur Chemikalienpolitik, die den Vorschlag der Kommission berät, hat bereits eine Lesung der wesentlichen Bausteine des REACH-Vorschlags durchgeführt. In den bisherigen Sitzungen der Arbeitsgruppe wurden zahlreiche Dokumente der Mitgliedstaaten und Hintergrundinformationen der Europäischen Kommission zu verschiedenen Themen vorgelegt. Mit einer ersten Lesung des Verordnungsvorschlags durch das EU-Parlament ist demgegenüber nicht mehr vor dem Sommer 2005 zu rechnen.

Begleitend zu den weiteren Verhandlungen hat die Kommission eine Interimsstrategie zur Vorbereitung aller Parteien (Kommission, Mitgliedstaaten, Industrie) auf die praktische Umsetzung von REACH ins Leben gerufen. Die Interimsstrategie startete am Tag der Präsentation des Verordnungsvorschlags und wird fortdauern bis zum in Kraft treten der neuen Chemikalienverordnung. Die Pläne der Kommission sehen bislang drei Phasen für die Interimsstrategie vor:

1. die Interimsphase (November 2003 bis März 2006),
2. die Übergangsphase (April 2006 bis September 2007),
3. die operative Phase (ab Oktober 2007).

Das Ziel der Interimsphase ist es, die gegenwärtigen Aktivitäten im Bereich der Alt- und Neustoffe, der Einstufung und Kennzeichnung von Stoffen sowie der Testmethoden mit dem zukünftigen REACH-System in Einklang zu bringen. Damit sollen ein effektiver und effizienter Übergang in das neue System gewährleistet werden und zugleich die bisher geleisteten Arbeiten bei der Datensammlung und Risikobewertung vor allem im Bereich der Altstoffe gewinnbringend genutzt werden. Die Aktivitäten in der Interimsphase wurden sieben individuellen Projekten zur Umsetzung von REACH (REACH Implementation Projects) zugeordnet[5].

Den zweiten Pfeiler in der Interimsstrategie der Kommission bilden sogenannte strategische Partnerschaften mit der Industrie und den Mitgliedstaaten, um die Praktikabilität der verschiedenen Mechanismen unter REACH sicherzustellen. Auf Initiative des europäischen Chemieverbands CEFIC ist im Rahmen dieses zweiten Pfeilers bereits ein Projekt unter dem Akronym SPORT[6] gestartet, in dem die Registrierung von 10 Stoffen unter REACH gemäß den Vorgaben des Verordnungsvorschlags erprobt werden soll.

Unterstützt und parallel begleitet wird die Interimsstrategie durch ein Abkommen zwischen der Europäischen Kommission und den europäischen Wirtschaftsverbänden UNICE und CEFIC vom März 2004 über drei weitere Studien zur Folgenabschätzung von REACH[7]. In den drei Studien werden die potenziellen Wirkungen von REACH in ausgewählten Teilbranchen und Unternehmen entlang der Wertschöpfungskette, die Innovationswirkungen von REACH und die Auswirkungen von REACH in den neuen EU-Mitgliedstaaten genauer untersucht. Die Ergebnisse aus den drei Studien sollen im Frühjahr 2005 vorliegen.

### 3.4.2 Instrumente nachhaltiger Chemikalienpolitik unter REACH

Mit dem Verordnungsvorschlag vom Oktober 2003 hat die Europäische Kommission ihre Vorstellungen für die Neuregelung der europäischen Chemikalienpolitik dargelegt und dem Rat und dem Europäischen Parlament zur weiteren Beratung zugeleitet. Der Kommissionsvorschlag beinhaltet die Einführung eines auf dem Vorsorgeprinzip aufbauenden Regelungskonzeptes für gefährliche Chemikalien, die Neuverteilung der Verantwortlichkeiten im Umgang mit Chemikalien und die Einrichtung einer Europäischen Chemikalienagentur mit Sitz in Helsinki, Finnland.

Zentrales Element der neuen Chemikalienregulierung ist ein System für die Registrierung, Bewertung und Zulassung von Chemikalien, das allgemein unter dem Kürzel REACH bekannt ist. Dieses neue Regelungskonzept besteht aus drei wesentlichen Komponenten:

– *Registrierung:* Hersteller und Importeure von Chemikalien werden verpflichtet, Daten über die Sicherheit von Stoffe beizubringen, die in einer Menge von über 1 Tonne pro Jahr hergestellt oder importiert werden, und diese Informationen für ein adäquates Risikomanagement zu nutzen. Im Gegensatz zur bisherigen

---

[5] RIP 1: REACH Process Description; RIP 2: Informatics system development (REACH-IT); RIP 3: TGDs and training for industry; RIP 4: Guidance and capacity building for Authorities; RIP 5: Meeting structure development; RIP 6: Administrative procedures; RIP 7: Preparing Commission services for REACH.
[6] SPORT = Strategic Partnership on REACH Testing.
[7] Memorandum of Understanding between the European Commission side (DG Enterprise and DG Environment) and industry (UNICE/CEFIC) to Undertake Further Work Concerning the Impact Assessment of REACH.

Regulierung gilt diese Anmeldepflicht nicht nur für Neustoffe, sondern auch für schätzungsweise 30.000 Altstoffe, die bereits auf dem Markt gehandelt werden. Angesichts der hohen Zahl der Altstoffe ist ein mehrstufiger Ansatz mit marktmengen- und gefährdungsabhängigen Registrierungsfristen vorgesehen (>1000 t bis 2008, >100 t bis 2011 und >1 t bis 2016), so dass Stoffe mit hohen Produktionsmengen und besonders gefährliche Stoffe als erste registriert werden müssen.

- *Bewertung:* Sämtliche in größeren Mengen hergestellten Stoffe (über 100 t/ Jahr) müssen grundsätzlich bewertet werden. Dies gilt ebenfalls für Stoffe, die zur Besorgnis Anlass geben. Rund 4.500 Stoffe werden daher in den nächsten 11 Jahren einem abgestuften Risikobewertungsverfahren unterzogen. Ausgehend von den Registrierungsdaten der Unternehmen werden die Stoffbewertungen von den zuständigen Behörden der Mitgliedstaaten durchgeführt. Die Mitgliedsstaaten können darüber hinaus jeden Stoff bewerten lassen und zusätzliche Informationen anfordern, falls sie Zweifel hinsichtlich der potenziellen Risiken eines Stoffes oder der Qualität des Registrierungsdossiers haben.
- *Zulassung:* Für die Verwendung besonders gefährlicher Stoffe sieht die neue Regulierung ein Zulassungsverfahren vor. Diese Zulassung ermöglicht spezifische Verwendungen unter der Bedingung, dass die Unternehmen nachweisen, dass sie die Risiken eines solchen chemischen Stoffes ausreichend unter Kontrolle haben oder dass die durch seine Verwendung entstehenden sozialen und wirtschaftlichen Vorteile größer als die Risiken sind. Außerdem wird die Möglichkeit einer Substitution erwogen. Zulassungspflichtig sind Stoffe mit bestimmten Eigenschaften wie CMR-Stoffe (Krebs erzeugende, erbgutverändernde und fortpflanzungsgefährdende Stoffe), PBT-Stoffe (persistente, bioakkumulierbare und toxische Stoffe) und VPVB-Stoffe (hoch persistente und hoch akkumulierbare Stoffe). Über eine Zulassungspflicht von endokrin wirksamen Stoffen wird von Fall zu Fall entschieden. Betroffen von der Zulassungspflicht werden in etwa 1.400 Stoffe sein.

Auf den ersten Blick setzt damit auch die künftige Chemikalienpolitik instrumentell in erster Linie auf staatliche Regulierung. Tatsächlich wird das Chemikalienrecht durch die Einführung eines Zulassungsverfahrens sogar erheblich verschärft. Bei genauerer Betrachtung zeigt sich, dass dem neuen REACH-System ein Instrumentenmix zugrunde liegt, wie er schon aus der bisherigen Chemikalienregulierung bekannt ist. Neben den Registrierungs- und Zulassungsverpflichtungen als Eröffnungskontrollen sowie möglichen Herstellungs- und Verwendungsbeschränkungen kommen durch die Registrierungsdossiers, Sicherheitsberichte und erweiterten Sicherheitsdatenblätter eine Reihe von informatorischen Instrumenten zum Einsatz, mit denen das überbetriebliche Informationsmanagement zur Risikominderung verbessert werden soll. Darüber hinaus wird mit dem REACH-System eine neue Rollenverteilung zwischen den Behörden und der Industrie bei der Risikobeurteilung von Chemikalien etabliert, die einen Paradigmenwechsel in der europäischen Chemikalienpolitik darstellt. Hatten unter dem bisherigen Chemikalienrecht vor allem die Behörden die Last der Risikobewertung zu schultern, führt das REACH-System eine neue Lastenverteilung zwischen Industrie und Behörden ein, bei der die Unternehmen für Stoffe ab einer Produktionsmenge von 10 Tonnen pro Jahr verpflichtet werden, eine vorläufige Risikobewertung als Teil der Registrierung vorzunehmen. Mit dem Hinweis auf die Verantwortung der Hersteller für ihre Produkte stellt die zukünftige Chemikalienpolitik insofern wesentlich stärker auf die Eigenverantwortung der Unternehmen ab. Daraus abzuleiten, dass der Aspekt der Beschleunigung und Effektivierung des staatlichen Risikomanagements gegenüber der Eigenverantwortung der Hersteller im Kommissionsvorschlag an Gewicht verloren hat (SRU 2004: 783), ist unzutreffend. Der Wunsch nach Beschleunigung des Verfahrens und höherer Effektivität bezog sich schon im Weißbuch auf das gesamte Verfahren der Chemikalienkontrolle und nicht allein auf das Risikomanagement. Diese Ziele sind jedoch bei der Informationssammlung und der darauf aufbauenden Risikobewertung ohne ausreichende Mitwirkung der Unternehmen nicht zu erreichen. Das neue Regelungskonzept sieht daher eine Kombination aus den drei Steuerungsansätzen der Selbstregulierung, des marktlichen Wettbewerbs und der direkten staatlichen Kontrolle vor.

Zentrales Element der unternehmerischen Eigenverantwortung ist das selbständige Aussortieren von Stoffen mit unvertretbaren Risiken sowohl aus dem gegenwärtigen Produktportfolio als auch im Rahmen der zukünftigen Produktentwicklung, ohne dass es hierzu jedes Mal staatlicher Intervention bedarf. Die zentralen Instrumente zur Risikominderung bei den verbleibenden Gefahrstoffen sind Sicherheitsberichte und Sicherheitsdatenblätter, die entlang der Wertschöpfungskette vom Hersteller über den Formulierer bis zum Anwender weitergereicht werden können. Diese Instrumente sorgen für die notwendigen Informationen für ein überbetriebliches Management von Stoffrisiken und deren mögliche Vermeidung. Die Wissensgrundlage für eigenverantwortliches vorsorgendes Handeln wird hierbei durch die Gewährleistung der Transparenz vom Hersteller bis zum Anwender über Stoffeigenschaften und Verwendungszwecke geschaffen (SRU 2004: 731).

Das Wettbewerbselement wird im neuen Regelungskonzept vor allem durch die Gleichstellung von alten und neuen Stoffen gestärkt. Die Einführung einer einheitlichen Registrierungspflicht für alle Stoffe ab einer Produktionsmenge von 1 Tonne beseitigt die regulative Diskriminierung durch den Kosten- und Zeitaufwand bei der Notifizierung von Neustoffen im Gegensatz zu der freien Vermarktung von Altstoffen unter dem bisherigen dualen System. Durch diese Regelung wird sichergestellt, dass in Zukunft innovative neue Stoffe leichter auf den Markt gelangen können, ohne im Wettbewerb mit den Altstoffen zusätzlich durch den Gesetzgeber benachteiligt zu werden. Zum gegenwärtigen Zeitpunkt findet dieser Wettbewerb nur unzulänglich statt, und im Ergebnis verbleiben Altstoffe mit gefährlichen Stoffeigenschaften mangels Alternativen viel zu lange auf dem Markt. Darüber hinaus versetzen die informatorischen Instrumente die nachgeschalteten Anwender dank der besseren Markttransparenz vielfach erst in die Lage, von Stoffen und Produkten ausgehende Risiken richtig einzuschätzen und daran ihr Nachfrageverhalten auszurichten. Dies trifft in besonderer Weise für diejenigen Stoffe und Stoffgruppen zu, welche zukünftig dem Zulassungsverfahren unterliegen. Das Herstellen einer „ökologischen Markttransparenz" kann hierbei die Nachfrage auf den Märkten in Richtung sicherer Produkte verändern (SRU 2004: 731).

Vervollständigt wird der neue Steuerungsansatz unter REACH durch ein verbessertes staatliches Risikomanagement. Das zentrale Instrument hierfür ist die Einführung eines Zulassungsverfahrens für besonders gefährliche Stoffe. Mit dem Zulassungsverfahren wird für Industriechemikalien neben den bisher üblichen Eröffnungskontrollen erstmals ein System des Verbots mit Erlaubnisvorbehalt etabliert. Die EU-Kommission verspricht sich von diesem neuen Instrument eine deutliche Steigerung der Effektivität beim Risikomanagement von besorgniserregenden Stoffen und deren Verwendungen.

Auf dem Kontinuum zwischen Selbstregulierung und vollständiger staatlicher Kontrolle bemüht sich der Kommissionsvorschlag um eine sinnvolle Kombination und Balance von verschiedenen Steuerungsansätzen. So wenig wie eine effektive Vorsorgestrategie allein auf der Selbstregulierung durch die Unternehmen und deren Verbände aufbauen kann, so gering sind die Erfolgsaussichten einer Chemikalienpolitik, die sich ausschließlich auf Stoffverbote konzentriert. Regulative Herstellungs- und Verwendungsbeschränkungen sind auch unter dem REACH-System die ultima Ratio staatlichen Handelns, und vielleicht sind gerade Stoffverbote nicht immer das sinnvollste Mittel zur Risikominderung. Wie der internationale Vergleich im Fall von Trichlorethylen zeigt, können alternative umweltpolitische Instrumente zu einer höheren Effektivität und mehr Effizienz führen (Slunge u. Sterner 2001). Erfolg versprechender erscheint im Sinne einer zukunftsfähigen Chemikalienpolitik daher die kombinierte Wirkung aus regulativen Anreizen für mehr Innovationen und einer Substitutionsdynamik durch regulative Herstellungs- und Verwendungsbeschränkungen sowie der freiwilligen Stoffsubstitution durch Marktteilnehmer aufgrund der besseren Informationsgrundlage.

### 3.4.3 Vom Konsens zum Konflikt ... und wieder zurück?

In den Jahren zwischen 1998 und 2003 hat sich die Reform der europäischen Chemikalienpolitik von einer konsensorientierten Diskussion, die von der Einsicht in die Notwendigkeit von Reformen geprägt war, in das „schlimmste Schlachtfeld in der Geschichte der europäischen Umweltpolitik" verwandelt (Euractiv 2003). Der Schlüssel zum Verständnis dieses Wandels liegt dabei nicht in Brüssel, sondern in Berlin. Den Sinneswandel in der deutschen Politik sollen zunächst zwei Pressemitteilungen verdeutlichen. Lautete die Überschrift anlässlich des informellen Umweltministertreffens im April 1999 in Weimar noch „Germany urges for tighter European chemicals policy" (Environmental News Service, 27. April 1999), hieß es vier Jahre später ebenfalls unter der rot-grünen Bundesregierung „Berlin greift Brüssel wegen Chemikalienpolitik an" (Die Welt, 23. August 2003).

Die Gründe für diesen Übergang von Konsens zu Konflikt liegen vor allem in der deutschen Reaktion auf einen Prozess, der allgemein als Europäisierung nationaler Politik bezeichnet wird (Featherstone u. Radaelli 2003). Seit Mitte der neunziger Jahre hat sich die Zahl der Reibungspunkte zwischen der deutschen Regierung und der Europäischen Kommission erhöht. Dies betrifft nicht allein die Umweltpolitik, sondern die Auseinandersetzungen ziehen sich quer durch alle Politikbereiche. Ursächlich hierfür waren nicht nur inhaltliche Differenzen, sondern auch strukturelle Probleme der deutschen Europapolitik. Den Auslöser für überfällige strukturelle Veränderungen in der deutschen Europapolitik markierte Ende der neunziger Jahre allerdings ein umweltpolitisches Thema, nämlich der Streit um die Altautorichtlinie (Wurzel 2002: 13). Im Jahre 1999 intervenierte Bundeskanzler Gerhard Schröder in letzter Minute gegen wichtige Elemente der im Umweltministerrat behandelten Altautorichtlinie. „Die Kanzlerintervention in einen fertigen Richtlinienvorschlag konnte dabei zwar den Umweltminister symbolträchtig demütigen, aber letztlich außer Aufweichungen bei der Ausgestaltung der Produzentenverantwortung und den Zeitplänen wenig Grundsätzliches erreichen" (Hey 2003: 148).

Die Intervention des Bundeskanzlers folgte nach einem Gespräch mit wichtigen Vertretern der Automobilindustrie. Diese Strategie der Vier- oder Sechs-Augen-Gespräche war auch schon unter Bundeskanzler Helmut Kohl häufiger zu beobachten. Zwangsläufig wirft diese Strategie die Frage nach effektiveren Mechanismen der Politikkoordination auf. Beklagt wurde vor allem, dass Deutschland aufgrund mangelhafter Koordinationsmechanismen zu langsam ist und bei der Politikformulierung auf der europäischen Ebene oft zu spät kommt. Die Wirtschaftsverbände beklagten darüber hinaus eine ungenügende Vertretung deutscher Wirtschaftsinteressen durch die deutsche Regierung in Brüssel und hatten bereits mehrfach versucht, einzelne Bundesminister oder den Bundeskanzler gegen neue umweltpolitische Vorschriften aus Brüssel in Stellung zu bringen. Im Herbst 2000 wurden die Mechanismen zur Koordination der EU-Politik in Deutschland geändert und eine deutliche verstärkte Kooperation zwischen den einzelnen Ressorts eingeführt (Wurzel 2002: 14).

Die europäische Chemikalienpolitik wurde von diesen Ereignissen in Deutschland bis zum Herbst 2001 nur am Rande berührt. Die Reformdiskussion blieb auch nach der Veröffentlichung des Weißbuchs der Europäischen Kommission in weiten Teilen fair und ausgewogen und vorrangig an Fragen zur Praktikabilität des neuen Systems orientiert. Der Widerspruch der nationalen Chemieverbände und CEFIC hinsichtlich des Zulassungsverfahrens und die Forderung nach ausreichender Berücksichtigung der wirtschaftlichen Auswirkungen der neuen Chemikalienpolitik sprengten sicherlich nicht den Rahmen normaler Lobbyarbeit bei anstehenden Gesetzesänderungen. Gerade der damalige Präsident von CEFIC, der Franzose Jean-Pierre Tirouflet, vertrat zu diesem Zeitpunkt einen kooperativen und proaktiven Ansatz gegenüber der neuen Chemikalienpolitik. In einer Pressemitteilung im Juni 2001 erklärte Tirouflet: „It is not good enough for us to simply complain about the aspects of the White Paper that we don't like. We are not the only important group in the decision-making process. Others have also a voice. We must take a more positive and creative approach" (CEFIC 2001).

Dass die Dinge in Deutschland grundsätzlich etwas anders beurteilt wurden, machen Äußerungen von Bundeskanzler Schröder und Wilfried Sahm, dem Hauptgeschäftsführer des VCI, deutlich. Sahm hatte am Tage nach Veröffentlichung des Weißbuchs in der Financial Times Deutschland seine Befürchtung geäußert, das Weißbuch werde „massive Abwanderungen von Unternehmen und Forschern ins Ausland" zur Folge haben (FTD, 14.2.2001). Schröder assistierte zwei Monate später auf einer Veranstaltung in Berlin vor Industrievertretern mit den Worten, die Umsetzung des EU-Weißbuchs würde „zur Vertreibung der Chemieindustrie aus Europa führen" und verwies explizit auf die Erfahrungen mit der Altautorichtlinie (FTD, 30.4.2001). Die deutsche Position markierte insofern eine der Extrempositionen zur europäischen Chemikalienpolitik, die schwedischen Vorstellungen einer „giftfreien Umwelt" den Gegenpol. Beide Positionen waren Mitte 2001 auf der europäischen Ebene nicht mehrheitsfähig.

In den folgenden 12 Monaten gelang es den deutschen Wirtschaftsverbänden jedoch, eine Meinungsführerschaft innerhalb der organisierten Wirtschaftsinteressen zu erringen. Innerhalb weniger Monate hatte die radikale deutsche Position, unterstützt von einer gigantischen Lobby- und Medienkampagne, die europäische Reformdiskussion in eine lähmende Konfrontation zwischen wirtschafts- und umweltpolitischen Zielen hineinmanövriert. Ausschlaggebend für diese Wende war im Herbst 2001 die Entschließung des Europäischen Parlamentes. Das Weißbuch der Kommission wurde federführend vom Umweltausschuss des EP beraten, der im Oktober 2001 einen Bericht zur Abstimmung im Europaparlament vorlegte. Der Schörling-Bericht, benannt nach der schwedischen Berichterstatterin Inger Schörling aus der Fraktion der Grünen/EFA, ging in mehreren Punkten deutlich über das Weißbuch der Kommission und die Schlussfolgerungen des Rates vom Juni 2001 hinaus. So forderte der Bericht zum Beispiel die Einbeziehung aller Chemikalien in das System auch unterhalb einer Produktionsmenge von 1 Tonne. Der VCI reagiert auf den Bericht des Umweltausschusses mit einer flächendeckenden Anzeigenkampagne in den deutschen Medien. Der Umweltausschuss habe den „Sinn für die Realitäten verloren" (Pressemitteilung VCI, 30.10.2001) und „überzogene Forderungen dürfen den Standort Europa nicht gefährden" (SZ, 02.11.2001). Der CDU-Europaabgeordnete Karl-Heinz Florenz[8] übte scharfe Kritik an der Bundesregierung, weil sie keinen Einfluss auf die sozialdemokratischen und grünen Europaabgeordneten ausübe (SZ, 14.11.2001). Nach einer Kampfabstimmung verabschiedete das Parlament mit 242 gegen 169 Stimmen eine Stellungnahme auf der Basis des Schörling-Berichts. Allerdings waren die Vorstellungen des Umweltausschusses in zentralen Punkten korrigiert worden, darunter auch die Ablehnung einer Ausdehnung der Registrierungspflicht auf Stoffe unter 1 Tonne durch das Parlament. Das knappe Abstimmungsergebnis, die geschlossene Ablehnung der Resolution durch die EVP-Fraktion und die Korrektur „extremer Vorstellungen" ließen denn auch den VCI zu der Ansicht gelangen, dass eine „realistische Reform noch möglich" sei (VCI, 16.11.2001).

Die Ereignisse rund um die Entschließung des Europaparlamentes müssen trotz des Teilerfolgs beim VCI insgesamt den Eindruck hinterlassen haben, dass die Argumente der chemischen Industrie im Reformprozess nur wenig Gehör fanden. Tatsächlich konnten sich die Chemieverbände zu diesem Zeitpunkt im „umweltpolitischen Dreieck" aus GD Umwelt, Umweltausschuss des EP und Umweltministerrat argumentativ nicht durchsetzen. Christian Hey (2003: 148) hat dies als „institutionelle Einflussbarrieren für wirtschaftliche Interessen" interpretiert, mit denen die personelle und finanzielle Überlegenheit der Wirtschafts- im Vergleich

---

[8] Karl-Heinz Florenz ist im jetzigen Europaparlament der Vorsitzende des Umweltausschusses.

zu den Umweltverbänden kompensiert wird. In den letzten Wochen des Jahres 2001 hat der VCI aber eine Änderung in seiner Lobbystrategie vorgenommen, mit der diese institutionellen Einflussbarrieren im Rahmen der Chemikalienpolitik überwunden worden sind. Zu diesem Zweck hat der VCI den Schulterschluss mit dem BDI gesucht und eine Studie in Auftrag gegeben, die vor allem zwei Ziele verfolgte: die wirtschaftlichen Auswirkungen der neuen Chemikalienpolitik aufzuzeigen und die Betroffenheit der nachgeschalteten Anwender deutlich zu machen (Interview VCI, 10.02.2003). Die Studie von Arthur D. Little ist im Dezember 2002 endgültig veröffentlicht worden, aber die Ergebnisse waren schon im Oktober 2002 bekannt. Das Zahlenwerk der ADL-Studie markierte den Beginn einer aggressiven Vorfeldstrategie der deutschen Wirtschaftsverbände, die wie oben beschrieben nicht unbedingt aus einer Position der Stärke resultierte. Dazu passend erklärte ein Unternehmensvertreter das Vorgehen auf einer Veranstaltung des BDI im Dezember 2002 mit der Aussage: „Wir brauchten die Zahlen als politisches Instrument und hätten wir nicht so laut geschrieen, hätte uns keiner zugehört". Die völlig überzogenen Ergebnisse der Studie lieferten in den folgenden Monaten die Munition, und die Überschrift der Pressemitteilung des VCI zur Studie signalisierte die neue Tonlage: „EU-Chemikalienpolitik droht Deutschland in Rezession zu stürzen" (VCI, 07.11.2002). Fortan gaben die deutsche Chemieindustrie und ihre Vertreter, unterstützt von der Industriegewerkschaft Chemie, auf der EU-Ebene den Ton an. Für den Übergang zu einer aggressiven Lobbystrategie der organisierten Wirtschaftsinteressen auch auf der europäischen Bühne traf es sich hervorragend, dass Mitte 2002 drei relevante europäische Dachorganisationen einen deutschen Vorsitzenden hatten: Jürgen Lamprecht (BASF) hatte Jean-Pierre Tirouflet an der Spitze von CEFIC abgelöst, Jürgen Strube (BASF) war Präsident des europäischen Industrieverbandes UNICE, und Präsident der Europäischen Föderation der Bergbau-, Chemie- und Energiegewerkschaften (EMCEF) war Hubertus Schmoldt von der IGBCE.

Obwohl die ADL-Studie von Experten heftig kritisiert wurde (UBA 2003; SRU 2003), avancierte sie schnell zur Referenzstudie, und die Zahlen wurden vielfach benutzt. Nur sechs Monate nach der Präsentation der ADL-Studie zog der französische Chemieverband UIC mit einer ähnlichen Studie über die wirtschaftlichen Auswirkungen von REACH auf die französische Wirtschaft nach (Mercer Management Consulting 2003). Der britische Chemieverband CIA bediente sich danach ebenfalls kräftig der Argumente aus den beiden Studien, und der Wunsch von Bundeskanzler Gerhard Schröder, „man müsse in der EU industriepolitische Allianzen bilden", hatte sich erfüllt. Die industriepolitische Allianz aus Deutschland, Frankreich und Großbritannien griff im Weiteren noch zweimal entscheidend in den Reformprozess der europäischen Chemikalienpolitik ein. Im September 2003 verfassten Tony Blair, Jacques Chirac und Gerhard Schröder einen Brief an Kommissionspräsident Romano Prodi, in dem sie vor den „Gefahren der Deindustrialisierung" durch die neue Chemikalienpolitik warnten. Verständlicherweise ist dieser Brief bei den Industrievertretern als „sehr hilfreich" empfunden worden (SZ, 09.12.2003). Einen Monat nach diesem Brief beschloss der Europäische Rat im Oktober 2003, die Verantwortung für die weiteren Verhandlungen zur europäischen Chemikalienpolitik vom Umwelt- auf den Wettbewerbsrat zu übertragen.

Der politische Entscheidungsprozess über die künftige EU-Chemikalienpolitik hat in den vergangenen Jahren einiges an Turbulenzen erlebt. Die gleichen Mitgliedstaaten, die im Jahr 2001 den Schlussfolgerungen des Umweltrates zugestimmt und zum Teil weitergehende Forderungen gestellt haben, sind in den Jahren 2002 und 2003 zu vehementen Gegnern der neuen europäischen Chemikalienpolitik geworden. Mit der Vorlage ihres gut austarierten Verordnungsvorschlages vom 29. Oktober 2003 hat die Kommission wesentlich dazu beigetragen, die Diskussion zu entschärfen und zu einer sachlichen Debatte zurückzukehren. So erklärte die Geschäftsführerin von Du Pont Europe, Mathieu Vrijsen, auf einer Konferenz im Oktober 2004, dass zum Zeitpunkt des Konsultationsdokumentes die chemische Industrie und die Europäische Kommission „were very far apart on scope and workability. Now, we are very close on scope, it's not a debate at all any more. Now, we are talking about workability. As the REACH process develops, we want the process refocused onto substances where there is real potential for concern" (Chemical & Engineering News, 13.10.2004). Dennoch befindet sich die REACH-Verordnung immer noch in einem brisanten Spannungsverhältnis zwischen umwelt-, gesundheits- und wirtschaftspolitischen Zielen. So ist der gleiche Fortschrittsbericht der Kommission zu REACH im Frühjahr 2004 vom Wettbewerbs- und vom Umweltrat völlig unterschiedlich interpretiert und bewertet worden. Dass ein zentrales umweltpolitisches Vorhaben der EU nun im Wettbewerbsrat in erster Linie unter wirtschaftspolitischen Gesichtspunkten diskutiert wird, ist eine Konsequenz der vehementen und bitteren Auseinandersetzungen der vergangenen Jahre, aber nicht zwangsläufig ein Ausdruck und Garant für eine zukunftsfähige und innovationsorientierte Chemikalienpolitik in der EU.

### 3.4.4 Veränderungen in der Akteurskonstellation

Seit Mitte der neunziger Jahre haben sich die Koalitionen der Akteure in der chemiepolitischen Arena dreimal verändert. Die erste einschneidende Veränderung in der Zusammensetzung der Akteure datiert aus dem Jahr 1995 mit dem Beitritt von Finnland, Österreich und Schweden zur Europäischen Union. Die drei Staaten verstärkten das Gewicht der umweltpolitischen Vorreitergruppe innerhalb der EU-Mitgliedstaaten deutlich. Als besonders wichtig für die EU-Chemikalienpolitik sollte sich erweisen, dass Überlegungen zur Reform der Chemikalienpolitik in diesen Staaten auf der nationalen Ebene einen hohen umweltpolitischen Stellenwert einnahmen. Erste Anstöße gingen in den Jahren 1996/97 von finnischen und schwedischen Beratungskommissionen zu nachhaltiger Chemikalienpolitik aus, deren Ergebnisse auch im EU-Umweltrat präsentiert wurden. Im Oktober 1997 forderte Schweden eine bessere Chemikalienstrategie in der EU (ENDS, 20.10.1997). Im April 1998 bündelten fünf Mitgliedstaaten (A, DK, NL, S, SF) ihre Kräfte und legten auf dem informellen Umweltministertreffen ein gemeinsames Papier zur Reform der europäischen Chemikalienpolitik vor. Im Oktober 1998 signalisierte die dänische Regierung der EU eine striktere Chemikalienkontrolle (ENDS, 18.10.1998). Ebenfalls arbeiteten zu diesem Zeitpunkt schon die britische und die niederländische Regierung an nationalen Chemikalienstrategien (SoMS

1999; UK Government 1999). Diskutiert wurde zu diesem Zeitpunkt weniger die Notwendigkeit als das Ausmaß der notwendigen Reformen. Noch zögernde Mitgliedstaaten wie Deutschland und Frankreich wurden dann endgültig im November 1998 von der Evaluation der vier zentralen Richtlinien der EU-Chemikalienpolitik durch die Kommission überzeugt. Die gravierenden Defizite als Ergebnis des Kommissionsberichtes haben anschließend den Weg für eine umfassende Reform mit breiter Unterstützung durch die Mitgliedstaaten geebnet.

Die zweite Veränderung der Akteurskonstellation wurde im Herbst 2001 durch die deutschen Wirtschaftsverbände herbeigeführt. Im Bemühen, seine Position zu stärken und das umweltpolitische Dreieck und damit die institutionellen Barrieren in der Chemikalienpolitik zu umgehen, ist dem VCI dabei ein wahres Meisterstück gelungen. Durch die Allianz zwischen dem VCI und dem BDI veränderten die deutschen Wirtschaftsverbände nicht allein den inhaltlichen Schwerpunkt der öffentlichen Diskussion, weg von der Sorge um die Umwelt und Gesundheit hin zur Sorge um die chemische Industrie, sondern mobilisierten gezielt alte und neue Verbündete. Innerhalb der chemischen Industrie wurden argumentativ geschickt die kleinen und mittleren Unternehmen in den Vordergrund gerückt, und den nachgeschalteten Anwender wurden mit Hilfe der ADL-Studie in drastischer Form die angeblich drohenden Konsequenzen vor Augen geführt. Da fast alle Industriebranchen auf Vorprodukte aus der chemischen Industrie angewiesen sind, setzte in den folgenden Wochen und Monaten ein Sturm der Entrüstung auf breiter Front ein. Mit dieser großen Koalition aus Automobil-, Chemie-, Elektro- und Maschinenbauindustrie sowie einem Dutzend weiterer relevanter Branchen an ihrer Seite hatte es der Verband der chemischen Industrie geschafft, aus der kleinen chemiepolitischen Arena auszubrechen und die Diskussion in eine übergeordnete Politikarena zu verlagern, die von ökonomischen Interessengruppen dominiert wurde. Ihren Abschluss fand diese Strategie in der Subsummierung der Chemikalienreform unter das Ziel der Lissabon-Strategie, die EU bis zum Jahr 2015 zur innovativsten und wettbewerbsfähigsten Region zu machen. Die Übertragung der Verantwortung für die weitere politische Entscheidungsfindung auf den Wettbewerbsrat war insofern nur noch eine logische Konsequenz.

Der dritte und jüngste Wandel in der Zusammensetzung der Akteure ist mit dem Beitritt von zehn neuen Mitgliedstaaten zur Europäischen Union am 01. Mai 2004 eingeläutet worden. Die Konsequenzen der EU-Erweiterung auf den weiteren Verlauf des REACH-Prozesses sind gegenwärtig nur schwer abzuschätzen. In mindestens sechs der neuen Mitgliedstaaten sind Wirkungsanalysen der neuen Chemikalienregulierung in Vorbereitung oder bereits abgeschlossen[9]. Die chemische Industrie in diesen Ländern ist überwiegend mittelständisch geprägt, und so werden die Auswirkungen von REACH auf die KMUs auch entscheidenden Einfluss auf das Stimmverhalten der neuen Mitgliedstaaten im Rat und im neu gewählten Parlament haben. Auf die neuen Mitgliedstaaten verteilen sich dabei 162 der 732 Sitze des neuen Europaparlamentes. Die Haltung der neu gewählten Parlamentarier gegenüber REACH ist anscheinend weit positiver als im Allgemeinen

---

[9] Bekannt sind zum jetzigen Zeitpunkt Studien in Estland, Litauen, Polen, Slowakei, Tschechische Republik und Ungarn.

vermutet wird. Eine von Friends of the Earth durchgeführte Befragung unter 42 Parteien aus den 10 neuen Mitgliedstaaten, auf die 104 der 162 Sitze entfallen, ergab, dass eine Mehrheit von 68 Befragten für eine strengere Chemikaliengesetzgebung votieren. Nur neun Befragte vertraten die Ansicht, die Gesetzgebung sei industriefeindlich. 27 Befragte bezogen keine eindeutige Position. Eine klare Mehrheit war darüber hinaus der Meinung, dass die Verantwortung und Beweislast bei der Industrie liege und nicht bei den Umweltbehörden (FoE 2004).

## 3.5 Innovationswirkungen und internationale Harmonisierung

Die potenziellen Innovationswirkungen von REACH werden in der laufenden Diskussion sehr unterschiedlich eingeschätzt. Von 36 Studien, die in der Überblicksstudie der niederländischen Ratspräsidentschaft zu den Auswirkungen von REACH präsentiert werden, haben sich 18 mit dem Thema Innovation befasst (ECORYS und OpdenKamp Adviesgroep 2004). In der Überblicksstudie heißt es zusammenfassend: „The impacts of REACH on innovation are very different in the studies. Some studies describe the effect of REACH as (very) negative. Other studies find more positive elements" (ebd.: 53). Viele der Studien sehen dabei sowohl positive wie auch negative Innovationswirkungen als Folge des neuen REACH-Systems. Kurzfristig können die negativen Innovationswirkungen aufgrund von Kostenbelastungen und Unsicherheiten unter der neuen Regulierung dominieren. Die Mehrheit der Studien vertritt jedoch die Auffassung, dass mittel- bis langfristig die positiven Innovationsanreize überwiegen.

Positive Innovationswirkungen können sich unter anderem dadurch ergeben, dass ein internationaler Vorreitereffekt und damit Wettbewerbsvorteile für die inländischen Unternehmen entstehen, sofern die strenge nationale Umweltpolitik international diffundiert, da die inländischen Unternehmen die entsprechenden Anpassungsmaßnahmen bereits früher durchgeführt haben als ihre ausländischen Konkurrenten. Durch die Vorreiterposition (first mover advantage) kann sich aufgrund von Lernkurveneffekten oder durch Patentierung neuer Technologien eine dominierende Position auf dem Weltmarkt ergeben.

Diesem Aspekt ist in der Diskussion um REACH bislang eher geringe Aufmerksamkeit zu Teil geworden. So beklagte der SRU in seiner Stellungnahme zur Wirtschaftsverträglichkeit der neuen Chemikalienregulierung, dass die Diskussion zu einseitig auf mögliche Restriktionswirkungen des REACH-Systems konzentriert sei. „Was kaum zur Kenntnis genommen wird, sind die globalen Ausstrahlungseffekte" (SRU 2003: 30).

Der internationale Ausstrahlungseffekt des neuen REACH-Systems lässt sich schon derzeit kaum übersehen. Im Rahmen des Konsultationsprozesses haben die Regierungen von Japan, Kanada, Norwegen, der Schweiz und den USA sowie verschiedene Ministerien aus Australien, China, Israel, Singapur und Thailand zum Verordnungsentwurf Stellung genommen. Die aggressive Lobbystrategie der US-amerikanischen Regierung und des amerikanischen Chemieverbandes hat mittlerweile sogar eine Untersuchung der Vorgänge durch das amerikanische Repräsentantenhaus nach sich gezogen (US House of Representatives 2004). Andererseits zeigt gerade das Verhalten der US-Regierung die Bedeutung internationaler Standards in der Chemikalienpolitik. So verfolgen die USA in der Chemikalienpolitik schon seit Jahrzehnten eine aktive Strategie der Politikdiffusion durch internationale Organisationen. Nach der Verabschiedung des Toxic Substances Control Act im Jahre 1975 hat die amerikanische Regierung sich internationaler Foren wie der OECD bedient, um die Europäische Gemeinschaft davon zu überzeugen, eine ähnliche Regulierung auf den Weg zu bringen. Wie in den siebziger Jahren steht die heutige Strategie der US-Regierung im Zeichen der Abwehr möglicher Wettbewerbsnachteile für die amerikanische Chemieindustrie. Der Unterschied besteht darin, dass die USA bis Mitte der achtziger Jahre in vielen Bereichen des Umwelt- und Verbraucherschutzes strengere Standards als die Europäische Gemeinschaft aufwiesen, während heute die EU strengere Vorschriften anlegt (Vogel 2002). Mit anderen Worten ist die USA immer dann für eine internationale Harmonisierung, wenn sie die höheren Standards besitzt. Aus diesem Grund wettert heute der Vorsitzende des amerikanischen Chemieverbandes ACC, Greg Lebedev, gegen das REACH-System und erklärt „the world doesn't want or need European regulatory colonialism, and the EU's trading partners won't buy a scheme that puts them at a competitive disadvantage" (ACC, 30.10.2003).

Der Kommissionsvorschlag zur neuen Chemikalienverordnung sieht diesen internationalen Export von REACH allerdings ausdrücklich vor. Und EU-Umweltkommissarin Wallström zeigte sich überzeugt, dass infolge von REACH „Europa in Bezug auf die Gesundheits- und Sicherheitsgarantien von Chemikalienherstellern und -importeuren einen beträchtlichen Vorsprung gegenüber den meisten anderen Ländern" haben wird (Europäische Kommission 2003: 2). Ob sich dieser internationale Wettbewerbsvorteil tatsächlich einstellen wird, ist gegenwärtig kaum abzuschätzen. Der SRU betrachtet die weltweite Nachahmung und Diffusion des REACH-Modells vor dem Hintergrund plausibel, dass auf dem Johannesburg-Gipfel eine Minimierung der gesundheits- und umweltschädlichen Auswirkungen von Chemikalien bis zum Jahr 2020 beschlossen wurde. „Das REACH-System kann hier ein Musterbeispiel für die Diffusion von Umweltpolitik werden und die EU zu einem Lead-Markt für risikofreiere Stoffe machen" (SRU 2003: 31).

Allein die Größe des europäischen Binnenmarktes spricht eher dafür, dass sich die außereuropäischen Produzenten an die Erfordernisse des REACH-Systems anpassen werden und nicht darauf verzichten, in dem weltweit größten Wirtschaftsraum präsent zu sein. Insofern scheint es aus europäischer Sicht sehr sinnvoll, international weiter für das REACH-System zu werben. Zum einen können dadurch Wettbewerbsnachteile für die europäischen Unternehmen minimiert werden bzw. lassen sich erst dadurch in einigen Branchen internationale Wettbewerbsvorteile erzielen. Zum anderen kann eine pragmatische Anerkennung von bereits vorhandenen Stoffdaten auf der internationalen Ebene zum Beispiel im Rahmen des OECD/ICCA HPV Programms, aber auch durch das US HPVC Programms der EPA in den USA, wesentlich dazu beitragen, die Gesamtkosten des REACH-Systems sinnvoll zu verringern. Eine verstärkte internationale Zusammenarbeit ist für den Erfolg der neuen EU-Chemikalienregulierung daher dringend erforderlich.

Für diese verstärkte Zusammenarbeit bieten sich mehrere bereits existierende Programme und Diskussionsforen an: die verschiedenen internationalen Konventionen, das GHS-Programm der UN, das Chemikalienprogramm der OECD und der chemiepolitische Dialog im Rahmen des TABD[10].

## Literatur

Andersen MS (2001) Economic Instruments and Clean Water. Why Institutions and Policy Design Matter. OECD, Paris

Ashford NA, Heaton GR (1979) The Effects of Health and Environmental Regulation on Technological Change in the Chemical Industry: Theory and Evidence. In: Hill CT (ed) Federal Regulation and Chemical Innovation. American Chemical Society Symposium Series 109, pp 45–66

Ashford NA, Heaton GR (1983) Regulation and Technological Innovation in the Chemical Industry. Law and Contemporary Problems 46(3): 109–157

Ashford NA (1993) Understanding Technological Responses of Industrial Firms to Environmental Problems: Implications for Government Policy. In: Fischer K, Schot J (eds) Environmental Strategies for Industry. Island Press, Washington D.C., pp 277–307

Ashford NA (2000) An Innovation-Based Strategy for a Sustainable Environment. In: Hemmelskamp J, Rennings K, Leone F (eds) Innovation-oriented Environmental Regulation. Physica, Heidelberg, pp 67-107

Ashford NA (2002) Technology-Focused Regulatory Approaches for Encouraging Sustainable Industrial Transformations: Beyond Green, Beyond the Dinosaurs, and Beyond Evolution Theory. (Paper presented at the 3$^{rd}$ Blueprint Workshop on Instruments for Integrating Environmental and Innovation Policy, 26–27. September 2002, Brussels)

Benz A (1998) Innovationsforschung als Gegenstand der Verwaltungswissenschaft. In: Hoffmann-Riem W, Schneider JP (Hrsg) Rechtswissenschaftliche Innovationsforschung. Grundlagen, Forschungsansätze, Gegenstandsbereiche. Nomos, Baden-Baden, S 121–144

Blazejczak J, Edler D (1999) Elemente innovationsfreundlicher Politikmuster. Ein internationaler Vergleich am Beispiel der Papierindustrie. In: Klemmer P (Hrsg) Innovationen und Umwelt: Fallstudien zum Anpassungsverhalten in Wirtschaft und Gesellschaft. Analytica, Berlin, S 35–56

Brickman R, Jasanoff S, Ilgen T (1985) Controlling Chemicals. The Politics of Regulation in Europe and the United States. Cornell University Press, Ithaca und London

BMU (1998) In Deutschland wurde der 1000. Neustoff angemeldet. Umwelt Nr. 3, S 128–129

Cansier D (1993) Umweltökonomie. UTB, Stuttgart

CEFIC (2001) CEFIC Supports Objectives of the White Paper on the EU Chemicals Policy Review but Questions Practicalities. Brussels, 13.02.2001

Cleff T, Rennings K (1999) Besonderheiten und Determinanten von Umweltinnovationen. Empirische Evidenz aus dem Mannheimer Innovationspanel und einer telefonischen Zusatzbefragung. In: Klemmer P (Hrsg) Innovationen und Umwelt: Fallstudien zum Anpassungsverhalten in Wirtschaft und Gesellschaft. Analytica, Berlin, S 361–382

---

[10] Trans-Atlantic Business Dialogue.

Damaschke K (1986) Der Einfluss der Verbände auf die Gesetzgebung. Am Beispiel des Gesetzes zum Schutz vor gefährlichen Stoffen (Chemikaliengesetz). Minerva, München

Ecorys und OpdenKamp Adviesgroep (2004) The Impact of REACH. Overview of 36 Studies on the Impact of the NEW Chemicals Policy (REACH) on Business and Society. (Workshop on REACH Impact Assessment, 25–27. Oktober 2004, Den Haag)

EIM (1999) Study on a European Union Wide Regulatory Framework for Levies on Pesticides. Commissioned by European Commission DG XI. EIM/Haskoning, Zoetermeer

Europäische Kommission (1998) Bericht über die Durchführung der Richtlinie 67/548/EWG, der Richtlinie 88/379/EWG, der Verordnung (EWG) 793/93 und der Richtlinie 76/769/EWG. Arbeitsunterlage der Kommission SEK (1988) 1986 endgültig

Europäische Kommission (2003) Vorschlag für eine Verordnung des Europäischen Parlamentes und des Rates zur Registrierung, Bewertung und Zulassung chemischer Stoffe (REACH). KOM (2003) 644 endgültig

Featherstone K, Radaelli CM (eds) (2003) The Politics of Europeanization. Oxford University Press, Oxford New York

Fischer K, Schot J (eds) (1993) Environmental Strategies for Industry. Island Press, Washington D.C.

Fleischer M (2001) Regulierungswettbewerb und Innovation in der chemischen Industrie. Discussion Paper FS IV 01-09, Wissenschaftszentrum Berlin

Fleischer M (2002) Innovationswirkungen der Chemikalienregulierung. Zum Vergleich von Neustoffanmeldungen in der EU und den USA. Unveröffentlichtes Manuskript, Berlin

Fleischer M (2003) Regulation and Innovation in the Chemical Industry: A Comparison of the EU, Japan and the United States. Surface Coatings International Part B: Coatings Transactions 86(B1): 21–29

Fleischer M, Kelm S, Palm D (2000) The impact of EU regulation on innovation of European industry: regulation and innovation in the chemical industry. Report EUR 19735 EN. The European Commission Joint Research Center, Institute for Prospective Technological Studies, Sevilla (Spain)

FoE (Friends of the Earth) (2004) Survey on Environmental Opinions among Politicians in the New EU Countries. Kopenhagen

Führ M (Hrsg) (2000) Stoffstromsteuerung durch Produktregulierung. Nomos, Baden-Baden

Grant W, Paterson W, Whitston C (1988) Government and the Chemicals Industry. Clarendon Press, Oxford

Hartkopf G, Bohne E (1983) Umweltpolitik: Grundlagen, Analysen und Perspektiven. Westdeutscher Verlag, Opladen

Hemmelskamp J, Rennings K, Leone F (eds) (2000) Innovation-oriented Environmental Regulation. Physica, Heidelberg

Héritier A, Mingers S, Knill C (1994) Die Veränderung von Staatlichkeit in Europa. VS Verlag für Sozialwissenschaften, Wiesbaden

Héritier A (1995) Die Koordination von Interessenvielfalt im europäischen Entscheidungsprozess und deren Ergebnis: Regulative Politik als „Patchwork". MPIfG Discussion Paper 95/4. MPIfG, Köln

Hey C (1994) Umweltpolitik in Europa. Fehler, Risiken, Chancen. Beck, München

Hey C (2003) Industrielobbying in Brüssel: Einflussstrategien und -barrieren. Zeitschrift für Umweltrecht, Sonderheft, S 145–150

Hill CT (ed) (1979) Federal Regulation and Chemical Innovation. American Chemical Society Symposium Series No. 109
Hoffmann-Riem W, Schneider JP (Hrsg) (1998) Rechtswissenschaftliche Innovationsforschung. Grundlagen, Forschungsansätze, Gegenstandsbereiche. Nomos, Baden-Baden
IVM (2000) A Possible EU Wide Charge on Cadmium in Phosphate Fertilisers: Economic and Environmental Implications. Report Number E-00/02 Commissioned by the European Commission. IVM, Amsterdam
Jacob K (1999) Innovationsorientierte Chemikalienpolitik. Politische, soziale und ökonomische Faktoren des verminderten Gebrauchs gefährlicher Stoffe. Utz, München
Jänicke M (1997) Umweltinnovationen aus der Sicht der Policy-Analyse: vom instrumentellen zum strategischen Ansatz in der Umweltpolitik. FFU Report 97/3. Forschungsstelle für Umweltpolitik, Berlin
Jänicke M et al. (1999) Innovationswirkungen branchenbezogener Regulierungsmuster am Beispiel energiesparender Kühlschränke in Dänemark. In: Klemmer P (Hrsg) Innovationen und Umwelt: Fallstudien zum Anpassungsverhalten in Wirtschaft und Gesellschaft. Analytica, Berlin, S 57–80
Jänicke M et al. (2000) Environmental Policy and Innovation: an International Comparison of Policy Frameworks and Innovation Effects. In: Hemmelskamp J, Rennings K, Leone F (eds) Innovation-oriented Environmental Regulation. Physica, Heidelberg, pp 125–152
Jänicke M, Weidner H (eds) (1995) Successful Environmental Policy. A Critical Evaluation of 24 Cases. Edition Sigma, Berlin
Jaffe A, Palmer K (1996) Environmental Regulation and Innovation: A Panel Data Study. NBER Working Paper No. W5545
Klemmer P (Hrsg) (1999) Innovationen und Umwelt: Fallstudien zum Anpassungsverhalten in Wirtschaft und Gesellschaft. Analytica, Berlin
Köck W (2001) Zur Diskussion um die Reform des Chemikalienrechts in Europa. Das Weißbuch der EG-Kommission zur zukünftigen Chemikalienpolitik. Zeitschrift für Umweltrecht 13: 303–308
van der Kolk J (2000) The State of Knowledge about Chemicals after 4 Decades of European Chemicals Policy. In: Winter G (ed) (2000b) Risk Assessment and Risk Management of Toxic Chemicals in the European Community – Experiences and Reform. Nomos, Baden-Baden, pp 35–43
Krämer L (2000) Introduction into the European Chemicals Regulation: Basic Structures and Performance. In: Winter G (ed) (2000b) Risk Assessment and Risk Management of Toxic Chemicals in the European Community – Experiences and Reform. Nomos, Baden-Baden, pp 14–34
Linscheidt B, Tidelski O (1999) Innovationseffekte kommunaler Abfallgebühren. In: Klemmer P (Hrsg) Innovationen und Umwelt. Analytica, Berlin, S 137–157
Longolius S (1993) Eine Branche lernt Umweltschutz. Motive und Verhaltensmuster der deutschen chemischen Industrie. Edition Sigma, Berlin
Mahdi S, Nightingale P, Berkhout F (2002) A Review of the Impact of Regulation on the Chemical Industry. Final Report to the Royal Commission on Environment Pollution. SPRU, University of Sussex, Brighton (UK)
Mayntz R (1983) Implementation politischer Programme II. Ansätze zur Theoriebildung. VS Verlag für Sozialwissenschaften, Wiesbaden
Mercer Management Consulting (2003) Study of the Impact of the Future Chemicals Policy: Final Report for UIC

Michaelis P (1996) Ökonomische Instrumente in der Umweltpolitik. Eine anwendungsorientierte Einführung. Physica, Heidelberg

Nordbeck R, Faust M (2002) Innovationswirkungen der europäischen Chemikalienregulierung: eine Bewertung des EU-Weißbuchs für eine zukünftige Chemikalienpolitik. Zeitschrift für Umweltpolitik und Umweltrecht 25: 535–564

OECD (2000) Innovation and the Environment. OECD Proceedings, Paris

Porter ME, van der Linde C (1995a) Toward a New Conception of the Environment-Competitiveness Relationship. Journal of Economic Perspectives 9(4): 97–118

Porter ME, van der Linde C (1995b) Green and Competitive: Ending the Stalemate. Harvard Business Review 73: 120–134

RCEP (Royal Commission on Environmental Pollution) (2003) Chemicals in Products. Safeguarding the Environment and Human Health. TSO, London

Rehbinder E (1978) Das Recht der Umweltchemikalien. Definitionen, Ziele und Maßnahmen. Umweltbundesamt, Berlin

Richardson J (ed) (1982) Policy Styles in Western Europe. Allen and Unwin, London

Rothwell R (1980) The Impact of Regulation on Innovation: Some U.S. Data. Technological Forecasting and Social Change 17(1): 7–34

RPA (2002) Scope for the Use of Economic Instruments for Selected Persistent Pollutants. Report for the Department for Environment, Food and Rural Affairs

Schneider V (1988) Politiknetzwerke in der Chemikalienkontrolle. Eine Analyse einer transnationalen Politikentwicklung. De Gruyter, Berlin New York

Slunge D, Sterner T (2001) Implementation of Policy Instruments for Chlorinated Solvents. A Comparison of Design, Standards, Bans and Taxes to Phase Out Trichlorethylene. European Environment 11: 281–296

SoMS (1999) Strategy on Management of Substances. Ministry of Housing, Spatial Planning and Environment, The Hague

SRU (Sachverständigenrat für Umweltfragen) (2002) Umweltgutachten 2002: Für eine neue Vorreiterrolle. Metzler-Poeschel, Stuttgart

SRU (2003) Zur Wirtschaftsverträglichkeit der Reform der europäischen Chemikalienpolitik. Stellungnahme Juli 2003, Berlin

SRU (2004) Umweltgutachten 2004: Umweltpolitische Handlungsfähigkeit sichern. Berlin

Staudt E, Auffermann S, Schroll M, Interthal J (1997) Innovation trotz Regulation: Freiräume für Innovationen in bestehenden Gesetzen – Untersuchung am Beispiel des Chemikaliengesetzes. Institut für angewandte Innovationsforschung, Bochum

Taistra G (2001) Die Porter-Hypothese zur Umweltpolitik. Zeitschrift für Umweltpolitik und Umweltrecht 24(2): 241–262

Tema (1999) The Use of Economic Instruments in Nordic Environmental Policy 1997–1998. Stockholm

TemaNord (2002) The Use of Economic Instruments in Nordic Environmental Policy 1999–2001. Stockholm

Tsebelis G, Kalandrakis A (1999) The European Parliament and Environmental Legislation: the Case of Chemicals. European Journal of Political Research 36: 119–154

UK Government (1999) Sustainable Production and Use of Chemicals – A Strategic Approach. DETR, London

US House of Representatives (2004) The Chemical Industry, the Bush Administration, and Europe Efforts to Regulate Chemicals. A Special Interest Case Study Prepared for Rep. Henry A. Waxman, Washington D.C.

VCI (Verband der chemischen Industrie (2001) Die Position des VCI zum Weißbuch der EU-Kommission vom Februar 2001. Frankfurt am Main

Vogel D (1986) National Styles of Regulation: Environmental Policy in Great Britain and the United States. Clarendon University Press, Ithaca

Vogel D (2001) Ships Passing in the Night: The Changing Politics of Risk Regulation in Europe and the United States. (EUI Working Papers RSC 2001/16)

Winter G, Ginzky H, Hansjürgens B (1999) Die Abwägung von Risiken und Kosten in der europäischen Chemikalienregulierung. UBA-Berichte 7/99 Umweltbundesamt, Berlin

Winter G (2000a) Chemikalienrecht – Probebühne und Bestandteil einer EG-Produktpolitik. In: Führ M (Hrsg) Stoffstromsteuerung durch Produktregulierung. Nomos, Baden-Baden, S 247–276

Winter G (ed) (2000b) Risk Assessment and Risk Management of Toxic Chemicals in the European Community – Experiences and Reform. Nomos, Baden-Baden

Wurzel R (2002) The Europeanisation of German Environmental Policy: From Environmental Leader to Member State Under Pressure? FFU-Report 09-2002. Forschungsstelle für Umweltpolitik, Berlin

# Kapitel 4

# Die Entwicklung des Vorsorgeprinzips im Recht – ein Hemmnis für Innovationen zum nachhaltigen Wirtschaften?

Wolfgang Köck

UFZ-Umweltforschungszentrum Leipzig-Halle GmbH, Department Umwelt- und Planungsrecht, Permoserstr. 15, 04318 Leipzig

## 4.1 Einführung

Unter Innovationen werden allgemein technische, wirtschaftliche, soziale und kulturelle Neuerungen verstanden, die zur praktischen Anwendung gelangt sind (Hoffmann-Riem 2002: 27). Innovationen sind in unserer Gesellschaft erwünscht und auch notwendig. Technische und organisatorische Innovationen begründen Wettbewerbsvorteile in einer globalisierten Wirtschaft. Soziale Innovationen, wie etwa neue Steuerungsformen in der Umweltpolitik (Köck 2005; Rennings 1999), nähren die Hoffnung, dass die Gesellschaft sich auf die wandelnden Umweltbedingungen einstellen und problemadäquate Handlungskapazitäten aufbauen kann. Die Anerkennung der Relevanz von Innovationen spiegelt sich neben der zunehmenden wissenschaftlichen Befassung auch in spezifischen staatlichen Politikansätzen wider, die Innovationen stimulieren und Innovationshemmnisse beseitigen sollen.

Von besonderer Bedeutung für eine Innovationspolitik sind wirtschaftliche, technische und produktbezogene Innovationen. Als Hemmnis für technische Innovationen und für Produktinnovationen wird häufig auf regulative Schutzpolitiken und deren Verankerung in Rechtsprogramme verwiesen. Insbesondere das Umweltordnungsrecht sowie das darin enthaltene Ordnungsrecht der Anlagen- und Produktsicherheit mit seinen anspruchsvollen (und aufwändigen) Kontrollverfahren ist von vielen als Innovationsbremse identifiziert worden (Thomzik u. Nisipeanu 2004: 175f.).[1] In stärkerem Maße gilt diese Wahrnehmung noch für ein Umweltordnungsrecht, das die Anwendung des Vorsorgeprinzips gebietet (Wolf 1999: 65, 83f.; van den Daele 1999: 259ff.; Spieker gen. Döhmann 2004: 81). Ob diese

---

[1] Kulminierend in der Beschleunigungsdebatte, die die umweltrechtliche Diskussion in den 90er Jahren stark beschäftigt hat; vgl. statt vieler nur Koch 1996.

Wahrnehmungen und Zuschreibungen belastbar sind, soll in diesem Beitrag näher beleuchtet werden.

Im Folgenden wird zunächst allgemein das Verhältnis von Innovation und Recht skizziert und ein normatives Innovationsverständnis angemahnt (siehe unten Abschnitt 4.2). Der sich daran anschließende Abschnitt 4.3 beginnt mit einem kurzen Abriss der rechtlichen Anerkennung des Vorsorgeprinzips (4.3.1), geht dann auf die politische Diskussion um das Vorsorgeprinzip ein (4.3.2) und analysiert die rechtlichen Bemühungen um eine Rationalisierung der Vorsorge anhand der Rechtsentwicklung in Deutschland und in der EU (4.3.3). Der Schlussabschnitt (4.4) fasst die Ergebnisse zusammen und bewertet sie.

## 4.2 Innovationen und Recht

Prima facie steht das Recht in einem ambivalenten Verhältnis zur Innovation: Als „freisetzendes Recht" (Winter 1990, 1999), das Freiheit und Eigentum gewährleistet und in speziellen Eigentumsschutzgesetzen, wie beispielsweise dem Urheberrecht oder dem Patentrecht, ausgebaut worden ist, ist es eine unerlässliche institutionelle Bedingung für Innovationen (Hoffmann-Riem 2002: 30f.). Als „eingrenzendes Recht" (Winter 1990, 1999), das die Freiheit des einen mit den Freiheiten anderer (insbesondere dem Recht eines jeden auf Schutz von Leben und Gesundheit) und den sonstigen Allgemeinwohlbedürfnissen, wie beispielsweise dem Umweltschutz, kompatibel halten muss, beschränkt es die Errichtung, den Betrieb bzw. die Inverkehrgabe von Technologien und Produkten und begründet damit ein Spannungsfeld zu Innovationen.

Bei näherer Betrachtung verlieren die Ambivalenzen aber an Bedeutung: Die Einführung neuer Technologien und Produkte steht nicht unter Gesetzesvorbehalt, bedarf also keiner vorherigen Zustimmung des demokratischen Gesetzgebers.[2] Auch soweit neue technische Verfahren und Produkte den bestehenden Kontrollregimen der Anlagen-, Technik- und Produktsicherheit unterliegen, dient die Kontrolle ganz wesentlich der Abwehr von Gefahren, bzw. anders formuliert: der Abwehr störender Handlungen für die öffentliche Sicherheit und die Nachbarschaft. Ein Schutzrecht, dass diesen Zwecken dient, behindert nicht Innovationen, sondern stellt deren Gemeinwohlverträglichkeit sicher. Neuerungen, die diesen grundsätzlichen normativen Anforderungen nicht genügen, sind gesellschaftlich nicht erwünscht (siehe auch Hoffmann-Riem 1998: 17; Scherzberg 2004: 233). Dies wird zunehmend auch in der allgemeinen Innovationsdiskussion wahrgenommen: Insbesondere den Debatten um „Umweltinnovationen" (Rennings 1999) und um „Innovationen zum nachhaltigen Wirtschaften" liegt ein normatives Innovationsver-

---

[2] Siehe dazu die intensive juristische Auseinandersetzung um den Gentechnik-Beschluss des VGH Kassel v. 6.11.1989, in: Neue Zeitschrift für Verwaltungsrecht 1990, 276; Sendler (1990: 231); Wahl u. Masing (1990: 553ff.); Kloepfer (1993: 755). Siehe jüngst auch BVerwG, Urt. v. 11.12.2003, abgedruckt in: Zeitschrift für Umweltrecht 2004, 229 – Nanopulver-Produktionsanlage.

ständnis zugrunde, in der die Innovationsrichtung zu einer entscheidenden Größe geworden ist[3].

Trotz dieser normativen Anforderungen an Innovation wird man nicht so weit gehen können, das Umwelt- und Technikrecht als Ganzes schlicht dem „Innovationsrecht" (Bückmann 2004) zuzurechnen. Bekanntermaßen hat sich das Umwelt- und Technikrecht von der klassischen Störungsabwehrperspektive entfernt und weitergehende Schutzerfordernisse anerkannt. „Von der Gefahr zum Risiko" lautet das entsprechende Stichwort in der nationalen juristischen Diskussion (Ladeur 1993; Di Fabio 1994), in der der Umgang mit unsicheren Schadensbefürchtungen im Zentrum steht und das Vorsorgeprinzip eine maßgebliche Bedeutung gewonnen hat. Die Umstellung des Sicherheitsmodus von der erfahrungswissenbasierten Störungsabwehr zur vorsorgenden Risikosteuerung kann sich negativ auf erwünschte Innovationen auswirken. In Anbetracht der sachlichen Herausforderungen, die zur Anerkennung des Risikos und zur Etablierung des Vorsorgeprinzips geführt haben (siehe unten 4.3.2 b), kann es heute allerdings nicht mehr darum gehen, Sicherheitsanstrengungen wieder auf die klassische polizeiliche Gefahrenabwehr zurückzuführen (so aber wohl Lepsius 2004). Vielmehr besteht die Aufgabe darin, die notwendige Risikosteuerung zugleich als Steuerung von Innovationen zu begreifen (Scherzberg 2004; Wahl u. Appel 1995) und damit Sicherheitserfordernisse und Innovationserfordernisse soweit möglich zu kompatibilisieren (Hoffmann-Riem 1998: 19; Koch 1998: 273).[4]

## 4.3 Das Vorsorgeprinzip und die Entwicklung des Vorsorgerechts in Deutschland und der EU

### 4.3.1 Ausprägungen und Entwicklung des Vorsorgeprinzips im Recht

#### a) Risikovorsorge und Ressourcenvorsorge

Das Vorsorgeprinzip ist nicht exakt definiert. Vorsorge bedeutet, einen „Vorrat an Sicherheit" (Calliess 2001: 1725, 1727) zu schaffen. Inhaltlich ist das Prinzip durch vier Merkmale charakterisiert (Sandin 1999: 889ff.; Müller-Herold 2002):

- das Element der Gefährdung („Besorgnispotenzial"; „Vorsorgeanlass") als Ausgangspunkt für Vorsorgeüberlegungen,
- das Element fehlenden oder unsicheren Wissens, das einer eindeutigen Risikobewertung entgegensteht,

---

[3] Siehe dazu auch die Ausführungen von *Nordbeck* in Kapitel 5 dieses Bandes.
[4] Dementsprechend schreibt Koch (1998: 273): „Die schwierige Aufgabe des Umweltrechts besteht bekanntlich darin, steuernd und regulierend die vielfältigen Risiken technischer, ökonomischer und gesellschaftlicher Entwicklungen auf umwelt- und gemeinwohlverträglichem Niveau zu halten, ohne die wirtschaftliche Entwicklung unnötig zu beeinträchtigen."

– das Element des Handelns in Abhängigkeit von der getroffenen politischen Bewertung und
– das Element einer Verpflichtung zum Handeln.

In der Befassung mit dem Vorsorgeprinzip werden häufig zwei Grundausprägungen der Vorsorge unterschieden: die Risikovorsorge und die Ressourcenvorsorge.

(1) **Risikovorsorge** beinhaltet, unsicheren und ungewissen Schadensbefürchtungen Rechnung zu tragen. Mit Blick auf den Umwelt- und Gesundheitsschutz beinhaltet das, nicht abzuwarten, bis Ursache-Wirkungs-Beziehungen geklärt sind, Eintretenswahrscheinlichkeiten feststehen und Art und Umfang von Schäden bekannt sind, sondern schon dann präventiv tätig zu werden, wenn nicht sicher ist, ob Schäden entstehen können oder werden. Das Prinzip ergänzt für das Umweltrecht das in der Rechtsordnung verankerte „Schutzprinzip" (Schadensvermeidungs- und Gefahrenabwehrprinzip) (Murswiek 2004: 417, 420ff.; Bundesregierung 1986: 7), das Risikoprävention an gesicherte wissenschaftliche Erkenntnisse und eindeutige Kausalbeziehungen knüpft (siehe unten 4.3.2 b).

(2) **Ressourcenvorsorge** beinhaltet, stoffliche Belastungsgrenzen bzw. Ressourcennutzungskapazitäten nicht auszuschöpfen, um Belastungsreserven für die Zukunft zu erhalten („Freiraumvorsorge") (Feldhaus 1980: 133, 135), bzw. Summations- und Akkumulationsproblemen zu begegnen (Lübbe-Wolff 1998: 53ff.; Murswiek 2004: 427). Mit Blick auf Summations- und Akkumulationsprobleme ist Ressourcenvorsorge ein Mittel der Schadensvermeidung, das auf die Zurechnungsgrenzen der Gefahrenabwehr antwortet (Lübbe-Wolff 1998: 57f.; Köck 1999: 148f.) (siehe unten 4.3.2 b).

Die Ausprägung des Vorsorgeprinzips als Risikovorsorge und Ressourcenvorsorge ist in Deutschland allgemein anerkannt.[5] In der internationalen und der europäischen Diskussion wird Vorsorge demgegenüber zumeist ausschließlich als „Risikovorsorge" verstanden (EG-Kommission 2000; Epiney u. Scheyli 1998: 105ff.; Rengeling 2000: 1477; Appel 2001: 397; Murswiek 2004: 425).[6]

## b) Rechtliche Anerkennung des Vorsorgeprinzips

Das Vorsorgeprinzip hat eine steile politische Karriere absolviert und ist mittlerweile zu einem bedeutenden Handlungsprinzip nationaler, europäischer und auch internationaler Umweltschutzpolitik geworden. Darüber hinaus hat es Eingang in

---

[5] Durch höchstrichterliche Rechtsprechung ist dies sehr deutlich im Bereich der immissionsschutzrechtlichen Vorsorge ausgedrückt worden. Siehe BVerwG, Beschl. v. 10.1.1995, in: Neue Zeitschrift für Verwaltungsrecht 1995, 994, 995.

[6] Siehe dazu auch Douma (2000: 133): „The confusion among German writers might be due to the fact that they equate the *Vorsorgeprinzip* with the precautinary principle. [...] However, in German law the *Vorsorgeprinzip* has a broader meaning than the precautionary principle."

die internationale und die europäische Rechtsordnung sowie in das Recht vieler Nationalstaaten gefunden.[7]

Die „Erfindung" des Vorsorgeprinzips wird allgemein der Umweltpolitik in Deutschland zugeschrieben (Freestone u. Hey 1996; Calman u. Smith 2001: 185, 187; Harremoes 2002: 4). Hier taucht der Begriff immerhin schon im Umweltbericht 1976 auf, der Fortschreibung des Umweltprogramms 1971, findet sehr schnell auch Eingang in zentrale Umweltgesetze – allerdings in durchaus unterschiedlicher Ausprägung[8] – und mündete 1986 in ein umweltpolitisches Gesamtkonzept: den „Leitlinien Umweltvorsorge" der Bundesregierung (Bundesregierung 1986). Heute wird das Vorsorgeprinzip in Deutschland nicht mehr nur als ein politisches Handlungsprinzip, sondern als ein Rechtsprinzip („Meta-Rechtsprinzip") begriffen (Lübbe-Wolff 1998: 47ff.; Di Fabio 1997: 807, 819ff.). Gemeint ist damit, daß es den Charakter eines fundamentalen Rechtsgrundsatzes hat, der dem Umwelt- und Technikrecht „sozusagen als Tiefenstruktur" (Koch 2001: 541, 548) zugrunde liegt und damit unabhängig von explizit gesetzlich verankerten Vorsorgeregelungen zu berücksichtigen und in Abwägung mit anderen Prinzipien anzuwenden ist (Alexy 1995: 177). Bedeutsam für die Anerkennung des Vorsorgeprinzips als ein Meta-Rechtsprinzip ist auf der verfassungsrechtlichen Ebene die Rechtsprechung zu den grundrechtlichen Schutzpflichten des Staates (Steinberg 1998: 91ff.; Köck 2002: 349ff.) und die Verankerung des Staatsziels Umweltschutz (Art. 20a GG) gewesen (Kloepfer 2004, § 3, Rn. 30; Lübbe-Wolff 1998: 47, 48) (näher unten 4.3.1 c).

In der Europäischen Union ist das Vorsorgeprinzip im Jahre 1986 mit der Verabschiedung der Einheitlichen Europäischen Akte eingeführt und in den EG-Vertrag eingefügt worden (Art. 174 Abs. 2 S. 2 EGV). In der konkreten Umweltrechtsetzung hat sich dies in der Folgezeit allerdings kaum in ausdrücklichen rechtssatzförmigen Verankerungen, sondern primär in impliziten Anwendungen des Vorsorgegrundsatzes niedergeschlagen (Douma 2000: 133). Neue Vorsorgefelder wurden im Zusammenhang mit den Erfahrungen der BSE-Katastrophe erschlossen. Möglich wurde dies nicht zuletzt durch die Entscheidungen des Europäischen Gerichtshofes (EuGH) in den BSE-Fällen, in denen er das umweltpolitische Vorsorgeprinzip auf den Agrar- bzw. Binnenmarktsektor übertrug[9] und es damit als ein über den Umweltschutz im engeren Sinne hinausgehendes Rechtsprinzip anerkannte (Rengeling 2000: 1473ff.; Douma 2000). In der Folgezeit zeigte sich der politische Wille zur Forcierung vorsorgender Strategien insbesondere in der Entschließung des Rates der EU vom 13. April 1999, in der die Kommission aufgefordert worden ist, „sich künftig bei der Ausarbeitung von Vorschlägen für Rechtsakte und bei anderen verbraucherbezogenen Tätigkeiten noch entschiedener vom Vorsorge-

---

[7] Siehe für das internationale Recht den Überblick bei Saladin 2000 und Böckenförde 2003, siehe auch Cameron 1994, Freestone u. Hey (1996: 3ff.); für das US-amerikanische Recht: Ashford 1999; Applegate 2000.
[8] Siehe den Überblick bei Rehbinder 1997, Rn. 17–48.
[9] Siehe EuGH, Urt. v. 5.5.1998, in: Sammlung der Rechtsprechung des EuGH (Slg.) 1998, S. I-2211ff.

prinzip leiten zu lassen"[10]. Die zwischenzeitlich von der EG-Kommission verabschiedete Mitteilung zur Anwendung des Vorsorgeprinzips vom 2.2.2000 (EG-Kommission 2000) folgt der Entschließung des Rates und markiert einen Meilenstein in der Festlegung der Anwendung des Prinzips.

Auch auf der Ebene umweltvölkerrechtlicher Vereinbarungen hat der Vorsorgegedanke vielfach seinen Niederschlag gefunden.[11] Über die Anerkennung als Rechtsprinzip des Umweltvölkerrechts besteht bislang zwar kein Einvernehmen (Kimminich u. Hobe 2000: 404; Bothe 2001: 51, 65f.), insbesondere der Umstand, daß das Vorsorgeprinzip mittlerweile nicht mehr nur in Deklarationen („soft law") oder in Teilbereichen des Umweltschutzes (Meeresschutz)[12], sondern seit der Rio-Deklaration in einer Reihe unterschiedlicher internationaler Vereinbarungen mit konkreten Pflichtenstellungen Eingang gefunden hat, spricht aber eher für die Qualifizierung als Rechtsprinzip (Cameron 1994: 283; Freestone u. Hey 1996; Sand 1995; Epiney u. Scheyli 1998: 103ff., 107; Beyerlin 2000, Rn. 127).

### c) Unterscheidungen von Rechtsprinzipien

Mit der Feststellung, dass das Vorsorgeprinzip auf unterschiedlichen Ebenen der Rechtsbildung anerkannt worden ist, ist lediglich eine unzureichende Aussage über die damit verbundenen rechtlichen Konsequenzen getroffen; denn Rechtsprinzipien können in unterschiedlichen Varianten Geltung erlangen, als rechtssatzförmige Prinzipien, als allgemeine Rechtsprinzipien, oder – in der schwächsten Geltungsvariante – als offene Leitprinzipien bzw. Strukturprinzipien (Rehbinder 1991a: 269; Di Fabio 1997: 815f.; Voßkuhle 1999: 387ff.).

Im deutschen (Umwelt- und Technik-)Recht dominiert die Geltung des Vorsorgeprinzips als „rechtssatzförmiges Prinzip", d.h. als förmliche gesetzliche Verankerung von Vorsorgeboten. Beispielhaft kann auf das Gebot der Vorsorge nach dem Stand der Technik in § 5 Abs. 1 Nr. 2 Bundes-Immissionsschutzgesetz (BImSchG) und in § 7a Wasserhaushaltsgesetz (WHG), auf die Schadensvorsorge nach dem Stand von Wissenschaft und Technik gem. § 7 Abs. 2 Nr. 3 Atomgesetz (AtG) und die Vorsorgegebote der §§ 13 Abs. 1 Nr. 4 und 16 Abs. 1 Nr. 3 Gentechnikgesetz (GenTG) hingewiesen werden. Prima facie betrachtet handelt es sich bei der gesetzlichen Verankerung von Vorsorgeboten gar nicht um die Anerkennung eines Prinzips, das zu berücksichtigen und gegen andere Prinzipien abzuwägen ist[13], sondern um eine echte Rechtsregel, die strikt beachtet werden muss – al-

---

[10] Abl.EG C 206 v. 27.7.1999, S. 1.
[11] Siehe den Überblick bei Saladin (2000: 270ff.); Cameron (1994: 262ff.); Sand (1995: 208ff.); Freestone u. Hey 1996.
[12] Siehe zum Beispiel die sog. „OSPAR Konvention" zum Schutz der marinen Umwelt im Bereich des Nord-Ost-Atlantiks v. 22.9.1992. Bereits 1987 wurde in der sog. „London Deklaration", der „Declaration of the Second International North Sea Conference" das Vorsorgeprinzip erwähnt. Näher dazu Freestone u. Hey (1996: 3, 5ff.).
[13] Dies macht die Essenz eines jeden Rechtsprinzips aus. Siehe auch Koch (2001: 549): „Antworten auf Rechtsfragen geben die Rechtsprinzipien nur in Abwägung mit anderen

lerdings nur deshalb, weil der demokratische Gesetzgeber diese Regel explizit geschaffen hat. Bei näherem Hinsehen ist aber auch hier der Prinzipiencharakter erkennbar, weil das Vorsorgegebot – selbst dort, wo es als Gebot zur Einhaltung des Standes der Technik eingegrenzt ist – in seiner Handlungsdimension nur unvollkommen festgelegt und für eine effektive Umsetzung auf weitere Konkretisierungen angewiesen ist, bei deren Ausarbeitung auch andere Prinzipien, wie insbesondere das Verhältnismäßigkeitsprinzip, aber auch der Gleichbehandlungsgrundsatz bzw. das Willkürverbot, berücksichtigt werden müssen (Koch 2001: 548 f.) (siehe unten 4.3.3 a).

Das Vorsorgeprinzip wird im deutschen Recht aber nicht nur dort wirksam, wo es ausdrücklich gesetzlich verankert worden ist, sondern es prägt das Umwelt- und Technikrecht auch darüber hinaus. In einer schwachen Variante tut es dies als „offenes Leitprinzip" (Di Fabio 1997) bzw. als „Strukturprinzip" (Rehbinder 1991a). Gemeint sind damit Leitgedanken allgemeiner Art, die bestimmten Regelungen zugrunde liegen und diese legitimieren, aber darüber hinaus nicht unmittelbar anwendbar sind (Rehbinder 1991a: 269). Beispielhaft kann auf die grundrechtlichen Schutzpflichten des Staates oder auf die Staatszielbestimmung Umweltschutz (Art. 20a GG) verwiesen werden (Di Fabio 1997: 816f.; Köck 2002: 350f.). Beide Staatspflichten weisen einen Vorsorgecharakter auf, legitimieren aber nicht unmittelbar zu staatlichen Eingriffen, sondern setzen eine gesetzgeberische Entscheidung voraus, die inhaltlich durch das „Strukturprinzip Vorsorge" nur schwach vorgeprägt ist (näher unten 4.3.3.a). Der Umweltgesetzgeber muss das Vorsorgeprinzip, soweit es als offenes Leitprinzip wirksam ist, in seiner Gesetzgebung berücksichtigen, hat aber immer dann, wenn die Wissenschaft keine eindeutigen Gefährdungsaussagen treffen kann, die Bewertungskompetenz darüber, ob das festgestellte Risikowissen als vorsorgebedürftiges Risiko zu qualifizieren ist (Wahl u. Appel 1995: 89f.; Köck 2001a: 271, 282; ders. 2002: 350). Die Exekutive muss das Vorsorgeprinzip bei der Durchführung der Gesetze, insbesondere bei der normativen Konkretisierung unbestimmter Rechtsbegriffe mit Rechtsgüterschutzbezug in untergesetzlichen Normen berücksichtigen, und die Vollzugsbehörden müssen gleiches tun, soweit eine Risikobewertung im Einzelfall zu treffen ist (Berücksichtigung des Vorsorgeprinzips bei der Auslegung unbestimmter Rechtsbegriffe zur Gefahrsteuerung). Auch der Exekutive und den Vollzugsbehörden steht im Rahmen ihrer Aufgaben ein Bewertungsspielraum zu, d.h. auch hier beinhaltet die Berücksichtigung des Vorsorgeprinzips nicht stets, dass sich der Vorsorgegedanke in strikten Verschärfungen des Eingriffs niederzuschlagen hat. Die Judikative schließlich hat zu kontrollieren, ob das Vorsorgeprinzip in der Gesetzgebung und der Gesetzesdurchführung berücksichtigt worden ist. Da die Bewertungskompetenz aber grundsätzlich Legislative bzw. Exekutive zustehen, ist der gerichtliche Kontrollmaßstab zurückgenommen (näher unten 4.3.3 a).

Wiederum anders sind die rechtlichen Konsequenzen, wenn das Vorsorgeprinzip nicht nur als ein offenes Leitprinzip, sondern als ein allgemeines Prinzip des

---

gegenläufigen Prinzipien. Die Abwägung ist die Methode der Rechtsfindung im Bereich der Rechtsprinzipien."

Umwelt- und Technikrechts Geltung beanspruchen kann. Allgemeine Rechtsprinzipien sind aggregierte Gerechtigkeitsaussagen für eine (Teil-)Rechtsordnung (Koch 2001: 548), die es erlauben und gebieten, „Einzelfälle unter ergänzendem oder lückenausfüllendem Rückgriff auf einen leitenden Gedanken, der einen Wert verkörpert", zu entscheiden (Di Fabio 1997: 819). Das bekannteste allgemeine Rechtsprinzip ist das Verhältnismäßigkeitsprinzip, das bei allen eingreifenden staatlichen Entscheidungen zu beachten ist. Die Anerkennung eines Rechtsprinzips als allgemeines Rechtsprinzip rückt das Prinzip wieder stärker in Richtung Regelbeachtung (freilich mit dem Unterschied, dass der demokratische Gesetzgeber – anders als beim rechtssatzförmigen Prinzip – keine explizite Vorsorgeregel gesetzt hat). Das Vorsorgeprinzip als allgemeines Rechtsprinzip gebietet im Regelfalle, das Prinzip in generell-abstrakten oder auch individuell-konkreten Entscheidungen anzuwenden. Es ist nicht lediglich bei der Entscheidung zu berücksichtigen, vielmehr ist hier umgekehrt die Nichtanwendung des Vorsorgeprinzips rechtfertigungsbedürftig (Murswiek 2001: 11).

In der nationalen Rechtsliteratur ist bezweifelt worden, ob das Vorsorgeprinzip schon den Schritt zum allgemeinen Rechtsprinzip gemacht hat. „Zu dünn ist diejenige Rechtsprechung, die dem Vorsorgeprinzip normative Maßstabsqualität zumisst", meint Udo Di Fabio (1997: 820). In der Tat fällt auf, dass die nationale Rechtsprechung eher von einem Verständnis des Vorsorgeprinzips als offenes Leitprinzip ausgeht, soweit es nicht explizit rechtssatzförmig verankert worden ist. Eine ausdrückliche Anerkennung des Vorsorgeprinzips als ein allgemeines Rechtsprinzip findet sich in der deutschen Rechtsprechung nicht.

Auch im Recht der EU sind die Dinge nicht eindeutig. Im Gegensatz zum deutschen Umwelt- und Technikrecht, finden sich im Recht der EU nur sehr wenig rechtssatzförmige Verankerungen des Vorsorgeprinzips.[14] Hier dominiert die Berücksichtigung des Vorsorgeprinzips als offenes Leitprinzip, obwohl die verwendete Terminologie eine andere ist und von einem allgemeinen Rechtsprinzip gesprochen wird (EG-Kommission 2000: 11f.) (näher unten 4.3.3 b).

### 4.3.2 Zur politischen Diskussion um das Vorsorgeprinzip

#### a) Risiken der Vorsorge

Infolge des Vormarsches des Vorsorgeprinzips, der insbesondere seit den 90er Jahren durch Entwicklungen in der internationalen Umweltpolitik ausgelöst worden ist, artikulierten sich in zunehmendem Maße kritische Stimmen, die auf die Risiken von Vorsorgepolitiken aufmerksam machten:

---

[14] Siehe aber die RL 96/61/EG des Rates vom 24.9.1996 über die integrierte Vermeidung und Verminderung der Umweltverschmutzung (Art. 3 Buchst. a), die RL 2001/18/EG des Europäischen Parlaments und des Rates v. 12. März 2001 über die absichtliche Freisetzung genetisch veränderter Organismen in die Umwelt (Art. 4 Abs. 1) und die VO Nr. 258/97 v. 27.1.1997 über neuartige Lebensmittel (Art. 12).

Befürchtet wird[15],

- dass durch Regulierungen auf der Basis des Vorsorgeprinzips neue Technologien, Produkte und Anlagen nicht aufgrund von Risikowissen, sondern aufgrund von spekulativen Verdächtigungen beschränkt werden und dass Vorsorgepolitik wissenschaftliche Risikobewertungen verdrängt und damit einer Irrationalisierung des Risikomanagements Vorschub leistet,
- dass zu einseitig auf die Risikoseite geachtet und zu wenig die Nutzen einbezogen werden,
- dass eine strikte Vorsorgepolitik mehr Risiken erzeugt als abwehrt, weil Chancen neuer Technologien und Produkte vorschnell abgeschnitten werden und die Möglichkeit von Wohlfahrt steigernden Sicherheitsgewinnen durch ein Lernen im Umgang mit Risiken geschmälert werden,
- dass unnütze Ausgaben erzeugt werden, die besser in die Abwehr bekannter Risiken bzw. in die Steigerung der Wohlfahrt investiert werden sollten und
- dass Vorsorgepolitiken in extremer Weise Risiken ungleich behandeln.

Befürchtet wird auf einer sehr viel grundsätzlicheren (Werte-)Ebene auch,

- dass die Anwendung des Vorsorgeprinzips mit einer auf Freiheit gegründeten Gesellschaft nicht vereinbar sei,
- dass die Verantwortlichkeit demokratischer Institutionen durch eine Risikoverwaltung ausgehebelt wird und
- dass Forschung und Entwicklung geschwächt werden.

Ob diese Kritik tragfähig ist, bedarf einer näheren Prüfung. Hierbei wird es gerade auch auf die zwischenzeitliche rechtliche Verarbeitung des Vorsorgeprinzips ankommen (siehe unten 4.3.3). Unabhängig von der Tragfähigkeit im Einzelnen hat die Kritik an der Vorsorge das Bewusstsein dafür geschärft, dass Vorsorge selbst auch Schäden erzeugen kann und es demzufolge darum gehen muss, Maß zu halten mit der Prävention. Das mangelnde Wissen über die (Un-)Gefährlichkeit von Handlungen kann für sich allein nur eine schwache Begründung für Vorsorge sein. Daraus folgt aber andererseits nicht, dass stets nur sicheres Wissen die Grundlage für eingreifendes Handeln sein darf. Wäre dies der Fall, würden Umwelt- und Gesundheitsschutzmaßnahmen häufig zu spät kommen, ganz zu schweigen von den „Aufregungsschäden" für die Gesellschaft (Köck u. Hansjürgens 2002).

---

[15] Siehe zum Folgenden: Wildavsky 1988; 1995; Ladeur 1991; Graham u. Wiener 1995; Gray u. Bewers 1996; Viscusi 1996; Cross 1996; Adler 2000; Williamson u. Hulpke 2000; Miller u. Conko 2001; Lepage 2001; Sunstein 2003; Spieker gen. Döhmann (2003: 195); dies. (2004: 81).

## b) Begründungen für Vorsorge

In diesem Zusammenhang ist daran zu erinnern, dass das Vorsorgeprinzip an seinem Ursprungsort in Deutschland die notwendige Antwort auf die Begrenzungen des Schutzprinzips gewesen ist. Das tradierte Schutzprinzip (Gefahrenabwehr) legitimiert Eingriffe nur insofern, als sichere Erfahrungssätze über Schäden bzw. über die Schadenseignung einer Aktivität gegeben und eine hinreichende Wahrscheinlichkeit des Schadens prognostiziert werden kann (Köck 1999: 144ff.).

- Dass eine Sicherheitsgewährleistung, die sich allein aus dem Erfahrungsschatz speist, unzureichend ist, ist allen Verantwortlichen erstmals bei der Einführung der Kernkrafttechnologie im Hinblick auf Anforderungen an die Störfallsicherheit klar geworden. Bestimmte Erfahrungen konnte man sich nicht mehr leisten, auch hypothetische Risiken und theoretische Annahmen mussten deshalb in das Störfallsicherungskonzept eingearbeitet werden. Eine eigene Wissenschaft entstand, die sich um Aufklärung über hypothetische Risiken kümmerte und damit schon früh einem Programm von begleitender Risikoforschung verpflichtet war (Bundesregierung 1986: 9). Ähnliches wie für die Hochtechnologieanlagen gilt für die normalbetriebsbedingten bzw. sonstigen nutzungsbedingten Expositionen besonders besorgniserregender Stoffe, für die es keine Unbedenklichkeitsschwelle gibt (z.B. krebserzeugende Stoffe) (Köck 1999: 147f.; ders. 2001b: 201).
- Auch die Erfahrungen mit den so genannten „neuartigen Waldschäden" haben belegt, dass das Schutzprinzip für sich allein keinen ausreichenden Schutz bieten kann. Es genügt insbesondere nicht, um den Problemen der so genannten „summierten Immissionen" angemessen zu begegnen. Eine Zurechnung der Waldschäden auf die Emissionen konkreter – weit entfernt vom Einwirkungsort produzierender – Anlagenbetreiber, gelingt über das Schutzprinzip nicht (Murswiek 2004: 423; Köck 1999: 149), sondern nur über eine Vorsorgeverpflichtung nach dem Stand der Technik[16].
- „Das Schutzprinzip lässt es zu, dass die Umwelt bis an die unter dem Aspekt des Rechtsgüterschutzes gerade noch erträgliche Grenze – die ‚Gefahrenschwelle' – mit Schadstoffen belastet wird. [...] Eine einzige Anlage dürfte, wenn allein das Schutzprinzip zur Anwendung käme, also die gesamte Umweltbelastungskapazität in Anspruch nehmen mit der Folge, dass weitere Anlagen dieser Art an diesem Standort nicht mehr genehmigt werden könnten" (Murswiek 2004: 423). Auch hier leuchtet ein, dass erst der Vorsorgemechanismus, der jeden Anlagebetreiber dazu verpflichtet, nach dem Stand der Emissionsvermeidungstechnik seine Emissionen zu mindern, die Voraussetzungen dafür schafft, dass wirtschaftliche Entwicklungen (und dementsprechend auch Innovationen) stattfinden können.

---

[16] Siehe dazu die Leitentscheidung des BVerwG v. 17.2.1984, in Entscheidungen des BVerwG (BVerwGE) Band 69, S. 37, 44 – Großfeuerungsanlagenverordnung (Fernheizwerk).

Die Bundesregierung hat angesichts dessen in ihren Leitlinien „Umweltvorsorge" für den zentralen Bereich der Umweltbelastungen, die durch Stoffeinträge erfolgen, auf die besondere Problemsituation des Umweltschutzes hingewiesen (Bundesregierung 1986: 8):

- komplexe Abbau-, Umwandlungs-, Anreicherungs- und Transportvorgänge der Stoffe in der Umwelt;
- Wirkungs- und Belastungsgrenzen, die für Menschen, Tiere, Pflanzen sowie für die Erhaltung funktionsfähiger Ökosysteme jeweils nach Stoffen und Objekten verschieden sind,
- das weitgehende Fehlen von Unbedenklichkeitsschwellen bei krebserzeugenden Stoffen sowie
- schädliche Langfrist- und Kombinationswirkungen von Stoffen für Menschen, andere Lebewesen und Ökosysteme.

Diese Vorsorgebegründungen haben ihre Legitimation nicht verloren, wie insbesondere die internationale Diskussion um (natur-)wissenschaftliche Begründungen des Vorsorgeprinzips gezeigt hat (Wynne u. Mayer 1993; Barrett u. Raffensperger 1999; Kriebel u. Tickner et.al. 2001). Auch die Ergebnisse der von der Europäischen Umweltagentur (EEA) in Auftrag gegebenen Studie „The Precautionary Principle in the 20$^{th}$ Century. Late Lessons From Early Warnings", die 14 Fallstudien über wichtige Themen des Umwelt-, Ressourcen- und Gesundheitsschutzes enthält[17], bestätigen die grundsätzliche Berechtigung des Vorsorgeprinzips. Das „Editorial Team" hat aus den Fallstudien 12 Lehren abgeleitet, die in ihrer Summe das Vorsorgeprinzip stützen und eine Reihe prozeduraler Anforderungen im Umgang mit der Vorsorge anmahnen (Harremoes et.al. 2002). Dazu gehört,

- dass Ausschau nach frühen Warnzeichen gehalten und der Umgang mit „blinden Flecken" verbessert werden sollte,
- dass die Wirklichkeit häufig anders ist, als die ex ante-Abschätzungen prognostiziert haben und dass deshalb großer Nachdruck auf Unsicherheiten und auch auf „Worst-Case"-Szenarien gelegt werden sollte,
- dass alternative Wege auf breiter Basis untersucht werden sollten,
- dass Paralyse durch Analyse vermieden werden sollte, um begründete Maßnahmen nicht zu verschleppen und
- dass behauptete Kosten und Nutzen zu prüfen und zu rechtfertigen seien.

Dazu gehört aber auch die Lehre, dass ein nicht-vorsorgliches Handeln teuer ist, ebenso wie ein übervorsichtiges Handeln (Lehre 12).

---

[17] Die Fallstudien betrafen die Fischereipolitik; die klinische Verwendung radioaktiver Strahlung; Benzol; Asbestverwendung; Polychlorierte Biphenyle (PCBs); FCKWs und das Ozonloch; DES in Pharmaka; Antibiotika in Futtermitteln; Wachstumshormone in der Viehzucht; Schwefeldioxid und saurer Regen; MTBE als Bleiersatzmittel für Benzin; TBT-haltige Antifoulingmittel; die chemische Kontamination der großen Seen in Nordamerika und die BSE-Katastrophe.

### 4.3.3 Rechtliche Anforderungen an die Anwendung des Vorsorgeprinzips: zur Rationalisierung der Vorsorge

Das Vorsorgeprinzip steigert die Handlungsmöglichkeiten staatlicher Institutionen und damit auch die Eingriffsmöglichkeiten; denn das Vorsorgeprinzip ist – wie es Gertrude Lübbe-Wolff (1998: 66) einmal formuliert hat – in seiner „Rechtfertigungsdimension stark". Die Gefahr einer Freiheitsgefährdung durch Vorsorge ist daher nicht von der Hand zu weisen, und der Blick auf die rechtliche Verarbeitung der Vorsorge ist notwendig, um Auskunft darüber zu gewinnen, inwiefern das Recht zu einer Rationalisierung der Vorsorge beiträgt, um Sicherheitserfordernisse und Freiheitserfordernisse (Innovationserfordernisse) zu kompatibilisieren.

Ich beginne mit einem Abriss der Rechtsentwicklung in Deutschland (siehe unten 4.3.3 a) und richte den Blick dann auf die Rechtsprechung der EU-Gerichte (siehe unten 4.3.3 b). Auf eine Analyse der Rechtsprechung anderer Länder, insbesondere der Common Law-Staaten, muss hier aus Raumgründen verzichtet werden.[18]

**a) Rechtsprechung und Literatur in Deutschland**

Die juristische Diskussion in Deutschland speist sich vornehmlich aus zwei Quellen der Rechtsprechung: der Verfassungsrechtsprechung zu den grundrechtlichen Schutzpflichten des Staates und der Verwaltungsrechtsprechung zu konkreten Vorsorgeboten des einfachen Gesetzesrechts.

In der Verfassungsrechtsprechung zu den grundrechtlichen Schutzpflichten des Staates ist der Vorsorgebegriff zwar nur vereinzelt explizit verwendet worden[19], die Entscheidungen enthalten aber einige wichtige Aussagen zur Anwendung des Vorsorgeprinzips. So wird im berühmten Kalkar-Beschluss des Bundesverfassungsgerichts aus dem Jahre 1978 davon gesprochen, dass „in einer Situation, in der vernünftige Zweifel möglich sind, ob Gefahren [...] eintreten oder nicht eintreten werden, die staatlichen Organe, mithin auch der Gesetzgeber, aus ihrer verfassungsrechtlichen Pflicht, dem gemeinen Wohl zu dienen, [...] gehalten [sind], alle Anstrengungen zu unternehmen, um mögliche Gefahren frühzeitig zu erkennen und ihnen mit den erforderlichen verfassungsmäßigen Mitteln zu begegnen"[20]. Das BVerfG hat allerdings stets betont, dass es in Situationen des unsicheren Wissens umso mehr auf die Bewertung des jeweiligen Risikowissens durch den Gesetzge-

---

[18] Siehe zur Rechtsprechung in verschiedenen Common Law-Staaten: Fisher 2001. Über die Rechtsprechung in Frankreich und Belgien berichtet de Sadeleer 2000. Siehe auch die frühe rechtsvergleichende Studie von Rehbinder 1991b.
[19] So im Fluglärm-Beschluss; siehe BVerfG, Beschl. v. 14.1.1981, in: BVerfGE 56, 54, 78: „Daß auch eine auf Grundrechtsgefährdungen bezogene Risikovorsorge von der Schutzpflicht der staatlichen Organe umfasst werden kann, ist in der Rechtsprechung des Bundesverfassungsgerichts bereits mehrfach zum Ausdruck gekommen."
[20] BVerfG, Beschl. v. 8.8.1978, in: BVerfGE 49, 89, 132 – Kalkar.

ber bzw. durch die zur Gesetzesdurchführung ermächtigte Exekutive ankommt.[21] In der bereits erwähnten Kalkar-Entscheidung sind vom Bundesverfassungsgericht Kriterien genannt worden, die für die Bewertung maßgebend sind, nämlich „Art, Nähe und Ausmaß möglicher Gefahren, Art und Rang des verfassungsrechtlich geschützten Rechtsguts sowie die schon vorhandenen Regelungen"[22]. Die Anwendung dieser Kriterien entscheidet darüber, ob die vorliegenden Risikoinformationen als noch irrelevant und damit dem (rechtlich hinzunehmenden) „Restrisiko"[23] oder als vorsorgebedürftiges Besorgnispotenzial und damit schutzpflichtauslösend zu bewerten ist. Hierbei steht den zuständigen staatlichen Organen, wegen der eingeschränkten tatsächlichen Möglichkeiten sich ein hinreichend sicheres Urteil zu bilden[24], allerdings ein Beurteilungsspielraum zu, der nur bei evidenter Verletzung gerichtlich beanstandet werden kann[25]. Darin liegt sowohl eine Beweislastregel zu Lasten des Grundrechtsträgers, in dessen Freiheitsrechte eingegriffen wird (Calliess 2001: 1728ff.), als auch zu Lasten des Grundrechtsträgers, in dessen Schutzrechte durch Dritte „eingegriffen" wird (Steinberg 1998: 96ff.). Die Bewertung einer Situation als „Risiko" im Rechtssinne und damit als vorsorgebedürftig, verpflichtet die staatlichen Organe zu vorsorgenden Maßnahmen, lässt aber – soweit keine expliziten gesetzlichen Vorsorgegebote die Maßnahmenauswahl einschränken – einen breiten Raum des Risikomanagements, der in Abhängigkeit von der Art und Schwere der Schadensbefürchtung und dem Gebot der Verhältnismäßigkeit von der bloßen Risikoinformation, der aktivitätsbegleitenden Risikobeobachtung, der gezielten weiteren Risikowissensgenerierung und Alternativensuche, über kosteneffektive Risikominderungsmaßnahmen (z.B. Emissionsreduzierungen nach dem Stand der Technik) bis hin zum Verbot der Aktivität reichen kann. Auch im Bereich der Maßnahmenwahl wird den zuständigen Institutionen ein Auswahlermessen eingeräumt, das nur bei evidenter Verletzung gerichtlich beanstandet werden kann. Die zuständigen Institutionen sind verpflichtet, ihre Entscheidungen unter Kontrolle zu halten und an besseres Wissen anzupassen (Nachbesserungspflicht).[26] Dies gilt insbesondere dann, wenn der Staat durch die Schaffung von Genehmigungsvoraussetzungen und durch die Erteilung von Genehmigungen eine eigene Mitverantwortung übernommen hat.[27] Auf eine Verletzung der Kontrollpflicht bzw. Nachbesserungspflicht kann aber wiederum nur dann erkannt werden,

---

[21] Vgl. BVerfG, Beschl. v. 8.8.1978, BVerfGE 49, 89, 131f. – Kalkar; BVerfG, Beschl. v. 27.11.1990, BVerfGE 83, 130, 140ff. – Josefine Mutzenbacher (Jugendschutz); BVerfG, Beschl. v. 14.1.1981, BVerfGE 56, 54, 80f. – Fluglärm.

[22] Siehe BVerfGE 49, 89, 142 – Kalkar.

[23] Siehe zur so genannten „Sicherheitsdogmatik", der Einteilung in die Stufen „Gefahr – Risiko – Restrisiko": Appel 1996; Köck (2001a: 279ff.); Rehbinder 1997, Rn. 23; ders. (2004: 327f.).

[24] Siehe dazu auch BVerfG, Urt. v. 1.3.1979, in: BVerfGE 50, 290, 333 – Mitbestimmung.

[25] Siehe BVerfGE 56, 54, 80 – Fluglärm.

[26] BVerfGE 49, 89, 130ff., 143 – Kalkar; BVerfGE 56, 54, 78f. – Fluglärm.

[27] BVerfGE 53, 30, 58 – Mülheim-Kärlich; BVerfGE 56, 54, 79 – Fluglärm.

wenn neue Erkenntnisse negiert oder in unvertretbarer Weise fehlgewichtet worden sind.[28]

Insgesamt bestätigt die Analyse der Verfassungsrechtsprechung die Anerkennung des Vorsorgeprinzips als ein offenes Leitprinzip (siehe oben 4.3.1 c). Das „Ob" und das „Wie" der Vorsorge ist – jenseits expliziter Vorsorgetatbestände – maßgeblich in die Hände der zuständigen staatlichen Institutionen, insbesondere des demokratischen Gesetzgebers und der mittelbar demokratisch legitimierten Exekutive gelegt worden. Nur evidente Fehlbewertungen werden durch die gerichtliche Kontrolle beanstandet. Immerhin aber ist über die Anerkennung einer Nachbesserungspflicht der Schritt zu einer Prozeduralisierung der Vorsorgekontrolle vollzogen. Die Pflicht, die einmal getroffene Entscheidung unter Kontrolle zu halten, ist eine rechtliche Antwort auf die Unmöglichkeit, die Angemessenheit einer Risikoentscheidung bei unsicherer Wissensgrundlage zu kontrollieren. Über Voraussetzungen und Grenzen der Vorsorge ist in der verfassungsgerichtlichen Rechtsprechung zu den grundrechtlichen Schutzpflichten nur am Rande Stellung genommen worden. Diese Aspekte sind allerdings in der verwaltungsgerichtlichen Rechtsprechung und der rechtswissenschaftlichen Literatur stärker ins Zentrum gerückt.

Die Verwaltungsrechtsprechung hat sich insbesondere mit der atomrechtlichen Schadensvorsorge und mit der immissionsschutzrechtlichen Vorsorge befasst. Hier sind grundlegende Weichenstellungen erfolgt, die in der Folgezeit auch die Rechtsprechung zu anderen Vorsorgefeldern, etwa der Gentechnik[29], vorbereitet haben. Sowohl das atomrechtliche als auch das immissionsschutzrechtliche Vorsorgegebot sind explizit gesetzlich normiert und damit als rechtssatzförmige Prinzipien zu qualifizieren. Beide Vorsorgegebote haben eine gesetzliche Eingrenzung erfahren. Im Atomrecht bildet die „nach dem Stand von Wissenschaft und Technik erforderliche Vorsorge gegen Schäden" (§ 7 Abs. 2 Nr. 3 AtG) die Begrenzung, im Immissionsschutzrecht wird die Eingrenzung „insbesondere durch die dem Stand der Technik entsprechenden Maßnahmen" geleistet (§ 5 Abs. 1 Nr. 2 BImSchG). Auch im Immissionsschutzrecht wird aber nicht voraussetzungslos der Stand der Emissionsvermeidungstechnik verlangt.[30] Vielmehr geht es um „Vorsorge gegen schädliche Umwelteinwirkungen" und damit um einen Schadensbezug im weiteren Sinne.

*Voraussetzungen der Vorsorge*

In Rechtsprechung und Literatur besteht Einigkeit darüber, dass Vorsorge der vorherigen Feststellung eines Vorsorgeanlasses bedarf. Die Regelung von Vorsorgemaßnahmen darf nicht lediglich auf nichts sagende Erfahrungssätze, wie etwa: was heute als harmlos gilt, kann sich schon morgen als gefährlich erweisen, gegründet (van den Daele 1999: 265), also „ins Blaue hinein" betrieben werden (Ossenbühl

---

[28] Siehe dazu BVerwG, Urt. v. 21.8.1996, in: BVerwGE 101, 347, 362 – Krümmel.
[29] Siehe BVerwG, Beschl. v. 15.4.1999, in: Neue Zeitschrift für Verwaltungsrecht 1999, 1232; OVG Berlin, Beschl. v. 9.7.1998, in: Zeitschrift für Umweltrecht 1999, 37.
[30] Instruktiv dazu BVerwG, Beschl. v. 10.7.1998, in: Zeitschrift für Umweltrecht 1999, 112 – Müllheizkraftwerk.

1986: 166; Di Fabio 1997: 822), sondern muss durch Auswertung des wissenschaftlich-technischen Forschungsstandes jeweils plausibel belegt sein (Calliess 2001: 1727). Das Bundesverwaltungsgericht hat in zwei Grundsatzurteilen zur Risikovorsorge von einem „Gefahrenverdacht" bzw. einem „Besorgnispotenzial" gesprochen[31] und damit eine Differenz zur bloßen spekulativen Verdächtigung markieren wollen. Der Beschluss des Bundesverwaltungsgerichts vom 10.1.1995[32] zur immissionsschutzrechtlichen Vorsorge, in dem ein konkreter Gefahrenverdacht ausdrücklich nicht verlangt wird, steht hierzu nicht im Widerspruch. Das BVerwG hatte in dieser Entscheidung auf die so genannte „Ressourcenvorsorge" abgehoben (siehe oben 4.3.1 a) und betont, dass durch Vorsorgemaßnahmen nach dem Stand der Technik eine Luftqualität sichergestellt werden soll, „die hinreichend deutlich von Zuständen abgehoben sind, die konkret die Annahme schädlicher Umwelteinwirkungen nahe legen oder befürchten lassen". Bei den Stoffen, an denen Maßnahmen der Ressourcenvorsorge angeknüpft haben, handelte es sich aber ausnahmslos um Stoffe, deren „aktuell gegebenes Wirkungspotenzial" geklärt war.

Vorsorge setzt somit ein Mindestmaß an Risikowissen voraus und dispensiert nicht von der Ausschöpfung aller zugänglichen Erkenntnisquellen (Di Fabio 1997: 820ff.; Calliess 2001: 1727), insbesondere ist Vorsorge keine Alternative zu wissenschaftlicher Risikoabschätzung, sondern gründet sich auf eine Risikoabschätzung, auch wenn es sich dabei nicht zwingend um eine förmliche Risikobewertung im Sinne des „4-Stufen-Prozesses" handeln muss, der in der Mitteilung der EG-Kommission über die Anwendbarkeit des Vorsorgeprinzips angesprochen ist (EG-Kommission 2000: 16, 33). Welches Risikowissen erforderlich ist, um auf einen Eingriff legitimierenden Vorsorgeanlass erkennen zu können, ist nicht exakt bestimmbar. Wissenschaftliche Hinweise auf Schäden reichen aus, ein harter Beweis im Sinne eines Kausalitätsnachweises ist nicht erforderlich. Dies hat das Bundesverwaltungsgericht in seinem Grundsatzurteil vom 19.12.1985 zur atomrechtlichen Vorsorge im Whyl-Fall deutlich gemacht (später aber auch in anderen Vorsorgebereichen zum Ausdruck gebracht[33]): „Vorsorge im Sinne der in Rede stehenden Vorschriften bedeutet daher nicht, dass Schutzmaßnahmen erst dort zu beginnen brauchen, wo ‚aus gewissen gegenwärtigen Zuständen nach dem Gesetz der Kausalität gewisse andere Schaden bringende Zustände und Ereignisse erwachsen werden' [...]. Vielmehr müssen auch solche Schadensmöglichkeiten in Betracht gezogen werden, die sich nur deshalb nicht ausschließen lassen, weil nach dem derzeitigen Wissenstand bestimmte Ursachenzusammenhänge weder bejaht noch verneint werden können und daher insoweit noch keine Gefahr, sondern nur ein Gefahrenverdacht oder ein ‚Besorgnispotential' besteht. Vorsorge bedeutet des

---

[31] BVerwG, Urt. v. 17.2.1984, in: BVerwGE 69, 37, 43 – Großfeuerungsanlagenverordnung; BVerwG, Urteil v. 19.12.1985, in: BVerwGE 72, 301, 315 – KKW Whyl.
[32] Abgedruckt in: Neue Zeitschrift für Verwaltungsrecht 1995, 994ff.
[33] Siehe für das Immissionsschutzrecht: BVerwG, Urt. v. 11.12.2003, abgedruckt in: Zeitschrift für Umweltrecht 2004, 229f. – Nanopulver-Produktionsanlage. Ähnlich schon BVerwG, Urt. v. 17.2.1984, in: BVerwGE 69, 37, 43 – Großfeuerungsanlagenverordnung (Fernheizkraftwerk).

Weiteren, dass bei der Beurteilung von Schadenswahrscheinlichkeiten nicht allein auf das vorhandene ingenieurmäßige Erfahrungswissen zurückgegriffen werden darf, sondern Schutzmaßnahmen auch anhand bloß ‚theoretischer' Überlegungen und Berechnungen in Betracht gezogen werden müssen".[34] Klargestellt hat das Gericht in derselben Entscheidung auch, dass eine einheitliche wissenschaftliche Beurteilung des Risikos nicht erforderlich ist. In der atomrechtlichen Genehmigungsentscheidung gilt darüber hinaus, dass sich die Genehmigungsbehörde „nicht auf eine ‚herrschende Meinung' verlassen darf, sondern alle vertretbaren wissenschaftlichen Erkenntnisse in Erwägung ziehen muss"[35].

In ähnlicher Weise wie es die Verfassungsrechtsprechung zu den grundrechtlichen Schutzpflichten tut, betont auch die Verwaltungsrechtsprechung im Bereich der Anwendung des Vorsorgeprinzips als rechtssatzförmiges Prinzip die Bewertungskompetenz der mit der Rechtsdurchführung befassten Institutionen. „Die Verantwortung für die Risikoermittlung und -bewertung trägt nach der Normstruktur des § 7 Abs. 2 Nr. 3 AtG die Exekutive; sie hat hierbei die Wissenschaft zu Rate zu ziehen", heißt es im Whyl-Urteil des BVerwG[36]. Gleiches gilt im Gentechnikrecht.[37] Auch im Immissionsschutzrecht wird jedenfalls in den Fällen, in denen die Administration ihre Vorsorgeanstrengungen in ein Gesamtkonzept gegossen und normativ verankert hat, ein Spielraum zugestanden[38] (Standardisierungsspielraum). Dieser ist insbesondere auch im Bereich der Festlegung von Irrelevanzschwellen für die Emission krebserzeugender Stoffe (Köck 2001b: 205) wirksam geworden.[39] Soweit im Immissionsschutzrecht die Vorsorgekonkretisierung demgegenüber im Einzelfall vorgenommen worden ist, hat die Rechtsprechung einen administrativen Beurteilungsspielraum nicht anerkannt.[40] Gleiches gilt für die Pestizidzulassungsentscheidung[41] und die Arzneimittelzulassungsentscheidung[42]. Soweit ein Beurteilungsspielraum anerkannt ist, ist die gerichtliche Kontrolle darauf beschränkt, ob die Bewertung auf ausreichenden Risikoermittlungen beruht und hinreichend vor-

---

[34] BVerwGE 72, 300, 315 – KKW Whyl.
[35] BVerwGE 72, 300, 316 – KKW Whyl.
[36] BVerwGE 72, 300, 316 – KKW Whyl.
[37] Siehe BVerwG, Beschl. v. 15.4.1999, in: Neue Zeitschrift für Verwaltungsrecht 1999, 1232; VGH Mannheim, Beschl. v. 4.5.2001, Neue Zeitschrift für Verwaltungsrecht 2002, 224; OVG Berlin, Beschl. v. 9.7.1998, in: Zeitschrift für Umweltrecht 1999, 37.
[38] Siehe BVerwG, Urt. v. 17.2.1984, in: BVerwGE 69, 37, 45 – Großfeuerungsanlagenverordnung (Heizkraftwerk).
[39] Siehe BVerwG, Beschl. v. 10.7.1998, in: Zeitschrift für Umweltrecht 1999, 112; BVerwG, Urt. v. 11.12.2003, in: Zeitschrift für Umweltrecht 2004, 229, 230 – Nanopulver-Produktionsanlage.
[40] Siehe nur BVerwG, Beschl. v. 30.8.1996, in: Neue Zeitschrift für Verwaltungsrecht 1997, 497 – Sinteranlage.
[41] Siehe BVerwG, Urt. v. 10.11.1988, In: BVerwGE 81, 12, 17 – Paraquat.
[42] Siehe OVG Berlin, Beschl v. 10.4.1989, in: Pharmaindex 1989, 641 – Zelltherapeutikum.

sichtig ausgeübt worden ist.[43] Auch neue Risikoerkenntnisse führen nicht zwingend zu neuen Risikobewertungen und einem veränderten Risikomanagement. Wegen der Bewertungskompetenz der Administration ist auch hier die gerichtliche Kontrolle darauf beschränkt, ob die zuständigen Institutionen Erkenntnisse negiert oder in unvertretbarer Weise fehlgewichtet haben.[44] Für die Anerkennung der Bewertungskompetenz der Exekutive bzw. der Administration haben die Gerichte im Wesentlichen zwei Gründe angeführt. Erstens die besseren Möglichkeiten der Exekutive, den nötigen wissenschaftlich-technischen Sachverstand zu organisieren und vorzuhalten, um eine rationale Vorsorge zu gewährleisten[45], und zweitens die mangelnden tatsächlichen Möglichkeiten für die kontrollierenden Gerichte, sich in Ungewissheitssituationen ein hinreichend sicheres Urteil bilden zu können[46].

Das gegenüber der Gefahr abgesenkte Maß an Risikowissen und die Anerkennung eines Bewertungsspielraumes für die zuständigen staatlichen Institutionen bewirken eine Veränderung der Beweislastverteilung. Für den eingreifenden Staat genügt es, den Vorsorgeanlass, also das Besorgnispotenzial bzw. den Gefahrenverdacht, zu belegen, um daran eingreifende Maßnahmen knüpfen zu dürfen. Gelingt dieses, ist es Sache des Adressaten der Vorsorgemaßnahme, die Gefährlichkeitsvermutung zu widerlegen (Calliess 2001: 1732; Köck 2003: 69ff.)

In der Literatur sind vereinzelt über den Vorsorgeanlass und die damit verbundene Pflicht zur Ausschöpfung aller zugänglichen Erkenntnisquellen weitere rechtliche Voraussetzungen für Vorsorgemaßnahmen behauptet worden. Udo Di Fabio leitet aus dem Gleichheitsgrundsatz und dem Verhältnismäßigkeitsgrundsatz eine umfassende „Pflicht zum Risikovergleich" ab (Di Fabio 1997: 824ff.) und trägt damit Forderungen Rechnung, die insbesondere aus dem Bereich der Sicherheitswissenschaft und der Ökonomie vorgetragen worden sind (Starr 1969, 2003; Graham u. Wiener 1995; Viscusi 1996). In der Rechtsprechung zum Vorsorgeprinzip ist eine solche Pflicht allerdings lediglich in sehr eingeschränktem Maße anerkannt worden, weil die Bewertungskompetenz nicht den Gerichten, sondern dem Gesetzgeber bzw. der Exekutive zusteht. Diese Kompetenzzuweisung beruht – wie oben skizziert – u.a. darauf, dass sich die Risiken gerade nicht eindeutig abschätzen (und demgemäß auch nur schwerlich vergleichen) lassen. In seinem Urteil zum KKW Stade hat das BVerwG deshalb nicht beanstandet, dass das von der Exekutive erarbeitete Vorsorgekonzept zur Begrenzung der Emissionen des Normalbetriebs (so genanntes 30-Millirem-Konzept) um mehrere Größenordnungen geringer ist als andere Zivilisations- und Lebensrisiken. Lediglich die natürliche Strahlenbelastung, „dem jeder einzelne vom Beginn seines Lebens unentrinnbar ausgesetzt ist", hat das Gericht als Vergleichsmaßstab für die Zumutbarkeit des Zusatzrisikos,

---

[43] Siehe BVerwGE 72, 300, 320 – KKW Whyl; OVG Berlin, Beschl. v. 9.7.1998, in: Zeitschrift für Umweltrecht 1999, 37, 40 – Freisetzung von GVO.
[44] BVerwG, Urt. v. 21.8.1996, in: BVerwGE 101, 347, 363 – KKW Krümmel.
[45] BVerwG, Urt. v. 19.12.1985, in: BVerwGE 72, 300, 317 – KKW Whyl.
[46] Siehe dazu schon BVerfG, Urt. v. 1.3.1979, in: BVerfGE 50, 290, 333 – Mitbestimmung.

das aus dem Normalbetrieb der Kernkraftwerke resultiert, herangezogen.[47] Ähnliches gilt für den Vorsorgebereich der Krebsrisiken durch Luftverunreinigungen (Köck 2001b). Die Rechtsprechung schreibt hier der Exekutive nicht vor, ihren Maßnahmen die risikovergleichenden Überlegungen des LAI-Konzepts aus dem Jahre 1991 (Länderarbeitsgemeinschaft Immissionsschutz 1991) zugrunde zu legen. Sie beanstandet die Heranziehung risikovergleichender Gesichtspunkte aber auch nicht, soweit der Vergleich den Anforderungen des Willkürverbotes standhält. Im Fall der Genehmigung einer Nanopulver-Produktionsanlage attestierte das BVerwG der Genehmigungsbehörde, dass es frei von Willkür sei, wenn der Irrelevanzbetrachtung der Zusatzemissionen, die von der Produktionsanlage ausgehen, „die in der LAI-Studie ‚Krebsrisiken durch Luftverunreinigungen' (1991) entwickelten Beurteilungsmaßstäbe für kanzerogene Wirkungen vergleichbarer Stoffe zugrunde gelegt werden"[48].

Insgesamt ist festzuhalten, dass eine Pflicht zum Risikovergleich wegen der Bewertungskompetenz des Gesetzgebers bzw. der Exekutive nur in sehr eingeschränktem Maße besteht (Breuer 1990: 215; Köck 2001a: 285; Rehbinder 2004), dass sie in Abhängigkeit vom jeweiligen Vorsorgebereich variiert, dass sie sich nur auf gleichartige Risiken erstreckt und auch nur dann in Betracht kommen kann, wenn eine hinreichend sichere Risikoabschätzung möglich ist. Willkürlich wäre es, die Vorsorgeanstrengungen im Bereich der atomrechtlichen Schadensvorsorge oder der Krebsrisiken durch Luftverunreinigungen an den Todesfallrisiken auszurichten, die die Gesellschaft im Bereich der Straßenverkehrsunfälle oder der Ernährungsgewohnheiten zu akzeptieren bereit ist. Eine wachsende praktische Bedeutung wird dem Risikovergleich zukünftig möglicherweise im Bereich des Stoffrechts zukommen, weil hier jede Beschränkung eines gefahrverdächtigen Stoffes zwangsläufig die Promotion derjenigen Stoffe und Produkte zur Folge hat, die eine ähnliche Stoffdienstleistung bereitstellen (Di Fabio 1997: 825). Daraus erwächst ein rechtliches Argument für die beherzte Verwirklichung des REACh-Konzepts im Chemikalienrecht (Köck 2003; Calliess 2003a: 403ff.; Kern 2005), weil nur dieses sicherstellen kann, dass Neustoffe gegenüber Altstoffen nicht diskriminiert werden. Im Übrigen ist zu betonen, dass es keine Rechtspflicht gibt, eine Vorsorgemaßnahme erst dann durchzuführen, wenn zuvor alle möglichen Stoffsubstitute risikovergleichend untersucht worden sind, sofern das Besorgnispotenzial des zu regulierenden Stoffes ausreichend belegt ist[49]. Rechtlich geboten ist lediglich die Berücksichtigung des vorhandenen Risikowissens über Stoffsubstitute. Wie auch sonst im Vorsorgerecht gilt hier wieder die verfassungsrechtliche Maxime, dass in Unsicherheitssituationen Angemessenheit und Gleichheit lediglich prozedural über die Pflicht zur Nachbesserung gewährleistet werden können (Köck 2001a: 285).

---

[47] BVerwG, Urt. v. 22.12.1980, in: BVerwGE 61, 256, 265 – KKW Stade.
[48] BVerwG, Urt. v. 11.12.2003, in: Zeitschrift für Umweltrecht 2004, 229, 230 – Nanopulver-Produktionsanlage.
[49] So nun auch ausdrücklich die Rechtsprechung der EU-Gerichte (siehe unten b).

*Begrenzungen der Vorsorge*

Einigkeit besteht auch darüber, dass Vorsorgemaßnahmen dem Verhältnismäßigkeitsgrundsatz genügen müssen. In seiner Leitentscheidung zur immissionsschutzrechtlichen Vorsorge vom 17.2.1984 hat das Bundesverwaltungsgericht die Anforderung postuliert, dass die Vorsorge „nach Umfang und Ausmaß dem Risikopotential der Immissionen, die sie verhindern soll, proportional sein muß"[50]. Eine solche Anforderung setzt allerdings voraus, dass das Risiko kalkulierbar ist und hilft dort nicht weiter, wo ein eindeutiges Risikokalkül nicht möglich ist (Rehbinder 1991a: 279f.). In Fällen unsicherer bzw. ungewisser Risikobeurteilung kann Verhältnismäßigkeit deshalb wiederum nur durch prozedurale Anforderungen, namentlich durch die Pflicht zur fortlaufenden Kontrolle der Vorsorgemaßnahme und durch die Pflicht zur Nachbesserung bei besserer Erkenntnis, hergestellt werden.

Die Verwaltungsrechtsprechung hat sich in sehr unterschiedlicher Weise mit der Verhältnismäßigkeit von Vorsorgemaßnahmen befassen müssen. In seiner Grundsatzentscheidung zur Großfeuerungsanlagenverordnung vom 17.2.1984 ging es um Vorsorgemaßnahmen gegen den Ferntransport von Schadstoffen als Reaktion auf die so genannten neuartigen Waldschäden („Waldsterben"). Die in der Verordnung verlangten Anforderungen an die Reduzierung von Schwefeldioxidemissionen resultierten nicht aus dem Besorgnispotenzial einer einzelnen Anlage, sondern dem Besorgnispotenzial summierter Immissionen. Demgemäß musste es dem Verordnungsgeber darum gehen, den $SO_2$-Ausstoß insgesamt erheblich zu reduzieren durch verschärfte Emissionsvermeidungsanforderungen an alle bestehenden Großfeuerungsanlagen, die zu den fernwirkenden summierten Immissionen beitragen. Durch die Großfeuerungsanlagenverordnung sind die Emittenten erfasst worden, die für knapp zwei Drittel der gesamten $SO_2$-Emissionen in der Bundesrepublik verantwortlich waren. Durch die Anforderungen sollten die Gesamtemissionen im Laufe eines Jahrzehnts um ein Drittel abgesenkt werden. Das BVerwG bescheinigt dem Verordnungsgeber, dass die Anforderungen „dem Risiko, dem entgegengewirkt werden soll, angemessen [ist], weil es auf einem langfristigen, auf eine einheitliche und gleichmäßige Durchführung angelegten Konzept beruht. Erst ein derartiges Konzept garantiert die angestrebte Minderung der Gesamtemissionen und rechtfertigt die zu diesem Zweck an die einzelnen Feuerungsanlagen gestellten Anforderungen auch unter dem Gesichtspunkt der Verhältnismäßigkeit; diese ist, wenn es um Vorsorge gegen den Ferntransport von Luftschadstoffen geht, nicht mit – auf die einzelne Anlage bezogenen – betriebswirtschaftlichen Kategorien zu messen sondern nur in volkswirtschaftlichen Größenordnungen erfassbar. Dementsprechend geht es auch nicht um eine sich in strenger rechtlicher Gebundenheit vollziehende Anordnung des ‚technisch Machbaren', sondern ‚um eine komplexe Neubewertung der Frage, welche Emissionsbegrenzung künftig von allen Anlagen über einen beträchtlichen Zeitraum hinweg als angemessene Vorsorge verlangt wird' [...]. Das lässt sich wegen der Natur der dahinterstehenden umfassenden Problematik nicht in unmittelbarer Anwendung des § 5 Nr. 2 BImSchG auf den je-

---

[50] BVerwGE 69, 37, 44 – Großfeuerungsanlagenverordnung (Fernheizkraftwerk).

weiligen Einzelfall entscheiden, sondern setzt vorab eine Konkretisierung der diesbezüglichen Betreiberpflichten durch eine Verordnung [...] oder eine Verwaltungsvorschrift [...] voraus"[51]. Zu Recht ist in der kommentierenden Literatur zu dieser Entscheidung hervorgehoben worden, dass sie nur eine begrenzte Geltungskraft besitzt. Die Anforderung des so genannten „Konzeptgebotes" für Vorsorgemaßnahmen gilt im Bereich der rechtssatzförmigen Ausgestaltung des Vorsorgeprinzips nur dann, wenn ein Besorgnispotenzial nicht schon aus dem Betrieb einer einzelnen Anlage resultiert. Ist dies aber der Fall, bedarf es keiner vorherigen konzeptualisierenden normativen Konkretisierung des Vorsorgegebotes (Rehbinder 1991a: 280). Vielmehr kann in einem solchen Fall das Vorsorgegebot im jeweiligen Einzelfall konkretisiert werden, muss dann aber auch im Einzelfall – und nicht mehr nur in einer generellen Betrachtungsweise – den Anforderungen des Verhältnismäßigkeitsgrundsatzes genügen. Eine solche Prüfung hat das BVerwG in seinem Sinteranlagen-Beschluss vom 30.8.1996 vorgenommen.[52] In dem Beschluss ging es um die Rechtmäßigkeit einer nachträglichen Anordnung, die den Betreiber einer Sinteranlage dazu verpflichtete, seine Dioxin- und Furanemissionen durch Einbau einer sehr kostspieligen – nach Behauptungen des Anlagebetreibers 30–50 Mio. DM teuren – Filtereinrichtung zu minimieren. Das Gericht beanstandete die nachträgliche Anordnung nicht. Es stellte darauf ab, dass die Sinteranlage für sich allein nahezu genauso viele Dioxine und Furane ausstoße wie 50% aller Müllverbrennungsanlagen in der alten Bundesrepublik und deshalb als „Großemittent" mit außerordentlich hohem Besorgnispotenzial zu bewerten sei.[53] Demgemäß seien auch besondere Aufwendungen des Betreibers gerechtfertigt, um diese Emissionen zu begrenzen. Für die Beurteilung der Verhältnismäßigkeit im Einzelfall stellte das Gericht auf die Verhältnisse eines wirtschaftlich gesunden Durchschnittsbetriebes ab und berücksichtigte auch die wirtschaftlichen Vorteile, die der Anlagebetreiber dadurch erzielt hatte, dass er nicht von sich aus schon früher Emissionsbegrenzungen nach dem Stand der Technik vorgenommen hatte, wie es seinen immissionsschutzrechtlichen Grundpflichten entsprochen hätte. Der Entscheidung des BVerwG ist im Ergebnis zuzustimmen, die Begründung ist aber missverständlich, weil der falsche Eindruck entstehen kann, dass es für die Verhältnismäßigkeit auf die wirtschaftliche Tragfähigkeit ankommt. Richtigerweise geht es bei der Verhältnismäßigkeitsprüfung aber darum, dass die Kostenbelastung des Anlagebetreibers gemessen an der durch die Filtereinrichtung erreichbaren Senkung des Krebsrisikos nicht unverhältnismäßig sein darf.

Zusammenfassend ist festzuhalten, dass sich die verwaltungsgerichtliche Rechtsprechung zum Vorsorgeprinzip ausschließlich mit rechtssatzförmig ausgestalteten Vorsorgegeboten befasst hat. Trotz der Unterschiede in der rechtssatzförmigen Ausgestaltung hat die Rechtsprechung gemeinsame Konturen erkennbar gemacht. Sie liegen in Anforderungen an den Vorsorgeanlass („Besorgnispotenzial") und

---

[51] BVerwGE 69, 37, 45.
[52] Abgedruckt in: Neue Zeitschrift für Verwaltungsrecht 1997, 497 – Sinteranlage.
[53] BVerwG, Neue Zeitschrift für Verwaltungsrecht 1997, 497, 499 – Sinteranlage.

der Ausübung der Vorsorge (Willkürfreiheit; Verhältnismäßigkeit). Auf die Schwierigkeit, eine risikoproportionale Ausübung der Vorsorge bei unsicherer Erkenntnislage zu gewährleisten, hat die Rechtsprechung mit spezifischen prozeduralen Pflichten (Beobachtung der Entwicklung neuer Risikoerkenntnisse und Nachbesserung bei neuer Erkenntnislage) reagiert. All diese rechtlichen Rationalisierungsleistungen sind durch die Anerkennung einer Bewertungskompetenz der Exekutive bzw. Administration allerdings nur eingeschränkt gerichtlich kontrollierbar, weil die tatsächlichen Möglichkeiten der Gerichte, sich ein hinreichend sicheres Urteil zu bilden, im Vorsorgebereich schon begriffsnotwendig eingeschränkt sind.

### b) Die Rechtsprechung des EuGH und des EuG

Anders als im deutschen Recht ist der Vorsorgegrundsatz im europäischen Recht explizit primärrechtlich verankert. In Art. 174 Abs. 2 des Vertrages zur Gründung der Europäischen Gemeinschaft (EGV) heißt es: „Die Umweltpolitik der Gemeinschaft zielt unter Berücksichtigung der unterschiedlichen Gegebenheiten in den einzelnen Regionen der Gemeinschaft auf ein hohes Schutzniveau ab. Sie beruht auf den Grundsätzen der Vorsorge und Vorbeugung, auf dem Grundsatz, Umweltbeeinträchtigungen mit Vorrang an ihrem Ursprung zu bekämpfen, sowie auf dem Verursacherprinzip". Bei diesen Festlegungen handelt es sich um rechtlich verbindliche Grundsätze (Epiney 2005: 114ff.). Dies hat der EuGH in seinem Urteil vom 14.7.1998 im Safety Hi Tech-Fall ausdrücklich bestätigt, zugleich aber deutlich gemacht, dass die Gemeinschaftsinstitutionen bei der Umweltgesetzgebung wegen der vielfältigen Zielkonflikte und Abwägungsaufträge, die der Art. 174 EGV enthält, über ein großes Ermessen verfügen und gerichtlich lediglich kontrolliert werden kann, ob der europäische Gesetzgeber die Anwendungsvoraussetzungen des Art. 174 EGV offensichtlich falsch beurteilt hat.[54] Im europäischen Primärrecht ist das Vorsorgeprinzip somit als ein offenes Leitprinzip ausgestaltet (Calliess 2003a: 392; ders. 2003b: 28), dass der europäische Gesetzgeber in seiner Rechtsetzung zwar zu berücksichtigen hat, dass ihm aber nicht zwingend vorschreibt, es stets und überall anzuwenden.[55] Von diesem Verständnis geht auch die EG-Kommission in ihrer Mitteilung zur Anwendbarkeit des Vorsorgeprinzips vom 2.2.2000 aus (EG-Kommission 2000: 18).

Das in Art. 174 Abs. 2 EGV verankerte Vorsorgeprinzip gilt nicht nur bei der Inanspruchnahme der Umweltkompetenz, sondern auch dann, wenn eine dem Umwelt- bzw. Gesundheitsschutz dienende Maßnahme auf anderen Kompetenztiteln, wie etwa der Kompetenz für die Agrarpolitik bzw. für die Binnenmarktpolitik be-

---

[54] EuGH, Urteil v. 14.7.1998, Rs. C 284/95, abgedruckt in der amtlichen Entscheidungssammlung (Slg.) 1998, I-4329, Rn. 35 – Safety Hi Tech.
[55] Gerd Winter spricht insofern von der „ermöglichenden Funktion" des Vorsorgeprinzips; siehe Winter (2003: 137).

ruht. Dies hat der EuGH bereits in seinen BSE-Urteilen anerkannt[56] und in späteren Entscheidungen ausdrücklich ausgesprochen[57].

Mittlerweile basiert die europäische Rechtsdiskussion um Geltung und Inhalt des Vorsorgeprinzips nicht mehr nur auf den wenigen Sätzen des EuGH in den BSE-Urteilen[58] und der Rechtsauffassung der EG-Kommission, die sie in ihren

---

[56] EuGH, Urt. v. 5.5.1998, Rs. C-157/96, in: Slg. 1998, I-2236 – National Farmers' Union (BSE I); EuGH, Urt. v. 5.5.1998, Rs. C-180/96, in: Slg. 1998, I-2269 – Vereinigtes Königreich (BSE II).

[57] Siehe nur EuG, Urt. v. 11.9.2002, Rs. T-13/99, Slg. 2002, II-3305, Rn. 114 – Phizer Animal Health; EuG, Urt. v. 11.9.2002, Rs. T-70/99, Slg. 2002, II-3495, Rn. 135 – Alpharma; EuGH, Urt. v. 26.11.2002, Rs. T-74/00 u.a., Rn. 184 – Artegodan.

[58] EuGH, Urt. v. 5.5.1998, Rs. C-157/96, in: Slg. 1998, I-2236 – National Farmers' Union (BSE I); EuGH, Urt. v. 5.5.1998, Rs. C-180/96, in: Slg. 1998, I-2269 – Vereinigtes Königreich (BSE II). In den beiden im Wesentlichen gleich lautenden Urteilen hatte der EuGH über die Rechtmäßigkeit des von der EG-Kommission verfügten vorläufigen Exportverbotes für britische Rinder, britisches Rindfleisch und Folgeprodukte zum Schutz vor BSE zu entscheiden. Die Kommission stützte ihre Entscheidung auf zwei Sekundärrechtsakte (Richtlinien) des europäischen Agrarrechts, die dazu ermächtigten, beim Auftreten von allen Zoonosen, Krankheiten und anderen Ursachen, die eine Gefahr für die Tiere oder die menschliche Gesundheit darstellen können, Schutzmaßnahmen zu erlassen. Begründet wurde das vorläufige Verbot damit, dass nach neuen wissenschaftlichen Erkenntnissen die Gefahr einer Übertragbarkeit der BSE auf den Menschen nicht mehr ausgeschlossen werden konnte und die daraus erwachsende Unsicherheit bei den Verbrauchern erhebliche Besorgnisse ausgelöst hatte. Der EuGH bescheinigte der Kommission, dass sie ihre Maßnahmen auf die genannten Ermächtigungen stützen durfte. Er stellte dabei darauf ab, dass ein unabhängiger Ausschuss zur wissenschaftlichen Beratung der Regierung des Vereinigten Königreichs auf einen möglichen Zusammenhang zwischen der BSE und der Creutzfeld-Jakob-Krankheit hingewiesen hatte. Diese Hinweise waren so beschaffen, „dass ein Zusammenhang zwischen BSE und der Creutzfeld-Jakob-Krankheit nicht mehr nur eine theoretische Hypothese", sondern eine „reale Möglichkeit war" (Rs. C-157/96, Rn. 31; Rs. C-180/96, Rn. 52). Für die Bewertung und Entscheidung räumte das Gericht der Kommission einen weiten Entscheidungsspielraum ein, der nur daraufhin zu überprüfen war, ob der Kommission „ein offensichtlicher Irrtum oder Ermessensmißbrauch unterlaufen ist oder ob sie die Grenzen ihres Spielraums offensichtlich überschritten hat" (Rs. C-157/96, Rn. 39; Rs. C-180/96, Rn. 60). Auch die Verhältnismäßigkeit der Maßnahmen sah der EuGH gewahrt: Hier stellte der EuGH zunächst darauf ab, dass ein Verstoß gegen den Verhältnismäßigkeitsgrundsatz nur dann festgestellt werden könne, wenn die Maßnahmen zur Erreichung des Ziels, dass das zuständige Organ verfolgt, „offensichtlich ungeeignet ist" (Rs. C-157/96, Rn. 61; Rs. C-180/96, Rn. 97). Eine solche Feststellung sei nicht möglich, wenn aufgrund wissenschaftlicher Ungewissheit keine eindeutigen Aussagen über die Ungeeignetheit bestimmter Maßnahmen gemacht werden können. Ausdrücklich erwähnte der EuGH in diesem Zusammenhang das Vorsorgeprinzip des Art. 174 Abs. 2 EGV und betonte: „Wenn das Vorliegen und der Umfang von Gefahren für die menschliche Gesundheit ungewiß ist, können die Organe Schutzmaßnahmen treffen, ohne abwarten zu müssen, dass das Vor-

Mitteilungen zur Anwendbarkeit des Vorsorgeprinzip (EG-Kommission 2000) publiziert hat, vielmehr hat sich der EuGH und insbesondere auch das Europäische Gericht erster Instanz (EuG)[59] in einer Reihe von Urteilen mit dem Vorsorgeprinzip beschäftigt und deutlichere Konturen entwickelt[60].

Die Entscheidungen der EU-Gerichte machen deutlich, dass das in Art. 174 Abs. 2 EGV genannte Vorsorgeprinzip nicht als eine Eingriffsermächtigung zu qualifizieren ist, die unabhängig von sekundärrechtlichen Befugnissen Eingriffe legitimieren kann. Das Vorsorgeprinzip wird aber in Verbindung mit den sekundärrechtlich vorhandenen Gefahrsteuerungsbefugnissen angewendet und erlangt so unabhängig von der Existenz einer sekundärrechtlich verankerten expliziten Vorsorgenorm Geltung[61], bzw. legitimiert entsprechende Regelungen in Sekundärrechtsakten[62].

Die Befugnis, sekundärrechtliche Gefahrsteuerungsermächtigungen im Lichte des Vorsorgeprinzips anzuwenden, löst keinen Vorsorgeautomatismus aus. EuGH und EuG betonen vielmehr die Bewertungs- und Entscheidungskompetenz der zuständigen Organe: „Erlaubt es die wissenschaftliche Beurteilung nicht, das Vorliegen des Risikos mit hinreichender Gewissheit festzustellen, so hängt der Rückgriff auf den Vorsorgegrundsatz davon ab, welches Schutzniveau die zuständige Behörde in Ausübung ihres Ermessens unter Berücksichtigung der Prioritäten gewählt hat, die sie in Anbetracht der von ihr gemäß den einschlägigen Vorschriften des Vertrages und des abgeleiteten Gemeinschaftsrechts verfolgten Ziele gesetzt hat. Diese Wahl muss jedoch mit dem Grundsatz des Vorrangs des Schutzes der öffentlichen Gesundheit, der Sicherheit und der Umwelt vor wirtschaftlichen Interessen sowie mit dem Grundsatz der Verhältnismäßigkeit und dem Diskriminierungsverbot in Einklang stehen"[63], heißt es in zwei Urteilen des EuG, die den Widerruf einer Arzneimittelgenehmigung bzw. das Verbot eines Zusatzstoffes in der Tierernährung betrafen. Gemeint ist mit der Formulierung vom Vorrang des Schutzes der öffentlichen Gesundheit vor wirtschaftlichen Interessen, dass in Fällen, in denen die Entscheidung über das „Ob" der Anwendbarkeit des Vorsorgeprinzips auf der

---

liegen und die Größe dieser Gefahren klar dargelegt sind" (Rs. C-157/96, Rn. 63; Rs. C-180/96, Rn. 99).

[59] Das EuG ist dem EuGH seit 1989 beigeordnet und für Direktklagen Einzelner zuständig.

[60] Siehe EuG, Urt. v. 11.9.2002, Rs. T-13/99, Slg. 2002, II-3305 – Phizer Animal Health; EuG, Urt. v. 11.9.2002, Rs. T-70/99, Slg. 2002, II-3495 – Alpharma; EuG, Urt. v. 26.11.2002, Rs. T-74/00 u.a. – Artegodan; EuG, Urt. v. 21.10.2003, Rs. T-392/02 – Solvay Pharmaceuticals; EuGH, Urt. v. 9.11.2003, Rs. C-236/01, Slg. 2003, I-8105 – Monsanto; EuGH, Urt. v. 2.12.2004, Rs. C-41/02 – Niederlande.

[61] Siehe insoweit den ausdrücklichen Hinweis in: EuGH, Urt. v. 9.11.2003, Rs. C-236/01, Slg. 2003, I-8105, Rn. 110 – Monsanto; siehe ferner auch EuG, Urt. v. 11.9.2002, Rs. T-13/99, Slg. 2002, II-3305 – Phizer Animal Health; EuG, Urt. v. 11.9.2002, Rs. T-70/99, Slg. 2002, II-3495 – Alpharma.

[62] Siehe nur den Fall EuG, Urt. v. 21.10.2003, Rs. T-392/02, Rn. 119ff. – Solvay Pharmaceuticals.

[63] EuG, Urt. v. 26.11.2002, Rs. T-74/00 u.a., Rn. 186 – Artegodan; EuG, Urt. v. 21.10.2003, Rs. T-392/02, Rn. 125 – Solvay Pharmaceuticals.

Basis eines Sekundärrechtsakts gefällt wird, der dem Schutz der menschlichen Gesundheit oder der Umwelt dient, eine Abwägung zwischen Gesundheits- und Wirtschaftsinteressen nicht mehr durchgeführt werden muss, sondern es lediglich auf die Bewertung des Risikowissens im Hinblick auf die „Bestimmung des für nicht hinnehmbar gehaltenen Risikograds"[64] ankommt. In diesem Zusammenhang hebt das EuG allerdings hervor, dass die Entscheidung über das Schutzniveau nicht am Nullrisiko orientiert sein darf[65] und befindet sich damit in Übereinstimmung mit der bereits erwähnten Mitteilung der EG-Kommission (EG-Kommission 2000: 21). Weil für die Bewertung des Risikos äußerst komplexe tatsächliche Umstände wissenschaftlicher und technischer Art zu beurteilen sind, überprüfen die Gerichte die Entscheidungen der zuständigen Organe nur daraufhin, ob ihnen „ein offensichtlicher Irrtum oder Ermessensmißbrauch unterlaufen ist oder ob sie die Grenzen ihres Spielraums offensichtlich überschritten" haben[66]. Den EU-Gerichten ist bewusst, dass die reduzierte gerichtliche Kontrolle mit Risiken für die Inanspruchnahme wirtschaftlicher Freiheitsrechte verbunden ist. Deshalb betonen EuGH und EuG, dass unter solchen Umständen der Beachtung der Garantien, die die Gemeinschaftsrechtsordnung in Verwaltungsverfahren gewährt, eine umso größere Bedeutung zukommt[67]. Für die Anwendung des Vorsorgeprinzips folgt daraus, dass die zuständigen Organe verpflichtet sind, „sorgfältig und unparteiisch alle relevanten Gesichtspunkte des Einzelfalls zu untersuchen" und eine „möglichst erschöpfende wissenschaftliche Risikobewertung auf der Grundlage wissenschaftlicher Gutachten, die auf den Grundsätzen der höchsten Fachkompetenz, der Transparenz und der Unabhängigkeit beruhen", vorzunehmen[68]. Nur „wenn sich die Durchführung einer möglichst umfassenden wissenschaftlichen Risikobewertung in Anbetracht der besonderen Umstände des konkreten Falles wegen der Unzulänglichkeit der verfügbaren wissenschaftlichen Daten als unmöglich erweist"[69], dürfen vorsorgende Maßnahmen auch ohne vorherige Ausschöpfung des wissenschaftlichen Erkenntnisstandes verfügt werden. Die Rechtsprechung trägt damit Bedenken Rechnung, die in der deutschen Auseinandersetzung um die Mitteilung der EG-Kommission vorgetragen worden sind (Appel 2001: 398).

Neben den prozeduralen Sicherungen zur Gewährleistung einer sorgfältigen und willkürfreien Risikoermittlung als Voraussetzung der Vorsorge, sind durch die

---

[64] Siehe EuG, Urt. v. 11.9.2002, Rs. T-70/99, Slg. 2002, II-3495, Rn. 164, 166 – Alpharma.

[65] EuG, Urt. v. 11.9.2002, Rs. T-13/99, Slg. 2002, II-3305, Rn. 152 – Phizer Animal Healt

[66] EuGH, Urt. v. 5.5.1998, Rs. C-157/96, in: Slg. 1998, I-2236, Rn. 39 – National Farmers' Union (BSE I); EuGH, Urt. v. 5.5.1998, Rs. C-180/96, in: Slg. 1998, I-2269, Rn. 60 – Vereinigtes Königreich (BSE II); EuG, Urt. v. 11.9.2002, Rs. T-13/99, Slg. 2002, II-3305, Rn. 169 – Phizer Animal Health; EuG, Urt. v. 26.11.2002, Rs. 74/00 u.a., Rn. 201 – Artegodan; EuG, Urt. v. 21.10.2003, Rs. T-392/02, Rn. 126 – Solvay Pharmaceuticals.

[67] EuG, Urt. v. 11.9.2002, Rs. T-13/99, Slg. 2002, II-3305, Rn. 171 – Phizer Animal Health; EuG, Urt. v. 11.9.2002, Rs. T-70/99, Slg. 2002, II-3495, Rn. 182 – Alpharma.

[68] EuG, Urt. v. 11.9.2002, Rs. T-13/99, Slg. 2002, II-3305, Rn. 182 172 – Phizer Animal Health. Siehe auch EuG, Urt. v. 11.9.2002, Rs. T-70/99, Slg. 2002, II-3495, Rn. 168–176 – Alpharma; EuGH, Urt. v. 9.9.2003, Rs. C-236/01, Rn. 107 – Monsanto.

[69] EuGH, Urt. v. 9.9.2003, Rs. C-236/01, Rn. 112 – Monsanto.

Rechtsprechung der EU-Gerichte auch die Wissensvoraussetzungen für die Anwendbarkeit des Vorsorgeprinzips näher bestimmt worden. Schon in den BSE-Entscheidungen hat der EuGH auf die „reale Möglichkeit" eines Zusammenhangs zwischen BSE und Creutzfeld-Jakobs-Krankheit abgestellt und diese von der bloßen theoretischen Hypothese unterschieden. Ausführlicher hat sich das EuG in seinen Urteilen im Fall Phizer Animals Health und Alpharma geäußert. Dort heißt es, dass „eine vorbeugende Maßnahme nicht mit einer rein hypothetischen Betrachtung des Risikos begründet werden darf, die auf wissenschaftlich noch nicht verifizierte bloße Vermutungen gestützt ist [...]. Vielmehr ergibt sich aus dem Vorsorgegrundsatz [...], dass eine vorbeugende Maßnahme nur dann getroffen werden kann, wenn das Risiko, ohne dass seine Existenz und sein Umfang durch zwingend wissenschaftliche Daten in vollem Umfang nachgewiesen worden sind, auf der Grundlage der zum Zeitpunkt dieser Maßnahme verfügbaren wissenschaftlichen Daten gleichwohl hinreichend dokumentiert erscheint. [...] Der Vorsorgegrundsatz kann also nur in Fällen eines Risikos insbesondere für die menschliche Gesundheit angewandt werden, dass, ohne auf wissenschaftlich nicht verifizierte bloße Hypothesen gestützt zu werden, noch nicht in vollem Umfang nachgewiesen werden konnte. In einem solchen Zusammenhang stellt der Begriff ‚Risiko' somit eine Funktion der Wahrscheinlichkeit nachteiliger Wirkungen für das von der Rechtsordnung geschützte Gut aufgrund der Verwendung eines Produktes oder Verfahrens dar".[70]

Diese Ausführungen des EuG beinhalten m.E. keine Verschärfung der Wissensanforderungen gegenüber der deutschen Rechtslage. Reine theoretische Erwägungen ohne jegliche tatsächliche Hinweise dürften wohl auch im deutschen Recht jedenfalls dann als spekulativ bewertet werden, wenn nicht die scientific community selbst von der Beachtlichkeit bestimmter theoretischer Erwägungen ausgeht. Missverständlich erscheint der Hinweis des EuG auf das Erfordernis der „Wahrscheinlichkeit nachteiliger Wirkungen". Wahrscheinlichkeitsurteile setzen an sich voraus, dass ein Kausalmodell im Grundsätzlichen bereits verfügbar ist. In diesem elaborierten engen Sinne wird aber eine Wahrscheinlichkeit von den EU-Gerichten nicht eingefordert. Dies zeigen einerseits schon die BSE-Entscheidungen, wo nicht von Wahrscheinlichkeit, sondern von „realer Möglichkeit" gesprochen wird, insbesondere aber auch die EuG-Fälle selbst. In der Entscheidung „Solvay Pharmaceuticals", in der es um den Widerruf einer Zulassung für einen Zusatzstoff in der Tierernährung ging, verlangt das EuG lediglich, dass ein Risiko mit „hinreichend ernsthaften Indizien untermauert" werden muss[71]. Hinreichend ernsthafte Indizien sind aber etwas anderes als Wahrscheinlichkeitskalküle. Auch in der Monsanto-Entscheidung des EuGH, in der es um eine vorläufige Verbotsmaßnahme eines Mitgliedsstaates auf der Grundlage des Schutzklauselverfahrens der Novel Foods VO ging, verlangt das Gericht lediglich „spezifische Indizien [...], die, ohne die wissenschaftliche Unsicherheit zu beseitigen, auf der Grundlage der verlässlichsten

---

[70] EuG, Urt. v. 11.9.2002, Rs. T-13/99, Slg. 2002, II-3305, Rn. 143-147 – Phizer Animal Health; EuG, Urt. v. 11.9.2002, Rs. T-70/99, Slg. 2002, II-3495, Rn. 156–160 – Alpharma; siehe auch EuGH, Urt. v. 9.9.2003, Rs. C-236/01, Rn. 106 – Monsanto.
[71] EuG, Urt. v. 21.3.2003, Rs. T-392/02, Rn. 135 – Solvay Pharmaceuticals.

verfügbaren wissenschaftlichen Daten und der neuesten Ergebnisse der internationalen Forschung vernünftigerweise den Schluss zulassen, dass die Durchführung dieser Maßnahmen geboten ist"[72].

Auch für die in der deutschen Vorsorgediskussion entwickelten prozeduralen Pflichten zur Rationalisierung der Vorsorge finden sich Entsprechungen in der Rechtsprechung der EU. Implizit wird eine Pflicht zur Verfolgung der wissenschaftlichen Entwicklung und eine damit zusammenhängende Pflicht zur Nachbesserung bei besserer Erkenntnis, die die EG-Kommission in ihrer Mitteilung zur Anwendbarkeit des Vorsorgeprinzips hervorgehoben hat (EG-Kommission 2000: 23f.) anerkannt: In seinen BSE-Urteilen betont der EuGH an mehreren Stellen, dass die Kommission eine vorläufige Dringlichkeitsmaßnahme getroffen habe und dass die Kommission selbst betone, dass es erforderlich sei, die wissenschaftliche Begründung der neuen Informationen zu vertiefen und die getroffene Entscheidung ggf. zu überarbeiten.[73]

Mit den Anforderungen an die Verhältnismäßigkeit und die Willkürfreiheit der Vorsorge hat sich das EuG sehr ausführlich erstmals in seinen Urteilen in Sachen Pfizer und Alpharma befasst, in denen es um den Widerruf der Zulassung von bestimmten Zusatzstoffen für Futtermittel ging. Auch hier sind gegenüber der skizzierten deutschen Rechtslage keine grundlegend neuen Maßstäbe eingeführt worden, wohl aber eine wichtige prozedurale Pflicht zur Gewährleistung der Angemessenheit der Vorsorgemaßnahme (Kosten-Nutzen-Analyse als „spezielle Ausprägung des Grundsatzes der Verhältnismäßigkeit in Angelegenheiten, die ein Risikomanagement umfassen")[74].

Verhältnismäßigkeit der Vorsorge beinhaltet genau wie im nationalen Recht Anforderungen im Hinblick auf Geeignetheit, Erforderlichkeit und Angemessenheit einer Regelung[75]. Ähnlich wie die deutschen Gerichte beachten die EU-Gerichte im Rahmen ihrer Verhältnismäßigkeitskontrolle den Entscheidungsspielraum der zuständigen Organe. Die Verletzung des Geeignetheitsgebotes als Bestandteil der Verhältnismäßigkeit kann nach der Rechtsprechung von EuGH und EuG nur dann festgestellt werden, wenn die Vorsorgemaßnahme „zur Erreichung des Zieles, das das zuständige Organ verfolgt, offensichtlich ungeeignet ist"[76]. Offensichtlich ungeeignet ist nur die evident wirkungslose Vorsorgemaßnahme, eine Maßnahme also, für die feststeht, dass sie keine schützende Wirkung hat. Phizer Animals hatte in diesem Zusammenhang u.a. darauf hingewiesen, dass ein Wider-

---

[72] EuGH, Urt. v. 9.9.2003, Rs. C-236/01, Rn. 113 – Monsanto.
[73] EuGH, Urt. v. 5.5.1998, Rs. C-157/96, Slg. 1998, I-2236, Rn. 65 – National Farmers' Union (BSE I); EuGH, Rs. C-180/96, I-2269, Rn. 101 – Vereinigtes Königreich (BSE II).
[74] EuG, Urt. v. 11.9.2002, Rs. T-13/99, Slg. 2002, II-3305, Rn. 410 – Phizer Animal Health.
[75] EuG, Urt. v. 11.9.2002, Rs. T-13/99, Slg. 2002, II-3305, Rn. 411 – Phizer Animal Health; EuG, Urt. v. 11.9.2002, Rs. T-70/99, Slg. 2002, II-3495, Rn. 324 – Alpharma.
[76] EuG, Urt. v. 11.9.2002, Rs. T-13/99, Slg. 2002, II-3305, Rn. 412 – Phizer Animal Health.

ruf der Zulassung für Antibiotika als Wachstumsförderer nur dazu führen würde, dass Tierzüchter auf nicht zugelassene alternative Produkte, die ein größeres Risiko für den Verbraucher beinhalten, zurückgreifen würden. Das EuG wies diesen Hinweis als spekulativ zurück, hob aber zugleich hervor, dass auch dann, wenn diese Behauptung zutreffen würde, die Ungeeignetheit des Zulassungswiderrufs nicht festgestellt werden könne, weil die zuständigen Stellen Möglichkeiten hätten, geeignete Maßnahmen zur Verhinderung solch missbräuchlicher Verwendungen zu treffen.[77]

Das Erforderlichkeitsgebot verlangt von den zuständigen EU-Organen, die weniger belastende alternative Maßnahme zu treffen. Verletzt ist dieses Gebot aber nur dann, wenn eine weniger belastende Maßnahme gleichermaßen geeignet ist, das Schutzziel zu erreichen. Die Darlegungslast hierfür liegt bei demjenigen, gegen den sich die Vorsorgemaßnahme richtet.[78]

Mit Blick auf die Verhältnismäßigkeit im engeren Sinne (Angemessenheitsprüfung) betont die Rechtsprechung, dass auch schwere wirtschaftliche Folgen für den Adressaten der Vorsorgemaßnahme gerechtfertigt sein können und dass die Angemessenheit einer Maßnahme auch davon abhängt, ob es alternative Verfahren zur Befriedigung eines bestimmten Bedarfs gibt[79]. Als eine „spezielle Ausprägung des Grundsatzes der Verhältnismäßigkeit in Angelegenheiten, die ein Risikomanagement umfassen" bezeichnete das EuG im Pfizer-Fall die Kosten-Nutzen-Analyse. Auch hier ist der Kontrollmaßstab aber herabgesetzt: nur offensichtliche Beurteilungsfehler in der Kosten-Nutzen-Analyse können gerichtlich beanstandet werden[80] und die Unangemessenheit einer Maßnahme begründen.

Eine Parallele zur deutschen Rechtsentwicklung zeigt sich auch in der Beurteilung des Risikovergleichs. Eine Pflicht zum Risikovergleich als spezielle Ausprägung des Diskriminierungsverbotes erkennen die EU-Gerichte nicht an. Stehe fest, dass die Voraussetzungen für die Anwendbarkeit des Vorsorgeprinzips gegeben sind, seien vorsorgende Maßnahmen auch dann gerechtfertigt, wenn vergleichbare Stoffe in rechtswidriger Weise nicht reguliert werden, weil es keinen Anspruch auf Gleichheit im Unrecht geben könne.[81] Einen Risikovergleich mit anderen Stoffrisiken lehnte das EuG von vornherein ab. Phizer Animals hatte argumentiert, dass Tabakstoffe wesentlich höhere Gesundheitsrisiken erzeugen, als Antibiotika in Futtermitteln. Das EuG sah hier überhaupt keine Basis für eine Überprüfung am

---

[77] EuG, Urt. v. 11.9.2002, Rs. T-13/99, Slg. 2002, II-3305, Rn. 427 – Phizer Animal Health.
[78] EuG, Urt. v. 11.9.2002, Rs. T-13/99, Slg. 2002, II-3305, Rn. 450 – Phizer Animal Health.
[79] EuG, Urt. v. 11.9.2002, Rs. T-13/99, Slg. 2002, II-3305, Rn. 456 ff. – Phizer Animal Health
[80] EuG, Urt. v. 11.9.2002, Rs. T-13/99, Slg. 2002, II-3305, Rn. 470 – Phizer Animal Health.
[81] EuG, Urt. v. 11.9.2002, Rs. T-13/99, Slg. 2002, II-3305, Rn. 479 – Phizer Animal Health.

Maßstab des Diskriminierungsverbotes, weil es an einer Vergleichbarkeit der Risiken fehle.[82]

Zusammenfassend ist festzuhalten, dass die in der nationalen Rechtsdiskussion zum Vorsorgeprinzip entwickelten materiellen und prozeduralen Anforderungen im Wesentlichen auch durch die Rechtsprechung der EU-Gerichte bestätigt worden sind. Anders als im deutschen Recht wird das Vorsorgeprinzip im europäischen Recht allerdings enger verstanden und allein auf den Bereich der so genannten „Risikovorsorge" bezogen. In prozeduraler Hinsicht sind manche Anforderungen deutlicher entwickelt als im nationalen Recht. Dies gilt insbesondere für Verfahrensgarantien als Kompensation für die Anerkennung von Entscheidungsspielräumen und für das Verlangen nach einer Kosten-Nutzen-Analyse zur Gewährleistung der Angemessenheit von Vorsorgemaßnahmen. Der Wert einer solchen K-N-A kann in Unsicherheits- bzw. Ungewissheitssituationen aber nur begrenzt sein. Demgemäß werden durch die Rechtsprechung auch nur offensichtliche Beurteilungsfehler beanstandet.

## 4.4 Zusammenfassung und Bewertung

Unsere Befassung mit dem Vorsorgeprinzip gründete sich auf zwei Ausgangspunkte. Zum einen auf die Einsicht, dass ein wirkungsvoller Schutz von Mensch und Umwelt in der modernen Risikogesellschaft nicht mehr ausschließlich auf gesicherte Erkenntnisse über Risiken beruhen kann. Vorsorge dient insoweit dazu, der „Gefahr der Fehleinschätzung von Gefahren" zu begegnen (Scherzberg 1993). Sorge bereitet zum anderen aber auch die Vorsorge selbst: in Wissenschaft und Gesellschaft ist zunehmend die Befürchtung artikuliert worden, dass die Anwendung des Vorsorgeprinzips Freiheits- und Sicherheitsrisiken produziert und technische Innovationen hemmt (siehe oben 4.3.2.a). Im Spannungsfeld von Gefahren der Fehleinschätzungen von Gefahren einerseits und den Risiken der Vorsorge andererseits haben wir den Blick auf die rechtliche Verarbeitung des Vorsorgeprinzips in Deutschland und der EU gerichtet um festzustellen, wie das Recht die Vorsorge steuert und ob die rechtlichen Anforderungen an die Anwendung des Vorsorgeprinzips geeignet sind, den Risiken der Vorsorge zu begegnen. Der Befund lässt sich wie folgt zusammenfassen:

(1) Der Inhalt des Vorsorgeprinzips im nationalen Recht und im EU-Recht ist nicht deckungsgleich. Im EU-Recht wie auch im internationalen Recht wird der Anwendungsbereich des Vorsorgeprinzips gleichgesetzt mit dem Tatbestand unsicherer Schadensbefürchtungen (Risikovorsorge). Es finden sich zwar auch in der EU-Umweltrechtsetzung Beispiele für eine Politik der „Ressour-

---

[82] EuG, Urt. v. 11.9.2002, Rs. T-13/99, Slg. 2002, II-3305, Rn. 481 – Phizer Animal Health.

cenvorsorge" (Freiraumvorsorge), diese werden aber nicht mit der Anwendung des Vorsorgeprinzips begründet.
(2) Das Vorsorgeprinzip ist im nationalen Recht und im EU-Recht als *offenes Leitprinzip* anerkannt. Aus dieser Anerkennung ergibt sich, dass die zuständigen nationalen und europäischen Organe verpflichtet sind, das Vorsorgeprinzip bei der Erfüllung ihrer spezifischen Aufgaben zu berücksichtigen. Die Berücksichtigungspflicht ist keine Pflicht zur strikten Anwendung des Vorsorgeprinzips, sondern zunächst einmal nur zu einer abwägenden Berücksichtigung im Vorgang der Entscheidungsbildung. Hierfür steht den Organen ein aufgabenbezogen differenziert zu bestimmender Entscheidungsspielraum zu. Soweit der europäische Normgeber bzw. der nationale Gesetzgeber das Vorsorgeprinzip *rechtssatzförmig* verankert hat, d.h. ausdrückliche Vorsorgegebote statuiert worden sind, sind die rechtsanwendenden Organe zur Anwendung des Vorsorgeprinzips verpflichtet, haben aber in der Durchführung der Vorsorge gegenläufige Prinzipien zu beachten. Die Verpflichtung zur Anwendung des Vorsorgeprinzips ist nicht gleichbedeutend mit der Gewährleistung eines so genannten „Null-Risikos". Insofern verbleiben auch hier Entscheidungsspielräume hinsichtlich der Bewertung des Risikowissens als vorsorgebedürftiges Risiko bzw. hinzunehmendes Restrisiko. Eine Anerkennung des Vorsorgeprinzips als *allgemeines Rechtsprinzip*, verstanden als eine Anwendung des Vorsorgeprinzips, die im Regelfalle zur Beachtung zwingt (siehe oben 4.3.1 c), ist bislang nicht erfolgt. Von einem allgemeinen Rechtsprinzip kann deshalb nur insofern gesprochen werden, als das Vorsorgeprinzip nicht nur in der Programmierung und Anwendung des Umweltrechts, sondern auch in der Programmierung und Anwendung anderer Fachrechte, soweit diese Gesundheits- und Umweltschutzaspekte mit umfassen, zu berücksichtigen ist. Der Befund, dass das Vorsorgeprinzip – jenseits expliziter rechtsatzförmiger Verankerungen – juristisch lediglich als offenes Leitprinzip anzuerkennen ist, legt die Entscheidung über die Anwendung des Vorsorgeprinzips maßgeblich in die Hände der demokratisch bzw. mittelbar demokratisch legitimierten Institutionen. Ein Vorsorgeautomatismus ist damit nicht in Geltung gesetzt.
(3) Das Vorsorgeprinzip als offenes Leitprinzip ist keine Ermächtigungsgrundlage für rechtsanwendende Institutionen. Vorhandene Gefahrsteuerungsbefugnisse können aber unter Rückgriff auf das Vorsorgeprinzip extensiv interpretiert werden, soweit sich die rechtsanwendende Behörde im Rahmen ihres Bewertungsspielraums zur Anwendung des Vorsorgeprinzips entschließt.
(4) Die Anwendung des Vorsorgeprinzips setzt Risikowissen voraus. Sie muss sich auf eine Auswertung der besten verfügbaren wissenschaftlichen Erkenntnisse stützen. Nicht ausreichend sind rein hypothetische Betrachtungen über Schäden, notwendig sind hinreichend ernsthafte Indizien. Damit soll die nötige Distanz zu spekulativen Verdächtigungen gewährleistet werden. Liegen die erforderlichen wissenschaftlichen Hinweise auf unakzeptable Risiken vor, obliegt die Bewertung des Wissens den zuständigen staatlichen bzw. supranationalen Institutionen. Die Rechtsprechung beschränkt sich darauf zu kontrollieren, ob Erkenntnisse negiert oder unvertretbar fehlgewichtet worden sind, bzw.

ob offensichtliche Beurteilungsfehler vorliegen. Die Zurückhaltung der Gerichte ist nicht nur verständlich, sondern auch notwendig, weil gerade in Unsicherheits- und Ungewissheitssituationen die Möglichkeiten, sich ein hinreichend sicheres Urteil zu bilden, begrenzt sind und demgemäß den unmittelbar und mittelbar demokratisch legitimierten Institutionen Bewertungsspielräume zuerkannt werden müssen. Da Anwendung und Nichtanwendung des Vorsorgeprinzips notwendig auf unvollständiger Wissensgrundlage erfolgen, sind die zuständigen Organe verpflichtet, die getroffene Entscheidung unter Kontrolle zu halten und ggf. nachzubessern.

(5) Die Anwendung des Vorsorgeprinzips führt nicht notwendig zum Verbot bzw. zur Beschränkung einer Aktivität. Soweit rechtsanwendende Institutionen im Rahmen ihrer einfachgesetzlichen Gefahrsteuerungsbefugnisse das Vorsorgeprinzip anwenden, ist ihr Spielraum allerdings auf die in der einfachgesetzlichen Gefahrsteuerungsnorm festgelegten Maßnahmen und Rechtsfolgen beschränkt.

(6) Die Anwendung des Vorsorgeprinzips muss den Anforderungen des Verhältnismäßigkeitsprinzips und des Diskriminierungsverbotes genügen. Die damit angestrebte Rationalisierungsleistung, die sich bezüglich der Verhältnismäßigkeit etwa in der Formulierung von der „Risikoproportionalität" der Vorsorgemaßnahme widerspiegelt, ist allerdings begrenzt, weil in Situationen von Unsicherheit bzw. Ungewissheit die rechtliche Kontrolle notwendig leidet. Nationales Recht und EU-Recht haben auf diesen Befund durch Akzentuierung prozeduraler Pflichten reagiert. Durch Pflichten zur Ausschöpfung des Wissensstandes, zur sachverständigen Risikobewertung, zur Kontrolle der getroffenen Entscheidung und zur Nachbesserung bei besserer Erkenntnis sind wichtige Voraussetzungen dafür getroffen worden, Verhältnismäßigkeit prozedural zu gewährleisten.

(7) Forderungen nach einem Risikovergleich als Voraussetzung und als Maß der Vorsorge sind von Rechtsprechung und Rechtsliteratur sehr zurückhaltend rezipiert worden. Die Zurückhaltung markiert kein Rationalitätsdefizit, sondern ist notwendige Konsequenz der Schwierigkeiten eines Vergleichs unter Unsicherheitsbedingungen, der Verschiedenartigkeit der Risiken und der unterschiedlichen institutionellen Voraussetzungen zur Beherrschung von Risiken.

(8) Fazit: Das Recht leistet einen beachtlichen Beitrag zur Rationalisierung der Vorsorge. Eine vollständige Verrechtlichung ist weder leistbar noch wünschenswert. In Situationen unsicherer Schadensbefürchtungen müssen Bewertungs- und Entscheidungsspielräume bei den unmittelbar und mittelbar demokratisch legitimierten Institutionen verbleiben; denn an den Grenzen der wissenschaftlichen Aussagefähigkeit trägt wissenschaftlicher Sachverstand weder zu einer weiteren Rationalisierung noch zu hinreichender Legitimation bei.

## Literatur

Adler J H (2000) More Sorry Than Safe: Assessing the Precautionary Principle and the Proposed International Biosafety Protocol. Texas International Law Journal 35: 173–205

Alexy R (1995): Zum Begriff des Rechtsprinzips, in: Alexy R Recht, Vernunft, Diskurs. Suhrkamp, Frankfurt am Main, S 177–212

Alexy R (1995): Recht, Vernunft, Diskurs. Suhrkamp, Frankfurt am Main

Appel I (1996) Stufen der Risikoabwehr. Natur und Recht 18: 227–235

Appel I (2001) Europas Sorge um die Vorsorge. Neue Zeitschrift für Verwaltungsrecht 20: 395–398

Applegate J S (2000) The Precautionary Preference: An American Perspective on the Precautionary Principle. Human and Ecological Risk Assessment 6: 413–443

Ashford N A (1999) A Conceptual Framework for the Use of the Precautionary Principle in Law. In: Raffensperger C, Tickner J (eds) Protecting Public Health & the Environment – Implementing the Precautionary Principle. Island Press, Washington, pp 198–206

Badura P, Scholz R (Hrsg) (1993) Wege und Verfahren des Verfassungslebens. Festschrift für Peter Lerche zum 65. Geburtstag. C H Beck, München

Barrett K, Raffensperger C (1999) Precautionary Science. In: Raffensperger C, Tickner J (eds) Protecting Public Health & the Environment – Implementing the Precautionary Principle, Island Press, Washington, pp 106–122

Bechmann G (Hrsg) (1993) Risiko und Gesellschaft. Westdeutscher Verlag, Opladen

Beyerlin U (2000) Umweltvölkerrecht. C H Beck, München

Bizer J, Koch H-J (Hrsg) (1998) Sicherheit, Vielfalt, Solidarität. Nomos, Baden-Baden

Böckenförde M (2003) The Operationalization of the Precautionary Approach in International Environmental Law Treaties – Enhancement or Facade Ten Years After Rio. Zeitschrift für ausländisches öffentliches Recht und Völkerrecht 63: 313–331

Bora A (Hrsg) (1999) Rechtliches Risikomanagement. Duncker & Humblot, Berlin

Bothe M (2001) Die Entwicklung des Umweltvölkerrechts 1972–2000. In: Dolde K P (Hrsg) Umweltrecht im Wandel. Erich Schmidt, Berlin, S 51–70

Breuer R (1990) Anlagensicherheit und Störfälle – Vergleichende Risikobewertung im Atom- und Immissionsschutzrecht. Neue Zeitschrift für Verwaltungsrecht 9: 211–222

Brönneke T (1998) Umweltverfassungsrecht. Nomos, Baden-Baden

Bückmann W (2004) Umweltrecht als Innovation? Umwelt- und Planungsrecht 24: 281–290

Bundesregierung (1986) Leitlinien der Bundesregierung zur Umweltvorsorge durch Vermeidung und stufenweise Verminderung von Schadstoffen. (Bundestags-Drucksache 10/6028)

Bungenberg M et al. (Hrsg) (2004) Recht und Ökonomik – 44. Assistententagung Öffentliches Recht. C H Beck, München

Calliess C (2001) Vorsorgeprinzip und Beweislastverteilung im Verwaltungsrecht. Deutsches Verwaltungsblatt 116: 1725–1733

Calliess C (2003a) Zur Maßstabswirkung des Vorsorgeprinzips im Recht. Verwaltungsarchiv 94: 389–418

Calliess C (2003b) Einordnung des Weißbuches zur Chemikalienpolitik in die bisherige europäische Chemie- und Umweltpolitik. In: Calliess C. et al. Das Europäische Weißbuch zur Chemikalienpolitik. Erich Schmidt, Berlin, S 11–62

Calliess C. et al. (2003): Das Europäische Weißbuch zur Chemikalienpolitik. Erich Schmidt, Berlin

Calman K, Smith D (2001) Works in Theory but not in Practice? The Role of the Precautionary Principle in Public Health Policy. Public Management 79: 185–204

Cameron J (1994) The Status of the Precautionary Principle in International Law. In: O'Riordan T, Cameron J (eds) Interpreting the Precautionary Principle. Earthscan, London, pp 262–289

Cross F B (1996) Paradoxical Perils of the Precautionary Principle. Washington & Lee Law Review 53: 851

de Sadeleer N (2000) The Enforcement of the Precautionary Principle by German, French and Belgian Courts. Review of European Community & International Environmental Law 9: 144–151

Di Fabio U (1994) Risikoentscheidungen im Rechtsstaat. J C B Mohr, Tübingen

Di Fabio U (1997) Voraussetzungen und Grenzen des umweltrechtlichen Vorsorgeprinzips. In: Kley M D et al. (Hrsg) Festschrift für Wolfgang Ritter. Otto Schmidt, Köln, S 807–838

Dolde K P (Hrsg) (2001) Umweltrecht im Wandel. Erich Schmidt, Berlin

Douma W T (2000) The Precautionary Principle in the European Union. Revue of European Community & International Environmental Law 9: 132–143

EG-Kommission (2000) Mitteilung über die Anwendbarkeit des Vorsorgeprinzips. Kom (2000) 1 endg.

Epiney A (2005) Umweltrecht in der Europäischen Union, 2. Aufl., Heymanns, Köln et al.

Epiney A, Scheyli M (1998) Strukturprinzipien des Umweltvölkerrechts. Nomos, Baden-Baden

European Environmental Agency (EEA) (2002) The Precautionary Principle in the 20th Century: Late Lessons from Early Warnings, Earthscan, London

Feldhaus G (1980) Der Vorsorgegrundsatz des Bundes-Immissionsschutzgesetzes. Deutsches Verwaltungsblatt 95: 133–139

Fisher E (2001) Is the Precautionary Principle Justiciable? Journal of Environmental Law 13: 315–334

Franßen E, Redeker K, Schlichter O, Wilke D (Hrsg) (1991) Bürger – Richter – Staat. Festschrift für Horst Sendler. C H Beck, München

Freestone D, Hey E (1996) Origins and Development of the Precautionary Principle. In: Freestone D, Hey E (eds) The Precautionary Principle and International Law. Kluwer, The Hague/London/Boston, pp 3–15

Freestone D, Hey E (eds) (1996) The Precautionary Principle and International Law. Kluwer, The Hague/London/Boston.

Gawel E (Hrsg) (2001) Effizienz im Umweltrecht. Nomos, Baden-Baden

Graham J D, Wiener J B (eds) (1995) Risk vs. Risk. Tradeoffs in Protecting Health and the Environment. Harvard University Press, Cambridge/London

Harremoes P et.al. (2002) The Precautionary Principle in the 20th Century. Late Lessons from Early Warnings, Earthscan, London

Hoffmann-Riem W (1998) Vorüberlegungen zur rechtswissenschaftlichen Innovationsforschung. In: Hoffmann-Riem W, Schneider J P (Hrsg) Rechtswissenschaftliche Innovationsforschung. Nomos, Baden-Baden, S 11–28

Hoffmann-Riem W (2002) Rechtswissenschaftliche Innovationsforschung als Reaktion auf gesellschaftlichen Innovationsbedarf. In: Eifert M, Hoffmann-Riem W (Hrsg) Innovation und rechtliche Regulierung. Nomos, Baden-Baden, S 26–47

Hoffmann-Riem W, Schneider J P (Hrsg) (1998) Rechtswissenschaftliche Innovationsforschung. Nomos, Baden-Baden
Hoffmann-Riem W et al. (Hrsg) (1990) Rechtssoziologie in der DDR und der Bundesrepublik Deutschland. Nomos, Baden-Baden
Kimminich O, Hobe S (2000) Einführung in das Völkerrecht. 7. Aufl., de Gruyter, Berlin New York
Kern K (2005) Chemikalienrecht im Aufbruch. Zeitschrift für Umweltrecht 16: 68–75
Kley M D et al. (Hrsg) (1997) Festschrift für Wolfgang Ritter. Otto Schmidt, Köln
Kloepfer M (1993) Technikverbot durch gesetzgeberisches Unterlassen? In: Badura P, Scholz R (Hrsg) Wege und Verfahren des Verfassungslebens. Festschrift für Peter Lerche zum 65. Geburtstag. C H Beck, München, S 755–769
Kloepfer M (2004) Umweltrecht. 3. Aufl., C H Beck, München
Koch H-J (1996) Beschleunigung, Deregulierung, Privatisierung: Modernisierung des Umweltrechts oder symbolische Standortpolitik? In: Schlacke S (Hrsg) Neue Konzepte im Umweltrecht. Rhombos, Berlin, S 27–63
Koch H-J (1998) Innovationssteuerung im Umweltrecht. In: Hoffmann-Riem W, Schneider J P (Hrsg) Rechtswissenschaftliche Innovationsforschung. Nomos, Baden-Baden, S 273–290
Koch H-J (2001) Das Kooperationsprinzip im Umweltrecht – ein Mißverständnis. Natur und Recht 23: 541–548
Köck W (1999) Grundzüge des Risikomanagements im Umweltrecht. In: Bora A (Hrsg) Rechtliches Risikomanagement. Duncker & Humblot, Berlin, S 139–191
Köck W (2001a) Rationale Risikosteuerung als Aufgabe des Rechts. In: Gawel E (Hrsg) Effizienz im Umweltrecht. Nomos, Baden-Baden, S 271–302
Köck (2001b) Krebsrisiken durch Luftverunreinigungen – Rechtliche Anforderungen an genehmigungsbedürftige Anlagen nach dem BImSchG. Zeitschrift für Umweltrecht 12: 201–206
Köck W (2002) Mobilfunksendeanlagen und grundrechtliche Schutzpflichten des Staates. Zeitschrift für Umweltrecht 13: 349–352
Köck W (2003) Das System „Registration, Evaluation and Authorisation of Chemicals (REACh). In: Rengeling H-W (Hrsg) Umgestaltung des Chemikalienrechts durch europäische Chemikalienpolitik. Heymanns, Köln et al., S 37–83
Köck W (2005) Governance in der Umweltpolitik. In: Schuppert G F (Hrsg) Governance Forschung – Vergewisserung über Stand und Entwicklungslinien. Nomos, Baden-Baden, S 322–345
Köck W, Hansjürgens B (2002) Das Vorsorgeprinzip – Refine it or replace it? GAIA 11(1): 42–43
Kriebel D, Tickner J et. al. (2001) The Precautionary Principle in Environmental Science. Environmental Health Perspectives 109: 871–876
Ladeur K-H (1991) Risikowissen und Risikoentscheidung. Kritische Vierteljahresschrift für Gesetzgebung und Rechtswissenschaft 74: 241–256
Ladeur K-H (1993) Risiko und Recht. Von der Rezeption der Erfahrung zum Prozeß der Modellierung. In: Bechmann G (Hrsg) Risiko und Gesellschaft. Westdeutscher Verlag, Opladen, S 209–233
Länderausschuss für Immissionsschutz (1991) Krebsrisiken durch Luftverunreinigungen. Düsseldorf
Lepage H (2001) Am Ende der Verantwortung. Frankfurter Allgemeine Zeitung v. 13.01.2001, S 15

Lepsius O (2004) Risikosteuerung durch Verwaltungsrecht: Ermöglichung oder Begrenzung von Innovationen? Veröffentlichungen der Vereinigung Deutscher Staatsrechtslehrer 63: 264–315

Lübbe-Wolff G (1998) Präventiver Umweltschutz – Auftrag und Grenzen des Vorsorgeprinzips im deutschen und europäischen Recht. In: Bizer J, Koch H-J (Hrsg) Sicherheit, Vielfalt, Solidarität. Nomos, Baden-Baden, S 47–74

Miller H I, Conko G (2001) The Perils of Precaution, in: Policy Review 107, 25–39

Müller-Herold U (2002) Hat das Vorsorgeprinzip eine umweltpolitische Zukunft? GAIA 11(1): 41

Murswiek D (2001): Das sogenannte Kooperationsprinzip – ein Prinzip des Umweltschutzes?, in: Zeitschrift für Umweltrecht 12, 7–13

Murswiek D (2004) Schadensvermeidung – Risikobewältigung – Ressourcenbewirtschaftung. In: Osterloh L, Schmidt K, Weber H (Hrsg) Staat, Wirtschaft, Finanzverfassung. Festschrift für Peter Selmer. Duncker & Humblot, Berlin, S 417–442

O'Riordan T, Cameron J (eds) (1994) Interpreting the Precautionary Principle. Earthscan, London

Ossenbühl F (1986) Vorsorge als Rechtsprinzip im Gesundheits-, Arbeits- und Umweltschutz. Neue Zeitschrift für Verwaltungsrecht 5: 161–171

Osterloh L, Schmidt K, Weber H (Hrsg) (2004) Staat, Wirtschaft, Finanzverfassung. Festschrift für Peter Selmer. Duncker & Humblot, Berlin

Raffensperger C, Tickner J (eds) (1999) Protecting Public Health & the Environment – Implementing the Precautionary Principle. Island Press, Washington

Rehbinder E (1991a) Prinzipien des Umweltrechts in der Rechtsprechung des Bundesverwaltungsgerichts: das Vorsorgeprinzip als Beispiel. In: Franßen E, Redeker K, Schlichter O, Wilke D (Hrsg) Bürger – Richter – Staat. Festschrift für Horst Sendler. C H Beck, München, S 269–284

Rehbinder E (1991b) Das Vorsorgeprinzip im internationalen Vergleich. Werner, Düsseldorf

Rehbinder E (1997) Ziele, Grundsätze, Strategien und Instrumente. In: Salzwedel J (Hrsg) Grundzüge des Umweltrechts. 2. Aufl., Erich Schmidt, Berlin

Rehbinder E (2004) Low Doses in Health Related Environmental Law. In: Streffer C (ed) Low Dose Exposures in the Environment. Springer, Berlin et al., pp 325–377

Rengeling H-W (2000) Bedeutung und Anwendbarkeit des Vorsorgeprinzips im europäischen Umweltrecht. Deutsches Verwaltungsblatt 115: 1473–1483

Rengeling H-W (Hrsg) (2003) Umgestaltung des Chemikalienrechts durch europäische Chemikalienpolitik. Heymanns, Köln et al.

Rennings K (Hrsg) (1999) Innovation durch Umweltpolitik. Nomos, Baden-Baden

Saladin C (2000) Precautionary Principle in International Law. International Journal of Occupational and Environmental Health 6: 270–280

Salzwedel J (Hrsg) (1997) Grundzüge des Umweltrechts. 2. Aufl., Erich Schmidt, Berlin

Sands P (1995) Principles of international environmental law. Vol. I: Frameworks, standards and implementation. Manchester New York

Sandin P (1999) Dimensions of the Precautionary Principle. Human and Ecological Risk Assessment 5: 889–907

Scherzberg A (1993) Risiko als Rechtsproblem. Verwaltungsarchiv 84, 484–511

Scherzberg A (2004) Risikosteuerung durch Verwaltungsrecht: Ermöglichung oder Begrenzung von Innovationen? Veröffentlichungen der Vereinigung Deutscher Staatsrechtslehrer 63: 214–263

Schlacke S (Hrsg) (1996) Neue Konzepte im Umweltrecht. Rhombos, Berlin
Schuppert G F (Hrsg) (2005) Governance Forschung – Vergewisserung über Stand und Entwicklungslinien. Nomos, Baden-Baden
Sendler H (1990) Gesetzes- und Richtervorbehalt im Gentechnikrecht. Neue Zeitschrift für Verwaltungsrecht 9: 231–236
Spieker gen. Döhmann I (2003) US-amerikanisches Chemikalienrecht im Vergleich. In: Rengeling H-W (Hrsg) Umgestaltung des Chemikalienrechts durch europäische Chemikalienpolitik. Heymanns, Köln et al., S 151–198
Spieker gen. Döhmann I (2004) Staatliche Entscheidung unter Unsicherheit: Eine Analyse ökonomischer Entscheidungsmodule im öffentlichen Recht. In: Bungenberg M et al. (Hrsg) Recht und Ökonomik – 44. Assistententagung Öffentliches Recht. C H Beck, München, S 61–89
Starr C (1969) Social Benefit vs. Technical Risk. Science 165: 1232–1238
Starr C (2003) Precautionary Principle vs. Risk Analysis. Risk Analysis 23: 1–3
Steinberg R (1998) Der ökologische Verfassungsstaat. Suhrkamp, Frankfurt/M.
Sunstein C (2003) Beyond the Precautionary Principle. University of Pennsylvania Law Review 151: 1003–1058
Thomzik M, Nisipeanu P (2004) Das deutsche Umweltrecht als Einflussfaktor für Innovationen zum nachhaltigen Wirtschaften. Zeitschrift für Umweltpolitik und Umweltrecht 27: 167–199
Van den Daele W (1999) Von rechtlicher Risikovorsorge zu politischer Planung. Begründungen für Innovationskontrollen in einer partizipativen Technikfolgenabschätzung zu gentechnisch erzeugten herbizidresistenten Pflanzen. In: Bora A (Hrsg) Rechtliches Risikomanagement. Duncker & Humblot, Berlin, S 259–291
Viscusi W K (1996) Regulating the Regulators. The University of Chicago Law Review 63: 1423–1461
Voßkuhle A (1999) Das Kompensationsprinzip. J c b Mohr, Tübingen
Wahl R, Masing J (1990) Schutz durch Eingriff. Juristenzeitung 45: 553–563
Wahl R, Appel I (1995) Prävention und Vorsorge: Von der Staatsaufgabe zur rechtlichen Ausgestaltung. In: Wahl R (Hrsg) Prävention und Vorsorge. Economica, Bonn, S 1–216
Wahl R (Hrsg) (1995) Prävention und Vorsorge. Economica, Bonn
Werner S (2001) Das Vorsorgeprinzip – Grundlagen, Maßstäbe und Begrenzungen. Umwelt- und Planungsrecht 21: 335–340
Wildavsky A (1988) Searching for Safety. Transaction Publishers, New Brunswick Oxford
Wildavsky A (1995) But is it true? Harvard University Press, Cambridge London
Williamson G H, Hulpke H (2000) Das Vorsorgeprinzip: Internationaler Vergleich, Möglichkeiten und Grenzen, Lösungsvorschläge. Umweltwissenschaften und Schadstoffforschung – Zeitschrift für Umweltchemie und Ökotoxikologie 12: 27–39, 91–96
Winter G (1990) Freisetzendes und eingrenzendes Recht. In: Hoffmann-Riem W et al. (Hrsg) Rechtssoziologie in der DDR und der Bundesrepublik Deutschland. Nomos, Baden-Baden, S 322–335
Winter G (1999) Die Rolle des Rechts bei der Entstehung von Umwelt- und Sozialrisiken. In: Bora A (Hrsg) Rechtliches Risikomanagement. Duncker & Humblot, Berlin, S 293–306
Winter G (2003) Umweltrechtliche Prinzipien des Gemeinschaftsrechts. Zeitschrift für Umweltrecht 14: 137–145

Wolf R (1999) Die Risiken des Risikorechts. In: Bora A (Hrsg) Rechtliches Risikomanagement. Duncker & Humblot, Berlin, S 65–91

Wynne B, Mayer S (1993) How science fails the environment. The New Scientist 138, vol 5, pp 33–35

**Teil II:**

**Wettbewerbsaspekte der neuen europäischen Chemikalienregulierung**

# Kapitel 5

# Europäische Chemikalienregulierung – Hemmnis oder Anreiz für Innovationen zum nachhaltigen Wirtschaften?

Ralf Nordbeck

BOKU-Universität für Bodenkultur, Institut für Wald-, Umwelt- und Ressourcenpolitik, Feistmantelstr. 4, 1180 Wien

## 5.1 Einleitung

Innovationen zur Verbesserung der Umwelteffizienz haben in der chemischen Industrie eine lange Tradition. In der Literatur finden sich viele historische Beispiele, in denen Innovationen in der chemischen Industrie zu einer verbesserten ökonomischen und ökologischen Performanz geführt haben (Faber et al. 1995; Porter u. van der Linde 1995). Die Innovationsrate ist jedoch in weiten Teilen der chemischen Industrie rückläufig, und radikale Innovationen sind weniger häufig (Eder 2003). Dies gilt vor allem für die industriellen Subsektoren mit einem hohen Material- und Energieverbrauch, wie der organischen und anorganischen Basischemie. Vor diesem Hintergrund steht die Frage im Raum, ob es sich bei der chemischen Industrie um einen Innovationsmotor oder eine reife Branche handelt (Felcht 2000; Rammer 2003).

Der Spielraum für umweltorientierte Innovationen scheint zum gegenwärtigen Zeitpunkt in der chemischen Industrie keinesfalls ausgereizt. In einer Expertenbefragung für die Europäische Kommission wurden insbesondere die Entwicklung alternativer Synthesepfade und der Wechsel zum Angebot von Dienstleistungen an Stelle von Produkten (Chemikalienleasing) als Innovationen mit hohem Potenzial für eine win-win-Situation mit gleichzeitiger Umweltentlastung und Stärkung der Wettbewerbsfähigkeit angesehen (Eder u. Sotoudeh 2000; Eder 2003).

Die potenziellen Innovationswirkungen des neuen Systems zur Registrierung, Bewertung und Zulassung von Chemikalien (REACH) sind vor diesem Hintergrund zu einer der zentralen Fragen in der Reformdiskussion über die zukünftige europäische Chemikalienpolitik avanciert. Die laufende Diskussion wird von prospektiven Studien zu den ökonomischen Auswirkungen der neuen Chemikalienregulierung dominiert, die mittels Unternehmensbefragungen versuchen, das Innovationsverhalten der Unternehmen in der chemischen Industrie und den nachgeschalteten Branchen in den kommenden 10 bis 15 Jahren zu antizipieren.

Der vorliegende Beitrag verfolgt eine alternative methodische Herangehensweise im Vergleich zu den bisherigen Wirkungsanalysen. Statt die Innovationswirkungen von REACH allein aus dem prognostizierten Verhalten der Unternehmen abzuleiten, werden die potenziellen Innovationswirkungen vor dem Hintergrund der Erfahrungen mit der bisherigen europäischen Chemikalienregulierung analysiert. Der Vorteil eines solchen Vorgehens liegt unseres Erachtens in der Kombination von empirischen Daten zum tatsächlichen Innovationsverhalten in der Gegenwart und dem prognostizierten Innovationsverhalten in der Zukunft. Im Mittelpunkt des Beitrags steht dabei die Frage nach den Wirkungen der europäischen Chemikalienregulierung auf Innovationen zum nachhaltigen Wirtschaften. Darüber hinaus wird der Frage nachgegangen, ob ein vorsorgeorientiertes Schutzniveau sich möglicherweise negativ auf das Innovationsverhalten in der chemischen Industrie auswirken kann und dadurch sogar neue Risiken produziert.

Der folgende Abschnitt 5.2 widmet sich ausführlich den Innovationswirkungen der gegenwärtigen europäischen Chemikalienregulierung. Dabei wird deutlich, dass die These von der innovationshemmenden Neustoffregulierung zu kurz greift. Die vorrangige Wirkung der europäischen Chemikalienregulierung besteht in der Verlagerung der unternehmerischen Innovationsaktivitäten in den Altstoffbereich. Das sektorale Innovationsmuster der Chemischen Industrie ist demnach weniger durch Stoffinnovationen gekennzeichnet als vielmehr durch neue Formulierungen und Anwendungen schon bekannter Stoffe. Dies führt zu der Erkenntnis, dass die vorliegenden Studien zu den Innovationswirkungen der europäischen Chemikalienregulierung einen wesentlichen Bereich der unternehmerischen Innovationsaktivitäten in der chemischen Industrie ausgeblendet bzw. nicht in den Blick genommen haben. Vor diesem Hintergrund werden in Abschnitt 5.3 die Innovationsanreize durch das neue System zur Registrierung, Bewertung und Zulassung von Chemikalien dargestellt und die potenziellen Innovationswirkungen des REACH-Systems im Lichte der vorliegenden empirischen Studien bewertet. Abschnitt 5.4 enthält einige Schlussfolgerungen.

## 5.2 Innovationswirkungen der bestehenden europäischen Chemikalienregulierung

### 5.2.1 Bewertung des Regulierungsmusters der europäischen Chemikalienpolitik

Das Politikfeld der Chemikalienkontrolle ist in den vergangenen drei Jahrzehnten nahezu vollständig auf die europäische Ebene verlagert worden. Den Beginn der europäischen Chemikalienregulierung bildete 1967 die europaweite Harmonisierung bei den Rechts- und Verwaltungsvorschriften für die Einstufung, Kennzeichnung und Verpackung gefährlicher Stoffe, zunächst allein zum Zwecke des Gesundheitsschutzes. Ausgehend von der EG-Richtlinie 67/548/EWG hat sich die Europäisierung des Chemikalienrechts dann in drei Schritten vollzogen (Köck 2001: 303):

1. Durch die 6. Änderungsrichtlinie der Richtlinie 67/548/EWG vom 18.9.1979 wurde ein Anmeldeverfahren für neu in den Verkehr gebrachte chemische Stoffe mit Stoffprüfungspflichten des Anmelders eingeführt und zum ersten Mal als Schutzziel neben der menschlichen Gesundheit auch die Umwelt etabliert. Das Neustoffverfahren trat zum 18.9.1981 in Kraft.
2. Durch die 7. Änderungsrichtlinie aus dem Jahr 1992 sind die Stoffprüfungs- und Kennzeichnungspflichten ausgebaut worden. Außerdem wurden einheitliche Grundsätze für eine förmliche behördliche Risikobewertung eingeführt. Darüber hinaus gelten Anmeldungen chemischer Neustoffe in einem Mitgliedsstaat seitdem automatisch für die Gemeinschaft.
3. Durch die Altstoffverordnung vom 23.3.1993 wurden die so genannten Altstoffe, also chemische Stoffe, die bereits vor dem 18.9.1981 in der Europäischen Gemeinschaft in den Verkehr gebracht wurden und im europäischen Altstoffregister EINECS aufgelistet sind, einer gemeinschaftlichen Regelung unterworfen. Altstoffe unterliegen hierbei nicht dem Anmeldeverfahren, sondern die Hersteller und Importeure müssen den zuständigen staatlichen Stellen, mengenmäßig abgestuft, die verfügbaren grundlegenden Daten über die Stoffe übermitteln. Für Stoffe, die in eine Prioritätenliste aufgenommen wurden, gelten weitergehende Stoffprüfungs- und Datenübermittlungspflichten.

Grundlegendes Strukturmerkmal der europäischen Chemikalienregulierung ist das bestehende duale System von Neustoff- und Altstoffverfahren. Das Verfahren der Chemikalienkontrolle teilt sich dabei in beiden Fällen in drei Etappen: die Informationsbeschaffung, die Risikobewertung und das Risikomanagement. Die erste Etappe wird bei den Neustoffen durch die RL 67/548 und bei den Altstoffen durch die VO 793/93 gesteuert, die zweite Etappe durch die RL 93/67/EWG und die VO 1488/94, die dritte Etappe in beiden Fällen durch die RL 76/769 zur Beschränkung des Inverkehrbringens und der Verwendung gefährlicher Stoffe.

Die Etappe der Informationsbeschaffung etabliert dabei Pflichten zur Beibringung von Informationen über risikorelevante Eigenschaften von Stoffen durch die Hersteller oder Importeure, abhängig von den jährlichen Produktionsmengen. Bei neu in den Verkehr zu bringenden Stoffen sind diese Verpflichtungen vor der Vermarktung zu erfüllen, d.h. die Stoffe sind anzumelden. Bei den bereits auf dem Markt befindlichen Stoffen verhindern die Informationspflichten die Vermarktung nicht, sondern laufen neben dieser her (Winter 2000: 248). An die Informationsbeschaffung schließt sich im zweiten Schritt zunächst die behördliche Risikobewertung an, darauf gestützt im letzten Schritt dann gegebenenfalls ein Verfahren über Vermarktungs- und Verwendungsbeschränkungen.

Seit 1981 sind in der EU rund 2800 neue Stoffe angemeldet worden. In den ersten Jahren der Richtlinie wurden jährlich kaum mehr als ein Dutzend Stoffe neu angemeldet. In der zweiten Hälfte der neunziger Jahre hat sich die Zahl der Anmeldungen neuer Stoffe auf durchschnittlich 250–300 pro Jahr erhöht. Sechzig Prozent der Neustoffe werden in Mengen zwischen 1 und 10 Tonnen vermarktet. Rund dreißig Prozent in Mengen unter einer Tonne und etwa 10 Prozent der Stoffe in Mengen über 10 Tonnen. Nur knapp 3% der neuen Stoffe werden in Mengen über 100 Tonnen in den Verkehr gebracht und nur 0,6% in Tonnagen größer als

1000 Tonnen. Rund 70% aller neuen Chemikalien werden als gefährlich eingestuft. Am häufigsten treten dabei die Gefährlichkeitsmerkmale „reizend" und „umweltgefährlich" auf. Von den in Deutschland bis 1997 neu angemeldeten 1000 Stoffen wurden 514 als reizende und sensibilisierende Stoffe und 502 als umweltgefährliche Stoffe eingestuft und gekennzeichnet (BMU 1998)[1].

Das Neustoffverfahren genießt insgesamt einen relativ guten Ruf. Der Kommissionsbericht zur Überprüfung der europäischen Chemikalienpolitik bezeichnet die Ergebnisse der Richtlinie als „befriedigend", und eine Evaluation im Rahmen der SLIM-Initiative[2] kommt zu dem Schluss, dass „dieses System alles in allem zufrieden stellend funktioniert" (KOM 2000: 9). Die positive Bewertung bezieht sich insbesondere auf die Schaffung einer qualitativ guten Datengrundlage bei den Neustoffen als Voraussetzung für die Risikobewertung. Beide Berichte sehen aber unabhängig voneinander einigen Reformbedarf bezüglich des generellen Aufbaus der Richtlinie, einer Vereinfachung des komplexen Systems der Einstufung und Kennzeichnung sowie einer Neuordnung der Arbeitsverfahren und Zuständigkeiten zwischen der europäischen Ebene, den Mitgliedsstaaten sowie den Herstellern und Importeuren.

Demgegenüber sind die bisherigen Erfahrungen mit der Altstoffverordnung unbefriedigend und weisen auf erhebliche Schwachstellen im Altstoffregime hin. In den vergangenen Jahren hat es beständig Diskussionen über die mangelnde Effektivität der Altstoffregulierung gegeben. Das Altstoffinventar EINECS des Europäischen Chemikalienbüros verzeichnet 100.195 Stoffe. Etwa 30.000 dieser Stoffe werden mit einer Jahresproduktion von mehr als einer Tonne in Verkehr gebracht (KOM 2001: 4). Davon werden 20.000 in Mengen zwischen 1 und 10 Tonnen vertrieben. 5000 der Stoffe erreichen eine Jahresproduktion von über 100 Tonnen und 2500 Stoffe werden in Mengen von über 1000 Tonnen hergestellt. Dies verdeutlicht das zahlenmäßig eklatante Ungleichgewicht zwischen Alt- und Neustoffen und auch die Größenordnung des Altstoffproblems. Die Altstoffe stellen mehr als 99% der Gesamtmenge aller auf dem Markt befindlichen Stoffe dar, die prinzipiell frei gehandelt und verwendet werden dürfen.

Die EU-Altstoffverordnung versucht dem Problem der Altstoffe durch eine Bearbeitung in vier Verfahrensschritten gerecht zu werden: der Datensammlung, dem Erstellen von Prioritätenlisten, der Risikobewertung und Maßnahmen zur Risikominderung. Die erste Phase der Sammlung vorhandener Informationen für Altstoffe mit hohen Produktionsmengen ist inzwischen abgeschlossen. Die Datenbank für Altstoffe mit hohen Vermarktungsmengen verwaltet das Europäische Chemikalienbüro. Altstoffe mit einem Vermarktungsvolumen von mehr als 1000 Jahrestonnen, für die Datenlücken einen Prüfbedarf oder die vorhandenen Informationen einen Regelungsbedarf ausweisen, sind im zweiten Schritt in eine Prioritätsliste aufgenommen worden. Seit 1994 hat die Europäische Kommission vier Prioritäts-

---

[1] Durch Mehrfachkennzeichnungen ist die Zahl der Gefährlichkeitsmerkmale höher als die Zahl der Stoffe.
[2] SLIM steht als Abkürzung für „Simpler Legislation for the Internal Market". Eine Initiative der Kommission zur Vereinfachung der Rechtsvorschriften im Binnenmarkt.

listen mit insgesamt 140 Altstoffen verabschiedet[3]. Die Schritte drei und vier, die Risikobewertung der prioritären Stoffe und Maßnahmen zur Risikominderung, sind gegenwärtig noch nicht abgeschlossen.

Während die Prioritätslisten unter der Altstoffverordnung sich bislang auf wenige Stoffe beschränken, herrscht ein allgemeiner Mangel an Kenntnissen von Eigenschaften und Verwendungszwecken chemischer Altstoffe (Allanou et al. 1999). Die derzeitigen Kenntnisse über die toxikologischen und ökotoxikologischen Eigenschaften und das Verhalten in der Umwelt sind selbst bei einer Vielzahl der großvolumigen Altstoffe (mehr als 1000 t/Jahr) mit hoher Exposition des Menschen und der Umwelt für eine adäquate Risikobewertung unzureichend. Eine unzureichende Information herrscht ebenfalls über die wichtigsten Verwendungszwecke, da nach der gegenwärtigen Rechtslage ausschließlich die Hersteller und Importeure der Stoffe, nicht jedoch die Verwender auf nachgelagerten Stufen Informationen über die Verwendung der Stoffe geben müssen.

Die Altstoffkontrolle, so das gegenwärtige Urteil, ist in den „schwerfälligen Informations-, Bewertungs- und Entscheidungsverfahren stecken geblieben" (Köck 2001: 304). Erschwerend kommt hinzu, dass die Verordnung keine zeitlichen Fristen für die Risikobewertung beinhaltet und auch über keine Sanktionsmöglichkeiten verfügt. Die fehlgerichtete Anreizstruktur hat in der Praxis dazu geführt, dass es insgesamt an Beteiligungsbereitschaft sowohl der Mitgliedsstaaten als auch der Industrie mangelt.

### 5.2.2 Innovationswirkungen der Altstoffregulierung

Die Altstoffregulierung wirkt über die Regulierung von Einzelstoffen nur punktuell auf die Innovationsrichtung ein, und es mangelt an dynamischen Anreizen zu Gunsten von Innovationen zum nachhaltigen Wirtschaften. Im jeweiligen Einzelfall werden durch die Vermarktungs- und Verwendungsbeschränkungen allerdings starke Innovationsanreize gesetzt. Dies führt in der Regel zur Entwicklung weniger gefährlicher Ersatzstoffe oder zur Nutzung ungefährlicherer Stoffe in den einzelnen Verwendungen. Die Regulierung von bereits vermarkteten Produkten induziert damit eine Innovation im Sinne einer Substitution durch weniger gefährliche Stoffe und wirkt sich dadurch positiv auf die Innovationsrichtung aus. Vielfach reicht schon die bloße Ankündigung einer Stoffregulierung aus, um einen Rückzug des betroffenen Stoffes vom Markt zu bewirken und die Suche nach Substituten zu befördern (Jacob 1999).

Eine große öffentlichkeitswirksame Debatte hat es in den vergangenen Jahren meist nur bei Stoffen gegeben, bei denen Umwelt- und Verbraucherinteressen deutlich berührt waren, wie zum Beispiel Asbest, PCP, FCKW, chlorierte Lösungsmittel und Formaldehyd. Die Zahl der Stoffsubstitutionen aufgrund regulierungsbedingter Verwendungsbeschränkungen ist relativ gering. So führt Lißner (2000: 581) in einer Liste bekannter Substitutionsfälle zwei Dutzend Stoffe an.

---

[3] Zu den vier Prioritätslisten der Altstoffverordnung zwischen 1994 und 2000 siehe folgende EU-Richtlinien: (EG) 1179/94, (EG) 2268/95, (EG) 143/97, (EG) 2364/2000.

Eine systematische Analyse der Innovationswirkungen der Produktregulierung von Altstoffen existiert zum gegenwärtigen Zeitpunkt nicht. Einige Aussagen über die Innovationswirkungen der Altstoffregulierung lassen sich jedoch aus verfügbaren Fallstudien zu einzelnen Stoffregulierungen ableiten. Hierbei handelt es sich um Fallstudien zu verbleiten Ottokraftstoffen, polychlorierten Biphenylen, FCKWs und Phosphaten in Waschmitteln (Ashford et al. 1985; Hartje 1985; Jacob 1999; Rothenberg u. Maxwell 1997). Einschränkend muss an dieser Stelle angemerkt werden, dass sich die Fälle zum Teil auf die USA beziehen und nicht auf die europäische Altstoffverordnung oder – wie bei den Phosphaten – auf einer eigenständigen Regulierung basieren. Trotz dieser Unterschiede und auch der unterschiedlichen Forschungsziele zeigen die Fallstudien einige Gemeinsamkeiten hinsichtlich der regulativ induzierten Innovationswirkungen auf (Becher et al. 1990: 108):

– Die Substitution erfolgt stufenweise und nimmt häufig längere Zeiträume in Anspruch (bis zu 15 Jahre).
– Das Substitut birgt häufig neue Umweltrisiken und verursacht teilweise Qualitätseinbußen beim Produkt.
– Bereits die Diskussion um einen Altstoff führt zu verstärkten Forschungs- und Entwicklungsaktivitäten in den betroffenen und vorgelagerten Wirtschaftszweigen.
– Die Verbreitung des Substituts hängt von der Art/Schärfe des Umweltrisikos, der Bedeutung der Produktqualität für den Wettbewerb und der Art der Regulierung bzw. des Regulierungsstils ab.
– Ein kooperativer Politikstil scheint dabei einen längeren Zeitraum für die Substitution zu erfordern, aber bessere Ergebnisse zu erzeugen, indem als Substitut Produkte mit vergleichsweise geringen Risiken gefördert werden.

Bewertet man diese Anreize vor dem Hintergrund der hohen Zahl von Altstoffen auf dem Markt, muss man jedoch insgesamt zu dem Schluss kommen, dass das Verfahren der Altstoffregulierung zu einzelfallorientiert und viel zu schwerfällig ist, als dass von ihm systematische und kontinuierliche Anreize für Innovationen zum nachhaltigen Wirtschaften ausgehen.

### 5.2.3 Innovationswirkungen der Neustoffregulierung

#### 5.2.3.1 Stoffinnovationen

Im Gegensatz zu den Produktregulierungen mit dem Ziel der Substitution gefährlicher Altstoffe ist die Einführung von Anmeldeverfahren für Neustoffe in den USA und auch in Europa schon frühzeitig von Ex-ante-Untersuchungen zu den Auswirkungen dieser Anmeldeverfahren auf die Innovationsaktivitäten der chemischen Industrie begleitet worden. Die Untersuchungen prognostizierten dabei ohne Ausnahme einen Rückgang der Neustoffinnovationen zwischen 30 und 50% (Snell 1975; A. D. Little 1978; Schulze u. Weiser 1982).

So haben Schulze und Weiser in ihrer Studie über die Innovationswirkungen des deutschen Chemikaliengesetzes die Zahl der in der Bundesrepublik auf den Markt gebrachten Neustoffe zwischen 1975 und 1979 auf jährlich 160 Stoffe geschätzt. Im Vergleich zu den Neustoffzahlen, die damals in der öffentlichen Diskussion kursierten, war die Zahl von 160 Neustoffen pro Jahr eine vorsichtige und einigermaßen realistische Schätzung. Da die Unternehmensbefragungen im Rahmen der Studie zu einem Zeitpunkt durchgeführt wurden, als die Details der neuen Chemikalienregulierung noch nicht abschließend festgelegt waren, lässt sich dennoch „nicht ausschließen, dass sie zu systematischen Überschätzungen gelangt" (Becher et al. 1990: 104). Durch die Einführung der Neustoffanmeldung prognostizierten Schulze und Weiser einen Rückgang auf 100 Neustoffe pro Jahr.

Als wichtigste Ursache für den Rückgang bei den Neustoffen wurden in allen Studien die steigenden FuE-Kosten aufgrund der gesetzlich notwendigen Stoffprüfungen gesehen. Als Folge seien eine Reihe von negativen Wirkungen zu erwarten (Schweitzer 1978, zit. in Becher et al. 1990: 104):

– die Zeit für die Produktentwicklung nimmt zu,
– die Kosten für die Entwicklung eines neuen Produktes nehmen zu und die Erfolgschancen dadurch ab,
– die Aufwendungen für Forschung und Entwicklung nehmen wegen der erwarteten verringerten FuE-Rendite ab.

Die Anmeldezahlen zeigen in den ersten Jahren nach Einführung der Neustoffregulierung sowohl in den USA als auch in Europa tatsächlich eine erhebliche Verringerung der Anmeldungen im Vergleich zu den geschätzten Neueinführungen. Auch in Japan sind die Neustoffzahlen in den ersten Jahren nach Einführung der Neustoffanmeldung gesunken (Schulze u. Weiser 1982: 224f.). Diese Zahlen liefern aber noch keinen eindeutigen Beleg für die These von der innovationshemmenden Wirkung der Chemikalienregulierung. Zum einen waren die Schätzungen über die Zahl der jährlich in Verkehr gebrachten Neustoffe vor der Regulierung überaus „interessenanfällig", das heißt diese Zahlen sind wahrscheinlich zu hoch angesetzt. Zum anderen kam es in den USA und noch viel stärker in Europa durch die Begünstigung der Altstoffe vor dem Inkrafttreten der Neustoffregulierung zu einer beschleunigten Anmeldung dieser Stoffe für das Altstoffregister, so dass gerade die chemische Industrie in Europa sehr gut auf dieses Altstoffpolster zurückgreifen konnte. Im Gegensatz zu der Hypothese von der innovationshemmenden Wirkung stieg in den USA die Zahl der Neustoffanmeldungen im dritten Jahr über die Zahl der Neustoffeinführungen vor der Verabschiedung des Gesetzes (Becher et al. 1990: 105). In Japan hatten sich die Neustoffzahlen nach drei Jahren wieder auf einem Niveau von 150 Neustoffen pro Jahr eingependelt. In der EU verblieb die Zahl der Neustoffanmeldungen in den folgenden Jahren zunächst auf einem sehr niedrigen Niveau.

Die erste Ex-post-Analyse über die Innovationswirkungen der Neustoffregulierung wurde von Fleischer et al. (2000) vorgelegt (siehe auch Tabelle 5.1).

**Tabelle 5.1.** Vergleich der Regulierung von Neustoffen in der EU, Japan und den USA

| | EU | Japan | USA |
|---|---|---|---|
| Notifizierungspflicht | vor der Vermarktung; abgestuft nach Mengen | vor der Herstellung; ab 1 Jahrestonne | vor erstmaliger Herstellung |
| Informationsanforderungen | – Identität (physik.-chem. Daten)<br>– Verwendung, Produktionsmenge<br><br>– Keine Meldpflicht von Weiterverarbeitern über Anwendungen<br>– Automatische Datenanforderungen zur Toxikologie | – Identität<br>– Verwendung, Produktionsmenge<br><br><br><br>– Einfache ökol. Wirkdaten; weitere Untersuchungen nur, wenn Stoff schwer abbaubar oder bioakkumulierend | – Identität<br>– Verwendung, Produktionsmenge<br>– Erwartete Exposition von Mensch und Umwelt<br>– Meldepflicht von neuen Anwendungen<br>– Nur vorliegende Informationen und Daten zur Toxikologie |
| Testverfahren | Starre Testanforderungen: Einweg- bzw. Blocktestsystem | Risikoabhängiges Testverfahren: Zweiwegsystem | Risikoabhängiges Testverfahren: früher Ausschluss bei 86% der Stoffe; weitergehende Prüfungen |
| Kosten für Labortests | Grunddatensatz bis 30.000 $<br>Zusatztest bis 325.000 $ | Fortschrittsbericht bis 12.500 $<br>Einzelaufstellung bis 60.000 $ | Keine Prüfverpflichtungen, kein vorgegebener Datensatz; im Durchschnitt 15.000 $ |
| Kosten der Notifizierung | 117.000 $ | 80.000 $ | 40.000 $ |
| Zahl der Neustoffe p.a. | 143 | 154 | 425 |

Quelle: Fleischer (2001: 32).

In dieser international vergleichenden Studie wurden die Regulierungssysteme in der EU, Japan und den USA untersucht. Schon in der Ausgestaltung der Neustoffregulierung weisen die drei untersuchten Fälle eine erhebliche Varianz auf. Das US-amerikanische System stellt an den Anmelder überhaupt keine verpflichtenden Anforderungen zur Beibringung von Prüfdaten. Die zuständige Behörde kann weitere Daten nur dann verlangen, wenn sie den Verdacht auf ein unzumutbares Risiko im Einzelfall begründen kann, wobei die rechtlichen Maßstäbe hoch gesetzt sind (GAO 1994a). Das japanische System stellt ebenfalls weit geringere Anforderungen an den Anmelder als das EU-System und konzentriert sich zunächst auf die Identifizierung besonders persistenter und bioakkumulierender Stoffe. Umfassendere Prüfungen werden nur verlangt, wenn der primäre Test auf biologische Abbaubarkeit einen Anlass zur Besorgnis gibt. Im Gegensatz zu den risikobasierten Testverfahren in den USA und Japan ist die europäische Neustoffregulierung ein mengenbasiertes System, in dem weitere toxikologische und ökotoxikologische Prüfdaten nach Überschreiten einer festgelegten Produktionsmenge automatisch angefordert werden. Im Resultat ist das EU-System für die Unternehmen sowohl zeitaufwendiger als auch kostenintensiver. Während eine Neustoffanmeldung in den USA im Durchschnitt nur 40.000 $ kostet, belaufen sich die durchschnittlichen Kosten in der EU mit 117.000 $ auf das Dreifache.

Für den Vergleich der Innovationswirkungen der drei Regulierungssysteme haben Fleischer et al. in ihrer Studie vier quantitative Indikatoren verwendet:

*(i)* die FuE-Produktivität: Einfluss der FuE-Aufwendungen auf das Betriebsergebnis,
*(ii)* die Patentproduktivität: Einfluss der FuE-Aufwendungen auf die Zahl der Patente,
*(iii)* die Innovationszählung: Anzahl der in Jahresberichten von Unternehmen genannten Innovationen, sowie
*(iv)* die Zahl der Neustoffe: Anzahl der im jeweiligen Regulierungssystem angemeldeten neuen Stoffe.

Für die beiden ersten Faktoren, die FuE-Produktivität und die Patentproduktivität, zeigen die Daten für die US-amerikanischen Chemieunternehmen zwar insgesamt eine höhere Produktivität, die Vermutung eines ursächlichen Zusammenhangs mit der Neustoffregulierung lässt sich mit dem vorhandenen Daten allerdings nicht statistisch belegen. Die Innovationszählung auf der Basis der Unternehmensberichte weist eine höhere Innovationsleistung der europäischen Unternehmen aus. Von den gezählten 2230 Innovationen im Zeitraum 1996/97 entfielen 555 (44,1%) auf die europäischen, 527 (41,8%) auf die amerikanischen und nur 178 (14,1%) auf die japanischen Unternehmen. Auch bei diesem Indikator ließen sich keine statistisch signifikanten Unterschiede zwischen der Innovationsleistung der EU, Japan und den USA feststellen.

Als entscheidenden Faktor zur Beurteilung der Innovationswirkung sehen Fleischer et al. daher die Anzahl der pro Jahr angemeldeten Neustoffe, da für diesen Indikator Daten über relativ lange Zeiträume verfügbar sind. Aus den Anmeldestatistiken kalkulieren sie Mittelwerte, die sich für die USA auf den Zeitraum von 1979 bis 1999 (21 Jahre), für Japan auf den Zeitraum von 1974 bis 1998 (25 Jahre) und für die EU auf den Zeitraum von 1983 bis 1997 (15 Jahre) beziehen. Als Resultat präsentieren sie folgende Zahlen: in den USA wurden durchschnittlich 425, in Japan 154 und in der EU 143 neue Chemikalien pro Jahr angemeldet.

Um den Kreis zwischen Effektivität, Effizienz und der Innovationswirkung der Neustoffregulierungen zu schließen, bescheinigen Fleischer et al. den drei unterschiedlichen Regulierungssystemen abschließend eine funktionale Äquivalenz im

Hinblick auf die Erreichung der Schutzziele. „In der qualitativen Beurteilung der Systeme anhand von Expertengesprächen gelangen Fleischer et al. (2000) und Johnson et al. (2000) zu ähnlichen Ergebnissen, auch hinsichtlich der unterschiedlichen Beurteilung des europäischen Systems, das generell als das teuerste System angesehen wird. Unterschiedlich wird der Nutzen des EU-Systems beurteilt, überwiegend wird der Sicherheitszugewinn des EU-Systems im Vergleich zum US-System als gering eingeschätzt, es gibt aber auch Experten (bei Fleischer et al. 2000 nur Behördenvertreter), die das europäische System als das sicherste und umfassendste System ansehen. [...] Das US-System wird übereinstimmend von beiden Untersuchungen als das effizienteste und effektivste angesehen, was entscheidend auf seine Struktur zurückzuführen ist" (Fleischer 2001: 24). Verkürzt dargestellt lautet das Gesamtergebnis der Studie von Fleischer et al. somit, dass die starren Testanforderungen nach dem Mengenschwellenkonzept in der EU zu dreifach höheren Kosten bei den Neustoffanmeldungen führen, während nur ein Drittel an Neustoffinnovationen in der EU stattfindet und dem Ganzen gleichzeitig kein nennenswerter Zugewinn für den Schutz der Umwelt und der menschlichen Gesundheit gegenübersteht. Fleischer kommt in seiner vergleichenden Studie daher insgesamt zu folgender Einschätzung: „Die risikoorientierten Systeme sind im Durchschnitt kostengünstiger, schneller und effektiver als Systeme mit starren Testanforderungen. Entsprechend der Regulierungsstruktur und den Regulierungswirkungen stünde das US-System nach den Kriterien Effizienz und Effektivität auf dem ersten Platz, gefolgt vom japanischen System und dem der EU" (Fleischer 2001: 24).

Die Ergebnisse der Studie sind mittlerweile von mehreren Autoren kritisiert worden (Mahdi et al. 2002; Nordbeck u. Faust 2002). Hinterfragt wurden sowohl die Einschätzung der Effektivität und Effizienz der unterschiedlichen Regulierungssysteme in den USA und der EU als auch der Zahlenvergleich bei den Neustoffanmeldungen als entscheidendem Indikator für die Innovationswirkung. Die vorgetragene Kritik soll im Folgenden kurz dargestellt werden.

*Effektivität:* Im Gegensatz zu der uneingeschränkt positiven Beurteilung des US-amerikanischen Systems durch Fleischer et al. ist die Entwicklung des Toxic Substances Control Act (TSCA) in den USA wiederholt von kritischen Bestandsaufnahmen begleitet worden, die dem TSCA eine mangelnde Effektivität bei der Erreichung der Schutzziele bescheinigen und eine Annäherung an das europäische System empfehlen (GAO 1994a; EDF 1997; Goldman 2002). In einer Anhörung vor dem amerikanischen Kongress stellte die Environmental Protection Agency (EPA) als zuständige Behörde klar, dass ausreichende Prüfdaten für Neustoffe bei ihrer Anmeldung generell nicht verfügbar sind. Die Hälfte aller Neustoffanmeldungen enthält weder Angaben über physikalisch-chemische Eigenschaften noch toxikologische oder ökotoxikologische Prüfdaten (GAO 1994b: 9). Im Ergebnis führte die Bewertung durch die EPA nur bei knapp 10% der seit 1976 eingereichten 30.000 Premanufacture Notices (PMNs) zu Beschränkungen, zusätzlichen Testanforderungen, einem Rückzug der Anmeldung oder einer Ablehnung durch die EPA (ACC 2003: 1).

*Effizienz:* Im Gegensatz zum europäischen System der Anmeldung von Neustoffen vor ihrer Vermarktung müssen Neustoffe in den USA vor ihrer Herstellung angemeldet werden. Wird der Stoff dann auf den Markt gebracht, ist dies der zuständigen Behörde durch eine kurze Mitteilung, der so genannten Notice of Commencement (NOC), bekannt zu geben. Nicht alle Neustoffanmeldungen in den USA führen daher zu neuen Stoffen auf dem Markt. Aus den aktuellen Daten zur Neustoffanmeldung der EPA lässt sich einfach berechnen, dass nur 37% der angemeldeten Neustoffe auch auf den Markt gelangen (Fleischer 2002a). Mit anderen Worten leistet sich das US-amerikanische System der Neustoffregulierung an dieser Stelle eine massive Ineffizienz im Vergleich zum europäischen System, da die EPA bei der Stoffprüfung gezwungen ist, ihre Zeit und knappen Mittel in zwei von drei Fällen auf Stoffe zu verwenden, die niemals auf den Markt gelangen. Obwohl das amerikanische System im Durchschnitt für die Anmeldung des einzelnen Neustoffes dank fehlender Prüfanforderungen mit 40.000 Dollar wesentlich kostengünstiger ist, verursacht die Logik einer Neustoffanmeldung vor Herstellung und das Verhältnis von 2:1 zwischen PMNs und NOCs, dass dieser Kostenvorteil durch überflüssige Stoffprüfungen wieder zunichte gemacht wird. Volkswirtschaftlich betrachtet sind die Kosten der Neustoffanmeldung in den USA und Europa daher gleich hoch, obwohl die Neustoffanmeldung in der EU im Durchschnitt mit dreifach höheren Kosten zu Buche schlägt. Nach Ansicht von Goldman ist aus diesem Grund der Übergang von einer Neustoffanmeldung vor Herstellung zu einem System der Anmeldung vor Vermarktung dringend erforderlich, um die vorhandenen Ressourcen sinnvoll und effizient einzusetzen (Goldman 2002: 11028).

*Neustoffanmeldungen als Innovationsindikator:* Die Aussagekraft der Zahl der Neustoffanmeldungen als Innovationsindikator und die Tatsache, dass die Ergebnisse der Studie von Fleischer et al. scheinbar ausschließlich auf diesem Indikator basieren, hat in der Literatur den meisten Widerspruch auf sich gezogen. Mahdi et al. (2002) haben den Schlussfolgerungen von Fleischer et al. Daten zu Stoffinnovationen aus den Bereichen der Pflanzenschutzmittel und Arzneimittel entgegen gehalten, die in beiden Fällen die EU vor den USA sehen. Daran haben sie die Frage angeschlossen, warum die EU ausgerechnet bei den Stoffinnovationen im Bereich der Industriechemikalien so deutlich hinter den USA rangieren sollte. Dieser Analogieschluss kann allerdings leicht in die Irre führen, da es sich bei Pestiziden und Arzneimitteln zwar ebenfalls um Chemikalien handelt, diese aber aufgrund ihrer spezifischen Verwendung eigenständigen Regulierungen mit einer Zulassungspflicht unterliegen, so dass eine simple Gleichsetzung der Innovationswirkungen dieser unterschiedlichen Regulierungen nicht statthaft ist. Dennoch ist der Hinweis auf eine nachweisbar höhere Innovationsfähigkeit europäischer Unternehmen in anderen Bereichen der chemischen und pharmazeutischen Industrie berechtigt.

Nordbeck und Faust (2002) haben auf die massiven Unterschiede in der Größe des Altstoffinventars zu Beginn der Neustoffregulierungen in den USA und der EU hingewiesen und die höheren Anmeldezahlen in den USA nicht als Ausdruck einer größeren Innovationsfähigkeit der amerikanischen Unternehmen, sondern als einen nachholenden Prozess gegenüber den europäischen Unternehmen gedeutet. Diese These wurde durch den Hinweis gestützt, dass bei einer Betrachtung der Trends bei den Neustoffanmeldungen, im Gegensatz zu der Berechnung von Mittelwerten, sich eine Konvergenz bei den Neustoffanmeldungen abzeichnet, da die Zahlen in den USA seit 1988 rückläufig sind, während sie in der EU auf 250–300 Stoffe jährlich angestiegen sind.

Fleischer hat diesem Umstand in seinen neueren Publikationen insofern Rechnung getragen, als dass er die Mittelwerte nun für den Zehnjahreszeitraum zwischen 1987 und 1996 berechnet hat. Auf der Basis aktueller Zahlen kommt er zu dem Ergebnis, dass in den betrachteten Zeiträumen das US-System zwischen 1,5 bis 2-mal mehr Neustoffanmeldungen hervorgebracht hat als das EU-System (vgl. Tabelle 5.2).

**Tabelle 5.2.** Vergleich der durchschnittlich pro Jahr in Verkehr gebrachten anmeldepflichtigen Neustoffe

|  | 1987–1996 | 1994–2000 | 1998–2000 | 1999 |
|---|---|---|---|---|
| USA | 482 | 572 | 503 | 479 |
| EU | 274 | 288 | 295 | 310 |
| Produktivitätsquotient USA/EU | 1,76 | 1,99 | 1,71 | 1,55 |

Quellen: Fleischer 2002a, 2002b (Zahlen für 1999 korrigiert).

Die Unterschiede in der Struktur der Neustoffregulierungen vor allem hinsichtlich der Mengenschwellen und Ausnahmeregelungen und der erfolgten Änderungen im Zeitverlauf sowie ungenaue Daten machen es zu einer schwierigen Aufgabe, die Statistiken der EU, Japans und der USA miteinander vergleichbar zu machen. Bei den oben angeführten Zahlen handelt es sich ohne Zweifel um eine konservative Schätzung, die nach Auffassung von Manfred Fleischer den Innovationsoutput des US-Systems geringer erscheinen lässt als er in Wirklichkeit ist, aber zugleich der einzige Weg ist, um den Vergleich dennoch zu leisten (Fleischer 2002b). Auch die aktualisierten Zahlen beantworten nicht abschließend alle offenen Fragen, und die getroffenen Annahmen für den Vergleich ließen sich um weitere Gesichtspunkte ergänzen und korrigieren, von denen hier nur die wichtigsten aufgeführt werden sollen:

– Entgegen den offiziellen statistischen Zahlen zum Verhältnis von PMNs und NOCs in den USA, also den 37% von Neustoffen, die formal auch auf den Markt gelangten, hat die EPA mehrfach betont, dass nach ihrer Schätzung tatsächlich nur 10% der angemeldeten Neustoffe auf den Markt gelangen (GAO 1994a; Goldman 2002). Demnach wäre die Zahl der Neustoffe in den USA in Wahrheit nur bei einem Drittel der oben genannten Zahlen.
– Die Neustoffanmeldungen in der EU beinhalten einen erheblichen Anteil von Neustoffen unterhalb einer Tonne. Im Zeitraum 1994–2000 lag dieser Anteil bei rund 30%. Im Vergleich mit den USA könnte man diese Neustoffe mit geringen Produktionsmengen als „low volume exemption" interpretieren. Die EU-Zahlen müssten dementsprechend nach unten korrigiert werden.
– Die Zahlen über die Neustoffanmeldungen in der EU enthalten einen gewichtigen Importanteil, also Anmeldungen aus Nicht-EU Staaten, um den die EU-

Zahlen eigentlich korrigiert werden müssten. Dieser Importanteil bei den Anmeldungen beläuft sich in der EU auf fast 50% aller Anmeldungen (USA 20,5%, Japan 18,5% und Schweiz 13,5%). Unklar ist bei den EU-Importzahlen, ob es sich um reine Importe handelt oder ob der Stammsitz der Anmeldung zugrunde liegt (Fleischer 2002b: 3). Da die europäische Chemieindustrie in den USA erhebliche F&E-Kapazitäten aufgebaut hat, erscheint es im Fall reiner Importe plausibel, dass es sich bei der hohen Zahl außereuropäischer Anmeldungen in vielen Fällen gewissermaßen um einen europäischen Re-Import handelt. Ob diese Erklärung zutreffend ist, lässt sich zum gegenwärtigen Zeitpunkt mit den vorhandenen empirischen Daten nicht überprüfen. Da für die USA vergleichbare Daten zu den Importanteilen nicht verfügbar sind, wird auch dieser Faktor in den internationalen Vergleichen bislang nicht korrigiert.

Aufgrund der Messprobleme und Datenmängel ist es nicht verwunderlich, wenn einige der interessierten Beobachter den Schluss gezogen haben, dass der Vergleich der Neustoffanmeldungen zwischen den USA und der EU „als regionaler Innovationsindikator nichts taugt". Angesichts des politischen Einflusses der Fleischer-Studie auch in der aktuellen Reformdebatte macht es andererseits Sinn, sich mit diesen Zahlen kritisch auseinander zu setzen. Ebenfalls wertvoll erscheint die Auseinandersetzung mit den Methoden, die Fleischer für die Messung der Innovationsproduktivität gewählt hat. Innovative Ansätze wie z.B. die Innovationszählung auf der Grundlage von Unternehmensberichten werden auch in Zukunft eine wichtige Rolle spielen, da sich neue Messprobleme im Bereich der Stoffinnovationen unter REACH schon gegenwärtig abzeichnen. So setzt die neue Regulierung Anreize für Innovationen unterhalb der Mengenschwelle von 1 Tonne. Ob diese „Spielwiese" von Erfolg gekrönt ist, wird sich aus den offiziellen Statistiken der Europäischen Chemikalienagentur nicht ablesen lassen, da unterhalb von 1 Tonne keine Registrierungspflicht besteht und für diesen Bereich damit voraussichtlich keine quantitativen Daten vorhanden sein werden.

### 5.2.3.2 Zubereitungs- und Anwendungsinnovationen

Im Laufe der Diskussion um die Innovationswirkungen der europäischen Neustoffregulierung ist in den vergangenen zwei Jahren immer deutlicher geworden, dass eine wesentliche Innovationswirkung in den vorliegenden Arbeiten viel zu kurz kommt. Einen ersten Hinweis darauf, dass viele Unternehmen in der chemischen Industrie durch die weitest mögliche Verwendung von Altstoffen in der Produktentwicklung eine Alternativstrategie zur Entwicklung und Anmeldung von Neustoffen verfolgen, lieferte erstmals 1997 die Studie von Staudt et al.: „In zahlreichen Unternehmen – insbesondere bei KMU – existieren Vorgaben, im Rahmen von Produktentwicklungen nur Altstoffe zu verwenden oder zumindest vor der Verwendung von Neustoffen zu prüfen, ob nicht ähnlich geeignete Altstoffe bereits vorhanden sind" (Staudt et al. 1997: 94). Für diesen Bereich der unternehmerischen Innovationsaktivitäten hat sich mittlerweile der Begriff der *Anwendungsinnovationen* durchgesetzt, der vom Forschungsprojekt SubChem in die Diskussion eingeführt worden ist (Ahrens 2002). Angesichts der Relation von Neu- und

Altstoffen und der geringen Zahl grundlegender Innovationen im Stoffbereich in den letzten Jahrzehnten äußerte SubChem dabei die Vermutung, dass sich die meisten Innovationen in der chemischen Industrie auf effizientere Herstellungsprozesse und auf neue Formulierungen und Anwendungen schon bekannter Stoffe konzentrieren (SubChem 2002: 18f.).

Die Richtigkeit dieser Annahme wurde durch den Verband der chemischen Industrie inzwischen indirekt bestätigt. In der Stellungnahme des VCI zum Verordnungsvorschlag der Europäischen Kommission zur neuen EU-Chemikalienregulierung heißt es: „Die Unternehmen in der EU haben ihre Innovationen in den letzten 20 Jahren aufgrund der bestehenden EU-Gesetzgebung primär auf EINECS Stoffe ausgerichtet" (VCI 2003: 14). Die Gründe hierfür sind weniger eindeutig. Während von Seiten der Industrie die hohen Kosten der Neustoffregulierung verantwortlich gemacht werden, ist nach Ansicht der Behördenvertreter nicht die Neustoffregulierung ursächlich, sondern die Tatsache, dass Altstoffe leichter verfügbar und preiswerter sind (Staudt et al. 1997: 94). Zudem können die Unternehmen bei der Entwicklung von Anwendungsinnovationen auf ihre großen Erfahrungen im Umgang mit Altstoffen zurückgreifen. Der plausiblen Argumentation der Behördenvertreter muss an dieser Stelle allerdings entgegen gehalten werden, dass die leichte Verfügbarkeit von über 100.000 Altstoffen und deren komparative Preisvorteile direkte Konsequenzen der Ausgestaltung der europäischen Alt- und Neustoffregulierung sind, die diesen Zustand erst ermöglicht hat. Insofern ist die Tatsache der Verlagerung der Innovationsaktivitäten in den Altstoffbereich nicht nur regulierungsbedingt, sondern zugleich die primäre Innovationswirkung der europäischen Chemikalienregulierung.

Die Konsequenz dieser Feststellung für die Diskussion um die Innovationswirkungen der europäischen Chemikalienpolitik ist gravierend. Mehrheitlich haben die vorliegenden Studien zu den Innovationswirkungen der europäischen Chemikalienregulierung einen wesentlichen Bereich der unternehmerischen Innovationsaktivitäten in der chemischen Industrie ausgeblendet bzw. überhaupt nicht in den Blick genommen. Die Literatur zu den Innovationseffekten ist sozusagen auf diesem Auge blind. Eng verbunden ist dies mit der Tatsache, dass für den Bereich der Zubereitungs- und Anwendungsinnovationen noch weniger Daten verfügbar sind als im Bereich der Stoffinnovationen.

Erste Schätzungen für diese beiden Innovationsfelder lassen sich aus der verfügbaren Literatur nur sehr eingeschränkt ableiten. Im Bereich der Reformulierung von Zubereitungen wird davon ausgegangen, dass sich der Bestand an Zubereitungen innerhalb von zehn Jahren vollständig erneuert. In welchem Umfang es sich dabei lediglich um eine Optimierung der Rezeptur oder eben um wirklich innovative neue Produkte handelt, ist zum gegenwärtigen Zeitpunkt nicht erkennbar (SubChem 2002: 19).

Für den Bereich der Anwendungsinnovationen lassen sich keine konkreten Angaben machen. Eine erste Annäherung an diesen Innovationskomplex erlaubt unter Umständen die Auszählung der Innovationen in den jährlichen Unternehmensberichten bei Fleischer et al (2000). Da die Zahl der gezählten Innovationen bei diesem Indikator bedeutend höher ist als die Zahl der reinen Stoffinnovationen, ist es plausibel anzunehmen, dass hierbei auch Anwendungsinnovationen mitgezählt wurden. Die ausgewerteten europäischen Unternehmen lagen bei diesem Indikator knapp vor den amerikanischen Unternehmen, und die japanischen Unternehmen folgten mit einigem Abstand. Da die europäischen und amerikanischen Unternehmen bei dieser Innovationszählung annähernd gleichauf waren, bedeutet dies unter Berücksichtigung der nachweislich geringeren Neustoffinnovationen, dass sie diesen Mangel durch alternative Innovationen an anderer Stelle kompensieren. Die Auszählung der Innovationen anhand der Unternehmensberichte durch Fleischer et al. liefert dadurch einen weiteren Beleg für die hohe Relevanz von Zuwendungs- und Anwendungsinnovationen für die europäische chemische Industrie. Bei allen Schwächen, die mit diesem Indikator verbunden sind, ist dieses Ergebnis ein Hinweis darauf, dass die chemische Industrie in der EU nicht hinter der amerikanischen Chemieindustrie in ihrer Innovationstätigkeit zurück bleibt, sie findet allerdings überwiegend in anderen Innovationsfeldern statt. Insofern ist die These von der innovationshemmenden Wirkung der europäischen Chemikalienregulierung mit Blick auf die Zahl der Neustoffe nicht direkt falsch, aber sie greift zu kurz. Richtiger wäre die Aussage, dass bei gleicher Innovationstätigkeit die europäische Chemikalienregulierung zu einer funktionalen Innovationsverlagerung geführt hat. Aus volkswirtschaftlicher Sicht ist diese alternative Innovationsstrategie, mit einem nicht unerheblichen Verzicht auf die Entwicklung von Neustoffen, durchaus problematisch, da die Beschränkung auf Altstoffe in einem limitierten Innovationspotenzial resultiert und unter Umständen eine Abkoppelung vom weltweiten Forschungsstand bedeuten kann (Staudt et al. 1997: 96). Noch schwerer wiegt die Tatsache, dass durch den Rückgang bei den Stoffinnovationen auch zahlreiche Folgeinnovationen nicht mehr stattfinden. So haben Achilladelis et al. (1990) gezeigt, dass Produktinnovationen in der chemischen Industrie eine Vielzahl neuer Patente nach sich ziehen (im Durchschnitt 183) und dies im Vergleich zu Prozessinnovationen auch über einen wesentlichen längeren Zeitraum geschieht (20 Jahre).

### 5.2.3.3 Wirkung auf die Innovationsrichtung

Zweck der Chemikalienregulierung ist der Schutz der menschlichen Gesundheit und der Umwelt. Die bisherige Neustoffregulierung zielt auf ein frühzeitiges Erkennen der mit Chemikalien verbundenen Gefahren und Risiken. Sie ist mit der politischen Erwartung verknüpft, dass Innovationen in Richtung auf weniger risikoreiche, idealer Weise sogar ungefährliche chemische Produkte und Verfahren gefördert werden. Eine Beurteilung der Innovationsproduktivität, die von diesen Zielen völlig absieht und jede neue Substanz, die auf dem Markt platziert wird, richtungslos als innovativen Fortschritt wertet, geht am Kernproblem der Chemikalienregulierung und ihrer Effektivierung vorbei. Sie muss in der trivialen Schlussfolgerung enden, dass jegliche mit der Anmeldung verbundene Kosten zu einem Innovationshemmnis führen können, da sie diese Kosten nicht in Relation zum gewünschten Nutzen für die Erhaltung der menschlichen Gesundheit und der Umweltressourcen stellen kann. Darin liegen deutliche Schwächen der zitierten bisherigen Studien zu Innovationswirkungen der Chemikalienregulierung. Allerdings muss man zugeben, dass methodische Probleme und das Fehlen geeigneter

Datengrundlagen einer vergleichenden Analyse der qualitativen Dimension unterschiedlicher Regulierungssysteme bisher noch im Wege stehen. In diesem Bereich gibt es nach wie vor eine Reihe offener Forschungsfragen, dennoch lassen sich einige Aussagen zu den Wirkungen der Chemikalienregulierung auf die Innovationsrichtung festhalten.

In der Literatur überwiegt die Einschätzung, dass sich die fördernde Wirkung der Neustoffregulierung im Hinblick auf nachhaltige Innovationen und damit auf die Entwicklung potenziell sicherer Neustoffe in Grenzen hält. Ein Trend zu inhärent weniger gefährlichen Stoffen lässt sich bei den in Deutschland angemeldeten Neustoffen empirisch nicht ausmachen (BMU 1998). Positiv zu vermerken ist allerdings, dass keine kanzerogenen, mutagenen oder reprotoxischen Chemikalien als Neustoffe angemeldet worden sind.

Die größte Wirkung entfaltet das Neustoffverfahren nach Ansicht von Behördenvertretern bereits im Vorfeld der Anmeldung. So ist die Wirkung des Anmeldeverfahrens von einem Experten aus der deutschen Anmeldestelle mit den folgenden Worten beschrieben worden: „Es ist so, dass dieses Gesetz nicht nur dadurch wirkt, dass wir es ständig anwenden, sondern dass die Firmen einfach wissen, was auf sie zukommt, und die Dinge bei sich intern schon zur Seite legen" (zit. in Winter 1995: 5). Der Neustoffregulierung wird hier eine Orientierungsfunktion für die Neustoffentwicklung zugeschrieben, die über das rein regulative Element sicher hinausgeht. Dies ändert aber nichts an der Tatsache, dass auch unter den Neustoffen ein hoher Prozentsatz von Gefahrstoffen zu verzeichnen ist. Dennoch werden durch das Anmeldeverfahren quasi informell im Vorfeld der Anmeldung bereits Maßstäbe gesetzt, wie eine Vertreterin des Umweltbundesamtes betont: „Ich bin mir ganz sicher, dass die Firmen die schlimmsten Klopper gar nicht erst zur Anmeldung bringen" (zit. in Winter 1995: 6). Insgesamt lässt sich daher festhalten, dass die gesetzlichen Pflichten zur Datenbeschaffung und die Befugnisse der staatlichen Stellen zur Vermarktungs- und Verwendungsbeschränkung im Rahmen der Neustoffanmeldung generell präventiv wirksam werden, jedoch nur in Form einer Grenzziehung gegenüber nicht mehr vertretbaren Risiken und nicht in Form eines dauerhaften wirksamen Anreizes zur Entwicklung für nachhaltige Stoffinnovationen.

### 5.2.3.4 Marktstruktur und Unternehmensgröße als Innovationsdeterminanten

Die kontroverse Diskussion um die Innovationswirkungen der europäischen Chemikalienregulierung und den Möglichkeiten zur Schaffung von regulativen Innovationsfreiräumen hat ein zweites wichtiges Ergebnis aus den vorliegenden Studien fast vollständig in den Hintergrund treten lassen. Die Rede ist von der Marktstruktur und der Unternehmensgröße als bestimmende Faktoren für das Innovationsverhalten in der chemischen Industrie[4].

---

[4] Siehe zu diesem Aspekt auch die Ausführungen von *Frohwein* zur Porter-Hypothese in Kapitel 7 dieses Bandes.

Die Studie von Schulze und Weiser (1982) ermittelte für Deutschland in den fünf Jahren zwischen 1975 und 1979 eine durchschnittliche Anzahl von jährlich 160 neuen Stoffen, wovon etwa 80% auf Großunternehmen und 20% auf KMUs entfielen. Ebenso unterschieden sich die einzelnen Teilbranchen in ihrer Innovationstätigkeit erheblich. Von den untersuchten 37 Teilbranchen waren vier Branchen nicht vom Chemikaliengesetz betroffen. Die verbleibenden 33 Teilbranchen wurden von Schulze und Weiser in drei Gruppen eingeteilt. Die Gruppe A umfasste die vier Teilbranchen der organischen Industriechemikalien, organischen Farbstoffe, Kunststoffe und den TEGEWA-Bereich (Textilhilfsmittel, Gerbstoffe und Waschrohstoffe). Auf diese Gruppe entfielen 155 der 160 jährlichen Innovationen, sprich 97% aller Neustoffe im Erfassungszeitraum. Zur Gruppe B wurden die sechs Teilbranchen zur Herstellung von Kautschuk, Chemiefasern, Kautschukhilfsmitteln, Mineralölhilfsmitteln, von sonstigen Hilfsmitteln und fotochemischen Erzeugnissen gerechnet. Auf diese Gruppe entfielen die restlichen fünf Stoffinnovationen pro Jahr. Die dritte Gruppe besteht aus der überwiegenden Mehrheit der untersuchten Teilbranchen, nämlich jenen 23 Teilbranchen der chemischen Industrie, für die keine Neustoffinnovationen im gesamten Erfassungszeitraum festgestellt werden konnten. Das von Schulze und Weiser in ihrer Untersuchung heraus gearbeitete sektorale Innovationsmuster der chemischen Industrie weist somit eindeutige Merkmale auf: es gibt einen deutlichen Unterschied zwischen Großunternehmen und kleinen und mittleren Unternehmen sowie eine klare Einteilung in wenige hochinnovative Teilbranchen und einer großen Mehrheit von Teilbranchen, die im Bereich der Stoffinnovationen nicht aktiv sind. Aufgrund der prognostizierten Kosten- und Zeitwirkungen des Chemikaliengesetzes nahmen Schulze und Weiser verständlicherweise an, dass gerade die innovativen Teilbranchen von der Neustoffregulierung am stärksten betroffen sein würden.

Hollins und Macrory (1994) haben die Auswirkungen der EU-Neustoffrichtlinie auf kleine und mittlere Unternehmen im Farbstoffsektor und bei Herstellern von Mineralöladditiven untersucht. Sie kommen auf der Basis von Unternehmensbefragungen zu dem Ergebnis, dass die Kosten- und Zeitwirkungen der Neustoffanmeldung in beiden Sektoren in einen Rückgang der Neustoffinnovationen münden. Für den Bereich der Petroleumaddtive konnten sie dabei keine quantitativen Angaben über die Entwicklung der Neustoffe machen. Bei den Farbstoffherstellern war die Zahl der Neustoffanmeldungen von durchschnittlich 7,5 pro Jahr auf gelegentliche Anmeldungen nach in Kraft treten der EU-Richtlinie zurück gegangen (zit. in Staudt et al. 1997: 44). Bei den größeren Unternehmen des Farbstoffsektors waren die Markteinführungen neuer Stoffe auf die Hälfte des Standes vor 1981 gesunken, während die KMUs nach in Kraft treten der Neustoffrichtlinie überhaupt keine Neustoffe mehr in den Markt eingeführt hatten. Die nahe liegende Vermutung, dass die KMUs die ökonomischen Wirkungen der Neustoffrichtlinie schlechter kompensieren können, konnte von Hollins und Macrory nicht bestätigt werden. Der Aufwand durch die Neustoffanmeldung war für KMUs und Großunternehmen gleich hoch und führt die Autoren zu dem Schluss, dass der stärkere Rückgang der Anmeldezahlen bei den KMUs nicht durch die Faktoren Kosten und Zeit begründet sind (Hollins u. Macrory 1994: 78).

Aus den Ergebnissen der Unternehmensbefragung im Rahmen der ersten Studie zu den wirtschaftlichen Auswirkungen der neuen EU-Chemikalienregulierung (RPA 2002) geht hervor, dass kleine und mittlere Unternehmen generell eine geringere Zahl von Stoffen herstellen und der prozentuale Anteil von Stoffen unterhalb der Mengenschwelle von 1 Tonne pro Jahr bei den KMUs deutlich höher ist (18% bei KMUs gegenüber 6% bei Großunternehmen). Über 50% der KMUs entwickeln keine Neustoffe (52% der KMUs und 41% der Großunternehmen). Wenn Neustoffe auf den Markt gebracht werden, so geschieht dies überwiegend im Mengenbereich unterhalb einer Jahrestonne (51% der KMUs und nur 16% der Großunternehmen).

Ergänzend zeigen die aktuellen Zahlen des Europäischen Chemikalienbüros zu den Neustoffmeldungen ein Bild, das in Einklang steht mit den Ergebnissen von Schulze und Weiser. Danach handelt es sich bei einem Drittel der Neustoffe um Prozessinnovationen in Form von Zwischenprodukten (25%), Stabilisatoren (3%) oder Prozessregulatoren (5%). Die meisten Stoffinnovationen werden bei den Farbstoffen (15%) und bei den Fotochemikalien (8%) angemeldet. Zur Anwendung kommen die Neustoffe vor allem in folgenden Bereichen: kunststoffverarbeitende Industrie, Farben- und Druckindustrie, Fotoindustrie, Textilindustrie und Elektroindustrie.

Das aktuelle Zahlenmaterial des Europäischen Chemikalienbüros und die neueren Studien zu den Wirkungen der Chemikalienregulierung zeigen, dass sich das sektorale Innovationsmuster über die vergangenen zwanzig Jahre als relativ stabil erwiesen hat. Der überwiegende Anteil bei den Stoffinnovationen entfällt auf eine geringe Zahl hochinnovativer Teilbranchen, und kleine und mittlere Unternehmen haben es aufgrund der hohen FuE-Kosten für die Neustoffentwicklung generell schwerer als die Großunternehmen. Einige Autoren führen die abnehmende Zahl der Stoffinnovationen bei den KMUs in den innovativen Bereichen ursächlich auf die Kosten- und Zeitwirkungen der Neustoffanmeldung zurück (Fleischer et al. 2000; Fleischer 2001). Demgegenüber gelangen Hollins und Macrory und auch Staudt et al. in ihren Untersuchungen zu der vorsichtigeren Schlussfolgerung, dass zum Rückgang der Neustoffentwicklungen weitere Faktoren beigetragen haben, wie z.B. das Bestreben, das Leistungspotenzial vorhandener Stoffe in vollem Umfang auszuschöpfen (Staudt et al. 1997: 44).

Die Unterschiede der Innovationstätigkeit zwischen den Teilbranchen hat Ashford mit dem Konzept des Branchenlebenszyklus zu erklären versucht (Ashford u. Heaton 1983; Ashford 1993), nachdem die technologische Innovationsfähigkeit einer Branche mit zunehmendem Alter dieser Branche abnimmt. Dies führt zunächst zu einer Verlagerung der Innovationen von den Produkten hin zu Prozessinnovationen und später zu einer insgesamt abnehmenden Zahl von Innovationen in der Branche. Dies würde zum Beispiel erklären, warum die Teilbranchen zur Herstellung von Grundchemikalien im Vergleich mit den Herstellern von Spezialchemikalien eine geringere Zahl an Innovationen aufweisen. Das Konzept des Branchenlebenszyklus blendet andererseits durch seinen technikdeterministischen Ansatz wichtige kulturelle und motivationelle Erklärungsfaktoren für den Innovationsprozess vollständig aus, so dass diese These für sich allein genommen nur einen Teil der Erklärungen liefern kann.

Für die potenziellen Innovationseffekte der neuen europäischen Chemikalienregulierung lassen sich insgesamt aus den vorangegangenen Ausführungen einige hilfreiche Schlussfolgerungen ziehen. Die Unternehmensgröße und die Diversität der chemischen Industrie mit ihren vielfältigen Teilbranchen sind Schlüsselgrößen für die Erklärung des unternehmerischen Innovationsverhaltens in der chemischen Industrie. Staatliches Handeln durch eine Forschungs- und Technologiepolitik kann hier mittel- bis langfristig wirksam werden und sozial erwünschte Veränderungen begünstigen. Allein umweltpolitisch motiviertes Ordnungsrecht wird diese strukturellen Faktoren nicht grundsätzlich verändern, und den positiven Innovationswirkungen der zukünftigen Chemikalienregulierung sind dadurch strukturell Grenzen gesetzt. Eine frühzeitige Kenntnisnahme und hinreichende Berücksichtigung dieser strukturellen Faktoren bei der Ausgestaltung der neuen Chemikalienregulierung kann sich für die Erzielung der gewünschten Innovationswirkungen von REACH daher als sehr hilfreich erweisen.

## 5.2.4 Risiken der gegenwärtigen EU-Chemikalienregulierung

Betrachtet man die Wirkungen der europäischen Chemikalienregulierung unter dem Gesichtspunkt der von Aaron Wildavsky vorgebrachten Argumentation der Risiken der Risikoregulierung (Wildavsky 1988, 1995), so ist das Ergebnis zwar kompatibel mit dieser These, allerdings nicht aus dem Grund, den Wildavsky hierfür anführt, nämlich die Anwendung des Vorsorgeprinzips.

Die These Wildavskys vom Risiko der Risikoregulierung[5] geht davon aus, dass bei der Regulierung von Risiken den politischen Entscheidungsträgern zwei potenzielle Fehler unterlaufen können. Der Gesetzgeber kann das Risiko unterschätzen und den Fehler einer Unterregulierung begehen, oder er überschätzt das Risiko mit der Folge einer Überregulierung. Während im ersten Fall durch das ungenügende Schutzniveau mögliche (irreparable) Schäden der Umwelt und der menschlichen Gesundheit drohen, entstehen im zweiten Fall unnötige finanzielle Belastungen bei den betroffenen Unternehmen und den Verbrauchern. Bei der rechtlichen Abwägung der Güter wird der Schutz der menschlichen Gesundheit und der Umwelt dann höher eingeschätzt als die zusätzlichen finanziellen Kosten. Das Handeln folgt unter Berücksichtigung des Vorsorgeprinzips daher dem Motto „better safe than sorry".

Wildavsky und andere Autoren bestreiten nun, dass im Fall der Überregulierung tatsächlich nur ein finanzieller Mehraufwand entsteht und argumentieren, dass bei einer Überregulierung ebenfalls soziale und ökologische Folgekosten in erheblichem Ausmaß drohen. Diese sozialen und ökologischen Folgekosten entstehen durch die Lähmung der Innovationskräfte in der Gesellschaft. Die strikte Anwendung des Vorsorgeprinzips verhindert nach dieser Auffassung notwendige Lerneffekte im Umgang mit Risiken. Diese Blockadehaltung, die jegliches Risiko zu vermeiden sucht, kann ihrerseits wiederum zu Wohlfahrtsverlusten führen und

---

[5] Für eine ausführlichere Darstellung und Kritik der Wildavsky-These siehe Kapitel 6 von *Nordbeck/Faust* sowie Kapitel 4 von *Köck* in diesem Band.

neue Risiken erzeugen, zum Beispiel durch Schutzlücken aufgrund restriktiver Zulassungsverfahren. Ein Großteil der Literatur zu den „tatsächlichen Kosten des Vorsorgeprinzips" (Durodie 2003) besteht gegenwärtig in dem Bemühen, diese These mit entsprechenden Fallbeispielen empirisch zu untermauern (Adler 2000; Miller u. Conko 2001; Okonski u. Morris 2004; Wildavsky 1995). Dies geschieht bislang allerdings mit bescheidenem Erfolg, da viele der vorgetragenen Beispiele einer näheren Betrachtung nicht standhalten.

Für die europäische Chemikalienregulierung lassen sich tatsächlich einige der genannten Risiken als Wirkung konstatieren. Ursächlich hierfür ist die Schieflage zwischen der Regulierung von Alt- und Neustoffen als Resultat einer willkürlichen Stichtagsregelung. In dem die europäische Chemikalienregulierung für Neustoffe eine Anmeldung obligatorisch macht, welche entsprechende Kosten mit sich bringt, während die Altstoffe ungehindert und von Anmeldekosten befreit auf dem Markt vertrieben werden dürfen, werden die Neustoffe gegenüber den bereits auf dem Markt befindlichen Stoffen eindeutig diskriminiert. Die Verlagerung der Innovationsaktivitäten in den Bereich der Altstoffe als Konsequenz aus der regulativen Schieflage verstärkt diese Fehlentwicklung noch. Im Ergebnis wirkt die Neustoffanmeldung als Markteintrittsbarriere für neue Stoffe und sorgt dafür, dass zu viele Altstoffe mit problematischen Stoffeigenschaften mangels Wettbewerb mit sicheren Alternativen auf dem Markt verbleiben. Um dem regulierungsbedingten Aufwand zu entgehen, verzichten die Chemieunternehmen nach eigenen Angaben teilweise auf Produkt- und Verfahrensoptimierungen durch neue Stoffe und Zwischenprodukte sowie die damit verbundene höhere Stoff- und Energieeffizienz und greifen stattdessen auf Altstoffe zurück, wodurch die Schutzziele der europäischen Chemikalienregulierung konterkariert werden (Staudt et al. 1997: 75, 94f.). Ohne die restriktiven Vorgaben der Neustoffrichtlinie ließen sich nach Angaben eines Industrievertreters „Quantensprünge" im Hinblick auf effizientere, umweltfreundlichere Stoffinnovationen erreichen (Staudt et al 1997: 94). Ein großes Potenzial für umweltfreundliche Innovationen ist auch durch aktuelle Expertenbefragungen bestätigt worden (Eder u. Sotoudeh 2000; Eder 2003). Einschränkend ist anzumerken, dass die Neustoffanmeldungen der letzten zwanzig Jahre von diesem Quantensprung nur wenig zeigen. So sind in Deutschland von 420 Neustoffen mit einem Vermarktungsvolumen zwischen 1 und 10 Tonnen etwa 60% als umweltgefährlich eingestuft worden, und für annähernd ein Drittel ergab die Risikobewertung Anlass zur Besorgnis (UBA 2001: 6; Callies 2003: 49).

Über das fatale Zusammenspiel von europäischer Altstoffverordnung und Neustoffrichtlinie und die resultierende prohibitive Wirkung für die Neustoffentwicklung besteht kein Zweifel. Ursächlich sind hierfür strukturelle Mängel und handwerkliche Fehler in der Gesamtkonzeption der europäischen Chemikalienregulierung. Ein nennenswerter Einfluss des Vorsorgeprinzips als Ursache dieses Missstandes ist nicht erkennbar. Diese Fehlentwicklungen dem Vorsorgeprinzip anzulasten schießt daher über das Ziel hinaus und vernebelt argumentativ die eigentlichen Probleme. Die Europäische Kommission hat in ihrer Mitteilung zur Anwendbarkeit des Vorsorgeprinzips eine differenzierte und pragmatische Position an den Tag gelegt und auch im Weißbuch zur neuen Chemikalienpolitik nochmals betont, dass Maßnahmen zur Risikominderung nicht ohne eine vorherige Risikobewertung und den Abgleich von Vor- und Nachteilen ergriffen werden (Europäische Kommission 2000; Europäische Kommission 2001: 7). Die Ergebnisse der Wirkungsevaluation der europäischen Chemikalienregulierung liefern keinen Grund, sich polemischer Argumente gegen das Vorsorgeprinzip zu bedienen, wie es in einer Reihe von aktuellen Publikationen der Fall ist. Eine sinnvollere Vorgehensweise besteht darin, dass die betroffenen Parteien in einem konstruktiven Dialog sich der vorhandenen Probleme bewusst werden und nach konkreten Lösungsvorschlägen suchen, die innovations- und schutzzielgerechte Regelungsalternativen schaffen.

Ob und inwiefern die in den vorangegangenen Abschnitten dargestellten Mängel und Fehlentwicklungen der jetzigen europäischen Chemikalienregulierung im Rahmen der neuen europäischen Chemikalienpolitik aufgegriffen und mit vernünftigen Lösungen beantwortet wurden, ist das zentrale Thema des folgenden Abschnitts.

## 5.3 Die Wirkung des neuen REACH-Systems auf Innovationen zum nachhaltigen Wirtschaften

Nach langen und kontrovers geführten Diskussionen hat die Europäische Kommission im Oktober 2003 ihren Vorschlag für eine neue EU-Verordnung zur Registrierung, Bewertung und Zulassung von Chemikalien vorgelegt. Mit der Reform der EU-Chemikalienregulierung verfolgt die EU-Kommission zwei elementare Ziele: ein hohes Schutzniveau für die menschliche Gesundheit und die Umwelt und die Verbesserung der internationalen Wettbewerbsfähigkeit der europäischen Chemieindustrie. Bezogen auf die Mängel der bisherigen Chemikalienregulierung bedeutet dies, ein Reformpaket zu entwickeln, welches parallel die enormen Wissenslücken über Eigenschaften und Verwendungszwecke bei den Altstoffen schließt und zeitgleich mehr Freiräume für Innovationen bei den Neustoffen schafft.

Als Antwort auf die Altstoffproblematik sieht die neue Verordnung ein einheitliches kohärentes System für alle Chemikalien vor, mit dem das bisherige duale System und die rechtliche Trennung zwischen Alt- und Neustoffen überwunden werden soll. Zur Aufarbeitung der Informationslücken bei den Altstoffen soll die Industrie ab 2006 verpflichtet werden, innerhalb eines Übergangszeitraums von 11 Jahren ausreichende Datensätze für circa 30.000 Altstoffe mit einer Produktionsmenge von mehr als einer 1 Tonne jährlich vorzulegen.

Um mehr Innovationsfreiräume zu schaffen, sieht der Verordnungsvorschlag der Kommission Erleichterungen gegenüber den bisherigen Anmelde- und Mitteilungspflichten im Bereich der Neustoffe vor. Als wesentliche Maßnahmen sind hier die Anhebung der Mengenschwelle für die Registrierung von 10 kg auf 1 Tonne, die Fristenverlängerung auf mindestens 5 Jahre bei den Ausnahmeregelungen für Stoffe zur Forschung und Entwicklung sowie die vollständige Befreiung der Polymere von der Registrierungspflicht zu nennen.

Darüber hinaus führt das neue REACH-System ein Zulassungsverfahren für besonders kritische Stoffe ein. Das Zulassungsverfahren stellt eine deutliche Verschärfung gegenüber dem bisherigen europäischen Chemikalienrecht dar. Auch wenn die Kommission und der Ministerrat der Empfehlung des Europäischen Parlamentes, aus der Verwendung dieser Stoffe bis 2020 generell auszusteigen, nicht gefolgt ist, so bleibt das Substitutionsprinzip das Leitmotiv des Zulassungsverfahrens. Die Innovationswirkung des Zulassungsverfahrens ist daher im Prinzip identisch mit derjenigen der bisherigen Altstoffregulierung, nur dass die Prioritätensetzung auf Stoffe, bei denen rechtlicher Handlungsbedarf vermutet wird (Highest Expected Regulatory Outcome – HEROs), eine zeitlich beschleunigte und wesentlich nachhaltigere Wirkung vermuten lässt.

Führt man sich an dieser Stelle noch einmal die drei Fragen von Ashford (1993: 248) zur Formulierung innovationsorientierter Umweltpolitik vor Augen[6], so wird deutlich, dass die Kommission eine recht präzise Vorstellung von den (Innovations-)Problemen der bisherigen Chemikalienregulierung hat und vor allem über das Zulassungsverfahren gezielt auf die Innovationsrichtung einwirken möchte. Weniger präzise waren über weite Strecken der öffentlichen Diskussion die Vorstellungen der Kommission zur Erhöhung der Innovationsrate, also der Zahl angemeldeter Neustoffe. Dies hat zu pauschalen Aussagen über die positiven Innovationswirkungen geführt, womit die Kommission vor allem eine positive Wirkung des Zulassungsverfahrens auf die Innovationsrichtung verknüpfte. Unbeantwortet blieb hingegen die Frage, von welchen Teilbranchen man vernünftiger Weise erwarten kann, dass sie unter REACH zukünftig verstärkt Stoffinnovationen erbringen werden. Aus der Diskussion der Innovationswirkungen der Neustoffregulierung in den vorangegangenen Abschnitten zeigte sich, dass insbesondere kleine und mittlere Unternehmen hierbei eine wichtige Rolle spielen. Es ist daher verständlich, dass diese Frage zu einem Schwerpunkt der Reformdiskussion avanciert ist. So begleitete schon das Weißbuch der Vorwurf, es sei weitgehend mit Blick auf die Großunternehmen geschrieben worden und werde der Situation und den Problemen der KMUs in der chemischen Industrie nicht gerecht. Die besondere Rolle der KMUs hat in den ökonomischen Wirkungsanalysen zu REACH dann auch breiten Raum eingenommen (RPA 2002; ADL 2002; Mercer Consulting 2003). Die fortwährende Debatte über die wirtschaftlichen Auswirkungen von REACH auf die kleinen und mittleren Unternehmen hat zudem den Effekt, dass die kleineren Mitgliedstaaten der EU, in denen die chemische Industrie fast ausschließlich mittelständisch ist, ein eigenes argumentatives Gewicht im Verhältnis zu den drei großen Mitgliedstaaten (Deutschland, Frankreich, Großbritannien) bekommen haben. Auch in den zehn neuen Mitgliedstaaten der EU konzentrieren sich die Wirkungsanalysen sehr stark auf die ökonomischen Auswirkungen von REACH auf kleine und mittlere Unternehmen.

Die Kommission hat in ihrem Verordnungsvorschlag auf diese spezifische Problematik mit einer Reihe von Veränderungen gegenüber dem Konsultationsdo-

---

[6] Diese Fragen lauteten: welche Innovationswirkungen sind erwünscht, in welchem Branchensegment sind Innovationen wahrscheinlich und welches Regulierungsmuster wird die erwünschten Innovationen auslösen?

kument vom Mai 2003 reagiert (KOM 2003a: 8ff.). Und damit stellt sich die dritte und entscheidende Frage, ob durch REACH die richtigen Anreize gesetzt werden, damit sich die gewünschten positiven Innovationswirkungen auch entfalten können. Den Stand der Diskussion zu dieser Frage darzustellen und die möglichen Innovationswirkungen von REACH zu bewerten, ist das Anliegen der folgenden Abschnitte. Begonnen werden soll mit einer kurzen Vorstellung der wichtigsten Bausteine der neuen Chemikalienregulierung.

### 5.3.1 Darstellung des neuen Systems zur Registrierung, Bewertung und Zulassung von Chemikalien

Gemäß dem EG-Vertrag muss die zukünftige europäische Chemikalienpolitik ein hohes Schutzniveau für die menschliche Gesundheit und die Umwelt gewährleisten. Gleichzeitig muss sie die Funktionsfähigkeit des europäischen Binnenmarktes und die internationale Wettbewerbsfähigkeit der chemischen Industrie sichern. Als Teil der europäischen Umweltpolitik hat sich die Chemikalienpolitik an den Zielen und Vorgaben des Art. 174 Abs. 1 EGV zu orientieren. Dazu zählt die Anwendung des Vorsorgeprinzips, die Produktverantwortung und die Orientierung am Leitbild der nachhaltigen Entwicklung, das in Art. 2 und 6 EGV verankert ist. Diese handlungsleitenden Prinzipien werden in der neuen Chemikalienpolitik ergänzt durch das Substitutionsprinzip und das Prinzip der Lastenteilung zwischen Industrie und Behörden. Das neue System der Chemikalienkontrolle basiert prinzipiell auf drei Bausteinen: der Registrierung, der Bewertung und der Zulassung (REACH). Dabei durchläuft nicht jeder Stoff zwingend alle drei Stufen des Verfahrens. Die Anforderungen sind vielmehr abhängig von der geplanten Herstellungsmenge, seiner nachgewiesenen oder vermuteten Gefährlichkeit, seinen Verwendungszwecken sowie seiner Exposition gegenüber Mensch und Umwelt (Calliess 2003: 48). Gänzlich ausgenommen von REACH sind radioaktive Stoffe, Stoffe im Transitverkehr unter zollamtlicher Überwachung und nicht-isolierte Zwischenprodukte.

#### 5.3.1.1 Registrierung

Nach Artikel 5 des Verordnungsvorschlags muss jeder Hersteller und Importeur, der einen Stoff in einer Menge von über einer Tonne pro Jahr herstellt oder importiert, bei der Europäischen Chemikalienagentur ein Registrierungsdossier für diesen Stoff einreichen. Die Pflicht zur Registrierung gilt nicht, wenn die Stoffe als Human- und Tierarzneimittel, als Lebensmittelzusatzstoffe oder als Tierfutterzusatz verwendet werden bzw. ausschließlich als Pflanzenschutzmittel oder Biozid-Produkt Verwendung finden. Von der allgemeinen Registrierungspflicht ausgenommen sind ferner alle Polymere und alle Stoffe, die in den Anhängen II und III des Verordnungsvorschlags aufgeführt sind und derart geringfügige Risiken aufweisen, dass eine Registrierung nicht notwendig ist. Für Stoffe in der produkt- und verfahrensorientierten Forschung und Entwicklung gilt eine Ausnahme von der allgemeinen Pflicht für mindestens fünf Jahre, mit der Option einer Verlängerung dieser Frist um weitere fünf Jahre. Für isolierte Zwischenprodukte ist eine beschränkte Form der Registrierung vorgesehen. Für die Registrierung von Stoffen in Erzeugnissen gilt eine besondere Regelung. Danach ist eine Registrierung vorgeschrieben, wenn gefährliche Stoffe beabsichtigt aus Erzeugnissen freigesetzt werden, während bei unbeabsichtigter Freisetzung eine einfache Mitteilung genügt, auf deren Grundlage die Behörden eine Registrierung fordern kann.

Für die Risikoabschätzung werden Daten zum Verbleib und Verhalten der Stoffe in der Umwelt (z.B. Wasserlöslichkeit, Abbaubarkeit) und zur Toxizität gegenüber Mensch und Ökosystemen benötigt (SRU 2004: 749).Voraussetzung der Registrierung ist daher die Vorlage von Informationen zu den Stoffeigenschaften, der Herstellungsmenge, den Verwendungszwecken und den möglichen Gefahren für die menschliche Gesundheit und die Umwelt. Angesichts der Zahl von 30.000 Stoffen und der hohen Anzahl möglicher Tests ist eine Staffelung der Testanforderungen nach bestimmten Kriterien erforderlich, da ansonsten sowohl Unternehmen als auch Behörden überfordert würden (SRU 2004: 744). International werden zwei unterschiedliche Strategien bei den Testanforderungen verwendet (Fleischer et al. 2000): eine risikobasierte Teststrategie (z.B. in den USA und Japan) und ein Mengenschwellenansatz mit starren Testanforderungen (z.B. in der EU und in Kanada). Die EU wird auch unter REACH prinzipiell am Mengenschwellenkonzept und damit an einer Staffelung der Testanforderungen nach Produktionsmengen festhalten. Die Anforderungen für Stoffe mit einer Herstellungsmenge zwischen 1 und 10 Tonnen sind im Verordnungsvorschlag nochmals erheblich reduziert worden. Die Informationsanforderungen für Stoffe ab einer Menge von 10 Tonnen entsprechen dem Grunddatensatz[7] der RL 67/548, ab 100 Tonnen dem Stufe 1-Test[8] und ab 1000 Tonnen dem Stufe 2-Test. Für Stoffe ab 10 Tonnen muss bei der Registrierung außerdem ein Stoffsicherheitsbericht vorgelegt werden, in dem die verfügbaren Informationen zu den Stoffeigenschaften, die Risiken für die menschliche Gesundheit und die Umwelt sowie die gewählten Risikominderungsmaßnahmen dokumentiert sind. Jedoch bietet der Verordnungsvorschlag vielfältige Möglichkeiten, von den Standardprüfprogrammen gemäß den Anhängen V bis VIII abzuweichen. Dazu zählen die Nutzung bereits vorhandener Daten, die Anwendung validierter Modelle der quantitativen oder qualitativen Struktur-Aktivitäts-Beziehung ((Q)SAR) um Prüfungen zu ersetzen, die Verwendung von Ergebnissen geeigneter in-vitro Prüfungen, Stoffgruppen und Analogieschlüsse um die Zahl der notwendigen Prüfungen zu reduzieren, und maßgeschneiderte Teststrategien bei denen die Prüfung bestimmter Endpunkte mangels Exposition entfallen kann. Insgesamt betrachtet wird zukünftig in der EU damit ein Kombinationsmodell aus mengen-, eigenschafts- und expositionsgestützten Registrieranforderungen zum Einsatz kommen. Darüber hinaus ist im Sinne der Kostenreduzierung für Industrie und Behörden die gemeinsame Vorlage von Daten durch ein Unternehmenskonsortium möglich.

---

[7] Basisbeschreibung für Stoffe gemäß Anhang VII a der Richtlinie 67/548.
[8] Stoffspezifische Prüfungen zur Bestimmung langfristiger Wirkungen.

## 5.3.1.2 Bewertung

Mit der Bewertung werden prinzipiell drei Ziele verfolgt: die Einhaltung der Registrierungsanforderungen, die Reduzierung von Tierversuchen und die Bewertung der Risiken für Mensch und Umwelt, die von einem Stoff ausgehen. Unter REACH wird es zukünftig mit der Dossierbewertung und der Stoffbewertung zwei Arten von Bewertungen geben. Bei der Dossierbewertung prüft die Europäische Chemikalienagentur die von den Unternehmen eingereichten Registrierungsdossiers auf ihre Vollständigkeit und leitet die Unterlagen dann innerhalb von 30 Tagen an die zuständige nationale Behörde weiter. Die zuständige Behörde prüft in einem zweiten Schritt die Vorschläge der Unternehmen für weitere Tests gemäß den Anhängen VII und VIII, um so unnötige Kosten und Tierversuche zu vermeiden.

Das Ziel der Stoffbewertung ist es, auf der Grundlage der von der Industrie bereit gestellten Prüfdaten die von den Stoffen ausgehenden Risiken für die menschliche Gesundheit und die Umwelt zu ermitteln. Eine Stoffbewertung ist obligatorisch für Stoffe mit Herstellungsmengen über 100 Tonnen und für prioritäre Stoffe, die aufgrund ihrer gefährlichen Eigenschaften dem Zulassungsverfahren unterliegen. Für die zeitliche Rangfolge der Stoffbewertungen entwickelt die Europäische Chemikalienagentur geeignete Kriterien auf der Grundlage eines risikobasierten Ansatzes. Die Mitgliedstaaten nehmen den Stoff dann entsprechend der Einstufung in einen fortlaufenden Bewertungsplan auf, der einen Zeitraum von drei Jahren umfasst und jährlich aktualisiert wird. Sowohl die Bewertung der Versuchsvorschläge als auch die eigentliche Stoffbewertung erfolgen damit analog der bisherigen Altstoffbewertung durch die zuständigen nationalen Behörden und nicht durch die Agentur.

Die Abhängigkeit der Stoffbewertung von der Qualität der eingereichten Daten hat die Frage nach einer möglichen Qualitätssicherung aufgeworfen. So ist die Europäische Chemikalienagentur bei der Vollständigkeitsprüfung zum Beispiel nicht befugt, eine Beurteilung der Qualität und der Angemessenheit vorgelegter Daten oder Begründungen vorzunehmen. Dies kann allenfalls im Rahmen der obligatorischen Evaluation für hochvolumige Stoffe oder der Prüfung von prioritären Stoffen erfolgen. Angesichts der zu erwartenden Auslastung der zuständigen Behörden in den Mitgliedstaaten wird eine effektive Stichprobenkontrolle kaum realisierbar sein (SRU 2004: 755). Der SRU hat deshalb bereits in seinem Umweltgutachten 2002 eine Verifizierung durch unabhängige Zertifizierungsorganisationen empfohlen.

## 5.3.1.3 Zulassungsverfahren und Beschränkungen

Der Verordnungsvorschlag etabliert ein Zulassungsverfahren für Stoffe mit bestimmten Eigenschaften. Mit dem Zulassungsverfahren soll sichergestellt werden, dass die von besorgniserregenden Stoffen ausgehenden Risiken entweder adäquat kontrolliert werden oder eine Substitution durch Alternativstoffe und -technologien erfolgt. Zu den besorgniserregenden Stoffen zählen karzinogene, mutagene und reprotoxische Stoffe der Kategorien 1 und 2, PBT-Stoffe, vPvB-Stoffe, und

Stoffe mit ähnlich hohem Anlass zur Besorgnis wie z.B. hormonell wirksame („endokrine") Stoffe (Art. 54). Diese Stoffe dürfen nur für Anwendungen eingesetzt werden, die vorher ausdrücklich zugelassen worden sind und auch nur von denjenigen Unternehmen, die eine Zulassung beantragt haben, sowie von deren Kunden.

Alle Stoffe, die die oben genannten Eigenschaften aufweisen und damit dem Zulassungsverfahren unterliegen, werden in Anhang XIII der Verordnung aufgelistet. Dabei wird es sich in erster Linie um Altstoffe handeln und nur um sehr wenige bzw. gar keine Neustoffe. Aus diesem Grund sind Übergangsvorkehrungen notwendig für Stoffe, die zum Zeitpunkt ihrer Aufnahme in den Anhang bereits in Verkehr sind. Das Zulassungsverfahren wird sich in der Übergangszeit zunächst auf Stoffe konzentrieren, bei denen ein hoher Regulierungsbedarf zum Schutz der menschlichen Gesundheit und der Umwelt vermutet wird. Die Europäische Chemikalienagentur wird daher eine Prioritätenliste zur Aufnahme in den Anhang XIII ausarbeiten. Priorität behandelt werden Stoffe mit PBT- und mit vPvB-Eigenschaften, mit weit verbreiteter Verwendung oder mit hohem Produktionsvolumen.

Für die in Anhang XIII aufgenommenen Stoffe wird ein Verfallsdatum festgesetzt, ab dem alle nicht zugelassenen Verwendungen verboten sind, sofern kein Antrag auf Zulassung gestellt wird. Dem Antragsteller obliegt im Zulassungsverfahren die Beweislast. Er muss in seinem Antrag nachweisen, dass die Risiken der Verwendung für die menschliche Gesundheit und die Umwelt „angemessen beherrscht" werden oder dass zumindest der sozioökonomische Nutzen die Risiken der Verwendung überwiegt und es keine geeigneten Stoffe oder Technologien zur Substitution gibt. Der Zulassungsantrag wird von zwei Ausschüssen bewertet: dem Ausschuss für Risikobeurteilung und dem Ausschuss für sozioökonomische Analysen. Auf der Grundlage des eingereichten Registrierungsdossiers und des Stoffsicherheitsberichtes sowie der freiwillig beizufügenden sozioökonomischen Analyse und dem Substitutionsplan wird von den genannten Ausschüssen eine Stellungnahme abgegeben. Die Stellungnahme umfasst eine Beurteilung des Risikos für Mensch und Umwelt durch die im Antrag genannten Verwendungen durch den Ausschuss für Risikobeurteilung sowie eine Beurteilung der sozioökonomischen Auswirkungen einer Zulassung der beantragten Verwendungen bzw. ihrer Verweigerung durch den Ausschuss für sozioökonomische Analyse. Der Antragsteller kann sich zu den Stellungnahmen äußern. Die endgültige Entscheidung über die Erteilung oder Verweigerung der Zulassung wird nach dem Ausschussverfahren durch die Kommission getroffen.

Als viertes Element unter REACH hat die Kommission ein Sicherheitsnetz für jene Stoffe eingebaut, die nicht dem Zulassungsverfahren unterliegen, deren Herstellung und Verwendung aber dennoch ein unannehmbares Risiko darstellt. Für diese Stoffe ist ein Beschränkungsverfahren vorgesehen. Beschränkungen werden von der Europäischen Chemikalienagentur auf der Grundlage einer Risikobewertung und einer sozioökonomischen Analyse durch die beiden oben genannten Ausschüsse vorbereitet und dann im Komitologieverfahren entschieden.

## 5.3.2 Innovationsanreize durch REACH

Die Europäische Kommission hat sich in ihrem Verordnungsvorschlag einiges einfallen lassen, um die Informationsprobleme der Altstoffregulierung und die Innovationsprobleme der Neustoffregulierung zu beheben. Dieser Abschnitt stellt daher die innovationsrelevanten Änderungen unter REACH vor und diskutiert sie vor dem Hintergrund der in Abschnitt 5.2 dargestellten Probleme der bisherigen Chemikalienregulierung.

**Integration der Alt- und Neustoffe**

Die Auflösung des bisherigen dualen Systems für Alt- und Neustoffe und die Schaffung eines einheitlichen Rahmens für alle Stoffe ist sicher die wichtigste Veränderung unter REACH. Die Vereinheitlichung schafft nicht nur mehr Transparenz in der Chemikalienregulierung, sondern beseitigt zugleich die gegenwärtige Diskriminierung der Neustoffe durch hohe Anmeldekosten, die gegenüber den frei vermarkteten Altstoffen als Markteintrittsbarriere wirken. Die Integration wird sich daher positiv auf die zukünftige Entwicklung von neuen Stoffen auswirken. Eine Rückverlagerung der unternehmerischen FuE-Aktivitäten in den Bereich der Neustoffe als Resultat dieser Integration wäre prinzipiell begrüßenswert.

Andererseits belastet die neue Regelung die vorherrschenden Innovationsaktivitäten der chemischen Industrie im Bereich der Zubereitungs- und Anwendungsinnovationen zukünftig mit höheren Kosten. Durch diese Kostenbelastung werden die Innovationen im Altstoffbereich teurer, was sich wiederum negativ auf die Innovationsrate bei den Zubereitungs- und Anwendungsinnovationen auswirken kann. Die Industrie befürchtet nun, dass viele Altstoffe unter REACH überhaupt nicht registriert werden und ihr damit der jetzt frei verfügbare „Innovationspool" abhanden kommt. Es sollte daher sichergestellt werden, dass diese wertvolle Wissensbasis über Altstoffe und ihre Verwendungen unter REACH erhalten bleibt und anerkannt wird (Wolf u. Delgado 2003: 23).

**Übergangsregelungen für Altstoffe**

Für die Integration der Altstoffe in das neue REACH-System ist ein Zeitraum von 11 Jahren vorgesehen, innerhalb dessen die Registrierung in Abhängigkeit von der Herstellungsmenge und den gefährlichen Stoffeigenschaften erfolgen soll. So gilt eine dreijährige Übergangsfrist für Stoffe mit einer Herstellungsmenge von über 1000 Tonnen und für die zulassungspflichtigen Stoffe, eine Übergangsfrist von sechs Jahren für Stoffe über 100 Tonnen und eine Frist von 11 Jahren für Stoffe über einer Tonne. Die langen Übergangsfristen helfen den Unternehmen in zweifacher Hinsicht (Wolf u. Delgado 2003: 24): sie bieten den Unternehmen erstens genügend Zeit, um sich mit der neuen Regulierung vertraut zu machen und die notwendigen Informationen für die Registrierung zu sammeln, und zweitens werden durch die Übergangsfristen die finanziellen Belastungen der Unternehmen über einen Zeitraum von bis zu elf Jahren gestreckt, so dass hier kein Anlass besteht, finanzielle Ressourcen kurzfristig aus anderen Unternehmensbereichen, wie zum Beispiel der Forschung und Entwicklung, abzuziehen.

**Anhebung der Mengenschwellen**

Die Mengenschwelle für eine Registrierungspflicht ist unter REACH für Neustoffe von 10 kg auf 1 Tonne angehoben worden. Die nachfolgenden Mengenschwellen, die zusätzliche Informationspflichten auslösen, sind dementsprechend angehoben worden auf 10 Tonnen (Grunddatensatz), 100 Tonnen (Stufe1-Tests) und 1000 Tonnen (Stufe2-Tests). Die Informationsanforderungen für Stoffe mit einer Herstellungsmenge zwischen 1 und 10 Tonnen sind auf ein Minimum reduziert worden. Diese Maßnahmen sind offensichtlich getroffen worden, um mehr Freiräume für Stoffinnovationen zu schaffen und die Kosten von REACH insbesondere für kleine und mittlere Unternehmen zu reduzieren, da diese Unternehmen überwiegend im unteren Mengenbereich tätig sind. Unterhalb der Mengenschwelle von 1 Tonne wird durch die neue Regulierung förmlich eine Spielwiese für Innovationen eingeräumt. Die Anhebung der Mengenschwellen löst damit eines der in der Literatur oft angeführten Innovationsprobleme der Neustoffregulierung.

**Stärkere Risikoorientierung unter REACH**

Das neue System zur Registrierung, Bewertung und Zulassung ist sicher nicht der von einigen Autoren geforderte Übergang zu einer risikobasierten Strategie in Anlehnung an die US-amerikanische Chemikalienregulierung. Der Verordnungsvorschlag orientiert sich weiter am Mengenschwellenansatz, ergänzt diesen jedoch um risikoorientierte Elemente. So sind die Testanforderungen abhängig von der Menge und den Stoffeigenschaften, und Stoffe mit hohen Produktionsmengen oder gefährlichen Eigenschaften werden unter dem neuen System prioritär behandelt. Darüber hinaus sind Stoffe, die als ungefährlich gelten (Anhang II), und Stoffe, die in der Natur vorkommen (Anhang III), von der Registrierung ausgenommen. Das Risiko bestimmt unter REACH also zumindest den Zeitpunkt, wann ein Stoff getestet wird (nach drei, sechs oder elf Jahren), und verzichtet für die bekanntermaßen ungefährlichen Stoffe auf eine Registrierung. Die Möglichkeit der risikoorientierten Teststrategien, unabhängig von den Produktionsmengen auf weitere Tests mangels Risiko zu verzichten, bietet jedoch REACH im Regelfall nicht. Die Kombination von mengen-, eigenschafts- und expositionsgestützten Registrieranforderungen ist aber zweifelsohne eine deutliche Flexibilisierung gegenüber den bisherigen starren Testanforderungen in der EU und deshalb als Instrument gut geeignet, die Kosten der Registrierung zukünftig zu reduzieren.

Durch das Zulassungsverfahren wird zudem der Schwerpunkt auf die hochkritischen Stoffe mit gefährlichen Eigenschaften gelegt und ein Anreiz für die Substitution dieser Stoffe durch weniger gefährliche Ersatzstoffe oder alternative Technologien gesetzt. Von dem Zulassungsverfahren gehen daher nach wie vor die stärksten Impulse für eine Änderung der Innovationsrichtung aus.

**Kostenminimierende neue Verfahren der Informationsgewinnung**

Durch die Nutzung innovativer Verfahren der Informationsgewinnung wie QSAR oder Stoffgruppen- und Analogiekonzepte schafft REACH die Voraussetzungen, um die Kosten der Registrierung für die Hersteller und Importeure deutlich zu senken und auf unnötige Tierversuche zu verzichten. Die Einführung von Anwendungs- und Expositionskategorien könnte diesen Effekt noch verstärken und zu einer weiteren Vereinfachung der Registrieranforderungen insbesondere für die kleinen und mittleren Unternehmen beitragen.

In die gleiche Richtung zielen die britischen Forderungen, jeden Stoff unter REACH nur einmal zu registrieren („ein Stoff – eine Registrierung"). Dieser Ansatz hat trotz der ablehnenden Haltung der Industrie gegenüber Zwangskonsortien ein enormes Potenzial für eine Kostenreduzierung und für mehr Transparenz im System, da das Problem der Mehrfachanmeldungen dadurch weitgehend entfällt.

Auch wenn von diesen Maßnahmen keine direkte Innovationswirkung für Stoffe und Prozesse ausgeht, so spricht doch viel dafür, dass die Kostenreduzierungen einen positiven Beitrag für die Wettbewerbs- und Innovationsfähigkeit leisten. Darüber hinaus wird die potenzielle Innovationswirkung von REACH nicht allein durch die Stoff- und Anwendungsinnovationen bestimmt, sondern auch durch den Einsatz innovativer Testmethoden und innovativer Verfahren der Informationsgewinnung und Risikobewertung.

**Ausnahmeregelungen**

Der Verordnungsvorschlag der Kommission definiert eine Reihe von Fällen, in denen Stoffe von der allgemeinen Registrierungspflicht ausgenommen sind bzw. geringeren Informationspflichten unterliegen. Generell ausgenommen sind die Stoffe des Anhangs II, die als ungefährlich gelten, und die Stoffe des Anhangs III, die aus natürlichen Prozessen entstehen oder Teil der natürlichen Umwelt sind. Weitere Ausnahmen und Erleichterungen bei den Registrierungsanforderungen sind für Polymere, isolierte Zwischenprodukte und für Stoffe in der produkt- und prozessorientierten Forschung und Entwicklung vorgesehen:

- *Polymere:* Der Verordnungsvorschlag sieht vor, dass Polymere von der Registrierung und Bewertung ausgenommen sind. Nach Artikel 133 Abs. 2 können Polymere jedoch zu einem späteren Zeitpunkt in das Registrierungsverfahren einbezogen werden, wenn zuverlässige wissenschaftliche Kriterien für die Bestimmung von registrierungspflichtigen Polymeren entwickelt worden sind. Aus Sicht der Innovationsförderung wird mit der Ausnahme von Polymeren bei der Registrierung eine der wesentlichen Hürden für Innovationen im Neustoffbereich beseitigt (vgl. Staudt et al. 1997: 105ff. zum „Polymer-Dilemma").
- *Isolierte standortinterne und transportierte Zwischenprodukte:* Für isolierte Zwischenprodukte gelten nach Artikel 15 und 16 weniger strenge Registrieranforderungen. Im Registrierungsdossier sind lediglich Angaben zur Identität des Hersteller und des Zwischenproduktes sowie zur Einstufung des Zwischenproduktes zu machen. Bei den stoffspezifischen Angaben sind alle verfügbaren bestehenden Informationen über die physikalisch-chemischen Eigenschaften bzw. die Eigenschaften in Bezug auf die menschliche Gesundheit und die Umwelt einzureichen. Es müssen also nur Informationen eingereicht werden, die schon verfügbar sind und die der Hersteller ohne zusätzliche Tests übermitteln kann. Es werden keine weiteren Informationen bei steigenden Produktionsmengen verlangt. Die Anforderungen an die Registrierung von Zwischenprodukten sind

somit mengenunabhängig. Einzige Ausnahme sind transportierte Zwischenprodukte mit einer Menge von über 1000 Tonnen pro Jahr. In diesem Fall muss das Registrierungsdossier die Informationen nach Anhang V enthalten, also den so genannten Grunddatensatz. Die neuen Regelungen entsprechen den Vorstellungen der Industrie, die bei den Informationspflichten für Zwischenprodukte schon lange Änderungen gefordert haben (vgl. Staudt et al. 1997: 74ff.). Unter der gegenwärtigen Zahl von 250–300 Neustoffen in der EU liegt der Anteil der Zwischenprodukte bereits bei 30%. Die deutlich reduzierten Anforderungen für Zwischenprodukte unter REACH werden sich daher sehr positiv auf die zukünftige Entwicklung in diesem Bereich auswirken. Da der Verordnungsvorschlag keinen Mindestdatensatz für isolierte Zwischenprodukte verlangt, kann hier allerdings eine Schutzlücke mit einem negativen Effekt für die Innovationsrichtung eintreten.
- *FuE-Stoffe:* Für Stoffe, die in der produkt- und verfahrensorientierten Forschung und Entwicklung eingesetzt werden, gilt eine Ausnahme von der allgemeinen Registrierungspflicht. Diese FuE-Stoffe sind während eines Zeitraums von mindestens fünf Jahren von der Registrierung befreit, allerdings bestehen gewisse Informationspflichten gegenüber der Europäischen Chemikalienagentur. Die Agentur kann die fünfjährige Ausnahmefrist auf Antrag um maximal fünf weitere Jahre verlängern. Auch wurde im Gegensatz zur bisherigen Regelung auf die Festlegung einer maximalen Mengengrenze verzichtet. Die Bedingungen für die Entwicklung neuer Stoffe und Prozesse wurden mit diesen Änderungen erheblich verbessert. Die Ausnahmen für FuE-Stoffe sind ein unverzichtbarer Baustein, wenn REACH zukünftig für mehr Neustoffinnovationen sorgen soll. In Kombination mit den anderen Innovationsanreizen kann dies einen nachhaltigen Innovationsschub in der chemischen Industrie bewirken.

### 5.3.3 Potenzielle Innovationswirkungen von REACH im Lichte empirischer Studien

Mit ihrem Verordnungsvorschlag versucht die Europäische Kommission, unter dem übergeordneten Leitbild der nachhaltigen Entwicklung verschiedenen Zielen gleichzeitig zu dienen. Erklärtes Ziel der neuen Verordnung ist es, den Schutz der menschlichen Gesundheit und der Umwelt auf einem hohen Niveau zu gewährleisten und zugleich die Rahmenbedingungen für die Innovations- und Wettbewerbsfähigkeit der chemischen Industrie in Europa zu verbessern. Angesichts des stark fragmentierten Akteursnetzwerkes mit einer hohen Zahl von Akteuren mit unterschiedlichen Interessen in der Politikarena ist dies wahrlich kein einfaches politisches Unterfangen. Das neue REACH-System muss unter diesen Bedingungen zwangsläufig Kompromisse eingehen, um all diesen Ansprüchen auch nur einigermaßen gerecht zu werden.

Die EU-Kommission hat in ihrem Verordnungsvorschlag vom Oktober 2003 viele der Kritikpunkte aus der Wirtschaft aufgegriffen und bessere Lösungsvorschläge erarbeitet. Wie im vorherigen Abschnitt dargestellt, bietet der Verordnungsvorschlag mittlerweile ein gehöriges Maß an Flexibilität und viele Ausnahmetatbestände, mit denen Freiräume für mehr Innovationen geschaffen werden und die dazu beitragen sollen, die Kosten der neuen Regulierung gerade für kleine und mittlere Unternehmen zu reduzieren. Vor allem die Absenkung der Informationsanforderungen im Mengenbereich zwischen 1 und 10 Tonnen geht bis an die Schmerzgrenze dessen, was aus Sicht des Arbeits- und Umweltschutzes ohne eine völlige Aufgabe der Schutzziele machbar ist. Trotz all der Änderungen in den Regelungsvorschlägen und des Entgegenkommens der Kommission legen vor allem die deutschen Wirtschaftsverbände unbeeindruckt eine negative Grundhaltung an den Tag. Die Verbesserungen reichen ihrer Meinung nach nicht aus, das REACH-System praktikabel und kosteneffizient zu machen und so zu gestalten, dass die Wettbewerbsfähigkeit der europäischen Industrie nicht beeinträchtigt wird (VCI 2003: 9)[9].

Es ist erforderlich, diesen Hintergrund zu kennen, wenn man verstehen will, warum es in der aktuellen Diskussion stark voneinander abweichende Szenarien zu den potenziellen Innovationswirkungen von REACH gibt. In einem Hintergrundpapier für die EU-Kommission stellen die Autoren fest: „It is surprising that the results of the various studies differ to a large extent between a predicted positive or negative impact of the new regulation. A lot of these differences stem from different interpretations of the same facts and arguments" (Wolf u. Delgado 2003: 25).

Die angeführten Argumente lassen sich, vereinfacht gesagt, zwei verschiedenen Lagern zuordnen. Die erste Gruppe kann man unter der These zusammenfassen: „die Kosten von REACH sind Gift für Innovationen". Dabei wird angenommen, dass die direkten und indirekten Kosten von REACH weit höher sind als die von der Kommission maximal veranschlagten 5,2 Milliarden € Gesamtkosten. Der VCI geht zum Beispiel von direkten Kosten für die Registrierung und notwendige Tests in Höhe von 4,0 Mrd. € und indirekten Kosten für die nachgeschalteten Anwender von bis zu 60 Mrd. € aus (VCI 2004: 10). Als Reaktion auf diese Kostenbelastung, so die Argumentation, müssten die Unternehmen erstens ihre Investitionen im Bereich Forschung und Entwicklung erheblich reduzieren und würden zweitens viele Stoffe vom Markt genommen (20–40%), deren Registrierung sich betriebswirtschaftlich nicht lohne, und die dann als Folge auch nicht mehr für Anwendungsinnovationen zur Verfügung stehen würden. Dies führe insgesamt zu einer erheblichen Beeinträchtigung der Innovationsfähigkeit in der chemischen Industrie.

Die zweite Gruppe argumentiert unter dem Motto „Innovationspotenziale der nachhaltigen Chemie freisetzen". Hier wird davon ausgegangen, dass die Kosten von REACH in etwa den Schätzungen der Kommission entsprechen und diese Kosten gemessen am jährlichen Umsatz der chemischen Industrie (0,06 bis 0,12%) durchaus vertretbar sind. Mit der Ausnahmeregelung für Polymere und Verbesserungen im Bereich der Zwischenprodukte und FuE-Stoffe reagiere die neue Verordnung auf die Schwachstellen der bisherigen Neustoffregulierung. Dadurch entstünden vielfältige Freiräume für die Entwicklung von neuen Stoffen.

---

[9] Zu den Akteuren und ihren Interessen im Bereich der Chemikalienregulierung siehe *Nordbeck* in Kapitel 3 dieses Bandes.

Durch das Zulassungsverfahren werde zudem die Suche nach ungefährlicheren Ersatzstoffen beschleunigt, und die EU könne eine globale politische Vorreiterrolle im Chemikalienmanagement übernehmen. Dies biete aufgrund der hohen Verflechtung des Weltchemiemarktes die unternehmerische Chance, in der EU einen „führenden Markt für risikofreie Stoffe" (SRU 2003) zu schaffen, der mittel- bis langfristig einen internationalen Wettbewerbsvorteil verspricht.

Auf beiden Seiten werden plausible Argumente angeführt und auf relevante Faktoren für die zukünftigen Innovationswirkungen von REACH hingewiesen. Es wird unter REACH zweifellos Gewinner und Verlierer geben. Das neue System bietet aber mindestens so viele Chancen wie es Risiken enthält. Eine finale Prognose abzugeben, welches der zwei oben genannten Szenarien eintreten wird, erscheint aus wissenschaftlicher Sicht unangebracht. Dafür sind zu viele Unwägbarkeiten im Spiel. Im Folgenden sollen vielmehr vor dem Hintergrund dieser Szenarien einige Spekulationen zu den Innovationswirkungen auf der Grundlage der vorliegenden empirischen Studien angestellt werden. Zu diesem Zweck wird eine Einteilung in verschiedene Innovationswirkungen vorgenommen:

### 5.3.3.1 Stoffinnovationen

Die Zahl der Neustoffanmeldungen wird im Vorfeld von REACH und wohl auch in den ersten Jahren unter REACH deutlich zurückgehen. Dieser Innovationsschock geht auf die Unsicherheiten im Vorfeld einer neuen Regulierung zurück, die dazu animieren, lieber noch unter den bekannten Bedingungen kurz vor einer anstehenden Veränderung zu handeln. Dieser Vorgang stellt daher ganz normales unternehmerisches Verhalten dar. Der Effekt ist bislang bei allen relevanten Neuregelungen der europäischen Chemikalienregulierung eingetreten, insbesondere vor in Kraft treten der sechsten und siebten Änderung der RL 67/548. Im Gegensatz zu den genannten Änderungen wird es bei REACH aber nicht zu einem Anstieg der Neustoffanmeldungen im Vorfeld der neuen Regulierung kommen. Der Grund ist die Entlastung bei der Registrierung von Neustoffen in den Tonnagen zwischen 10 kg und 10 Tonnen im Vergleich zur bisherigen Neustoffanmeldung. Neustoffe unter 1 Tonne sind im neuen System nicht registrierungspflichtig, und für Stoffe bis zu 10 Tonnen bietet REACH erhebliche Erleichterungen. Es macht daher Sinn, die Registrierung von Neustoffen in diesen Produktionsmengen nicht mehr unter der jetzigen Regulierung vorzunehmen. Der Rückgang der Neustoffanmeldungen in der EU von durchschnittlich 300 Neustoffen pro Jahr auf 250 Neustoffe in den Jahren 2001 und 2002 bietet ein erstes Anzeichen für diesen Trend.

Die Verbände der chemischen Industrie gehen nun davon aus, dass sich die Zahl der Neustoffanmeldungen nicht wie bisher üblich nach einiger Zeit wieder auf dem alten Niveau einpendeln wird, sondern erwarten, dass die Zahl der Neustoffe zukünftig auf einem deutlich geringeren Niveau verbleibt. Den Grund hierfür sehen sie allgemein in der Kostenbelastung durch REACH, die ihrer Meinung nach zu hoch ist. Zusätzlich problematisch ist, dass die Lasten asymmetrisch auf die Unternehmen und Chemiesparten verteilt sind (VCI 2004: 10). Laut einer Studie von Mercer Management Consulting für den französischen Chemieverband ist die Belastung durch die Registrier- und Testkosten für Chemikalien mit Herstellungsmengen zwischen 1 und 1000 Tonnen gemessen am Umsatz deutlich höher als bei den Stoffen mit einer Produktion von über 1000 Tonnen. Besonders hohe Registrierungskosten relativ zum Umsatz zeigt die Studie für Stoffe mit Produktionsmengen zwischen 10 und 100 Tonnen sowie zwischen 100 und 1000 Tonnen (Mercer 2003: 33). Von der ungleichen Kostenbelastung der unteren Mengenbereiche sind vor allem die kleinen und mittleren Unternehmen der Fein- und Spezialitätenchemie betroffen, inklusive hochinnovativer Teilbranchen wie Fotochemikalien, Farben und Lacke, Kunststoffe und Textilhilfsmittel. Den zusätzlichen Belastungen der Unternehmen stünden keine ausreichenden Entlastungen bei den Neustoffen gegenüber (ADL 2002). Die Chemieverbände befürchten nun, dass sich die innovativen Teilbranchen in Zukunft vermehrt um Maßnahmen zur Kostenreduzierung bemühen werden, die zu Lasten der unternehmerischen Innovationstätigkeit gehen.

Demgegenüber hat eine Unternehmensbefragung in den EU-Mitgliedstaaten durch Risk&Policy Analysts (RPA 2002) ergeben, dass zwei Drittel der Unternehmen von einer gleich bleibenden bzw. sogar höheren Zahl von Neustoffen unter REACH ausgehen. Zudem hat der Verordnungsvorschlag der Kommission die Anreize für die Entwicklung neuer Produkte und Prozesse noch weiter verbessert. Für 90% der gegenwärtigen Neustoffanmeldungen in der EU verspricht die zukünftige Registrierung unter REACH deutlich geringe Kosten als unter der jetzigen Regulierung. Obwohl die neue Regulierung genügend Innovationsanreize für mehr Stoffinnovationen bietet, wird vieles davon abhängen, ob die Unternehmen die neue Chemikalienregulierung als Chance begreifen und eine Veränderung des sektoralen Innovationsmusters zu Gunsten der Neustoffe herbeiführen. Sollte es zu einer höheren Zahl von Neustoffregistrierungen unter REACH kommen, so ist davon auszugehen, dass die verstärkten Innovationsanstrengungen wie gehabt in erster Linie durch die bereits innovativen Teilbranchen zustande kommen. In der Gruppe von Teilbranchen mit einer geringen Zahl von Neustoffen, die nach der Einführung der Neustoffanmeldung fast auf Null gesunken ist, könnte es zu einer Revitalisierung der Innovationsaktivitäten gerade im unteren Mengenbereich kommen. Nicht zu erwarten ist jedoch, dass die Teilbranchen, die in den letzten zwanzig Jahren durch Abwesenheit bei der Neustoffentwicklung gekennzeichnet waren, nun unter der neuen Regulierung plötzlich Neustoffe entwickeln. Ausschlaggebend für diese Abstinenz sind die extrem hohen FuE-Kosten bei der Entwicklung von neuen Stoffen, die von den Unternehmen der chemischen Industrie auch einmütig als wichtigstes Innovationshindernis eingestuft werden (Albach et. al 1996: 70).

### 5.3.3.2 Anwendungs- und Zubereitungsinnovationen

Die Auswirkungen von REACH auf die Innovationstätigkeit im Bereich der Altstoffe sind mit den gegenwärtig verfügbaren Daten kaum abzuschätzen. Eindeutig ist jedoch, dass die neue Chemikalienregulierung die Diskriminierung von Neustoffen im Wettbewerb mit den Altstoffen beendet. Die allgemeine Registrierungspflicht für alle Stoffe mit Produktionsmengen über einer 1 Tonne unter REACH schafft in diesem Punkt sozusagen Waffengleichheit. Da die Unternehmen der chemischen Industrie in den vergangenen zwanzig Jahren ihre Innovationsaktivitäten aufgrund der bestehenden EU-Gesetzgebung primär in den Bereich der Altstoffe verlagert haben, kann von dieser Gleichstellung eine profunde Wirkung auf das herkömmliche Innovationsmuster ausgehen. Der VCI befürchtet zwei regulative Effekte, die sich negativ auf die Innovation auswirken können: die Einschränkung des verfügbaren Altstoffpools und die Zeitverluste durch die notwendige Registrierung.

Zum einen droht nach Meinung des VCI die Gefahr, dass durch die Kosten der Registrierung und Zulassung viele Altstoffe in den unteren Mengenbereichen nicht mehr hergestellt bzw. importiert werden und für weitere Innovationen wie die Reformulierung von Zubereitungen nicht mehr zur Verfügung stehen. Betroffen hiervon wären in erster Linie die kleinen und mittleren Unternehmen aus der Fein- und Spezialitätenchemie als industrielle Weiterverarbeiter, die ihre Innovationsmöglichkeiten drastisch eingeschränkt sähen. Ein zusätzlicher negativer Innovationseffekt könnte sich aus den Zeitverzögerungen durch die Registrierung neuer Anwendungen wie z.B bei Fotolacken ergeben, wenn eine zeitnahe Auftragsfertigung für Märkte mit kurzen Innovationszyklen durch den Zeitverlust im Rahmen der Registrierung kaum noch möglich ist. Zudem sind Anwendungsinnovationen, z.B. Verfahrensoptimierungen von Phase-in-Stoffen, unter REACH zukünftig bereits in der FuE-Phase meldepflichtig, was die mittelständischen Unternehmen zusätzlich belastet.

Die Auswirkungen von REACH auf den Innovationspool der Altstoffe sind gegenwärtig noch nicht hinreichend geklärt. Durch die Verwirklichung des Prinzips „ein Stoff – eine Registrierung", wie es ein gemeinsamer Vorschlag der britischen und ungarischen Regierung vorsieht, könnte durch die Einrichtung von Unternehmenskonsortien vielen Stoffen im unteren Mengenbereich und mit geringen Gewinnmargen aufgrund der Kostenteilung über die Registrierungshürde geholfen werden. Der gemeinsame Vorschlag sieht dabei vor, die Unternehmenskonsortien auf stoffspezifische Daten zu beschränken, um so den Schutz von Betriebs- und Geschäftsgeheimnissen zu gewährleisten. Dies würde nicht nur der Gefahr einer Einschränkung des Altstoffpools entgegen wirken, sondern generell zu einer weiteren Reduzierung der Kosten von REACH beitragen.

Im Bereich der Anwendungsinnovationen besteht ebenfalls noch Klärungsbedarf. Ob eine Anwendungsinnovation eine neue Verwendung im Sinne des Gesetzes darstellt, hängt in erster Linie von den gewählten Verwendungskategorien ab, denen in diesem Zusammenhang insofern eine bedeutete Rolle zukommt. Der Verordnungsvorschlag hat in diesem Bereich eine deutliche Verbesserung gebracht, in dem nachgeschalteten Anwendern die Möglichkeit gegeben wurde, neue Verwendungen einfach den Herstellern zu melden. Dem Hersteller obliegt dann die Pflicht, das Registrierungsdossier und den Stoffsicherheitsbericht entsprechend zu ändern. In den Fällen, in denen der Wettbewerbsvorteil des nachgeschalteten Anwenders allein auf dem Wissen um diese Verwendungsmöglichkeit beruht, ist dieser Weg jedoch ausgeschlossen. Dies kann unter Umständen zur Folge haben, dass die nachgeschalteten Anwender gezwungen sind, zahlreiche Anwendungen selbst zu melden und ggf. sogar bewerten zu müssen.

### 5.3.3.3 Innovationsrichtung

Neben den vorgesehenen Erleichterungen für die Entwicklung von Neustoffen baut die Kommission in ihrem Verordnungsvorschlag auf die Innovationswirkung des Zulassungsverfahrens. Der Wegfall von Altstoffen, denen eine Zulassung versagt wird, führt zu einer Suche nach sicheren Alternativstoffen. Je mehr Stoffe aufgrund zu hoher Risiken nicht zugelassen werden, desto größer ist der Innovationsdruck durch das Zulassungsverfahren. Gleichzeitig wirkt das Zulassungsverfahren dadurch positiv im Sinne einer nachhaltigen Innovationsrichtung.

Die bisherigen Erfahrungen mit Stoffsubstitutionen belegen jedoch, dass die Suche nach Ersatzstoffen keineswegs ein gradliniger Prozess ist. Es gibt ausreichend Beispiele für Substitutionsprozesse, bei denen sich der sichere Ersatzstoff später als nicht minder problematisch für die menschliche Gesundheit und die Umwelt entpuppt hat (House of Commons 2004b: 5). Die derzeitige Ausgestaltung des Zulassungsverfahrens gibt zusätzlichen Anlass zur Spekulation, ob der gewünschte Substitutionseffekt tatsächlich so eintreten wird. Das Zulassungsverfahren scheint weniger auf die Substitution der Stoffe als auf die angemessene Kontrolle der Risiken bei der Verwendung der besorgniserregenden Stoffe abzuzielen.

Die Erwartung der Umweltverbände, dass die Zulassung gefährlicher Chemikalien nur in Ausnahmefällen erfolgen darf, scheint sich vor diesem Hintergrund kaum zu erfüllen. Vielmehr ist das gegenteilige Szenario realistischer, dass nahezu alle heutigen Verwendungen als angemessen kontrolliert gelten und damit zugelassen werden. In diesem Fall würde sich der Innovationseffekt des Zulassungsverfahrens auf ein Minimum beschränken.

Dabei zeigen schon die Erfahrungen mit der Neustoffrichtlinie, dass dem Zulassungsverfahren eine immanent wichtige Innovationsfunktion im gesamten REACH-System zukommt. Wichtig sind in diesem Zusammenhang die Orientierungsfunktion der Regulierung und das klare Signal bereits im Vorfeld der Registrierung und Zulassung, dass es bestimmte Stoffe sehr schwer haben werden. Genau dieser Effekt ist dafür verantwortlich, dass unter der Neustoffrichtlinie keine Stoffe mit krebserzeugenden Eigenschaften mehr notifiziert wurden. Erst dann kann von einem „kontinuierlichen Impuls, der die Implementierung des REACH-Systems in den nächsten 10 bis 20 Jahren begleitet" (Lahl 2003: 13), gesprochen werden.

In den drei vorherigen Unterabschnitten wurden einige Überlegungen zu den Innovationswirkungen von REACH im Kontext der gegenwärtigen Regulierung angestellt. Es ist deutlich geworden, dass die Kommission mit REACH in erster Linie positive Innovationswirkungen im Bereich der Stoffinnovationen und der zukünftigen Innovationsrichtung erzielen will. Erreicht werden soll dies durch Erleichterungen für Neustoffe und die Substitution gefährlicher Altstoffe. Die Kommission setzt dabei Innovationsanreize, die eine Kehrtwende im sektoralen Innovationsmuster der chemischen Industrie auslösen können. Diese neue Strategie kann nicht verwirklicht werden, ohne erhebliche Verwerfungen nach sich zu ziehen. Wer einen derartigen Kurswechsel im unternehmerischen Innovationsverhalten einfordert, sollte sich deshalb vorher über die Konsequenzen verständigen. Die

Innovationsanreize von REACH treffen auf eine chemische Industrie, deren sektorales Innovationsmuster sich durch die überwiegende Nutzung von Altstoffen für Innovationen auszeichnet. Den Gewinnern des neuen Ansatzes, einigen wenigen hochinnovativen Teilbranchen, deren Engagement in der Neustoffentwicklung zukünftig stärker belohnt wird, stehen unter Umständen eine Vielzahl von Teilbranchen und Unternehmen als Verlierer gegenüber, die nicht in der Lage sind, auf diesen Zug aufzuspringen und auch unter REACH ausschließlich auf Zubereitungs- und Anwendungsinnovationen setzen müssen. Die Auswirkungen von REACH auf diese Altstoffinnovationen sind zum gegenwärtigen Zeitpunkt nicht hinreichend geklärt. Wie schon oben ausgeführt, stehen durchaus geeignete Mittel zur Verfügung, wie z.B. die Pflicht zur gemeinsamen Registrierung durch Unternehmenskonsortien, um an dieser Stelle Abhilfe zu schaffen und mögliche negative Auswirkungen von REACH weitestgehend zu vermeiden. Die Auswirkungen von REACH auf den Bereich der Zuwendungs- und Anwendungsinnovationen genauer zu erfassen, um die neue Chemikalienverordnung an diesem Punkt in ihrer Ausgestaltung und ihrer späteren Wirkung zu verbessern, scheint aus der Innovationsperspektive das vorrangige Anliegen in der laufenden Diskussion über die Wirkungsabschätzung von REACH zu sein.

### 5.3.4 Potenzielle Risiken von REACH

Wie schon der Abschnitt über die gegenwärtige EU-Chemikalienregulierung, soll auch der Abschnitt über das neue REACH-System mit einer Diskussion über mögliche Risiken abgeschlossen werden. Eines der zentralen Elemente des neuen Regelungssystems zur Registrierung, Bewertung und Zulassung von Chemikalien ist die Schaffung eines einheitlichen Rahmens für alle Stoffe mit einer Produktionsmenge von über einer Tonne. Mit der neuen Regulierung werden die potenziellen Risiken der gegenwärtigen Chemikalienregulierung, die vor allem aus der Ungleichbehandlung von Alt- und Neustoffen resultieren, wirksam bekämpft. Stattdessen entstehen durch REACH womöglich andere Risiken der Risikoregulierung. Als potenzielle neue Risiken sind hier das Problem der Produktrationalisierung und die Möglichkeit der globalen Risikoverlagerung zu nennen. Beide Problembereiche werden im Folgenden analysiert.

#### 5.3.4.1 Produktrationalisierung mit Verlust des Altstoffinnovationspools

Eines der Risiken von REACH ist die immer wieder von den Wirtschaftsverbänden geäußerte Befürchtung, der Kosten- und Zeitaufwand von REACH führe zu einer Produktrationalisierung bei Altstoffen mit einer Produktionsmenge von unter 100 Tonnen. Als Folge stünden den Weiterverarbeitern und nachgeschalteten Anwendern 20–40% weniger Chemikalien für wichtige Anwendungen zeitnah zur Verfügung. Würden diese Stoffe aufgrund unannehmbarer Risiken unter REACH aussortiert, ließe sich dagegen kaum ein Einwand geltend machen. Es steht aber die Befürchtung im Raum, dass diese Stoffe allein aus ökonomischen Gründen vom Markt gedrängt werden, ohne dass es zu einer Entlastung von Umwelt und Gesundheit kommt, nur weil sich die Registrierung dieser Stoffe angesichts geringer Mengen und kleiner Gewinnmargen betriebswirtschaftlich nicht rechnet. In einer Untersuchung im Auftrag der EU-Kommission ist RPA zu dem Ergebnis gekommen, dass die Schätzungen von bis zu 40% möglicher Rationalisierung nicht durch ihre Fallstudien und Unternehmensbefragungen bestätigt werden (RPA 2003a: 18). Nichtsdestotrotz zeigt auch die Studie von RPA potenzielle Rationalisierungseffekte, die maximale Werte zwischen 12 und 16% annehmen.

Verstärkt wird dieses potenzielle Risiko durch die Beschränkung der Übergangsfristen auf Altstoffe, die in den letzten 15 Jahren nachweislich in einer Menge von 1 Tonne hergestellt oder importiert wurden. Die 100.000 Altstoffe des Altstoffinventars stehen daher keineswegs uneingeschränkt in den kommenden 11 Jahren der Umsetzung von REACH zur Verfügung. In Kombination mit der Produktrationalisierung kann dies zu einer Situation führen, in der hochriskante Stoffe mangels Ersatzstoffen zur Substitution länger auf dem Markt verbleiben.

### 5.3.4.2 Globale Risikoverlagerung und Risikoimport durch Erzeugnisse

Ein weiteres Risiko der neuen Chemikalienregulierung ergibt sich durch die potenzielle Schwächung der internationalen Wettbewerbsfähigkeit europäischer Unternehmen. In ihrer Folgenabschätzung für REACH geht die EU-Kommission davon aus, dass ein Verlust von Marktanteilen für Exporteure in solchen Fällen eintreten kann, bei denen es zu einer Preissteigerung durch REACH kommt und potenzielle Wettbewerber auf außereuropäischen Märkten nicht zugleich Wettbewerber auf dem europäischen Binnenmarkt sind (KOM 2003b: 22). Unter Umständen kann ein europäisches Unternehmen einen Stoff dann nicht mehr nach China exportieren, weil chinesische Unternehmen diesen Stoff ohne die Registrierungskosten für den chinesischen Markt wesentlich günstiger anbieten können. Neben dem ökonomischen Schaden entstehen in diesem Fall noch weitere Risiken, da die Verlagerung der Chemikalienproduktion und Weiterverarbeitung in Drittländer mit geringeren Arbeits- und Umweltschutzregelungen als den europäischen Standards einer räumlichen Risikoverlagerung gleichkommt. Dass sich europäische Unternehmen durch REACH womöglich zu einer Verlagerung eines Teils ihrer Produktion ins außereuropäische Ausland oder sogar einer vollständigen Standortverlagerung veranlasst sehen könnten, dazu gibt es gegenwärtig keine fundierten Hinweise.

Ein ernsthaftes Risiko könnte der EU zudem durch den Import von Erzeugnissen erwachsen. Die Registrierung von Stoffen in Erzeugnissen geregelt durch Artikel 6 des Verordnungsvorschlags wird von allen Interessengruppen kritisch und mit Sorge betrachtet. Erste Schätzungen gehen von bis zu 5 Millionen Artikeln auf dem europäischen Binnenmarkt aus. Wie viele Stoffe in Erzeugnissen deshalb von REACH betroffen sein werden, ist zum gegenwärtigen Zeitpunkt noch offen (RPA 2003b: 23). Nach Ansicht des VCI ist die vorgeschlagene Regelung in der jetzigen Form „realitätsfremd und nicht praktikabel" (VCI 2003: 17). Auch die Umweltverbände haben ihre Befürchtungen geäußert, dass fehlende Kontrollen bei Stoffen in importierten Erzeugnissen zu Produktionsverlagerungen und Arbeitsplatzverlusten in der EU führen können und darüber hinaus einen fortgesetzten Import von Erzeugnissen mit gefährlichen Stoffen bedeuten (Warhurst 2002). Nach Auffassung der deutschen Umweltverbände enthält REACH für diesen Bereich nach wie vor keine praktikablen Mechanismen (BUND et al. 2003: 4).

Ein Beispiel aus dem Bereich der Textilherstellung und -veredlung macht das Ausmaß des Problems erst richtig deutlich: „Viele Hilfsmittel, wie Bleichmittel, Entfettungsmittel, Schlichtemittel, Netzmittel, Gleitmittel usw., verbleiben nicht auf dem Textil, sondern werden nach ihrem Einsatz durch Waschen entfernt. Finden solche Verfahrensschritte und die Herstellung der Chemikalien dafür außerhalb der EU statt, sind weder das dort produzierte und nach Europa importierte Textil noch die Chemikalien selbst von den EU-Vorschriften betroffen" (TEGEWA 2002: 27).

Je größer dabei das Gefälle zwischen den Anforderungen der EU und den geringeren Standards in Ländern außerhalb der EU ist, desto mehr steigt der Druck, die Herstellung der Chemikalien und die Arbeitsplätze zu exportieren. Dieses Phänomen könnte sich daher unglücklicherweise gerade bei den Stoffen manifestieren, die unter REACH zulassungspflichtig sind. Von dem nicht gelösten Problem der Registrierung von Stoffen in importierten Erzeugnissen geht insofern eine immense Gefährdung aus, die geeignet ist, die Schutzziele von REACH und die angestrebte Stärkung der internationalen Wettbewerbsfähigkeit ernsthaft zu unterminieren.

## 5.4 Zusammenfassung in zehn Thesen

1. Die Innovationswirkungen der europäischen Chemikalienregulierung angemessen zu erfassen und zu bewerten, ist mit einer Vielzahl von methodischen und datentechnischen Problemen verknüpft. Zwischen der Regulierungswirkung und dem unternehmerischen Innovationsverhalten ist nur schwer ein direkter kausaler Zusammenhang herzustellen. Weitere Faktoren wie betriebsinterne Determinanten und die Wettbewerbskräfte spielen für das Innovationsverhalten der Unternehmen ebenfalls eine tragende Rolle. Umso schwieriger gestaltet es sich daher, die Innovationswirkungen der neuen Chemikalienregulierung mit einem Übergangszeitraum von 11 Jahren verlässlich abzuschätzen.

2. Die Chemische Industrie ist gekennzeichnet durch eine große strukturelle Diversität, die sich schon in der hohen Zahl von Subsektoren widerspiegelt. Sie ist vertikal und horizontal stark differenziert und besteht aus Unternehmen unterschiedlichster Größe, was seinen Ausdruck in der Herstellung einer vielfältigen Produktpalette findet. Das Innovationsverhalten in den einzelnen Subsektoren ist sehr unterschiedlich. Basierend auf der Studie von Schulze und Weiser wurde für die Chemische Industrie ein sektorales Innovationsmuster aufgezeigt, welches die Subsektoren in drei Gruppen aufteilt, die ein unterschiedliches Innovationsverhalten aufweisen. Die Gruppe A enthält eine geringe Anzahl von Teilbranchen, die den ganz überwiegenden Anteil (95%) aller

Stoffinnovationen auf sich vereinen. In der mittleren Gruppe B werden nur eine geringe Anzahl von Stoffinnovationen (5%) erbracht. Die Mehrheit der Teilbranchen ist der Gruppe C zuzuordnen, in der überhaupt keine Stoffinnovationen (0%) stattfinden und sich die Unternehmen stattdessen auf Innovationen im Altstoffbereich konzentrieren. Zudem entfallen mehr Stoffinnovationen auf Großunternehmen als auf kleine und mittlere Unternehmen. Angesichts dieser Ausgangslage ist nicht von einer gleichmäßige Innovationswirkung der Chemikalienregulierung über die drei Gruppen hinweg auszugehen.

3. Der internationale Vergleich zwischen der EU, Japan und den USA im Bereich der Chemikalienregulierung zeigt, dass die europäischen Unternehmen in ihren Innovationsaktivitäten nicht hinter den US-amerikanischen oder japanischen Unternehmen zurückstehen. Die europäische Chemikalienregulierung hat durch das Zusammenspiel von Altstoff- und Neustoffregulierung jedoch zu einer Verlagerung der Innovationen in den Bereich der Altstoffe geführt. Diese Entwicklung zu Lasten der Neustoffentwicklung schlägt sich in der geringeren Zahl von Neustoffanmeldungen in der EU gegenüber den USA nieder. Obwohl sich die Anmeldezahlen in den neunziger Jahren deutlich angenähert haben, sind die Neustoffanmeldungen in den USA immer noch um den Faktor 1,5 bis 2 höher als in der EU. Einen Beitrag hierzu leistet auch die Neustoffrichtlinie, die in ihrer jetzigen Form Innovationen mehr behindert als fördert.

4. Das sektorale Innovationsmuster ist auch unter der Neustoffrichtlinie relativ konstant geblieben. Die überwiegende Zahl der Neustoffinnovationen entfällt auf wenige innovative Teilbranchen wie Spezialkunststoffe, Textilhilfsmittel und Lacke. Die Zahl der Stoffinnovationen in dieser Gruppe ist allerdings regulierungsbedingt zurückgegangen. Die Gewinner des gegenwärtigen Regulierungsmusters sind Teilbranchen und Unternehmen, die auf Zubereitungs- und Anwendungsinnovationen setzen und dabei aus dem reichhaltigen Angebot des Altstoffinventars schöpfen.

5. Die Konsequenz dieser alternativen Innovationsstrategie ist eine ungenügende Dynamik bei der Entwicklung von sichereren Stoffen mit Blick auf das Leitbild einer nachhaltigen Chemiepolitik. Zwar wirkt die Neustoffregulierung durchaus positiv auf die Innovationsrichtung und hat in den letzten zwanzig Jahren dafür gesorgt, dass keine CMR-Stoffe mehr neu angemeldet wurden, aber rein zahlen- und mengenmäßig fallen die Neustoffe überhaupt nicht ins Gewicht. Mangels Wettbewerb verbleiben daher zu viele Altstoffe mit problematischen Stoffeigenschaften auf dem Markt und werden zusätzlich noch durch eine ungenügende Altstoffregulierung und komparative Preisvorteile geschützt. Die rechtliche Diskriminierung der Neustoffe resultiert in zusätzlichen Risiken, die erst durch die Chemikalienregulierung selbst geschaffen werden. Dieser Missstand wird nicht durch die Vermarktungs- und Verwendungsbeschränkungen für Altstoffe behoben, da die Maßnahmen im Rahmen der Beschränkungsrichtlinie zwar sehr wirksam sein können, aber immer nur isolierte

Einzelfallentscheidungen darstellen. Allein auf Stoffverboten lässt sich zudem keine zukunftsfähige Innovationsstrategie aufbauen.

6. Der Verordnungsvorschlag für das neue System zur Registrierung, Bewertung und Zulassung von Chemikalien enthält eine Fülle von neuen Anreizen, die sich positiv auf die Entwicklung von Neustoffen und auch den Ersatz gefährlicher Altstoffe durch ungefährlichere Stoffe auswirken werden. Das neue REACH-System setzt den Innovationsschwerpunkt zukünftig im Bereich der Stoffinnovationen und leitet damit eine Abkehr von der regulativen Bevorzugung der Zubereitungs- und Anwendungsinnovationen ein. Die Gewinner des neuen Systems werden Unternehmen und Teilbranchen sein, die auch unter der gegenwärtigen Regulierung Neustoffinnovationen erbringen. Diese Unternehmen profitieren unter REACH von zahlreichen Ausnahmetatbeständen und geringeren Registrierungsanforderungen. Ergänzt werden die Innovationsanreize für die Neustoffentwicklung durch ein effektiveres staatliches Risikomanagement durch das Zulassungsverfahren für besonders gefährliche Stoffe. Das Substitutionsprinzip für diese Stoffe ist der zweite Baustein zur Verbesserung der Innovationswirkungen und zugleich das entscheidende Instrument zur Veränderung der Innovationsrichtung.

7. Weiterer Diskussionen bedarf es hinsichtlich der Wirkung von REACH auf die Altstoffinnovationen. Die Befürchtungen der Industrie drehen sich zum einen um die Frage einer Produktrationalisierung als Folge der Kosten von REACH und den Verlust der Flexibilität im Bereich der Anwendungsinnovationen durch den Zeitaufwand für die Registrierung. Um den möglichen negativen Auswirkungen einer Produktrationalisierung entgegen zu wirken, empfiehlt sich die Einführung des Prinzips „ein Stoff – eine Registrierung". Die Vorteile der erzwungenen Unternehmenskonsortien bei einer Beschränkung der Zusammenarbeit auf stoffspezifische Daten überwiegen so deutlich, dass ein Verzicht auf diese Maßnahme im weiteren Verlauf der Reformdiskussion kaum vorstellbar ist. Zu erwägen ist auch die Ausweitung der Übergangsfrist auf alle Stoffe im Altstoffinventar, um den Unternehmen mehr Handlungsspielräume für die notwendige Anpassung an das REACH-System zu geben.

8. Kritisch zu betrachten ist nach wie vor die ungenügende Kontrolle der Importe von Erzeugnissen. Die vorgeschlagene Regelung läuft Gefahr, eine Schutzlücke erheblichen Ausmaßes zu produzieren, die zum Nachteil der internationalen Wettbewerbsfähigkeit der europäischen Chemieindustrie gereicht. Für Unternehmen in Nicht-EU Staaten ist dies Möglichkeit und Anreiz zugleich, das neue System an dieser Stelle zu unterlaufen. Dementsprechend würden positive Wettbewerbseffekte durch REACH aufgrund der internationalen Vorreiterrolle nicht zum Tragen kommen, da die internationalen Ausstrahlungseffekte schlicht unterbleiben.

9. Insgesamt betrachtet überwiegen mittel- bis langfristig die positiven Innovationseffekte von REACH, auch wenn es kurzfristig zunächst zu einem Absinken der Innovationsrate bei den registrierten Neustoffen kommen kann. Ob die Chancen, die REACH bietet, tatsächlich genutzt werden, hängt sowohl von der

Regulierungspraxis der Europäischen Chemikalienagentur und der nationalen Behörden als auch vom Verhalten der Unternehmen ab. Nicht zuletzt wird dies davon beeinflusst, ob es durch das Zulassungsverfahren zu einer Substitution der hochkritischen Stoffe in den nächsten Jahren kommt. Die Innovationswirkungen von REACH sind daher als ergebnisoffener Prozess zu verstehen. Die Politik und die Wirtschaftsverbände sind an dieser Stelle gefordert, sich konstruktiv einzubringen, um den positiven Ansätzen von REACH zum Erfolg zu verhelfen. Eine positive Innovationsbilanz muss auch unter REACH erarbeitet werden und stellt sich nicht von selbst ein.

10. Die These von den Risiken der Risikoregulierung erweist sich weder bei der gegenwärtigen Chemikalienregulierung noch für die zukünftige Chemikalienregulierung als besonders stichhaltig. Unter dem gegenwärtigen Regulierungsmuster resultieren zusätzliche Risiken vor allem aus der Ungleichbehandlung von Alt- und Neustoffen. Geschuldet ist dieser Umstand einer strukturell mangelhaften Chemikalienpolitik und nicht der überzogenen Anwendung des Vorsorgeprinzips. Auch für das neue REACH-System kann die Behauptung, die partielle Umstellung des Systems der direkten Steuerung auf eine weitergehende Vorsorge im Rahmen der neuen europäischen Chemikalienpolitik könnte mit Risiken verbunden sein, da sie durch vorsorgende Beschränkungen vorschnell Handlungsoptionen untersagt und damit auch Lernmöglichkeiten und Innovationschancen abschneidet, insgesamt nicht bestätigt werden. Die neue Regulierung sorgt im Gegenteil für mehr Handlungsspielraum und Innovationsfreiräume und von den Beschränkungen im Rahmen des Zulassungsverfahrens gehen positive Innovationssignale im Sinne der Nachhaltigkeit aus, da die Adressaten durch die veränderten Rahmenbedingungen zur Entwicklung risikoärmerer Alternativen gezwungen werden.

## Literatur

ACC (American Chemistry Council) (2003) Questions and Answers about Chemical Testing and Regulations. Update June 2003

Achilladelis B, Schwarzkopf A, Cines M (1990) The Dynamics of Technological Innovation: The Case of the Chemical Industry. Research Policy 19: 1–34

ADL (Arthur D. Little) (1978) Impact of TSCA Proposed Premanufacturing Notifications Requirements. Arthur D. Little Inc.

ADL (2002) Wirtschaftliche Auswirkungen der EU-Stoffpolitik. Bericht zum BDI-Forschungsprojekt. Arthur D. Little GmbH, Wiesbaden

Adler JH (2000) More Sorry than Safe: Assessing the Precautionary Principle and the Proposed International Biosafety Protocol. Texas International Law Journal 35: 173–205

Ahrens A (2002) Die neue EU-Chemikalienpolitik – ein Beitrag für Innovationen zum nachhaltigen Wirtschaften? (Präsentation auf dem Workshop „Wirtschaftliche Auswirkungen der neuen EU-Chemikalienpolitik" am 13. November 2002 in Berlin)

Albach H et al. (1996) Innovation in the European Chemical Industry. Discussion Paper FS IV 96-26. Wissenschaftszentrum Berlin für Sozialforschung. Berlin

Allanou R, Hansen BG, van der Bilt Y (1999) Public Availability of Data on EU High Production Volume Chemicals. European Chemicals Bureau, Ispra

Ashford NA (1993) Understanding Technological Responses of Industrial Firms to Environmental Problems: Implications for Government Policy. In: Fischer K, Schot J (eds) Environmental Strategies for Industry. Island Press, Washington D.C., pp 277–307

Ashford NA (2000) An Innovation-Based Strategy for a Sustainable Environment. In: Hemmelskamp J, Rennings K, Leone F (eds) Innovation-oriented Environmental Regulation. Physica, Heidelberg, pp 67–107

Ashford NA (2002) Technology-Focused Regulatory Approaches for Encouraging Sustainable Industrial Transformations: Beyond Green, Beyond the Dinosaurs, and Beyond Evolution Theory. (Paper presented at the 3$^{rd}$ Blueprint Workshop on Instruments for Integrating Environmental and Innovation Policy, 26–27. September 2002, Brussels)

Ashford NA, Heaton GR (1979) The Effects of Health and Environmental Regulation on Technological Change in the Chemical Industry: Theory and Evidence. In: Hill CT (ed) Federal Regulation and Chemical Innovation. American Chemical Society Symposium Series No. 109, pp 45–66

Ashford NA, Heaton GR (1983) Regulation and Technological Innovation in the Chemical Industry. Law and Contemporary Problems 46(3): 109–157

Ashford NA, Ayers C, Stone RF (1985) Using Regulation to Change the Market for Innovation. Harvard Environmental Law Review 9(2): 419–466

Becher G et al. (1990) Regulierungen und Innovationen – Der Einfluss wirtschafts- und umweltpolitischer Rahmenbedingungen auf das Innovationsverhalten von Unternehmen. Ifo-Institut für Wirtschaftsforschung, München

BMU (1998) In Deutschland wurde der 1000. Neustoff angemeldet. Umwelt Nr. 3, 128–129

BUND, DNR, Greenpeace, NABU und WWF (2003) Zur Reform der europäischen Chemikalienpolitik – Stellungnahme der deutschen Umweltverbände. September 2003

Calliess C. (2003) Einordnung des Weißbuches zur Chemikalienpolitik in die bisherige europäische Chemie- und Umweltpolitik. In: Das Europäische Weißbuch zur Chemikalienpolitik. Erich Schmidt, Berlin

Durodié B (2003) The True Cost of Precautionary Chemicals Regulation. Risk Analysis 23(2): 389–398

Eads GC (1979) Chemicals as a Regulated Industry. In: Hill CT (ed) Federal Regulation and Chemical Innovation. American Chemical Society Symposium Series 109, pp 1–19

Eder P (2003) Expert inquiry on innovation options for cleaner production in the chemical industry. Journal of Cleaner Production 11(4): 347–364

Eder P, Sotoudeh M (2000): Innovation and cleaner technologies as a key to sustainable development: the case of the chemical industry. IPTS, Sevilla (Spain)

EDF (Environmental Defense Fund) (1977) Toxic ignorance: the continuing absence of basic health testing for top-selling chemicals in the United States. EDB National Headquarters, New York

ELI (Environmental Law Institute) (1999) Proceedings of the Conference on Cost, Innovation and Environmental Regulation: A Research and Policy Update. Environmental Law Institute, Washington D.C.

Faber M., Jöst F, Müller-Fürstenberger G (1995) Umweltschutz und Effizienz in der chemischen Industrie. Eine empirische Untersuchung mit Fallstudien. Zeitschrift für angewandte Umweltforschung 8(2): 168–179

Felcht U-H (2000) Chemie. Eine reife Industrie oder weiterhin Innovationsmotor? Universitätsbuchhandlung Blazek und Bergmann, Frankfurt

Fischer K, Schot J (eds) (1993) Environmental Strategies for Industry. Island Press, Washington D.C.

Fleischer M (2001) Regulierungswettbewerb und Innovation in der chemischen Industrie. Discussion Paper FS IV 01-09, Wissenschaftszentrum Berlin

Fleischer M (2002a) Regulation and Innovation: Chemicals Policy in the EU, Japan and the USA. IPTS Report No. 64, Sevilla (Spain)

Fleischer M (2002b) Innovationswirkungen der Chemikalienregulierung. Zum Vergleich von Neustoffanmeldungen in der EU und den USA. Unveröffentlichtes Manuskript, Berlin

Fleischer M, Kelm S, Palm D (2000) The impact of EU regulation on innovation of European industry: regulation and innovation in the chemical industry. Report EUR 19735 EN. The European Commission Joint Research Center, Institute for Prospective Technological Studies, Sevilla (Spain)

Führ M (Hrsg) (2000) Stoffstromsteuerung durch Produktregulierung. Nomos, Baden-Baden

GAO (United States General Accounting Office) (1994a) Toxic Substances Control Act: Legislative Changes could make the Act more effective. Report GAO/RCED-94-103 to Congressional Requesters, Washington D.C.

GAO (1994b): Toxic Substances Control Act: EPA's Limited Progress in Regulating Toxic Chemicals. GAO/T-RCED-94-212. Washington D.C.

Goldman L (2002) Preventing Pollution? US Toxic Chemicals and Pesticide Policies and Sustainable Development. Environmental Law Reporter 32(9): 11018–11040

Hartje V (1985) Limiting Phosphates in Detergents in Germany. IIUG Discussion Paper 5-85. Wissenschaftszentrum, Berlin

Hemmelskamp J, Rennings K, Leone F (eds) (2000) Innovation-oriented Environmental Regulation. Physica, Heidelberg

Hill CT (ed) (1979) Federal Regulation and Chemical Innovation. American Chemical Society Symposium Series No. 109

Hollins SM, Macrory RB (1994) Impact of the Directive 67/548/EEC on Small and Medium Sized Enterprises (SMEs) with Reference to Specialist Chemicals Companies. Imperial College Consultants Ltd., London

House of Commons (2004a) Within REACH: the EU's new chemicals strategy. Sixth Report of Session 2003-04. Science and Technology Committee. The Stationery Office, London

House of Commons (2004b) Government Response to the Committee's Sixth Report, Within REACH: the EU's new chemicals strategy. Seventh Special report of Session 2003-04. The Stationery Office, London

Institut der deutschen Wirtschaft (2001) Regulierungsdichte und technischer Fortschritt. IW-Trends 4/2001. Köln

Jacob K (1999) Innovationsorientierte Chemikalienpolitik. Politische, soziale und ökonomische Faktoren des verminderten Gebrauchs gefährlicher Stoffe. Utz, München

Jänicke M et al. (2000) Environmental Policy and Innovation: an International Comparison of Policy Frameworks and Innovation Effects. In: Hemmelskamp J, Rennings K, Leone F (eds) Innovation-oriented Environmental Regulation. Physica, Heidelberg, pp 125–152

Johnson LA, Fujie T, Aalders M (2000) New Chemical Notification Laws in Japan, the United States, and the European Union. In: Kagan RA, Axelrod L (eds) Regulatory Encounters. University of California, Berkeley Los Angeles London

Kagan RA, Axelrod L (eds) (2000) Regulatory Encounters. University of California, Berkeley Los Angeles London

Klemmer P (1999) Innovationen und Umwelt: Fallstudien zum Anpassungsverhalten in Wirtschaft und Gesellschaft. Analytica, Berlin

Köck W (2001) Zur Diskussion um die Reform des Chemikalienrechts in Europa. Das Weißbuch der EG-Kommission zur zukünftigen Chemikalienpolitik. Zeitschrift für Umweltrecht 13: 303–308

Kommission der Europäischen Gemeinschaften (2000) Bericht der Kommission an das Europäische Parlament und den Rat: Ergebnisse der vierten Phase der SLIM-Initiative. KOM (2000) 56 endgültig

Kommission der Europäischen Gemeinschaften (2001) Weißbuch: Strategie für eine zukünftige Chemikalienpolitik. KOM (2001) 88 endgültig

Kommission der Europäischen Gemeinschaften (2003a) Vorschlag für eine Verordnung des Europäischen Parlamentes und des Rates zur Registrierung, Bewertung und Zulassung chemischer Stoffe (REACH). KOM (2003)644 endgültig

Kommission der Europäischen Gemeinschaften (2003b) REACH – Extended Impact Assessment. Commission Staff Working Paper. SEC (2003) 1171/3. Brüssel

Lahl U (2003) Neues EU-Chemikalienrecht. Die politische Entscheidungsfindung in Deutschland. Oktober 2003. BMU, Bonn

Lehr U, Löbbe K (1999) Umweltinnovationen – Anreize und Hemmnisse. Ökologisches Wirtschaften, Heft 2, S 13–15

Linscheidt B, Tidelski O (1999) Innovationseffekte kommunaler Abfallgebühren. In: Klemmer P (Hrsg) Innovationen und Umwelt. Fallstudien zum Anpassungsverhalten in Wirtschaft und Gesellschaft. Analytica, Berlin, S 137–157

Lißner L (2000) Praktische Handlungsstrategien für eine wirkungsvollere Ersatzstoffpolitik. WSI Mitteilungen Heft 9, S 578–584

Mahdi S, Nightingale P, Berkhout F (2002) A Review of the Impact of Regulation on the Chemical Industry. Final Report to the Royal Commission on Environment Pollution. SPRU, University of Sussex, Brighton (UK)

Mercer Management Consulting (2003) Study of the Impact of the Future Chemicals Policy: Final Report for UIC

Miller HI, Conko G (2001) The Perils of Precaution. Why Regulators "Precautionary Principle" is Doing More Harm than Good. Policy Review 17: 25–39

Nordbeck R, Faust M (2002) Innovationswirkungen der europäischen Chemikalienregulierung: eine Bewertung des EU-Weißbuchs für eine zukünftige Chemikalienpolitik. Zeitschrift für Umweltpolitik und Umweltrecht 25(4): 535–564

Okonski K, Morris J (eds) (2004) Environment and Health: Myths and Realities. International Policy Press

Pfriem R, Zundel S (1999) Greening the Innovation System? Zeitschrift für angewandte Umweltforschung 12(2): 158–160

Porter ME, van der Linde C (1995) Green and Competitive: Ending the Stalemate. Harvard Business Review 73: 120–134

Rammer C et al. (2003) Innovationsmotor Chemie: Ausstrahlung von Chemie-Innovationen auf andere Branchen. ZEW und NIW, Mannheim, Hannover

RCEP (Royal Commission on Environmental Pollution) (2003) Chemicals in Products. Safeguarding the Environment and Human Health. TSO, London
Rothenberg S, Maxwell J (1997) Industry Response to the Banning of CFCs: Mapping the Paths of Technological Change. Technology Studies vol 4(2), Fall 1997
Rothwell R (1980) The Impact of Regulation on Innovation: Some U.S. Data. Technological Forecasting and Social Change 17(1): 7–34
Rothwell R (1992) Industrial Innovation and Government Environmental Regulation: Some Lessons from the Past. Technovation 12(7): 447–458
RPA and Statistics Sweden (2002) Assessment of the Business Impact of New Regulations in the Chemicals Sector. Final Report for European Commission DG Enterprise
RPA (2003a) Availability of Low Value Products and Product Rationalisation. Assessment of the Business Impacts of New Regulations in the Chemicals Sector Phase 2. Loddon Norfolk
RPA (2003b) Substances in Articles. Assessment of the Business Impacts of New Regulations in the Chemicals Sector Phase 2. Loddon Norfolk
Schulze J, Weiser M (1982) Die Innovationsintensität in der Chemischen Industrie der Bundesrepublik Deutschland und ihre mögliche Beeinflussung durch die Prüfpflichten neuer Stoffe auf Grund der Chemikaliengesetzgebung. UBA-Texte 1/83. UBA, Berlin
Schweitzer GE (1978) Regulation and Innovation. The Case of Environmental Chemicals. Working Paper, Program on Science, Technology and Society. Cornell University, Ithaca (NY)
Snell D Inc. (1975) Study on the Potential Impacts of the Proposed Toxic Substances Control Act. (Paper prepared for the Chemicals Manufacturers Association, Washington D.C.)
SRU (Sachverständigenrat für Umweltfragen) (2002) Umweltgutachten 2002: Für eine neue Vorreiterrolle. Metzler-Poeschel, Stuttgart
SRU (2003) Zur Wirtschaftsverträglichkeit der Reform der europäischen Chemikalienpolitik. Stellungnahme Juli 2003, Berlin
SRU (2004) Umweltgutachten 2004: Umweltpolitische Handlungsfähigkeit sichern. Berlin
Staudt E, Auffermann S, Schroll M, Interthal J (1997) Innovation trotz Regulation: Freiräume für Innovationen in bestehenden Gesetzen – Untersuchung am Beispiel des Chemikaliengesetzes. Institut für angewandte Innovationsforschung, Bochum
SubChem (2002) Gestaltungsoptionen für handlungsfähige Innovationssysteme zur erfolgreichen Substitution gefährlicher Stoffe. Erster Zwischenbericht März 2002. Subchem, Hamburg
TEGEWA (2002) Die neue EU-Chemikalienpolitik und ihre Folgen aus Sicht des Verbandes TEGEWA, November 2002
UBA (Umweltbundesamt) (2001) Anmerkungen zum Weißbuch der EU-Kommission zur Chemikalienpolitik. März 2001. UBA, Berlin
VCI (Verband der Chemischen Industrie) (2003) Stellungnahme des VCI zum Verordnungsvorschlag des Europäischen Kommission KOM (2003)644 endgültig. Dezember 2003. VCI, Frankfurt
VCI (2004) Hintergrundpapier Chemikalienpolitik in Europa. Februar 2004. VCI, Frankfurt
Wildavsky A (1988) Searching for Safety. Transaction Publishers, New Brunswick (USA) and Oxford (UK)
Wildavsky A (1995) But is it true? A Citizen's Guide to Environmental Health and Safety Issues. Harvard University Press, Cambridge (MA)

Winter G, Ginzky H, Hansjürgens B (1999) Die Abwägung von Risiken und Kosten in der europäischen Chemikalienregulierung. UBA-Berichte 7/99. Umweltbundesamt, Berlin

Winter G (2000) Chemikalienrecht – Probebühne und Bestandteil einer EG-Produktpolitik. In: Führ M (Hrsg) Stoffstromsteuerung durch Produktregulierung. Nomos, Baden-Baden, S 247–276

Wolf O, Delgado L (2003) The Impact of REACH on Innovation in the Chemical Industry. European Commission, Joint Research Centre, Report EUR 20999. IPTS, Sevilla (Spain)

# Kapitel 6

# Chemikalienregulierung und Innovationen – REACH im Lichte theoretischer Ansätze und empirischer Wirkungsanalysen

Ralf Nordbeck[1], Michael Faust[2]

[1] BOKU-Universität für Bodenkultur, Institut für Wald-, Umwelt- und Ressourcenpolitik, Feistmantelstr. 4, 1180 Wien
[2] Faust und Backhaus Environmental Consulting, Bremer Innovations- und Technologiezentrum, Fahrenheitstraße 1, 28359 Bremen

## 6.1 Einleitung

Die Reform der Chemikalienpolitik genießt auf der Agenda der EU-Umweltkommission weiter einen hohen Stellenwert. Mit der Veröffentlichung des Kommissionsentwurfs für eine neue Chemikalienregulierung im Mai 2003 nähert sich der Reformprozess langsam der entscheidenden Phase.

Zur Erreichung des übergeordneten Ziels einer nachhaltigen Entwicklung werden als politische Ziele der neuen EU-Chemikalienpolitik neben einem hohen Schutzniveau für die menschliche Gesundheit und die Umwelt insbesondere die Wahrung und Verbesserung der Wettbewerbsfähigkeit der chemischen Industrie genannt. Im Rahmen der neuen Chemikalienpolitik sollen Innovationen in der chemischen Industrie unbedingt gefördert werden. Nach Ansicht der Europäischen Kommission sind gesetzliche Regelungen dabei ein wichtiges Element, um das Innovationsverhalten von Unternehmen der chemischen Industrie zu lenken. Daher soll die neue Chemikalienregulierung über die bloße Erfüllung der Schutzziele hinaus auch Anreize für technische Innovationen zur Expositionsreduzierung und für die Entwicklung sicherer Stoffe schaffen. Die Kommission sieht das neue System zur Registrierung, Bewertung und Zulassung von Chemikalien als ein Lehrbuchbeispiel für eine innovationsfreundliche Umweltregulierung, mit der sich Wettbewerbsvorteile erzielen lassen (Wallström 2003). Infolgedessen wird nach Ansicht der Kommission das neue System „Europa in Bezug auf die Gesundheits- und Sicherheitsgarantien von Chemikalienherstellern und -importeuren einen beträchtlichen Vorsprung gegenüber den meisten anderen Ländern verschaffen" (Europäische Kommission 2003: 2).

Welche Innovations- und Wettbewerbswirkungen von der neuen Chemikalienregulierung tatsächlich ausgehen werden, darüber besteht in der gegenwärtigen Diskussion ein heftiger Dissens. Während die Umwelt- und Verbraucherschutzverbände die Reform der europäischen Chemikalienpolitik als einmalige Chance für eine chemiepolitische Wende hin zu mehr Sicherheit für Umwelt und Gesundheit begreifen und von den globalen Wettbewerbsvorteilen einer risikominimalen „grünen" Chemie überzeugt sind, malen die europäischen Chemieverbände ein düsteres Bild an die Wand. Ihrer Ansicht nach ist die neue Chemikalienregulierung einseitig auf den Schutz von Umwelt und Gesundheit ausgerichtet und vernachlässigt die ökonomische Dimension des übergeordneten Ziels einer nachhaltigen Entwicklung. Die neue Chemikalienpolitik werde im Resultat die Innovations- und Wettbewerbsfähigkeit der europäischen Wirtschaft durch direkte und indirekte Kosten massiv verschlechtern. In Studien für Deutschland und Frankreich werden als Konsequenz der neuen Chemikalienpolitik der Verlust von mehreren hunderttausend Arbeitsplätzen und Verringerungen der Bruttoinlandsprodukte um 1 bis 3 Prozentpunkte prognostiziert (ADL 2002; Mercer 2003). Die Kommission hält dem Nutzeneffekte allein im Gesundheitsbereich in Höhe von bis zu € 54 Mrd. durch die Verhinderung von 2200 bis 4300 Krebserkrankungen pro Jahr entgegen (Wallström 2003).

Die Positionen der beteiligten Akteure könnten in der Tat kaum weiter auseinander liegen. Für die politischen Entscheidungsträger auf der europäischen und nationalen Ebene sowie die interessierte Öffentlichkeit stellt sich die gegenwärtige Reformdiskussion zur Chemikalienpolitik als ein kaum durchschaubares Bild unterschiedlichster Argumentationen dar, welches eher zur Konfusion als zur informierten Meinungs- und Willensbildung beiträgt.

In diesem Beitrag werden die Ergebnisse der vorliegenden empirischen Studien zu den Innovationswirkungen der neuen Chemikalienregulierung im Lichte von drei konzeptionellen Ansätzen zum Zusammenhang von staatlicher Regulierung und Umweltinnovationen näher beleuchtet: der Hypothese von Wildavsky zu den Risiken der Risikoregulierung, der Porter-Hypothese über die positiven Innovations- und Wettbewerbseffekte der Umweltregulierung und der Hypothese von Ashford zur strukturellen Innovationsfähigkeit. Dabei stehen zwei Fragen im Mittelpunkt:

1. Welche allgemeinen Thesen über Innovationswirkungen regulativer Umweltpolitik lassen sich aus den drei konzeptionellen Ansätzen ableiten und inwieweit können diese auf den spezifischen Untersuchungsgegenstand, die regulative Kontrolle (öko-)toxikologischer Risiken von Chemikalien, übertragen werden?
2. Wie realistisch erscheinen die empirisch gestützten Prognosen zu den Innovationswirkungen der neuen Chemikalienregulierung vor dem Hintergrund der Aussagen, die aus den konzeptionellen Ansätzen ableitbar sind?

Zur Klärung dieser Fragen wird in Abschnitt 6.2 kurz erläutert, warum Innovationen zum nachhaltigen Wirtschaften als Herausforderung für die chemische Industrie relevant sind. In Abschnitt 6.3 werden die drei konzeptionellen Ansätze der Umweltinnovationsforschung dargestellt und ihre Übertragbarkeit auf das Feld der Chemikalienpolitik diskutiert. Vor diesem Hintergrund werden dann in Abschnitt 6.4 die potenziellen Innovationswirkungen der neuen Chemikalienregulierung analysiert. Abschließend werden in Abschnitt 6.5 einige Schlussfolgerungen aus dem gegenwärtigen Stand der Diskussion gezogen.

## 6.2 Innovationen zum nachhaltigen Wirtschaften als Herausforderung für die Chemische Industrie

Die chemische Industrie hat mit ihren Produkten in den vergangenen Jahrzehnten zur Verbesserung der Gesundheit, mehr Sicherheit und einer besseren Lebensqualität beigetragen. Dies unterstreicht die ökonomische und soziale Bedeutung der chemischen Industrie im Kontext einer nachhaltigen Entwicklung. Die chemische Industrie ist für die europäische Wirtschaft von herausragender Bedeutung. Sie ist der drittgrößte verarbeitende Industriezweig mit 1,7 Millionen Beschäftigten und weiteren 3 Millionen Arbeitsplätzen, die indirekt von ihr abhängen. Neben einigen führenden multinationalen Unternehmen umfasst die chemische Industrie ungefähr 36.000 kleine und mittlere Unternehmen (KMU). Diese stellen zahlenmäßig 96% der Unternehmen dar und erzeugen 28% der gesamten Chemieproduktion (Europäische Kommission 2001: 4). Mehr als 100.000 Stoffe werden in Europa vermarktet, davon etwa 10.000 in Mengen von über 10 Tonnen und weitere 20.000 in Mengen zwischen 1 Tonne und 10 Tonnen pro Jahr. Der Wert der weltweiten Chemieproduktion im Jahr 2001 wurde auf € 1.878 Mrd. geschätzt, wovon 28% auf die chemische Industrie der EU entfielen, die einen Außenhandelsüberschuss von € 65,2 Mrd. erzielte. Damit war sie 2001 führend auf dem Weltmarkt, knapp gefolgt von den USA mit 27% der weltweiten Chemieproduktion (CEFIC 2002).

Als heterogener Industriezweig stellt die chemische Industrie ein weites Spektrum an Produkten her (s. Abbildung 6.1), die in den unterschiedlichsten Einsatzbereichen Verwendung finden. Die wichtigsten Anwendungsfelder der chemischen Industrie umfassen den privaten Konsum (z.B. Reinigungs- und Pflegemittel, Tonträger, Filme), den Fahrzeugbau (Lacke, Kunststoffe, Textilfasern), die Verpackungsindustrie (Kunststofffolien), die Landwirtschaft (Düngemittel, Pflanzenschutzmittel), das Baugewerbe (Dämmstoffe, Anstrichmittel), die Elektroindustrie (Kunststoffteile, Spezialchemikalien) und das Textilgewerbe (Fasern) (Rammer et al. 2003: 40).

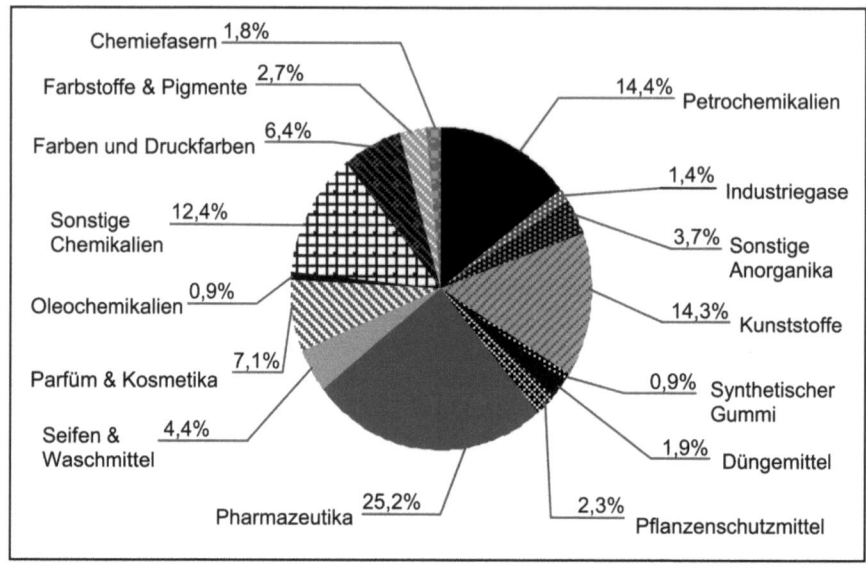

**Abb. 6.1.** Produkte der chemischen Industrie (2000)
Quelle: CEFIC (2001: 5).

Die weltweite Chemieproduktion ist von 1 Million Tonnen im Jahr 1930 auf gegenwärtig 400 Millionen Tonnen gestiegen. Nach dem Zweiten Weltkrieg erlebte die chemische Industrie ein rasantes Wachstum mit jährlichen Steigerungsraten von 10 Prozent. Im vergangenen Jahrzehnt hat sich das Wachstum deutlich abgeschwächt, dennoch erzielte die chemische Industrie in den neunziger Jahren ein überdurchschnittliches Wachstum im Vergleich zum EU-Bruttoinlandsprodukt. Mit einer durchschnittlichen jährlichen Wachstumsrate von 3,2% in den letzten 10 Jahren ist die chemische Industrie stärker als andere Industriesektoren in der Europäischen Union gewachsen und ebenfalls stärker als die chemische Industrie in den USA (2,4%) und Japan (1,4%) (CEFIC 2002). Im Zeitraum von 1986–1996 lag in der EU, wie auch in den USA und Japan, das Hauptwachstum bei Pharmazeutika, gefolgt von Kunststoffen, Gummi und Fasern (OECD 2001: 30). Die chemische Industrie hat sich insgesamt in den letzten 30 Jahren zunehmend globalisiert, und vor allem die Unternehmen der Grundstoffchemie sehen sich auf dem Markt für Massenprodukte einem scharfen globalen Wettbewerb ausgesetzt. Im Bemühen, sich diesem Preiswettbewerb zu entziehen, weichen die Unternehmen in den Industrieländern verstärkt auf Bereiche und Produkte mit hoher Wertschöpfung wie die Spezialitätenchemie und Life Sciences aus.

Mit Blick auf die ökologische Dimension der Nachhaltigkeit offenbaren sich bei der chemischen Industrie drei Problembereiche: (1) die Nutzung nicht-erneuerbarer Ressourcen, (2) die Schadstoff-Emissionen aus Produktionsanlagen und (3) die Risiken für Mensch und Umwelt durch die Produkte der chemischen Industrie. Das erste Problem bezieht sich dabei auf die Nutzung von Kohle, Öl und Gas als fossile Energieträger und als Ausgangsmaterial für Basischemikalien. Die chemische Industrie trägt dadurch wesentlich zum Abbau nicht-erneuerbarer Ressourcen bei und hat als energieintensive Branche einen erheblichen Anteil an der Emission klimawirksamer Treibhausgase. Der zweite und dritte Problembereich sprechen die Belastung der Umweltmedien Luft, Wasser und Boden mit Chemikalien und die daraus faktisch oder potenziell resultierenden biologischen Schadwirkungen an.

Sowohl bei der Energieeffizienz als auch bei der Emissionsverringerung aus Produktionsanlagen sind in der chemischen Industrie in den vergangenen Jahren erhebliche Anstrengungen unternommen und auch wesentliche Fortschritte erzielt worden (OECD 2001). Darüber hinaus werden verstärkt nachwachsende Rohstoffe wie Cellulose aus Holz, Stärke aus Mais sowie Öle und Fette aus Kokosnüssen oder Raps eingesetzt. Mit einem Gesamtaufkommen von knapp 2 Millionen Tonnen decken diese Erzeugnisse derzeit in Deutschland etwa ein Zehntel des Rohstoffbedarfs (Deutsche Bank Research 2003: 4). Weitere innovative Ansätze zu umwelt- und ressourcenschonenden Synthesen und Prozessen in der chemischen Industrie werden gegenwärtig ausführlich diskutiert (Eissen et al. 2002).

Kritischer ist hingegen die Entwicklung im Bereich der Chemikaliensicherheit zu bewerten. Im Mittelpunkt stehen hier die Risiken der chemischen Produkte selbst. Der Gebrauch einer Vielzahl von Chemikalien ist mit erheblichen negativen Wirkungen auf die menschliche Gesundheit und die Umwelt verbunden. Zu den bekanntesten Beispielen gehören Asbest als Auslöser von Lungenkrebs und Benzol, das Leukämie verursacht. Der weit verbreitete Einsatz des Schädlingsbekämpfungsmittels DDT hat zu Fortpflanzungsstörungen bei Vögeln geführt und die Verwendung von FCKW zur Zerstörung der Ozonschicht beigetragen. Das Verbot dieser Stoffe oder strenge Beschränkungen ihrer Verwendung wurden als Gegenmaßnahme jedoch erst ergriffen, als die Schäden schon eingetreten waren, da vorher ausreichende Erkenntnisse über die schädlichen Wirkungen dieser Chemikalien nicht vorhanden waren oder ignoriert wurden. Das vermehrte Auftreten von Krankheiten wie Hodenkrebs bei jungen Männern und Allergien in den vergangenen Jahren bildet in diesem Zusammenhang einen berechtigten Anlass zu der Sorge, dass auch hier kausale Zusammenhänge zwischen Chemikalienexposition und den genannten Krankheitsbildern bestehen. Ein anderes Beispiel sind die Anzeichen für einen kausalen Zusammenhang zwischen Umweltchemikalien mit endokrinen Wirkeigenschaften und Schädigungen des Hormonsystems bei wildlebenden Tierarten (Europäische Kommission 2001: 4).

Der Chemikaliensicherheit ist in der Agenda 21 ein eigenes Kapitel gewidmet worden, in dem es einleitend heißt: „Grundvoraussetzung für die Planung des sicheren und nutzbringenden Gebrauchs einer Chemikalie ist die Bewertung der von ihr ausgehenden Risiken für Gesundheit und Umwelt" (BMU 1992: Kapitel 19). Bis zum gegenwärtigen Zeitpunkt herrscht jedoch ein allgemeiner Mangel an Kenntnissen über die Eigenschaften und Verwendungszwecke chemischer Altstoffe (Allanou et al. 1999). Die vorhandenen Daten zu den Stoffeigenschaften und Verwendungszwecken sind selbst bei einer Vielzahl von Altstoffen mit hohem Produktionsvolumen (mehr als 1.000 t/Jahr) und mit hohem Expositionsrisiko des Menschen und der Umwelt für eine adäquate Risikobewertung unzureichend. Dieser Mangel an Informationen erscheint umso bedenklicher, als eine Entkoppelung von Wirtschaftsleistung und der Produktion hochkritischer chemischer Stoffe bisher nicht in Sicht ist (s. Abbildung 6.2).

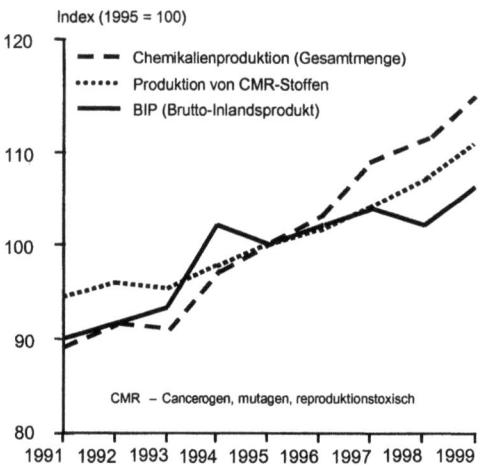

**Abb. 6.2.** Chemikalienproduktion in der EU in Relation zum BIP
Quelle: EEA (2003: 134).

Über die Nutzung bereits vorhandener Substitutionsmöglichkeiten für gefährliche Stoffe hinaus, kommt der Entwicklung neuer Werkstoffe, Verfahren und Produkte eine entscheidende Bedeutung für ein nachhaltiges Stoffstrommanagement zu. Diese Erkenntnis hat die Enquete-Kommission „Schutz des Menschen und der Umwelt" des Deutschen Bundestages bei der Formulierung von Perspektiven für einen nachhaltigen Umgang mit Material- und Stoffströmen zu der Überzeugung geführt, dass „die Nutzung der Innovationsfähigkeit der geeignetste Weg zur Verwirklichung des Leitbildes einer nachhaltig zukunftsverträglichen Entwicklung ist" (Enquete-Kommission 1994: 50). Innovationen nehmen nach Auffassung der Enquete-Kommission daher einen zentralen Stellenwert im Konzept der nachhaltigen Entwicklung ein.

Das Verständnis der Enquete-Kommission von Innovationen zum nachhaltigen Wirtschaften als eine Möglichkeit zur Minderung des Ressourcenverbrauchs und als Quelle für einen Wandel bei der Nutzung bestimmter Rohstoffe als Produktionsbasis, basiert auf vier grundlegenden Regeln zum Management von Stoffströmen (Enquete-Kommission 1994: 45ff). Diese Regeln betreffen die Nutzung erneuerbarer und nicht-erneuerbarer Ressourcen, die ökologische Tragekapazität und das Zeitmaß zwischen anthropogenen Eingriffen und dem Reaktionsvermögen der Umwelt. Die vier Managementregeln konzentrieren sich sehr stark auf die Stoffentnahme und die Stoffeinträge in die Natur. Aus diesem Grund hat die zweite Enquete-Kommission zum Schutz des Menschen und der Umwelt, angeregt durch den Sachverständigenrat für Umweltfragen, die vier Managementregeln zur

Nachhaltigkeit um eine fünfte Regel ergänzt, die den Aspekt der Risikovorsorge im Leitbild der nachhaltigen Entwicklung betont: „Gefahren und unvertretbare Risiken für die menschliche Gesundheit durch anthropogene Einwirkungen sind zu vermeiden" (Enquete-Kommission 1998: 25). Unverständlich bleibt, warum sich die Risikovorsorge der fünften Managementregel nur auf die menschliche Gesundheit und nicht ausdrücklich auch auf den Schutz der Umwelt bezieht.

Die fünf grundlegenden Regeln geben eine Handlungsorientierung für eine innovationsorientierte Stoffpolitik und machen zugleich deutlich, dass nicht jede Innovation einen Fortschritt im Sinne des Leitbildes bedeutet (Enquete-Kommission 1994: 51). Dies unterstreicht die Notwendigkeit, auch im Folgenden klar zwischen der Innovationsrate und der Innovationsrichtung zu unterscheiden. Die Innovationsrate bezieht sich dabei auf die Quantität, das heißt auf die Zahl der Innovationen, während sich die Innovationsrichtung auf die Qualität der Innovation bezieht. Die Bewertung der Qualität von Innovationen als vorteilhaft oder weniger vorteilhaft ist von normativ gesetzten Kriterien abhängig. Der Innovationsbegriff ist daher kein eindimensionales Konzept, und eine hohe Innovationsrate kann mit einer unerwünschten Innovationsrichtung einhergehen. Das Ziel von innovationsorientierter Umweltpolitik muss insgesamt sein, eine Balance zwischen der Innovationsrate und der gewünschten Innovationsrichtung zu finden (Mahdi et al. 2002: 9).

Unter Innovationen zum nachhaltigen Wirtschaften können allgemein Neuerungen verstanden werden, die einen Beitrag zur Minderung der Zielkonflikte zwischen Ökologie, Ökonomie und Sozialem leisten. In diesem Beitrag werden Innovationen zum nachhaltigen Wirtschaften verstanden als wirtschafts- und sozialverträgliche Umweltinnovationen. Im speziellen Bereich der Chemikalienpolitik meint Umweltinnovation jede Neuerung, die chemische Risiken für Mensch und Umwelt verringert. Mit Blick auf die normativ festgelegten Ziele der europäischen Chemikalienregulierung lässt sich unter einer Innovation zum nachhaltigen Wirtschaften insbesondere jede Neuerung verstehen, die dazu führt, dass schädliche Auswirkungen der Herstellung, Verarbeitung und Verwendung von Chemikalien auf Mensch und Umwelt vermieden werden. Dies schließt auch jede Neuerung ein, die dazu führt, dass diese Schutzziele mit möglichst geringem Kosten- und Zeitaufwand erreicht werden, also Innovationen in den Verfahren und der Organisation der Risikoermittlung, der Risikobewertung und des Risikomanagements.

## 6.3 Innovationswirkungen regulativer Umweltpolitik: konzeptionelle Ansätze und ihre Übertragung auf die Chemikalienpolitik

Der Zusammenhang von Umweltregulierung und Innovationen ist in den letzten Jahren vermehrt zum Gegenstand der wissenschaftlichen Innovationsforschung geworden. Die empirischen Befunde zeigen ein ambivalentes Bild, das geprägt ist von einem dynamischen Wechselspiel zwischen Innovation und Regulierung, bei dem Innovationen oftmals erst den Weg für neue Regulierungen ebnen. Einfache

Anreiz-Wirkungs-Modelle sind daher kaum geeignet, die Dynamiken und zirkulären Kausalitäten der Realität entsprechend abzubilden. In der jüngeren Literatur zur Innovationsforschung gewinnen systemische Ansätze in Form von kontextorientierten und interaktiven Modellen zunehmend an Akzeptanz. Während voluntaristische Modelle den Schwerpunkt bei der Entwicklung von Neuerungen auf das Individuum oder einzelne Unternehmen legen, gehen systemische Ansätze davon aus, dass Innovationen in komplexen Interaktionen des Unternehmens mit seiner Umwelt entstehen. Diese institutionelle Einbettung bezieht sich zum einen auf das Marktsystem (Kunden, Wettbewerber, Wertschöpfungsketten, Kooperationsnetzwerke) und zum anderen auf das gesellschaftliche und politische Umfeld (staatliche Politik, Forschungsinfrastruktur, gesellschaftliche Werte und Normen). Staatliche Regulierung ist nach diesem Verständnis nur ein Teil des Innovationssystems.

In der Diskussion um Regulierung und Innovation lassen sich grundsätzlich zwei verschiedene Standpunkte ausmachen. Einerseits wird behauptet, dass Regulierung einen negativen Effekt auf das Innovationsverhalten von Unternehmen ausübt, da Ressourcen aus „produktiven" Bereichen, zum Beispiel für Forschung und Entwicklung, in den „unproduktiven" Bereich der Regeleinhaltung umgelenkt werden (Eads 1979). Diese unproduktive Nutzung wird durch einen negativen Multiplikatoreffekt noch weiter verstärkt, da durch Umweltregulierung erzwungene Investitionen zum Schutz der Umwelt andere Investitionen verdrängen, die zu einer Erhöhung der Produktivität hätten führen können (ELI 1999: 4). Ein weiteres Argument lautet, dass Regulierung neue Unsicherheiten für unternehmensinterne Forschung und Entwicklung schafft und damit die Kalkulierbarkeit zukünftiger Erlöse verringert. Ebenfalls wird argumentiert, dass Umweltregulierung durch unnötige Rigidität und schlechtes Design zu Produktivitätsverlusten führen kann.

In der Literatur zur Risikoregulierung findet sich über die bereits angeführten Argumente hinaus eine spezifische Position. Dabei wird die Auffassung vertreten, dass durch eine vorsorgeorientierte Umweltpolitik nicht nur Innovationen behindert, sondern durch das Abschneiden von potenziellen Entwicklungspfaden und damit verbundenen Lernchancen sogar neue Risiken erzeugt werden. Am prominentesten ist diese These vom „Risiko der Risikoregulierung" von Aaron Wildavsky vertreten worden (Wildavsky 1988). In diesem Zusammenhang kann von der Wildavsky-Hypothese gesprochen werden.

Andererseits vertritt eine Reihe von Autoren den Standpunkt, dass Umweltregulierung und Innovationen keinen Gegensatz darstellen (Ashford et al. 1979; Rothwell 1980, 1992; Porter u. van der Linde 1995a, 1995b). Vielmehr werden Innovationen durch Regulierung in eine wirtschaftlich und sozial erwünschte Richtung gelenkt. Von den Umweltinnovationen profitieren, so wird behauptet, nicht nur die Gesellschaft durch die Verringerung von Soziallasten in den Bereichen Umwelt und Gesundheit, sondern auch die Unternehmen selbst. So werden laut Porter-Hypothese die betroffenen Unternehmen durch strenge Umweltregulierungen zu Innovationen und Effizienzsteigerungen veranlasst. Aus der Einführung umweltfreundlicher Produktionsverfahren und Produkte ergeben sich dann unmittelbare Kosteneinsparungen und neue Marktchancen für die Unternehmen, welche die zusätzlichen Kosten der Regulierung mindestens kompensieren.

Wie Porter weist auch Nicolas Ashford in seinen Arbeiten auf einen positiven Zusammenhang zwischen Umweltregulierung und Innovation hin. Während Porter aus seinen Erkenntnissen hauptsächlich Empfehlungen zur innovationsfreundlichen Ausgestaltung von Umweltregulierung ableitet, ergänzt Ashford diese Perspektive durch Überlegungen zur Fähigkeit von Unternehmen und Branchen, überhaupt innovativ auf Umweltregulierung reagieren zu können. Diese Fähigkeit zur Innovation führt Ashford unter anderem auf die Reife und damit einhergehende technologische Rigidität eines Branchensegments zurück: „The heavy, basic industries, which are also sometimes the most polluting, unsafe, and resource intensive industries, change with great difficulty, especially when it comes to core processes. However, new industries, such as computer manufacturing, can also be polluting, unsafe, and resource and energy intensive, although conceivably they may find it easier to meet environmental demands" (Ashford 2002: 16).

Neben die Portersche Forderung nach einer innovationsorientierter Ausgestaltung der Umweltpolitik tritt bei Ashford äquivalent die Berücksichtigung des sektorspezifischen Innovationskontextes in Form einer Kapazitätsthese, die von der technologischen Reife eines Industriesektors und seiner Branchen auf unterschiedliche Fähigkeiten zur Innovation schließt.

### 6.3.1 Drei Ansätze in der Diskussion

In diesem Abschnitt werden die Grundaussagen der drei Ansätze ausführlicher dargestellt, um anschließend in Abschnitt 6.3.2 der Frage der Übertragbarkeit dieser Aussagen auf das Feld der Chemikalienpolitik nachzugehen.

#### 6.3.1.1 Innovationen und das Risiko der Risikoregulierung (Wildavsky-Hypothese)

Solange Regulierung als System der direkten Steuerung, das heißt einer Steuerung mittels ordnungsrechtlicher Vorgaben, auf die Abwehr unmittelbarer Gefahren im Sinne hoher Erwartungsschäden gerichtet ist, ist davon auszugehen, dass von den Beschränkungen positive Innovationssignale im Sinne der Nachhaltigkeit ausgehen, da die Adressaten durch die veränderten Rahmenbedingungen zur Entwicklung risikoärmerer Alternativen gezwungen werden. Die partielle Umstellung des Systems der direkten Steuerung auf eine weitergehende Vorsorge ist demgegenüber auch mit Risiken verbunden, wenn und soweit durch vorsorgende Beschränkungen vorschnell Handlungsoptionen untersagt und damit auch Lernmöglichkeiten und Innovationschancen abgeschnitten werden. Dies behauptete jedenfalls Aaron Wildavsky in seinem 1988 erschienenen Buch „Searching for Safety", in dem er eine Vorsorgepolitik kritisierte, die durch immer weiter vor verlagerte Untersagungen jegliches Risiko zu vermeiden suche und gerade dadurch neue Risiken produziere.

Wildavskys Überlegungen kreisen um die Frage nach der bestmöglichen Strategie zum Schutz von Leben und Gesundheit des Menschen angesichts tatsächlicher oder vermeintlicher Bedrohungen durch neue Technologien. Sein Credo lautet: Sicherheit erwächst in einem inkrementellen Lernprozess aus dem pragmatischen, experimentierenden Umgang mit Gefahren und ist ein Balance-Akt zwischen Nutzen und Risiko – präventive Vermeidung jeglicher Gefahr verhindert genau diesen Lernprozess und ist deshalb selbst gefährlich. Wildavsky stellt dabei nicht in Abrede, dass es sinnvoll ist, vorbeugende Maßnahmen zu treffen, wenn konkrete Gefahren bekannt, Gegenmittel verfügbar und eine positive Nutzen-Kosten-Relation gegeben sind. Vielmehr richtet sich seine Argumentation auf Gefahren, die zum Zeitpunkt der Entscheidung über die Einführung einer neuen Technologie entweder ihrer Art nach noch gar nicht bekannt oder zumindest wenig wahrscheinlich sind, oder bei denen die erwartbare Schadenshöhe gering ist im Vergleich zum intendierten Nutzeffekt. Klassisches Beispiel für eine zuvor unbekannte Art von Gefahrenpotenzial ist die Contergan-Katastrophe, klassisches Beispiel für eine Gefahrenabwägung ist die Inkaufnahme von Impfschäden bei Wenigen zum Schutze Vieler. Wildavskys Argumentation folgend sind solche begrenzten Schäden der unausweichliche Preis für den schrittweisen Zugewinn an Sicherheit in einer Gesellschaft. Konsequenterweise hält er das Kriterium der Pareto-Optimalität, demzufolge Handlungen gerechtfertigt sind, wenn sie Manche besser stellen, ohne gleichzeitig Andere zu schädigen, für nicht zielführend.

Wildavskys facettenreiche Ausführungen stützen sich auf eine Vielfalt heterogener Argumente und zahlreiche überwiegend der Biologie entlehnte Metaphern. Ansatzpunkt ist die Feststellung, dass Nutzen und Risiko stets untrennbare Seiten ein und derselben Medaille sind. Dabei knüpft er an die klassische Risiko-Nutzen-Abwägung bei Arzneimitteln an: keine erwünschte Wirkung ohne unerwünschte Nebenwirkungen. Diese Betrachtungsweise richtet sich zwar zunächst auf den Fall, dass Nutzen und Risiko die gleiche Zielgröße betreffen, nämlich die Gesundheit des Individuums. Sie wird von Wildavsky aber auf die gesellschaftliche Ebene und die Situation völlig unterschiedlicher Arten von Nutzen und Risiken erweitert. Kernpunkt ist dabei die Feststellung, dass wirtschaftlicher Wohlstand und Gesundheitszustand der Bevölkerung strikt positiv korrelierte Größen sind. Folglich führe die Beeinträchtigung wirtschaftlichen Wachstums durch Vorsorgepolitik unausweichlich in eine Abwärtsspirale zu weniger Gesundheitsschutz.

Nach diesem Verständnis ist Vorsorge risikobehaftet, weil die Anwendung des Vorsorgeprinzips dazu führen kann, jede technische Entwicklung, über deren Risiken man sich nicht im Klaren ist, zu blockieren. Darüber hinaus ist Vorsorge auch deshalb riskant, weil zu viel Aufmerksamkeit auf ungewisse Risiken gerichtet und von den bekannten Risiken abgelenkt wird. Ein höherer Nutzen für die menschliche Gesundheit und die Umwelt ergibt sich, wenn die knappen Ressourcen darauf konzentriert werden, den bekannten Risiken zu begegnen. Stichwortartig lassen sich die Argumente gegen die Risikovorsorge damit folgendermaßen zusammenfassen (Köck 2001):

1. Blockaden in Ungewissheitssituationen führen zu Wohlfahrtsverlusten, die sich indirekt wiederum auch auf Leben, Gesundheit und die Umwelt auswirken können („richer is safer").

2. Blockaden in Ungewissheitssituationen erzeugen andersartige Risiken, z.B. Schutzlücken durch restriktive Zulassungsverfahren (bei Pestiziden, Bioziden und Arzneimitteln).
3. Blockaden in Ungewissheitssituationen verhindern Lerneffekte: Sicherheit wächst im Umgang mit Risiken (Erfahrungsbildung durch Experimente).
4. Blockaden in Ungewissheitssituationen reduzieren die Freiheitsgrade unnötig und geben dem Staat zu viele Befugnisse.
5. Vorsorge führt zur Lähmung der Innovationskräfte einer Gesellschaft.

Als allegorisches Beispiel für einen erfolgreichen Strategie-Mix zur Gefahrenabwehr verweist Wildavsky auf den Schutz des menschlichen Körpers vor potenziell pathogenen Mikroorganismen. Dieser besteht nur zum geringeren Teil aus vorbeugenden Schutzbarrieren wie etwa der Haut, im Wesentlichen aber aus einem flexiblen und lernfähigen Immunsystem sowie elastischen Reparaturmechanismen. Dieses System entwickelt seine Effektivität erst in der aktiven Auseinandersetzung mit eingedrungenen Krankheitserregern. Die Abschirmung der Entwicklung von Menschen in keimfreien Zonen würde deshalb kein Mehr an Gesundheit, sondern im Gegenteil den völligen Zusammenbruch jeder Widerstandskraft erzeugen. In Übertragung dieses Bildes führen Wildavskys Überlegungen zu dem Schluss, dass sich Regulierung weitgehend auf die Aufgabe der Abwehr konkreter Gefahren beschränken sollte. Den bestmöglichen Umgang mit unbekannten oder ungewissen Risiken besorge hingegen der Markt, sozusagen als Immunsystem der Gesellschaft, und das umso besser, je größer die Vielfalt der technologischen Möglichkeiten sei.

Kritik an Wildavskys provokanten Thesen ist vielfältig formuliert worden (vgl. Kerwer 1997). Im Wesentlichen lässt sie sich in zwei Vorwürfen zusammenfassen:

– systematische Bagatellisierung technologischer Katastrophenpotenziale unter völliger Ausblendung ökologischer Dimensionen und Nichtbeachtung der massiven Vertrauens- und Legitimationsverluste für Wirtschaft und Politik, die solche Katastrophen regelmäßig nach sich ziehen, und
– blindes Vertrauen in Marktkräfte unter Ausblendung aller anderen Faktoren von Innovationsprozessen, und das trotz der Erfahrung des Marktversagens bei externen, die Umwelt zerstörenden Effekten.

Was als Folgerung aus dieser Debatte bleibt, ist, dass weder eine rigide präventive Risikoregulierung noch ein den freien Marktkräften überantwortetes Lernen durch „Versuch und Irrtum" als konsensualer Königsweg zu mehr Gesundheitsschutz und weniger Umweltbelastung empfohlen werden können. Den möglichen Ausweg aus diesem Dilemma sehen Kerwer (1997) und andere Autoren in flexiblen Regulierungsformen, die beide Aspekte, Lernen und Prävention, so miteinander verknüpfen, dass sie sich wechselseitig verstärken. Dies bedeute, die Regulierung müsse das Lernen als systematischen Wissensaufbau über Gefahren, Risiken und Risikomanagement organisieren und dabei selbst an die Ergebnisse dieses Prozesses dynamisch anpassbar bleiben.

### 6.3.1.2 Umweltregulierung als Motor für Innovationen und Wettbewerbsfähigkeit (Porter-Hypothese)

Empirische Studien, die auf einen positiven Zusammenhang von Umweltregulierung und Innovationen hinwiesen, gab es in den USA bereits in den siebziger Jahren. Ashford et al. (1979, 1983, 1985) und Porter u. van der Linde (1995a, 1995b) haben in einem Abstand von mehr als zehn Jahren unabhängig voneinander argumentiert, dass sich die Kosten umweltpolitischer Regulierung auf der Unternehmensebene durch Effizienzsteigerungen im Ressourcenverbrauch kompensieren lassen. Gegenwärtig wird die Diskussion zu innovationsfreundlicher Umweltpolitik stark von der so genannten Porter-Hypothese dominiert. Im Kern besagt die These, dass eine strikte Umweltpolitik die betroffenen Unternehmen zu Innovationen und Effizienzsteigerungen veranlasst und dadurch zu einer Verbesserung der internationalen Wettbewerbsfähigkeit beitragen kann (Taistra 2001: 242). Dabei unterscheidet Porter zwei Wirkungsmechanismen (Taistra 2001: 243; SRU 2002: 40):

- den Innovationseffekt: Durch strengere Umweltregulierung werden die Unternehmen umweltbelastender Industrien zur Einführung neuer, umweltfreundlicher bzw. ressourcensparender Produktionsverfahren und Produkte veranlasst, die nicht nur aus gesamtwirtschaftlicher Sicht, sondern auch unmittelbar einzelwirtschaftlich für das umweltbelastende Unternehmen vorteilhaft sind, da die erzielten Kosteneinsparungen eine Kompensation der Zusatzkosten strengerer Umweltregulierung gewährleisten.
- den Vorreitereffekt: Sofern die strenge nationale Umweltpolitik international diffundiert, ergeben sich Wettbewerbsvorteile für die betroffenen inländischen Unternehmen, da sie die entsprechenden Anpassungsmaßnahmen bereits früher durchgeführt haben als ihre ausländischen Konkurrenten. Durch die Vorreiterposition (first mover advantage) kann sich aufgrund von Lernkurveneffekten oder durch Patentierung neuer Technologien eine dominierende Position auf dem Weltmarkt ergeben. Dieser Vorteil muss nicht direkt bei den betroffenen Unternehmen der umweltbelastenden Industrie anfallen, es kann sich dabei auch um bessere Exportchancen für die Anbieter von Umweltschutztechnologien handeln.

Generell ist bei der Diskussion zu berücksichtigen, dass Porter u. van der Linde ihre Aussagen zur Vorteilhaftigkeit strikter Umweltregulierung mit der Forderung nach einem innovationsfreundlichen Steuerungsansatz in der Umweltpolitik verknüpfen (Porter u. van der Linde 1995a: 110, 1995b: 124). Eine innovationsorientierte Umweltpolitik erschöpft sich dabei nicht allein in der Schärfe ihrer Maßnahmen, sondern richtet auch die Art des Instrumenteneinsatzes am Ziel der Innovationsstimulation aus (Taistra 2001: 246). Die Vorstellungen von Porter und van der Linde zu diesem Punkt lassen sich am besten unter der Überschrift „Klare Ziele und Flexibilität der Mittel" subsumieren.

Insgesamt ist die Porter-Hypothese in der ökonomischen Literatur auf ein breites, aber geteiltes Echo gestoßen. Die Kritik richtet sich vor allem auf die „free lunch"-Hypothese, also die Annahme, dass Unternehmen gewinnbringende Innovationsmöglichkeiten systematisch übersehen und daher allein der Innovationseffekt die Kosten der Umweltregulierung kompensieren kann (Taistra 2001: 251; SRU 2002: 40). In quantitativen Analysen konnten die Annahmen der Porter-Hypothese bislang weder eindeutig bestätigt noch widerlegt werden. Statistisch lässt sich kein genereller positiver Zusammenhang zwischen Umweltregulierung und Innovationen konstatieren, aber eben auch kein generell negativer Zusammenhang. Nach Einschätzung von Ashford (1999) zielt der Versuch, einen generellen statistischen Zusammenhang zwischen Umweltregulierung und Innovation nachweisen zu wollen, von vornherein ins Leere. Im Allgemeinen könne man davon ausgehen, dass Umweltregulierung in den meisten Unternehmen keine innovationsfördernde Wirkung zeige. Das Wesentliche sei aber, dass dieser Effekt von Regulierung nachweisbar in einigen der Unternehmen auftrete, die dann wiederum in eine technologische Marktführerschaft mit erheblichen Vorteilen für diese Unternehmen münden kann. Die Beweise für diesen Zusammenhang sind daher zwangsläufig anekdotisch. Auch der Rat von Sachverständigen für Umweltfragen (SRU) vertritt die Ansicht, dass „die Ergebnisse empirischer Studien zur Porter-Hypothese kein Ersatz für differenzierte Analysen zum Thema [sind]" (SRU 2002: 42). Insgesamt bewegt sich die Debatte derzeit eher weg von der Frage eines strikten Nachweises der Richtigkeit der Hypothese und hin zu Fragen der Umsetzung in der politischen Praxis. Für die praktische Umsetzung sind erstens die Bedingungen zu identifizieren, unter denen die Hypothese gilt, und zweitens Maßnahmen zu ergreifen, um diese Bedingungen zu schaffen (ZEW 2003: 6).

Zu den Geltungsbedingungen ihrer Hypothese machen Porter und van der Linde keine Angaben. Im Mittelpunkt stehen Empfehlungen zur Reform der gegenwärtigen Umweltregulierung, hin zu einer Regulierung mit festen Zielvorgaben und flexiblem Instrumenteneinsatz. Porter u. van der Linde liefern in ihren Arbeiten kein Erklärungsmodell für den Innovationsprozess. Darüber hinaus mangelt es an Details, wie der Wandel in den Unternehmen konkret vonstatten geht, warum gerade die beispielhaft angeführten Unternehmen innovativ auf die Regulierung reagiert haben, ob bestimmte Unternehmenstypen dazu neigen, bestimmte technische Lösungsansätze zu entwickeln, und inwiefern strikte Umweltregulierung dazu benutzt werden kann, radikale Innovationen als Reaktion zu erzeugen (Ashford 1999). Innovationsorientierte Umweltpolitik kann jedoch nur dann erfolgreich sein, wenn sie die Innovationsbedingungen der regulierten Wirtschaftssektoren und Unternehmen zur Kenntnis nimmt. Diese notwendige Verknüpfung wird in der Debatte um die Porter-Hypothese oftmals ausgeblendet.

### 6.3.1.3 Strukturelle Innovationsfähigkeit als Erklärungsfaktor für unterschiedliche Innovationsdynamiken (Ashford-Hypothese)

Schon Mitte der siebziger Jahre hat Nicolas Ashford erste Untersuchungen über den Zusammenhang von Regulierung und technologischem Wandel im Bereich der chemischen Industrie durchgeführt. Die empirischen Analysen basierten auf einem einfachen konzeptionellen Rahmen zur Erklärung von regulierungsbedingtem technologischen Wandel. Das Modell besteht im Wesentlichen aus drei Komponenten: (a) dem Regulierungsanreiz, (b) den reagierenden Industrien und (c) der technologischen Reaktion.

(a) Das Design umweltpolitischer Regulierungen ist ein wesentlicher Faktor für das Innovationsverhalten der betroffenen Industrien. In der Praxis finden sich heute eine Vielzahl ordnungsrechtlicher Instrumente, die sich hinsichtlich des Ansatzes, des Zeitpunkts und der Intensität des staatlichen Eingriffs unterscheiden lassen. In der Chemikalienregulierung finden sich häufig Eröffnungskontrollen in Form von Zulassungs-, Anmelde- und Anzeigeverfahren. Für potenzielle Innovationswirkungen ist die Gesamtstruktur eines Regulierungsmusters entscheidend. Elemente dieser Struktur sind: (1) der Ansatzpunkt der Regulierung (z.B. Produkt- oder Prozessregulierung); (2) die eingesetzten Instrumente; (3) Übergangsfristen; (4) die Strenge der Zielsetzungen; (5) Unsicherheiten und (6) die Existenz zusätzlicher Anreize zur Unterstützung der Regulierung.

(b) Für die betroffene Industrie ist die umweltpolitische Regulierung ein Signal der gesellschaftlich gewünschten Änderungen. Organisatorische und technische Lösungen zur Anpassung an das neue Regulierungsniveau können von der betroffenen Industrie selbst, den Herstellern von Umweltschutztechnologien oder anderen Branchen entwickelt werden. Ob und mit welcher Innovation die regulierte Industrie aufwartet, wird nach Meinung von Ashford in erheblichem Maße von der Lebenszyklusphase beeinflusst, in der sich die Branche gerade befindet. Die Annahme technologischer Rigidität in Industriesektoren basiert auf einem Modell von Abernathy u. Utterback (1975, 1978), das von Ashford aufgegriffen wird. Dieses Branchenentwicklungsmodell (s. Abbildung 6.3) liefert einen Erklärungsansatz für unterschiedliche Innovationsdynamiken in Branchensegmenten. Im zeitlichen Verlauf verändern sich hiernach in einem Branchensegment bzw. einer Wertschöpfungsstufe sowohl die Art der Innovation als auch die Innovationsrate. Die Innovationsrate ist in der ersten Phase am höchsten, mit einer großen Zahl von Produktinnovationen. Aufgrund des rasanten Produktwandels sind Prozessinnovationen in dieser Phase zunächst marginal, treten mit zunehmender Klarheit des Produktdesigns aber stärker in den Vordergrund. In der mittleren Phase sinkt die Zahl der Produktinnovationen, während die Zahl der Prozessinnovationen dominiert. Die anfängliche Produktvielfalt ist nun Produktstandards gewichen, und der Wettbewerb im Markt findet in dieser Phase in erster Linie über den Preis statt und nicht mehr durch unterschiedliche Produktmerkmale.

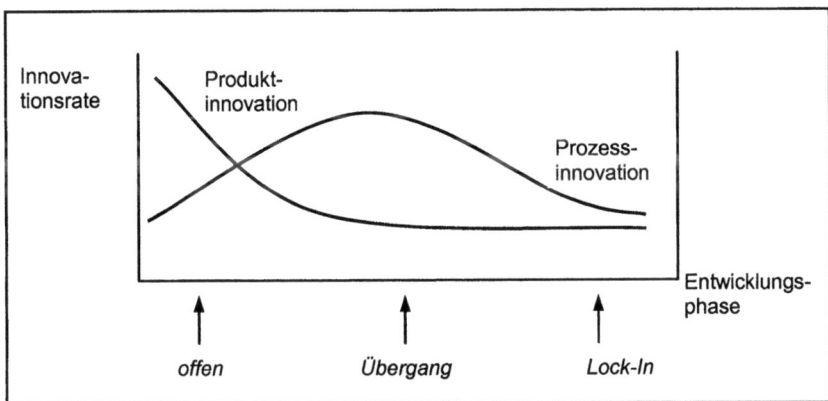

**Abb. 6.3.** Modell industrieller Innovationsdynamiken
Quelle: Abernathy u. Utterback (1978).

Im letzten Abschnitt sinken die Innovationsraten für Produkt und Prozess auf ein sehr niedriges Niveau, und das Branchensegment bekommt einen statischen, rigiden Charakter, in dem Wettbewerbsvorteile fast ausschließlich durch Skaleneffekte erzielt werden. Dem Modell liegt somit ein Verständnis „industrieller Alterungsprozesse" zugrunde. Zugleich unterstellt das Modell die Vorhersagbarkeit von Innovationswirkungen in einem gegebenen industriellen Kontext und behauptet, dass die Charakteristika der vorherrschenden Technologie die zukünftigen technischen Lösungen determinieren.

(c) Die regulierten Unternehmen können mit Veränderungen des Herstellungsprozesses oder Änderungen beim Material- und Energieeinsatz reagieren, die Umweltindustrie kann neue Umweltschutztechnologien entwickeln, und entweder die regulierte Industrie selbst oder neu in den Markt eintretende Unternehmen können mit Produktveränderungen oder neuen Produkten eine Problemlösung anbieten. Analytisch ist es sinnvoll, zwischen zwei unterschiedlichen Anpassungsleistungen der betroffenen Unternehmen zu unterscheiden: „compliance" und „beyond compliance". Der erste Typ, die Strategie der Regeleinhaltung, ist konzeptionell klar und einfach. Es wird das Notwendige getan, um den Anforderungen der neuen Regulierung zu genügen. Dies kann einen Technikwandel im Unternehmen beinhalten, muss es aber nicht zwangsläufig, und bei der neuen Technologie kann es sich um eine Innovation handeln oder um die Nutzung bereits existierender Technologien. Mit der Wahl des zweiten Typs, einer proaktiven Strategie des „beyond compliance", gehen Unternehmen bewusst über die bestehenden gesetzlichen Anforderungen hinaus.[1] Die Innovationswirkung dieser Strategie beschränkt sich in der Regel nicht auf die technische Lösung des Umweltproblems, sondern beinhaltet Neuerungen in der Organisation des Unternehmens und Innovationen der standardisierten Routineabläufe,

---

[1] Zur Diskussion um „beyond compliance" als Unternehmensstrategie vgl. Reinhardt 1999; Prakash 2000, 2001.

aus der sich eine Änderung der Innovationsrichtung eines Unternehmens ergibt (Staudt 1993: 9ff).

Auf der Grundlage mehrerer wissenschaftlicher Studien haben Ashford und Heaton das sektorale Innovationsmuster der chemischen Industrie folgendermaßen charakterisiert (Ashford u. Heaton 1983: 116f.):

1. The rate and nature of chemicals innovation can be expected to vary greatly among the sectors of the chemical industry. Small firms and new entrants play an important role in innovation especially in newer and more rapidly developing sectors.
2. As firms become mature, their R&D efforts become more risk averse, process change becomes more important.
3. Established chemicals firms have demonstrated a shift toward process change, product modification, and new uses for old products.
4. Large firms in the industry have traditionally been best at product modification and process innovation, but not at product discovery.
5. Small innovative firms are more dependent on new products and are more likely to be negatively effected if regulation inhibits the development of new products.

In ihren eigenen empirischen Untersuchungen über die Innovationswirkungen der Chemikalienregulierung kamen Ashford et al. zu folgenden Ergebnissen: es gibt in der Tat einen engen Zusammenhang zwischen dem Regulierungsmuster und der Art der technischen Lösung. Ferner wird die Suche nach einer zukünftigen Lösung stark von den gegenwärtig genutzten Technologien geprägt: „the technology in use before regulation tends to dominate the compliance response to regulation" (Ashford u. Heaton 1979: 53). Radikale Innovationen waren in der Regel mit dem Eintritt neuer Akteure in den Markt verbunden. Die technologischen Anpassungen in den Unternehmen als Folge der Regulierung blieben moderat. In fast allen Fällen kamen die Anpassungen zustande durch Technologien „already on the shelf" (ebd.: 60). In ungefähr 20% der befragten Unternehmen kam es zu Innovationen, die zwar durch Regulierung ausgelöst wurden, aber über den reinen Zweck der Regeleinhaltung hinaus gingen und den Unternehmen zusätzlichen Nutzen brachten. Diese „ancillary benefits" sind identisch mit den „innovation offsets", die Porter zwölf Jahre später entwickelte.

Für die Entwicklung einer innovationsorientierten Umweltpolitik gilt es im Vorfeld einer neuen Regulierung nach Ansicht von Ashford drei Fragen zu beantworten (Ashford 1993: 284): welche Innovationswirkungen sind wünschenswert, in welchen Branchensegmenten sind Innovationen wahrscheinlich und welches Regulierungsmuster wird die erwünschten Reaktionen auslösen? Bevor diese Fragen in Abschnitt 6.4 empirisch aufgriffen werden, sollen im nächsten Abschnitt zunächst die gewonnen Einsichten aus dem allgemeinen Diskurs zu Umweltregulierung und Innovationen im Hinblick auf die Besonderheiten der Chemikalienpolitik reflektiert werden.

## 6.3.2 Zur Übertragbarkeit auf die Chemikalienpolitik

Es drängt sich kein genereller Einwand gegen die Annahme auf, dass die Schlussfolgerungen aus den oben dargestellten Ansätzen von Wildavsky, Porter und Ashford auch im Bereich der Chemikalienpolitik sinnvoll getestet werden können. Tatsächlich ziehen die Autoren in ihren Arbeiten selbst zahlreiche Beispiele aus der chemischen Industrie zur Illustration ihrer jeweiligen Thesen heran. Trotzdem muss gefragt werden, inwieweit Einschränkungen oder Spezifizierungen erforderlich sind. Diese können sich mit Blick auf den Ansatz von Ashford aus der Diversität der spezifischen Branche (3.2.1), mit Bezug auf die Porter-Hypothese aus der toxikologischen Risikointensität als spezifischem Regulierungsgegenstand (3.2.2) oder anknüpfend an Wildavskys Argumente aus der Notwendigkeit des Wissensaufbaus über diese Risiken als zentralem Element der spezifischen Regulierungsziele (3.2.3) ergeben. In Zusammenfassung der Ergebnisse dieser Prüfung bleibt schließlich festzustellen, ob und inwieweit die theoretische Diskussion die Ableitung konsistenter Handlungsleitlinien für eine innovationsorientierte Chemikalienregulierung zulässt (3.3).

### 6.3.2.1 Diversität der Chemischen Industrie

Das implizite Brachenentwicklungsmodell von Ashford besitzt angesichts der enormen Diversität innerhalb der Chemischen Industrie eine große Attraktivität, da sich damit unterschiedliche Betroffenheiten durch und Reaktionen auf die Regulierung innerhalb des regulierten Industriesektors aufzeigen und erklären lassen. Relevant ist hierbei, dass die Wettbewerbsfähigkeit der chemischen Industrie als einer wissensbasierten Industrie in hohem Maße durch die Fähigkeit bestimmt wird, neue Produkte und Prozesse zu entwickeln und auf den Markt zu bringen. Die Quelle der technologischen Innovation ist daher vor allem die unternehmensinterne Forschung und Entwicklung, und Produkt- und Prozessinnovationen stellen für die meisten Unternehmen den Garant für das Bestehen im Wettbewerb dar. Aufgrund der enormen Heterogenität in der chemischen Industrie unterscheiden sich andererseits die Innovationsaktivitäten in den einzelnen Sparten erheblich (Greb et al. 1996). Innovationen in den Sparten der organischen und anorganischen Grundchemikalien (Petrochemikalien, Intermediate und andere Massenprodukte) sind hauptsächlich Prozessinnovationen, während in den nachgelagerten Sparten wie der Spezialitätenchemie, Farben und Lacke oder bei Spezialkunststoffen die Innovationstätigkeit vorrangig im Bereich der Produktinnovationen liegt. In den vorgelagerten Wertschöpfungsstufen der Basischemikalien dominieren typischerweise große, stark diversifizierte Unternehmen, während in den nachgelagerten Sparten kleine und mittlere Unternehmen mit großen Unternehmen eine Koexistenz bilden. In der Konsequenz ergeben sich signifikante Unterschiede bezüglich der Innovationswirkungen von Umweltregulierung in Abhängigkeit von der jeweiligen Sparte und der Unternehmensgröße (Mahdi et al. 2002: 7).

### 6.3.2.2 Ressourceneffizienz versus toxikologische Risikointensität

Die These von Porter zielt im Kern auf eine Steigerung der Ressourceneffizienz ab, das heißt die „innovation offsets" ergeben sich in erster Linie aus Verringerungen der Material- und Energieintensität von Produkten und Verfahren. Die Unternehmen der chemischen Industrie unterliegen, wie Unternehmen in anderen Branchen auch, einer Vielzahl von Umweltvorschriften, für die sich ein solcher Wirkungszusammenhang potenziell konstatieren lässt. Die Chemikalienregulierung im engeren Sinne hat jedoch die Minimierung von toxikologischen Risiken für die Umwelt und die menschliche Gesundheit zum Ziel, die durch die Herstellung, Weiterverarbeitung und die Verwendung von chemischen Stoffen verursacht werden. Die Zielgröße ist dabei die toxikologische Risikointensität und nicht die Material- oder Energieeffizienz. Die Bedingungen für die Porter-Hypothese scheinen damit im Rahmen der Chemikalienregulierung nur eingeschränkt gegeben. Zur genaueren Abklärung der Übertragbarkeit der Porter-Hypothese muss man sich die Unterschiede zwischen beiden Zielgrößen vor Augen führen:

– Energie und Rohstoffmenge sind eindeutig definierte und in universellen Einheiten messbare physikalische Größen. Sie lassen sich relativ leicht in ökologische Kennzahlen umrechnen, wie beispielsweise die Emission von $CO_2$-Mengen bzw. $CO_2$-Äquivalenten als Maßzahl für den Beitrag zum anthropogen verursachten Treibhauseffekt. Auf dieser Basis ist ein direkter Vergleich unterschiedlicher Energieträger, Rohstoffe, Verfahren, Produkte und Handlungsoptionen relativ leicht möglich. Hingegen gibt es keinen universellen Maßstab für humantoxikologische und ökotoxikologische Risiken. Als Risikoindikator dient üblicherweise das Verhältnis zwischen Expositionshöhe und stoffimmanentem Schädigungspotenzial. Direkt vergleichbar sind toxikologische Risiken daher nur, insoweit sie sich auf eine ganz bestimmte, gleiche Art von Schadeffekt unter vergleichbaren Expositionsbedingungen beziehen. Wenn aber Stoff A Krebs erzeugend beim Menschen wirkt, Stoff B Missbildungen der Geschlechtsorgane mariner Schnecken hervorruft und Stoff C die Aktivität der Mikroorganismen in einer biologischen Kläranlage hemmt, dann lassen sich die entsprechenden Risiken für das Eintreten dieser Schadeffekte nicht wie $CO_2$-Äquivalente gegeneinander verrechnen. Angesichts dieser Komplexität des Problemfeldes gestaltet sich die Formulierung von Innovationszielen und Innovationsstrategien für Unternehmen ungleich schwieriger.

– Energie und Rohstoffmengen sind praktisch vollständig erfassbare Größen. Human- und ökotoxikologische Risiken können hingegen stets nur für einen begrenzten Satz potenzieller Arten von Schadeffekten abgeschätzt werden, die prinzipiell bereits bekannt sind und für die geeignete Test- oder Modellierungsverfahren vorhanden sind. Eine heute nach Stand der Wissenschaft durchgeführte Risikoabschätzung kann morgen obsolet werden, falls bisher unbeobachtete Arten von Gesundheits- oder Umweltwirkungen zu Tage treten. Beispiele jüngeren Datums sind der Lipobay-Skandal oder hormonähnliche Wirkungen verschiedener Umweltchemikalien. Die Erfahrung derartiger Überraschungsmomente beeinträchtigt die Richtungssicherheit innovationsstrategischer Entscheidungen und kann die Neigung zur Perpetuierung des Status Quo tenden-

ziell verstärken. Die Notwendigkeit transparenter Risikoabschätzungen und Risikokommunikationsverfahren lässt sich als vertrauensbildender Ausweg aus diesem Dilemma begründen.
- Energie und Rohstoffmenge sind stets quantifizierbare Größen, für die entsprechend auch quantitative Reduktionsziele formuliert werden können. Für die Risiken gefährlicher Stoffe gilt das nur mit starken Einschränkungen. Prinzipiell lassen sich zwar mit Hilfe probabilistischer Verfahren Eintrittswahrscheinlichkeiten für bestimmte Schadeffekte kalkulieren. In der Praxis scheitert der valide Einsatz solcher Verfahren aber oft an einer dafür völlig unzureichenden Datengrundlage. Risikoabschätzungen münden deshalb typischerweise in qualitativen Ja/Nein-Entscheidungen über die Frage, ob Anlass zur Besorgnis besteht oder nicht. Die maßgebliche Besorgnisschwelle wird aus dem Teilschritt der Gefährlichkeitsabschätzung abgeleitet und ist als eine bestimmte Expositionskonzentration oder -dosis definiert. Sie kann in verbindliche Grenz-, Richt- oder Zielwerte umgesetzt werden. Trotz der Probleme der Risikoquantifizierung können somit klare quantitative handlungsorientierende Zielsetzungen formuliert werden, die den Wettbewerb um den effektivsten und effizientesten Weg zu ihrer Erreichung eröffnen. Diese Voraussetzung der Porter-Hypothese kann also erfüllt werden.
- Bestimmungen von Energieeinsatz und Rohstoffmengen sind sehr exakt möglich. Unsicherheiten hängen praktisch nur von der Messgenauigkeit ab. Human- und ökotoxikologische Risikoabschätzungen sind mit ungleich größeren und völlig andersartigen Unsicherheiten behaftet. Sie ergeben sich aus der enormen räumlichen und zeitlichen Variabilität von Umweltbedingungen einerseits sowie der oft immensen Schwankungsbreite der Empfindlichkeit von Organismen andererseits. Sie betreffen deshalb sowohl das Ergebnis von Expositionsmodellierungen als auch die Verlässlichkeit der Resultate toxikologischer Stoffprüfungen. Das Ergebnis einer Risikoabschätzung hängt deshalb stark von der Konventionenbildung über Annahmen und Bestimmungsverfahren ab. Trotz aller Normierungen und Standardsetzungen bleiben aber oft erhebliche Ermessensspielräume, die durch „expert judgement" und Konsensfindungsprozesse überbrückt werden müssen. Mangel an fachlicher Expertise und fehlende Möglichkeiten zur Partizipation an solchen Prozessen können insbesondere für kleine und mittlere Unternehmen zum Problem werden, wenn diese Risikoabschätzungen aus eigener Kraft und Verantwortung leisten wollen oder sollen.
- Aktueller Energieeinsatz und Rohstoffverbrauch eines Unternehmens sind bekannte Größen. Ziele und erreichte Verbesserungen können gegenüber diesem Ausgangszustand definiert und gemessen werden. (Öko-)toxikologische Risikoabschätzungen liegen hingegen bisher nur für einen kleinen Bruchteil der rund 100.000 derzeit in der EU frei vermarktbaren Chemikalien vor. Für den allergrößten Teil fehlt sogar jegliche Datengrundlage zur Abschätzung von Exposition und Wirkung. Schon für die Identifikation des tatsächlichen Innovationsbedarfs zum nachhaltigen Wirtschaften in der chemischen Industrie mangelt es also weitestgehend an der notwendigen Wissensbasis, und die Voraussetzungen für die Formulierung spezifischer Umwelt-Innovationsziele in bestimmten Stoff-, Prozess- oder Produktbereichen sind erst recht vielfach nicht gegeben.

Eine vorsorgende Risikoregulierung muss in dieser Situation so flexibel angelegt werden, dass sie einerseits verbindliche Rahmenbedingungen für das Wirtschaften mit potenziell gefährlichen Stoffen festlegt, andererseits den Aufbau des für die Erfüllung dieser Rahmenbedingungen notwendigen Wissens forciert und zudem auch noch anpassungsfähig an die Ergebnisse dieses von ihr selbst induzierten Wissensaufbaus bleibt. Die Ergebnisse dieser Wissensgenerierung sind ungewiss und können sowohl erfreuliche als auch unliebsame Überraschungsmomente für alle Beteiligten bergen. Die Motivation von Unternehmen zur Investition in einen Wissensaufbau mit ungewissem Ausgang und diffusen Chancen und Risiken kann deshalb zum Problem werden.
- Energie- und Rohstoffeinsatz sind in der Regel unmittelbar in monetäre Einheiten transformierbar. Jede eingesparte Kilowattstunde und jede Steigerung der Ressourceneffizienz können sich direkt im Unternehmenserfolg widerspiegeln. Die Umrechnung gesundheitlicher oder ökologischer Risikoreduktionen als Nutzen in monetäre Einheiten gestaltet sich demgegenüber um ein Vielfaches schwieriger und komplexer. Darüber hinaus können enorme Zeitspannen zwischen Kosten und Nutzen liegen. Beispielsweise kann sich die Reduzierung der Belastung von Arbeitnehmern mit kanzerogenen Substanzen unter Umständen erst nach Jahrzehnten in Krankheitsstatistiken widerspiegeln. Und zudem mögen die damit verbundenen Kosten wegen ihrer Externalisierung zwar volkswirtschaftlich brisant, für das einzelne Unternehmen aber nicht unmittelbar relevant sein. Dies gilt verstärkt, wenn Ursachen und Wirkungen nicht nur zeitlich sondern auch räumlich weit voneinander entfernt liegen. Ein überzeugendes Beispiel liefern die POPs (persistant organic pollutants). Infolge globaler physikochemischer Verteilungsprozesse und ihrer biologischen Anreicherung in der aquatischen Nahrungskette sind die Inuits des Nordpolarkreises, fernab der Industriezentren, heute diejenige Bevölkerungsgruppe der Erde, die mit diesen Stoffen am höchsten belastet ist.

In der Quintessenz kann man deshalb wie Sinclair-Desgagné (1999: 112) folgern: „Risk reduction activities [...] seem less likely to fit the Porter hypothesis, unless their bottom line is clear in the short run". Andererseits lassen sich durchaus finanzielle Vorteile einer vorsorgeorientierten Unternehmenspolitik aufzeigen, die auch einzelwirtschaftlich die Kosten der Risikobewertung und des Risikomanagements im Rahmen der Chemikalienregulierung kompensieren können. Dabei handelt es sich zum einen um Einsparungen in den Bereichen Lagerung, Verpackung und Transport durch sichere Produkte und Einsparungen durch die größere Sicherheit am Arbeitsplatz und das Wegfallen ansonsten notwendiger Sicherheitsmaßnahmen. Zum anderen senkt eine vorsorgeorientierte Unternehmenspolitik das Risiko späterer Klagen aufgrund von Produkthaftungsansprüchen, wie dies gegenwärtig im Fall von Asbest in den USA zu beobachten ist.[2] Ein geringes Risiko re-

---

[2] Die Zahlungen im Zusammenhang mit Asbest belaufen sich in den USA bis zum heutigen Tag auf 770 Mill. Dollar und haben bereits annähernd 70 Unternehmen in den Konkurs getrieben. Rund 700.000 Klagen sind derzeit vor amerikanischen Gerichten noch anhängig. Im Juni 2003 ist ein Schadensersatzfonds zum Schutz vor ruinösen Klagen in

sultiert letztlich in einem geringeren Bedarf an Versicherungsdienstleistungen, wodurch sich relevante Kosteneinsparungen für die Unternehmen ergeben.

Unberührt von den vorstehend erörterten Übertragungsschwierigkeiten bleibt der zweite Wirkungsmechanismus der Porter-Hypothese, nämlich das Argument, dass eine stringente Regulierung zu Vorreitereffekten führen kann und sich dadurch unternehmerische Vorsprungsgewinne ergeben. Der Chemikaliensektor sollte hierin keine Ausnahme darstellen.

### 6.3.2.3 Selbstregulierung oder organisierter Wissensaufbau?

Anknüpfend an Wildavskys Argumente gegen eine regulative Vorsorgepolitik lassen sich vor dem Hintergrund der bisherigen Chemikalienregulierung in der EU einige spezifische chemikalienrechtliche Risiken der Vorsorge formulieren. Eine nicht durch unterschiedliche Risikopotenziale begründete Unterscheidung zwischen Alt- und Neustoffen, mit strenger Neustoffregulierung und weitgehend freier Vermarktbarkeit der Altstoffe, behindert Innovationen im Bereich der Neustoffe und hat zur Folge, dass länger auf Altstoffe zurückgegriffen wird, womit alte Risiken weiter bestehen bleiben und nicht durch Innovationen gemindert werden (Nordbeck u. Faust 2003). Darüber hinaus begünstigten Verbote oder Beschränkungen einzelner Chemikalien die jeweiligen nicht regulierten Ersatzstoffe, die unter Umständen riskanter sind als der regulierte Stoff.

Grundsätzlicher steckt präventive Risikoregulierung nach Ansicht von Wildavsky in dem Dilemma, dass sie die inkrementalen Lernprozesse mit technischen Innovationen unterbindet, die einzig in der Lage wären, das notwendige Wissen zu generieren. Erschwerend kommt hinzu, dass nach seiner Auffassung Innovationen mehrheitlich durch Nutzung entstehen. Die eigentliche Innovationen treibende Kraft geht demnach nicht vom Hersteller, sondern vielmehr vom Anwender aus. In der Konsequenz hieße dies, auf keinen Fall regulativ am Beginn der Wertschöpfungskette in der chemischen Industrie anzusetzen, da dies den nachfolgenden Innovationsprozess behindern würde, sondern bei Bedarf einzelne Endprodukte zu regulieren. Folgt man hier Wildavskys Argumentation, so „bleibt Politik und Verwaltung bei der Vermeidung technischer Risiken nur eine sehr bescheidene Rolle" (Kerwer 1997: 263), die sich auf akute Gefahrenabwehr beschränkt und die Vorsorge der flexiblen Reaktion des Marktes auf Schadensfälle überlässt.

Auch wenn man die Wildavskysche Warnung vor den Risiken der Risikoregulierung als berechtigt anerkennt, so bleibt doch die Frage, ob die von ihm propagierte Rückkehr zu blindem Vertrauen in einen selbst regulierenden Marktprozess des Lernens aus unerwünschten Technologiefolgen eine effektive und akzeptable Problemlösungsstrategie darstellen kann. Tatsächlich haben Erfahrungen und wissenschaftliche Erkenntnisse der vergangenen Jahrzehnte das Vertrauen in einen solchen Selbstregulierungsprozess nachhaltig erschüttert. Die zentralen Argumente zugunsten einer regulatorischen Strategie der Lenkung von Innovationskräften in Richtung auf eine Verbesserung der Chemikaliensicherheit sind ökonomischer

---

Höhe von 135 Milliarden Dollar eingerichtet worden (Süddeutsche Zeitung, 01.07.03, S. 17).

und naturwissenschaftlich-erkenntnistheoretischer Art. Das ökonomische Argument lautet:

- Die Selbstregulierungskräfte des Marktes versagen, wenn die Kosten für Risikoerkennung, Risikominderung und Schadensbeseitigung nicht in den Preisen internalisiert sind.

Das naturwissenschaftliche Argument lautet:

- Das unorganisierte Lernen aus Schadensfällen ist ineffektiv oder sogar gänzlich zum Scheitern verurteilt, wenn Zusammenhänge zwischen Ursache und Wirkung nicht unmittelbar evident sind.

Anders als beispielsweise Brände, Explosionen oder akute Vergiftungen sind chronische Erkrankungen oder schleichende Umweltzerstörungen weder sofort augenfällig noch unmittelbar einem möglichen Ursachenherd zuordenbar. Emission, Exposition und biologische Wirkung von Chemikalien können räumlich oder zeitlich weit voneinander entfernt sein. Darüber hinaus sind langfristige Umwelt- und Gesundheitsschäden oft nicht monokausal sondern multifaktoriell bestimmt. Das Erkennen der oft komplexen Wirkketten, das rationale Abschätzen von Risiken und das Einleiten innovativer und effektiver Gegenmaßnahmen kann unter diesen Bedingungen nur gelingen, wenn das inkrementelle experimentierende Lernen als systematisch Wissen schaffender Prozess organisiert wird. Nach naturwissenschaftlichem Verständnis bedeutet dies, dass Experimente nur dann zum Erkenntnisgewinn taugen, wenn sie hypothesengeleitet und unter kontrollierten Bedingungen durchgeführt werden. Demgegenüber scheint Wildavskys diffuses Verständnis vom Begriff des Experimentierens eher auf ein „unstrukturiertes Durchwursteln" hinauszulaufen.

Anti-regulatorische Argumentationslinien konzentrieren sich im Chemikaliensektor vor allem auf Stoffverbote. Damit wird die Diskussion um die Ausgestaltung der Chemikalienregulierung unangemessen verkürzt. Tatsächlich stellen Verbote nur die Ultima ratio des Regulierungsinstrumentariums dar. Die Europäische Kommission erlässt sie nur auf der Grundlage eingehender (öko)toxikologischer Gefährlichkeits- und Risikobewertungen sowie zusätzlicher sozioökonomischer Kosten-Nutzen-Analysen. Dahinter standen bisher jahre- und jahrzehntelange Forschungsarbeiten und politisches Tauziehen um relativ wenige Stoffe und Stoffgruppen. Angesichts dessen ist die anti-regulatorische Behauptung vom vorschnellen Abschneiden von Handlungsoptionen in der bisherigen Praxis nur schwer nachvollziehbar. Vor allem aber ist regulatorisches Handeln zur Risikoreduzierung an die Voraussetzung einer abgeschlossenen Risikobewertung geknüpft worden. Genau diese Voraussetzung ist für die allermeisten der in Gebrauch befindlichen Chemikalien mangels Daten aber bisher unerfüllbar. In erster Linie zielt die europäische Chemikalienregulierung deshalb auf die Generierung einer Wissensbasis ab, die den sicheren Umgang mit potenziell gefährlichen Chemikalien gewährleisten soll. Dazu müssen gefährliche Eigenschaften bestimmt, Expositionen abgeschätzt, Risiken charakterisiert und gegebenenfalls geeignete Risikomanagementmaßnahmen identifiziert werden. Die wesentliche Frage ist, in welchem Umfang dies geschehen soll und muss, wem dabei welche Lasten aufgebürdet werden, wie dieser Prozess ökologisch effektiv und wirtschaftlich effizient organisiert werden kann und wie er so gestaltet werden kann, dass risikomindernde Innovationen befördert und nicht gehemmt werden. Die Wildavskysche Fundamentalkritik verweigert sich dieser Herausforderung und kann folglich auch keinen konstruktiven Beitrag zu diesem politischen Gestaltungsprozess anbieten.

### 6.3.2.4 Hypothesen zu den potenziellen Innovationswirkungen der neuen Chemikalienregulierung

Unterschiedliche Ausgestaltungsoptionen von Chemikalienregulierung bewegen sich auf einem Kontinuum zwischen Selbstregulation und totaler Kontrolle, wie es Mahdi et al. formulieren (2002). Die Frage ist, wie die Balance zwischen diesen beiden Extremen so eingestellt werden kann, dass Innovationen in die politisch erwünschte Richtung auf mehr Chemikaliensicherheit gelenkt werden, ohne dabei die Innovationskräfte der Chemiewirtschaft insgesamt auszubremsen. Die Innovationsforschung ist noch weit davon entfernt, diesen Punkt optimalen Politikdesigns auch nur annähernd verlässlich bestimmen zu können. Vielmehr verstrickt sich die akademische Debatte zwischen unterschiedlichen Schulen immer noch in grundsätzliche Auseinandersetzungen darüber, ob Regulierung überhaupt ein geeignetes Instrument zur Förderung von Innovationen sein kann. Immerhin können die Regulierungsbefürworter darauf verweisen, dass die Chemikalienpolitik in den vergangenen Jahrzehnten durchaus zu einer Reihe nachweisbarer Innovationen geführt hat, und es fällt schwer zu glauben, dass diese Erfolge auch ohne Regulierung oder zumindest deren Androhung erreicht worden wären. Allerdings sind auch gravierende Schwächen und Defizite zu Tage getreten, die es in der Weiterentwicklung des regulativen Instrumentariums zu beseitigen gilt. Auch wenn die Innovationsforschung Hilfestellung im Detail bislang schuldig bleiben muss, so lässt sich aus dem zuvor skizzierten Diskussionsstand zu den Thesen von Ashford, Porter und Wildavsky doch wenigstens ein konsistenter Satz allgemeiner Hypothesen zu den potenziellen Innovationswirkungen der neuen Chemikalienregulierung extrahieren:

– Aufgrund der Diversität der chemischen Industrie sind relevante Unterschiede bei den Innovationswirkungen der neuen Chemikalienregulierung in den einzelnen Subsektoren der chemischen Industrie zu erwarten. Entscheidende Faktoren sind hierbei die Unternehmensgröße und die vorherrschende Art der Innovation gemäß dem Branchenzyklusmodell. Die Regulierung muss die Ausdifferenzierung der Chemiebranche in einzelne Sparten berücksichtigen und deren unterschiedliche Tragfähigkeit für die Regulierungsbelastungen ins Kalkül ziehen (Ashford).
– Regulatorische Zielsetzungen müssen nach Porter spezifisch und nachprüfbar und ohne nennenswerte Ausweichmöglichkeiten formuliert sein, dem Wettbewerb um den bestmöglichen Weg zu ihrer Erfüllung aber freien Raum lassend. Die Forderung nach klaren Zielen stößt in der Chemikalienpolitik aufgrund der beschriebenen Eigenheiten toxikologischer Risikointensität schnell an ihre Grenzen. Dadurch stellen sich Porters „Innovation Offsets" als Kompensation

der Regulierungskosten im Rahmen von Risikoregulierung erheblich diffuser dar. In der Folge sind die Chancen unternehmerischer Innovationsstrategien weniger deutlich ausgeprägt und offensichtlich. Die unternehmerische Reaktion auf die neue Chemikalienregulierung wird daher mehrheitlich in einer Strategie der Regelbefolgung bestehen und nicht in einer proaktiven „Beyond Compliance"-Strategie.
- Auch wenn die Autoren dieses Beitrags der Argumentation von Aaron Wildavsky in ihrer Radikalität nicht folgen, so bleibt doch festzuhalten, dass Umweltregulierung durch das Abschneiden von Handlungsoptionen und Lernchancen möglicherweise andersartige Risiken erzeugt. Für die neue Chemikalienregulierung kann dieser Fall eintreten, wenn als Folge der Kosten für den notwendigen organisierten Wissensaufbau eine Reihe von Chemikalien vom Markt genommen wird, allein aus ökonomischen und nicht aus ökologischen oder gesundheitlichen Gründen. Dieser Effekt würde dem Ziel einer Stärkung der Innovationsfähigkeit der europäischen chemischen Industrie zuwider laufen. Darüber hinaus besteht die Möglichkeit, dass diese ökonomisch motivierte Produktrationalisierung den zukünftigen Substitutionspool für Stoffe verkleinert, die tatsächlich zu hoher Besorgnis Anlass geben, so dass unter Umständen wünschenswerte Substitutionen unterbleiben.

## 6.4 Innovationswirkungen der neuen Chemikalienregulierung: empirische Wirkungsanalysen

Die Veröffentlichung des Weißbuches zur zukünftigen europäischen Chemikalienpolitik im Februar 2001 hat eine Reihe von Studien nach sich gezogen, mit denen versucht worden ist, einen besseren Überblick über die Kosten und Nutzen der neuen Chemikalienregulierung zu gewinnen. Die EU-Kommission selbst hat seit der Veröffentlichung des Weißbuchs drei solche Studien in Auftrag geben. Den Gegenstand dieser Studien bildeten erstens die direkten Kosten der neuen Chemikalienpolitik, zweitens die volkswirtschaftlichen Effekte von REACH und drittens die Nutzeneffekte im Umwelt- und Gesundheitsbereich. Die erstgenannte Studie zu den direkten Kosten der neuen Chemikalienpolitik ist im Juni 2002 publiziert worden (RPA 2002). Die beiden anderen Studien sind zum gegenwärtigen Zeitpunkt (Juni 2003) noch nicht verfügbar, auch wenn einzelne Ergebnisse inzwischen bereits bekannt sind.

Zusätzlich sind zwei Studien zu den wirtschaftlichen Auswirkungen der neuen Chemikalienpolitik in Deutschland und Frankreich erschienen (ADL 2002; Mercer 2003). In Auftrag gegeben wurden diese Studien vom Bundesverband der Deutschen Industrie und in Frankreich vom Verband der Chemischen Industrie mit Unterstützung des Wirtschafts- und des Umweltministeriums. Beide Studien hatten dabei zum Ziel, über die direkten Kosten für die chemische Industrie hinaus die wirtschaftlichen Effekte der neuen Chemikalienregulierung insbesondere für die nachgelagerten Branchen aufzuzeigen.

Bevor die Ergebnisse der bisher veröffentlichten Studien im Hinblick auf die potenziellen Innovationswirkungen der neuen Regulierung diskutiert werden, erläutert der folgende Abschnitt zunächst die wesentlichen Elemente der neuen Chemikalienregulierung.

### 6.4.1 Die Struktur der neuen Chemikalienregulierung: REACH

Herstellung und Gebrauch von Chemikalien sollen so erfolgen, dass unter „reasonable forseeable conditions" weder die menschliche Gesundheit noch die Umwelt geschädigt werden. Auf diesen als „Duty of Care" bezeichneten Grundsatz will der Entwurf der neuen Europäischen Chemikalienregulierung Hersteller, Importeure und Weiterverarbeiter von Chemikalien und Chemikalien-Zubereitungen verpflichten (CEC 2003: Vol I, 8). Was ein unter vernünftigerweise vorhersehbaren Bedingungen erwartbarer schädlicher Effekt ist, das wird durch einen detaillierten Kanon von Kriterien, Methoden und Verfahren der Risikobewertung festgelegt. Insoweit in der Anwendung dieses Instrumentariums Risiken erkennbar werden, sind geeignete Maßnahmen des Risikomanagements zu identifizieren, zu implementieren und in der Wirtschaftskette zu kommunizieren, so dass der sichere Umgang mit potenziell gefährlichen Stoffen gewährleistet werden kann. Die Industrie hat die Verantwortung und die Kosten für die Durchführung dieses Verfahrens zu tragen. In der Regel sind die Ergebnisse für jede einzelne Chemikalie in einem „Chemical Safety Report" zu dokumentieren. Den Behörden kommt in erster Linie eine Überwachungsfunktion zu. Im Übrigen konzentrieren sie ihre Arbeit auf spezielle Stoffe und Risiken, für die weitergehende Maßnahmen und gegebenenfalls staatliches Eingreifen als erforderlich erachtet werden. Im Grundsatz soll die Regulierung für alle in der EU produzierten oder importierten Chemikalien gelten, mit Ausnahme nicht isolierter Intermediate und reiner Transit-Stoffe sowie der anderweitig geregelten radioaktiven Substanzen und genetisch modifizierten Organismen. In den detaillierten Vorschriften zum Zwecke der Risikoermittlung und der Risikoreduktion soll die Regulierung für alle Verwendungszwecke von Chemikalien gelten, soweit sie nicht bereits speziellen und in der Regel strengeren Kontrollverfahren unterliegen. Letzteres gilt für die Verwendung in Bioziden, Pestiziden, Pharmazeutika, Lebensmittelzusätzen und Kosmetika. Grundsätzlich sind die regulativen Anforderungen an die Risikobewertung und damit auch die Höhe der resultierenden Zeit- und Kostenbelastung für die Unternehmen nach Produktions- bzw. Importmengen gestaffelt. Daneben gibt es ein umfangreiches System aus Ausnahmeregelungen, Einschränkungen oder Verschärfungen für bestimmte Stoffe, Stoffgruppen oder Stoffverwendungen. Die Regulierung setzt sich zusammen aus drei aufeinander aufbauenden Kontrollinstrumenten. Diese werden mit den Schlagworten Registrierung, Evaluierung und Autorisierung von Chemikalien umrissen, weshalb die neue Regulierung kurz auch als REACH-System bezeichnet wird.

Registrierungspflichtig sollen zukünftig alle Chemikalien werden, die in Mengen von mehr als 1 Tonne pro Jahr und Hersteller oder Importeur in der EU produziert bzw. in die Gemeinschaft eingeführt werden. Partiell ausgenommen sind

Polymere. Vollständig ausgenommen sind Stoffe, die ausschließlich für Zwecke von Forschung und Entwicklung genutzt werden und zwar für einen Zeitraum von längstens 10 Jahren. Zentrale Voraussetzungen für die Registrierung sind Gefährlichkeitsabschätzung, Expositionsabschätzung und Risikocharakterisierung einschließlich der Beibringung der dazu erforderlichen Daten. In der Weißbuch-Debatte werden die ab 1 Tonne geltenden Datenanforderung als MIR (Minimum Information Requirement) bezeichnet. Sie erhöhen sich jeweils mit Erreichen der Mengenschwellen von 10, 100 und 1.000 Tonnen und die entsprechenden Prüfanforderungen werden in Entsprechung zur bisherigen Neustoffregulierung meist als „Base Set", „Level 1" und „Level 2" bezeichnet. Die Gefährlichkeitsabschätzung liefert Grenz-Konzentrationen in Umweltmedien (Wasser, Boden, Luft, Nahrung) oder Grenz-Dosen der Aufnahme durch den Menschen, unterhalb derer ein signifikanter Schaden für Mensch oder Umwelt konsensual als nicht erwartbar eingestuft wird. Die Expositionsabschätzung liefert Konzentrationen oder Dosen, denen Mensch oder Umwelt bei vorgesehener Verwendung sowie Einhaltung gegebenenfalls vorgesehener Risikomanagement-Maßnahmen erwartbar ausgesetzt sind oder sein können. Die Risiko-Charakterisierung vergleicht Exposition und Gefährlichkeit für verschiedene Schutzgüter und Szenarien. Sie gilt als positiv abgeschlossen, wenn die erwartbare Exposition die durch die Gefährlichkeitsabschätzung festgelegten Grenzen nicht überschreitet.

Die Evaluation, das zweite Kontrollinstrument, bezeichnet eine behördliche Qualitätskontrolle der von der Industrie vorgelegten Risikobewertungen und die Koordination gegebenenfalls zusätzlich erforderlicher Tierversuche. Das Evaluationsinstrument soll für Stoffe ab 100 Jahrestonnen obligatorisch werden, ansonsten aber nur selektiv bei begründeten Risikoverdachtslagen angewandt werden.

Einer Zulassungspflicht („Autorisierung") als drittem Kontrollinstrument sollen zukünftig alle Chemikalien unterliegen, die besonders besorgniserregende Eigenschaften aufweisen, für die das langfristige Risiko nach Stand der Wissenschaft nicht angemessen abschätzbar ist. Dies sind zum einem die so genannten CMR-Stoffe (cancerogen oder mutagen oder reproduktionstoxisch) und zum anderen die so genannten PBT und vPvB-Stoffe, d.h. heißt Substanzen mit der Merkmalskombination persistent + bioakkumulativ + toxisch bzw. sehr persistent + sehr bioakkumulativ. Exakte Einstufungskriterien für jedes dieser Merkmale sind festgelegt worden. Darüber hinaus soll die Zulassungspflicht auch für hormonähnlich wirkende Chemikalien gelten. Wegen derzeit noch fehlender konsensfähiger wissenschaftlicher Einstufungskriterien gilt dafür aber eine Einzelfallentscheidung. Die Zulassung soll für definierte Verwendungszwecke gewährt werden und zwar unter der Voraussetzung, dass entweder eine angemessene Kontrolle des Risikos demonstriert werden kann oder aber der sozioökonomische Nutzen das Risiko aufwiegt.

Über die drei genannten Instrumente hinaus behält sich die Kommission als Ultima ratio grundsätzlich das Recht vor, einzelne Chemikalien mit Verboten oder Anwendungsbeschränkungen zu belegen. Sie bezeichnet dies als das „Sicherheitsnetz" des REACH-Systems (CEC 2003: Explanatory Note, 6).

Das REACH-System soll der chemischen Industrie erhebliche Entlastungen bei neuen Stoffen sowie im Bereich von F&E bringen und damit Innovationsfreiräume erweitern. Im Gegenzug schafft es erhebliche Neubelastungen bei den so genannten Altstoffen, das sind mehr als 100.000 Chemikalien, die bereits vor dem 18.9.1981 in der EU vermarktet wurden. Neue Chemikalien unterliegen auch bislang schon einem Anmeldeverfahren, alle Mengenschwellen für das Beibringen von Prüfdaten sollen mit REACH aber um jeweils eine Zehnerpotenz angehoben werden. Ausnahmeregelungen für F&E-Stoffe gibt es auch schon im bestehenden Regulierungssystem, dabei existierende Mengenschwellen werden jedoch vollständig aufgehoben und zeitliche Befristungen werden von bisher einem Jahr in der verfahrensorientierten F&E auf generell maximal 10 Jahre ausgedehnt. Altstoffe hingegen waren bisher nicht registrierungspflichtig, sondern unterlagen einer komplizierten und schwerfälligen Prozedur aus behördlicher Prioritätensetzung und Risikobewertung, bei der der Industrie lediglich eine wenig motivierende Mitwirkungspflicht oblag. Diese Europäische Altstoffverordnung gilt umweltpolitisch als gescheitert, weil sie mehr als ein Jahrzehnt nach ihrem Inkrafttreten nur für ganze 41 Chemikalien Risikobewertungen hervorgebracht hat (Bodar et al. 2002), von denen bis 2002 lediglich 11 auch veröffentlich wurden. Diesem Zustand soll durch das harmonisierende REACH-System ein Ende gesetzt werden. Da schätzungsweise 30.000 Altstoffe die für REACH geltende Mengenschwelle von 1 Jahrestonne überschreiten, soll das „Phase-In" dieser Stoffe, nach Mengenschwellen gestaffelt, über einen Zeitraum von insgesamt zwölf Jahren gestreckt werden.

Bisherige Erfahrungen mit der Risikobewertung von Altstoffen haben gelehrt, dass diese nicht zu validen Ergebnissen führen, wenn nur die primären Hersteller oder Importeure, nicht aber die weiter verarbeitenden Betriebe in das Verfahren involviert werden, schlichtweg deshalb, weil zahlreiche Verwendungszwecke und daraus resultierende Expositionen unbekannt bleiben (Bodar et al. 2002). Konsequenterweise ist die verpflichtende Einbeziehung der so genannten „Downstream-User" ein zentrales und in der Europäischen Chemikalienregulierung neues Element des REACH-Systems. Bisherige Erfahrungen haben auch gezeigt, dass die Daten des sog. „Base Set" für abschließende Risikobewertungen häufig unzureichend und zusätzliche Stoffprüfungen deshalb erforderlich waren (Bodar et al. 2002). Andererseits lassen Kostenargumente und ethische Belange des Tierschutzes Forderungen nach Senkung toxikologischer Prüfanforderungen begründen. REACH sucht diesen widerstreitenden Ansprüchen durch Flexibilisierung von Prüfanforderungen, effizientere Nutzung vorhandenen Wissens und umfangreichen Ersatz von Tierversuchen durch in vitro Methoden kompromisshaft Rechnung zu tragen. Schließlich zeigen die bisherigen Erfahrungen, dass selbst isolierte Zwischenprodukte trotz ihrer Handhabung unter kontrollierten Bedingungen durchaus gravierende Risiken bergen können, insbesondere durch Exposition am Arbeitsplatz (Bodar et al. 2002). Entgegen mancher Forderungen von Industrieseite will REACH isolierte Intermediate deshalb nicht völlig aus der Registrierungspflicht entlassen, begnügt sich aber mit erheblich reduzierten Datenanforderungen.

REACH setzt auf erhöhte Risiko-Transparenz in der Produktkette und bessere Information der Öffentlichkeit. Die Möglichkeit der nahezu vollständigen Geheimhaltung von Prüfergebnissen und Risikobewertungen im Rahmen der geltenden Neustoffregulierung soll dazu partiell aufgehoben werden. Damit verknüpft ist die politische Erwartung, dass verbesserter Informationszugang die Nachfrage nach risikoärmeren Alternativen stärken und somit Anreize für Umweltinnovationen setzen wird (CEC 2001: 8). Offenkundige Achilles-Ferse des REACH-Systems sind Gebrauchsgüter, die außerhalb der EU produziert und in die EU importiert werden, wenn daraus während Gebrauch oder Entsorgung gefährliche Substanzen freigesetzt werden. Um nicht mit WTO-Regelungen über den freien Warenverkehr zu kollidieren, will REACH Substanzen in Importgütern unter Registrierungspflicht stellen, wenn die Menge der enthaltenen Substanz 1 t/a übersteigt und deren erwartbare Freisetzung nach Art und Menge geeignet ist, Schäden bei Mensch oder Umwelt hervorzurufen (CEC 2003: Vol I, 46). Wie diese Anforderung effektiv durchgesetzt werden soll, bleibt bisher allerdings unklar.

Die mit REACH beabsichtigte weitgehende Verlagerung der Verantwortung für Chemikaliensicherheit von den Umwelt- und Gesundheitsbehörden auf die Seite der Industrie stellt nach den Worten von Umweltkommissarin Wallström einen „radikalen Paradigmenwechsel" dar (Wallström 2003). Wie jedes radikale Reformvorhaben erschüttert die Umsetzung des Weißbuchs den Status-Quo und verunsichert die betroffenen Akteure. Diese kontern mit Studien, die die Wahrung der Verhältnismäßigkeit zwischen Kosten und Nutzen der neuen Regulierung in Frage stellen und warnen vor dem Verlust der Innovations- und Wettbewerbsfähigkeit der europäischen chemischen Industrie. Die Tragfähigkeit der dazu vorgelegten Studien gilt es deshalb im Folgenden näher zu beleuchten.

### 6.4.2 Empirische Wirkungsanalysen zur Wirtschaftsverträglichkeit des REACH-Systems

#### 6.4.2.1 Die „Business Impact"-Studie von Risk & Policy Analysts

Im Auftrag der EU-Kommission hat die Unternehmensberatung Risk & Policy Analysts (RPA) eine Wirtschaftlichkeitsbewertung des neuen REACH-Systems durchgeführt und im Juni 2002 veröffentlicht. Die Ergebnisse der Studie basieren auf der schriftlichen Befragung von 159 Unternehmen und 22 Verbänden der chemischen Industrie.

Nach Berechnungen von RPA belaufen sich die Kosten der Einführung von REACH für die chemische Industrie auf € 1,4 bis 7 Mrd. Nach Meinung von RPA führt das wahrscheinlichste Szenario zu Kosten in Höhe von € 3,6 Mrd. Der überwiegende Teil dieser Kosten (88%) entsteht durch die notwendigen Tests zur Registrierung der Stoffe. Die Kalkulationen von RPA zeigen ebenfalls, dass über 95% dieser Kosten bei den Herstellern und Importeuren anfallen. Die wahrscheinlichen Kosten in Höhe von € 3,6 Mrd. liegen deutlich über den im Weißbuch genannten Kosten von 2,1 Mrd. Euro. Die Differenz ergibt sich hauptsächlich aus den in der RPA-Studie höher veranschlagten Kosten für Stufe 1- und Stufe 2-Tests, also den vorgeschriebenen Tests für Stoffe mit einer Jahresproduktion von über 100 bzw. 1.000 Tonnen.

Die Ergebnisse der RPA-Studie verdeutlichen nochmals die Relevanz struktureller Unterschiede innerhalb der chemischen Industrie und daraus resultierende

Unterschiede in der individuellen Betroffenheit von Unternehmen. Die Aktivitäten der Unternehmen variieren dabei von der ausschließlichen Herstellung von Basischemikalien über die Produktion von Basis- und Spezialchemikalien bis hin zur ausschließlichen Herstellung von Spezialchemikalien. Der Markt für die Herstellung von Basischemikalien wird dominiert durch Großunternehmen, während kleine Unternehmen vorwiegend im Bereich der Spezialchemikalien tätig sind. Aus diesen Merkmalen resultieren sehr unterschiedliche Wirkungen der neuen Chemikalienregulierung für die einzelnen Unternehmen. Mit Blick auf die Unterschiede zwischen Großunternehmen und KMUs sind die folgenden Ergebnisse aus den Befragungen besonders relevant (RPA 2002: 100):

- Kleine und mittlere Unternehmen stellen generell eine geringere Zahl von Stoffen her.
- Der prozentuale Anteil von Stoffen unterhalb der Mengenschwelle von 1 Tonne pro Jahr ist bei KMUs deutlich höher (18% bei KMUs gegenüber 6% bei Großunternehmen).
- Die Bedeutung von Stoffen mit geringen Produktionsmengen für den wirtschaftlichen Erfolg ist bei den KMUs ungleich höher. Interessanter Weise ist der Umsatz im Bereich der Stoffe mit geringen Gewinnmargen bei den KMUs (21%) höher als bei den Großunternehmen (17%).
- Kleine und mittlere Unternehmen zeigen eine größere Neigung, infolge höherer Kosten für die Registrierung, Stoffe mit geringen Produktionsmengen vom Markt zu nehmen.
- Der Bestand an bereits vorhandenen Testdaten ist bei KMUs unwesentlich geringer als bei den Großunternehmen; generell verfügen die Unternehmen der chemischen Industrie über mehr Daten als bislang angenommen.
- Über 50% der KMUs entwickeln keine Neustoffe (52% der KMUs und 41% der Großunternehmen). Wenn Neustoffe auf den Markt gebracht werden, so geschieht dies überwiegend im Mengenbereich unterhalb einer Jahrestonne (51% der KMUs und nur 16% der Großunternehmen).
- Ein hoher Prozentsatz der KMUs erwartet durch die Anhebung der Mengenschwellen bei den Testanforderungen signifikante Kosteneinsparungen bei der Neustoffanmeldung.

Aufbauend auf diesen Ergebnissen ergibt sich für die Innovationswirkungen der neuen Chemikalienregulierung ein ambivalentes Bild, gerade für die kleinen und mittleren Unternehmen der chemischen Industrie. Da KMUs tendenziell weniger Stoffe produzieren und diese auch in geringeren Produktionsvolumen auf den Markt bringen, werden sie in der Regel mit unterdurchschnittlichen Kosten für die Testdaten und die Registrierung rechnen können. Gleichzeitig werden KMUs überdurchschnittlich von den Änderungen im Neustoffbereich profitieren. Die Anhebung der Mengenschwelle auf 1 Tonne ist allgemein von Vorteil für die Unternehmen, wird sich aber für die KMUs aufgrund ihres hohen Anteils von Neustoffanmeldungen unterhalb dieser Mengenschwelle besonders positiv auswirken, so dass die daraus erwarteten Einsparungen in Höhe von rund € 70 Millionen in den nächsten zehn Jahren überwiegend zu Gunsten der KMUs verbucht werden können. Die Antworten der Unternehmen und Verbände zeigen darüber hinaus deutlich die hohe Bedeutung, die Produktinnovationen unter Verwendung von Altstoffen für die zukünftige Wettbewerbsfähigkeit der chemischen Industrie besitzen. Die Entwicklung neuer Stoffe betrachten sechzig Prozent der befragten Unternehmen und Verbände als wichtig oder sehr wichtig, im Bereich der KMUs sind sogar 78% der Befragten dieser Ansicht. Zwei Drittel der Unternehmen erwarten eine gleich bleibende oder höhere Zahl von Neustoffentwicklungen. Bei den Großunternehmen lassen die Antworten darauf schließen, dass die Anhebung der Mengenschwelle zu einer Erhöhung der FuE-Investitionen führen wird, oder sich zumindest nicht negativ auf den FuE-Bereich auswirken wird (RPA 2002: 50).

Insgesamt zeigen die Befragungsergebnisse, dass den Innovationswirkungen der neuen Chemikalienregulierung ein hoher Stellenwert beigemessen wird. Insofern muss man gerade die Besorgnis der kleinen und mittleren Unternehmen in der Spezialitätenchemie ernst nehmen, dass die Kostenwirkungen der neuen Chemikalienregulierung ihnen eine Bürde auferlegt, die sich negativ auf ihre Wettbewerbs- und Innovationsfähigkeit auswirkt und sie in der Konsequenz zwingt, ihre Produktpalette zu rationalisieren und sich aus einzelnen Märkten zurück zu ziehen. Nach Berechnungen von RPA könnten hiervon 20% der Stoffe im Mengenbereich unter 100 Jahrestonnen betroffen sein, mit erheblichen Folgewirkungen für die Unternehmen. Auffallend ist in diesem Zusammenhang auch die geringe Bereitschaft der KMUs unter den nachgelagerten Anwendern, unter Umständen ihre speziellen Verwendungen selbst zu registrieren. Wenn Probleme mit den bislang verwendeten Stoffen durch die neue Registrierung auftreten sollten, dann beginnt bei den nachgelagerten Anwendern zuerst einmal die Suche nach Ausweichmöglichkeiten auf (registrierte) Ersatzstoffe, und erst in zweiter Linie wird man eine eigenständige Registrierung in Erwägung ziehen. Das Fehlen effektiver Substitute wird von nachgelagerten Anwendern folglich als wichtigster Beweggrund für eine eventuelle Registrierung angegeben, während der Erhalt der Stoffvielfalt und der Verlust der Flexibilität an letzter Stelle rangieren (RPA 2002: 47). Mit Blick auf die Substitution von Stoffen, die dem Zulassungsverfahren unterliegen, hängt nach Meinung sowohl der Hersteller und Importe als auch der nachgelagerten Verwender alles von den zukünftigen Verwendungsbeschränkungen ab und ob es sich dabei um umweltoffene oder geschlossene Verwendungen handelt. Erst an dritter Stelle stehen die Verfügbarkeit und Kosten möglicher Ersatzstoffe (RPA 2002: 52).

Wie die obigen Ausführungen zeigen, hat die Studie von RPA eine Reihe interessanter Ergebnisse hervorgebracht. Im Hinblick auf die Innovationswirkungen zeigt die Studie einerseits eine Reihe von Erleichterungen und positiven Anreizen für Innovationen durch die neue Regulierung auf. Andererseits verweist die Studie auf die hohen Kostenbelastungen der Hersteller und Importeure durch das REACH-System, welche die positiven Effekte insbesondere bei den KMUs überwiegen. Die nachgelagerten Anwender fürchten vor allem, dass die Rationalisierungen der Hersteller ihre eigenen Fähigkeiten zu Innovationen einschränken könnten.

Die Ergebnisse der Studie sind aber mit einiger Vorsicht zu verwenden. Trotz der unternommenen Anstrengungen, basiert das Zahlenmaterial auf einer sehr geringen Zahl von Befragten. Gerade bei den KMUs basieren viele Ergebnisse auf den Antworten von 10 bis 20 Unternehmen, und dies bei 36.000 KMUs in der Europäischen Union. Erschwerend kommt hinzu, dass 43% der befragten Unternehmen und Verbände aus der Farben- und Lackindustrie stammen (RPA 2002: 125), so dass die Antworten zwangsläufig einen starken Bias aufweisen. Gerade die sehr wichtigen Aussagen zu den low volume/low value-Stoffen basieren auf einer sehr geringen Datengrundlage und sind zusätzlich verzerrt durch begriffliche Verständnisschwierigkeiten auf Seiten der interviewten Unternehmen.

### 6.4.2.2 Auswirkungen auf die deutsche Wirtschaft (Arthur D. Little)

Wolken, Sturm und Hurrikan als Folge der wirtschaftlichen Auswirkungen der neuen EU-Stoffpolitik. In diesen Bildern beschreibt die Unternehmensberatung Arthur D. Little die Folgen des REACH-Systems für die deutsche Wirtschaft. Die Studie wurde im Auftrag des Bundesverbandes der Deutschen Industrie (BDI) erstellt und im November 2002 vorgelegt (ADL 2002). Zielsetzung der Studie war es, die Auswirkungen der Umsetzung des EU-Weißbuchs zur Chemikalienpolitik nicht allein für die chemische Industrie, sondern auch für nachgelagerte Branchen aufzuzeigen. Zur Abschätzung der wirtschaftlichen Auswirkungen auf die deutsche Industrie wurde ein Kalkulationsmodell entwickelt. Die Studie geht dabei mittels eines Bottom-Up Ansatzes in drei Schritten vor. Zunächst werden die Auswirkungen der neuen Chemikalienpolitik anhand ausgewählter Wertschöpfungsketten der Automobil-, der Textil- und der Elektrotechnik- und Elektronikindustrie abgeschätzt und dann auf das verarbeitende Gewerbe und schließlich auf die gesamte Wirtschaft extrapoliert. Mit dem Kalkulationsmodell werden die Auswirkungen der neuen Chemikalienpolitik für drei Szenarien als Produktionsverluste berechnet: „Clouds", „Storm" und „Hurricane".

Das Szenario „Clouds" basiert auf Vorschlägen der Industrie für eine möglichst praktikable Umsetzung des Weißbuchs. Es geht von einer hohen Akzeptanz existierender Daten[3] aus, so dass die Registrierungskosten nur bei einem Drittel der im Weißbuch genannten Werte angesetzt wurden. Darüber hinaus nimmt es eine vollständige Konsortienbildung[4] an und den Verzicht auf die Registrierung von Zwischenprodukten. In diesem Szenario ergibt sich ein Produktionsverlust von 1,4% für das Verarbeitende Gewerbe und extrapoliert auf die deutsche Wirtschaft eine Verminderung der Bruttowertschöpfung um 0,4% und ein Verlust von 150.000 Arbeitsplätzen.

Das Szenario „Storm" soll weitgehend die Annahmen des Weißbuchs widerspiegeln. Als Registrierungskosten wurden die im Weißbuch genannten Werte herangezogen. Der Zeitaufwand für die Registrierung ist mit neun Monaten kalku-

---

[3] Gemeint sind bisher unveröffentlichte Prüfergebnisse der Hersteller oder Daten aus der wissenschaftlichen Literatur, die nicht mit normierten Testmethoden gewonnen wurden, wie sie die geltende Neustoffregulierung vorschreibt.

[4] Das REACH-System sieht die Möglichkeit der gemeinschaftliche Registrierung ein und desselben Stoffes durch sämtliche Primärhersteller, Importeure und Downstream-User ausdrücklich vor, übt aber keinen Zwang auf eine derartige Konsortienbildung aus.

liert. Neben der Annahme vollständiger Konsortienbildung, sind Zwischenprodukte mit verringerten Prüfanforderungen einbezogen und zwei zusätzliche Verwendungsregistrierungen für jeden Stoff enthalten. Darüber hinaus gilt die weitgehende Pflicht zur Offenlegung von Stoffdaten. Dabei ergeben sich Produktionsverluste von 7,7% für das Verarbeitende Gewerbe, ein Bruttowertschöpfungsverlust in Höhe von 2,4% und der Verlust von 900.000 Arbeitsplätzen in Deutschland.

Dem Szenario „Hurricane" liegen Annahmen aus der bisherigen Praxis der Stoffregulierung zu Grunde. Die Prüfkosten entsprechen den Werten der RPA-Studie. Zusätzlich wurden Kosten für Expositionsmessungen in Rechnung gestellt. Das Szenario geht von notwendigen Mehrfachregistrierungen aus, also keiner Konsortienbildung. Des Weiteren wurde angenommen, dass vorhandene Daten keine Berücksichtigung finden. Zwischenprodukte sind analog dem „Storm"-Szenario einbezogen, ebenso die Offenlegungspflichten. Es gilt die Annahme fünf zusätzlicher Verwendungsregistrierungen je Stoff. In diesem Szenario ergeben sich Verluste für das Verarbeitende Gewerbe von über 20 Prozent, ein gesamtwirtschaftlicher Bruttowertschöpfungsverlust von 6,4% und der Verlust von 2,35 Millionen Arbeitsplätzen.

Eine ausführliche Kritik an der methodischen Vorgehensweise der ADL-Studie ist an anderer Stelle formuliert worden (UBA 2003), so dass es hier ausreichend erscheint, die wesentlichsten Probleme der Studie zu benennen:

1. Die konzeptionelle Beschränkung der Studie auf negative Produktions- und Beschäftigungseffekte wird nicht ausreichend deutlich.
2. Die Studie simuliert eine statische Wirtschaft in einer dynamischen Welt: alles bleibt gleich, nur die Regulierung ändert sich. Die Dynamik und Innovationskraft der Wirtschaft während des langen Anpassungszeitraums von 12 Jahren bleiben unberücksichtigt.
3. Bei der Validität der Parameter gibt es eine Reihe offener Fragen: die Kosten erscheinen als deutlich zu hoch angesetzt; es ist zweifelhaft, ob durch die Offenlegung von Informationen zwangsläufig höhere Nettokosten („Transparenzkosten") entstehen; der Zeitfaktor („time to market"), der für bis zu 90% der Produktionsverluste verantwortlich gemacht wird, erscheint in dieser Form als wenig plausibel.
4. Für eine aussagekräftige Hochrechnung von mikroökonomischen Befragungsergebnissen (Bottom-Up Ansatz) kommt es auf repräsentative Fallstudien an, und selbst dann gibt es erhebliche Probleme einer Hochrechnung auf die branchen- und gesamtwirtschaftliche Ebene. Die ausgewählten Fälle der ADL-Studie können kaum als repräsentativ angesehen werden, da augenscheinlich Unternehmen und Sektoren ausgewählt wurden, die negative Auswirkungen befürchten. Die Analogieschlüsse und Extrapolationen erscheinen damit wenig überzeugend, da ein kleiner Bereich stark detaillierter Daten relativ grob auf die Ebenen des Verarbeitenden Gewerbes und der Gesamtwirtschaft übertragen werden.
5. Die Benennung der Szenarien ist peinlich suggestiv. Es fehlt prinzipiell das Referenzszenario, welches die Situation in den nächsten zehn Jahren ohne REACH simuliert.

Mit Blick auf die Innovationswirkungen der neuen Chemikalienregulierung kommt die Studie zu dem Ergebnis, dass sich die Innovationsfähigkeit der deutschen Industrie durch die zusätzlichen Belastungen aufgrund der neuen Stoffpolitik deutlich verringern wird (ADL 2002: 5). Dabei listet die Studie zu Beginn selbst eine Reihe möglicher positiver Effekte der neuen Regulierung auf (ADL 2002: 16): Erleichterung von Innovationen auf der Basis neuer Stoffe durch die Anhebung der Mengenschwelle auf 1 Jahrestonne, Kosteneinsparungen durch Verfahrenserleichterungen für Registrierungen unter 10 Jahrestonnen, Schaffung von Innovationsanreizen zur Entwicklung umweltfreundlicher, ungefährlicher Produkte, Wettbewerbsvorteile durch eine steigende Nachfrage nach umweltfreundlichen Produkten auch in anderen Regionen, die Sicherung und Entwicklung hochwertiger Arbeitsplätze und die potenzielle Verringerung der Soziallasten in den Bereichen Umwelt und Gesundheit.

Mit Ausnahme der Verringerung der Soziallasten, die explizit als Gegenstand der Untersuchung ausgenommen sind, werden die positiven Effekte des neuen REACH-Systems aber pauschal als vernachlässigbar angesehen (ADL 2002: 46). Als Folge werden in der Studie hauptsächlich die Probleme eventueller Einschränkungen des Altstoffpools gesehen, aber nicht die Chancen, die sich aus den Innovationen bei Neustoffen und aus der Stoffsubstitution ergeben sowie aus den direkten und indirekten Kosteneinsparungen durch die Risikoreduzierung.

### 6.4.2.3 Auswirkungen auf die französische Wirtschaft (Mercer)

Die jüngste Studie zur neuen Chemikalienpolitik hat im April 2003 die Unternehmensberatung Mercer Management Consulting im Auftrag des französischen Chemieverbandes UIC, des französischen Ministeriums für Ökologie und nachhaltige Entwicklung und des Ministeriums für Wirtschaft, Finanzen und Industrie vorgelegt (Mercer 2003). Das Ziel der Studie war die Abschätzung der Wirkungen der neuen Chemikalienregulierung auf die französische Wirtschaft. Dies beinhaltet eine Bewertung der ökonomischen und sozialen Wirkungen und eine qualitative Analyse der Auswirkungen für den Schutz der Umwelt und der menschlichen Gesundheit.

Die Studie analysiert die Wirkungen der neuen Chemikalienregulierung anhand von 14 Marktsegmenten, zehn davon innerhalb der chemischen Industrie und vier nachgelagerte Branchen (Automobil-, Elektronik-, Metall- und Textilindustrie). Die zehn Sparten innerhalb der chemischen Industrie umfassen die Basischemikalien (organische Basischemikalien und Düngemittel), die Intermediate (Polyamide, Feinchemikalien, Thiochemikalien, Silikone), die Spezialitätenchemie (Pharmaindustrie, Kosmetik, Waschmittelhersteller, Farben- und Lackindustrie) und die Formulierer.

Das methodische Vorgehen der Studie ist vergleichbar mit dem Bottom-Up Ansatz in der ADL-Studie. Ausgehend von ausgewählten „Pilotunternehmen" in den Marktsegmenten werden detaillierte Analysen zu den ökonomischen und sozialen Auswirkungen der neuen Chemikalienregulierung entlang der Wertschöpfungsketten durchgeführt und die Ergebnisse anschließend in ein Kalkulationsmodell zur Berechnung der makroökonomischen Effekte eingespeist. Die verwendeten qualitativen Methoden zur Datenerhebung im Bereich der Schutzziele Umwelt und Gesundheit werden nicht offen gelegt. Die Informations- und Datenbasis und damit die Datenqualität sind für den Leser in diesen Teilen der Studie in keiner Weise nachvollziehbar.

Angesicht der Ähnlichkeit zu dem methodischen Bottom-Up Ansatz der ADL-Studie ist es müßig, die schon im letzten Abschnitt vorgebrachten Bedenken zur Hochrechnung mikroökonomischer Daten auf die Volkswirtschaft an dieser Stelle zu wiederholen. Positiv zu vermerken ist, dass die Studie von Mercer die Heterogenität der chemischen Industrie in die Analyse der Wertschöpfungsketten einbezieht.

Insgesamt schätzt Mercer Consulting, dass durch die neue Regulierung in den kommenden zehn Jahren Produktionsverluste zwischen € 29 und € 54 Mrd. eintreten werden, was einer Verringerung des BIP um 1,7 bis 3,2% gleichkommt. Den Verlust an Arbeitsplätzen für die französische Wirtschaft beziffert Mercer auf 360.000 bis 670.000, d.h. 1,3 bis 2,8% der Gesamtbeschäftigten. Die potenziellen Innovationseffekte der neuen Regulierung lassen sich nach Auskunft von Mercer gegenwärtig nicht abschätzen. Innovationen würden zwar prinzipiell durch die neue Chemikalienregulierung angestoßen, aber dieser Effekt sei gedämpft durch das vorherrschende Interesse an Kostensenkungen und höherer Effizienz. Mit Blick auf die Nutzeneffekte in den Bereichen Umwelt und Gesundheit konstatiert Mercer, diese seien zum gegenwärtigen Zeitpunkt nicht quantifizierbar und eine Bewertung in Relation zu den ökonomischen Wirkungen sei schwierig. Die größten Nutzeneffekte für den Schutz der Umwelt und die menschliche Gesundheit erwartet die Studie, allerdings ohne Zahlen zu nennen, im Bereich der zulassungspflichtigen Stoffe.

Aus den Ergebnissen der Studie lassen sich mit Blick auf die Innovationswirkungen der neuen Regulierung dennoch einige interessante Details ableiten. Die Analyse der ausgewählten Wertschöpfungsketten bestätigt einige Vermutungen zu den Wirkungen der neuen Chemikalienregulierung. Bei den Basischemikalien wird durch die Fallbeispiele deutlich, dass die Kostenwirkungen der neuen Regulierung marginal sind: „The impact will be negligible on basic chemicals" (Mercer 2003: 20). Das Gleiche gilt für Intermediate mit einer Jahresproduktion von über 1.000 Tonnen. Generell sind damit die Kostenwirkungen der neuen Regulierung bei Stoffen über 1.000 Jahrestonnen vernachlässigbar. In der Folge sind durch die Registrierung der hochvolumigen Altstoffe auch keine nennenswerten negativen Innovationseffekte zu erwarten. Andererseits kann es in diesem Mengenbereich zu radikalen Innovationen kommen, wenn einzelne Stoffe mit hohen Produktionsmengen dem Zulassungsverfahren unterliegen und in ihren Verwendungen erheblich beschränkt oder nicht zugelassen würden.

Das zweite relevante Ergebnis der Studie ist die Behauptung, dass die Testkosten in Relation zum Umsatz und unter Einbeziehung der bereits vorliegenden Testdaten und den Möglichkeiten zur Konsortienbildung weitaus schwerer wiegen für die Stoffe mit geringeren Produktionsmengen. In der Summe würde das neue System „greatly penalise substances produced with less than 1000 tons" (Mercer 2003: 33). Am härtesten betroffen ist nach den Berechnungen von Mercer der Mengenbereich zwischen 100 bis 1.000 Tonnen, wo die Gesamtkosten der Registrierung sich auf 12% des Umsatzes belaufen sollen. Als Konsequenz aus dieser Benachteiligung fallen nach Mercer 74% der Registrierungskosten in den Sparten der Feinchemikalien und der Spezialitätenchemie an, während diese Bereiche nur 21% des Umsatzes der chemischen Industrie auf sich vereinen (s Abbildung 6.4).

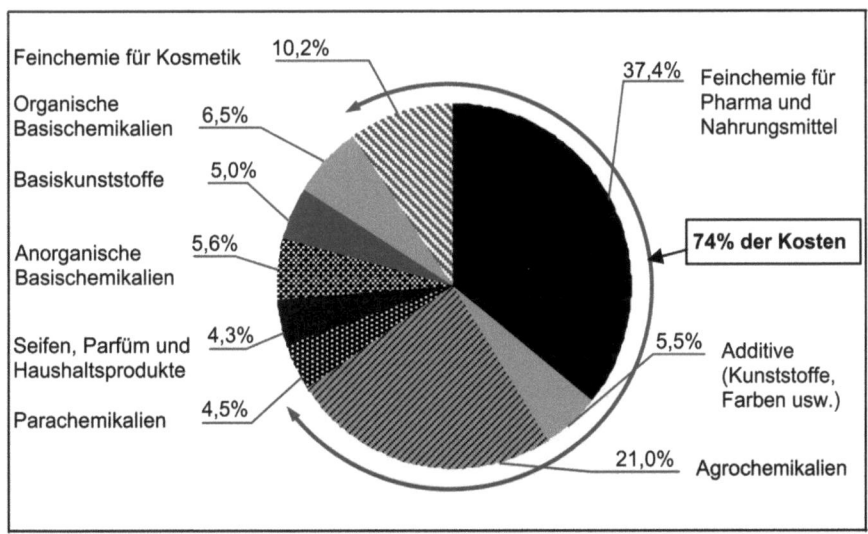

**Abb. 6.4.** Verteilung der Registrierungskosten nach Sektoren (Mercer Consulting)
Quelle: Mercer (2003: 34).

Wäre dieses Ergebnis zutreffend, würde es in der Tat bedeuten, dass die Kosten des REACH-Systems mehrheitlich von kleinen und mittleren Unternehmen getragen würden, da in den meisten Sparten der Fein- und Spezialitätenchemie die KMUs eindeutig überwiegen. Erschwerend kommt hinzu, dass gerade diese Sparten zu einem erheblichen Anteil an der Neustoffentwicklung in der Europäischen Union beteiligt sind. In der Folge kann es dann zu Produktrationalisierungen kommen, was wiederum erhöhte Kosten und Einschränkungen der Innovationsfähigkeit bei den nachgelagerten Unternehmen hervorrufen kann.

Selbst unter der Annahme, dass keine Rationalisierungen bei den Produktpaletten vorgenommen werden, steht zu befürchten, dass sich diese gegenwärtig sehr innovativen Sparten zukünftig in erster Linie mit Möglichkeiten der Kostensenkung und Effizienzsteigerung beschäftigen werden und dadurch die potenziellen Innovationseffekte des REACH-Systems nicht zur Entfaltung kommen. Die Aussagen der Mercer-Studie sind in diesem Punkt allerdings mit Vorsicht zu genießen, da die Auswahl der Wertschöpfungsketten problematische Überschneidungen mit anderen Regulierungen verursacht, wie an der obigen Abbildung zu erkennen ist. Gerade die hier angesprochenen Pharmazeutika, Lebensmittelzusatzstoffe und Agrochemikalien sind von der Registrierung unter REACH ausgenommen und werden durch eigenständige EU-Richtlinien und Verordnungen reguliert. Bedingung hierfür ist allerdings, dass es sich um so genannte „single use"-Anwendungen handelt, die Stoffe also nur für diese Verwendung benutzt werden und nicht noch zusätzlich in anderen Bereichen. Inwieweit und ob die Mercer-Studie diese Überschneidungen erfasst hat, lässt sich auf der Basis der Veröffentlichung nicht beurteilen.

### 6.4.2.4 Zusammenfassung der empirischen Ergebnisse

Reflektiert man die Ergebnisse der vorliegenden empirischen Studien zu den wirtschaftlichen Auswirkungen der neuen Chemikalienpolitik mit Blick auf die in Abschnitt 6.3 formulierten Hypothesen zu den potenziellen Innovationswirkungen der neuen Chemikalienregulierung, so zeigen sich Parallelen, aber auch einige Schwachstellen der empirischen Studien.

Die Annahme, dass es erhebliche Differenzen bezüglich der Innovationswirkungen der neuen Regulierung in den verschiedenen Subsektoren der chemischen Industrie gibt, wird insbesondere durch die Studien von RPA und Mercer Consulting bestätigt. Mit Blick auf die Unternehmensgröße sind die unterschiedlichen Wirkungen inzwischen recht offensichtlich. Die Kosteneinsparungen durch die Anhebung der Mengenschwelle auf 1 Tonne und die Verfahrenserleichterungen im Bereich der Produktionsmengen von 1 bis 10 Tonnen kommen überwiegend den kleinen und mittleren Unternehmen zu Gute. Gleichzeitig werden die KMUs überdurchschnittlich von den geschaffenen Innovationsfreiräumen unterhalb der Mengenschwelle von 1 Tonne profitieren. Andererseits ist ein Ergebnis der Studien, dass die Belastungen kleiner und mittlerer Unternehmen durch die neue Chemikalienregulierung im Vergleich zu den großen Unternehmen höher ausfallen werden. Alle drei Studien zeigen deutlich, dass die Kostenwirkungen von REACH für Stoffe und Intermediate mit einer Produktionsmenge von über 1.000 Tonnen vernachlässigbar sind, wovon überwiegend die Großunternehmen der chemischen Industrie profitieren.

Im Hinblick auf die Verteilung der Kosten der neuen Chemikalienregulierung in den einzelnen Sparten der chemischen Industrie sind die Hersteller von Massenprodukten in den Bereichen der organischen und anorganischen Basischemikalien sowie der Basiskunststoffe mithin am geringsten betroffen. Anknüpfend an die Studien von RPA und Mercer lässt sich die Vermutung aufstellen, dass die höchsten Kostenbelastungen bei Unternehmen kleiner und mittlerer Größe in dynamischen Sparten wie Klebstoffen, Farben und Druckfarben, Lacken, Textilhilfsmitteln oder Fotochemikalien eintreten könnten.

Der unmittelbarste Anreiz zur Innovation wird in der neuen Chemikalienregulierung zweifelsfrei vom Zulassungsverfahren ausgeübt, und Innovationen können daher in erster Linie in der Gruppe von Stoffen erwartet werden, die zu hoher Besorgnis Anlass geben. In diesem Bereich werden in den Studien von RPA und Mercer auch die größten Nutzeneffekte für die menschliche Gesundheit und die Umwelt gesehen. Der Mangel an belastungsfähigem Zahlenmaterial zu den Nutzeneffekten der neuen Regulierung führt in den Studien von ADL und Mercer zu einer einseitigen Kostenorientierung, die eine ausgewogene Bewertung der Innovationsanreize und potenziellen Innovationswirkungen durch REACH sehr erschwert. Auf der Grundlage der vorhandenen empirischen Studien ist es nicht möglich, eine abschließende Bewertung zur Plausibilität der Porter-Hypothese im Rahmen der neuen Chemikalienregulierung abzugeben.

Alle drei Studien beschäftigen sich darüber hinaus mit dem kritischen Effekt der Produktrationalisierung als mögliches Risiko der neuen Chemikalienregulierung. Ein Problem, das insbesondere die nachgeschalteten Nutzer mit Blick auf potenzielle negative Folgen für ihre eigene Wettbewerbs- und Innovationsfähigkeit mit großer Besorgnis verfolgen. Ein klares Bild über das eventuelle Ausmaß der Produktrationalisierung bei den Herstellern liefern die Studien allerdings nicht. Das Ergebnis der ADL-Studie, dass bis zu 40% der Stoffe mit geringen Produktionsvolumina einer Rationalisierung zum Opfer fallen könnten, erscheint übertrieben. RPA gehen in ihrer Studie von Rationalisierungseffekten zwischen 10 und 20% in diesen Bereich aus, was bezogen auf den Übergangszeitraum von 12 Jahren einer jährlichen Substitutionsrate zwischen 0,8 und 1,7% entsprechen würde. Schwierig zu bewerten ist auch das Ergebnis der Studie von Mercer, dass die neue Chemikalienregulierung in der Konsequenz eine Reformulierung von 100% der Zubereitungen für die Formulierer bedeuten würde. Empirische Daten im Bereich der Zubereitungen deuten darauf hin, dass die auf dem Markt befindlichen Zubereitungen innerhalb eines Zeitraumes von zehn Jahren unabhängig von der Regulierung zu 100 Prozent durch neue Formulierungen ersetzt werden. In diesem Fall wirkt die lange Übergangsfrist der neuen Regulierung in jedem Fall Problem mindernd.

## 6.5 Schlussfolgerungen

Als Resümee aus den vorangegangenen Abschnitten lassen sich einige wichtige Erkenntnisse über die Verknüpfung von konzeptionellen Ansätzen aus der Umweltinnovationsforschung und der vorwiegend empirisch geführten Debatte um die Innovationswirkungen der neuen EU-Chemikalienregulierung festhalten.

Aus den drei vorgestellten konzeptionellen Ansätzen können hilfreiche allgemeine Hypothesen über die Innovationswirkungen der neuen Chemikalienregulierung abgeleitet werden. Die Tatsache, dass bei der Übertragung auf den gewählten Untersuchungsgegenstand der regulativen Kontrolle (öko)toxikologischer Risiken von Chemikalien gewisse Einschränkungen und Spezifizierungen notwendig sind, schmälert dabei in keiner Weise den Beitrag der einzelnen Ansätze zur Strukturierung der Diskussion. Die konzeptionelle Basis gewährleistet überdies ein gutes Maß an Objektivität, so dass man bei der Suche nach einer Balance zwischen der Erreichung der Schutzziele der Chemikalienregulierung und der Erhaltung der Innovations- und Wettbewerbsfähigkeit der chemischen Industrie den notwendigen Abstand gewinnen kann von den streckenweise überzogenen Resultaten der empirischen Studien.

Die Diskussion über die Innovationswirkungen der neuen Chemikalienpolitik gewinnt an Genauigkeit, wenn man bei der abhängigen Variable zwischen der Innovationsrate und der Innovationsrichtung unterscheidet. Die Unterscheidung erhöht das argumentative Verständnis, wenn einerseits die EU-Kommission von den

Innovationswirkungen der neuen Chemikalienpolitik vorbehaltlos überzeugt ist, da das System insgesamt als Anreiz zur Verminderung hochkritischer Stoffe wirkt, während andererseits die chemische Industrie befürchtet, dass sich die zukünftige Regulierung negativ auf die Innovationsfähigkeit der Unternehmen ausüben wird. Die Aussage der Kommission bezieht sich dabei auf die Änderung der Innovationsrichtung durch die neue Regulierung, während die chemische Industrie ausschließlich von der Innovationsrate spricht.

Aus den Ergebnissen der vorliegenden empirischen Studien zu den Innovationswirkungen der neuen EU-Chemikalienpolitik ergibt sich ein ambivalentes Bild. Die neue Chemikalienregulierung wird ohne Zweifel einen wichtigen Beitrag zur Änderung der Innovationsrichtung bei den Stoffherstellern, Weiterverarbeitern und nachgeschalteten Anwendern leisten. Dabei lassen sich zwei unterschiedliche Wirkungsmechanismen identifizieren. Die Einführung eines verwendungsspezifischen Zulassungsverfahrens für Stoffe, die zu großer Besorgnis Anlass geben, übt einen enormen regulativen Druck auf die Hersteller solcher Stoffe aus, nach Substitutionsmöglichkeiten für diese Stoffe zu fahnden. Gleichzeitig wird durch das Transparenzgebot des neuen Systems, mit dem der öffentliche Zugang zu nichtvertraulichen Daten über die Stoffeigenschaften und Verwendungszwecke garantiert wird, eine Informationsbasis für die nachgeschalteten industriellen und gewerblichen Anwender geschaffen, die ihrerseits eine Suche nach Möglichkeiten zur Substitution dieser hochkritischen Stoffe auslösen wird. Im Hinblick auf zukünftige empirische Studien scheint es deshalb sinnvoll, die potenziellen Innovationswirkungen von REACH neben den positiven Effekten für die Umwelt und die menschliche Gesundheit als dritte Nutzenkategorie der neuen Chemikalienregulierung zu begreifen.

Mit Blick auf die Innovationsrate fällt der Befund nüchterner aus. Zwar wird die Neustoffentwicklung durch die Anhebung der Mengenschwellen und großzügiger Ausnahmegenehmigungen für prozessorientierte FuE-Stoffe begünstigt, ob dies zu einer wesentlichen Steigerung der gegenwärtigen Innovationsrate von 300 Neustoffen in der EU führen wird, ist eher zweifelhaft. Es kann vernünftiger Weise davon ausgegangen werden, dass die neue Chemikalienregulierung durch die entstehenden Unsicherheiten bei den betroffenen Unternehmen in einer zeitlich befristeten Übergangsphase nach Einführung der neuen Regulierung zu einem Rückgang bei der Zahl der Innovation führen wird, wie dies auch bei vorangegangenen Reformen der Chemikalienregulierung der Fall war. Hierbei ist bemerkenswert, dass die im Rahmen der Studie von RPA befragten Unternehmen und Verbände der chemischen Industrie mehrheitlich von einer gleich bleibenden oder sogar steigenden Zahl von Neustoffentwicklungen ausgehen.

Innovationen in der chemischen Industrie sind jedoch nur zu einem geringen Teil Stoffinnovationen, den Hauptteil der Innovationen machen Anwendungsinnovationen für bereits existierende Stoffe aus. Dies ist in erster Linie das Innovationsfeld von kleinen und mittleren Unternehmen der chemischen Industrie. Problematisch erscheint daher, wenn als Folge der neuen EU-Stoffpolitik bei den Herstellern und Zubereitern erhebliche Rationalisierungen der Produktlinien eintreten würden (low volume-/low value-Stoffe), da dies vor allem zu Lasten der Wettbewerbs- und Innovationsfähigkeit kleiner und mittlerer Unternehmen gehen würde.

Zudem bleibt offen, ob es sich dabei um Stoffe handeln wird, die aus Sicht der Schutzziele Umwelt und Gesundheit vom Markt genommen werden müssten. Vielmehr könnten einige dieser Stoffe sogar potenzielle Kandidaten für die Substitution tatsächlicher Gefahrstoffe sein.

Insofern erfassen die vorliegenden Studien fast zwangsläufig nur einen Bruchteil der Innovationsaktivitäten in der chemischen Industrie, da über die Zahl der gegenwärtig stattfindenden Anwendungsinnovationen keine Daten verfügbar sind und damit positive oder negative Veränderungen in diesem Bereich empirisch zum jetzigen Zeitpunkt nur schwer nachweisbar sind. Als behelfsmäßiger Indikator für dieses Problem dient in der gegenwärtigen Diskussion das Ausmaß der Produktrationalisierung, allerdings ohne derzeit zwingende Ergebnisse liefern zu können.

Schließlich verweisen alle drei empirischen Studien auf ein nicht zu verkennendes Risiko der Risikoregulierung: die räumliche Risikoverlagerung. Gemeint ist hier die Verlagerung von Risiken bei der Chemikalienproduktion und -verarbeitung in Drittländer, so dass Chemikalien die EU nur noch in verarbeiteter Form als Gebrauchsgüter erreichen. Diese Inhaltsstoffe unterlägen zwar immer noch dem REACH-System, jedoch wären alle Stoffe und Risiken, die nur an den Arbeitsplätzen und der näheren Umwelt der Produktionsstandorte relevant sind, räumlich außerhalb des REACH-Systems. Als Gegenmaßnahme zu diesem Szenario sieht REACH die völlige Ausnahme nicht-isolierter Intermediate und stark reduzierte Registrierungsanforderungen für isolierte Intermediate vor. Ob diese Maßnahmen ausreichen, das skizzierte Szenario abzuwenden, wird einerseits von den tatsächlich vorgenommenen Produktionsverlagerungen und andererseits von der zukünftigen Diffusion europäischer Risikostandards auf dem Weltmarkt abhängen. Aussagefähige Analysen zu diesem Problembereich liegen bisher noch nicht vor und sind deshalb Herausforderung für zukünftige Arbeiten.

Stellt man die vorhandenen empirischen Studien in den Kontext der gängigen theoretischen Diskussion, so zeigt sich insgesamt, dass sie mehrheitlich in ihrer Aussagefähigkeit über die Innovationswirkungen der neuen Chemikalienregulierung beschränkt sind. Zwei der drei analysierten empirischen Studien gehen von einem negativen Zusammenhang zwischen Innovation und Chemikalienregulierung aus, während die Studie von RPA eine moderate Position einnimmt und die Innovationsvorteile und –nachteile gegeneinander abwägt. Dass die Gutachten von ADL und Mercer zu so klaren Ergebnissen kommen, ist in erster Linie ein Produkt ihrer methodisch einseitigen Vorgehensweise und kein empirischer Beleg für die These von der innovationshemmenden Wirkung der Chemikalienregulierung. Positive Regulierungswirkungen durch Innovations- und Vorreitereffekte, wie sie die Porter-Hypothese postuliert, werden in den Studien von ADL und Mercer systematisch ausgeblendet oder in knappen Sätzen pauschal als vernachlässigbar abqualifiziert. Eine abwägende Bewertung der positiven und negativen Innovationswirkungen des neuen REACH-Systems, wie es die gegensätzlichen theoretischen Argumente eigentlich erforderlich machen, ist allein auf der Grundlage dieser Studien nicht zu leisten.

## Literatur

Abernathy WJ, Utterback JM (1978) Patterns of Industrial Innovation. Technology Review 80(7): 41–47
Allanou R, Hansen BG, van der Bilt Y (1999) Public Availability of Data on EU High Production Volume Chemicals. European Chemicals Bureau, Ispra
ADL (Arthur D. Little) (2002) Wirtschaftliche Auswirkungen der EU-Stoffpolitik. Bericht zum BDI-Forschungsprojekt. Arthur D. Little GmbH, Wiesbaden
Ashford NA, Heaton GR (1979) The Effects of Health and Environmental Regulation on Technological Change in the Chemical Industry: Theory and Evidence. In: Hill CT (ed) Federal Regulation and Chemical Innovation. American Chemical Society Symposium Series No. 109, pp 45–66
Ashford NA, Heaton GR (1983) Regulation and Technological Innovation in the Chemical Industry. Law and Contemporary Problems 46(3): 109–157
Ashford NA, Ayers C, Stone RF (1985) Using Regulation to Change the Market for Innovation. Harvard Environmental Law Review 9(2): 419–466
Ashford NA (1993) Understanding Technological Responses of Industrial Firms to Environmental Problems: Implications for Government Policy. In: Fischer K, Schot J (eds) Environmental Strategies for Industry, pp 277–307
Ashford NA (1999) Porter Debate Stuck in 1970s. The Environmental Forum, September/October 1999, p 3
Bodar CWM, Berthault F, de Bruijn JHM, van Leeuwen CJ, Pronk MEJ, Vermeire TG (2002) Evaluation of EU Risk Assessment of Existing Chemicals (EC Regulation 793/93). RIVM (Rijksinstituut voor Volksgezondheid en Milieu) report 601504002/2002, Bilthoven (The Netherlands)
BMU (Bundesministerium für Umwelt, Naturschutz und Reaktorsicherheit) (1992) Konferenz der Vereinten Nationen für Umwelt und Entwicklung im Juni 1992 in Rio de Janeiro – Dokumente: Agenda 21. BMU, Bonn
CEC (Commission of the European Communities) (2001) White Paper: Strategy for a future Chemicals Policy. COM (2001) 88 final
CEC (Commission of the European Communities) (2003). Consultation Document concerning the Registration, Evaluation, Authorisation and Restrictions of Chemicals (REACH). http://europa.eu.int/comm/enterprise/chemicals/chempol/whitepaper/reach.htm
CEFIC (2001) Economic Bulletin November 2001. http://www.cefic.org/Files/Publications/EB2001-Nov.pdf (Zugriff 16.06.2003)
CEFIC (2002) Facts and Figures: The European chemical industry in a worldwide perspective – November 2002. CEFIC, Brussels
Deutsche Bank Research (2003) Chemieindustrie: Imagewandel durch forcierten Umweltschutz. Aktuelle Themen Nr. 253, 15. Januar 2003. Deutsche Bank Research, Frankfurt am Main
Eads GC (1979) Chemicals as a Regulated Industry. In: Hill CT (ed) Federal Regulation and Chemical Innovation. American Chemical Society Symposium Series 109, pp 1–19
EEA (European Environment Agency) (2003) Europe's environment: the third assessment. Environmental assessment report No. 10. EEA, Copenhagen

Eissen M, Metzger JO, Schmidt E, Schneidewind U (2002) 10 Jahre nach Rio – Konzepte zum Beitrag der Chemie zu einer nachhaltigen Entwicklung. Angewandte Chemie 114(3): 402–425

ELI (Environmental Law Institute) (1999) Proceedings of the Conference on Cost, Innovation and Environmental Regulation: A Research and Policy Update. Environmental Law Institute, Washington D.C.

Enquete-Kommission „Schutz des Menschen und der Umwelt" des Deutschen Bundestages (1994) Die Industriegesellschaft gestalten. Perspektiven für einen nachhaltigen Umgang mit Stoff- und Materialströmen. Economica Verlag, Bonn

Enquete-Kommission „Schutz des Menschen und der Umwelt – Ziele und Rahmenbedingungen einer nachhaltig zukunftsverträglichen Entwicklung" des Deutschen Bundestages (1998) Konzept Nachhaltigkeit: Vom Leitbild zur Umsetzung. Abschlussbericht Bundestagsdrucksache 13/11200

Europäische Kommission (2001) Weißbuch – Strategie für eine zukünftige Chemikalienpolitik. KOM (2001) 88 endg.

Europäische Kommission (2003) Fragen und Antworten zur neuen Chemikalienpolitik – REACH. Memo/03/99, Brüssel 07. Mai 2003

Fischer K, Schot J (eds) (1993) Environmental Strategies for Industry. Island Press, Washington D.C.

Greb R, Fleischer M, Höfs E (1996) Innovationstrends in der chemischen Industrie: Eine Analyse europäischer Unternehmen. WZB Discussion Papers FS IV 96-15. Wissenschaftszentrum Berlin für Sozialforschung, Berlin

Hemmelskamp J, Rennings K, Leone F (eds) (2000) Innovation-oriented Environmental Regulation. Physica, Heidelberg

Hill CT (ed) (1979) Federal Regulation and Chemical Innovation. American Chemical Society Symposium Series No. 109

Hiller P, Krücken G (Hrsg) (1997) Risiko und Regulierung – Soziologische Beiträge zur Technikkontrolle und präventiven Umweltpolitik. Suhrkamp, Frankfurt a. M.

Jänicke M et al. (2000) Environmental Policy and Innovation: an International Comparison of Policy Frameworks and Innovation Effects. In: Hemmelskamp J, Rennings K, Leone F (eds) Innovation-oriented Environmental Regulation. Physica, Heidelberg, pp 125–152

Kerwer D (1997) Mehr Sicherheit durch Risiko? Aaron Wildavsky und die Risikoregulierung. In: Hiller P, Krücken G (Hrsg) Risiko und Regulierung – Soziologische Beiträge zur Technikkontrolle und präventiven Umweltpolitik. Suhrkamp, Frankfurt a. M., S 253–276

Köck, W (2001) Regulative Vorsorgepolitik in ihren Wirkungen auf Innovationen zum nachhaltigen Wirtschaften – dargelegt am Beispiel der Chemikalienregulierung. Leipzig: unveröffentlichtes Manuskript

Mahdi S, Nightingale P, Berkhout F (2002) A Review of the Impact of Regulation on the Chemical Industry. Final Report to the Royal Commission on Environment Pollution. SPRU, University of Sussex, Brighton (UK)

Mercer Management Consulting (2003) Study of the Impact of the Future Chemicals Policy: Final Report for UIC

Nordbeck R, Faust M (2003) European Chemicals Regulation and its Effect on Innovation: an Assessment of the EU's White Paper on the Strategy for a Future Chemicals Policy. European Environment 13(2): 79–99

OECD (2001) Environmental Outlook for the Chemicals Industry. OECD, Paris

Porter ME, van der Linde C (1995a) Toward a New Conception of the Environment-Competitiveness Relationship. Journal of Economic Perspectives 9(4): 97–118

Porter ME, van der Linde C (1995b) Green and Competitive: Ending the Stalemate. Harvard Business Review, September–October 1995, pp 120–134

Prakash A (2000) Greening the Firm: The Politics of Corporate Environmentalism. Cambridge University Press, Cambridge

Prakash A (2001) Why Do Firms Adopt 'Beyond-Compliance' Environmental Policies? Business Strategy and the Environment 10(5): 286–299

Rammer C et al. (2003) Innovationsmotor Chemie: Ausstrahlung von Chemie-Innovationen auf andere Branchen. ZEW und NIW, Mannheim Hannover

Reinhardt F (1999) Market Failure and the Environmental Policies of Firms – Economic Rationales for „Beyond Compliance" Behavior. Journal of Industrial Ecology 3(1): 9-21

Rothwell R (1980) The Impact of Regulation on Innovation: Some US Data. Technological Forecasting and Social Change 17(1): 7–34

Rothwell R (1992) Industrial Innovation and Government Environmental Regulation: Some Lessons from the Past. Technovation 12(7): 447–458

RPA und Statistics Sweden (2002) Assessment of the Business Impact of New Regulations in the Chemicals Sector. Final Report for European Commission DG Enterprise

Sinclair-Desgagné B (1999) Remarks on Environmental Regulation, Firm Behavior and Innovation. In: ELI (Environmental Law Institute) (1999) Proceedings of the Conference on Cost, Innovation and Environmental Regulation: A Research and Policy Update. Environmental Law Institute, Washington D.C., pp 112–125

SRU (Sachverständigenrat für Umweltfragen) (2002) Umweltgutachten 2002: Für eine neue Vorreiterrolle. Metzler-Poeschel, Stuttgart

Staudt E, Kriegesmann B, Schroll M (1993) Innovation und Regulation – Gesetzesfolgenabschätzung am Beispiel des Chemikaliengesetzes. Institut für angewandte Innovationsforschung, Bochum

Taistra G (2001) Die Porter-Hypothese zur Umweltpolitik. Zeitschrift für Umweltpolitik und Umweltrecht 24(2): 241–262

UBA (Umweltbundesamt) (2003) Methodische Fragen einer Abschätzung von wirtschaftlichen Auswirkungen der EU-Stoffpolitik. Zusammenfassung der Ergebnisse des Fachgesprächs im Umweltbundesamt am 06.02.2003. UBA, Berlin

Utterback JM, Abernathy WJ (1975) A Dynamic Model of Process and Product Innovation. OMEGA 3(6): 639–655

Wallström M (2003) SPEECH/03/169, Date: 31/03/2003, „Beyond REACH" European Voice Conference Brussels, 31 March and 1 April 2003

Wildavsky A (1988) Searching for Safety. Transaction Publishers, New Brunswick (USA) Oxford (UK)

ZEW (Zentrum für Europäische Wirtschaftsforschung (2003) Wettbewerbs- und Beschäftigungswirkung von Umweltinnovationen. ZEW news – März 2003, S 6

# Kapitel 7

# Die Porter-Hypothese im Lichte der Neuordnung europäischer Chemikalienregulierung

Torsten Frohwein

UFZ-Umweltforschungszentrum Leipzig-Halle GmbH, Department Ökonomie, Permoserstr. 15, 04318 Leipzig

## 7.1 Einleitung

Aus der Vielzahl an gestaltenden Faktoren für das wettbewerbliche Umfeld von Unternehmen drängt sich Umweltpolitik zunehmend in den Vordergrund. Die wissenschaftliche Literatur zeigt theoretisch und empirisch ein gespaltenes Verhältnis von Umweltpolitik, Wettbewerbskraft und Innovationsfähigkeit (Jaffe et al. 1995; Becher et al. 1990: 89f.). In der traditionellen Sichtweise spiegeln sich eine starke Wettbewerbsposition und hohe innovative Performance wider, soweit Produktmärkte nicht durch staatliche Umweltregulierungen behindert werden. Dementgegen weisen Ashford et al. (1983, 1985) empirisch schon für die 1970er Jahre einen positiven Zusammenhang von Umweltregulierung und Umweltinnovationen nach. Die Vorstellung, einer durch umweltpolitische Regulierungen verbesserten Wettbewerbsposition wird indes zumeist mit Untersuchungen des Harvard-Ökonomen Michael. E. Porter in Verbindung gebracht. In ihrem Kern besagt die sog. Porter-Hypothese, dass durch strikte umweltpolitische Regulierungen Innovationen und Effizienzsteigerungen veranlasst werden, die zu einer Verbesserung der Wettbewerbsfähigkeit beitragen.

Der Regulierungsentwurf der Europäischen Kommission zur Reform der Chemikaliengesetzgebung hat eine kontroverse Debatte um die wirtschaftlichen Folgen ausgelöst. Während der Notwendigkeit einer Reform von Seiten der Europäischen Kommission, den nationalen Behörden und der Chemischen Industrie überwiegend Zustimmung zugemessen wird, äußert die Industrie jedoch massive Kritik an möglichen wirtschaftlichen Auswirkungen. Die Kritik richtet sich in erster Linie gegen den drohenden Verlust von Wettbewerbs- und Innovationsfähigkeit. Die Regulierungsvorschriften reichen zudem weit über den Sektor der chemischen Industrie hinaus und schließen eine Reihe nachgelagerter Industriebranchen ein. Dieser Meinung tritt der Sachverständigenrat für Umweltfragen entgegen (SRU 2003). Aus sicheren und umweltverträglichen Produkten erwartet der Sachverständigenrat für die Chemische Industrie durch die Regulierung angestoßene Wettbewerbsvorteile und Innovationschancen.

Im Folgenden soll es uns um eine systematische Darstellung der Porter-Hypothese und ihrer Anwendbarkeit im Zusammenhang mit der neuen europäischen Chemikalienregulierung gehen. Dazu werden in Abschnitt 7.2 der von Porter für das Unternehmensmanagement bezogene Strategieansatz und die Porter-Hypothese dargelegt. Abschnitt 7.3 führt in die charakteristische Wertschöpfung der Chemischen Industrie ein. Abschnitt 7.4 schließt daran an und überprüft anhand von regulativen Eingriffsgrößen der neuen Chemikalienregierung die Aussagekraft der Porter-Hypothese.

## 7.2 Das strategische Managementkonzept nach Porter und die Porter-Hypothese in der Umweltpolitik

### 7.2.1 Der „Diamant-Ansatz" des strategischen Unternehmensmanagements: Wettbewerbskräfte und Innovationen

Die Grundidee für Überlegungen zu positiven Wettbewerbs- und Innovationswirkungen von Umweltpolitik bildet ein von Porter entwickeltes positionierungsorientiertes Modell für das strategische Unternehmensmanagement (Taistra 2001: 241). Aufgabe des strategischen Managements ist es, eine Wettbewerbsstrategie auf Basis der Beziehung des Unternehmens zu seinen wettbewerbsrelevanten Umfeldfaktoren zu formulieren, Wettbewerbsvorteile zu identifizieren und Maßnahmen zu ihrem Erhalt zu entwickeln. Porter orientiert sich am Produktivitätsgedanken; für ihn ist Produktivität die Quelle von wirtschaftlichem Erfolg (Porter 1990: 84). Das System der Bestimmungsfaktoren für Wettbewerbsvorteile fasst Porter in seinem sogenannten „Diamant-Ansatz" zusammen (vgl. Abbildung 7.1).

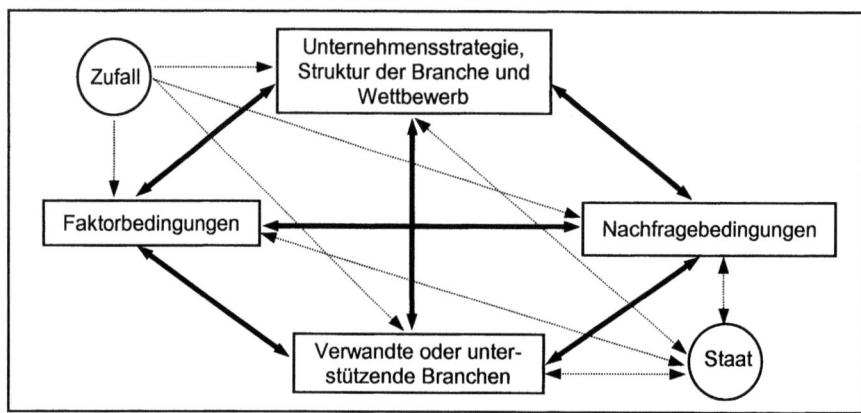

**Abb. 7.1.** „Diamant-Ansatz": Bestimmungsfaktoren von Wettbewerbsvorteilen
Quelle: Porter (1991: 151).

In den Faktorbedingungen ist die Wettbewerbsposition bei wichtigen Produktionsfaktoren zusammengefasst. Günstige Nachfragebedingungen schaffen einen

Nachfragesog, der Skalenvorteile und Lernkurveneffekte unterstützt. Vorteile gegenüber der Konkurrenz ergeben sich aber auch durch das Netzwerk von verwandten und unterstützenden Branchen. Die vertikale und horizontale Integration verschiedener Wertschöpfungsketten befördert einen ständigen Prozess der Innovation, der Verbesserung und des Technologieaustausches. Schließlich ergeben sich aus der Konstellation von Branchenstruktur und der Art des Wettbewerbes bestimmte Unternehmensstrategien, die gleichsam für die Art der verfolgten Innovationen entscheidend sind.

Im „Diamant-Ansatz" sind die Wettbewerbsbedingungen und die Branchenstruktur die entscheidenden innovationsbeeinflussenden Faktoren. Aus der Konstellation von Branchenstruktur und der Art des Wettbewerbes gehen bestimmte optimale Unternehmensstrategien hervor, die auch für die Art der verfolgten Innovationen (Produkt-/Prozessinnovationen) verantwortlich sind. Innovationen sind wiederum der Schlüssel zur Erzielung von Wettbewerbsvorteilen und dienen dem Erhalt der Wettbewerbsfähigkeit; sie sind die Basis des Unternehmenserfolges. Insoweit herrscht eine Wechselbeziehung zwischen dynamischem Wettbewerb und Innovationen.

Porter entwickelt aus dem „Diamant-Ansatz" fünf Wettbewerbskräfte (sog. „5-Forces") (vgl. Abbildung 7.2), deren Zusammenspiel die Wettbewerbsintensität und Rentabilität einer Branche bestimmen (Porter 1999: 34). Die Intensität einer jeden Wettbewerbskraft bestimmt sich über die strukturellen ökonomischen und technologischen Merkmale einer Branche. Unternehmen können das Wirkungsverhalten der einzelnen Wettbewerbskräfte beeinflussen, indem sie mit strategischen Entscheidungen Merkmale der Branchenstruktur und des technologischen Kontextes verändern. Neben die unternehmerischen Einflussfaktoren auf das Wirkungsverhalten der Wettbewerbskräfte treten Variablen des politischen Umfeldes.

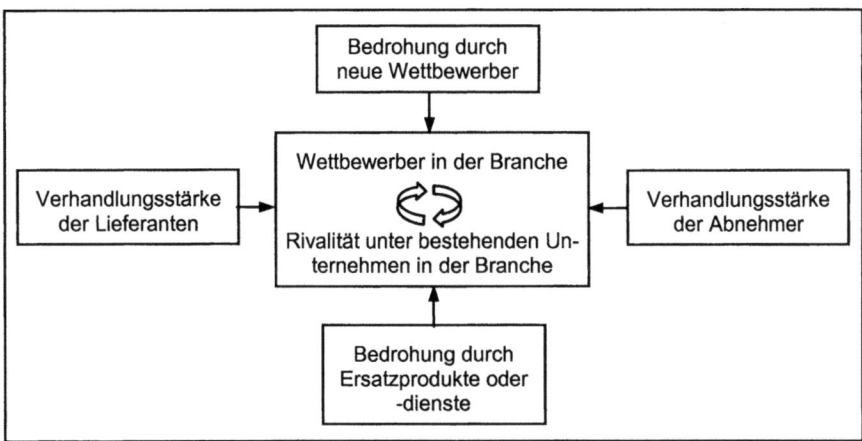

**Abb. 7.2.** Wettbewerbskräfte – „5-Forces-Modell"
Quelle: Porter (1999: 34).

Die Auswirkungen von umweltpolitischen Regulierungen auf Innovationen müssen in dieser Sicht also nunmehr allein über ihre Beeinflussung der Wettbewerbskräfte reflektiert werden. Positive oder negative Effekte auf Innovationen sind das Ergebnis regulativ verursachter Änderungen im Gefüge der Wettbewerbskräfte: „Regulation creates a new competitive environment" (Ashford u. Heaton 1983: 134). Regulierung kann also Chancen, einen Wettbewerbsvorteil durch Innovationen zu erzielen, beschleunigen oder erhöhen, kann den Vorteil aber selbst nicht schaffen.

### 7.2.2 Wettbewerbsvorteile und Innovationsstrategien: Kostenführerschaft und Differenzierung als strategische Ausgangspositionen

Aus dem „Diamant-Ansatz" und den Wettbewerbskräften leitet Porter zwei strategische Grundtypen von Wettbewerbsvorteilen ab: niedrige Kosten und Differenzierung (vgl. Abbildung 7.3). Mit der Ausrichtung auf Kostenführerschaft oder Differenzierung als der bevorzugten Wettbewerbstrategie eines Unternehmens sind Technologie- und Marktstrategien als auch das Produktportfolio berührt.

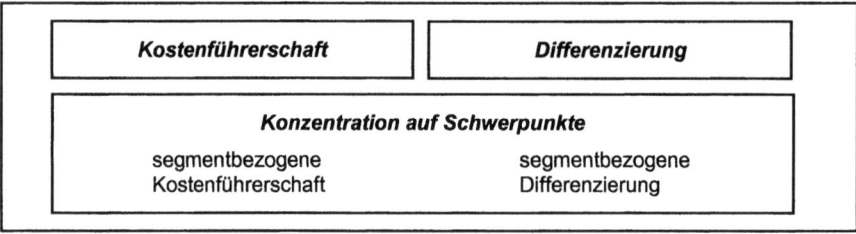

**Abb. 7.3.** Strategietypen
Quelle: Porter (1999: 75).

Das Ziel von Wettbewerbsvorteilen durch Kostenführerschaft ist das Erreichen eines Kostenvorsprungs gegenüber der Konkurrenz. Relevanz erhält diese Strategie vor allem im Preiswettbewerb bei Massenprodukten. Grundlage für Wettbewerbsvorteile aus einer vergleichsweise niedrigen Kostenstruktur sind niedrige Rohstoff- und Energiekosten, eine effiziente Produktionstechnologie und Standortvorteile. Als weitere wichtige Voraussetzungen für den Erfolg von Kostenführerschaft gelten eine größenbedingte Kostendegression durch hohe Marktanteile, effiziente Herstellungsverfahren, Lerneffekte und eine hohe Kapazitätsauslastung (Schmidt 1991: 185). Deutlich wird, dass Kostenvorteile vorwiegend in Bereichen von materiellen Ressourceninputs und technologischen Produktionsverfahren entstehen. Die Bindung von Wettbewerbsvorteilen an eine kostengünstige Herstellung erfordert in erster Linie Verfahrensinnovationen.

Die Verfolgung der Differenzierungsstrategie bedeutet, der Eröffnung bzw. Gestaltung neuer Geschäftsfelder sowie der Erweiterung und Integration des Spektrums von Produkten und deren Eigenschaften eine zentrale Bedeutung beizumessen. Grundlage einer erfolgreichen Differenzierung sind Produktinnovationen. Die Erzielung von Wettbewerbsvorteilen ist im Fall der Differenzierungsstrategie an eine zumindest temporäre Monopolstellung gebunden. Die Monopolrente ergibt sich hier nicht aus Größenvorteilen, sondern aus einem spezifischen Wissensvorsprung und großer Kundennähe. Differenzierung im Qualitätswettbewerb bedeutet, spezifische Merkmale von Produkten (neu) zu schaffen und anzubieten, die eine die Zusatzkosten der Differenzierung überkompensierende Preispolitik zulassen und die auf Grund ihrer Spezifizität und des vergleichsweise hohen Kapitalbedarfs gleichzeitig als Eintrittsbarriere wirken (Schmidt 1991: 184). Wichtigstes Erfolgskriterium für die Differenzierung ist die Fähigkeit, flexibel und schnell auf Marktanforderungen reagieren zu können. In der Regel sind es kleine und mittelgroße Unternehmen, die die genannten Merkmale auf sich vereinen und Differenzierungsvorteile erzielen.

Die Verbindung beider strategischer Ausrichtungen (Konzentrationsstrategie) wird immer dann von Vorteil sein, wenn ein Unternehmen mit seiner Größe und seinem Produktportfolio segmentspezifisch entweder mit niedrigen Kosten oder durch Differenzierung Wettbewerbsvorteile erzielen kann. Das globalisierte Marktumfeld zwingt breit diversifizierte internationale Konzerne zu einer Konzentration auf Kerngeschäftsfelder und der Bereinigung von Produktportfolios (Kostenführerschaft). Zusätzlich erlangt die Suche nach neuen Geschäftssegmenten mit hohen Marktanteilen (Differenzierung) immer mehr an Bedeutung. Ausdruck dessen ist vielfach auch der zusätzliche Aufbau von Geschäftsfeldern auf nachgelagerten Stufen der Wertschöpfung. Beiträge relevanter Produktprogramme zur Verbesserung der Wettbewerbsfähigkeit können bei Massenprodukten in Kostenvorteilen und in kleineren Geschäftsfeldern in Differenzierungsvorteilen liegen. Eine gleichzeitige Kombination von Kostenführerschaft und Differenzierung in einem einzigen Geschäftsfeld ist nach dem Strategiekonzept von Porter nicht empfehlenswert. „Stuck in the middle" bedeutet, ein hohes Unternehmensrisiko bei gleichzeitig niedriger Kapitalrendite tragen zu müssen (Porter 1999: 81). Es bietet sich jedoch eine sukzessive Abfolge an (Schmidt 1991: 190). Ausgehend von einer Differenzierungsstrategie können im Zeitablauf über genügendes Marktwachstum Skalenvorteile erzielt werden, die in Verbindung mit einem steigenden Volumengeschäft und Lernkurven Kostenvorteile erbringen. Bei Massenprodukten, die typischerweise im Lebenszyklus weit fortgeschritten sind und bei denen bereits Kostenvorteile erzielt werden, ist für den Übergang auf eine Differenzierung ein gleichsam schwieriger zu realisierender Kompetenzumbau oder -neuaufbau notwendig.

### 7.2.3 Die Porter-Hypothese

Ausgehend von der Beobachtung einer steigenden Dichte von umweltpolitischen Regulierungen in den Industriestaaten, fällt der Befund ob der Wettbewerbs- und Innovationswirkungen von Umweltpolitiken umstritten aus. Im Grundsatz lassen sich hinsichtlich der Ausprägungen möglicher Zielbeziehungen zwischen umweltpolitischen Schutzzielen und unternehmerischen Erfolgsansprüchen folgende Unterscheidungen darlegen (vgl. Tabelle 7.1):

**Tabelle 7.1.** Zielbeziehungen zwischen Umweltpolitik und Unternehmenserfolg

| Komplementäre Ziele | Konkurrierende Ziele | Zielantinomie | Zielindifferenz |
|---|---|---|---|
| Eine Steigerung des umweltpolitischen Zielerreichungsgrades geht mit einer gleichzeitigen Erhöhung des unternehmerischen Erfolgsgrades einher (Zielkongruenz) | Eine Steigerung des umweltpolitischen Zielerreichungsgrades bewirkt eine Verminderung des Grades an unternehmerischem Erfolg (Zielkonflikt) | Bei der Realisierung eines der beiden Ziele wird die Realisierung des anderen grundsätzlich ausgeschlossen (Extremfall des Zielkonfliktes) | Die Erfüllung einer Zielsetzung ist unabhängig von der anderen. |

Quelle: Schmidt (1991: 182).

Von praktischer Relevanz scheinen in erster Linie die ersten beiden Fälle. Mit der Porter-Hypothese wird ausdrücklich die Möglichkeit komplementärer Ziele, also positiver Wettbewerbs- und Innovationseffekte von umweltpolitischen Regulierungen, betont.

Innovationen ermöglichen eine Kompensation des durch Regulierung veränderten Wirkungsverhaltens der Wettbewerbskräfte. Kompensatorische Anpassungsmaßnahmen können die Regelbetroffenheit qualitativ konstant halten und mit innovativen Anpassungsmaßnahmen nur an bestimmten Stellen modifizierend eingreifen. Einzelbetriebliche Anpassungen betreffen mithin Innovations- resp. Forschungs- und Entwicklungstätigkeiten in organisatorischen, personellen und technologischen Unternehmensbereichen (Staudt et al. 1997: 46). Charakteristisch für diese Intensivierungsstrategie sind Innovationen für Reorganisationsprozesse in einer bestehenden technologischen Entwicklungsrichtung. Ein Beispiel für Intensivierungsstrategien sind nachgeschaltete Technologien (end-of-pipe). Als eine gänzlich andere Art der Kompensation sind qualitative Neuausrichtungen der unternehmerischen Innovationspolitik zu betrachten. Mit Extensivierungsstrategien (Staudt et al. 1993: 9) wird ebenso auf das durch Regulierung veränderte Wirkungsverhalten der Wettbewerbskräfte reagiert. Die Zielgröße der Innovationen ist jedoch eine andere. Der regulativ verengte Spielraum wird mit einer Veränderung von innovativen Ergebnisgrößen außerhalb der Regulierungsbeschränkungen wieder erweitert. Auf diese Weise werden neue Freiheitsgrade für die unternehmerische Tätigkeit geschaffen. Mit strategischen Veränderungen von Innovationsschwerpunkten wird auch die Zielgröße der Innovationsrichtung neu definiert und in ein neues Wettbewerbs- und Innovationskonzept eingebettet.

Porter legt dar, dass ausgehend von einer umweltpolitischen Regulierung Chancen für Vorteile im Wettbewerb verbessert und gleichzeitig umweltverbessernde Zielgrößen effektiv verfolgt werden können. („Win-Win-Strategie"). Regulierung kann nach seiner Argumentation zu positiven Wettbewerbswirkungen führen, die „can not only lower the net costs of meeting environmental regulations, but can even lead to absolute advantages over firms in foreign countries not subject to similar regulations" (Porter u. van der Linde 1995a: 98). Chancen für Wettbewerbsvorteile lassen sich dabei aus folgenden Zusammenhängen ableiten (Jaffe et al. 2001: 37): (i) Regulierung kann eine Signalwirkung für das Aufdecken von Ressourceneffizienzen und technologischen Verbesserungen entfalten; (ii) Informationen besitzen den Charakter eines öffentlichen Gutes, d.h. die Bereitstellung oder die Forderung nach Informationen durch die Regulierung wirken einer Unterversorgung entgegen; (iii) Regulierung kann die Unsicherheit von Investitionen in bestimmte Innovationen reduzieren und so Risiken einer neuen Technologie abmildern; letztlich können (iv) durch Regulierung Barrieren im Unternehmen überwunden werden.

Porter (1995a) identifiziert zwei unterschiedliche Wirkungsmechanismen, welche die Ziele einer höheren Umweltqualität und einer Verbesserung von Wettbewerbs- und Innovationsfähigkeit in einer Zielharmonie („Win-Win") verbinden. Zum einen sind es Vorteile, die Unternehmen unmittelbar aus der Verschärfung der Umweltpolitik erwachsen („Innovationseffekte"), zum anderen ist es die technologische Vorreiterrolle, aus dem „First-Mover-Vorteile" entstehen („Vorreitereffekt"):

- **Innovationseffekt:** Eine strikte Umweltpolitik führt zur Entdeckung und Einführung neuer, umweltfreundlicherer Technologien, mit denen sich Produktionsverfahren und Produkte ressourcensparender und effizienter gestalten lassen. Diese Wettbewerbsvorteile betreffen nicht nur die gesamtwirtschaftliche Sicht, sondern stiften auch Vorteile für das einzelne Unternehmen. Porter schätzt, dass die hiermit erzielbaren Kosteneinsparungen in vielen Fällen ausreichen, um die unmittelbar der Regulierung zurechenbaren Zusatzkosten (Compliance Costs) sowie die Innovationskosten überzukompensieren. Eine (Über-)Kompensation der Innovationskosten allein durch den Innovationseffekt (Innovation Offsets) wird als „Free Lunch"-Hypothese bezeichnet.
- **Vorreitereffekt:** Mit dem weltweit zu beobachtenden gestiegenen Umweltbewusstsein sind Wettbewerbsvorteile verbunden. Bedingung ist eine strenge Umweltpolitik, die den technologischen Fortschritt in einer zunächst begrenzten Region stimuliert. Wettbewerbsvorteile entstehen für Unternehmen in diesem Raum, sobald es zu einer internationalen Politikdiffusion gekommen ist (First Mover Advantage). Der Vorteil äußert sich in der erstmaligen Verwendung innovativer Technologien, die durch Lernkurveneffekte oder Patentierung eine dominierende Position erreichen. Auf gesamtwirtschaftlicher Ebene kann sich eine Vorreiterrolle auch dann als lohnend herausstellen, sofern Wettbewerbsnachteile der umweltschädigenden Industrie durch einen First-Mover-Vorteil einer Umweltschutzindustrie (über)kompensiert wird.

Mit dem Innovations- und dem Vorreitereffekt sind zwei Wirkungsmechanismen genannt, mit denen eine Regulierung Wettbewerbskräfte verändern und auf diese Weise vorteilhafte Wettbewerbswirkungen anstoßen kann. Als Antwort auf die Frage nach der Wahrnehmung von Wettbewerbsvorteilen hält Porter eine ressourceneffiziente Produktionsweise für zentral: „At the level of resource productivity, environmental improvement and competitiveness come together" (Porter u. van der Linde 1995a: 106). Damit stellt Porter den Bezug zu seiner Grundaussage her, die eine überlegene Produktivität als Quelle von Wettbewerbsfähigkeit sieht. Der zentrale Punkt für die Vorteilhaftigkeit induzierter Wettbewerbsvorteile liegt bei Porter auf einzelwirtschaftlicher Ebene: Es muss sich um einen sich selbst tragenden Verbesserungsprozess durch eine erhöhte Ressourceneffizienz handeln. Für das einzelne Unternehmen wird der Wettbewerbsvorteil unmittelbar intern, im Verlauf des Herstellungsprozesses generiert. Vorteile durch Ressourceneffizienz ergeben sich jedoch nicht nur im Herstellungsprozess mit verminderten Emissionen und Beiprodukten oder optimiertem Ressourceneinsatz. Das Ergebnis von Innovationen können auch verbesserte Produktqualitäten oder -eigenschaften sein. Zudem können die Sicherheit und Wiederverkaufswerte der Produkte erhöht, Stück- und Entsorgungskosten gesenkt werden (Porter u. van der Linde 1995b: 126).

### 7.2.4 Erfolgskritische Faktoren für die Stimulierung oder Behinderung von Innovationen

Mit dem Innovationseffekt ist es möglich, die Regulierungs- und Innovationskosten überzukompensieren. Entscheidend für den Kompensationserfolg von Innovationen ist die Beeinflussung einer Reihe innovationsrelevanter Parameter durch die Umweltregulierung. Regulierungsimpulse besitzen dann eine erfolgskritische Wirkung, sobald von ihnen eine direkte Beeinflussung der Innovationsfähigkeit durch die Veränderung der für den Erfolg von Innovationen relevanten Parameter ausgeht. Diese erfolgskritischen Parameter sind der eigentlichen Innovationsleistung vorgeschaltet und sind mitbestimmend über deren Umsetzungs- und Erfolgspotenziale. Zudem spielen in der Analyse von Innovationswirkungen der umgebende Kontext wie Branchenmerkmale, Unternehmensgröße und Wertschöpfungsposition eine entscheidende Rolle.

Regulierung verursacht *Kosten* (Auflagen, Abgaben bzw. Steuern). Für Unternehmen ist damit eine Mehrbelastung von knappen finanziellen Ressourcen verbunden. Eine Folge dieser Mehrbelastungen sind häufig Umverteilungen interner Finanzetats. Der Innovationserfolg ist in zweifacher Hinsicht gefährdet. Zum einen kann durch regulative Anforderungen Innovationskapital „unproduktiv" gebunden und so der Spielraum für neue Produkte oder Prozesse verringert, zum anderen können Mitteletats für Forschung und Entwicklung umverteilt werden (Becher et al. 1990: 88).

Der Anpassungsprozess und die Erfüllung regulativer Anforderungen bedingen einen gewissen *Zeitaufwand* bzw. „Zeitkosten" (Ashford et al. 1985: 425; Kurz et al. 1989: 166). Für die Einführung neuer Produkte können diese zeitlichen Verzögerungen den Ausschlag für Erfolg oder Misserfolg des Innovationsprojekts geben. Gerade im Umweltschutzbereich ist die Rolle des Innovationsführers oder -folgers von großer Bedeutung. Porter nennt drei Faktoren, die, um einen Risikofaktor ergänzt, folgendes Bild über technologische Führung oder Gefolgschaft liefern (vgl. Abbildung 7.4):

| Dauerhaftigkeit der technologischen Führung | Vorteile des Vorreiters | Nachteile des Vorreiters | Risikofaktoren |
|---|---|---|---|
| • Quelle des technologischen Vorsprungs<br>• relativer F&E-Kostenvorteil durch Skalen-, Lern- und Verflechtungsvorteile<br>• relativer technologischer Kenntnisstand<br>• Diffusionsrate technischen Wissens | • Kosten- und Differenzierungsvorteile durch Ausnutzung der unternehmenseigenen Lernkurve<br>• Begünstigter Zugang zu Ressourcen<br>• Setzen von Standards<br>• Patentschutz<br>• Monopolrenten in der Frühphase<br>• Kundenbindung und Imagevorteile | • Hohe Entwicklungskosten<br>• Genehmigungs- bzw. Testverfahren<br>• Umstellung von Inputs und Ressourcenerschließung<br>• neue Herstellungsprozesse | • Unsicherheiten in der Nachfrage<br>• Veränderungen der Abnehmerbedürfnisse<br>• Inflexibilität und Veralterungsrisiko von Erstinvestitionen<br>• technologische Diskontinuitäten |

Abb. 7.4. Entscheidungsfaktoren nach Porter für technologische Führung oder Gefolgschaft Quelle: Schmidt (1991: 162).

Mit Blick auf eine immer kürzere Amortisationsdauer von Produkten, die sich durch verkürzte Marktlebenszyklen bei gleichzeitig längeren Entwicklungszeiten ergibt, scheint die technologische Führung eine vorteilhafte Strategie zu sein. Begünstigend wirken sich hohe Synergien hinsichtlich des bestehenden Produktprogramms und des Herstellungsverfahrens, hohe Eintrittsbarrieren durch eine hohe Produktkomplexität und eine schnelle Marktentwicklung aus. Den Vorteilen der technologischen Führerschaft stehen indes Risiken, wie die Bindung an einen Technologiepfad, hohe Markteintritts- und Marktschließungskosten und die mögliche Konkurrenz zu eigenen Produkten („Kannibalisierungseffekt") gegenüber. Regulativ verursachte zeitliche Verschiebungen der Markteinführung vermindern die Erfolgswahrscheinlichkeit des Innovationsführers. Gleichzeitig wird der Druck auf die Amortisierungsdauer durch die direkten Regulierungskosten erhöht.

*Unsicherheiten* sind ein weiterer innovationskritischer Parameter, der durch Regulierung beeinflusst werden kann (Ashford et al.1985: 425; Jaffe et al. 2002: 48; Porter 1995a: 110). Abernathy u. Utterback (1978: 45) unterscheiden zwei Typen von Unsicherheitsfaktoren, die für einen Innovationsprozess charakteristisch sind: (i) Unsicherheit bezüglich technologischer Entwicklungsmöglichkeiten und (ii) Unsicherheit über Anwendungsgebiete und wettbewerbliche Erfolgschancen. Der Regulierungseinfluss auf die Typen von Unsicherheit entwickelt ein uneinheitliches Bild. Entwicklungs- und Investitionsentscheidungen in neue Technologien werden durch Regulierung geschützt (Jaffe et al. 2001: 37; Kurz et al. 1989: 166). Die Vorwegnahme eines gesellschaftlichen Trends (wie z.B. ein hohes Maß an Umweltbewusstsein) kann indes die marktliche Unsicherheit erhöhen, soweit Märkte für diese Produkte und Dienstleistungen noch nicht existieren. Ausdruck der gestiegenen Unsicherheit über den Innovationserfolg ist eine Erhöhung der Risikoprämie, die bei der Beurteilung der Investitionsentscheidung zu Grunde gelegt wird, so dass die Zahl der erfolgversprechenden Innovationsvorhaben zurückgehen kann (Becher et al. 1990: 89).

Kosten, Zeit und Unsicherheit werden damit zu regulativ verursachten kritischen Erfolgsfaktoren für Innovationen. Die einzelwirtschaftlichen Auswirkungen auf Wettbewerbs- und Innovationsfähigkeit sind – und dies sei noch einmal betont – gleichsam nur im Kontext der Strategien Kostenführerschaft und Differenzierung, unternehmensinterner Faktoren und branchenspezifischer Umfeldmerkmale festzustellen.

### 7.2.5 Auswirkungen der kritischen Erfolgsfaktoren auf die Strategietypen

Die Auswirkungen eines umweltpolitischen Regulierungsimpulses auf die Wettbewerbs- und Innovationsfähigkeit unterscheiden sich nach der Ausrichtung der Unternehmensstrategie auf Kostenführerschaft oder Differenzierung. Bei Kostenführerschaft wirken sich die Unternehmensgröße und erzielbare Skalenvorteile im Massenmarkt günstig auf die Degression regulierungsbedingter Kosten aus. Der Druck zur Umverteilung von F&E-Mitteln ist nicht ausgeprägt, so dass von der Kostenbelastung kein negativer Einfluss auf Produktinnovationen ausgeht. Sehr wohl wird der Druck, im stark ausgeprägten Preiswettbewerb nach kostensenkenden Prozessinnovationen zu suchen, durch den Regulierungsimpuls weiter verstärkt. Es werden Anreize für eine Umstellung des Verfahrens gegeben. Im längerfristigen Vergleich besitzen integrierte Produktionstechnologien (Hemmelskamp 1997: 492) gegenüber End-of-Pipe-Lösungen den Vorteil, dass mit dem inhärent angelegten Umweltschutz eine höhere Ressourceneffizienz erreicht wird und kein Kapital unproduktiv gebunden wird. Der Zeitfaktor führt bei Kostenführerschaft nicht unmittelbar zu erkennbaren Innovationseffekten. Reduziert wird in gewissem Maße die Unsicherheit über die Breite zukünftiger Technologieentwicklungen. Für Prozesstechnologien wird die Rolle des technologischen Führers gestärkt, die neue Standards setzen kann und auf diese Weise innovative Pionierleistungen belohnt.

Für die Differenzierungsstrategie besitzen die erfolgskritischen Faktoren andere Gewichte und geben dem Strategietyp entsprechend andere Innovationsimpulse. Direkt der Regulierung zuzumessende Kosten entfalten auf Grund der geringeren Unternehmensgröße, der kleineren Geschäftsfelder und des geringeren Kapitalstocks einen weitaus größeren Innovationseffekt als bei Kostenführerschaft. Um eine kurzfristige Anpassung zu gewinnen, werden Regulierungskosten bei einer geringen Kapitaldecke durch Umverteilung aus dem F&E-Budget gedeckt. Kurzfristige Regelbindungen erschweren hier, Wettbewerbsvorteile und Innovationspotenziale wahrzunehmen. Als innovationsgefährdend muss auch der Zeitaufwand für Anpassungen an und Erfüllung von regulativen regulativer Vorgaben eingeschätzt werden. Differenzierungsvorteile beruhen auf der Anstrengung, in der kundennahen Interaktion schnell und flexibel reagieren zu können. Unter Einfluss der Regulierung besteht durch die Behinderung der zeitnahen Markteinführung von Innovationen die Gefahr, diesen Wettbewerbsvorteil dauerhaft zu verlieren und die Anreizstrukturen für Innovationen zu neutralisieren. Ausdruck dieses Effektes ist eine gesunkene Innovationsrate. Eine Aussage über qualitative Veränderungen bei Innovationen (Richtungsänderungen) lässt sich nur unter Einschluss weiterer unternehmensinterner und umfeldspezifischer Faktoren treffen. Gerade für den Erfolg von Produktinnovationen wird zusätzlich Unsicherheit generiert, sobald Umweltpolitik den Wandel von Nachfragebedürfnissen vorwegnimmt, ein Markt für entsprechende Produkte ebenso nicht existiert, wie die marktfähigen Produkte selbst. Die Herausforderung besteht in dem Aufbau von Lead-Märkten (Beise u. Rennings 2001; Beise et al. 2002), die in der Differenzierungsstrategie Innovationsvorteile und eine Vorreiterrolle suchen. Abbildung 7.5 fasst die Impulswirkung der Regulierung und mögliche Innovationseffekte bei Kostenführerschaft und Differenzierung zusammen.

Der von Porter entwickelte „Diamant-Ansatz" hat gezeigt, welchen Einfluss die strategische Unternehmensausrichtung auf die Wettbewerbs- und Innovationsstrategie besitzt. Dass Umweltpolitik einen großen Einfluss auf die Wettbewerbs- und Innovationsfähigkeit (Porter-Hypothese) besitzt, wurde über die regulierungsbedingten erfolgskritischen Innovationsparameter Kosten, Zeit und Unsicherheit deutlich. Indem beide Strategietypen getrennt auf Kosten-, Zeit- und Unsicherheitsfaktoren betrachtet wurden, konnten unterschiedliche Innovationseffekte nachgewiesen werden. Nach einer Darstellung der Chemischen Industrie und ihrer Besonderheiten in Abschnitt 7.3 überträgt Abschnitt 7.4 die gewonnen Erkenntnisse auf die Wettbewerbs- und Innovationswirkungen der neuen europäischen Chemikalienregulierung.

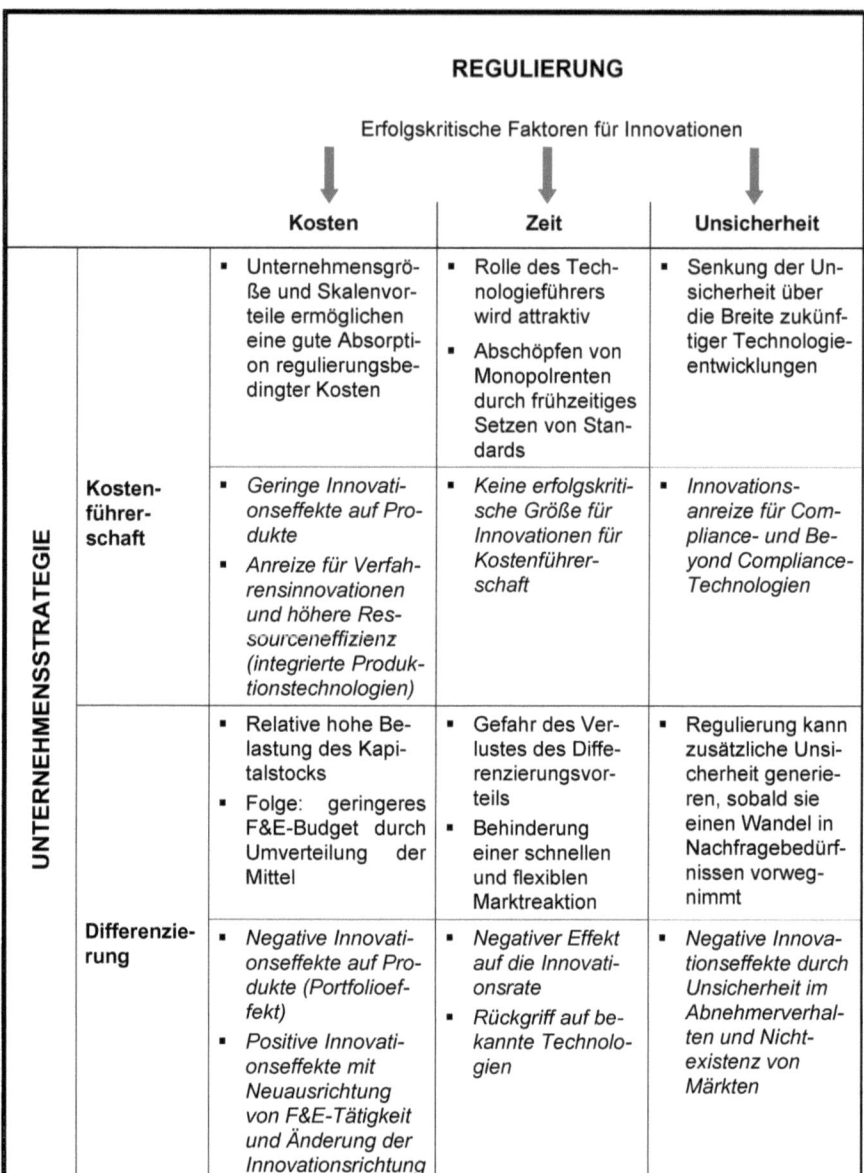

Abb. 7.5. Innovationseffekte von Regulierung bei Kostenführerschaft und Differenzierung
Quelle: Eigene Zusammenstellung.

## 7.3 Wertschöpfungsprozess und Innovationen in der Chemieindustrie

### 7.3.1 Aufbau, Wertschöpfung und Unternehmensstruktur der Chemischen Industrie

Wie Porter in seinem „Diamant-Ansatz" dargelegt hat, erschließen sich der Charakter und das Potenzial von Innovationen über die Wirkungsintensitäten der Wettbewerbskräfte, die Eigenschaften der Wertschöpfung und der darin angelegten Unternehmensstruktur. Die Chemische Industrie weist gegenüber anderen Industrien einige Besonderheiten auf, die im Folgenden dargelegt werden.

Zu dem Sektor der Chemieindustrie zählen Unternehmen, die sich mit der Umwandlung natürlicher und Herstellung synthetischer Stoffe befassen. Die Chemische Industrie besitzt den Charakter einer Querschnittsindustrie und ist durch eine große strukturelle Diversität gekennzeichnet. Kennzeichen für diese Diversität ist die Herstellung einer breiten Palette an Produkten, sowohl als Vorprodukte für den eigenen Sektor und andere Industriesektoren als auch für den Endverbrauch (vgl. Abbildung 7.6).

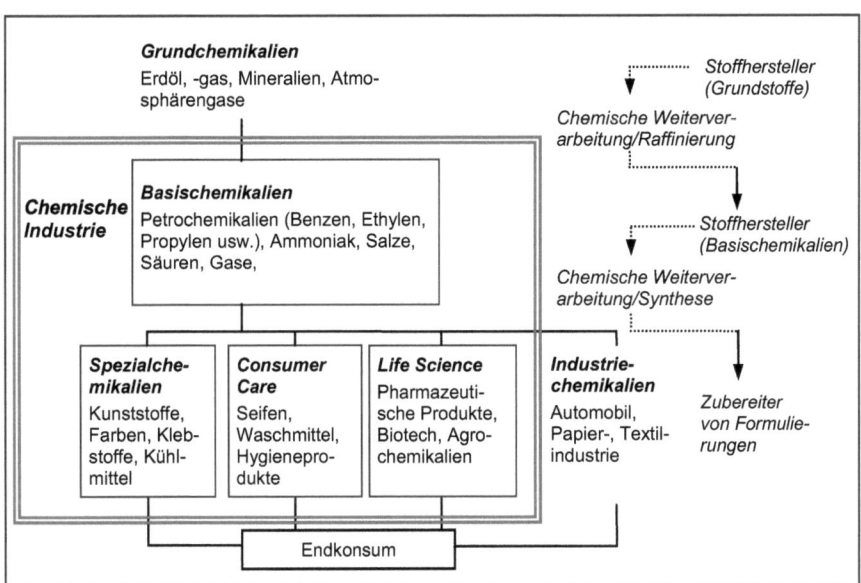

Abb. 7.6. Aufbau und Wertschöpfungsbereiche der Chemischen Industrie
Quelle: In Anlehnung an OECD (2001: 23).

Ausgangspunkt der Wertschöpfung sind Rohstoffe, wie Petrochemikalien (Erdöl, -gas), Atmosphärengase, Wasser und Mineralien. In der Grundstoffchemie dienen diese Rohstoffe zur Herstellung von Basischemikalien und unspezifischen Zubereitungen. Basischemikalien repräsentieren einen gesättigten Markt in hohen

Volumina hergestellter chemischer Stoffe. Die Zusammensetzung der Gruppe hochvolumiger Basischemikalien unterliegt im zeitlichen Maßstab nur schwachen Veränderungen. Der Markt für Basischemikalien ist von großer konjunkturzyklischer Abhängigkeit und niedrigen Gewinnmargen geprägt. Hauptabnehmer sind neben anderen Unternehmen der Basischemie fast alle nachgelagerten Sektoren. In niedrigeren Mengen hergestellt, weniger konjunkturanfällig und mit höheren Gewinnmargen ausgestattet, präsentiert sich der Markt chemischer Stoffe und Zubereitungen der Spezialchemie. Der hohe Wertschöpfungsgrad resultiert aus Unteilbarkeiten in der Produktion und Schutzrechten durch Patente. Life-Science ist geprägt durch die Eigenheiten seiner bedeutenden Einzelsegmente Pharmazie, Pflanzenschutz und Biotechnologie. Technologischer Vorsprung ist der wichtigste Wettbewerbsparameter und die Ausgaben für Forschung und Entwicklung sind die höchsten der gesamten Chemischen Industrie. Das Segment Consumer-Care ist sehr kundennah. Hochdifferenzierte Produkte verlangen nach gesteigertem Forschungs- und Entwicklungsaufwand in einem von hochtechnisierten Formulierungen gestalteten Produktmarkt.

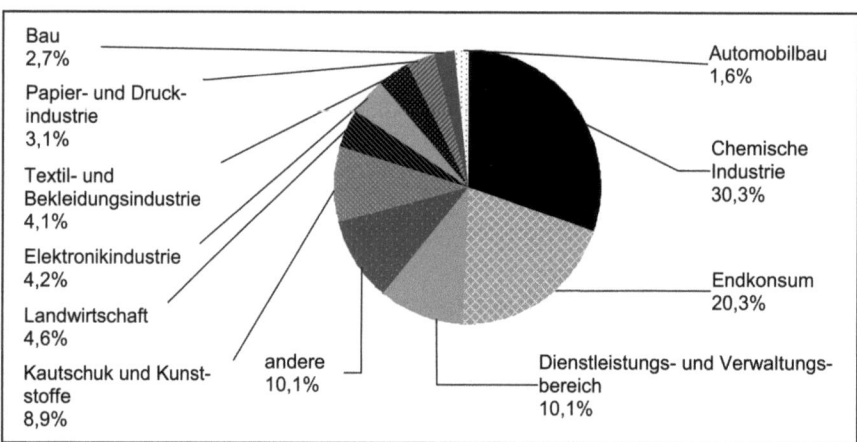

**Abb. 7.7.** Absatzstruktur in der Chemischen Industrie
Quelle: CEFIC (2001).

Erzeugnisse der Chemischen Industrie sind sowohl chemische Produkte für den Endkonsum industrieller und privater Anwender als auch Zwischenprodukte. Der hohe Grad vertikaler Integration innerhalb der Chemischen Industrie bedingt, dass mehr als ein Drittel der Nachfrage nach chemischen Produkten von der Chemieindustrie selbst erzeugt wird. Die Chemische Industrie ist damit selbst ihr Hauptabnehmer (vgl. Abbildung 7.7). Ein besonderes Kennzeichen der Chemieindustrie ist die Verbund- bzw. Kuppelproduktion. Von den Rohchemikalien bis zum Endprodukt fallen in den einzelnen Verarbeitungsstufen zahlreiche verwertbare und nicht verwertbare Kuppelprodukte an. Enge Produktbeziehungen aus der Herstellung von verwertbaren Haupt- und Nebenprodukten führen zu starken Abhängigkeitsverhältnissen und Sensibilitäten gegenüber Veränderungen innerhalb des Stammbaumes.

Die große Zahl von über 34.000 der Chemischen Industrie zurechenbaren Unternehmen in der Europäischen Union ist mit einem Umsatz von 519 Mrd. Euro (CEFIC 2002a) bedeutender Wirtschaftsfaktor. Die Funktion des Mittelstandes (bis 250 Angestellte) weicht von der sonst im Verarbeitenden Gewerbe vorherrschenden Aufgabenteilung ab. Werden in vielen Branchen vom Mittelstand Zulieferfunktionen wahrgenommen, so ist in der Chemischen Industrie die Erstellung der Vorprodukte eine Domäne der Großunternehmen. Kleine und mittlere Unternehmen stellen in erster Linie Endprodukte her und sind wie Großunternehmen auf den Weltmärkten vertreten (BIPE 1998: 86). Der Mittelstand setzt der auf den Umsatz und der Beschäftigtenzahl bezogenen hohen strukturellen Konzentration (vgl. Abbildung 7.8) der Chemieindustrie eine hohe Zahl an Produkten entgegen.

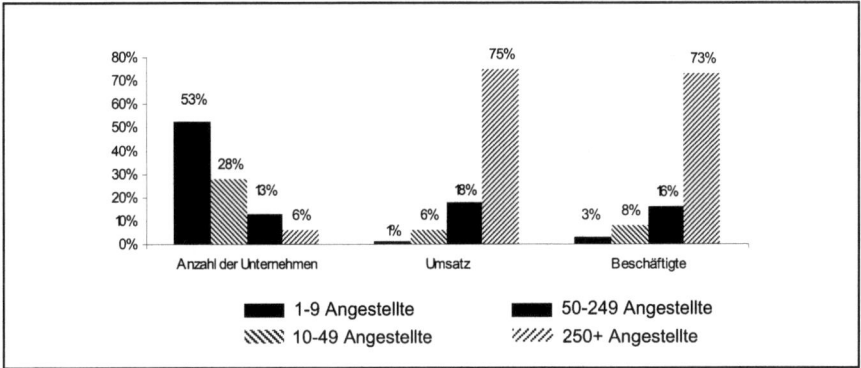

Abb. 7.8. Unternehmensstruktur und Absatzbereiche der Chemischen Industrie in der EU
Quelle: CEFIC (2002a).

### 7.3.2 Innovationen in Produktgruppen

Von anderen Industriezweigen unterscheidet sich die Chemische Industrie vor allem in der Heterogenität ihrer Produkte. Zurückzuführen ist diese Diversität auf die besonderen Gegebenheiten im Wertschöpfungsprozess. Als günstig hat sich eine Unterteilung in Produktgruppen herausgestellt. Kline (1976) unterscheidet nach Grundchemikalien, Industrieprodukten, Feinchemikalien und Spezialchemikalien (vgl. Abbildung 7.9). Produktionsmenge und Differenzierungsgrad grenzen die Zugehörigkeit von Stoffen und Zubereitungen in einer Produktgruppenmatrix ab. Der Vorteil gegenüber der Einteilung, wie sie oben bei der Beschreibung der Wertschöpfung erfolgte, ist die Möglichkeit der Ableitung von Innovationsstrategien.

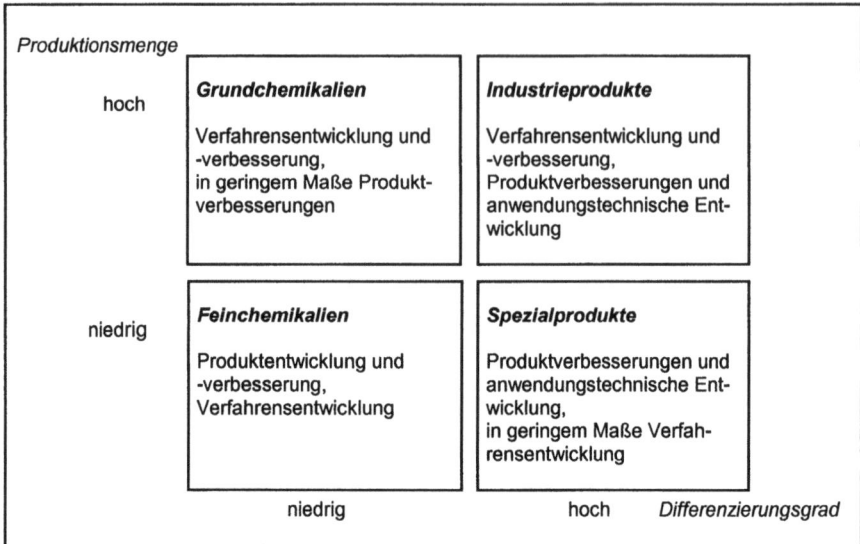

**Abb. 7.9.** Produktgruppenmatrix für die Chemische Industrie
Quelle: In Anlehnung an Kline (1976: 113).

Aus der Produktgruppenmatrix folgen unterschiedliche technologische Entwicklungstendenzen. Der Schwerpunkt der Einführung neuer Produkte liegt – mit meist geringen Mengen und hohen Preisen – bei Feinchemikalien und Spezialprodukten. Diese Produktsegmente zeichnen sich durch hohe Gewinnmargen und geringen Konkurrenzdruck aus und sind sehr an den Bedürfnissen der Abnehmer orientiert. Die Produktgruppe der Feinchemikalien ist durch ihre hohen Qualitätseigenschaften und Reinheit von den besonderen Performanzeigenschaften der Spezialprodukte abgegrenzt (EU Kommission 1998: IV/4). Produktentwicklung und -verbesserung sind in diesen Feldern die vorherrschenden technologischen Prioritäten. Bei den Massengütern der Grundchemikalien und Industrieprodukten sind die Verhältnisse umgekehrt. Grundchemikalien sind die Basis der Wertschöpfung in der Chemieindustrie. Industrieprodukte stellen grundlegende Fertigungstechnologien für Industriezweige außerhalb der Chemischen Industrie dar. Typischerweise befinden sich diese beiden Produktgruppen in der technologischen Reifephase. Schwerpunkt der Innovationstätigkeit bilden Verfahrensinnovationen, wobei Produktentwicklungen und Anwendungsinnovationen zwar seltener vorkommen aber nicht ausgeschlossen sind (Ashford u. Heaton 1983: 117).

Die Produktgruppenmatrix gibt zudem Aufschluss über die Unternehmenskonzentration in den einzelnen Feldern. Die hohe Kapitalintensität bei der Herstellung und Weiterentwicklung von Grundchemikalien bedingt eine gewisse Unternehmensgröße. Flexibilität und Wissensintensität sind Merkmale, die die Herstellung von Fein- und Spezialchemikalien kennzeichnen. Es sind in erster Linie kleine und mittlere Unternehmen, die für die Produktion in diesen Feldern verantwortlich zeichnen. Produktinnovationen kleiner und mittlerer Unternehmen sind überwiegend Zubereitungen und Formulierungen, also Anwendungsinnovationen bereits bekannter Stoffe (Fleischer 2001: 15).

Mit Bezug auf die von Porter genannten Strategietypen lässt sich für die Chemieindustrie folgende Aussage treffen: Die Basis- und Grundstoffindustrie stellt chemische Produkte in hohen Tonnagen her und bedingt deshalb eine gewisse Unternehmensgröße. Durch die technologische Reife können Wettbewerbsvorteile in erster Linie mit niedrigen Kosten (Kostenführerschaft) und Verfahrensinnovationen erreicht werden. Die nachgelagerten Zweige von Spezial- und Feinchemie mit ihrer Vielzahl differenzierter Produkte sind von kleinen und mittelständischen Unternehmen geprägt. Wettbewerbsvorteil ist hier die Differenzierung mit Produktinnovationen. Flexibilität und schneller Marktzugang sind wichtige Erfolgsparameter. Als Indiz einer gestiegenen Bedeutung von Produktinnovationen gelten neben dem international zu beobachtbaren Strukturwandel und Reorganisationsprozessen traditioneller Stoffhersteller (Arora u. Gambardella 1998: 401) die geringen Innovationsmöglichkeiten bei Grund- und Basischemikalien. Dieser Bereich ist in zunehmendem Maße durch den Eintritt von Wettbewerbern aus Drittländern gekennzeichnet, die selbst über Ressourcen verfügen und die nachfolgenden Verarbeitungsschritte am oberen Ende der Wertschöpfungskette übernehmen (Benzler 1998: 3).

## 7.4 Die Chemische Industrie und die neue europäische Chemikalienregulierung

### 7.4.1 Die Struktur der neuen Chemikalienregulierung: Das REACH-System

Mit der neuen europäischen Chemikalienregulierung soll eine sichere Herstellung, Gebrauch und Weiterverwendung von Chemikalien gewährleistet werden. Der als „Duty of Care" bezeichnete Grundsatz zum Schutz der menschlichen Gesundheit und der Umwelt verpflichtet Hersteller, Importeure, Weiterverarbeiter und Anwender, die Risiken des Umgangs mit chemischen Stoffen und Zubereitungen zu mindern. Ausdruck des neuen Risikomanagements ist die Beweislast der Industrie. Primär sind Hersteller und Importeure gefordert, Informationen über Stoffeigenschaften und beabsichtigte Verwendungen bzw. Expositionen (intended uses) bereitzustellen. In die Produktverantwortung sind jedoch auch Weiterverarbeiter und Anwender eingebunden, so eigene Verwendungen (unintended uses) vorgenommen werden. Die bisherige Trennung chemischer Stoffe in Alt- und Neustoffe wird aufgehoben und ein gemeinsames Kontrollsystem eingerichtet. Den Kern der neuen Chemikalienregulierung bildet das REACH-System (Registration, Evaluation, Authorisation of Chemicals):

- **Registrierung** der etwa 30.000 chemischen Stoffe, die eine Herstellungsmenge von 1 Tonne p.a. überschreiten. Das Registrierungsverfahren folgt einem Mengenschwellenkonzept (vgl. Tabelle 7.2).

**Tabelle 7.2.** Verteilung der Unternehmensklassen im Mengenschwellenkonzept

| Mengenschwellenkonzept der neuen Chemikalienregulierung | | | Verteilung der hergestellten Stoffe von Großunternehmen und kleinen und mittleren Unternehmen (KMU) | | | |
|---|---|---|---|---|---|---|
| | | | Altstoffe | | Zwischenprodukte | |
| in Verkehr gebrachte Menge pro Jahr | Prüfungsanforderungen für die Registrierung | Anzahl Stoffe | Großunternehmen | KMU | Großunternehmen | KMU |
| unter 1 Tonne | keine Testanforderungen | k.A. | 6 vH | 18 vH | 14 vH | 14 vH |
| 1–10 Tonnen | Angaben über physikalisch-chemische, toxikologische und ökotoxikologische Eigenschaften; Begrenzung auf In-vitro-Methoden | 19.700 | 19 vH | 21 vH | 17 vH | 25 vH |
| 10–100 Tonnen | Basisbeschreibung gemäß Anhang VII a der RL 67/548/EWG | 4.700 | 26 vH | 20 vH | 23 vH | 23 vH |
| 100 bis 1.000 Tonnen | Basisbeschreibung und Stufe 1-Tests | 3.000 | 18 vH | 15 vH | 10 vH | 12 vH |
| über 1.000 Tonnen | Basisbeschreibung, Stufe 1- und Stufe 2-Tests | 2.600 | 32 vH | 23 vH | 36 vH | 26 vH |

Quelle: RPA (2002).

Die Registrierung und Beibringung von Informationen über Stoffeigenschaften bzw. Verwendungen chemischer Stoffe obliegt Unternehmen der gesamten Wertschöpfung, so dieser Stoff von ihnen hergestellt oder verwendet wird. Ein großer Teil der Geschäftsaktivitäten kleiner und mittlerer Unternehmen liegt im Bereich niedriger Tonnagen. Das unterstreicht die Bedeutung dieser Unternehmensklasse als spezialisierte Weiterverarbeiter, die ihr Wettbewerbspotenzial aus einer Vielzahl kleinvolumig genutzter Stoffe schöpfen. Die durch die Registrierung bereitgestellten Informationen dienen als Grundlage für ein effizientes Risikomanagement. Die Industrie trägt die Beweislast und die Kosten des Registrierungsverfahrens.

- **Risikobewertung** von chemischen Stoffen mit einer in Verkehr gebrachten Menge ab 100 Tonnen (ca. 5.000 Stoffe) oder auch bei geringeren Vermarktungsmengen, soweit sie erhöhten Anlass zur Besorgnis geben. Die Bewertung liegt in der Verantwortung der zuständigen Behörden und umfasst die Entwicklung maßgeschneiderter Prüfprogramme.
- **Zulassung** chemischer Stoffe, die einen sehr hohen Anlass zur Besorgnis geben. Substanzen mit krebserzeugenden, erbgutschädigenden oder reproduktionstoxischen Eigenschaften sowie persistente organische Schadstoffe müssen unabhängig von Mengenschwellen vor ihrer Vermarktung für einen bestimmten

Verwendungszweck zugelassen werden. Für die von der Kommission auf ca. 1.400 geschätzten zulassungspflichtigen Stoffe trägt die Industrie die Beweislast und die Kosten des Verfahrens.

### 7.4.2 Ökonomische Wirkungsgrößen des REACH-Systems: Kosten- und Zeiteffekte

Auswirkungen der neuen Chemikalienregulierung auf Wettbewerbs- und Innovationsfähigkeit ergeben sich aus der Struktur des neuen Chemikalienkontrollsystems. Dabei treten zwei Effekte in den Vordergrund. An die Regulierung ist eine unmittelbare Kostenbelastung gebunden. Zudem tritt ein zeitlicher Faktor auf, der zu Verzögerungen in der flexiblen Vermarktung oder Markteinführung führen kann. Als Querschnittsindustrie besitzt die Chemieindustrie die Funktion eines Innovationslieferanten (Rammer et al. 2003). Forschungsintensive Vorleistungen der Chemischen Industrie sind damit nicht nur Grundstock eigenen Wettbewerbspotenzials, sondern auch des Technologiemanagements nachgelagerter Branchen. Als Empfänger von chemischen Produkten sind von der Regulierung auf diese Weise auch andere Industriesektoren berührt.

Das REACH-System der neuen Chemikalienregulierung enthält regulative Parameter, die unmittelbare und mittelbare Wirkungen auf die Wettbewerbs- und Innovationsfähigkeit entfalten. Ökonomisch wirksam sind im REACH-System kostenwirksame Aufwendungen und ein zeitlicher Faktor angelegt. Die Kosten- und Zeiteffekte entstehen vornehmlich durch die Bindung an das Registrierungs- und Zulassungsverfahren. Die Regulierung wirkt direkt, da Innovationsmöglichkeiten, -kosten und -zeiten unmittelbar beeinflusst werden (Fleischer 2001: 15). Die Höhe der finanziellen Belastung richtet sich zum einen nach der Wahrscheinlichkeit einer Exposition, die gestaffelt nach Mengenschwellen bestimmte toxikologische und ökotoxikologische Prüfdatensätze erfordert. Zum anderen sind bei Kenntnis spezifischer Stoffeigenschaften weitergehende Prüfungen erforderlich, die einen zusätzlichen Kostenaufwand bedeuten. Neben den Kosteneffekten entsteht durch die Pflicht zur Erbringung der Datensätze und deren Übermittlung ein zeitlicher Aufwand. Der Faktor Zeit wirkt sich immer dann auf die Wettbewerbsposition von Unternehmen aus, wenn er spezifische Wettbewerbsvorteile konterkariert oder den Markteintritt von Innovationen verzögert. Von Bedeutung wird der zeitliche Aufwand jedoch erst mit Ablauf des Bestandsschutzes von 10 Jahren. Danach und für neu vermarktete Stoffe besitzt das REACH-System den Charakter eines Genehmigungsverfahrens. Tabelle 7.3 gibt einen Überblick über Kostenschätzungen und Zeitskalen des REACH-Systems.

**Tabelle 7.3.** Kostenschätzungen und Zeitskalen im REACH-System

| Registrierung (Tonnen pro Jahr) | Faktor Kosten | | | Faktor Zeit | | |
|---|---|---|---|---|---|---|
| | EU | RPA | VCI | Prüfung | Recherche, Validierung | Expositionsabschätzung, vorläufige Risikobewertung, Dokumentation |
| 1–10 | € 20.000 | € 31.400 | € 50.000 | 3 Monate | 2 Monate | 1 Monat |
| 10–100 | € 85.000 | € 155.000 | € 140.000 | 9–12 Monate | 2 Monate | 2 Monate |
| 100–1.000 | € 250.000 | € 420.000 | € 370.000–410.000 | 12–24 Monate | 3 Monate | 4 Monate |
| >1.000 | € 325.000 | € 683.000 | € 650.000–740.000 | 12–60 Monate | 6 Monate | 9 Monate |
| Bewertung | keine Kosten für Unternehmen | | | k.A. | | |
| Zulassung | € 50.000 | | | k.A. | | |

Quellen: VCI (2002); RPA (2003); EU-Kommission (2001).

Mittelbare Auswirkungen der neuen Chemikalienregulierung auf die Wettbewerbs- und Innovationsfähigkeit sind Folge der unmittelbaren Kosten- und Zeiteffekte. Die mittelbar von der Chemikalienregulierung betroffenen Unternehmen sind in erster Linie nicht die stoffherstellenden Chemieunternehmen selbst, sondern industrielle Weiterverarbeiter, die eine eigene Registrierung oder Zulassung nicht vorgenommen haben. Industrielle Weiterverarbeiter (Zubereiter bzw. Formulierer) sind überwiegend kleine und mittlere Unternehmen. Sollten Stoffhersteller und Importeure nicht bereit sein, eine Registrierung oder Zulassung vorzunehmen, droht diesen nachgelagerten Chemieunternehmen der Wegfall von Ausgangsstoffen im eigenen Herstellungsprozess der Weiterverarbeitung chemischer Erzeugnisse.

Die Wahrscheinlichkeit einer Rationalisierung chemischer Stoffe steigt im Zuge der Kostenbelastung, die von den einzelnen Stoffen im REACH-System getragen werden müssen. Besondere Anfälligkeit für eine Nicht-Registrierung zeigen diejenigen chemischen Stoffe und Substanzen, die bei ihrer Vermarktung insgesamt nur einen geringen Deckungsbeitrag erwirtschaften können. Wie Tabelle 7.4 zeigt, besteht das Produktportfolio kleiner und mittlerer Unternehmen aus einer viel geringeren Zahl von Stoffen mit geringem Deckungsbeitrag, als es bei Großunternehmen zu beobachten ist. Für KMU's wird damit die große Bedeutung niedrigvolumiger Stoffe mit hoher Wertschöpfung unterstrichen, die auf einer hohen Flexibilität und einer kurzen Marktzugangszeit aufbauen. Dieser Trend bestätigt sich auch bei der Herstellung von Zwischenprodukten, bei denen gerade geringe Tonnagen wirtschaftlich erfolgreich sind. Im Gegensatz dazu betrachtet eine weit größere Zahl von Großunternehmen niedrigvolumige Stoffe als „low valued". Mit steigender Herstellungsmenge (mehr als 100 t p.a.) sinkt dieser Anteil.

**Tabelle 7.4.** Anteil an Stoffen mit „low value" und hoher Rationalisierungswahrscheinlichkeit

| Tonnage pro Jahr | Anteil vermarkteter chemischer Stoffe und Zwischenprodukte (ZP) mit geringem Deckungsbeitrag („low value") an der gesamten Herstellung [in vH] | | | | Geschätzter Anteil rationalisierter Stoffe und Zwischenprodukte (ZP) an der gesamten Herstellung [in vH][a] | | | |
|---|---|---|---|---|---|---|---|---|
| | Großunternehmen | | KMU | | Großunternehmen | | KMU | |
| | verm. Stoffe | ZP | verm. Stoffe | ZP | verm. Stoffe | ZP | verm. Stoffe | ZP |
| 1–10 | 24 | 16 | 12 | 1 | 12 | 8 | 6 | 0,5 |
| 10–100 | 11 | 14 | 13 | 14 | 8 | 10 | 9 | 10 |
| 100–1.000 | 5 | 16 | 20 | 19 | 3 | 11 | 16 | 15 |
| über 1.000 | 8 | 14 | 7 | 37 | 4 | 7 | 4 | 23 |

[a] Geschätzt anhand der von RPA für die jeweiligen Mengenschwellen angenommenen Kosten.
Quelle: RPA 2003.

Durch die Kostenbelastung der Registrierung ist eine Rationalisierung bestimmter Produktgruppen mit niedrigem Deckungsbeitrag wahrscheinlich. Jedoch geben die Schätzungen erste Hinweise darauf, dass nicht alle „low value" Stoffe einer Rationalisierung anheimfallen. Verschiedene Gründe sprechen trotz einer kurz- oder mittelfristig nicht kostendeckenden Zusatzbelastung für die Durchführung eines Registrierungsverfahrens seitens der Hersteller, Importeure oder Weiterverwender (RPA 2003: 7). In den komplexen Herstellungsprozessen der Chemischen Industrie fallen eine Vielzahl an Kuppelprodukten hochwertiger chemischer Produkte an. Die Registrierung der Kuppelprodukte wird bei einer hohen Produktionsmenge und wachsenden Nachfrage nach dem Hauptprodukt begünstigt. Ebenso kann eine Substanz von Relevanz für bestimmte Abnehmer sein, die auch andere höherwertige Chemikalien beziehen. Bei niedrigen Deckungsbeiträgen pro Produktionseinheit kann die Übernahme der Registrierungskosten auch durch eine hohe Herstellungsmenge gerechtfertigt werden. Finden sich keine Substitute oder leistet eine Substanz den entscheidenden Beitrag zum Erhalt der Wettbewerbsfähigkeit bzw. Flexibilität, spricht das für eine eigene Registrierung seitens der industriellen Weiterverwender.

Zusammenfassend lassen sich vier Faktoren identifizieren, die eine Entscheidung über Produktrationalisierungen beeinflussen (RPA 2003: 14):

– die geschätzten Kosten einer Registrierung für eine Substanz: die Höhe des Kostenaufwandes ist abhängig von der Herstellungsmenge, den möglicherweise schon vorhandenen Informationen und Kostenteilung durch ein Anmeldekonsortium;
– Marktanalysen über derzeitige und zukünftige Marktanteile und Gewinnmargen;

- die Bedeutung des Stoffes oder der Substanz in heutigen und zukünftigen Märkten, Herstellungsprozessen und Anwendungsgebieten;
- die Bedeutung des Stoffes oder der Substanz für das eigene Produktportfolio und das Ausmaß an Wettbewerb in diesem Produktfeld.

Wie die bisherigen Ausführungen in diesem Abschnitt gezeigt haben, ist mit dem REACH-System der neuen europäischen Chemikalienregulierung eine Beeinflussung von erfolgskritischen Innovationsparametern für Unternehmen verbunden. Sowohl die Auswirkungen der unmittelbaren Kosten- und Zeitbelastung auf die Wettbewerbs- und Innovationsfähigkeit, als auch der mittelbare Einfluss von Unsicherheit auf den Innovationsprozess unterscheidet sich je nach strategischer Ausrichtung in den einzelnen Branchen der Chemischen Industrie (Esteghamat 1998: 358). Die abschließende Prüfung und Bewertung der Porter-Hypothese für die Chemikalienregulierung soll nun anhand des im Abschnitt 7.2 vorgestellten Analyserahmens vorgenommen werden. Die Anwendung dieses Analyserahmens wird auch verdeutlichen, an welche grundlegende Bedingung die Gültigkeit der Porter-Hypothese gebunden ist.

## 7.5 Die neue europäische Chemikalienregulierung und die Porter-Hypothese – Does it hold?

### 7.5.1 Innovationswirkungen der neuen Chemikalienregulierung bei Kostenführerschaft

Kostenführerschaft ist als eine Unternehmensstrategie identifiziert worden, mit der vor allem bei Großunternehmen Wettbewerbsvorteile durch Skaleneffekte umgesetzt werden sollen. Erfolgsfaktoren einer vergleichsweise niedrigen Kostenstruktur, mit niedrigen Rohstoff-, Energie- und Verfahrenskosten, sind durch die Chemikalienregulierung nicht berührt. Das Portfolio der in diesem Segment tätigen Unternehmen beschränkt sich auf eine relativ geringe Zahl – jedoch in hohen Tonnagen eingesetzter chemischer Stoffe und hergestellter Produkte.

Die Belastungseffekte der Registrierungs- oder Zulassungskosten sind durch die mengenbedingte Kostendegression sehr gering (Belton 2002: 10). Der Zeitfaktor durch die Registrierung bildet in diesem Wertschöpfungssegment keine Beeinträchtigung strategietypischer Erfolgsfaktoren. Anpassungen an die neue Chemikalienregulierung bzw. die Kompensation regulierungsbedingter Aufwendungen sind somit in diesem Strategietyp vernachlässigbar und ziehen keine nachteiligen Wirkungen für Produktinnovationen nach sich. Im Wesentlichen sind es Verfahrensinnovationen, die Wettbewerbsvorteile für diese Unternehmen ermöglichen. Auf Verfahrensinnovationen und damit einen ressourceneffizienten Herstellungsprozess nimmt die Chemikalienregulierung jedoch keinen entscheidenden Einfluss.

Durch die gegebene Struktur der Wertschöpfung, die auf relativ wenigen chemischen Grundprodukten aufbaut aber gleichwohl sehr kapitalintensiv ist, sind eine Vorreiterrolle und Innovationsgewinne sehr wohl von Bedeutung. Beide von Porter beschriebenen Effekte sind jedoch technologischer und verfahrensorientierter Natur. Ein effizientes Herstellungsverfahren ist Grundlage zur Sicherung eines Kostenvorsprungs. Die neue Chemikalienregulierung hat jedoch keinen Einfluss auf Erfolgsfaktoren, die zur Erzielung eines Wettbewerbsvorteils aus Kostenführerschaft wesentlich sind.

### 7.5.2 Innovationswirkungen der neuen Chemikalienregulierung bei der Differenzierungsstrategie

Mit der neuen Chemikalienregulierung sind für die Differenzierungsstrategie – im Gegensatz zur Kostenführerschaft – weit größere Auswirkungen auf Wettbewerbs- und Innovationsfähigkeit verbunden. Erfolgskritische Faktoren der Regulierung stehen der Umsetzung des Differenzierungsvorteils entgegen und schränken die Innovationsfähigkeit ein.

Wettbewerbsvorteile durch Differenzierung erzielen vorwiegend Unternehmen der Fein- und Spezialchemie. Charakteristisch für den Herstellungsprozess in den vielen verschiedenen Einzelsparten sind eine große Anzahl an chemischen Ausgangsstoffen und Zwischenprodukten, die jedoch nur in relativ geringen Tonnagen von bis zu 100 Tonnen p.a. verwendet werden. Ein großes verfügbares Portefeuille an Ausgangsstoffen bildet den Grundstock, um schnell und flexibel auf Kundenanforderungen zu reagieren. Veränderungen der Spezial- und Feinprodukte (Anwendungsinnovationen) oder Neuentwicklungen erfolgen typischerweise im Zuge einer engen Kundeninteraktion und spezieller Kundenanforderungen oder veränderter Kundenbedürfnisse. Entscheidend für einen Wettbewerbsvorteil durch Differenzierung sind also ein großer, unmittelbar verfügbarer Stoffpool, eine kurze Marktzugangszeit und ein wegen der hohen Kapitalintensität geschützter Wissensvorsprung.

Der mögliche Verlust des Differenzierungsvorteils beruht auf zwei regulativ verursachten Effekten: Der Einschränkung einer flexiblen Angebotsreaktion durch eine Begrenzung des verfügbaren Stoffpools und einer Verlängerung des zeitlichen Rahmens des Inverkehrbringens eines Stoffes oder einer Zubereitung durch das Genehmigungsverfahren der Registrierung.

Der verminderte Umfang des zur Verfügung stehenden Stoffpools ist eine Folge der Kostenbelastung des Registrierungs- und Zulassungsverfahrens. Die geringe Kapitalausstattung kleiner und mittlerer Unternehmen lässt eine Registrierung aller verwendeten und hergestellten Stoffe nicht zu. Ebenso kann in der Fein- und Spezialchemie keine genügende Degression der Registrierungskosten durch entsprechende Skaleneffekte der Herstellungsmengen erreicht werden. Der teilweise Wegfall und die Einschränkung der Marktverfügbarkeit werden sich auf die Stoffe mit niedrigem Volumen und gleichzeitig geringer Ertragskraft konzentrieren. Besonders benachteiligt scheinen Chemieunternehmen, deren Wettbewerbsvorteile in spezifischen niedrigvolumigen Produkten, wie z.B. Farbstoffen, Fotolacken und -chemikalien liegen, und diese besonders zeitnah und unter großem Kapitalaufwand hergestellt werden (CEFIC 2002b). In Folge der Kostenbelastung entsteht für Unternehmen der Fein- und Spezialchemie zudem zusätzlich ein negativer Innovationseffekt, der aus einer möglichen Einsparung im F&E-Budget und einer „unproduktiven" Kapitalbindung resultiert. Mit der Kostenbelastung wird also der Zugriff auf das gegenwärtig zur Verfügung stehende Portefeuille an chemischen Ausgangsstoffen eingeschränkt. Damit ist mit den Regulierungskosten eine Beeinträchtigung des für die Differenzierungsstrategie typischen Wettbewerbsvorteils der Flexibilität verbunden. Die Rationalisierung auf Herstellerebene hat zum Teil auch entscheidende Konsequenzen für die Wettbewerbs- und Innovationsfähigkeit nachgelagerter Anwenderbranchen, so der Wertschöpfungsprozess an die unmittelbare Verfügbarkeit hochwertiger innovativer Chemikalien gekoppelt ist (ADL 2002; RPA 2003: 13f.).

Der nachfragegesteuerte Markt für Produkte der Fein- und Spezialchemie verlangt nach einer zeitnahen Auftragsfertigung. Für die stoffherstellenden Unternehmen sind damit kurze Marktzyklen und ein hoher Entwicklungsaufwand verbunden. Mit der erstmaligen Registrierung eines Stoffes, der Registrierung von Verwendungen eines Stoffes oder der Zulassung eines chemischen Stoffes wird der Marktzugang verzögert (vgl. Tabelle 7.3). Der Zeitfaktor des REACH-Systems besitzt daher das Potenzial, den Differenzierungsvorteil der schnellen und unmittelbaren Marktverfügbarkeit chemischer Produkte einzuschränken.

Als Folge beider Effekte, des teilweisen Wegfalls chemischer Ausgangsstoffe und der zeitlichen Verzögerung im Marktzutritt, ist mit einem Absinken der Innovationsrate zu rechnen. Dieser Innovationsschock tritt typischerweise in Zusammenhang mit einer neuen Regulierung auf (Mahdi et al. 2002: 31) und ist in erster Linie Ergebnis der Kostenbelastung der neuen Chemikalienregulierung. Als indirektem Effekt der Erhöhung von Innovationskosten und -zeiten wird auch von einem bereinigenden „Portfolioeffekt" gesprochen (Fleischer 2001: 13). Die für die Wettbewerbs- und Innovationsfähigkeit der Chemischen Industrie entscheidende Frage muss die Frage nach der Dauer der negativen wettbewerbs- und innovationsbeeinflussenden Wirkung sein. Für die im Markt befindlichen chemischen Stoffe ist eine Registrierung innerhalb der ersten zehn Jahre nach Einführung der neuen Regulierung vorgesehen. Der Großteil der Kostenbelastung für die Unternehmen fällt in dieser Zeitperiode an. Der Zeitraum der Auswirkungen des teilweisen Wegfalls chemischer Stoffe ist jedoch gleichsam unbestimmt. Der Zeitfaktor der neuen Chemikalienregulierung wirkt sich erst nach Ablauf des Bestandsschutzes aus. Verantwortlich für die anfängliche Stärke des Innovationsschocks ist damit die Kostenbelastung der neuen Chemikalienregulierung. Dieser Impuls ist aber nur von beschränkter Dauer, während zeitliche Verzögerungen aus den Vorlagepflichten einen längerfristigeren Impuls mit allerdings geringerer Wirkung entfalten.

Ein bedeutender Faktor bei der Erzielung von Wettbewerbsvorteilen durch Differenzierung und Umsetzung von Innovationen in marktfähige Produkte ist ein ausreichender Schutz des geistigen Eigentums (Achilladelis et al. 1991: 6; Reinhardt 1999: 15). Besonders für die kapitalintensiven Innovationen der Chemischen Industrie und die zusätzliche regulative Kostenbelastung aus Registrierung und Zulassung ist eine zumindest temporäre Monopolsituation angemessen (Landau

1998: 159). Die neue Chemikalienregulierung sieht einen solchen Eigentumsschutz vor und unterstützt damit das kennzeichnende Merkmal und den Wettbewerbsvorteil von Differenzierung durch Innovationen. Für einen bestimmten Zeitraum werden den Erstanmeldern im Registrierungsverfahren die Verfügungsrechte über die Anmeldedaten garantiert. Damit sind ausreichende Möglichkeiten zur Abschöpfung der Monopolrente und Deckung der Registrierungsaufwendungen gegeben. Die neue Chemikalienregulierung öffnet aber auch schon vor Ablauf des Schutzzeitraumes für den Erstanmelder den Weg zu einer breiteren Marktverfügbarkeit und Verwendung des Stoffes durch andere Anbieter und weiterverarbeitende Unternehmen (Winter u. Wagenknecht 2003). Voraussetzung sind Ausgleichszahlungen oder eine Kostenbeteiligung bei einer gemeinsamen Anmeldung.

Im Gegensatz zur Kostenführerschaft sind es bei der Differenzierungsstrategie Produkte und Produktinnovationen, die Wettbewerbsvorteile ermöglichen. Das REACH-System der neuen Chemikalienregulierung ist durchaus in der von Porter geforderten stringenten Weise angelegt, dass durch Vorreiter- und Innovationseffekte (über-)kompensierende Wirkungen erwartet werden können. Die in der Porter-Hypothese erwarteten Effekte könnten jedoch größtenteils verhindert werden. Diese These wird folgendermaßen begründet: Mit den erfolgskritischen Faktoren „Kosten" und „Zeit" beeinflusst die neue Regulierung direkt die Erfolgsfaktoren der Differenzierungsstrategie. Innovationskapital wird für die Aufrechterhaltung der Wertschöpfung gebunden, das Portefeuille an Stoffen eingeschränkt und der Marktzugang verzögert.

Mit der neuen Chemikalienregulierung sind keine unmittelbaren Vorreitereffekte im internationalen Wettbewerb verbunden, da alle Stoffe ab einer Tonne Jahresproduktion dem REACH-System unterworfen sind. Der von der neuen Chemikalienregulierung erwartete positive Innovationseffekt – sicherere Stoffe und Anwendungen durch systematische Bereitstellung, Bewertung und Management von Information über Stoffeigenschaften und Exposition – bedeutet keinen Kosten- oder Zeitvorteil in der Registrierung.

Die Umsetzung positiver Innovationswirkungen der Regulierung in eine wettbewerbswirksame Vorreiterrolle ist an das Vorhandensein einer entsprechenden Marktnachfrage gebunden, die nicht in jedem Fall gegeben ist (Bizer u. Führ 1999). Zudem kann die Entwicklung risikoärmerer Stoffe als Ziel der neuen Chemikalienregulierung mit bestimmten Marktanforderungen in einem Konflikt stehen, weil spezifische Stoffeigenschaften gerade gewünscht sind oder Stoffe bisher nicht ersetzt werden können (ADL 2002: 39; Bonifant 1994: 238). Wettbewerbsvorteile durch Regulierung ergeben sich in der Porter-Hypothese im Zuge einer unternehmensinternen Kompensierung der Regulierungs- und Innovationskosten durch Ressourceneffizienz. Ein intern generierter Wettbewerbsvorteil kann bei der Differenzierungsstrategie durch den Einfluss und die Art der Regulierungsimpulse jedoch nicht erzielt werden, da die neue Chemikalienregulierung einen produkt- und nicht herstellungsbezogenen Charakter besitzt. Auch durch Stoff- und Anwendungsinnovationen erwachsen für herstellende oder weiterverarbeitende Unternehmen keine unmittelbaren internen Wettbewerbsvorteile, wie sie die Porter-Hypothese erwartet.

Die neue Chemikalienregulierung besitzt einen großen Einfluss auf die Erfolgsfaktoren der Differenzierungsstrategie. Jedoch wird weder ein Vorreiter- noch ein Innovationseffekt deutlich, der einen Wettbewerbsvorsprung durch die Regulierung ermöglicht. Zudem wird eine Grundbedingung der Porter-Hypothese nicht erfüllt. Durch die besondere Wirkung der kritischen Faktoren der Regulierung und die für die Differenzierung typische Marktstruktur und Unternehmensgrößen ist eine interne Kompensierung der Regulierungs- und Innovationskosten nicht gegeben. Damit können im Strategietyp der Differenzierung die positiven Wettbewerbs- und Innovationseffekte der Porter-Hypothese nicht erwartet werden.

## 7.6 Zusammenfassung und Ausblick

Die von Michael E. Porter entwickelte These, dass eine stringente Umweltpolitik Effizienzsteigerungen und Innovationen veranlasst und so zu einer Verbesserung der Wettbewerbsfähigkeit beiträgt, ist eine zentrale Argumentation in der Diskussion um positive Wettbewerbseffekte der neuen europäischen Chemikalienregulierung. Doch bietet die Porter-Hypothese tatsächlich die geeignete Argumentation, um auf mögliche positive Wettbewerbseffekte der Chemikalienregulierung hinzuweisen? Die Beantwortung dieser Frage war Gegenstand dieses Beitrages.

Die Erklärung des Einflusses von Umweltpolitik auf die Wettbewerbs- und Innovationsfähigkeit von Unternehmen und die daran anschließende Porter-Hypothese sind an ein umfassendes Konzept des strategischen Unternehmensmanagements gekoppelt (Porter 1999). Aus dem „Diamant-Ansatz" des strategischen Managements gehen der Wettbewerb und die Wettbewerbskräfte einer Branche als die entscheidenden innovationsbeeinflussenden Faktoren hervor. Wettbewerbs- und Innovationswirkungen einer Regulierung erklären sich wiederum über die Beeinflussung der Wettbewerbskräfte. Aus dieser Erkenntnis heraus beschränken sich die Wettbewerbs- und Innovationswirkungen einer Umweltregulierung darauf, die Chancen, einen Wettbewerbsvorteil durch Innovationen zu erzielen, zu beschleunigen oder zu erhöhen. Die Regulierung kann den Vorteil aber selbst nicht schaffen.

Einen wesentlichen Erklärungsbeitrag für die Wettbewerbswirkung einer Regulierung liefert auch die Sicht auf das Unternehmen selbst. Abgebildet wird das Unternehmen durch sein wettbewerbliches Strategiekonzept und den damit verbundenen Wettbewerbsvorteilen. Porter unterscheidet zwischen zwei grundsätzlichen Konzepten strategischen Unternehmensmanagements: das Strategiekonzept der Kostenführerschaft und die Differenzierungsstrategie. Beide Strategiekonzepte sind an bestimmte Markt- und Wettbewerbsfaktoren gebunden. Kostenführerschaft und Differenzierung besitzen zudem spezifische Erfolgsfaktoren, die Wettbewerbsvorteile ermöglichen, die aber durch eine Regulierung in unterschiedlicher Weise beeinflusst werden. Wettbewerbsvorteile der Kostenführerschaft basieren auf einer vergleichsweise niedrigen Kostenstruktur und auf Verfahrensinnovationen. Auf diese Erfolgsfaktoren der Kostenführerschaft nimmt die neue Chemikalienregulierung keinen Einfluss. Im Gegensatz dazu sind mit der neuen Chemikalienregulierung für spezialisierte Unternehmen im nachgelagerten Bereich der Wertschöpfung von Fein- und Spezialchemie bedeutende wettbewerbswirksame Auswirkungen verbunden. Mit den Kostenwirkungen und einem zeitlich verzögerten Marktzugang werden Differenzierungsvorteile eingeschränkt und die Innovationsfähigkeit stark behindert. Vorreitereffekte und überkompensierende Innovationseffekte sind durch das System der neuen Chemikalienregulierung nicht erreichbar. Grund ist die Ausrichtung auf Produkte, mit denen eine verbesserte Ressourceneffizienz und interne Kompensation der entstehenden Belastungen nicht realisiert werden können.

Die Porter-Hypothese kann damit in der Argumentation um positive Wettbewerbs- und Innovationseffekte der neuen Chemikalienregulierung nur bedingt akzeptiert werden. Sie ist auf eine Umweltpolitik beschränkt, mit der auf negative Umweltwirkungen durch den Einsatz von bestimmten Produktionsfaktoren und Herstellungstechnologien reflektiert wird. Ursache für den regulativen Handlungsbedarf sind in diesen Fällen Produktionsrisiken. Der Risikobegriff bezieht sich hier zumeist auf die Möglichkeit von Schadwirkungen durch Emissionen. Nicht verwertbare Nebenprodukte, die während des Herstellungsprozesses entstehen, können Umweltkompartimente schädigen bzw. Gesundheitsbeeinträchtigungen hervorrufen. Im Fokus des Gesetzgebers liegen also durch problematische Stoffe belastete Umweltmedien.

Anders als derartige Umweltschutzregelungen knüpft die Chemikalienregulierung direkt an der Zielgröße von Chemieunternehmen an – den produzierten und in Verkehr gebrachten Stoffen. Das Einbringen chemischer Stoffe als Produkte in die Umwelt ist originäres Ziel der Chemischen Industrie (Benzler 1998: 102). Diese Produktrisiken können als Hauptquelle der Risikogenerierung durch die Chemieindustrie angesehen werden. Produkte als Emissionen bestimmen letztendlich den Grund chemiepolitischer Eingriffe. Aber die mit der neuen Chemikalienregulierung angestrebten „Risk reduction activities [...] seem less likely to fit the Porter-Hypothesis" (Sinclair-Desgagné 1999: 7). Für Hinweise auf positive Wettbewerbs- und Innovationswirkungen der neuen Chemikalienpolitik ist die Porter-Hypothese damit nicht das geeignete Argument. Das der Porter-Hypothese zu Grunde liegende Verständnis von Unternehmensstrategien, Wettbewerbskräften und Regulierung legt im Fall der neuen europäischen Chemikalienregulierung für bestimmte Bereiche der Chemischen Industrie überdies negative Wettbewerbs- und Innovationswirkungen nahe.

## Literatur

Abernathy WJ, Utterback JM (1978) Patterns of Industrial Innovation. Technology Review 80(7): 40–47

Achilladelis B, Schwarzkopf A, Cines M (1990) The Dynamics of Technological Innovation: The Case of the Chemical Industry. Research Policy 19(1): 1–34

ADL (Arthur D. Little) (2002) Wirtschaftliche Auswirkungen der EU-Stoffpolitik. Bericht zum BDI-Forschungsprojekt

Arora A, Gambardella A (1998) Evolution of Industry Structure in the Chemical Industry. In: Arora A, Landau R, Rosenberg N (eds) Chemicals and Long-Term Economic Growth. Wiley, New York, pp 379–414

Arora A, Landau R, Rosenberg N (eds) (1998) Chemicals and Long-Term Economic Growth. Wiley, New York

Ashford NA, Heaton GR (1983) Regulation and Technological Innovation in the Chemical Industry. Law and Contemporary Problems 46(3): 109–157

Ashford NA, Ayers C, Stone RF (1985) Using Regulation to Change the Market for Innovation. Harvard Environmental Law Review 9(2): 419–466

Becher G, Böttcher H, Funk R, Hartje V, Klepper G, Silberston A, Sprenger R-U, Weibert W (1990) Regulierungen und Innovation – Der Einfluss wirtschafts- und umweltpolitischer Rahmenbedingungen auf das Innovationsverhalten von Unternehmen. Ifo-Studien zur Umweltökonomie 13, München

Beise M, Rennings K (2001) Lead Markets of Environmental Innovations: A Framework for Innovation and Environmental Economics. Discussion Paper No. 03-01, Zentrum für Europäische Wirtschaftsforschung

Beise M, Cleff T, Heneric O, Rammer C (2002) Lead Markt Deutschland – Zur Position Deutschlands als führender Absatzmarkt für Innovationen. Endbericht, Dokumentation Nr. 02-02, Zentrum für Europäische Wirtschaftsforschung

Belton KB (2002) Is the Proposed EU Chemicals Policy a Good Investment? (APPAM Fall Conference)

Benzler G (1998) Chemiepolitik zwischen Marktwirtschaft und ökologischer Strukturpolitik. Deutscher Universitäts-Verlag, Wiesbaden

BIPE Consulting (1998) To Improve the Framework for SME's in the Chemicals, Plastics, Rubber and Related Sectors. Final Study to the European Commission DG Enterprise

Bizer K, Führ M (1999) Produktrisiken und ihre Bewältigung – am Beispiel organischer Lösemittel in Farben und Lacken. Zeitschrift für angewandte Umweltforschung, Sonderheft 10/99, S 206–217

Bonifant B (1994) Competitive Implications of Environmental Regulation in the Paint and Coatings Industry. Case Study prepared for the Management Institute for Environment and Business, Washington

CEFIC (2001) Economic Bulletin, Nov. 2001

CEFIC (2002a) Facts and Figures: The European Chemical Industry in a Worldwide Perspective

CEFIC (2002b) Business Impact Study – Sectoral Fact Sheets

Europäische Kommission (1998) Industrial Restructuring in the Chemical Industry. Final Report prepared for the European Commission DG III-C-4

Europäische Kommission (2001) Weißbuch – Strategie für eine zukünftige Chemikalienpolitik. KOM (2001) 88 endg.

Esteghamat K (1998) Structure and Performance of the Chemicals Industry under Regulation. In: Arora A, Landau R, Rosenberg N (eds) Chemicals and Long-Term Economic Growth. Wiley, New York, pp 341–378

Fleischer M (2001) Regulierungswettbewerb und Innovationen in der Chemischen Industrie. Discussion Paper FS IV 01-09, Wissenschaftszentrum Berlin

Hemmelskamp J (1997) Umweltpolitik und Innovation – Grundlegende Begriffe und Zusammenhänge. Zeitschrift für Umweltpolitik und Umweltrecht 20(4): 481–511

Jaffe AB, Peterson SR, Portney PR (1995) Environmental Regulation and the Competitiveness of US Manufacturing: What Does the Evidence Tell Us? Journal of Economic Literature 33: 132–163

Jaffe AB, Newell RG, Stavins RN (2001) Technological Change and Environment. Discussion Paper 00-47REV, Resources for the Future

Jaffe AB, Newell RG, Stavins RN (2002) Environmental Policy and Technological Change. Environmental and Resource Economics 22(1–2): 41–69

Kline C (1976) Maximizing Profits in Chemicals. Chemtech 6(2): 110–117

Kurz R, Graf H-W, Zarth M (1989) Der Einfluss wirtschafts- und gesellschaftspolitischer Rahmenbedingungen auf das Innovationsverhalten von Unternehmen. Gutachten im Auftrag des Bundesministeriums für Wirtschaft, Tübingen

Landau R (1998) The Process of Innovation in the Chemicals Industry. In: Arora A, Landau R, Rosenberg N (eds) Chemicals and Long-Term Economic Growth. Wiley, New York, pp 139–180

Mahdi S, Nightingale P, Berkhout F (2002) A Review of the Impact of Regulation on the Chemical Industry. Final Report to the Royal Commission on Environment Pollution. SPRU, University of Sussex, Brighton (UK)

OECD (2001) OECD Environmental Outlook for the Chemicals Industry

Porter ME (1990) The Competitive Advantage of Nations. Harvard Business Review, March/April, pp 73–93

Porter ME, van der Linde C (1995a) Toward a New Conception of the Environment-Competitiveness Relationship. Journal of Economic Perspectives 9(4): 97–118

Porter ME, van der Linde C (1995b) Green and Competitive: Ending the Stalemate. Harvard Business Review, September/October, pp 120–134

Porter ME (1999) Wettbewerbsstrategie. Campus, Frankfurt/M

Rammer C, Heneric O, Sofka W, Legler H (2003) Innovationsmotor Chemie – Ausstrahlung von Chemie-Innovationen auf andere Branchen. Studie im Auftrag des Verbandes der Chemischen Industrie e.V.

Reinhardt F (1999) Market Failure and the Environmental Policies of Firms – Economic Rationales for „Beyond Compliance" Behavior. Journal of Industrial Ecology 3(1): 9–21

RPA Risk & Policy Analysts (2003) Assessment of the Business Impacts of New Regulations in the Chemicals Sector Phase 2. Availability of Low Value Products and Product Rationalisation. Final Report for European Commission DG Enterprise

Schmidt R (1991) Umweltgerechte Innovationen in der Chemischen Industrie. Verlag Wissenschaft & Praxis, Ludwigsburg Berlin

Simon HA (1959) Theories of Decision-Making in Economics and Behavioral Science. American Economic Review 49(3): 253–283

Sinclair-Desgagné B (1999) Remarks on Environmental Regulation, Firm Behavior and Innovation. Série Scientifique CIRANO, No. 20, Montreal

SRU Sachverständigenrat für Umweltfragen (2003) Zur Wirtschaftsverträglichkeit der Reform der Europäischen Chemikalienpolitik. Stellungnahme Nr.4, Juli 2003

Staudt E, Kriegsmann B, Schroll M (1993) Innovation und Regulation – Gesetzesfolgeabschätzung am Beispiel des Chemikaliengesetzes. Berichte aus der angewandten Innovationsforschung, Nr. 126, IAI Bochum

Staudt E, Auffermann S, Schroll M, Interthal J (1997) Innovation trotz Regulation: Freiräume für Innovationen in bestehenden Gesetzen. Untersuchung am Beispiel des Chemikaliengesetzes. Bochum

Taistra G (2001) Die Porter-Hypothese zur Umweltpolitik. Zeitschrift für Umweltpolitik und Umweltrecht 24(2): 241–262

VCI (2002) Auswirkungen des EU-Weißbuches auf deutsche Chemieunternehmen.

Winter G, Wagenknecht N (2003) Multiple Use of Test Evidence under EC Chemicals Legislation and EC Basic Rights: is there Intellectual Property in Administrative Information? RECIEL 12: 69–83

**Teil III:**

**Reformvorschläge zur Ausgestaltung der Stoffregulierung und Generierung von Risikoinformationen**

# Kapitel 8

# Risiken – Nutzen – Alternativen – Kosten: ein Abwägungsmodell und seine Instrumentierung[*]

Gerd Winter

Universität Bremen, Forschungsstelle für Europäisches Umweltrecht, Universitätsallee, GW 1, 28359 Bremen

## 8.1 Einleitung

Beschränkt die öffentliche Hand die Vermarktung von potenziell umweltgefährlichen Produkten, löst dies ein Bündel von Folgen aus:

- ein bestimmtes Niveau von Gesundheits- und Umweltschutz wird erreicht,
- der Gebrauchsnutzen des Produkts wird von demselben nicht mehr bedient,
- die Industrie entwickelt oder importiert Ersatzprodukte, die u.U. einen ähnlichen Gebrauchsnutzen hervorbringen,
- die Umstellung auf das neue Produkt verringert Erträge aus dem alten Produkt, verursacht Kosten und ermöglicht Erträge aus dem neuen Produkt.

Diese Folgen können in einem Missverhältnis stehen. Zum Beispiel könnte wegen überschätzter Umstellungskosten auf eine Vermarktungsbeschränkung und damit auf Umweltschutz verzichtet werden, oder eine Vermarktungsbeschränkung könnte wegen überschätzter Umweltrisiken verhängt werden, weswegen dann ein essentieller Gebrauchsnutzen unbefriedigt bleibt oder unnötige Umstellungskosten entstehen.

Fehlentscheidungen solcher Art können neben inhaltlichen auch instrumentelle Ursachen haben. Eine Regulierungsentscheidung, die inhaltlich an sich abgewogen ist, kann dennoch Schaden verursachen, wenn sie nicht zum richtigen Zeitpunkt kommt. Eine Vormarktkontrolle (etwa ein Registrierungs- oder Zulassungsvorbehalt) hemmt unnötig Innovationen, wenn sie sich auf ungefährliche Stoffe bezieht; andererseits entstehen bei bloßer Nachmarktkontrolle (etwa einer nachlaufenden Vermarktungsbeschränkung) unnötig Umweltschäden, wenn sich herausstellt, dass ein Stoff schädlich ist.

Zu den Weichen, die eine Optimierung der betroffenen Belange bewerkstelligen oder verfehlen können, gehören also sowohl die Kriterien wie auch die Instru-

---

[*] Der Beitrag ist ein wesentlich überarbeiteter Teil eines Rechtsgutachtens des Verfassers für den Sachverständigenrat für Umweltfragen von August 2003.

mente der Regulierung. Die Kriterien bestimmen, wohin die Reise geht (im Bild: wie viele Abzweigungen es gibt), die Instrumente, zu welchem Zeitpunkt in den Prozess der Herstellung und Vermarktung der Produkte eingegriffen wird (im Bild: an welchem Ort der Zug umgelenkt wird).

Zu den Kriterien zählen das Gesundheits- und Umweltrisiko, der Gebrauchsnutzen, die Substitutionsmöglichkeit und die Regulierungskosten. Zu den Instrumenten gehören Grundpflichten, Anmeldepflichten, Zulassungsvorbehalte und Beschränkungsbefugnisse.

Die Frage, ob diese Kriterien und Instrumente das Risiko unnötiger Markthemmnisse und das Risiko unterbleibenden Schutzes vor Gesundheits- und Umweltschäden angemessen austarieren, stellt sich einerseits rechtspolitisch, andererseits aber auch verfassungsrechtlich. Denn ein unnötiges Markthemmnis kann wirtschaftliche Grundrechte, ein unterbleibender Schutz dagegen Schutzpflichten verletzen.

Das klassische juristische Prüfschema fragt, ob ein Eingriff in die wirtschaftlichen Grundrechte vorliegt, und ob dieser aus Gründen des öffentlichen Interesses (zu denen unbestritten Gesundheits- und Umweltbelange gehören) gerechtfertigt ist, wobei sich die Rechtfertigung am Verhältnismäßigkeitsprinzip bemisst. Diese ist gegeben, wenn der Eingriff (1) geeignet ist, das öffentliche Interesse zu befriedigen, (2) nicht durch ein milderes Mittel ersetzt werden kann, und (3) nicht außer Verhältnis zu der erreichbaren Verbesserung steht (in Anwendung auf das REACH-System vgl. Köck 2003: 37ff., 54ff.). Diese rechtsdogmatische Struktur verändert sich nun aber dadurch, dass nicht nur die wirtschaftlichen Freiheiten, sondern auch der Schutz von Gesundheit und Umwelt verfassungsrechtlich (nämlich durch Art. 174 EGV) gestützt ist. Es steht nicht im freien gesetzgeberischen Ermessen, sich dieser Schutzgüter anzunehmen, vielmehr ist der Gesetzgeber *verpflichtet*, Maßnahmen zu ergreifen. Dies schlägt sich rechtsdogmatisch in der Weise nieder, dass Grundrechte und Schutzpflichten in Konkordanz zu bringen sind. In den Worten des Bundesverwaltungsgerichts[1]:

„In allen Fällen, in denen eine Grundrechtsgewährleistung mit Grundrechten Dritter oder mit anderen Verfassungsgütern in Widerstreit gerät, ist die Auflösung des bestehenden Spannungsverhältnisses dadurch herbeizuführen, dass ein verhältnismäßiger Ausgleich der gegenläufigen, verfassungsrechtlich geschützten Interessen mit dem Ziel ihrer Optimierung gefunden wird. Der Konflikt zwischen dem Grundrecht und anderen verfassungsrechtlich geschützten Rechtsgütern ist im Wege fallbezogener Abwägung zu lösen."

Diese Auffassung bezieht sich zwar auf das deutsche Verfassungsrecht, erscheint jedoch geeignet, auch auf das Gemeinschaftsverfassungsrecht übertragen zu werden. Durch das Optimierungskonzept wird die Gewichtung zugunsten der Wirtschaftsfreiheiten, die das Verhältnismäßigkeitsprinzip mit sich bringt, von der Gewichtung zugunsten Gesundheit und Umwelt aufgewogen. Im Ergebnis muss in der Form einer Matrix gedacht werden, in der in der einen Dimension verschiedene Regulierungsoptionen aufgetragen werden und in der anderen Art und Ausmaß der Bedienung bzw. Beeinträchtigung der Schutzgüter Wirtschaft, Gesundheit und

---

[1] Entscheidungen des Bundesverwaltungsgerichts 87, S. 37, 45f.

Umwelt (vgl. Risikokommission 2003: 41ff.). Die Grobstruktur einer solchen Bewertung demonstriert die Tabelle 8.1.

**Tabelle 8.1.** Matrixschema einer Abwägung verschiedener Optionen

|  | Schutzgut A | Schutzgut B | Schutzgut C |
|---|---|---|---|
| Option I | + | - | ++ |
| Option II | o | ++ | - |
| Option III | ++ | o | + |

Die vom Verhältnismäßigkeitsprinzip her gewohnte Prüfung der Geeignetheit und Angemessenheit der Maßnahme steckt hier in der Bewertung der Folgen für die Schutzgüter (++, o, --), die Erforderlichkeitsprüfung in der Einbeziehung mehrerer Maßnahmeoptionen. Der Unterschied zum Verhältnismäßigkeitsschema liegt darin, dass nicht nur zwei Schutzgüter (das Grundrecht und das öffentliche Interesse), sondern mehrere Schutzgüter (mehrere konfligierende Grundrechte und öffentliche Interessen) zu betrachten sind. Um Missverständnisse zu vermeiden sei betont, dass die Bewertung der Folgen für die Schutzgüter nicht monetär, sondern in qualitativer Umschreibung erfolgt.

Ein wesentlicher Unterschied zwischen rechtspolitischer und verfassungsrechtlicher Bewertung ist allerdings festzuhalten: Die verfassungsrechtliche Bewertung muss jeweils insoweit relativiert werden, als ein gesetzgeberischer Entscheidungsspielraum einzurechnen ist. Nicht jede rechtspolitische Kritik ist zugleich auch ein verfassungsrechtliches Verdikt.

Ich behandle zunächst die Kriterien, dann die Instrumente.

## 8.2 Kriterien der Regulierung

Der Kommissionsentwurf der REACH-Verordnung erwähnt die genannten Kriterien an verschiedenen Stellen sowohl im Text wie in Anhängen. Ein Entscheidungsmodell, das sie in eine nachvollziehbare Ordnung bringt, ist aus den Vorgaben aber nur schwer ablesbar. Ich zitiere die einschlägigen Passagen zunächst wörtlich, um aus ihnen dann ein Modell zu (re-)konstruieren. Die wichtigsten Kriterien habe ich fett markiert.

### 8.2.1 Kriterien im REACH-Entwurf

Für **Zulassungen** von Stoffen findet sich der materielle Maßstab in Art. 57. Dort heißt es:

[...]
2. Eine Zulassung ist zu erteilen, wenn das mit der Verwendung des Stoffes verbundene **Risiko für die menschliche Gesundheit oder die Umwelt**, das sich

aus seinen in Anhang XIII angegebenen inhärenten Eigenschaften ergibt, in Übereinstimmung mit Anhang I Abschnitt 6 angemessen beherrscht wird, was im Stoffsicherheitsbericht des Antragstellers dokumentiert ist. [...]
3. Sind die Zulassungsvoraussetzungen nach Absatz 2 nicht erfüllt, kann eine Zulassung dennoch erteilt werden, wenn nachgewiesen wird, dass der **sozioökonomische Nutzen** die Risiken überwiegt, die sich aus der Verwendung des Stoffes für die menschliche Gesundheit oder die Umwelt ergeben und wenn es **keine geeigneten alternativen Stoffe oder Technologien** gibt. Diese Entscheidung ist nach Berücksichtigung der folgenden Elemente zu treffen:
   a) das **Risiko** aus der Verwendung des Stoffes;
   b) der gesellschaftliche und wirtschaftliche **Nutzen** seiner Verwendung und die vom Antragsteller oder anderen interessierten Kreisen dargelegten gesellschaftlichen und wirtschaftlichen Auswirkungen einer Zulassungsversagung;
   c) die Analyse der vom Antragsteller nach Artikel 59 Absatz 5 und der von Dritten nach Artikel 61 Absatz 2 vorgelegten **Alternativen**;
   d) verfügbare Informationen über die **Gesundheits- und Umweltrisiken von Alternativstoffen oder -technologien**.
[...]
6. Zulassungen können mit Maßgaben erteilt werden; dazu gehören auch Überprüfungszeiträume und/oder eine Überwachung. Zulassungen nach Absatz 3 sollen in der Regel befristet werden.
7. Die Zulassungsentscheidung muss Folgendes enthalten:
   a) die Person/en, der/denen die Zulassung erteilt wird;
   b) die Identität des/der Stoffe/s;
   c) die Verwendung/en, für die die Zulassung erteilt wird;
   d) gegebenenfalls die Maßgaben, mit denen die Zulassung erteilt wird;
   e) gegebenenfalls ein Überprüfungszeitraum;
   f) etwaige Überwachungsprogramme.
8. Ungeachtet der Maßgaben, mit denen eine Zulassung erteilt wird, stellt der Zulassungsinhaber sicher, dass das **Expositionsniveau so niedrig wie technisch möglich** gehalten wird.

Für **Restriktionen** (d.h. Beschränkungen der Herstellung, der Vermarktung oder Verwendung) von Stoffen als solchen, in Zubereitungen und in Erzeugnissen sind die materiellen Maßstäbe in Art. 65 enthalten. Dort heißt es:

1. Bringt die Herstellung, Verwendung oder das Inverkehrbringen von Stoffen ein **unannehmbares Risiko für die menschliche Gesundheit oder die Umwelt** mit sich, das auf Gemeinschaftsebene behandelt werden muss, wird Anhang XVI nach dem in Artikel 130 Absatz 3 genannten Verfahren geändert, indem nach dem Verfahren der Artikel 66 bis 70 neue Beschränkungen der Herstellung, der Verwendung oder des Inverkehrbringens von Stoffen als solchen, in Zubereitungen oder in Erzeugnissen erlassen oder nach Anhang XVI bestehende Beschränkungen geändert werden.
[...]

Art. 66 regelt das Verfahren, wie Beschränkungsmaßnahmen vorbereitet werden, und ergänzt dabei das Kriterienspektrum:

1. Bringt nach Auffassung der Kommission die Herstellung, das Inverkehrbringen oder die Verwendung eines Stoffes als solchem, in einer Zubereitung oder in einem Erzeugnis ein **Risiko** für die menschliche Gesundheit oder die Umwelt mit sich, das **nicht angemessen beherrscht** wird und auf Gemeinschaftsebene behandelt werden muss, fordert sie die Agentur auf, ein Dossier auszuarbeiten, das den Anforderungen von Anhang XIV entspricht. [...]
2. Bringt nach Auffassung eines Mitgliedstaates die Herstellung, das Inverkehrbringen oder die Verwendung eines Stoffes als solchem, in einer Zubereitung oder in einem Erzeugnis ein Risiko für die menschliche Gesundheit oder die Umwelt mit sich, das nicht angemessen beherrscht wird und auf Gemeinschaftsebene behandelt werden muss, arbeitet er ein Dossier aus, das den Anforderungen von Anhang XIV entspricht. [...]

Anhang XIV, auf den hier verwiesen wird, fordert als Bestandteil des genannten Dossiers:

Teil C – **Begründung für Maßnahmen auf Gemeinschaftsebene**
a) Beweise, dass **vorhandene Risikomanagementmaßnahmen** (einschließlich der in den Registrierungen nach Artikel 9 bis 13 genannten) **unzureichend** sind.
b) Begründung des Vorschlags, dass gemeinschaftsweit Maßnahmen erforderlich sind.
c) Feststellung der vorhandenen Optionen zu den in Teil B genannten Fragestellungen. Was die Beschränkungen angeht, zählen hierzu Nachweise, dass **Alternativstoffe und/oder -verfahren** bei der Erstellung des Vorschlags **berücksichtigt** wurden.
d) Feststellung der administrativen, rechtlichen oder sonstigen Hilfsmittel, mit denen die vorhandenen Optionen umgesetzt werden können.
e) Begründung für die getroffene Wahl der Option und des Umsetzungsverfahrens. Die **Optionen** sind anhand folgender Kriterien **zu bewerten**:
  i) **Wirksamkeit**: Die Maßnahme ist auf die Auswirkungen oder Expositionen auszurichten, die die festgestellten Risiken hervorrufen, und muss geeignet sein, diese Risiken innerhalb eines vertretbaren Zeitraums auf ein Maß zu senken, das eine angemessene Kontrolle der Risiken gewährleistet.
  ii) **Praktische Anwendbarkeit**: Die Maßnahme muss implementierbar, durchsetzbar und handhabbar sein. Priorität sollte den Maßnahmen eingeräumt werden, die mit der vorhandenen Infrastruktur umgesetzt werden können.
  iii) **Kontrollfähigkeit**: Die Fähigkeit, die Ergebnisse der Umsetzung der vorgeschlagenen Maßnahme zu kontrollieren.
  iv) Es kann eine **sozioökonomische Beurteilung der Auswirkungen** der vorgeschlagenen Maßnahme auf Erzeuger/Importeure und/oder nachge-

schaltete Anwender des Stoffes und auf sonstige Betroffene vorgenommen werden. Diese Beurteilung folgt Anhang XV.

Anhang XV enthält Vorgaben für die sog. **sozioökonomische Analyse (SEA)**, die sowohl für Zulassungs- wie für Beschränkungsmaßnahmen anwendbar sein sollen:

Dieser Anhang enthält Informationen, auf die alle zurückgreifen können, die ihrem Zulassungsantrag eine sozioökonomische Analyse (SEA) gemäß Artikel 59 Absatz 5 Buchstabe a beilegen oder im Zusammenhang mit einer vorgeschlagenen Beschränkung nach Artikel 66 Absatz 3 Buchstabe b.
[...]
Eine SEA kann folgende Elemente beinhalten:

– **Folgen** der erteilten oder verweigerten Zulassung für den/die Antragsteller oder, im Falle einer vorgeschlagenen Beschränkung, **Folgen für die Industrie** (z.B. Produzenten und Importeure). Folgen für alle übrigen Akteure der Lieferkette, nachgeschaltete Anwender und mit diesen verbundene Betriebe in Form von wirtschaftlichen Folgen wie Auswirkungen auf Investitionen, einmalige und Betriebskosten (z.B. Erfüllung; Übergangsregelungen; Änderungen an laufenden Verfahren, Berichts- und Kontrollsysteme; Einführung neuer Technologien usw.).

– **Folgen** erteilter oder verweigerter Zulassungen oder einer vorgeschlagenen Beschränkung **für die Verbraucher**. Beispielsweise Produktpreise, Änderungen der Zusammensetzung oder der Qualität oder der Leistung eines Produkts, Verfügbarkeit der Produkte, Auswahlmöglichkeiten der Verbraucher.

– **Gesellschaftliche Folgen** einer erteilten oder verweigerten Zulassung oder einer vorgeschlagenen Beschränkung. Beispielsweise Sicherheit der Arbeitsplätze und Beschäftigung.

– Vorhandensein, Angemessenheit und technische Durchführbarkeit von **Alternativen** und deren wirtschaftliche Folgen, und Informationen über die **Geschwindigkeit und das Potenzial für technologischen Wandel** in dem/n betroffenen Wirtschaftszweig/en. Im Falle eines Zulassungsantrags sind die gesellschaftlichen und/oder wirtschaftlichen Folgen der Nutzung vorhandener Alternativen nach Artikel 59 Absatz 5 (b) anzugeben.

– Weiter reichende **Folgen für Handel, Wettbewerb und wirtschaftliche Entwicklung** (insbesondere für KMU) einer erteilten oder verweigerten Zulassung oder einer vorgeschlagenen Beschränkung. Dabei können örtliche, regionale, nationale oder internationale Aspekte berücksichtigt werden.

– Im Falle einer vorgeschlagenen Beschränkung sind Vorschläge für **andere regulatorische oder nicht regulatorische Maßnahmen** vorzulegen, die das Ziel der vorgeschlagenen Beschränkung erreichen könnten (dabei ist das geltende Recht zu berücksichtigen). Dazu gehört auch eine Beurteilung der Kosten im Zusammenhang mit alternativen Risikomanagementmaßnahmen.

– **Gesellschaftliche und wirtschaftliche Vorteile** der vorgeschlagenen Beschränkung. Beispielsweise Gesundheit der Arbeitnehmer, Umweltverträglich-

keit und die Verteilung dieser Vorteile, beispielsweise geographisch, nach Bevölkerungsgruppen.
- Eine SEA kann auch andere Fragen betreffen, die der/die Antragsteller oder der Betroffene für relevant halten.

Weitere materielle Regulierungskriterien waren in der Vorfassung des Kommissionsentwurfs, dem Consultation Document, als **Grundpflichten** (duties of care) niedergelegt. In Point 3 hieß es:

1. Manufacturers and downstream users shall manufacture or use their substances on their own or in preparations in such a way that, under reasonably foreseeable conditions, human health and the environment are **not adversely affected**.
2. Manufacturers, importers and downstream users shall ensure that the substances they place on the market on their own or in preparations can be used in such a way that, under reasonably foreseeable use and conditions, human health and the environment are **not adversely affected**.

Point 63 regelte für Erzeugnisse (articles) ergänzend:
Without prejudice to Directive 2001/95/EC of the European Parliament and of the Council, producers and importers of articles shall ensure that the articles they place on the market can be used in such a way that human health and the environment are **not adversely affected** as a result of exposure to any substances released from them.

### 8.2.2 Harmonisierung der Maßstäbe

Vergleicht man die materiellen Maßstäbe des Verordnungstextes, ergeben sich Unterschiede insofern, als bei der Zulassung von Stoffen darauf abgestellt wird, dass „Risiken für die menschliche Gesundheit und die Umwelt [...] angemessen beherrscht" werden, „der sozio-ökonomische Nutzen die Risiken überwiegt" und es „keine alternativen Stoffe oder Technologien" gibt, während es bei der Vermarktungsbeschränkung lediglich darauf ankommt, ob ein „unannehmbares Risiko für die menschliche Gesundheit oder die Umwelt" besteht.

Bezieht man die oben abgedruckten Annexe mit ein, zeigt sich, dass auf dieser Ebene jedoch eine weitgehende Angleichung der Kriterien für die Zulassungs- und die Beschränkungsentscheidung eingeführt worden ist. Dies gilt insbesondere für die Risikoabschätzung (Anhang I) und die Prüfung von Alternativlösungen (Anhang XV). Anhang XIV mit einem Fokus auf sozioökonomische Folgen der Regulierung gilt zwar nur für Beschränkungsmaßnahmen; die dort vorgesehene Bewertung verschiedener Regulierungsoptionen an Hand der Kriterien Wirksamkeit, praktische Anwendbarkeit, Kontrollfähigkeit und sozioökonomische Auswirkungen sind jedoch auch für die Zulassungsentscheidung geeignet, und zwar dort insbesondere für die Ausgestaltung der Zulassungsauflagen. Soweit es die sozioökonomischen Auswirkungen der Zulassungsversagung betrifft, sieht Art. 57 Abs. 3 lit. b) 2. Halbsatz im Übrigen deren Berücksichtigung explizit vor.

Auch von der Sache her empfiehlt es sich, ein übergreifendes Profil der Zulassungs- und Beschränkungsvoraussetzungen sowie auch – wenn sie wieder aufgenommen würden – der Grundpflichten zu entwickeln. Man könnte zwar erwägen, bei der Beschränkungsentscheidung mehr Rücksicht auf sozioökonomische Folgen zu nehmen, weil der Stoff bereits auf dem Markt ist und durch seine Beschränkung Absatzmöglichkeiten verloren gehen. Andererseits beziehen sich im REACH-System aber auch viele Zulassungsentscheidungen auf bereits auf dem Markt befindliche Stoffe. Und selbst wenn es sich um einen neuen Stoff handelt, sind in seine Entwicklung meist bereits erhebliche Kosten eingeflossen, so dass auch hier eine Berücksichtigung der getätigten Investitionen nahe liegt.

Allerdings besteht ein rechtsdogmatisch wichtiger Unterschied darin, dass Vermarktungsbeschränkungen in der Regel in das Ermessen der regulierenden Instanzen gestellt werden, während Produktzulassungen meist als gebundene Entscheidungen ausgestaltet sind. Beispielsweise ist die Aufnahme eines Pflanzenschutzmittels in die Wirkstoffliste nach Art. 5 RL 91/414/EWG eine gebundene Entscheidung, während die Aufnahme eines Gefahrstoffs in die Beschränkungsrichtlinie 76/796/EWG im Ermessen – sogar im gesetzgeberischen Ermessen – der Regulierungsinstanz steht.

Bemerkenswerterweise sieht der Entwurf der REACH-Verordnung sowohl für die Zulassung wie für die Beschränkung eine gebundene Entscheidung vor.[2] Doch ist dies verständlich, wenn man berücksichtigt, dass die Voraussetzungen der Entscheidung – wie skizziert – sehr stark durchstrukturiert sind. Jenseits der Checklisten bleibt kaum Raum für weitere Kriterien.

### 8.2.3 Vorsorge

Zu fragen ist zunächst, ob die auf Risiken bezogenen Maßstäbe den Vorsorgegrundsatz ausreichend zum Ausdruck bringen. Wäre dies nicht der Fall, wären die zuständigen Stellen jedenfalls *befugt*, die Maßstäbe verfassungskonform nach dem Vorsorgegebot anzuwenden. Dies hat das EuG im Pfizer-Urteil (v. 11. Sept. 2002, Rs. T-13/99) anerkannt. In dem Fall hatte der Rat einen Zusatzstoff aus der Liste zulässiger Stoffe im Annex I der Richtlinie 70/524 gestrichen. In dieser Richtlinie ist als Maßstab recht knapp angeführt, dass eine Aufnahme in die oder Streichung von der Liste vorzunehmen ist, „if [...] at the level permitted in feeding-stuffs it (scl. der Stoff) does not endanger animal or human health". Das Gericht hat unter Verweis auf das Vorsorgegebot, welches über die Integrationsklausel (Art. 6 EGV) auch für Rechtsakte auf agrarrechtlicher Kompetenzgrundlage gelte, akzeptiert, dass der Rat seine Entscheidung auf noch nicht völlig zweifelsfreie wissenschaftliche Grundlagen gestützt hatte.

Blickt man vor diesem Hintergrund auf den REACH-Entwurf, so könnte man in den Art. 57 und 65 einen Bezug auf das Vorsorgegebot insofern sehen, als die

---

[2] Die deutsche Version variiert nur leicht zwischen „„... ist zu erteilen, wenn ..." und „„... wenn ..., wird ... in den Anhang XVI aufgenommen ...". Die englische Version benutzt beide Male ein „shall".

Vorschriften den Ausdruck Risiko verwenden. „Risiko" wird zwar nicht definiert, ist aber nach allgemeinem Sprachgebrauch ein Produkt aus Eintrittswahrscheinlichkeit und Schadenshöhe, ohne Angabe einer Toleranzschwelle. Dies kommt auch in der Definition dessen zum Ausdruck, was die Kommission in ihrer Mitteilung über das Vorsorgeprinzip unter „Risikobeschreibung" versteht. Diese entspreche „der qualitativen und/oder quantitativen Schätzung (unter Berücksichtigung inhärenter Ungewissheiten) der Wahrscheinlichkeit und Häufigkeit sowie des Schweregrads bekannter oder möglicher umwelt- oder gesundheitsschädigender Wirkungen." (Europäische Kommission 2000) Beschränkende Maßnahmen können hiernach bereits getroffen werden, wenn Risiken bestehen, deren Eintrittswahrscheinlichkeit und/oder Schadenshöhe gering oder ungewiss sind.

Trotzdem würde es der Klarheit dienen, wenn im Text der Normen ausdrücklich auf das Vorsorgegebot verwiesen würde, wie es in neueren Rechtsakten wie der IVU-Richtlinie 96/61[3] und der Freisetzungsrichtlinie 2001/18[4] üblich geworden ist. Damit würde deutlich gemacht, dass für beschränkende Entscheidungen (Nichtzulassung, beschränkende Auflagen, unmittelbare Stoffrestriktionen) keine volle Gewissheit und auch keine hohe Wahrscheinlichkeit vorliegen müssen. Dies entspräche auch der Entwicklung des deutschen ChemG, dessen § 1 ausdrücklich das Vorsorgegebot heranzieht.[5]

Allerdings gibt es eine untere Grenze vernachlässigbarer Risiken, bei denen sowohl der Schaden wie auch dessen Eintrittswahrscheinlichkeit gering sind. In solchen Situationen ist die Zulassung zu erteilen bzw. die Beschränkungsmaßnahme unzulässig. Besonderer Aufmerksamkeit bedarf demgegenüber der Fall, dass der Schaden, sollte er eintreten, erheblich wäre, die Eintrittswahrscheinlichkeit jedoch ungewiss ist. Aussagesicherheit und Eintrittswahrscheinlichkeit sind dabei genau zu unterscheiden. Aussagen über die Eintrittswahrscheinlichkeit eines Ereignisses können sinnvoll nur gemacht werden, wenn die Wissensbasis dafür ausreicht oder, m.a.W., die Irrtumswahrscheinlichkeit nicht zu hoch ist. Angesichts der umfangreichen Pflichten zur Datenbeibringung dürfte der Stand des Wissens normalerweise ausreichen, um definitive Wahrscheinlichkeitsaussagen zu tragen. Es können aber auch erhebliche Ungewissheiten verbleiben. Dies ist beweisrechtlich die Situation des non liquet.

Welche Entscheidung dann zu treffen ist, hängt von der Verteilung der (objektiven) Beweislast ab. Der REACH-Entwurf äußert sich dazu nicht deutlich. Es wäre auch kaum angebracht, aus den rechtsdogmatisch nicht immer durchdachten Formulierungen der Gemeinschaftsrechtsakte eine Entscheidung herauszulesen, die allem Anschein nach tatsächlich nicht bewusst getroffen worden ist. Im vorliegenden Fall ist allerdings die Unterscheidung zwischen Zulassung (dann Beweislast beim Betreiber) und Beschränkung (dann Beweislast bei den Behörden) signifikant. Bei zulassungsbedürftigen Stoffen ist aus der Risikoabschätzung bereits

---

[3] „alle geeigneten Vorsorgemaßnahmen", vgl. Art. 3 der RL.
[4] „im Einklang mit dem Vorsorgeprinzip", vgl. Art. 4 der RL.
[5] Würden Grundpflichten wieder aufgenommen, sollte im Sinne der Harmonisierung der materiellen Tatbestände dementsprechend auch bei der Umschreibung der Grundpflichten von Risiken und nicht von „adverse effects" gesprochen werden.

geklärt, dass sie besonders gefährlich sind, nämlich z.B. CMR oder PBT Eigenschaften besitzen. Ist der Stand des Wissens nicht ausreichend, um die Risiken bestimmter Verwendungen zu beurteilen, kann dementsprechend keine Zulassung erfolgen. Der Fall ist sozusagen an die Wissenschaft zurückzugeben. Umgekehrt verhält es sich bei Stoffbeschränkungen. Hier ist das Gefährlichkeitsprofil noch ungeklärt. Die Aufklärungs- und Beweislast trägt hier die öffentliche Hand (dazu mit genauerer Differenzierung Appel 2003: 95ff., 118ff.).

Werden Eingriffe bereits bei Vorliegen von geringen und ungewissen Risiken und damit im Vorsorgebereich ermöglicht, bedarf es allerdings einer Eingrenzung des Entscheidungsspielraums. Hierfür bieten Art. 57 das Attribut „angemessen beherrscht" und Art. 65 das Adjektiv „unannehmbar" an. Während das „unannehmbar" – obwohl ein auch aus anderen Rechtsakten gewohnter Maßstab[6] – wegen seiner Unbestimmtheit kritikwürdig ist, wird mit dem „angemessen beherrscht" ein neuer Ansatz versucht, der auf einen genaueren Maßstab zielt. „Angemessen beherrscht" nimmt auf die Tatsache Bezug, dass die Verwendung solcher Stoffe, die gefährliche Eigenschaften besitzen, besonders kontrolliert werden muss, um Expositionen gering zu halten. Die Zulassung hängt also wesentlich von der Expositionsseite ab. Trotzdem ist keineswegs klar, was „angemessen beherrscht" bedeutet. Wird dabei die korrekte Befolgung von Sicherheitsdatenblättern und Gebrauchsanweisungen unterstellt, oder sind alltägliche Nachlässigkeiten einzurechnen, oder sind diese wiederum wegen behördlicher Kontrollen zu vernachlässigen? Es hätte näher gelegen, im REACH-Entwurf Anschluss an die Formulierungen in Art. 5 der Biozidrichtlinie („bei einer der Zulassung entsprechenden Anwendung und unter Berücksichtigung aller Bedingungen, unter denen das Biozid-Produkt normalerweise verwendet wird") oder Art. 4 der Pflanzenschutzrichtlinie („bei Anwendung gemäß Art. 3 Absatz 3 [scl. gemäß den Regeln guter fachlicher Praxis] und im Hinblick auf alle normalen Verhältnisse, unter denen es angewendet wird") zu suchen. Der Maßstab „angemessen beherrscht" verzichtet auf eine solche Umschreibung einer *baseline* der Normalität. Was „angemessen" ist, steht der Bewertung der Behörden offen. Diese Rechtsunsicherheit wird dadurch noch vergrößert, dass, wenn das Risiko nicht angemessen beherrschbar ist, dennoch unter bestimmten Umständen eine Zulassung erfolgen kann.

Wie dem auch sei, in jedem Fall sind neben der Bestimmung des Risikos noch weitere Prüfungen anzustellen, bevor eine Zulassung verweigert oder eine Beschränkung ausgesprochen werden darf, und zwar wenn gewichtige Gründe dafür sprechen, dass (bei Zulassungen) das – nicht angemessen beherrschte – Risiko zurückzutreten hat, bzw. dass (bei Beschränkungen) das Risiko als annehmbar erscheint. Zu diesen Gründen gehören der Stoffnutzen, Substitutionsmöglichkeiten und Regulierungskosten.

---

[6] Vgl. Art. 4 (1) b) (v) der Pflanzenschutzrichtlinie (RL 91/414/EWG) des Rates); Art. 5 (1) b) (iv) der Biozidrichtlinie (RL 98/8/EG des EP und des Rates); Art. 4 (1) a) der Verordnung über genetisch veränderte Lebens- und Futtermittel (VO).

## 8.2.4 Stoffnutzen und Produktvarianten

**Allgemeines**

Das Denken in Alternativen erhöht die Wahrscheinlichkeit, dass bessere Lösungen gefunden werden, und vermindert zudem den Informationsaufwand, weil die Prüfarbeit für eine Alternative abgebrochen werden kann, wenn sich eine andere als evident besser erweist (siehe dazu Winter 1997: 12ff.; Appel 2003: 121f.). Ihren Ursprung hat die Alternativenprüfung im Umweltrecht in den Regulations zum US-amerikanischen National Environmental Policy Act (NEPA), wo sie als Herzstück der UVP bezeichnet wird (§ 1502.14., abgedruckt bei Cupei 1986: 351). Sie ist – in einer abgemilderten Variante – Bestandteil der UVP auch nach europäischem Recht (UVP-Richtlinie) geworden und setzt sich in immer mehr Rechtsakten wie den Richtlinien zum Arbeitsschutz (RL 89/391/EWG, RL 90/394/EWG), zu Kraftfahrzeugen (RL 2000/53/EG) und zu elektronischen Geräten (RL 2002/95/EG) durch. Auch bei der Chemikalienkontrolle könnte eine Alternativenprüfung oder, wie sie in der entsprechenden Debatte genannt wird, die Prüfung von Substitutionsmöglichkeiten, eine zentrale Rolle einnehmen. So hat die Ministerkonferenz der OSPAR-Konvention im Juni 2003 die EG aufgefordert, „to promote the substitution of hazardous substances with safer alternatives, including promoting and facilitating the development of such alternatives where they do not currently exist".[7]

**Alternativenprüfung und Kosten-Nutzen-Analyse**

Auf dem Weg zu einer genaueren Bestimmung der Substitutionsprüfung ist festzuhalten, wie diese sich von einer Kosten-Nutzen-Analyse (KNA) unterscheidet. Die Substitutionsprüfung fragt danach, ob ein ökonomischer Nutzen (Endkonsum oder Zwischenverwendung eines Stoffes) mit einem Mittel erreicht werden kann, das geringere Gesundheits- und Umweltrisiken verursacht als ein anderes Mittel. Die KNA fragt demgegenüber danach, ob ein Gesundheits- oder Umweltrisiko mit einem Mittel vermieden werden kann, das geringere ökonomische Kosten verursacht als ein anderes Mittel. Obwohl beide Analysen sich in der Struktur ähneln, nämlich nach „milderen" Mitteln bei gegebenem Ziel suchen, ist die Fragerichtung verschieden: Bei der Substitutionsprüfung wird gefragt, wie viel „Natur" (d.h. Gesundheit und Umwelt) für gesellschaftliche Wohlfahrtszwecke geopfert werden soll. Bei der KNA wird gefragt, wie viel gesellschaftliche Wohlfahrt für die Erhaltung der „Natur" geopfert werden soll. Man könnte meinen, dass sich die Unterschiedlichkeit der Fragerichtung bei neutraler Formulierung aufheben würde. Tatsächlich macht es aber doch einen Unterschied, ob man der Gesellschaft aus ökologischen Gründen eine bestimmte Wohlfahrt versperrt oder dem Staat aus ökonomischen Gründen bestimmte regulative Eingriffe verweigert. Im ersten Fall pflegt die politische und rechtliche Praxis sich schwerer zu tun, weil sie die gesell-

---

[7] Ministerial Declaration, abgedruckt unter www.ospar/eng/html/md/Bremen_statement_2003.htm.

schaftlichen Wohlfahrtsziele in Frage stellt, die in einer liberalen Verfassung der Autonomie der Individuen überantwortet sind.

Wenn die Risikobewertung für einen Stoff zu der Schlussfolgerung kommt, dass ein erhebliches Risiko vorliegt, und als Risikomanagement empfiehlt, die Zulassung abzulehnen oder nur mit Auflagen zu erteilen bzw. die Herstellung, Vermarktung oder Verwendung unmittelbar zu beschränken, ist in getrennten Operationen zusätzlich zu fragen, ob Substitute zur Verfügung stehen oder nicht, und die Regulierung niedrige oder hohe Kosten verursacht. Im jeweils ersten Fall wird die Regulierung erleichtert, im zweiten erschwert. Substitutions- und Kosten-Nutzen-Prüfung bedeuten abstrakter ausgedrückt, dass die Regulierung einerseits am Verlust an Gebrauchswerten, andererseits an der Erzeugung von Kosten gemessen wird.

**Substitution**

Wie geschildert, sieht für die *Zulassung* der Text der REACH-Verordnung selbst eine Prüfung von Substitutionsmöglichkeiten vor. Für *Restriktionen* ist dies im Text der Verordnung nicht ausdrücklich, wohl aber implizit in dem Ausdruck des „unannehmbaren" Risikos und explizit in Anhang XV enthalten.

Fügt man die Kriterien zusammen, ergibt sich nach Feststellung der Risiken aus der Verwendung des zuzulassenden bzw. zu beschränkenden Stoffes[8] folgendes Prüfmodell:

(1) Feststellung des sozioökonomischen Nutzens der Verwendung,
(2) Identifizierung von Alternativstoffen oder –technologien,
(3) Feststellung von deren Gesundheits- und Umweltrisiken,
(4) Bilanzierung des Stoffes und der Alternativen hinsichtlich Nutzen und Risiken.

Diese Ausdifferenzierung der Substitutionsprüfung ist ein rechtsdogmatischer Gewinn, weil sie den Ermessensraum der Regulierungsinstanz strukturiert und die Entscheidung deshalb vorhersehbarer macht.

Zu begrüßen ist, dass nicht nur auf Ersatzstoffe, sondern auch auf alternative Technologien abgestellt wird. Damit erweitert sich die Möglichkeit, den Einsatz von Gefahrstoffen zu verringern.[9]

Wenn Art. 57 als Ziel, das das Spektrum der zu prüfenden Substitutionen umreißt, den sozioökonomischen Nutzen benennt, muss allerdings eine spezifische

---

[8] Wenn keine Risiken bestehen, ist die Zulassung zu erteilen bzw. keine Beschränkung auszusprechen, ohne dass weiter nach Alternativlösungen gefragt wird. Diese an sich selbstverständliche Regelung wird in Point 48 Abs. 3 lit. (c) 2. Halbsatz noch einmal bestätigt: „however, the existence of alternatives is in itself insufficient grounds to refuse an authorisation".

[9] Hier ergeben sich Anschlussmöglichkeiten an ähnliche Prüfungen bei der Zulassung von Pflanzenschutzmitteln, für die das Verwaltungsgericht (VG) Braunschweig ausgeführt hat, dass die nachteiligen Auswirkungen eines Pflanzenschutzmittels deshalb als unvertretbar angesehen werden können, weil als alternative Lösung die mechanische Bodenpflege (z.B. maschinelles Jäten des Unkrauts) möglich wäre. Siehe VG Braunschweig, Urteil v. 29.4.1992 (6 A 6001/90). Vgl. dazu Winter (1992: 398ff., 395).

Schwierigkeit beachtet werden. Ein Stoff bedient nämlich meistens eine größere Menge von Zwecken, z.B. ein Lösemittel Zwecke in den Bereichen Anstriche, Maschinen, Kühlung, Reinigung, etc. Genau genommen muss dann für alle Zwecke nach Alternativlösungen gesucht werden. Doch dürften sich hier pragmatische Wege finden lassen, wie etwa die Konzentration auf bestimmte Hauptzwecke.

Bedenken erregt die Art und Weise, wie im Kommissionsentwurf die Substitutionsprüfung mit der Risikobewertung verknüpft wird: Das Vorhandensein von Substituten soll ermöglichen, Risiken, die nicht angemessen beherrscht sind, in Kauf zu nehmen. Ein sinnvoller Einsatz der Substitutionsprüfung läge nach dem oben Gesagten aber gerade auch in der Gegenrichtung: das Vorhandensein von Substituten sollte ermöglichen, Risiken, die an sich angemessen, aber eben nicht vollständig beherrscht werden, weiter zu verringern. Eine solche Deutung würde eine aktive Strategie der Chancenverbesserung für umweltverträglichere Stoffe ermöglichen. Sie läge im Sinne der oben zitierten Erklärung der Ministerkonferenz der OSPAR-Konvention, nämlich „to promote the substitution of hazardous substances with safer alternatives".

Gleich ob ein Risiko beherrschbar ist oder nicht, es ist des Weiteren zu beachten, dass die Verfügbarkeit von Substituten nicht als unabdingbare Voraussetzung einer behördlichen Schutzmaßnahme (sei es in Gestalt einer Ablehnung der Zulassung oder der eigenständigen Stoffbeschränkung) angesehen werden darf. Wenn das Risiko einer Gefahrensituation gleichkommt, muss eine Schutzmaßnahme zulässig sein, auch wenn ein Substitut fehlt und der Gebrauchsnutzen damit nicht mehr erfüllbar ist. Denn das Grundrecht auf körperliche Unversehrtheit[10] wäre verletzt, wenn ein erheblicher Eingriff unverboten bliebe, weil für den dahinter stehenden gesellschaftlichen Nutzen noch kein Ersatz geschaffen ist. Im Beispiel: Wenn für einen bestimmten besonders haltbaren Autolack noch kein Ersatz für den krebserregenden, hochtoxischen und bioakkumulativen Inhaltsstoff Cadmium existiert, muss auf diesen Lack verzichtet werden. Eine solche Entscheidung wird vom Wortlaut der Vorschriften im REACH-Entwurf dadurch gewährleistet, dass die Substitutionsmöglichkeit als Erwägungsgesichtspunkt und nicht als strikte Voraussetzung formuliert ist.

Die Substitutsprüfung sollte demnach ihre hauptsächliche Rolle bei geringfügigen – wenig wahrscheinlichen oder weniger gewichtigen Schäden – Risiken spielen. Sie dient dann der weiteren Risikominderung. Auch geringfügige Risiken sollten vermieden werden, wenn sie unnötig sind, weil Substitute zur Verfügung stehen. Ist dies nicht der Fall, kommt in Betracht, für die Tolerierung der Risiken Übergangsfristen vorzusehen, während derer mit der Entwicklung von Substituten gerechnet werden kann.[11]

Zusammenfassend ist die Prüfung von Substitutionsmöglichkeiten also nicht als Mittel zur erleichterten Tolerierung an sich unannehmbarer Risiken anzusehen, sondern gerade umgekehrt als Mittel zur weiteren Minderung von an sich annehmbaren Risiken. Fehlende Substitute machen große Risiken nicht akzeptabel. Vor-

---

[10] Vgl. Art. 3 Abs. 1 EG-Grundrechtecharta. Die Gemeinschaftsgerichte haben sich zu einem Gesundheitsgrundrecht bisher nicht geäußert.
[11] Dies ermöglicht z.B. § 17 Abs. 2 ChemG.

handene Substitute machen vielmehr geringe Risiken unakzeptabel. Dabei „schadet" es selbstverständlich nicht, wenn bei großen Risiken Substitute vorhanden sind; umso leichter fällt im politischen Raum dann die Risikominderungsmaßnahme.

### 8.2.5 Umstellungskosten und Regulierungsvarianten

Bei der Zulassung von Stoffen sind nach Art. 57 Abs. 3 lit. b) die „wirtschaftlichen Auswirkungen einer Zulassungsversagung" zu berücksichtigen. Dies wird – zugleich für Vermarktungsbeschränkungen – in Annex XV dahin spezifiziert, dass wirtschaftliche Folgen (wie zusätzliche Investitionen und Betriebskosten für die Produzenten, Importeure und anderen Akteure der Lieferkette) einzubeziehen sind.

Die oben vorgestellte Sequenz der Prüfung von Risiken und Substituten soll also um einen weiteren Schritt ergänzt werden. Wenn sich aus der Sequenz ergibt, dass ein Stoff, der ein nicht angemessen beherrschbares Risiko darstellt, keinen erheblichen sozioökonomischen Nutzen erbringt und deshalb nicht zulassungsfähig ist, soll er anscheinend doch noch zugelassen werden können, wenn die Kosten der Nichtzulassung größer sind als der Vorteil der Risikominderung. Zum Beispiel müssten dann toxische Dekorationsstoffe, die nur einen geringen Gebrauchsnutzen erzielen, zugelassen werden, wenn sich ergäbe, dass die Wertschöpfung der herstellenden Industrie und des Handels als gewichtiger angesehen würden als die Krankheits- und Todesfälle aus der Kontamination mit dem Stoff.

Wenn diese Deutung der Abwägung wirklich so gemeint ist – Art. 57 bringt diese Version nicht klar zum Ausdruck – wäre einzuwenden, dass ein gesundheits- oder umweltschädlicher Stoff, der nicht einmal einen relevanten Gebrauchsnutzen besitzt, nicht nur deshalb zugelassen/auf dem Markt belassen werden darf, weil Hersteller oder Importeure sich davon Arbeitsplätze und Gewinn versprechen. Arbeitsplätze und Gewinne zu steigern ist ein legitimes Anliegen auch dann, wenn die Produkte vollkommen überflüssig sind, solange sie nur keinen Gesundheits- oder Umweltschaden anrichten. Aber bei schädlichen Produkten verhalten die Dinge sich anders. Gesundheits- und Umweltschäden, denen kein Gebrauchsnutzen gegenübersteht, nur deshalb zu ermöglichen, damit Erträge und Arbeitsplätze geschaffen werden können, wäre nicht nur rechtspolitisch problematisch, sondern auch verfassungsrechtlich nicht zulässig.

Kostenbetrachtungen sind trotzdem relevant, aber an anderer Stelle als derjenigen der Risikobewertung (Nichtzulassung bzw. Stoffrestriktion). Ist ein Risiko als relevant und nicht kontrollierbar eingestuft, müssen Maßnahmen zu seiner Minderung getroffen werden. Meist stehen aber mehrere Maßnahmen zur Auswahl, nämlich unterschiedliche Inhalte oder Nebenbestimmungen der Zulassung oder unterschiedliche Inhalte der Stoffrestriktion. In diesem Rahmen des Risikomanagements oder, in der Terminologie der Risikokommission, der Maßnahmenbewertung (Risikokommission 2003: 41), müssen Regulierungskosten als Auswahlkriterium einbezogen werden. Zum Beispiel kann das komplette Verbot des Inverkehrbringens eines Stoffes durch das Verbot bestimmter Verwendungen ersetzt werden, wenn das Risiko dadurch ebenso gering gehalten werden kann. Oder z.B. kann die kostspielige Option, bei Stoffzulassung eine aktive Nachmarktbeobachtung zu fordern, im konkreten Fall vielleicht durch eine präzise Gebrauchsanweisung ersetzt werden.

Insgesamt sollte dabei besser von Kosten-Wirksamkeits-Analyse (KWA) gesprochen werden, weil es sich nur um die Auswahl der kostengünstigsten wirksamen Variante handelt. Dabei wird das Ziel der Risikominderung als Ausgangspunkt genommen und nicht mehr erneut in Abwägung mit den Kosten gezogen. Lediglich kleinere Abstriche an dem Schutzniveau sind hinzunehmen, weil nicht jede Variante exakt dieselbe Effektivität hervorbringt. Nur in dem kaum realistischen Fall, dass auch die billigste Risikobekämpfungsmaßnahme noch zu exorbitanten Kosten führt, kommt in Betracht, dass der Nutzen der Risikominderung ökonomisch bestimmt und mit den Kosten abgewogen wird (vgl. Risikokommission 2003: 45; siehe auch entsprechende Vorschläge bei Winter et al. 1999: 418).

Bei der Berechnung von Regulierungskosten ist zu beachten, dass der Wegfall eines Stoffes meistens Kreativität bei der Erfindung neuer Stoffe und dementsprechend Vorteilschancen bei den innovativ tätigen Herstellern und Importeuren freisetzt. Diese Chancen sind gegenzurechnen, wenn die Nachteile für die Hersteller und Importeure des ausgeschlossenen Stoffes ermittelt werden. Allerdings kann es sein, dass die Vorteile bei anderen Herstellern, Importeuren oder gewerblichen Verwendern entstehen, und nicht bei denen, denen der Stoff aus der Hand geschlagen wird. Doch ist in solchen Fällen eine „große Verhältnismäßigkeitsprüfung" zulässig, die in volkswirtschaftlichen, nicht in betriebswirtschaftlichen Kategorien denkt. Denn niemand hat Anspruch auf Erhaltung seines Marktanteils. Es muss ihm nur möglich sein, an der Suche nach Innovationen teilzunehmen. Im Übrigen kommen in Härtefällen gewisse Erleichterungen für den Übergang zur neuen Situation in Betracht, wie etwa die zeitliche Staffelung durch phasing out eines Stoffes.

### 8.2.6 Zusammenschau

Fügt man die genannten Kriterien zusammen, so ergibt sich die in der folgenden Tabelle 8.2 dargestellte Matrix, welche die weiter oben abgebildete allgemeinere Matrix (vgl. Tabelle 8.1) konkretisiert:

**Tabelle 8.2.** Abwägungsmodell für Kriterien der Stoffregulierung

|  | Minderung von Umweltrisiken | Befriedigung von Gebrauchsnutzen | Minderung von Umstellungskosten |
|---|---|---|---|
| öffentliche Warnung | abhängig von Reaktion der Abnehmer | abhängig von Verfügbarkeit von Substituten | abhängig von Bilanz Kosten – Erträge aus Substitut |
| Produktgrenzwerte | abhängig von Erfassung aller Risikopfade | abhängig von Verfügbarkeit von Substituten | abhängig von Bilanz Kosten – Erträge aus Substitut |
| Stoffverbot | abhängig von Beachtung durch Anbieter | abhängig von Verfügbarkeit von Substituten | abhängig von Bilanz Kosten – Erträge aus Substitut |

Dieses Abwägungsmodell wird – wie gezeigt – sowohl rechtpolitischen wie auch verfassungsrechtlichen Anforderungen gerecht.

## 8.3 Instrumente

### 8.3.1 Allgemeines

Der REACH-Entwurf sieht zwei Instrumente der Vormarktkontrolle – die Registrierungs- und die Zulassungspflicht – und ein Instrument der Nachmarktkontrolle – die Vermarktungsbeschränkung – vor. Zusätzlich hatte das Consultation Document Grundpflichten formuliert, die eine Art soft law darstellen. Sie erinnern an eine alte rechtssoziologische Erkenntnis, die in der Regulierungsdebatte der siebziger und achtziger Jahre lange Zeit verschüttet war und erst in jüngerer Zeit wieder entdeckt wird, nämlich, dass die Rücksicht auf Umwelt und menschliche Gesundheit eine gesellschaftliche Norm darstellt, die von den Unternehmen Selbststeuerung erwartet (siehe dazu die Beiträge in Winter 2005; umfassend auch Führ 2003).

Die Frage ist, ob diese Instrumente – bei den Grundpflichten wäre eher von einer rechtlichen Bestätigung gesellschaftlicher Erwartungen zu sprechen – so ausgerichtet sind, dass sie das Risiko unnötiger Markthemmnisse und das Risiko unterbleibenden Schutzes vor Gesundheits- und Umweltschäden angemessen austarieren. Diese Frage stellt sich wiederum einerseits rechtspolitisch, andererseits aber auch verfassungsrechtlich. Gedanklich ist dabei wieder wie in der skizzierten Matrix vorzugehen, allerdings angewandt auf eine Metaebene von Handlungsoptionen: Es geht nicht darum, wie ein Instrument im konkreten Fall angewendet werden soll, z.B. ob eine Vermarktungsbeschränkung als Verbot, Grenzwerte oder unverbindliche öffentliche Warnung ausgekleidet wird, sondern darum, welche Instrumente in welchen Fallgruppen überhaupt zur Verfügung stehen sollen.

Im Folgenden behandle ich die Instrumente in der Reihenfolge vom schwächeren zum stärkeren Eingriff, d.h. von den Grundpflichten über die Registrierungspflicht bis zur Vermarktungsbeschränkung und Zulassungsbedürftigkeit. Maßstab der Bewertung ist, ob die Instrumente so ausgestaltet sind, dass sowohl unnötige Marktbeschränkungen wie unnötige Umweltschäden vermieden werden. Abstrakter ausgedrückt geht es darum, eine Optimierung zwischen den beiden Möglichkeiten falscher Negative und falscher Positive zu erreichen.

### 8.3.2 Grundpflichten

Die Bewertung des „Instruments" Grundpflicht und der mit ihr verbundenen Erwartung industrieller Selbstregulierung hängt davon ab, welche Art Verbindlichkeit von den Grundpflichten ausgeht. Haben sie lediglich symbolischen Wert ohne jede Rechtswirkung, könnte man nur über den Motivationseffekt diskutieren, nicht über die instrumentelle Eignung und verfassungsrechtliche Legitimität. Anders verhält es sich dagegen, wenn von dem Umstand, dass Grundpflichten gesetzlich vorgeschrieben sind, denn doch eine gewisse Verbindlichkeit ausgeht.

In einer eingeschränkten Interpretation ist die Aufstellung von Grundpflichten nur eine Gesetzestechnik: Statt bei den versprengten Tatbeständen von Genehmigungen, Überwachungen und nachträglichen Maßnahmen werden die Voraussetzungen behördlichen Handelns an einer einzigen Stelle platziert, auf die die verschiedenen Tatbestände verweisen können. In dieser *gesetzestechnischen Funktion* sind Grundpflichten nicht mehr als versammelte Voraussetzungen für diverse Rechtsfolgen behördlichen Handelns.

In einer ausgedehnteren Deutung kommt dagegen ein weiterer Anordnungsgehalt hinzu. Grundpflichten richten sich hiernach an den Adressaten und müssen von ihm befolgt werden. Was bei verantwortlich denkenden Einzelnen auch sonst üblich ist, dass sie nämlich über eine Genehmigungslage freiwillig hinausgehen, wird nun zur Rechtspflicht. In dieser *materiellen Funktion* liegt ein Unterschied zu der früher und auch heute noch verbreiteten Gesetzgebungstechnik, das Verhalten der Adressaten allein durch Verwaltungshandeln (Genehmigungsvorbehalte, Rücknahme und Widerruf, Bußgeldbewehrungen) zu binden. Allerdings bleibt es auch hier dabei, dass es von der Ausgestaltung der einzelnen Rechtsnormen abhängt, ob und inwieweit sich an die Nichtbefolgung der Grundpflichten Sanktionen knüpfen.

Die zweite Deutung wird von der herrschenden Meinung für die Grundpflichten des Bundesimmissionsschutzgesetzes vertreten.[12] Der Adressat muss die Pflichten gem. § 5 BImSchG also ständig beachten und bewegt sich nicht lediglich im Rahmen des behördlich Bestimmten. Hält der Betreiber eine Grundpflicht nicht ein, passt er seine Anlage z.B. nicht in Abständen dem Stand der Technik an, ist dies allerdings keine Ordnungswidrigkeit, sondern nur möglicher Ausgangspunkt für eine Anpassung der Genehmigungslage. Mit Bußgeld bewehrt sind nur Konkretisierungen der Grundpflichten, die durch Rechtsverordnung nach § 7 BImSchG abschließend bestimmt wurden.

---

[12] Feldhaus, Kommentar zum BImSchG § 5; Rossnagel, in GK BImSchG § 5; Jarass, BImSchG § 5 Rnr. 1; Sellner 1978.

Unklar ist, ob Grundpflichten auch privatrechtliche Bedeutung haben. Kaum bestreitbar ist, dass sie zur Konkretisierung von Verkehrssicherungspflichten im Haftungsrecht herangezogen werden können. Allerdings ist ihr Schutzniveau meist so geartet, dass sich entsprechende Pflichten auch aus einer rein zivilrechtlichen Betrachtung der Verkehrserwartungen ergeben würden. Dass das Zivilrecht insoweit sogar differenziertere Standards ausgebildet hat, zeigen die Unterscheidung zwischen Konstruktions-, Fabrikations-, Instruktions- und Entwicklungsfehlern und die entsprechende Kasuistik im Bereich der Produkthaftung (Fuchs 2003).

Die Situation im englischen Recht ist ähnlich. Tatbestandsvoraussetzung des Delikts „negligence" ist (neben Kausalität und Vorhersehbarkeit des Schadens) die Verletzung einer „duty of care" (Bell 1997: 197). Diese ist funktionales Äquivalent der Rechtswidrigkeit nach deutschem Recht.[13] Auch diese „duty of care" hat eine reiche kasuistische Ausdifferenzierung erfahren, ohne dass je auf fachgesetzliche Grundpflichten Bezug genommen worden ist (vgl. Bell 1997: 197ff.). Auch sie kennt im Produkthaftungsrecht Typisierungen, nämlich design, production und marketing (notice to warn) defects (Joerges et al. 1988: 128). Im englischen Recht gibt es weiterhin den Delikttatbestand „breach of statutory duties", der dem deutschen § 823 II BGB ähnelt, aber kein Verschulden voraussetzt. Aber dieser Tatbestand kommt ähnlich wie im deutschen Recht anscheinend selten zur Anwendung (ebd.: 125f.), wohl weil die duty of care sich besser auf die Besonderheiten des Einzelfalles einstellen lässt.

Diese primär aus der Sicht nationalen Rechts gewonnene begriffliche Präzisierung von Zielen, Prinzipien und Grundpflichten ist so sachnah, dass sie auch für das Gemeinschaftsrecht akzeptabel sein dürfte. Sie soll nun probehalber zunächst auf die Grundpflichten der IVU-Richtlinie und sodann auf diejenigen des Consultation Document angewendet werden.

Die IVU-Richtlinie stellt in Art. 3 Pflichten auf, die in der Überschrift „allgemeine Prinzipien der Grundpflichten der Betreiber" genannt werden, eine Bezeichnung, die den Rechtscharakter eher verdunkelt. Ihrem Inhalt nach stehen sie etwa auf der Konkretheitsstufe des § 5 BImSchG und sind deshalb Kandidaten für Grundpflichten. Dafür, dass dies zutrifft, spricht Art. 9 IVU-Richtlinie, der von den Pflichten als Genehmigungsvoraussetzungen spricht. Damit kommt ihnen die o.g. technische Funktion zu. Im Hinblick auf die materielle Funktion ist Art. 3 Absatz 2 IVU-Richtlinie relevant, der lautet: „Für die Einhaltung der Vorschriften (sic!) dieses Artikels reicht es aus, wenn die Mitgliedstaaten sicherstellen, dass die zuständigen Behörden bei der Festlegung von Genehmigungsauflagen die in diesem Artikel angeführten allgemeinen Prinzipien (sic!) berücksichtigen." Dies bedeutet, dass die materielle Funktion entfällt.

Fraglich ist allerdings, ob sich der Ausschluss überschießender Pflichten nur auf verwaltungsrechtliche Zusammenhänge bezieht oder auch auf zivilrechtliche

---

[13] Wagner (2003: 220): „In der rechtsvergleichenden Forschung ist dementsprechend anerkannt, dass es sich bei der duty of care des common law und der auf dem europäischen Kontinent verbreiteten Rechtswidrigkeitskategorie um funktional äquivalente Institute handelt".

Anschlüsse erstreckt. Für eine Anschlusswirkung spricht, dass andernfalls dem Gesetzgeber unterstellt werden müsste, dass er komplett leer laufende Vorschriften erlassen will. Dies widerspricht dem Grundsatz des effet utile. Zu berücksichtigen ist auch die relative Autonomie des Zivilrechts im Verhältnis zum Verwaltungsrecht. Es sucht sich seine Maßstäbe aus den Gepflogenheiten und Anforderungen des Wirtschaftsverkehrs selbst und ist frei, dabei Orientierungen aus dem öffentlichen Recht zu Hilfe zu nehmen.

Die Grundpflicht nach Point 3 des Consultation Document ist im Vergleich zu Art. 3 IVU-Richtlinie weniger bestimmt abgefasst. Bei gewisser Präzisierung (vgl. die Vorschläge unten zu 8.3.3 und 8.3.4) könnte auch sie aber als Voraussetzung der einzelnen behördlichen Handlungen in Bezug genommen werden. Dies ist im Kommissionsentwurf für die REACH-Verordnung jedoch nicht erfolgt. Der Entwurf hält, wie oben im Einzelnen besprochen, für die wichtigsten behördlichen Entscheidungen – die Genehmigung und die Beschränkung von Stoffen – konkretere Maßstäbe bereit (Points 48 und 57). Andererseits fehlt die Angstklausel nach Art des Art. 3 Abs. 2 IVU-Richtlinie. Deshalb kann man der Vorschrift eine materielle Funktion im oben genannten Sinn einer Aufforderung zu stetiger Wachsamkeit zuschreiben, während die gesetzestechnische Funktion noch unentwickelt ist. Darüber hinaus ist anzunehmen, dass die Vorschrift, die als Verordnung ja in den Mitgliedstaaten unmittelbar anwendbar ist, als Orientierungspunkt für Verkehrssicherungspflichten nach nationalen Haftungsvorschriften dienen kann. Sie ist jedoch recht pauschal formuliert und wird deshalb mit den differenzierten Verkehrssicherungspflichten der genuinen zivilrechtlichen Kasuistik kaum konkurrieren können. Immerhin kann sie aber als zusätzliche argumentative Stütze für Verkehrssicherungspflichten herangezogen werden. Auch könnte bedeutsam werden, dass neben den Herstellern auch Importeure und gewerbliche Verwender zu Pflichtenadressaten werden.[14]

Dieser rechtliche Wert ist dennoch so schwach, dass von den Grundpflichten kaum eine Fehlsteuerung im oben umschriebenen Sinn ausgehen kann. Es bleibt letztlich Angelegenheit der unternehmerischen Selbststeuerung, inwieweit Gesundheits- und Umweltschutz freiwillig internalisiert werden, und ob dabei Fehleinschätzungen zu Ungunsten dieser Schutzgüter oder aber zu Ungunsten der Marktchancen unterlaufen. Die geringe Intensität der Grundpflichten bedeutet zugleich verfassungsrechtlich, dass kein Eingriff in den Schutzbereich einer Wirtschaftsfreiheit vorliegt. Sie sind deshalb verfassungsrechtlich unbedenklich.

---

[14] Im Draft Proposal für die neue Chemikalienverordnung von Ende September 2003 (im Folgenden: DP) ist die Angstklausel aufgenommen worden. Nach Art. 1 Abs. 4 und 5 sollen die Grundpflichten als erfüllt gelten, wenn die Vorschriften der neuen Verordnung und der RL 67/548, 99/45 und 2001/95 beachtet werden. Dadurch entfällt die materielle verwaltungsrechtliche Funktion. Bezugnahmen aus dem Zivilrecht werden jedoch nicht ausgeschlossen.

### 8.3.3 Registrierungspflicht

Da die Registrierung Kosten der Datenbeibringung und des Vermarktungsaufschubs verursacht, führt sie zu einem Grundrechtseingriff, der rechtfertigungsbedürftig ist. Es muss eine Art Grundverdacht vorliegen; sonst wäre nicht zu begründen, warum die Herstellung und Vermarktung nur von Chemikalien und nicht jedweder anderer Güter registrierungspflichtig sind. Ein solcher Grundverdacht liegt darin, dass Chemikalien künstlich synthetisiert werden und dass dabei schädliche Eigenschaften auftreten können, die nicht evident und auch nicht wie bei Naturstoffen durch langen Gebrauch bekannt geworden sind. Da Chemikalien im Hinblick auf bestimmte Nutzungszwecke entwickelt werden, gibt es auch keinen intrinsischen Anreiz bei den Herstellern, mit dem Nutzungszweck zugleich die Nebenwirkungen zu erforschen. In dieser Lage ist eine Registrierungspflicht ein angemessenes und relativ wenig eingreifendes Mittel. Sie ist auch weltweit verbreitet. Sie gilt z.B. in den USA, wobei dort die in jedem Fall einzureichenden Informationen allerdings umfangreich sind.

Gegen die allgemeine Registrierungspflicht könnte man allerdings einwenden, dass sich bei einer nicht unerheblichen Anzahl von Stoffen – man schätzt sie auf ca. 30% – im Ergebnis herausstellt, das der Stoff keines der Gefährlichkeitsmerkmale aufweist. In erheblichem Umfang kommt es also zu „falschen Positiven" in dem Sinne, dass die Vermarktung des Stoffes letztlich überflüssigerweise gehemmt und mit Kosten belastet worden ist. In solchen Fällen allerdings, in denen ein Stoff bereits registriert ist und als nicht gefährlich beurteilt ist, ist eine volle Registrierungspflicht nicht zu rechtfertigen. Das Maximum, was hier verlangt werden kann, ist eine Beteiligung des Herstellers oder Importeurs an den Kosten, die der Erstanmelder für die Datenbeibringung aufgewendet hat.[15]

Für die Konkordanz zwischen Grundrechtseingriffen und Schutzpflichten ist jedoch nicht auf den einzelnen Stoff bzw. Hersteller oder Importeur abzustellen, sondern auf die Gesamtproblematik, die zu lösen ist (oder, in den Begriffen der Verhältnismäßigkeitsprüfung, auf die „große Verhältnismäßigkeitsprüfung") (siehe dazu Köck 2003: 60f.). Diese besteht darin, dass aus einer Vielzahl potenziell gefährlicher Stoffe die wirklich gefährlichen herauszufinden sind. Dies geht nur im Wege einer Registrierungspflicht für alle Stoffe.

Im Übrigen enthält gerade das neue REACH-System individualisierende Mechanismen, die den Grundrechtseingriff abmildern. Soweit ausreichende Kenntnisse vorliegen, dass Daten für eine Schutzzielprüfung nicht notwendig sind oder über Struktur-Aktivitäts-Analysen und Stoffgruppenbetrachtungen erschlossen werden können, ist mehr noch als im geltenden Anmeldesystem dafür gesorgt, dass möglichst wenige im Ergebnis überflüssige Daten vorgelegt werden müssen. Hinzu kommen weitreichende Ausnahmen, die anderen verfassungsrechtlichen Schutzzielen entsprechen, wie insbesondere hinsichtlich derjenigen Daten, die zu Forschungs- und Entwicklungszwecken verwendet werden. Auch prozedural ist für individualisierende Zuschnitte gesorgt, weil die Tests nicht mit der Registrierung vorzulegen, vielmehr nur Testangebote zu machen sind.

---

[15] Siehe hierzu Kapitel 9 von *Wagenknecht* in diesem Band.

Ist der Kostenaufwand für die beizubringenden Daten somit begründbar, bleibt noch zu klären, ob auch der Vermarktungsaufschub, der mit der Registrierungspflicht verbunden ist, gerechtfertigt werden kann. Er stützt sich nicht auf die Gefährlichkeit der Stoffe – ein solches Urteil ist mangels vorhandener Informationen ja gerade meist nicht möglich – sondern darauf, dass der Registrant die Registrierung innerhalb eines Zeitraums nicht vorgenommen hat, der ihm gesetzlich gewährt ist und normalerweise ausreicht, um ohne Schäden aus Vermarktungsausfällen die Informationen zu beschaffen und vorzulegen. Der Vermarktungsaufschub bzw. der Vermarktungsstopp sind also Mittel der Erzwingung rechtzeitiger Informationsvorlage. Man kann dem nicht entgegenhalten, dass eine Vermarktungsbeschränkung ohne ausreichende wissenschaftliche Kenntnis der Schädlichkeit des Stoffes ausgesprochen werde, vielmehr handelt es sich um eine – relativ drastische – Maßnahme zur Beschaffung einer solchen wissenschaftlichen Basis. Diese Maßnahme ist unter dem Aspekt der Erforderlichkeit anderen möglichen Maßnahmen zur Beschaffung der Stoffdaten gegenüberzustellen. Dabei würde sich Bußgeld als Sanktion anbieten. Dieses hat sich im laufenden System der Altstoffaufarbeitung jedoch als untauglich herausgestellt. Im Übrigen ist im Neustoffsystem mit gutem Erfolg seit langem der Vermarktungsaufschub praktiziert und verfassungsrechtlich nicht in Frage gestellt worden.

Ein weiterer belastender Umstand ist, dass das REACH-System die sog. nachgeschalteten Anwender wesentlich stärker als bisher in die Registrierungspflicht einbezieht. Der Grund dafür liegt darin, dass im jetzigen System zwar die intrinsischen Eigenschaften der Stoffe recht umfassend ermittelt und bewertet werden, die Weiterverarbeitungs- und Expositionsseite aber erheblich vernachlässigt wird, weil die Hersteller das Schicksal der Stoffe „down-stream" nicht oder jedenfalls nicht vollständig im Blick haben. Die gewerblichen Verwender erfinden nicht selten neue, dem Hersteller gar nicht bekannte Zubereitungen und Verwendungen, die mangels eigener Registrierungspflicht der gewerblichen Verwender der behördlichen Risikokontrolle entgehen.

Der Kommissionsentwurf verlangt von den nachgeschalteten Anwendern, für die jeweilige Verwendung einen Stoffsicherheitsbericht zu erstellen und den Behörden zugänglich zu machen.[16] Soweit die Risikoabschätzung für die spezifische Verwendung bereits im Stoffsicherheitsbericht des Herstellers, Importeurs oder höherstufigen gewerblichen Verwenders behandelt ist, kann der letzte Verwender darauf verweisen.

Im Konsultationsverfahren zum Consultation Document ist von vielen KMU vorgetragen worden, dass sie die auf sie zukommenden Pflichten nicht bewältigen können. Ein Beispiel: Ein mittelständischer Lackfabrikant mit 25 Mitarbeitern teilt mit, er stelle mehrere Lacksorten her und verwende dafür ca. 650 verschiedene Stoffe. Für alle Stoffe müsse er nun Stoffsicherheitsberichte entgegennehmen, la-

---

[16] Siehe Art. 34 4. des Kommissionsentwurfs: „Der nachgeschaltete Anwender eines Stoffes als solchem oder in einer Zubereitung hat für jede Verwendung, die von in einem Expositionsszenario beschriebenen Merkmalen abweicht, das ihm in einem Sicherheitsdatenblatt übermittelt wurde, einen Stoffsicherheitsbericht in Übereinstimmung mit Anhang XI zu erstellen."

gern, prüfen und ergänzen, wenn sich eine in den vorgeschalteten Stoffsicherheitsberichten nicht vorgesehene neue Verwendung ergebe. Das sei nicht finanzierbar. Sollte dies richtig sein, wäre die Regelung kaum als verhältnismäßig anzusehen. Andererseits ist die gegenwärtige Rechtslage unbefriedigend, weil sie den gewerblichen Verwendern – in den Grenzen der Bestimmungen für speziell geregelte Produkte – freie Hand für u.U. riskante neue Zubereitungen und Verwendungen lässt. Deshalb dürfte sich empfehlen, nach Entlastungsmöglichkeiten für die gewerblichen Verwender zu suchen. Denkbar ist z.B. eine Mengenschwelle, unterhalb derer die Verpflichtung zur Erstellung eines CSA entfällt. Häufiger vorgeschlagen wurde die Ersetzung des Stoffsicherheitsberichts durch Sicherheitsdatenblätter. Ob dies ausreicht – immerhin entfällt hier eine echte Risikoanalyse – ist eine Frage an Fachkundigere als der Autor es ist.

### 8.3.4 Vermarktungsbeschränkung

Die Vermarktungsbeschränkung ist die klassische Reaktion auf festgestellte Gesundheits- oder Umweltrisiken. Ihre rechtspolitische und verfassungsrechtliche Bewertung hängt vor allem von den anwendbaren materiellen Kriterien ab. Dies ist oben bereits besprochen worden. Im Ergebnis ist festgestellt worden, dass die Kriterien in ausgewogener Weise einerseits das Vorliegen von Risiken und andererseits die Berücksichtigung von Regulierungskosten verlangen.

Wegen der Offenheit der Kriterien und der Tatsache, dass die öffentliche Hand die Beweislast für die Risikoseite trägt, kommt vieles allerdings auf die Ausgestaltung des Entscheidungsverfahrens an. Hier ergeben sich erhebliche Änderungen gegenüber dem gegenwärtigen Rechtszustand.

Bei Stoffbeschränkungen werden nach den Vorstellungen des Kommissionsvorschlags die neue Europäische Chemikalienagentur und die Kommission das Verfahren dominieren. Den ersten Schritt bildet die Ausarbeitung eines Dossiers, das die Beschränkung begründet. Initiativen für eine Regulierung können von der Kommission und von den Mitgliedstaaten ausgehen. Das Dossier wird bei Kommissionsinitiative von der Agentur und sonst durch einen Mitgliedstaat erarbeitet und öffentlich zugänglich gemacht (Art. 66 Abs. 1 und 2 des Kommissionsentwurfs). „Interessierte Kreise" können Stellungnahmen einreichen. Sodann erarbeitet der Ausschuss für Risikobeurteilung eine Stellungnahme zu der im Dossier vorgeschlagenen Restriktion. Zugleich erarbeitet der Ausschuss für sozioökonomische Analyse eine Stellungnahme zu der vorgeschlagenen Restriktion (Art. 66 Abs. 3 UA 3 a.a.O.). Die Stellungnahmen werden der Kommission zugeleitet und auf ihrer Website veröffentlicht. Die Kommission erarbeitet schließlich einen Entscheidungsvorschlag (Art. 70 a.a.O.), über den im Regelungsausschussverfahren entschieden wird.

Es ist sachgerecht, dass – wie auch bisher bereits – die Gemeinschaftsebene zuständig ist, weil Vermarktungsbeschränkungen grundsätzlich gemeinschaftsweit gelten sollten. Es ist auch zu begrüßen, dass (im Regelungsausschussverfahren) die Kommission entscheidet. Im Vergleich zum geltenden Verfahren, in dem der

Rat und das Europäische Parlament zuständig sind[17], ist dadurch eine Beschleunigung zu erwarten. Bedenklich ist jedoch, dass die Mitgliedstaaten zu bloßen Antragstellern degradiert werden. Im geltenden Recht treten sie als potenzielle Regulierungskonkurrenten auf. Sie können eigene Stoffrestriktionen verhängen und sind nur verpflichtet, ihre Regulierungsvorhaben nach der Notifizierungsrichtlinie der Kommission anzuzeigen und eine Wartefrist einzuhalten, um der Kommission Gelegenheit zu einer Gemeinschaftsinitiative zu geben.[18] Dadurch gerät die europäische Ebene unter starken Regulierungsdruck, der nunmehr entfällt. Es scheint möglich und empfehlenswert, dass das alte Verfahren in das REACH-System eingebaut wird.

### 8.3.5 Zulassungspflicht

Die Zulassungspflicht führt zu einem stärkeren Eingriff in die Wirtschaftsfreiheiten als die Stoffbeschränkung, weil die Beweislast für die sichere Verwendung dem Antragsteller zugeschoben wird und der Stoff ab einem sog. Verfallsdatum bis zum Zulassungszeitpunkt nicht vermarktet werden darf. Umso gewichtiger muss das öffentliche Gemeinschaftsinteresse sein, bzw. umso stärker muss das Gemeinschaftsinteresse bedroht sein. Dies ist in der Tat der Fall, weil nach dem Prozess der Risikoabschätzung ja feststeht, dass der Stoff immanent besonders gefährlich ist und es nun auf die einzelne Verwendungsweise ankommt, ob sich die Gefährlichkeit auch auswirken wird.

Ein besonderer Punkt ist auch bei der Zulassungspflicht das Verfallsdatum, von dem an der Stoff, der in den meisten Fällen (auch bei Neustoffen) bereits auf dem Markt ist, nicht mehr vermarktet werden darf.[19] Hier gilt das Gleiche wie das oben Gesagte. Das Verfallsdatum dient der Erzwingung der Vorlage des Zulassungsantrags mit Unterlagen, nicht etwa dem Schutz des Marktes vor gefährlichen Stoffen. Ein alternatives Erzwingungsmittel wäre wiederum das Bußgeld, doch zeigen die derzeitigen anderen Systeme der Durchsetzung von Zulassungspflichten bei schon vermarkteten Stoffen wie das Biozidregime, dass man ohne Androhung und Verwirklichung von Vermarktungsverboten nicht vorankommt. Es wäre unter Bestimmtheitsgesichtspunkten allerdings erforderlich, genauere Kriterien dafür festzulegen, wie das Verfallsdatum auszuwählen ist. Hauptgesichtspunkte müssten die für die Beschaffung der Antragsunterlagen erforderliche Zeit und ggf. auch die Schwere des Risikos sowie die Vermarktungsmenge sein. Denkbar und unter Gesichtspunkten der Gleichbehandlung sogar wünschenswert ist es auch, einen allgemeingültigen Zeitraum (z.B. ein halbes Jahr) festzulegen, von dem in Einzelfällen abgewichen werden kann.

Sowohl für die Registrierung wie für die Zulassung ist der Begriff der Verwendung von erheblicher Bedeutung. Ein Problem ist zunächst, ob es überhaupt sinn-

---

[17] Vgl. die jeweiligen Änderungen des Anhangs der Richtlinie 76/769/EWG.
[18] Art. 8 und 9 RL 98/34/EG des EP und Rates.
[19] Das Verfallsdatum wird stoffspezifisch in Annex XIII festgelegt, s. Art. 55 1. c) i) des Kommissionsentwurfs.

voll ist, auf Verwendungen und nicht vielmehr auf Expositionsszenarien abzustellen. Für die Risikokontrolle kommt es eher auf die Exposition an. Die Verwendungstypen sollten deshalb aus der Perspektive der Expositionsszenarien umschrieben werden, also nicht z.B. Verwendung als Farbe, als Lack, als Beschichtung, etc., sondern Verwendung als Anstrich im Innenraum und im Außenbereich. Weiterhin ist problematisch, wie differenziert die Verwendungskategorien angelegt werden sollen. Werden sie in stark differenzierte Gruppen aufgeteilt, sind viele Registrierungen und Zulassungen erforderlich, was die Transaktionskosten in die Höhe treibt. Werden die Verwendungen dagegen in sehr pauschalen Kategorien zusammengefasst, geht Prüfungstiefe verloren. Hier ist ein Mittelweg anzustreben, für den der Kommissionsentwurf jedoch nicht die geringste Vorgabe macht. Es wäre wünschenswert und unter Bestimmtheitsaspekten auch geboten, wenn insoweit noch eine Präzisierung erfolgen würde.

## 8.4 Zusammenfassung

Ob Chemikalienregulierung zu Innovation zum nachhaltigen Wirtschaften beiträgt oder sie behindert, hängt davon ab, welches Abwägungskonzept sie anwendet und wie sie instrumentiert ist.

Die Prüfschritte der Abwägung umfassen:

- eine Abschätzung der Risiken des Produkts für Gesundheit und Umwelt,
- die Identifizierung des Gebrauchsnutzens des Produkts,
- die Untersuchung vorhandener oder zukünftiger anderer Lösungen, den Gebrauchsnutzen zu befriedigen,
- die Prognose der wirtschaftlichen Kosten der Umstellung von einem Produkt auf das andere, unter Einbeziehung der durch das neue Produkt zu erwartenden Erträge,
- eine Abwägung und Optimierung der genannten Parameter.

Die Abwägung ist durch folgende Maßgaben geprägt: Bei der Risikoabschätzung ist dem Vorsorgegebot Rechnung zu tragen, d.h. auch geringe und ungewisse Risiken sind einzubeziehen. Der Gebrauchsnutzen sollte qualitativ umschrieben, also nicht lediglich als monetäre Konsumentenrente erfasst werden. Das Spektrum der in Betracht zu ziehenden alternativen Lösungen wird durch den Gebrauchsnutzen abgegrenzt. Die Verfügbarkeit alternativer Lösungen darf dann keine Voraussetzung einer Regulierung sein, wenn das Risiko für Gesundheit oder Umwelt hoch ist. Bei den Umstellungskosten ist zu berücksichtigen, dass ein gesundheits- oder umweltschädliches Produkt, das nicht einmal einen relevanten Gebrauchsnutzen besitzt, nicht nur deshalb zugelassen/auf dem Markt belassen werden darf, weil Hersteller oder Importeure sich davon Arbeitsplätze und Gewinn versprechen.

Die Instrumente der Regulierung sind:

- die Aufstellung von Grundpflichten zur Mobilisierung der unternehmerischen Selbststeuerung,
- die Einführung einer Registrierungspflicht,
- die Beschränkung der Vermarktung von Produkten,
- der Vorbehalt einer Produktzulassung.

Die Grundpflichten haben nur schwache rechtliche Verbindlichkeit. Als rechtliche Instrumente beeinflussen sie deshalb kaum, ob und mit welcher Richtung eine Innovationsentscheidung getroffen wird. Die Registrierungspflicht ist problematisch, weil sie viele Stoffe erfasst, die sich als ungefährlich erweisen. Sie ist dennoch sinnvoll, weil die Synthetisierung von Chemikalien einen ausreichenden Anfangsverdacht begründet und ohne eine umfassende Informationserhebung die eigentlich gefährlichen Stoffe nicht identifiziert werden können. Das REACH-System bietet ausreichend Flexibilität, um unnötigen Aufwand zu begrenzen. Die Vermarktungsbeschränkung steht besonders wegen des aufwendigen mehrstufigen Verfahrens in Gefahr, dass zu spät entschieden wird und insofern unnötig Schäden an Gesundheit und Umwelt entstehen. Der Zulassungsvorbehalt steht umgekehrt in Gefahr, dass Produkte unnötig vom Markt ferngehalten werden. Diese Gefahr wird durch die Möglichkeit, das Verfallsdatum für die Produktvermarktung flexibel zu gestalten, allerdings minimiert oder eher in das Gegenteil verkehrt, dass nämlich zulassungspflichtige Produkte jahrelang ohne Zulassung auf dem Markt verbleiben.

Insgesamt kann dem REACH-Entwurf attestiert werden, dass er, von korrekturbedürftigen Einzelheiten abgesehen, ein ausgewogenes Abwägungsmodell und ein geeignetes Instrumentarium zu seiner Durchsetzung zum Einsatz bringt. Der Entwurf ist insoweit auch mit dem Gemeinschaftsverfassungsrecht vereinbar.

## Literatur

Appel I (2003) Besonders gefährliche Stoffe im europäischen Chemikalienrecht – Neuorientierung im Weißbuch zur Chemikalienpolitik. In: Schröder M, Hamer J (Wiss. Leitung) Das Europäische Weißbuch zur Chemikalienpolitik. Erich Schmidt Verlag, Berlin, S 95–133

Bachof O (Hrsg) (1978) Verwaltungsrecht zwischen Freiheit, Teilhabe und Bindung: Festgabe aus Anlaß des 25jährigen Bestehens des Bundesverwaltungsgerichts. Beck, München

Bell S (ed) (1997) Ball and Bell on Environmental Law. Blackstone Press, London (4$^{st}$ ed.)

Cupei J (1986) Umweltverträglichkeitsprüfung. Carl Heymanns Verlag, Köln Berlin Bonn München

Europäische Kommission (2000) Mitteilung der Kommission über die Anwendbarkeit des Vorsorgeprinzips v. 2.2.2000 (abgedruckt in: Neue Zeitschrift für Verwaltungsrecht, Beilage IV/2001 zu Heft 4/2001)

Fuchs M (2003) Deliktsrecht. Springer, Berlin et al. (4. Aufl., mit Rechtsprechungsanalyse)

Führ M (2003) Eigen-Verantwortung im Rechtsstaat. Duncker & Humblot, Berlin

Joerges C, Falke J, Micklitz H-W, Brüggemeier G (1988) Die Sicherheit von Konsumgütern und die Entwicklung der Europäischen Gemeinschaft. Nomos, Baden-Baden

Köck W (2003) Das System „Registration, Evaluation and Authorisation of Chemicals" – Rechtliche Bewertung am Maßstab des Gemeinschaftsrechts. In: Rengeling H-W (Hrsg) Umgestaltung des deutschen Chemikalienrechts durch europäische Chemikalienpolitik. C. Heymanns Verlag, Köln

Rengeling H-W (Hrsg) (2003) Umgestaltung des deutschen Chemikalienrechts durch europäische Chemikalienpolitik. C. Heymanns Verlag, Köln

Risikokommission (2003) Abschlussbericht der ad-hoc Kommission „Neuordnung der Verfahren und Strukturen zur Risikobewertung und Standardsetzung im gesundheitlichen Umweltschutz der Bundesrepublik Deutschland", Juni 2003

Schröder M, Hamer J (2003) Das Europäische Weißbuch zur Chemikalienpolitik. Erich Schmidt Verlag, Berlin

Sellner D (1978) Die Grundpflichten im Bundes-Immissionsschutzgesetz. In: Bachof O (Hrsg) (1978) Verwaltungsrecht zwischen Freiheit, Teilhabe und Bindung: Festgabe aus Anlaß des 25jährigen Bestehens des Bundesverwaltungsgerichts. Beck, München, S 603-618

Wagner G (2003) Grundstrukturen des Europäischen Deliktsrechts. In: Zimmermann R (Hrsg) Grundstrukturen des Europäischen Deliktsrechts. Nomos, Baden-Baden

Winter G (1992) Brauchen wir das? – von der Risikominderung zur Bedarfsprüfung. Kritische Justiz 25: 389–404

Winter G (1997) Alternativen in der administrativen Entscheidungsbildung. Werner Verlag, Düsseldorf

Winter G (Hrsg) (2005) Die Umweltverantwortung multinationaler Unternehmen. Selbststeuerung und Recht bei Auslandsdirektinvestitionen. Nomos, Baden-Baden

Winter G, Ginzky H, Hansjürgens B (1999) Die Abwägung von Risiken und Kosten in der europäischen Chemikalienregulierung, Erich Schmidt Verlag, Berlin

Zimmermann R (Hrsg) (2003) Grundstrukturen des Europäischen Deliktsrechts. Nomos, Baden-Baden

# Kapitel 9

# Die Neugestaltung der Vorlage von Prüfnachweisen im EG-Chemikalienrecht

Nils Wagenknecht

Universität Bremen, Forschungsstelle für Europäisches Umweltrecht, Universitätsallee, GW 1, 28359 Bremen

## 9.1 Einleitung

Das Europäische Chemikalienrecht ist derzeit Gegenstand umfassender Reformüberlegungen. Bedeutende Meilensteine der jüngsten Vergangenheit des bereits einige Jahre andauernden Reformprozesses stellen das Weißbuch der Europäischen Kommission „Strategie für eine zukünftige Chemikalienpolitik" (Europäische Kommission 2001) und die Umsetzung der darin enthaltenen Vorschläge in einem Gesetzesentwurf der Europäischen Kommission[1] dar. Nach dem Gesetzesvorschlag ist mit einer Vielzahl von grundlegenden Änderungen zu rechnen. Im Einzelnen ist vieles strittig.

Vor dem Erlass rechtlicher Vorschriften hat der Gesetzgeber immer auch die Auswirkungen auf die Normadressaten abzuschätzen. Im Falle der Ausgestaltung umweltrechtlicher Genehmigungsverfahren sind u.a. die Folgen der Regulierung für die zumeist gewerblichen Normadressaten abzuwägen. Zu den abzuwägenden Belangen zählen u.U. auch die Auswirkungen auf den Erhalt der Innovationsfähigkeit der jeweiligen Adressaten.

Speziell für die Ausgestaltung der Regulierung von Gefahrstoffen ist in zweifacher Hinsicht eine innovationserhebliche Relevanz festzustellen.

### 9.1.1 Innovationsrelevante Ausgestaltungsvarianten des Verfahrens der präventiven Chemikalienkontrolle

Zum einen hat im Rahmen einer präventiven Wirtschaftsaufsicht die Wahl des Verfahrens innovationserhebliche Wirkung. Von der Wahl des Verfahrens ist der Prüfungsumfang und die Art der Prüfungen abhängig, die ein Antragsteller durchzuführen hat, bevor er den von ihm entwickelten Stoff vermarkten kann. Strenge Anforderungen des Umweltschutzes können so dazu führen, dass die Entwicklung

---

[1] http://eu.int/comm/enterprise/chemicals/chempol/whitepaper/reach.htm (Zugriff 30.05.2003).

von Neustoffen mit einem hohen Aufwand an Kosten und Zeit verbunden ist, den die Hersteller oder Importeure bei der Abwägung über die Entscheidung, ob sie die notwendigen Forschungs- und Entwicklungsarbeiten aufnehmen, berücksichtigen müssen.

Aus den Gesetzesbegründungen wird ersichtlich, dass der Gesetzgeber die möglichen Auswirkungen des Aufwands des Anmeldeverfahrens für Neustoffe auf die Innovationsfähigkeit der chemischen Industrie erkannt hat und in doppelter Hinsicht hierauf reagiert hat (Bender et al. 2000, 11/Rdnr. 31). Zum einen hat er die Prüfung und Bewertung von Stoffen, die bereits vor einem bestimmten Zeitpunkt vermarktet wurden (so genannte Altstoffe, die bereits vor dem 18.09.1981 auf dem Markt waren), aus dem Anmeldeverfahren für Neustoffe herausgenommen. Hierdurch verbleibt für die Hersteller und Importeure ein weites Feld für die Tätigung von Anwendungsinnovationen aus dem zur Verfügung stehenden Altstoffpool, wobei nur mitlaufende Datenbeibringungspflichten zu berücksichtigen sind.

Des Weiteren hat sich der Gemeinschaftsgesetzgeber für den Weg des Anmeldeverfahrens entschieden. Demgegenüber wäre ein strengeres Zulassungsverfahren für Neustoffe, das ein präventives Verbot mit Erlaubnisvorbehalt kennzeichnet, durch die Verlagerung des Trägheitsmoments für die Hersteller und Importeure mit einem höheren Prüfaufwand verbunden.

### 9.1.2 Insbesondere: Innovationsrelevanz der Ausgestaltung der Mehrfachvorlage von Prüfnachweisen

Die Ausgestaltung der Gefahrstoffregulierung kann jedoch noch unter einem weiteren Punkt innovationserhebliche Wirkung haben: hinsichtlich der Frage der Zulässigkeit von Mehrfachverwendungen von im Rahmen des Anmeldeverfahrens eingereichten Prüfunterlagen.

Bereits heute erfordern geltende Vorschriften des EG-Chemikalienrechts von Herstellern oder Importeuren, die einen chemischen Stoff vermarkten wollen, die vorherige Vorlage von Informationen zur Beurteilung der Gefährdung von Umwelt und Gesundheit. Auf deren Grundlage wird eine behördliche Risikobewertung durchgeführt, die aufgrund gesetzlicher Gefährlichkeitsmerkmale über die Einstufung, Verpackung und Kennzeichnung des Stoffes sowie über eventuelle Beschränkungsmaßnahmen entscheidet.[2]

Bei den seit dem 19.09.1981 in Verkehr gebrachten so genannten Neustoffen erfolgte und erfolgt die Beibringung der Daten im Zusammenhang mit der Pflicht, den Stoff vor dem Inverkehrbringen anzumelden. Solange die Datensätze nicht vollständig vorgelegt sind, darf der Stoff nicht vermarktet werden.

---

[2] Calliess (2003: 11ff., 35) ordnet die Vorschriften über die Erlangung und Bewertung von Informationen über gefährliche Stoffe der Vorsorge, Vorschriften über die Beschränkung der Gefahrenabwehr und Vorschriften hinsichtlich Einstufung, Verpackung und Kennzeichnung einer Grauzone zwischen Vorsorge und Gefahrenabwehr zu.

Bei den vor dem genannten Datum auf dem Markt befindlichen so genannten Altstoffen bestand und besteht eine – in bestimmter Weise gestufte – mitlaufende Beibringungspflicht. Wenn die Datensätze nicht vorgelegt werden, können verwaltungsrechtliche Zwangsmaßnahmen ergriffen werden; der Stoff darf aber weiter vermarktet werden.

Die einzureichenden Daten können grob zwischen anbieter- und stoffspezifischen Daten unterschieden werden. Während die stoffspezifischen Daten Rückschlüsse auf mögliche gesundheits- und/oder umweltgefährliche Eigenschaften eines Stoffes ermöglichen sollen, beziehen sich die anbieterspezifischen Informationen auf die Umstände der Vermarktung durch den Hersteller oder Importeur.[3] Diese geben im wesentlichen Auskunft über die hergestellte oder importierte Menge, die Identität des Herstellers oder Importeurs, die Identität des von ihm hergestellten oder importierten Stoffes, das Herstellungsverfahren, die vorgesehenen und die aktuellen Verwendungsweisen und die zu erwartenden und die bekannten Expositionen.

Die Tatsache, dass eine Vielzahl von Stoffen gegebenenfalls von mehreren Herstellern oder Importeuren vermarktet werden, nach geltendem Recht jedoch jeder für sich zur Vorlage der vollständigen Datensätze verpflichtet ist, führt zu der Frage nach den rechtspolitischen Hintergründen einer solchen Regelung. Soweit es sich um anbieterspezifische Daten handelt, ist eine Einzelvorlageverpflichtung notwendig, da die Daten von Hersteller zu Hersteller variieren, obwohl sie denselben Stoff betreffen. Dagegen können bezüglich der stoffspezifischen Angaben unter der Voraussetzung, dass die Tests exakt durchgeführt worden sind, die Prüfnachweise nur einheitlich sein, gleich von welchem Hersteller oder Importeur der Stoff stammt. Somit kann eine Verpflichtung zur Einzelvorlage auch und gerade bezüglich der stoffspezifischen Eigenschaften zu Mehrfachvorlagen führen, sofern mehrere Hersteller oder Importeure denselben Stoff vermarkten.

Dabei ist zwischen der aufeinander folgenden (konsekutiven) und der gleichzeitig erfolgenden (simultanen) Mehrfachvorlage zu unterscheiden.[4] Die konsekutive Mehrfachvorlage tritt vor allem bei der Anmeldung von Neustoffen auf: Ein Stoff wird zunächst nur von einem Erstanmelder und später von einem konsekutiven Nachanmelder und evtl. weiteren Nachanmeldern angemeldet.[5] Lediglich soweit die einzelnen Hersteller oder Importeure von Altstoffen ihre Prüf- und Vorlagepflichten erfüllt haben und im Folgenden weitere Hersteller die Vermarktung desselben Altstoffs erstmalig aufnehmen, ist deren Datenvorlage ebenfalls als ein Fall konsekutiver Mehrfachvorlage zu betrachten.[6]

---

[3] Anbieterspezifische Daten aufgezählt im Anhang VII a Nr. 0-2 und Art. 6 der RL 67/548/ EWG, ABl. EG P 196, S. 1ff.; stoffspezifische Daten definiert nach Prüfnachweisen durch Anhang VII a Nr. 3, 4 und 5 und Anhang VIII der RL 67/548.
[4] Zum Teil auch als „Zweit- und Parallelanmeldung" bezeichnet.
[5] Bei Altstoffen erstreckt sich die Prüfpflicht gleichzeitig auf alle Hersteller, die den Stoff vermarkten.
[6] Rehbinder, in: Kayser et al. 1985 § 7 Rdnr. 96.

Dagegen beziehen sich die Fälle der simultanen Mehrfachvorlage vorwiegend auf Altstoffe, da ein Altstoff nicht selten von mehreren Herstellern oder Importeuren gleichzeitig vermarktet wird.[7]

Das geltende Recht befreit u.U. bereits heute abweichend vom Grundsatz der Einzelvorlageverpflichtung einen Hersteller bzw. Importeur von der Vorlage bestimmter Daten, wenn ein Fall einer (konsekutiven bzw. simultanen) Mehrfachvorlage vorliegt. Im Falle von konsekutiven Mehrfachvorlagen darf dann unter näheren Voraussetzungen auf die Prüfnachweise des Voranmelders Bezug genommen werden. Dementsprechend verwendet die Behörde bei der Risikobewertung die Prüfnachweise des Voranmelders im Verfahren des konsekutiven Nachanmelders.

Im Falle der simultanen Mehrfachvorlage dürfen die Beteiligten ein Konsortium bilden und einen gemeinsam ausgewählten Primärverantwortlichen mit der Erhebung und Vorlage der Prüfnachweise beauftragen. Die anderen Konsortienmitglieder dürfen auf die Angaben des Primärverantwortlichen Bezug nehmen, was zur Folge hat, dass die Behörde die Prüfnachweise des Primärverantwortlichen auch zugunsten der anderen Beteiligten verwendet.

In beiden genannten Fällen wird somit der Grundsatz der Einzelvorlageverpflichtung, der zu Mehrfachvorlagen führen würde, durchbrochen. Dementsprechend wandelt sich die konsekutive Mehrfachvorlage zur konsekutiven Bezugnahme durch den Nachanmelder und zur konsekutiven Mehrfachverwendung der Daten durch die Behörde bzw. die simultane Mehrfachvorlage zur simultanen Bezugnahme durch den Doppelanmelder und zur simultanen Mehrfachverwendung der Daten durch die Behörde.

### 9.1.3 Beteiligte (Innovations-)Interessen und Allgemeinwohlbelange

Grob betrachtet geht es bei der Frage der Zulässigkeit von Mehrfachverwendungen im Wesentlichen um die Schutzbedürftigkeit von Wettbewerbsvorsprüngen derjenigen Akteure, die als erste die Prüfunterlagen eingereicht haben. Diese machen die exklusive Verwendung der Prüfdaten nur für ihr Verfahren geltend unter dem Hinweis, dass die Erlangung der stoffspezifischen Daten die Durchführung von zeit- und kostenintensiven Tests vorausgesetzt hat. Des Weiteren wird von ihnen der in Aussicht gestellte Wettbewerbsvorsprung zugleich als ein Anreiz für die Aufnahme der Entwicklungsarbeiten der Stoffinnovation eingestuft.

Andererseits ist es volkswirtschaftlich nicht effizient, dass alle einzelnen Hersteller und Importeure die Prüfnachweise neu erarbeiten. Kleinen und mittleren Unternehmen (KMU) wird wegen der hohen Kosten der Marktzutritt erschwert. Auch ist es für die Behörden sehr aufwändig und überdies für den Aufbau von übergreifender Bewertungsexpertise hinderlich, wenn sie die Prüfnachweise für jedes einzelne Verfahren getrennt speichern und sich bei der Risikobewertung eines nachangemeldeten Stoffes ignorant stellen müssen. Vor allem aber führt die

---

[7] Bei Neustoffen ist es de facto selten, dass mehrere Hersteller oder Importeure einen Stoff gleichzeitig auf den Markt bringen wollen.

Mehrfachvorlage bei Prüfnachweisen, die Tierversuche erfordern, zu einer unnötigen Quälerei und Tötung von Tieren.

Die Diskussion über den Ausgleich dieser Interessen und Belange wurde bereits in der Vergangenheit ausführlich geführt und führte dazu, dass der Gesetzgeber die Ausgestaltung der Mehrfachvorlage und -verwendung von Prüfnachweisen in einer bestimmten Weise vorgenommen hat. Dies erfolgte jedenfalls bezüglich der Variante, in der ein- und derselbe Stoff in einem zeitlichen Abstand durch mehrere Beteiligte (konsekutiv) vermarktet wurde. Gerade dieser spezielle Aspekt der Reform barg aufgrund der vorhandenen Interessen-Gemengelage ein Konfliktpotenzial, den es zu entschärfen galt.[8]

Bislang wenig rechtswissenschaftlich untersucht wurde jedoch die Variante, in der mehrere Hersteller oder Importeure *zeitgleich* denselben Stoff vermarkten (wollen). Einen konkreten Anlass für eine nähere Untersuchung dieses Anwendungsfall liefert das Weißbuch zur zukünftigen Chemikalienpolitik (Europäische Kommission 2001), das umfassende Prüfpflichten für Altstoffe fordert, die zum Teil durch mehrere Hersteller oder Importeure zeitgleich vermarktet werden. Hierdurch werden Fragen aufgeworfen, welche Interessen und Allgemeinwohlbelange bezüglich der Ausgestaltung dieser Variante beteiligt sind und infolgedessen von dem Gemeinschaftsgesetzgeber zu berücksichtigen sind. Namentlich die Auswirkungen auf den Erhalt der Innovationsfähigkeit der chemischen Industrie sind bislang wenig untersucht worden.

### 9.1.4 Gegenstand der Untersuchung

Der vorliegende Beitrag versucht diese Lücke zu schließen und fragt nach den unterschiedlichen Ausgestaltungsvarianten der zukünftigen Mehrfachvorlage bzw. -verwendung von Prüfunterlagen. Damit soll ein Beitrag zur rechtswissenschaftlichen Innovationsforschung geliefert werden, die nach Hoffmann-Riem (1999: 507ff., 518) dadurch gekennzeichnet ist, dass sie sich mit Recht auseinander setzt, das innovationssteuerungsfähig ist. Gleichzeitig stellt sie den Maßstab auf, dass nicht alles, was einzelne Akteure als innovationshemmend ansehen, von vornherein als unerwünscht oder dysfunktional betrachtet werden kann. Nach diesem Ansatz zielt die Rechtsordnung vielmehr darauf ab, praktische Konkordanz zwischen unterschiedlichen Zielwerten zu sichern, d.h. bei konkreten Problemlösungen diese Zielwerte möglichst so zu optimieren, dass die verschiedenen Interessen weitgehend berücksichtigt werden (ebd.).

Aufgabe des Gemeinschaftsgesetzgebers ist es nun, all diese zum Teil widerstreitenden Interessen gegeneinander abzuwägen, um sodann im Hinblick auf die

---

[8] Vgl. Zuleeg, Schefold (1983: 3ff., 8), wonach die Ausgestaltung der konsekutiven Mehrfachvorlage besonders konfliktträchtig im Hinblick auf den Ausgleich der unterschiedlichen Interessen ist.

gesetzliche Ausgestaltung des zukünftigen Verfahrens gegebenenfalls einem Belang den Vorrang vor einem anderen Belang einzuräumen.[9]

Aufgrund der politischen Verantwortung des Gemeinschaftsgesetzgebers ist die zukünftige Neugestaltung der Mehrfachverwendung von Prüfnachweisen allerdings nur eingeschränkt gerichtlich überprüfbar. So können lediglich offensichtlich irrige Annahmen und mißbräuchliche Wertungen gerichtlich beanstandet werden.[10]

Im Folgenden sollen daher die verschiedenen Varianten der Neugestaltung der Mehrfachvorlage und -verwendung von Prüfnachweisen untersucht und gewürdigt werden.

## 9.2 Stand des Gesetzgebungsverfahrens

Die Europäische Kommission hat im Rahmen der Arbeiten zur Umsetzung des Weißbuchs zunächst lediglich einen vorläufigen Gesetzesvorschlag im Internet veröffentlicht. Über einen Link auf derselben Internetseite bestand für die Öffentlichkeit bis zum 10. Juli 2003 die Möglichkeit, den vorgestellten vorläufigen Gesetzesvorschlag zu kommentieren. Nach einer Presseerklärung der Kommission vom 7. Mai 2003 sollte mit dem Konsultationsverfahren festgestellt werden, „ob die betroffenen Interessengruppen die vorgelegten Vorschläge für funktionsfähig halten."[11] Insgesamt umfassten die Texte etwa 1.200 Seiten, „bei denen es sich zum großen Teil um technische Anhänge ohne grundlegend neue Anforderungen, aber auch um Vorschläge für eine Reihe völlig neuer Verfahren handelt" (ebenda). Während die Texte Volume II–VII die Anhänge der zukünftigen Verordnung repräsentierten, bestand der Text Volume I in dem konkreten Wortlaut der Verordnung selbst.[12]

---

[9] Nach Art. 174 EGV berücksichtigt die Gemeinschaft bei der Erarbeitung ihrer Umweltpolitik die Vorteile und die Belastung aufgrund des Tätigwerdens bzw. eines Nichttätigwerdens.

[10] Vgl. im Zusammenhang mit der Wahrung des Verhältnismäßigkeitsprinzips bei der Prüfung von Grundrechtsverstößen, EuGH, Rs C-280/93, Slg. 1994, 5038, 5068ff. Ähnlich EuGH, Rs C-240/90, Slg. 1992, I-S. 5383, 5430. Zur eingeschränkten gerichtlichen Überprüfbarkeit von Gemeinschaftsrechtsakten aufgrund der politischen Verantwortung des Gemeinschaftsgesetzgebers vgl. Kingreen, in: Calliess u. Ruffert 1999, Art. 6 Rdnr. 74. Zum Bestehen verschiedener Ausgestaltungsvarianten durch den Gesetzgeber im Rahmen seiner rechtspolitischen Gestaltungs- und Wahlfreiheit, vgl. Breuer (1986: 171ff.).

[11] Presseerklärung der Kommission vom 7. Mai 2003 „Die Kommission legt Entwurf eines Regelwerks für Chemikalien zur Konsultation vor". Vor Veröffentlichung des Gesetzesvorschlags zirkulierten entsprechende Entwürfe, die allerdings ihrerseits nie veröffentlicht worden sind, sondern lediglich als inoffizielle Texte von Interessenvertretungen an weitere Beteiligte weitergereicht worden sind.

[12] Consultation Document Volume I concerning the Registration, Evaluation, Authorisation and Restrictions of Chemicals (REACH) vom 7. Mai 2003.

Am 29. Oktober 2003 veröffentlichte die Kommission schließlich ihren endgültigen Gesetzesvorschlag. Dieser hat den vorläufigen Gesetzesvorschlag ersetzt und kann derzeit im Internet abgerufen werden.[13] Er besteht ebenso aus mehreren Dateien, wobei auch hier der Text Volume I den konkreten Wortlaut der Verordnung enthält und zusätzlich um eine einleitende Kommentierung der einzelnen Vorschriften ergänzt wurde (European Commission 2003). Er steht im Mittelpunkt des Interesses der weiteren Ausführungen.

Dass sich an den Gesetzesvorschlag anschließende weitere Gesetzgebungsverfahren wird durch Art. 95 EGV, der Ermächtigungsgrundlage der zukünftigen Verordnung, bestimmt. Nach dem hier einschlägigen Art. 95 I EGV sind Rechtsangleichungsmaßnahmen zur Herstellung des Binnenmarktes nach dem Rechtsetzungsverfahren des Art. 251 EGV durchzuführen. Dieses Verfahren der Mitentscheidung ist dadurch gekennzeichnet, dass über den endgültigen Gesetzesvorschlag der Kommission das Parlament und der Rat nach Anhörung des Wirtschafts- und Sozialausschusses entscheiden.[14]

Im Folgenden wird zunächst der endgültige Gesetzesvorschlag der Kommission vorgestellt (Abschnitt 9.3). Soweit dies angebracht ist, soll zur Auslegung der Vorschriften auch auf den vorläufigen Gesetzesvorschlag zurückgekommen werden. Der Schwerpunkt der Untersuchungen richtet sich auf die Regelungen, die sich mit der Mehrfachvorlage und -verwendung von Prüfnachweisen befassen. Im Anschluss folgt eine Würdigung des Vorschlags im Hinblick auf die Verwirklichung der vorgestellten Interessen und Allgemeinwohlbelange (Abschnitt 9.4).

Wie zu zeigen ist, lassen sich aus der Würdigung rechtspolitische Vorschläge an den Gemeinschaftsgesetzgeber ableiten. Angesichts verbleibender Einflussmöglichkeiten des Parlaments und des Rats im Rahmen des Verfahrens nach Art. 251 EGV ist zu vermuten, dass der aktuelle Vorschlag nicht mit der endgültigen Fassung der zukünftigen Verordnung übereinstimmen wird. Entsprechende rechtspolitische Vorschläge könnten daher im laufenden Gesetzgebungsverfahren noch berücksichtigt werden.

## 9.3 Die Neugestaltung der Vorlage von Prüfnachweisen nach dem Gesetzesvorschlag der Kommission

Zunächst werden die Vorschriften des Gesetzesvorschlags näher beleuchtet, die sich mit der Neuregelung der Datenvorlage im Allgemeinen befassen (9.3.1). Im Einzelnen ist bezüglich der Regelungen des Gesetzesvorschlags vieles streitig. Hierauf ausführlich einzugehen, würde jedoch den Umfang dieser Untersuchung sprengen. Im Übrigen soll die Darstellung der Vorschläge zur Ausgestaltung der Datenvorlage im zukünftigen Registrierungsverfahren lediglich dem besseren

---

[13] http://eu.int/comm/enterprise/chemicals/chempol/whitepaper/reach.htm (Zugriff 30.11.2003).
[14] Zu den Einzelheiten des Rechtsetzungsverfahrens nach Art. 251 EGV, vgl. Kluth, in: Calliess u. Ruffert 1999, Art. 251 Rdnr. 1ff.

Verständnis der Ausgestaltung der Mehrfachverwendung von Prüfnachweisen dienen.

Im Anschluss erfolgt eine Beschreibung des vorgeschlagenen Verfahrens der konsekutiven und simultanen Mehrfachverwendung von Prüfnachweisen (9.3.2 und 9.3.3).

### 9.3.1 Das Registrierungsverfahren nach dem Gesetzesvorschlag der Kommission

#### 9.3.1.1 Datenvorlage nach dem REACH-Verfahren

Im Mittelpunkt des Gesetzesvorschlags steht die Einführung des REACH-Verfahrens. Wesentliches Merkmal dieses Verfahrens ist, dass es eine einheitliche Prüfung und Bewertung von Alt- und Neustoffen vorschreibt. Somit wird die überkommene Unterscheidung zwischen Alt- und Neustoffen durch ein kohärentes Registrierungsverfahren ersetzt.

Wie bereits nach geltendem Recht haben Hersteller und Importeure eines neuen Stoffes diesen vor der Vermarktung zu registrieren. Neu ist hingegen, dass die Registrierungspflicht nicht an dem Verhalten des gewerbsmäßigen Inverkehrbringens ansetzt, sondern bereits an der Herstellung eines Stoffes. Diese Änderung trägt Belangen des Arbeitsschutzes Rechnung und führt des Weiteren dazu, dass Stoffe, die ausschließlich für den Export in außereuropäische Drittländer bestimmt sind, den gleichen Prüfanforderungen unterliegen.

Für die Registrierung der auf dem Markt erhältlichen Altstoffe, die in der englischen Fassung des Gesetzesvorschlags als „phase-in-substances" bezeichnet werden, sieht das REACH-Verfahren gestaffelte Registrierungsfristen vor. Gefolgt wird dabei dem Ansatz, dass die in größeren Mengen vermarkteten Altstoffe bzw. die Altstoffe, die Anlass zur Besorgnis geben, zuerst zu registrieren sind. Folglich sieht Art. 21 I (a), (b) vor, dass Altstoffe, die in Mengen von über 1.000 t pro Jahr hergestellt oder importiert werden bzw. Altstoffe, die in Mengen von mindestens 1 t pro Jahr vermarktet werden und CMR-Eigenschaften aufweisen, innerhalb von drei Jahren nach Inkrafttreten der Verordnung registriert werden müssen. Für Altstoffe, die in Mengen von über 100 t jährlich vermarktet werden, gilt eine 6-Jahresfrist und für Mengen in Höhe von mindestens 1 t eine 11-Jahresfrist, Art. 21 I (c), (d).

Zur Vorbereitung der Vorlage der notwendigen Registrierungsdaten eines Altstoffs ist zunächst ein Präregistrierungsverfahren durchzuführen. Die im Rahmen des Präregistrierungsverfahrens zu übermittelnden Daten sind in Art. 26 I genannt. Werden diese nicht spätestens 18 Monate vor Ablauf der jeweils einschlägigen Registrierungsfrist eingereicht, hat dies zur Folge, dass der betroffene Altstoff nicht weiter vermarktet werden darf, Art. 21 II, III.[15] Es wird davon ausgegangen, dass von ungefähr 100.000 existierenden Altstoffen lediglich 30.000 marktrele-

---

[15] Bis zu diesem Zeitpunkt genießt die Vermarktung dieser Altstoffe folglich einen „Quasi-Bestandsschutz".

vant sind, so dass lediglich für diese mit der Vorlage von (Prä-)Registrierungsdaten zu rechnen ist.

Ein nicht innerhalb der einschlägigen Fristen registrierter Altstoff darf erst dann wieder vermarktet werden, wenn der Hersteller oder Importeur drei Wochen vor der Herstellung oder Import des Altstoffs die notwendigen Registrierungsdaten vorgelegt hat. Der Altstoff wird daher in diesem Fall wie ein neu zu registrierender Stoff behandelt, wobei der Umfang und der Inhalt der einzureichenden Registrierungsdaten gleich bleiben.[16]

Nach Eingang der Registrierungsunterlagen führt die Central Agency eine Vollständigkeitsprüfung durch, Art. 18 II.[17] Im Falle erkannter Unvollständigkeiten setzt sie dem Registrierenden eine angemessene Frist zur Beseitigung der Mängel. Nach fruchtlosem Fristablauf wird die Registrierung zurückgewiesen, Art. 18 II (a), (b). Art. 19 regelt den Beginn bzw. die Fortsetzung der Vermarktung in Abhängigkeit von eventuellen Beanstandungen der eingereichten Registrierungsunterlagen. Dabei ist die Regelung des Art. 19 IV hervorzuheben, die bestimmt, dass der Beginn der Vermarktung für die Konsortienmitglieder davon abhängig ist, dass die Central Agency die (Neustoff-)Registrierungsunterlagen des Konsortialführers nicht beanstandet hat.[18]

### 9.3.1.2 Adressaten der Registrierungspflicht

Soweit in den vorstehenden Ausführungen bisher lediglich von den Registrierungspflichten der Hersteller und Importeure die Rede war, greift diese Beschreibung des Adressatenkreises zu kurz.

Nach dem Gesetzesvorschlag müssen nunmehr unter Umständen auch die nachgeschalteten Anwender chemischer Stoffe, die in der englischen Fassung als „downstream user" bezeichnet werden, die von ihnen vorgenommene Verwendung eines Stoffes registrieren.[19]

---

[16] Somit wird deutlich, dass die Gleichstellung von Alt- und Neustoffen im Rahmen des REACH-Verfahrens durch ein ausgeklügeltes System unterschiedlicher Fristen mit unterschiedlichen Rechtsfolgen realisiert wird.

[17] In der Kommentierung heißt es hierzu, dass der „completeness check" automatisiert durchzuführen ist. Dabei stellen die Regelungen des Gesetzesvorschlags ausdrücklich klar, dass die Vollständigkeitsprüfung keine Bewertung der Qualität der eingereichten Daten beinhaltet, Art. 18 II S. 2.

[18] Art. 19 IV lautet: „If one manufacturer or importer submits parts of the registration on behalf of other manufactueres and/or importers, as provided for in Article 10 or 17, those other manufacturers and/or importers may only manufacture the substance in the Community or import it after the expiry of the time-limit laid down in paragraph 1 or 2 and provided there is no indication to the contrary from the Agency in respect of the registration of the one manufacturer or importer acting on behalf of others."

[19] Die Registrierungspflicht der nachgeschalteten Anwender zielt darauf ab, alle denkbaren oder tatsächlich vorgenommenen Verwendungsmöglichkeiten eines chemischen Stoffes zu bewerten. Da für einen chemischen Stoff oft eine Vielzahl von unterschiedlichen Verwendungsmöglichkeiten in Frage kommt, die ein Hersteller oder Importeur zunächst gar nicht identifizieren kann, ist dieser Ansatz sinnvoll und notwendig. Auf der anderen Seite

Dies hängt im Wesentlichen davon ab, ob die von dem nachgeschalteten Anwender vorgenommene Verwendung von der vom Hersteller oder Importeur identifizierten Verwendungsmöglichkeiten des Stoffes abweicht. Die Durchführung einer Registrierung setzt weiter voraus, dass die Registrierung dieser abweichenden Verwendung nicht schon von dem Hersteller oder Importeur durchzuführen ist. Letztere sind nach dem Gesetzesvorschlag nämlich immer dann zur Registrierung einer von ihnen nicht identifizierten Verwendung verpflichtet, wenn sie dem Hersteller oder Importeur rechtzeitig mitgeteilt worden ist und diese die Art der abweichenden Verwendung nicht schlechterdings als „unerwünscht" ablehnen können, Art. 34 II.[20]

### 9.3.1.3 Umfang und Inhalt der Registrierungsunterlagen

Auch nach dem Konzept des Gesetzesvorschlags ist das Prüfprogramm zur Ermittlung der stoffimmanenten Risiken im Wesentlichen vorgegeben und hinsichtlich seines Umfangs von der beabsichtigten zu vermarkteten Menge des Stoffes abhängig. Damit bleibt die Tonnenphilosophie weiterhin anwendbar, nach der von einer Erhöhung des Gefährdungspotenzials in Abhängigkeit von der vermarkteten Menge auszugehen ist.

Nach dem Gesetzesvorschlag sind die Registrierenden des Weiteren verpflichtet, eine (vorläufige) Bewertung des Stoffes durchzuführen.[21] Diese Stoffbewertung wird damit ebenfalls Bestandteil der Registrierungsunterlagen.

Einzugehen ist noch auf zwei weitere wesentlichen Änderungen, die sich auf den Umfang und den Inhalt der beizubringenden Registrierungsunterlagen auswirken können. Es handelt sich dabei zum einen um die Erhöhung der Tonnageschwellen der Eingangsprüfungen. Zum anderen wurden erstmals gesetzliche Ausnahmetatbestände formuliert, nach denen gezielte Stoffprüfungen zulässig sind bzw. Prüfnachweise durch Angaben anderer Art ersetzt werden können.

#### a) Erhöhung der Tonnageschwellen

Nach dem Gesetzesvorschlag wird die Schwelle für die Grundstufe von bisher 1 t jährlicher Vermarktungsmenge auf nunmehr 10 t angehoben. Dementsprechend erhöhen sich auch die Mengenschwellen für die Prüfanforderungen der Zusatzprüfungen 1. und 2. Stufe auf 100 t bzw. 1.000 t. Dagegen hat bei einer Absatzmenge

---

ist die Möglichkeit der Registrierung durch den nachgeschalteten Anwender selbst geeignet, dessen Interessen an einem effektiven Know-How-Schutz durchzusetzen, nämlich immer dann, wenn er eine neue Verwendung eines bekannten Stoffes vor seinen Konkurrenten geheim halten will.

[20] „Undesirable use means a use by downstream users which the registrant advises against", Art. 3 Punkt 26.

[21] Die Einzelheiten zur Durchführung der Stoffbewertung sind in den Anhängen I, I a und I b des Gesetzesvorschlags geregelt. Dabei kann im Einzelfall eine gezielte Risikobewertung (mit reduzierten Angaben) durchgeführt werden. Unter dem Begriff „gezielt" ist dabei die Reduzierung der Risikobewertung im Hinblick auf eingeschränkte Verwendungszwecke zu verstehen.

von 1 t im Jahr lediglich eine eingeschränkte Registrierung mit entsprechend reduziertem Datenumfang zu erfolgen, vgl. Art. 11 I (a)–(d).

**b) Reduzierte Datenbeibringungspflichten**

Für die Erhebung bestimmter Prüfnachweise gilt zukünftig nach Anhang IX 3., dass diese unterbleiben kann, sofern nach dem vorgesehenen Verwendungszweck kein Anlass dafür besteht.[22] Solche gezielten Stoffprüfungen tragen dem Umstand Rechnung, dass im Falle sehr eingeschränkter Verwendungszwecke eines Stoffes eine umfassende Prüfung nach den Anforderungen der jeweiligen Stufe im Einzelfall nicht erforderlich ist.[23]

Zwar besteht schon nach geltendem Recht die Möglichkeit, dass die Anmeldestelle in Absprache mit dem Anmelder auf die Beibringung bestimmter Prüfnachweise von vornherein verzichtet, nämlich dann, wenn nach den vorgesehenen Verwendungszwecken kein Anlass für deren Erhebung vorliegt.[24] Insofern stellt die gesetzliche Regelung dieser Vorgehensweise lediglich eine Klarstellung der bereits gängigen Praxis dar. Allerdings bedurfte es dennoch einer ausdrücklichen gesetzlichen Erwähnung, da zukünftig die Absprache mit der Anmeldestelle entfällt und die Registrierenden nach eigenem Ermessen entscheiden, ob und gegebenenfalls welche gezielten Stoffprüfungen durchzuführen sind. Erst die gesetzliche Regelung legitimiert daher eine solche Vorgehensweise der Registrierenden.

Des Weiteren wird den Registrierenden die Möglichkeit eingeräumt, bestimmte Prüfnachweise, die eigentlich nach der jeweiligen Stufenprüfung vorzulegen wären, durch alternative Angaben zu ersetzen. In dem Anhang IX, auf den Art. 12 I des Gesetzesvorschlags verweist, werden die möglichen Wege aufgezählt, auf denen man die Registrierunterlagen vervollständigen und dabei auf die Erhebung von Prüfnachweisen verzichten kann.[25] Hinter dieser Regelung steckt der Gedanke, dass der Nachweis, dass ein Stoff keine gefährlichen Eigenschaften aufweist, im Einzelfall auch auf anderen Wegen erbracht werden kann, als aufgrund der üblichen Erhebung von Prüfnachweisen.

---

[22] „Testing in accordance with Annexes VII and VIII may be ommitted, based on the exposure scenario(s) developed in the Chemical Safety Report.", Anhang IX 3., S. 1 (Substance-tailored exposure-driven testing).

[23] Mit dem Einwand, dass allein ab Erreichen einer bestimmten Mengenschwelle ein Automatismus hinsichtlich der Art und des Umfangs der durchzuführenden Prüfungen einsetzt, ohne jedoch die spätere beabsichtigte Verwendung eines Stoffes zu berücksichtigen, wurde in der Vergangenheit die mangelnde Flexibilität des Prüfverfahrens kritisiert. Aus industrieller Sicht war daher dieser hohe Prüfaufwand zumindest für die Anmeldung von Neustoffen, die nur in geschlossenen Systemen bzw. lediglich als Zwischenprodukt eingesetzt werden, nicht zu rechtfertigen.

[24] Vgl. Rehbinder, in: Kayser et al. 1985, § 9 Rdnr. 15ff.

[25] Zum Beispiel In vitro-Daten, Schlussfolgerungen aus Substanz-Gruppierungen/Analogieschlüsse (read across), historische Daten aus epidemiologischen Studien, QSAR-Modellbildung.

### 9.3.1.4 Verfahren nach Eingang der Registrierungsunterlagen

Die Registrierenden haben die kompletten Dossiers bei der neu einzurichtenden Central Agency einzureichen. Diese überprüft die Unterlagen auf offensichtliche Unvollständigkeiten und leitet sie sodann an die zuständige Behörde des zuständigen Mitgliedstaates weiter, Art. 18 III.

Die zuständige Behörde des Mitgliedstaates wiederum ist zuständig für die Evaluierung der Unterlagen. Zu unterscheiden ist zwischen der Dossier-Evaluierung, die auf die Aufdeckung von Unvollständigkeiten und Fehlerhaftigkeiten der Registrierungsunterlagen gerichtet ist sowie eine Bewertung der vorgeschlagenen Tierversuche enthält, und der Stoff-Evaluierung, die eine Prüfung darstellt, ob die vorläufige Risikobewertung ausreichend ist, und ob eventuell zusätzliche Informationen zu übermitteln sind.

Der genaue Ablauf des Evaluierungsverfahrens ist in den Art. 37ff. geregelt. Nach Schätzungen der Kommission ist jedoch davon auszugehen, dass für 80% der registrierten Stoffe keine weiteren behördlichen Schritte erforderlich sind.

### 9.3.2 Konsekutive Mehrfachvorlage und -verwendung von Prüfnachweisen

Der Gesetzesvorschlag der Kommission enthält darüber hinaus Regelungen zur Neugestaltung der Mehrfachverwendung von Prüfnachweisen im EG-Chemikalienrecht. Die Vorschriften unterscheiden im Hinblick auf die Mehrfachvorlage und -verwendung von Prüfnachweisen einerseits zwischen den Fällen der konsekutiven und simultanen Mehrfachregistrierung und andererseits bei der letztgenannten zwischen Neu- und Altstoffen.[26] Zunächst soll auf die Vorschriften eingegangen werden, die sich mit konsekutiven Mehrfachregistrierungen befassen. Sodann folgt eine entsprechende Untersuchung der Vorschriften, die das Verfahren simultaner Mehrfachregistrierungen regeln.

Nach dem Gesetzesvorschlag beziehen sich die ausdrücklichen Regelungen konsekutiver Mehrfachregistrierungen ausschließlich auf *zukünftige* Zweitregistrierungen und damit auf Neustoffe.[27] Die einschlägigen Vorschriften der Art. 24ff. befinden sich im 2. Abschnitt des 3. Titels[28], der bezeichnenderweise mit „Rules for Non-Phase-In-Substances" überschrieben ist.

---

[26] Obwohl des REACH-System eine einheitliche Behandlung von Neu- und Altstoffen fordert, beziehen sich die Fälle von simultanen Mehrfachregistrierungen fast ausschließlich auf Altstoffe. Somit bleibt die beibehaltene Unterscheidung sinnvoll und auch notwendig.

[27] Diese Ausgestaltung trägt dem Umstand Rechnung, dass in der Praxis die konsekutive Zweitregistrierung vor allem bei Neustoffen auftritt.

[28] Title V, „Data Sharing and Avoidance of Unnecessary Animal Testing".

### 9.3.2.1 Grundsatz

Wie bereits nach geltendem Recht ist jeder Hersteller oder Importeur auch weiterhin zur Registrierung und mit dieser zur Vorlage des entsprechenden vollständigen Datensatzes verpflichtet, unabhängig davon, ob vorherige Registrierungen vorliegen. Die Registrierungspflicht bleibt somit bestehen und entfällt nicht dadurch, dass ein Stoff bereits zu einem früheren Zeitpunkt von einem anderen Hersteller oder Importeur registriert worden ist.

### 9.3.2.2 Freigabe nach zehn Jahren

Für den Fall, dass die Erstregistrierung bereits mehr als zehn Jahre zurückliegt, sieht Art. 23 III vor, dass die Central Agency anderen Registrierungskandidaten eine Zusammenfassung der Prüfnachweise aushändigt. Zugleich bedeutet dies, dass der nachfolgende Registrierende die entsprechenden Prüfnachweise nicht wiederholt vorlegen muss. Diese Bestimmung entspricht dem geltenden Art. 9 der RL 67/548. Eine Abweichung zur geltenden Rechtslage ist jedoch darin zu erblicken, dass die zuständige Registrierungsbehörde dem konsekutiv Registrierenden die (vorliegende) Zusammenfassung der Prüfnachweise aushändigt.[29]

### 9.3.2.3 Bezugnahme des konsekutiv Registrierenden bei Zustimmung des Erstregistrierenden

Bereits vor Ablauf von zehn Jahren kann der konsekutiv Registrierende auf die Prüfnachweise des Erstregistrierenden Bezug nehmen, sofern er nachweisen kann, dass die Zusammensetzung des nachregistrierten Stoffes nicht unwesentlich abweicht, der Grad der Verunreinigungen im Vergleich zum vorregistrierten Stoff nicht zu hoch ist und sofern er eine schriftliche Zustimmung des Erstregistrierenden (sog. letter of access) vorlegen kann, Art. 12 III. Insofern ergeben sich inhaltlich keine Abweichungen zu der entsprechenden Regelung des Art. 15 I RL 67/548.

### 9.3.2.4 Bezugnahme bei Prüfnachweisen, die Tierversuche erfordern

Grundlegende Verfahrensänderungen zeichnen sich dagegen bei der Mehrfachverwendung von Prüfnachweisen ab, die Tierversuche erfordern. So wird auf europäischer Ebene erstmals die Regelung vorgeschlagen, dass diese Prüfnachweise auch ohne Zustimmung des Erstregistrierenden und bereits vor Ablauf von zehn Jahren zugunsten des konsekutiv Registrierenden verwendet werden sollen. Ähn-

---

[29] Art. 23 III lautet: „Any summaries or robust study summaries of studies submitted in the framework of a registration at least 10 years previously may be made freely available by the Agency to any other registrants or potential registrants." Nach den Regelungen des vorläufigen Gesetzesvorschlags war dagegen noch in Punkt 27 IV (b) (ii) vorgesehen, dass die kompletten Prüfnachweise ausgehändigt werden sollen.

lich dem deutschen Recht beschreibt der Gesetzesvorschlag eine bestimmte Prozedur:

1. Pflicht zur Konsultation der zentralen Datenbank durch den konsekutiv Registrierenden hinsichtlich einer eventuellen Erstregistrierung, Art. 24 II.
2. Kumulativ hierzu (Vor-)Anfrage an die zuständige Registrierungsbehörde, Art. 24 III.
3. Herstellen des Kontakts zwischen Erst- und konsekutiv Registrierenden durch die Registrierungsbehörde, Art. 24 IV (b).
4. Einigungsmöglichkeit der Beteiligten im Hinblick auf die Verwendung der bereits vorliegenden Prüfnachweise, die Tierversuche erfordert haben bzw. Abgabe an eine Schlichtungsstelle, Art. 25 II.

Bei zustande gekommener Einigung hat der Erstregistrierende eine schriftliche Zustimmungserklärung abzugeben, Art. 25 III.

Bei einem Einigungsfehlschlag kann der konsekutiv Registrierende dies der Behörde und dem Erstregistrierenden mindestens einen Monat nach Herstellung des Kontakts mitteilen, Art. 25 IV S. 1. Der Erstregistrierende hat einen Monat nach Erhalt dieser Mitteilung Gelegenheit, die Kosten für die Erstellung der Prüfnachweise gegenüber dem konsekutiv Registrierenden und der Behörde darzulegen. Zahlt der konsekutiv Registrierende hierauf 50% der entstandenen Kosten und belegt die Zahlung gegenüber der Behörde, händigt diese ihm die entsprechende Zusammenfassung der Prüfnachweise bzw. deren Ergebnisse aus, Art. 25 IV (a).[30]

Legt der Erstregistrierende die Erstellungskosten nicht innerhalb der Frist dar, händigt die Behörde gleichwohl dem konsekutiv Registrierenden die Prüfnachweise aus. Der Erstregistrierende behält seinen Anspruch auf hälftige Kostenerstattung, die er vor nationalen Gerichten geltend machen kann, Art. 25 IV (b).

5. Der konsekutiv Registrierende hat eine Wartezeit von vier Monaten nach erfolgter Registrierung einzuhalten, Art. 25 V.

Die vorstehende Beschreibung verdeutlicht, dass mit den Reformvorschlägen die ursprüngliche Zurückhaltung des geltenden Art. 15 RL 67/548 im Hinblick auf die Mehrfachverwendung von Tierversuchsdaten aufgegeben wurde. Durch die nunmehr geregelte Prozedur der obligatorischen Mehrfachverwendung wird ein Verfahren festgelegt, dessen Einführung und Ausgestaltung zuvor den Mitgliedstaaten überlassen war. Rechtspolitisch von besonderem Interesse sind dabei die Abweichungen der Verfahrensausgestaltung des Gesetzesvorschlags im Vergleich zu der Verfahrensausgestaltung, wie sie etwa von dem Mitgliedstaat Deutschland aufgrund des eingeräumten Spielraums vorgenommen worden ist. Hierzu zählt neben der Möglichkeit der Abgabe an ein Schlichtungsgericht, die Aushändigung der Zusammenfassung der Prüfnachweise durch die Behörde, die Festlegung des Kostenerstattungsanspruch auf eine Höhe von 50%, die Regelung der wechselsei-

---

[30] Auch hier war nach dem vorläufigen Gesetzesvorschlag der Kommission noch vorgesehen, dass die Behörde dem konsekutiv Registrierenden die vollständigen Prüfnachweise aushändigt, Punkt 28 IV 2. Unterabsatz.

tigen Mitteilungspflichten, die Durchsetzbarkeit des Erstattungsanspruchs vor den nationalen Gerichten, sowie die Festlegung einer Wartefrist in Höhe von 4 Monaten. Im Rahmen der Würdigung wird auf diese Varianten der Ausgestaltung zurückzukommen sein.

### 9.3.3 Simultane Mehrfachvorlage und -verwendung von Prüfnachweisen

#### *9.3.3.1 Neustoffe*

Der Gesetzesvorschlag der Kommission enthält des Weiteren (bis zu diesem Zeitpunkt auf europäischer Ebene nicht vorhandene) Regelungen für die Situation, in der mehrere Hersteller oder Importeure gleichzeitig denselben Neustoff registrieren. In den Art. 10 bzw. 17 wird die gemeinsame Datenbeibringung durch die Mitglieder eines Konsortiums geregelt.[31]

Das neue Konzept räumt den Herstellern oder Importeuren, die gleichzeitig denselben Neustoff registrieren, die Möglichkeit ein, die erforderlichen Prüfnachweise nur einmal vorzulegen.[32]

Welche Daten von einem Konsortiumsmitglied zugleich stellvertretend für die anderen Konsortiumsmitglieder vorgelegt werden dürfen, ist in dem Gesetzesvorschlag klar abgegrenzt. So gilt für Neustoffe, die nicht ein Zwischenprodukt darstellen, dass es sich hierbei um die in Art. 9 I (a) (iv), (vi), (vii) und (ix) aufgeführten Daten handelt, Art. 10 I 3. Unterabsatz.[33] Diese Daten setzen Prüfnachweise voraus, die stoffspezifisch sind und demnach nur einheitlich ausfallen können. Dagegen gilt bzgl. der vorzulegenden Informationen nach Art. 9 I (a) (i)–(iii), (viii), dass jedes Konsortiumsmitglied diese getrennt vorzulegen hat, Art. 10 I 2. Unterabsatz.[34] Hierbei handelt es sich typischerweise um anbieterspezifische Daten, die je nach Hersteller oder Importeur voneinander abweichen können. Eine neutrale Bedeutung bescheinigt der Gesetzesvorschlag den Informationen nach Art. 9 I (a) (v) und (b). Diese können nach Art. 10 I 4. Unterabsatz entweder von allen Konsortienmitgliedern getrennt oder stellvertretend durch ein Konsortiumsmitglied

---

[31] „Joint Submission of Data by Members of Consortia". Ursprünglich war nach dem vorläufigen Gesetzesvorschlag eine entsprechende Regelung auch für die Registrierung von Polymeren vorgesehen. Nunmehr sind Polymere jedoch bis auf weiteres grundsätzlich nicht mehr registrierungspflichtig.

[32] Dass sich diese Regelungen nur auf Neustoffe beziehen, ergibt sich aus der Formulierung des Gesetzestextes „When a substance/an on site isolated intermediate or transported isolated intermediate is *intended* to be manufactured in the Community by two or more manufacturers and/or imported by two or more importers, they may join in a consortium for the purposes of registration.", Art. 10 I 1. Unterabsatz S. 1, 17 I 1. Unterabsatz S. 1.

[33] Für Zwischenprodukte bezieht sich Art. 17 I 3. Unterabsatz auf Art. 15 II (c), (d) und Art. 16 II (c) und (d), III.

[34] Für Zwischenprodukte verweist Art. 17 I 2. Unterabsatz auf Art. 15 II (a), (b) und Art. 16 II (a), (b).

vorgelegt werden. Es handelt sich hierbei um die Leitlinien für die sichere Verwendung sowie der Stoff-Sicherheitsberichte, vgl. Art. 9 I (a) (v).[35]

Gleichwohl lässt der englische Wortlaut der Regelung „[...] *may* join in a consortium" keinen Zweifel daran, dass die Bildung eines Konsortiums für die Beteiligten fakultativ ist und ein irgend gearteter Druck nicht ausgeübt werden soll. Dementsprechend enthalten die Art. 10 und 17 keine Ausführungen über eine etwaige Behördenbeteiligung. Insbesondere wurde anders als im deutschen Recht von einer behördlichen Fristsetzung für das Zustandekommen einer Einigung über die gemeinsame Datenvorlage und von der Bestimmung eines Primärverantwortlichen im Falle einer fehlgeschlagenen Einigung abgesehen.

Lediglich für den Fall, dass die vorzulegenden Prüfnachweise Tierversuche voraussetzen, bestimmt Art. 25 IV (c) im 5. Titel des Gesetzesvorschlags, dass die Central Agency jeweils Name und Anschrift der anderen Beteiligten mitteilt, sowie welche Tierversuchsdaten von beiden vorzulegen sind. Ergänzend ist in Art. 50, der sich sowohl auf Neu- als auch auf Altstoffe bezieht, ein Verfahren für die Mehrfachverwendung von Tierversuchsdaten geregelt, wenn sich die Beteiligten nicht über eine Kompensation der entstandenen Prüfkosten einigen konnten. Ob das Verfahren nach Art. 50 voraussetzt, dass die Behörde zuvor einen Primärverantwortlichen bestimmt hat, ist dagegen eine Frage der Auslegung dieser Vorschrift und soll sogleich bei der entsprechenden Situation für Altstoffe erörtert werden.

### 9.3.3.2 Altstoffe

Nach den Regelungen des Gesetzesvorschlags wird deutlich, dass mit weitergehenden Mehrfachverwendungen und damit einer grundlegenden Neugestaltung zu rechnen ist, sofern mehrere Altstoffe simultan zu registrieren sind. Hiermit war aus rechtspolitischen Erwägungen zu rechnen, da mit der hohen Anzahl der auf dem Markt erhältlichen Altstoffe besondere Herausforderungen für eine effiziente Verfahrensgestaltung bestehen. Im Folgenden werden die einschlägigen Änderungen der simultanen Mehrfachvorlage und -verwendung von Prüfnachweisen, die Altstoffe betreffen, vorgestellt.

**a) Präregistrierungsverfahren**

Innerhalb der jeweils geltenden Registrierungsfrist ist unabhängig von der vermarkteten Menge von jedem Hersteller oder Importeur eine Präregistrierung durchzuführen. Dies hat zum einen den Zweck, dass auf diese Weise die marktrelevanten und somit zu überprüfenden Altstoffe identifiziert werden können. Auf der anderen Seite wird durch die Präregistrierung die Bildung von Konsortien zur gemeinsamen Datenbeibringung ermöglicht und gefördert. Entsprechend der Bedeutung der Präregistrierung ist der Regelung dieses Verfahrens mit den Art. 26ff. des Gesetzesvorschlags ein ganzer Abschnitt gewidmet.

---

[35] Art. 10 II regelt schließlich die Reduzierung der Registrierungsgebühr auf ein Drittel für jedes Konsortiumsmitglied, vgl. die wortgleichen Regelungen des Art. 17 II.

Nach Art. 26 II hat jeder Hersteller oder Importeur mindestens achtzehn Monate vor Ablauf der jeweils einschlägigen Frist nach Art. 21 der Central Agency die Präregistrierungsdaten zu übermitteln. Diese sind nach Art. 26 I (a)–(e) näher spezifiziert. Zu den vorzulegenden Präregistrierungsdaten zählen insbesondere Name und Anschrift des Herstellers oder Importeurs, Name der Substanz, EINECS-[36] und CAS-Nummer[37] und eine Erklärung und nähere Bezeichnung über bereits dem Registrierungskandidaten vorliegende Prüfnachweise. Die auf diese Weise übermittelten Daten werden in einer zentralen Datenbank verwaltet. Zu der zentralen Datenbank sollen auch die Mitgliedstaaten Zugang haben, Art. 26 V.

**b) Substance Information Exchange Fora**

Auf der Grundlage der eingereichten Präregistrierungsdaten soll zunächst die Bildung von Foren ermöglicht werden, denen jeweils alle Hersteller oder Importeure angehören, die denselben Altstoff vermarkten. Erklärtes Ziel der Bildung der sog. „Substance Information Exchange Fora" (SIEF) ist nach Art. 27 II die Minimierung von Tierversuchen durch den Austausch von Informationen bzw., sofern diese (noch) nicht vorhanden sind, durch Absprachen zur gemeinsamen Erstellung der Prüfnachweise.[38]

Demnach ist nach Art. 28 I 1. Unterabsatz jeder Hersteller oder Importeur verpflichtet, vor der Durchführung von Tierversuchen die zentrale Datenbank zu konsultieren, um zu erfahren, ob entsprechende Prüfnachweise bereits einem anderen Hersteller oder Importeur vorliegen. Das weitere Verfahren hängt davon ab, ob dies der Fall ist.

*Variante 1: Mehrfachverwendung von bereits vorhandenen Tierversuchsdaten*

Wenn bereits ein Hersteller oder Importeur über Prüfnachweise verfügt, die Tierversuche vorausgesetzt haben, richtet sich die weitere Vorgehensweise nach Art. 28 I. Hiernach wird derjenige Hersteller oder Importeur, der nicht über die Prüfnachweise verfügt, verpflichtet, innerhalb von zwei Monaten nach Ablauf der 18-Monatsfrist des Art. 26 II, die entsprechenden Prüfnachweise anzufordern. Innerhalb einer weiteren Frist von zwei Wochen nach erfolgter Anfrage sind sodann die Erstellungskosten darzulegen. Zahlt der anfragende Hersteller oder Importeur

---

[36] „EINECS" steht für „European INventory on Existing Commercial Substances". Alle 100.196 Substanzen, die unter die geltende europäische Altstoffrichtlinie fallen, sind in diesem Inventar verzeichnet und haben entsprechend eine EINECS-Nummer.
[37] „CAS" heißt „Chemical Abstracts Service", eine Abteilung der „American Chemical Society" (ACS). CAS unterhält das weltgrößte Identifikationssystem für Chemikalien, das „CAS Registry". Jede in der wissenschaftlichen Literatur oder in Patentschriften beschriebene Substanz erhält eine CAS Registry Number (CAS RN), zu deutsch CAS-Nummer – derzeit hat das Register gut 25 Millionen Einträge.
[38] Art. 27 II lautet: „The aim of each SIEF is to minimise the duplication of tests by exchanging information. SIEF participants shall provide other participants with existing studies, react to requests by other participants for information, collectively identify needs for further studies and arrange for them to be carried out."

darauf einen anteiligen Betrag, sind diesem die Prüfnachweise innerhalb von zwei Wochen nach erfolgter Zahlung auszuhändigen.[39]

Für den Fall, dass sich der Hersteller oder Importeur, der über die Prüfnachweise verfügt, weigert, entweder die Erstellungskosten darzulegen oder die Prüfnachweise auszuhändigen, wird für das weitere Verfahren unterstellt, dass überhaupt keine Prüfnachweise bei einem der Beteiligten vorliegen.[40] Mit anderen Worten ist dann das Verfahren nach Art. 28 II anzuwenden, wonach alle vernünftigen Schritte unternommen werden müssen, auf eine gemeinsame Erstellung der Prüfnachweise hinzuwirken.

Die Central Agency hat gleichwohl in einer solchen Situation nach Vorbild der konsekutiven Mehrfachverwendung darüber zu entscheiden, die Zusammenfassung der Prüfnachweise den anderen Beteiligten auszuhändigen, damit diese von der wiederholten Erstellung der Prüfnachweise befreit werden können, Art. 28 III S. 2. Der Inhaber der Prüfnachweise hat dann gegenüber den anderen Beteiligten einen Anspruch auf eine angemessene Kompensation der Erstellungskosten, die er vor den nationalen Gerichten geltend machen kann, Art. 28 III S. 3.

Somit gewährleistet das Verfahren der Präregistrierung, dass Tierversuchsdaten obligatorisch mehrfachverwendet werden, selbst wenn sich die Beteiligten nicht zuvor über die Kostenerstattung bzw. die Aushändigung einer Ausfertigung einigen konnten. Dies gilt jedenfalls, soweit die Tierversuchsdaten bereits bei einem Beteiligten vorliegen.

*Variante 2: Mehrfachverwendung von noch zu erstellenden Tierversuchsdaten*

Liegen keinem der Beteiligten bereits Prüfnachweise vor, müssen sie Kontakt miteinander aufnehmen, um eine Absprache herbeizuführen, die erforderlichen Prüfnachweise gemeinsam bzw. unter Kostenbeteiligung zu erstellen. Hervorzuheben ist, dass zwar der Einigungsversuch verpflichtend vorgeschrieben ist; ein Einigungszwang bzw. die Bestimmung eines Primärverantwortlichen im Falle einer fehlgeschlagenen Einigung wurde jedoch nicht statuiert. Vielmehr wird lediglich

---

[39] „Before testing on vertebrate animals is carried out in order to meet the information requirements for the purpose of registration, a participant of a SIEF shall inquire whether a relevant study is available by consulting the database referred to in Article 26 and by communicating within his SIEF. If a relevant study is available within the SIEF, a participant of the SIEF who would have to carry out a test on vertebrate animals shall request that study within two months of the deadline in Article 26 (2).
Within two weeks of the request, the owner of the study shall provide proof of its cost to the participant(s) requesting it. The particpant(s) and the owner shall take all reasonable steps to reach an agreement on how to share the cost among them. If they cannot reach an agreement on how to do this, the cost shall be shared equally. The owner shall provide the study within two weeks of receipt of payment.", Art. 28 I.

[40] „If the owner of such a study refuses to provide either proof of the cost of that study or the study itself to another participant(s), then the other participants(s) shall proceed as if no relevant study were available within the SIEF.", Art. 28 III.

an die Vernunft der Beteiligten appelliert, eine entsprechende Absprache zu erzielen, Art. 28 II.[41]

Darüber, welche Folgen ein Scheitern dieser Einigungsbemühungen hat, insbesondere ob die Behörde sodann einen Primärverantwortlichen bestimmt oder gar Mehrfachvorlagen zulässt, enthalten die Vorschriften zum Präregistrierungsverfahren keine Aussagen. Die Situation, in der Tierversuchsdaten vorzulegen sind, die keinem der Beteiligten bereits vorliegen, ist vielmehr in Art. 50 geregelt:

Für den Fall, dass die zuständige Behörde eines Mitgliedstaates im Rahmen der Dossier-Evaluation bei der Bewertung der eingereichten Testvorschläge zu dem Ergebnis kommt, dass weitere Prüfnachweise einzureichen sind, die Tierversuche voraussetzen, regelt Art. 50 die wechselseitigen Ansprüche der Kostenkompensation und der Aushändigung einer Ausfertigung der Prüfnachweise.[42]

Offen bleibt jedoch nach dieser Regelung, ob und auf welche Weise unter all den Beteiligten derjenige zu identifizieren ist, der im Falle einer fehlgeschlagenen Einigung die Prüfnachweise zugunsten aller einzureichen hat. Art. 50 I bestimmt lediglich, dass „*If* a registrant or downstream user performs a test on behalf of others, they shall all share the cost of that study equally." Mit anderen Worten könnte diese Vorschrift so ausgelegt werden, dass bei einer gescheiterten Einigung Art. 50 nicht anwendbar ist und Tierversuchsdaten somit individuell vorgelegt werden dürfen.

Demgegenüber sah Punkt 41 des vorläufigen Gesetzesvorschlags in einer solchen Situation die Bestimmung eines Primärverantwortlichen vor, dessen eingereichte Prüfnachweise obligatorisch zugunsten aller Beteiligten (mehrfach)verwendet werden. Überdies unterschied Punkt 41 weder zwischen Alt- und Neustoffen, noch zwischen Tierversuchs- und Nicht-Tierversuchsdaten, so dass auch die letzteren Gegenstand eines obligatorischen Mehrfachverwendungsverfahrens waren.[43]

---

[41] „They shall take all reasonable steps to reach an agreement on who carries it out on behalf of other participants".

[42] Art. 50 regelt daher die simultane Variante der Mehrfachverwendung von Prüfnachweisen, die Neu- *und* Altstoffe betreffen.

[43] Punkt 41 des vorläufigen Gesetzesvorschlags lautet wie folgt:
1. If in the case of Point 35 several registrants and/or downstream users of the same substance have submitted proposals for the same test, the evaluating authority shall give them the opportunity to reach an agreement within 30 days on who will perform and submit the test.

The same rule shall apply if in the case of Point 38 (c) to (e) there are several registrants and(or downstream users of the same substance, who might be required to submit the same information.
2. The evaluating authority shall prepare the draft decision under Point 35 or Pont 38 (c) to (e) in accordance with the agreement referred to in paragraph 1.
3. If there is no such agreement, the evaluating authority shall designate one of the registrants and/or downstream users to perform the test at its discretioin, taking into account proportionality.

Auf der anderen Seite schließt Art. 50 nach wie vor eine solche Vorgehensweise auch nicht ausdrücklich aus. Insofern könnte die Vorschrift unter Berücksichtigung des in Art. 23 I S. 1 festgelegten generellem Ziel, Tierversuche zu vermeiden[44], so ausgelegt werden, dass die zuständige Evaluierungsbehörde einen Primärverantwortlichen zu bestimmen hat. Schließlich lassen sich Mehrfachvorlagen von (Tierversuchs-)Daten, die nicht bereits bei einem Beteiligten vorhanden sind, nur dann ausschließen, wenn ein Primärverantwortlicher bestimmt worden ist.[45] Für diese Auslegung des Art. 50 spricht des Weiteren, dass davon auszugehen ist, dass sich die Beteiligten schon im Vorfeld nicht über die grundsätzlich gemeinsame Datenvorlage verständigen konnten, wenn sie sich schon nicht zuvor über die angemessene Kostenteilung geeinigt haben. Vor diesem Hintergrund erscheint es daher vertretbar, dass das in Art. 50 beschriebene Verfahren auch im Falle eines Einigungsfehlschlags nach behördlicher Bestimmung eines Primärverantwortlichen angewendet wird.[46]

### c) Obligatorische Mehrfachverwendungen sämtlicher Prüfnachweise

Weitergehende Vorschriften in dem Sinne, dass Prüfnachweise auch dann obligatorisch mehrfachverwendet werden, wenn sie sich auch auf Nicht-Tierversuchsdaten beziehen, sind in dem Gesetzesvorschlag nicht enthalten.

Art. 23 I S. 2 bestimmt lediglich, dass die wiederholte Durchführung von Tests auch dann unnötig sind, wenn sie keine Tierversuche voraussetzen.[47] In diesem

---

If a test is performed by one of several registrants or downstream users (for the purposes of paragraphs 3 and 4 referred to as „actors"), the actors concerned shall share the cost of that study equally.

4. The actor performing and submitting the study shall have a claim against the other actors accordingly. The other actors shall have a claim for a copy of the study. Any of the actors shall be able to make a claim in order to prohibit another actor from manufacturing, importing or placing the substance on the market if that other actor either fails to pay his share of the cost or to provide security for that amount or fails to hand over a copy of the study performed. All claims shall be enforceable in the national courts. The actors may choose to submit their claims for remuneration to an arbitration board and accept the arbitration order.

5. The evaluating authority shall communicate its draft decision to the registrant(s) or downstream user(s) concerned and allow them to comment within 30 days. It shall take the comments into account.

The first subparagraph does not apply if Member State law already provides for the right of the parties concerned to be heard.

[44] „In order to avoid unnecessary animal testing, testing on vertebrate animals for the purposes of this Regulation shall only be undertaken as a last resort."

[45] Für erst noch zu erstellende Prüfnachweise ist die Ausgangssituation im Vergleich zu dem Verfahren der obligatorischen Mehrfachverwendung nach Art. 28 III daher unterschiedlich und nicht übertragbar.

[46] In jedem Fall lässt der genaue Wortlaut des Art. 50 Spielraum für unterschiedliche Auslegungsvarianten.

[47] „It is also necessary to take measures limiting unnecessary duplication of other tests."

Sinne ist das Präregistrierungsverfahren auch dazu geeignet, untereinander solche Daten auszutauschen, die keine Tierversuche vorausgesetzt haben.[48]

Somit bleibt festzustellen, dass nach dem Gesetzesvorschlag auf die Einführung von weitergehenden Vorschriften zur obligatorischen Mehrfachverwendung von Nicht-Tierversuchsdaten verzichtet wurde.[49]

## 9.4 Würdigung des Gesetzesvorschlags und rechtspolitische Vorschläge zur Neuregelung der Vorlage von Prüfnachweisen

### 9.4.1 Konsekutive Mehrfachvorlage und -verwendung von Prüfnachweisen

Während sich für die Grundsatz-, die Freigabe- und die Zustimmungsregelung keine wesentlichen Unterschiede zu den geltenden Regelungen ergeben, besteht die wesentliche Änderung der Vorschläge zur Mehrfachverwendung von Prüfnachweisen darin, dass Tierversuchsdaten bereits vor Ablauf von zehn Jahren zu Gunsten eines Dritten verwertet werden (müssen). Die Voraussetzungen hierfür wurden in dem Gesetzesvorschlag auf europäischer Ebene erstmalig geregelt.

Demnach werden Prüfdaten vor Ablauf von zehn Jahren auch dann zugunsten eines Dritten verwendet, wenn der Erstregistrierende dieser Vorgehensweise im Vorfeld nicht zugestimmt hat. Vielmehr ist gesetzlich bestimmt, dass diese Versuche durch den konsekutiv Registrierenden gar nicht wiederholt werden dürfen, Art. 24 IV (b) 2. Unterabsatz: „These studies shall not be repeated." Allerdings muss es sich dabei um Prüfnachweise handeln, die Tierversuche voraussetzen.

Diese Regelung tritt an die Stelle des Spielraums, der den Mitgliedstaaten bislang durch Art. 15 RL 67/548 eröffnet wurde. Zur Vermeidung überflüssiger Tierversuche und angesichts der Tatsache, dass nicht alle Mitgliedstaaten den Spielraum zur Schaffung entsprechender Erleichterungen genutzt haben, erscheint diese nunmehr einheitliche Festsetzung nachvollziehbar und sinnvoll.

Besonderes Augenmerk ist auch auf die Details der vorgegebenen Prozedur zu richten. Diese weicht zum Teil erheblich von der Prozedur ab, wie sie etwa in Deutschland aufgrund des eingeräumten Spielraums getroffen wurde. Im Folgenden sollen die einzelnen Punkte bewertet werden.

---

[48] Ebenso sieht Art. 25 I S. 2 vor, dass der konsekutiv Registrierende den Erstregistrierenden um die Gestattung der Bezugnahme fragen darf, sofern es sich um Nicht-Tierversuchsdaten handelt: „He may ask the registrants for any information on tests not involving vertebrate animals for which the previous registrants have given a declaration in accordance with Art. 9 (1) (a) (x).“

[49] Nach dem vorläufigen Gesetzesvorschlag war dies jedoch der Fall, soweit Punkt 41 vorsah, dass alle Prüfnachweise für Stoffe, die in Mengen von über 100 t jährlich vermarktet werden unabhängig davon, ob sie Tierversuche voraussetzen bzw. sich auf einen Neu- oder Altstoff beziehen, obligatorisch mehrfachverwendet werden.

### 9.4.1.1 Gesetzliche Frist zur Bildung eines Konsortiums

Zu begrüßen ist, dass es der konsekutiv Registrierende ist, der einen eventuellen Fehlschlag der Einigung frühestens einen Monat, nachdem ihm Name und Anschrift mitgeteilt wurde, melden darf und nicht auch der Erstregistrierende. Auf diese Weise wird verhindert, dass der Erstregistrierende missbräuchlich die Einigungsverhandlungen und damit auch den Zeitpunkt der Zweitregistrierung hinauszögern kann.

Die Alternative, die Einigung durch die Abgabe der Sache an eine Schlichtungsstelle zu ersetzen, gibt den Beteiligten die Möglichkeit, die Höhe des Kostenerstattungsanspruchs von objektiver Stelle feststellen zu lassen. Im Übrigen werden sie hierdurch entlastet, innerhalb eines Monats nach Herstellung des Kontakts eine Einigung über die Frage der Kostenerstattung erzielen zu müssen. Des Weiteren ist eine außergerichtliche Streitschlichtung besser geeignet, Rechtsfrieden herbeizuführen, als ein gerichtliches Verfahren.

### 9.4.1.2 Kostenerstattung

Die in den Fristen des Art. 25 IV offen zu legenden Kosten der Prüfnachweise sind von dem Zweitregistrierenden in Höhe von 50% zu erstatten.

Der Gesetzestext ist wohl so zu verstehen, dass auch weitere nachfolgend Registrierende dem Erstregistrierenden jeweils 50% der Erstellungskosten zu erstatten haben. Auf diese Weise könnte der Erstregistrierende die Kosten für die Erstellung der Prüfnachweise voll ersetzt bekommen, wenn bereits zwei konsekutiv Registrierende auf seine Prüfnachweise Bezug nehmen. In dem Fall der Bezugnahme durch mehr als zwei konsekutiv Registrierende erwirtschaftet der Erstregistrierende folglich sogar einen Gewinn. Diese Folge ist gerechtfertigt und zu begrüßen, da es der Erstregistrierende war, der das mit einem Forschungs- und Entwicklungsaufwand verbundene Risiko auf sich genommen hat.[50]

Aus den Problemen der Kostenberechnung lässt sich jedoch eine andere Schlussfolgerung ableiten, die sich auf die Ausgestaltung des Verfahrens der Mehrfachverwendung von Prüfnachweisen bezieht. Soweit Art. 25 IV (a) S. 2 festlegt, dass die Behörde dem konsekutiv Registrierenden eine Ausfertigung der Prüfnachweise aushändigt, sofern dieser nachweisen kann, dass er dem Erstregistrierenden bereits 50% der offen gelegten Kosten erstattet hat, ist zu befürchten, dass der Erstregistrierende die Kosten überhöhen könnte. Um derart missbräuchliches Verhalten auszuschließen, müsste es dem konsekutiv Registrierenden auch gestattet sein, für den hälftigen Kostenbetrag zunächst eine Sicherheitsleistung stellen zu können. Dies hätte zur Folge, dass trotz Unklarheiten über die Höhe des Anspruchs der konsekutiv Registrierende nicht an der Aufnahme der Vermarktung gehindert wird.

Entsprechend sollte die Formulierung des Art. 25 IV (b) S. 2 dahin angepasst werden, dass der Erstregistrierende seinen Kostenerstattungsanspruch nicht nur in

---

[50] Die Variante, dass die Last der Kostenerstattung in Höhe von 50% gleichmäßig auf alle konsekutiv Registrierende aufgeteilt wird, soll deshalb hier nicht weiter verfolgt werden.

dem Fall vor den nationalen Gerichten verfolgen muss, in dem er es gänzlich unterlassen hat, die Höhe der Kosten offen zu legen. Vielmehr ist dieser Weg auch dann einzuschreiten, wenn Streitigkeiten über die Berechnung der Kostenhöhe bestehen, der konsekutiv Registrierende jedoch gleichwohl eine Sicherheit für den Kostenerstattungsanspruch geleistet hat.

### 9.4.1.3 Aushändigung einer Zusammenfassung der Prüfnachweise

Die bloße Aushändigung der Zusammenfassung der Prüfnachweise an den konsekutiv Registrierenden erscheint aus Gründen der Dialogfähigkeit und der Produktverantwortung sinnvoll. Insofern ist die getroffene Regelung in ihrer Ausgestaltung aus Gründen des Allgemeinwohls nicht zu beanstanden.

Dass dagegen die Aushändigung durch die Behörde und nicht durch den Erstregistrierenden zu erfolgen hat, kann auf widerstreitende Interessen stoßen. Zwar bietet die Aushändigung durch die Behörde hinreichend Gewähr, dass die Unterlagen dem konsekutiv Registrierenden vollständig übergeben werden. Auf der anderen Seite entsteht hierdurch für die Behörde ein zusätzlicher Aufwand. Diese Belastung mag jedoch im Vergleich zur gerichtlichen Durchsetzung des konsekutiv Registrierenden auf Auskunft und Aushändigung der Unterlagen vergleichsweise gering erscheinen, so dass die Aushändigung durch die Behörde von diesem Punkt nicht zu beanstanden ist.

Des Weiteren ist danach zu fragen, ob die Aushändigung mit Geheimhaltungsinteressen der Erstregistrierenden zu vereinbaren ist. Im Falle von Tierversuchsdaten kann die Aushändigung der Zusammenfassung nämlich bereits vor Ablauf eines hinreichend langen Zeitraums von zehn Jahren erfolgen. Insofern ist der von dem Erstregistrierenden verfolgte Zweck der Geheimhaltung gegenüber anderen Konkurrenten durchaus noch aktuell. Allerdings spricht für eine Aushändigung der Unterlagen an den Konkurrenten, dass dieser sich angemessen an deren Erstellungskosten zu beteiligen hat. Dementsprechend hat der konsekutiv Registrierende die Erstellung der Prüfnachweise zu einem Teil mitfinanziert. In Verbindung mit seiner Produktverantwortung und der Gewährleistung der behördlichen Dialogfähigkeit erscheint es, wenn auch nicht zwingend, so jedoch vertretbar, dass diesem wenigstens die Zusammenfassung der Prüfnachweise ausgehändigt wird.

### 9.4.1.4 Wartefrist

Von herausragender Bedeutung ist die Regelung des Art. 25 V, wonach nach erfolgter Registrierung durch den konsekutiv Registrierenden eine Wartezeit im Umfang von (nur) vier Monaten gilt. Diese gesetzliche Festlegung weicht in ihrem Umfang erheblich von der deutschen Regelungsvariante ab, die eine Wartezeit festlegt, die sich nach der Zeit für die Erstellung des Prüfnachweises richtet. So ist zu vermuten, dass für die eigenhändige Erstellung der Prüfnachweise ein Zeitraum von mehr als vier Monaten benötigt werden würde. Der mit der Wartefrist zu verbindende Schutz des Wettbewerbsvorsprungs des Erstregistrierenden wird so stark eingeschränkt.

Insofern mag eine solche Regelung den Wettbewerbsinteressen des Erstregistrierenden zuwiderlaufen. Dieser betrachtet die von seinen Konkurrenten einzuhaltende Wartefrist als gesetzliche Garantie für den Erhalt seiner Monopolstellung. Eine Rechtfertigung für diese Vergünstigung ergibt sich nach Ansicht des Erstregistrierenden aus der Kostendeckung für die zuvor getätigten Aufwendungen der Forschungs- und Entwicklungsarbeiten. Des Weiteren soll die in Aussicht gestellte Wartefrist zu Lasten der Konkurrenten ein Motiv für die Aufnahme dieser Forschungs- und Entwicklungsarbeiten darstellen. Je kürzer daher die Wartefrist durch den Gesetzgeber festgelegt wird, desto stärker sehen sich die Erstregistrierenden in ihren Interessen verletzt.

Hingegen wird mit Festlegung einer kurzen Wartefrist den Interessen von KMU Rechnung getragen. Neben der Kostenreduktion kann die Zeitersparnis den KMU Anreize bieten, weiterhin auf dem Gebiet der Anwendungsinnovationen tätig zu bleiben. Würde man sich nämlich diese Vorteile wegdenken, hätten KMU Probleme, sich in demselben Umfang auf dem Markt zu behaupten. Schließlich konnten sie bislang für die Herstellung von Zubereitungen auf die nicht anmeldepflichtigen Altstoffe zurückgreifen.[51] Des Weiteren konkurrieren sie auf dem Gebiet der Anwendungsinnovationen selten mit größeren Herstellern oder Importeuren, so dass das Entstehen von Konkurrenz um die Verteilung von Marktanteilen nicht zu befürchten ist.

Zwar mag ein Zeitraum von vier Monaten im Vergleich zu dem Zeitaufwand des Erstregistrierenden zur Erstellung der Prüfnachweise sehr kurz erscheinen. Gleichwohl verbleibt dem Erstregistrierenden immerhin überhaupt noch ein (wenn auch verkürzter) Marktvorsprung, der seinem Aufwand an der Erstellung der Prüfnachweise Rechnung trägt. Insofern stellt eine Wartefrist im Umfang von vier Monaten durchaus einen Kompromiss zwischen den verschiedenen Interessen dar.

### 9.4.1.5 Mehrfachverwendung von Prüfnachweisen, die keine Tierversuche voraussetzen

Nach dem Gesetzesvorschlag dürfen vor Ablauf von zehn Jahren und ohne Zustimmung des Erstregistrierenden nur die Prüfnachweise mehrfachverwendet werden, die Tierversuche voraussetzen.

Es fragt sich jedoch, ob darüber hinaus auch für solche Prüfnachweise eine Zweitverwendung vorgesehen werden soll, die keine Tierversuche voraussetzen. Als Ziele einer Regelung, vorliegende Prüfnachweise auch ohne Zustimmung des Vorregistrierenden zu verwenden, sind neben der Vermeidung volkswirtschaftli-

---

[51] Formulierer von Zubereitungen grenzen sich daher auf dem Markt von Herstellern von Neustoffen ab, die womöglich erst nach Entwicklung eines Neustoffes nach dessen möglichen Verwendungszwecken forschen. Einem Formulierer wird bereits aufgrund eines bestimmten Kundenwunsches die Erzielung einer bestimmten Stoffdienstleistung vorgegeben, die praktischerweise durch die Formulierung einer Zubereitung aufgefunden werden kann. Hingegen wäre die Entwicklung eines Neustoffes, der genau diese Stoffdienstleistung erfüllt, zu aufwändig.

cher Ineffizienz, die Förderung von KMU, die Verbesserung der behördlichen Überwachungstätigkeit und die Verwaltungsvereinfachung zu nennen.

Aus diesem rechtspolitischen Blickwinkel wird daher vorgeschlagen, die Zweitverwendung von Prüfnachweisen auch auf solche Prüfungen auszudehnen, die keine Tierversuche voraussetzen. Für die Entlastung öffentlicher Ressourcen bzw. für einen kostengünstigen Marktzugang kann nämlich dahingestellt bleiben, ob Prüfungen Tierversuche voraussetzen, solange sichergestellt ist, dass mit Hilfe von Mehrfachverwendungen Prüfnachweise nicht mehr wiederholt vorgelegt werden.[52]

### 9.4.1.6 Zwischenergebnis

Der vorläufige Gesetzesvorschlag der Kommission enthält konkrete Vorschläge zur Ausgestaltung der konsekutiven Mehrfachverwendung von Prüfnachweisen. Eine Würdigung dieser Vorschläge ergibt jedoch, dass weitergehende Regelungen notwendig erscheinen. Demnach wäre Art. 25 des Gesetzesvorschlags in dem Sinne zu modifizieren, dass Zweitverwendungen bereits vorliegender Prüfnachweise vor Ablauf von zehn Jahren und ohne dass der Erstregistrierende zustimmen muss, durchzuführen sind, selbst wenn diese Prüfnachweise keine Tierversuche voraussetzen.

### 9.4.2 Simultane Mehrfachvorlage und -verwendung von Prüfnachweisen

#### 9.4.2.1 Neustoffe

Die Regelungsvorschläge zur simultanen Mehrfachverwendungen von Prüfnachweisen, die Neustoffregistrierungen betreffen, setzen zunächst voraus, dass sich die Beteiligten zuvor intern über die Mehrfachverwendung geeinigt haben. Lediglich soweit Tierversuchsdaten vorzulegen sind, kann Art. 50 des Gesetzesvorschlags dahin ausgelegt werden, dass das in diesem Artikel beschriebene Verfahren auch dann anzuwenden ist, wenn sich die Beteiligten nicht über eine gemeinsame Datenvorlage einigen konnten und die zuständige Evaluierungsbehörde daraufhin einen Primärverantwortlichen bestimmt. Im anderen Fall würde eine fehlgeschlagene Einigung zwangsläufig zu Mehrfachvorlagen von Tierversuchsdaten führen. Da jedoch eine solche Folge nach Art. 23 I S. 1 nicht erwünscht ist, sollte die zukünftige Verordnung zur Klarstellung ausdrücklich vorsehen, dass eine fehlgeschlagene Einigung dazu führt, dass, wie bereits nach Punkt 41 des vorläufigen Gesetzesvorschlags, ein Primärverantwortlicher zu bestimmen ist. Die damit verbundene behördliche Last ist als gering einzustufen. Da die Kostenbeteili-

---

[52] Hinzu kommt, dass allein die Durchführung von Tierversuchen mit einem hohen Aufwand an Kosten und Zeit verbunden ist. Insofern könnte man auch die Ansicht vertreten, dass eine Ausdehnung der Mehrfachverwendung auf sämtliche Prüfnachweise nicht geeignet ist, Interessen der Erstregistrierenden zusätzlich zu beeinträchtigen.

gung dem privaten Ausgleich überlassen bleibt, muss die Behörde auch keine Kostenquoten festsetzen.

Gegenüber den anderen Beteiligten wird dem Primärverantwortlichen ein privatrechtlicher Anspruch auf Beteiligung an den Kosten eingeräumt. Als Primärverantwortlicher kommen insbesondere der Marktführer und derjenige in Betracht, der die meisten Kenntnisse über den Stoff besitzt. Die Kriterien Marktführerschaft und Kenntnisstand könnten gesetzlich fixiert werden, doch sollten sie nur Orientierungspunkte sein für ein der Behörde im Prinzip einzuräumendes Ermessen, weil sich in der Praxis andere Kriterien als ebenfalls geeignet herausstellen können. In diesem Sinne hat sich auch Punkt 41 III 1. Unterabsatz lediglich darauf beschränkt, dass die Bestimmung des Primärverantwortlichen nach Verhältnismäßigkeitsgesichtspunkten zu erfolgen hat.

Zur Klarstellung sollte Art. 50 des Gesetzesvorschlags um Sanktionen ergänzt werden für den Fall, dass ein Beteiligter seinen Vorlageverpflichtungen nicht nachkommt. Reicht etwa der Primärverantwortliche die Prüfnachweise nicht fristgerecht ein, wird ein Vermarktungsverbot ausgesprochen, das jedoch nur ihm gegenüber gilt. Die anderen Beteiligten haben die anbieterspezifischen Daten wahlweise gesondert oder gegenüber dem Primärverantwortlichen vorzulegen, der sie gebündelt einreicht. Wenn sie dieser Pflicht nicht nachkommen sollten, unterliegen auch sie einem Vermarktungsverbot, denn es wäre unzumutbar, wenn der Primärverantwortliche die Daten von allen etwa auf dem privatrechtlichen Wege einfordern müsste. Alle Beteiligten haben gegeneinander einen Anspruch auf Aussetzung der fortlaufenden Vermarktung, sofern entweder die Kosten nicht erstattet bzw. eine Ausfertigung der Prüfnachweise nicht ausgehändigt wird.[53]

Darüber hinaus sollte das Verfahren nach Art. 50 nicht auf Tierversuchsdaten beschränkt bleiben. Auch an dieser Stelle sind als Ziele einer entsprechend weitergehenden Regelung die Vermeidung volkswirtschaftlicher Ineffizienz und die damit verbundene Verwaltungsvereinfachung zu nennen.

Auch für die beteiligten Registrierungskandidaten verspricht die obligatorische Mehrfachverwendung sämtlicher Prüfnachweise Vorteile in Form von Kostenreduzierungen. Allenfalls könnte eingewendet werden, dass Prüfnachweise bereits auf beiden Seiten vorliegen und deshalb bei der Bestimmung eines Primärverantwortlichen ein Beteiligter auf seinen Erstattungskosten „sitzenbleibt". Hieraus jedoch einen Einwand herzuleiten, der der Bestimmung eines Primärverantwortlichen zwingend entgegensteht, ist zumindest fraglich (so aber Fischer 2003: 67f.). Hierfür bieten sich pragmatische Lösungen an, etwa dass der Anspruch auf Kostenerstattung im Innenverhältnis auf die Prüfnachweise beschränkt bleibt, die noch nicht bereits doppelt vorliegen.

Nach alledem wird deshalb vorgeschlagen, das Verfahren der Mehrfachverwendung von Prüfnachweisen nach Art. 50 ausdrücklich um die behördliche Bestimmung eines Primärverantwortlichen im Falle eines Einigungsfehlschlags zu ergänzen. Es sollte ferner auch für solche Prüfnachweise eine Zweitverwendung vorsehen, die keine Tierversuche voraussetzen.

---

[53] So bereits geregelt in Art. 50 III des Gesetzesvorschlags.

### 9.4.2.2 Altstoffe

Der hervorzuhebende Verfahrensschritt der Registrierung von Altstoffen liegt in der Präregistrierungsphase. Diese einzuführen ist notwendig, da hierdurch zum einen die marktrelevanten Altstoffe identifiziert werden können[54], und zum anderen Hersteller oder Importeure Kenntnis darüber erlangen, ob andere Hersteller oder Importeure denselben Stoff registrieren wollen. Gerade der letztgenannte Zweck des zu bildenden „Substance Information Exchange Forum" zielt konkret darauf ab, Absprachen zwischen Herstellern oder Importeuren zu fördern, die darauf gerichtet sind, vorzulegende Prüfnachweise gemeinsam vorzulegen, vgl. Art. 27 II.

Für bereits vorhandene Tierversuchsdaten stellt das Verfahren nach Art. 28 III, das auf eine Vorgehensweise nach Vorbild der konsekutiven Mehrfachverwendung verweist, sicher, dass Tierversuchsdaten nur einmal vorgelegt werden dürfen. In einem weitergehenden Modell sollte Art. 28 III aus den dargelegten Gründen jedoch auch dann anzuwenden sein, wenn es sich um Nicht-Tierversuchsdaten handelt.

Dagegen gilt für sämtliche erst zu erstellende Prüfnachweise, gleich, ob diese Tierversuche voraussetzen, dass das Verfahren nach Art. 50 zur Beseitigung von zu erwartenden Auslegungsschwierigkeiten um die Bestimmung eines Primärverantwortlichen im Falle eines Einigungsfehlschlags zu ergänzen ist.

### 9.4.2.3 Zwischenergebnis

Eine Würdigung der Vorschläge der Kommission zur Neugestaltung der simultanen Mehrfachverwendung ergibt, dass die Regelungen defizitär sind, soweit sie die Situation betreffen, in der Prüfnachweise erst noch zu erstellen sind und nicht bereits einem der Beteiligten vorliegen. Aus dieser Feststellung wird ein Konzept vorgeschlagen, welches im Falle noch nicht vorhandener Prüfnachweise eine Frist zur Einigung und u.U. anschließender Bestimmung eines Primärverantwortlichen vorsieht. Im Ergebnis stellt dieses Konzept das Verfahren nach Art. 50 dar. Die Besonderheit besteht lediglich darin, dass das Verfahren nach Art. 50 so gedacht ist, dass es zum einen nicht nur für Prüfnachweise auf Basis von Tierversuchen, sondern auch für andere Prüfnachweise gilt. Zum anderen ist Art. 50 unter der Voraussetzung eines Einigungsfehlschlags ausdrücklich um die behördliche Bestimmung eines Primärverantwortlichen zu ergänzen.

## 9.5 Zusammenfassung

Aufgrund der anstehenden Reformen im europäischen Chemikalienrecht stellt sich die Frage, ob der europäische Gemeinschaftsgesetzgeber weiterreichende Mehrfachverwendungsvorschriften einführen oder an den bisherigen Regelungen fest-

---

[54] Nicht vermarktete Altstoffe werden nicht zur Registrierung gebracht.

halten sollte. Hiermit hängt die Frage zusammen, ob die Umsetzung einer neuen Chemikalienpolitik eine Neubewertung und -gewichtung der betroffenen Interessen und Allgemeinwohlbelange erfordert. Angesichts der Tatsache, dass damit zu rechnen ist, dass eine hohe Zahl von Altstoffen zu registrieren ist, kann tendenziell davon ausgegangen werden, dass zukünftig weiterreichende Mehrfachverwendungsvorschriften notwendig sind. Diese Vermutung bestätigt ein Blick auf die entsprechenden Regelungen des Gesetzesvorschlags der Kommission.

Bezüglich der Neuregelung der konsekutiven Mehrfachverwendungsvorschriften konnte festgestellt werden, dass die wesentliche Neuerung der Kommissionsvorschläge darin besteht, dass Tierversuchsdaten obligatorisch mehrfachverwendet werden sollen, d.h., dass diese nunmehr nicht mehr davon abhängig ist, dass zehn Jahren seit der ersten Registrierung zurückliegen bzw. der Erstregistrierende seine Zustimmung zur Mehrfachverwendung dieser Prüfnachweise gegeben hat. Da dies allerdings aufgrund eines ausdrücklich eingeräumten Spielraums bereits in einigen Mitgliedstaaten so geregelt wurde, handelt es sich aus Sicht dieser Mitgliedstaaten nicht um eine wesentliche Neuerung. Aus der dieser Arbeit zu Grunde liegenden rechtspolitischen Sicht wurde demnach angeregt, auch Nicht-Tierversuchsdaten mit einzubeziehen.

Dagegen betreffen die Vorschläge der Kommission zur Neuregelung der Mehrfachverwendung von Prüfnachweisen, die sich auf Altstoffe beziehen, die Situation der simultanen Mehrfachverwendung. Bezüglich dieser war allein aufgrund der zu erwartenden hohen Registrierungszahlen von Altstoffen mit grundlegenden Änderungen im Sinne von weiterreichenden Regelungen zu rechnen. Während der Gesetzesvorschlag sicherzustellen scheint, dass in dem Fall, in dem bei einem der Beteiligten bereits die entsprechenden Tierversuchsnachweise vorliegen, diese obligatorisch zu Gunsten aller mehrfachverwendet werden, wurde die Situation für den Fall, in dem die Tierversuchsnachweise erst noch zu erstellen sind, separat und gleichsam missverständlich geregelt. Der Grund hierfür liegt in dem Wortlaut der entsprechenden Bestimmungen des Gesetzesvorschlags, der einen Spielraum für unterschiedliche Auslegungsarten mit unterschiedlichen Ergebnissen zulässt. Zur Aufhebung dieser Unklarheiten wird in dieser Arbeit vorgeschlagen, den Wortlaut des Gesetzesvorschlags um die Bestimmung eines Primärverantwortlichen zu ergänzen, sofern sich die Beteiligten nicht auf eine gemeinsame Vorlage der Prüfnachweise einigen konnten. Weitergehend wurde vorgeschlagen, wie bereits im Falle der konsekutiven Situation die obligatorische Mehrfachverwendung auch auf solche Prüfnachweise auszuweiten, die keine Tierversuche voraussetzen.

Im Ergebnis plädieren die weiterentwickelten Modelle für eine weitreichende Praktizierung von Mehrfachverwendungen von Prüfnachweisen, die nach der hier vertretenen Ansicht einerseits auf Grund der Bewältigung der Prüf- und Bewertungspflichten von Altstoffen geboten ist, andererseits gleichwohl in ihrer konkreten Ausgestaltung einen angemessenen Ausgleich der widerstreitenden Interessen gewährleistet. Freilich bleibt die konkrete Neugestaltung der Mehrfachverwendung von Prüfnachweisen im EG-Chemikalienrecht letztlich eine politische Entscheidung, die auf der politischen Verantwortung des Gemeinschaftsgesetzgebers beruht. Vor diesem Hintergrund kann die vorliegende Untersuchung als ein Beitrag zur Diskussion um die zukünftige Ausgestaltung der Vorlage von Prüfnachweisen im Rahmen des noch andauernden Gesetzgebungsverfahrens betrachtet werden.

## Literatur

Bender B, Sparwasser R, Engel R (2000) Umweltrecht. 4. Auflage, C. F. Müller, Heidelberg

Breuer R (1986) Schutz von Betriebs- und Geschäftsgeheimnissen im Umweltrecht. Neue Zeitschrift für Verwaltungsrecht 5: 171–178

Calliess C (2003) Einordnung des Weißbuchs zur Chemikalienpolitik in die bisherige europäische Chemie- und Umweltpolitik. In: Hendler R, Martuber P (Hrsg) Das Europäische Weißbuch zur Chemikalienpolitik. Erich Schmidt Verlag, Berlin

Calliess C, Ruffert M (Hrsg) (1999) Kommentar zu EU-Vertrag und EG-Vertrag. Luchterhand Verlag, Neuwied

European Commission (2003) Proposal of 29 October 2003 for a Regulation of the European Parliament and of the Council Volume I concerning the Registration, Evaluation, Authorisation and Restrictions of Chemicals (REACH), establishing an European Chemicals Agency and amending Directive 1999/45/EC and Regulation (EC) (on Persistent Organic Pollutants). Brussels

Europäische Kommission (2001) Weißbuch der Europäischen Kommission „Strategie für eine zukünftige Chemikalienpolitik". KOM (2001), 88 endg. (http://europa.eu.int/eur-lex/de/com/wpr/2001/com2001_0088de01.pdf, Zugriff 29.03.2005)

Fischer K (2003) Die Zweit- und Parallelanmeldung im Chemikalienrecht. In: Rengeling H-W (Hrsg) Neunte Osnabrücker Gespräche zum deutschen und europäischen Umweltrecht am 27./28. Februar 2003. Carl Heymanns Verlag, Köln

Hendler R, Martuber P (Hrsg) (2003) Das Europäische Weißbuch zur Chemikalienpolitik. Erich Schmidt Verlag, Berlin

Hoffmann-Riem W (1999) Zur Notwendigkeit rechtswissenschaftlicher Innovationsforschung. Rechtstheorie 30: 507–523

Kayser D, Klein H, Rehbinder E (1985) Chemikaliengesetz. C. F. Müller, Heidelberg

Rengeling H-W (Hrsg) (2003) Neunte Osnabrücker Gespräche zum deutschen und europäischen Umweltrecht am 27./28. Februar 2003. Carl Heymanns Verlag, Köln

Zuleeg M, Schefold D (1983) Die Zweitanmelderproblematik: Rechtsgutachten zur Regelung der Zweitanmelderfrage. Berichte des Bundesgesundheitsamts, Heft 2

# Kapitel 10

# Innovative Risikobewertungsverfahren als Instrumente nachhaltiger Chemikalienpolitik

Michael Faust[1], Thomas Backhaus[2]

[1] Faust und Backhaus Environmental Consulting, Bremer Innovations- und Technologiezentrum, Fahrenheitstraße 1, 28359 Bremen
[2] Fachbereich Biologie/Chemie der Universität Bremen, 28334 Bremen

## 10.1 Herausforderungen an die naturwissenschaftliche Risikobewertung im Rahmen der europäischen Nachhaltigkeitsstrategie

Die europäische Nachhaltigkeitsstrategie stellt die naturwissenschaftliche Bewertung chemischer Risiken vor enorme quantitative und qualitative Herausforderungen, denen mit den bisher etablierten Verfahren nicht oder nur eingeschränkt entsprochen werden kann. Dieser Beitrag befasst sich deshalb mit innovativen Ansätzen in der Risikoabschätzung, die das Potenzial tragen, den Schutz vor unerwünschten Chemikalienwirkungen effektiver oder effizienter zu gewährleisten als dies bisher möglich ist. Einleitend werden dazu der Stellenwert der Risikoabschätzung als Nachhaltigkeitsinstrument begründet, der Entwicklungsstand von Risikoabschätzungsverfahren umrissen und wesentliche Defizite dieser Verfahren identifiziert. Ansätze zur Überwindung dieser Defizite werden daran anschließend in den Abschnitten 10.2 bis 10.5 eingehend erörtert. Geprüft wird, inwieweit das neue REACH-System die Weiterentwicklung und die Umsetzung dieser Ansätze befördern wird und welche spezifischen Maßnahmen darüber hinaus erforderlich sind. Daraus werden Empfehlungen abgeleitet, die im abschließenden Abschnitt 10.6 nochmals zusammengefasst sind.

### 10.1.1 Chemikaliensicherheit als Generationsziel

In der Debatte um die Konkretisierung einer Nachhaltigkeitsstrategie für den Chemikaliensektor hat sich das so genannte „Generationsziel" als konsensfähige politische Handlungsmaxime herauskristallisiert. Ursprünglich wurde dieses Generationsziel spezifisch zum Schutz der marinen Umwelt formuliert. Im Jahre 1995 verständigten sich die Umweltminister der Nordsee-Anrainerstaaten in der Deklaration von Esbjerg auf das strategische Ziel, den Eintrag „gefährlicher Stoffe" in die Nordsee „innerhalb einer Generation (25 Jahre)" beenden zu wollen (Esbjerg Declaration 1995 §17). In den Folgejahren wurde dieser Ansatz zu einem allgemeinen chemiepolitischen Handlungsziel ausgeweitet. Im Jahre 2001 formulierte die EU Kommission in ihrem Vorschlag für eine europäische Nachhaltigkeitsstrategie: „Bis zum Jahr 2020 soll sicher gestellt werden, dass Chemikalien nur so hergestellt und verwendet werden, dass sie keine wesentliche Gefahr für die Gesundheit des Menschen und die Umwelt darstellen" (CEC 2001a: 11). Der Europäische Rat übernahm diese Zielformulierung mit geringfügigen Modifikationen: „Innerhalb einer Generation" soll sichergestellt werden, dass Herstellung und Verwendung von Chemikalien „nicht zu erheblichen Auswirkungen auf die Gesundheit und die Umwelt" führen, heißt es in den Schlussfolgerungen des Ratsvorsitzes aus dem gleichen Jahr (European Council 2001: 7). Ein Jahr später präzisierten das Europäische Parlament und der Rat die Formulierung nochmals dahin gehend, dass es um die Vermeidung „erheblicher *negativer* Auswirkungen" geht, und schrieben das Generationsziel in dieser Form im 6. Umweltaktionsprogramm der Gemeinschaft fest (EP&C 2002, Article 7, 1.). Im gleichen Jahr konnte die EU die Idee des Generationsziel im Chemikalienmanagement erstmals auch international verankern, allerdings mit deutlichen Abstrichen in der Stringenz der Zielformulierung: „Bis 2020" soll erreicht werden, „dass Chemikalien in einer Weise verwendet und produziert werden, die zu einer *Minimierung* signifikanter schädlicher Wirkungen auf die menschliche Gesundheit und die Umwelt führt". So lautet die Kompromissformel im Schlussdokument des Johannesburg-Weltgipfels über Nachhaltige Entwicklung aus dem Jahre 2002 (UN 2002: 19).

### 10.1.2 Wissenschaftliche Risikobewertung als Nachhaltigkeitsinstrument

Den unterschiedlichen Formulierungen des Generationsziels gemein sind die Vision eines weitgehend sicheren Umgangs mit Chemikalien und ein relativer enger und klarer Zeitrahmen für die Verwirklichung dieser Vision. Sie belassen jedoch zunächst einen erheblichen Interpretationsspielraum hinsichtlich der Frage, wann und wo genau die Schwelle „wesentlicher Gefahr", „erheblicher Auswirkungen" oder „signifikanter schädlicher Wirkungen" überschritten ist und somit dringender Handlungsbedarf besteht. In diesem heiklen Punkt wird wissenschaftlichen Risikobewertungen[1] („scientific risk assessments") eine Schlüsselfunktion zugewie-

---

[1] Wir verwenden hier sowohl den Begriff „Risikobewertung" als auch den Begriff „Risikoabschätzung" als deutsche Entsprechungen für den international gebräuchlichen englischen Terminus „risk assessment". „Risikobewertung" ist die bisher in Rechtstexten und sonstigen amtlichen Dokumenten verwendete Übersetzung. „Risikoabschätzung" wird stattdessen von der Risikokommission als Übersetzung empfohlen, um so die Ebene naturwissenschaftlicher Bewertungsmaßstäbe deutlicher von der Ebene gesellschaftlicher Wertkategorien abzugrenzen (Risikokommission 2003, Anh. 2, S. 4f.). In jedem Falle gemeint ist hier eine naturwissenschaftlich begründete Einschätzung der Frage, ob und in welchem Ausmaß die bereits vorhandene oder für die Zukunft erwartbare Exposition von

sen. Schon die Esbjerg-Deklaration betonte deren Rolle als „ein Werkzeug für Prioritätssetzungen und die Entwicklung von Aktionsprogrammen" (Esbjerg Declaration 1995, §18). Die Verankerung des Generationsziels auf dem Johannesburg-Gipfel schließlich knüpfte die Realisierung des Generationsziel ausdrücklich und allein an den „Gebrauch transparenter wissenschaftsbasierter Risikobewertungs- und Risikomanagementverfahren" (UN 2002: 19).

Zwischen der Exposition gegenüber Chemikalien und dem Eintritt von Schäden für die menschliche Gesundheit oder die Umwelt liegen oft jahrzehntelange Latenzzeiten. Derartige Langzeitschäden und die daraus entstehenden volkswirtschaftlichen Folgekosten können nur durch langfristig vorsorgendes Handeln abgewendet werden. Die naturwissenschaftliche Risikoabschätzung soll dazu eine möglichst zuverlässige und für alle Gesellschaftsgruppen akzeptable Entscheidungsgrundlage liefern. Aus Sicht des Umwelt- und Gesundheitsschutzes sollen dabei in erster Priorität Unterschätzungen von Risiken vermieden werden, da sie zur Verfehlung der angestrebten Schutzziele führen. Aus wirtschaftspolitischen Interessen ergibt sich allerdings ein nicht geringerer umgekehrter Druck zur Vermeidung fälschlicher Überschätzungen von Risiken, da sie zu unnötigen Beeinträchtigungen der Wettbewerbsfähigkeit auf globalisierten Märkten führen können.

Wissenschaftsbasierte Verfahren der regulatorischen Bewertung chemischer Risiken sind in den vergangenen Jahrzehnten durch eine Vielzahl nationaler und internationaler Gremien und Kommissionen für unterschiedliche Verwendungen und Expositionsquellen von Chemikalien und für unterschiedliche Schutzziele und Regulierungszwecke vorangebracht worden. Sie sind Gegenstand fortlaufender Weiterentwicklungen und Harmonisierungsbestrebungen (EC 2003a). Auf europäischer Ebene von zentraler Bedeutung ist dabei insbesondere das gut 1.000 Seiten starke „Technical Guidance Document" (TGD) der EU-Kommission (EC 2003b). Es ist den Behörden maßgeblicher Wegweiser für die Bewertung der humantoxikologischen und ökotoxikologischen Risiken von Chemikalien, soweit sie unter die europäische Neustoffrichtlinie, die Altstoffverordnung oder die Biozidrichtlinie fallen. Grundprinzip der Risikobewertungsverfahren ist die Gliederung in drei Hauptschritte:

*(i)* das „Effect Assessment", d.h. die Identifizierung der schädlichen Wirkungen, die ein bestimmter Stoff auslösen kann („hazard identification"), und gegebenenfalls die Bestimmung von Konzentrations- oder Dosis-Wirkungsbeziehungen für diese Wirkungen,

*(ii)* das „Exposure Assessment", d.h. die Abschätzung der Konzentrationen oder Dosen eines Stoffes, denen Menschen ausgesetzt sind oder sein können und die in Umweltkompartimenten wie Wasser, Boden, Luft auftreten oder auftreten können, und

---

Mensch oder Umwelt gegenüber ein oder mehreren Chemikalien schädliche Auswirkungen erwarten lässt. Die Aussage kann Quantifizierungen der wahrscheinlichen Schadenshöhe oder Schadenshäufigkeit beinhalten oder auch nur qualitativer Art sein.

*(iii)* die „Risk Characterisation", d.h. die Abschätzung der Wahrscheinlichkeit für das Auftreten von Schadwirkungen bei der vorhergesagten oder tatsächlich vorhandenen Expositionshöhe. Diese Risikobeschreibung erfolgt getrennt für Mensch und Umwelt, und jeweils differenziert für verschiedenartige Wirkungen und Expositionspfade.

Maßgeblich für die Risikobewertung ist also nicht allein die Frage, ob ein Stoff gefährlich ist, sondern ausschlaggebend ist, ob die Höhe der Exposition gegenüber einem gefährlichen Stoff das Eintreten von Schadwirkungen befürchten lässt.

Die praktische Anwendung dieses Instrumentariums ist allerdings aufwendig, und die Geschwindigkeit des damit bisher erzielten Erkenntnisfortschritts ist unbefriedigend in Anbetracht der Dimensionen, in denen sich das Problem der Erkennung und Beherrschung chemischer Risiken darstellt. Dies gilt vor allem für die mehr als 100.000 so genannten Altstoffe, die bereits vor 1981 in der Europäischen Gemeinschaft in Verkehr gebracht wurden. Innerhalb der vergangenen zehn Jahre seit Inkrafttreten der europäischen Altstoffverordnung im Jahre 1993 konnten Risikobewertungsverfahren nur für 47 Altstoffe zu einem Abschluss gebracht werden. In 35 von 47 Fällen führten diese zu der Schlussfolgerung, dass für mindestens eines der Schutzgüter Mensch und Umwelt Maßnahmen zur Risikobegrenzung notwendig seien (ECB 2004). Diese Zahlen demonstrieren einerseits, wie berechtigt die Besorgnis über chemische Risiken ist, und andererseits, welche gewaltigen Leistungssteigerungen erforderlich sind, wenn das Generationsziel der europäischen Nachhaltigkeitsstrategie auf der Grundlage wissenschaftsbasierter Risikobewertungen auch nur in Ansätzen erreichbar sein soll.

Aber die Risikobewertung steht nicht nur vor enormen quantitativen Herausforderungen angesichts der erdrückenden Zahl zu bewertender Chemikalien. Hinzu kommt die wachsende qualitative Besorgnis, dass die Stoff für Stoff erarbeiteten Risikobewertungen im Ergebnis den Schutz von Mensch und Umwelt nicht ausreichend gewährleisten. Zum einen, weil sie der Realität komplexer langfristiger Belastungen von Mensch und Umwelt mit zahlreichen Stoffen über vielfältige Expositionspfade nicht angemessen Rechnung tragen. Und zum anderen, weil sie die Wechselwirkungen zwischen Umweltschäden und menschlicher Gesundheit unzureichend berücksichtigen und die in separierten Wissenschaftsdisziplinen gewonnenen ökotoxikologischen und humantoxikologischen Informationen nicht effektiv integrieren (WHO 2001; CEC 2003a: 3f.).

### 10.1.3 Innovative Ansätze in der Abschätzung chemischer Risiken

Verwirklicht werden kann das Generationsziel der Chemikaliensicherheit letztendlich nicht durch wissenschaftliche Risikobewertungen, sondern nur durch wirtschaftlich-technische Produkt- und Prozessinnovationen, die es ermöglichen, die mit Chemikalien verknüpften Waren und Dienstleistungen so zu erzeugen, dass bestehende human- und ökotoxikologische Risiken abgebaut und neue zusätzliche Risiken möglichst vermieden werden. Die politisch erwünschte Entfaltung von Innovationskräften in Richtung auf dieses Ziel setzt allerdings zweierlei voraus.

Erstens, dass klar und zuverlässig festgestellt werden kann, wo Herstellung, Verwendung und Entsorgung von Chemikalien risikoreich und deshalb innovationsbedürftig sind und wo nicht. Und zweitens, dass die mit alternativen Stoffen, Prozessen oder Produkten verbundenen Risiken vergleichend beurteilt werden können, so dass Risikominderungspotenziale erkennbar und Fortschritte bei der Risikoreduktion messbar werden. Für beide Zwecke zuverlässige und konsensfähige Maßstäbe und Kriterien zu liefern, ist Aufgabe der naturwissenschaftlichen Risikobewertung. Die Risikobewertung ist allerdings eine datenhungrige Disziplin, deren Anwendung wiederum an die Voraussetzung geknüpft ist, dass ein Kanon von Informationen über physiko-chemische und (öko)toxikologische Stoffeigenschaften sowie über Stoffmengen und Stoffverwendungen als Ausgangsbasis zur Verfügung steht. Die in der EU bisher geltenden Minimalanforderungen an einen Datensatz, der eine Risikobewertung sowohl für die menschliche Gesundheit als auch für die Umwelt erlaubt, sind als sog. „Base Set" definiert worden (Tabelle 10.1). Genau dieses Basiswissen um Stoffeigenschaften und Stoffverwendungen ist für die allermeisten Chemikalien bislang aber nicht verfügbar, so dass die bisher entwickelten Konzepte und Modelle der Risikobewertung ins Leere greifen.

Das Instrument der naturwissenschaftlichen Risikobewertung wird deshalb seinem hohen Stellenwert im Rahmen der Nachhaltigkeitsstrategie nur gerecht werden können, wenn eine reformierte Chemikalienregulierung die Generierung des dafür erforderlichen Wissens weitaus effektiver organisiert als dies bislang der Fall war. Dies ist ein wesentliches Ziel des von der EU-Kommission vorgelegten Vorschlags für das neue REACH-System der Anmeldung, Prüfung, Zulassung und Beschränkung von Chemikalien (CEC 2003b). Gleichzeitig gilt es aber, das Instrumentarium der Risikobewertung so weiter zu entwickeln, dass zunehmend zuverlässigere Einschätzungen chemischer Risiken mit möglichst wenigen und möglichst kostengünstig zu erzeugenden stoffspezifischen Informationen realisiert werden können. Vier Herausforderungen an die Innovationsfähigkeit der Risikobewertung scheinen in diesem Zusammenhang besonders drängend, weil sie darauf gerichtet sind, die Effektivität und die Effizienz der Schutzzielerreichung deutlich zu steigern. Diese vier Herausforderungen sind:

- die *kumulative Risikobewertung* für realistische Situationen komplexer Belastungen mit einer Vielzahl von Chemikalien mit dem Ziel, schwerwiegende Limitierungen des konventionellen Einzelstoff-Ansatzes zu überwinden,
- die *integrierte Risikobewertung* für Mensch und Umwelt mit dem Ziel, die Ineffizienz und Inkonsistenz disziplinär oft stark fragmentierter Vorgehensweisen zu überwinden,
- der *Ersatz von Tierversuchen* durch In-vitro-Testsysteme und (Q)SAR-Modelle[2] mit dem Ziel, die starke Abhängigkeit der Risikobewertung von Daten aus kostspieligen und ethisch umstrittenen Methoden der Stoffprüfung zu mindern, sowie

---

[2] (Q)SAR = (Quantitative) Structure Activity Relationships; (s. Erläuterung in Abschnitt 10.4).

- die *Integration der Toxikogenomik* und damit verwandter molekularbiologischer Techniken in das Methodenarsenal mit dem Ziel, die Risikobewertung stärker auf ein mechanistisches Verständnis biologischer Schadwirkungen zu gründen, Risikobewertungen auch für Individuen oder genetisch definierte Subpopulation zu ermöglichen und gleichzeitig zur Minderung der Abhängigkeit von Tierversuchen beizutragen.

Die folgenden Abschnitte prüfen den Stand und die Perspektiven der Entwicklung von Konzepten und Methoden, mit denen diesen vier Herausforderungen jeweils entsprochen werden kann, und leiten daraus Empfehlungen an die Förderpolitik und die regulatorische Umsetzung ab.

**Tabelle 10.1.** Basis-Datensatz für die Risikobewertung nach europäischem Chemikalienrecht

| Art der Information | Spezifikation oder Prüfkriterium | Biotest-Typ |
|---|---|---|
| Substanz-Identität | Handelsname(n)<br>Chemische Bezeichnung(en)<br>Summen- und Strukturformel<br>Reinheit und Zusammensetzung<br>Bestimmungs- und Nachweismethoden | |
| Herstellung und Verwendung | Herstellungsprozess (soweit relevant für Expositions-/Emissionsabschätzung)<br>Vorgesehene Verwendungszwecke<br>Produktions- oder Importmengen<br>Empfohlene Schutzmaßnahmen<br>Empfohlene Notfallmaßnahmen<br>Verpackung | |
| Physikalische Eigenschaften | Aggregatzustand<br>Schmelzpunkt<br>Siedepunkt<br>Relative Dichte<br>Dampfdruck<br>Oberflächenspannung<br>Wasserlöslichkeit<br>Verteilungskoeffizient Octanol/Wasser | |
| Chemische Eigenschaften | Flammpunkt<br>Entzündlichkeit<br>Explosive Eigenschaften<br>Selbstentzündungstemperatur<br>Oxidierende Eigenschaften<br>Partikelgröße | |

**Tabelle 10.1.** (Fortsetzung)

| Toxikologische Eigenschaften | Akute Toxizität (zwei Aufnahmepfade) | Tierversuch (Ratten) |
|---|---|---|
| | Haut-Verätzung | In vitro (Ratten- oder Menschenhaut) |
| | Haut-Reizung | Tierversuch (Kaninchen) |
| | Augen-Reizung | Tierversuch (Kaninchen) |
| | Haut-Sensibilisierung | Tierversuch (Meerschweinchen) |
| | Subakute Toxizität (28 Tage) | Tierversuch (Ratten) |
| | Mutagenität | In vitro (Bakterien, Säugerzellen) |
| | Reproduktionstoxizität (Screening) | Tierversuch (Ratten) |
| | Toxikokinetik | Experteneinschätzung (kein Test) |
| Ökotoxikologische Eigenschaften | Fischtoxizität (96 h) | Tierversuch (Fische) |
| | Daphnientoxizität (96 h) | Test an Wirbellosen |
| | Algen-Wachstumshemmung (96 h) | Test an pflanzlichen Einzellern |
| | Hemmung der Klärschlamm-Aktivität | Bakterieller Test |
| | Schnelle biologische Abbaubarkeit | Bakterieller Test |
| | Abiotische Abbaubarkeit (Hydrolyse) | |
| | Adsorption/Desorption (an Bodenproben) | |
| Unschädlichmachung | Entsorgungs-/Wiederverwendungsmethoden | |

## 10.2 Kumulative Risikobewertung komplexer Belastungssituationen

### 10.2.1 Das Dilemma der Einzelstoffbewertung und die Suche nach einem pragmatischen Lösungsansatz

Mensch und Umwelt sind in der Regel nicht einem einzelnen isolierten Schadstoff ausgesetzt, sondern typischerweise haben wir es mit der Belastung durch sehr komplexe Gemische zu tun. Öffentlichkeitswirksam demonstriert wurde diese Situation zuletzt durch eine Kampagne des World Wildlife Fund, bei der EU-Parlamentarier ihr Blut freiwillig auf 101 ausgewählte Schadstoffe aus fünf Chemikaliengruppen testen ließen. Die Stichprobe umfasste insgesamt 47 Testpersonen aus 17 europäischen Ländern. Im statistischen Mittel (Median) wurden in den Blutproben 41 der 101 Prüfsubstanzen nachgewiesen, maximal waren es 54 (WWF 2004).

Auch wenn die Einzelstoff-Konzentrationen relativ niedrig sind, so geben derartige Befunde doch grundsätzlich Anlass zu der Befürchtung, dass die jahrzehntelange Exposition gegenüber einem komplexen „Cocktail" von Schadstoffen in Wasser, Boden, Luft, Nahrung, Konsumgütern und Gebäuden erhebliche Auswirkungen haben kann. Diese Sorge wird mittlerweile auch von der EU-Kommission geteilt (CEC 2003a: 3). Sie wird verstärkt durch experimentelle Arbeiten, in denen deutliche toxische Gesamteffekte von Multi-Komponenten-Gemischen beobachtet wurden, obwohl sämtliche Einzelkomponenten jeweils in Konzentrationen vorlagen, die alleine jeweils keinen statistisch signifikanten Effekt hervorriefen. Beispiele für eine derartige Situation sind für ganz unterschiedliche Schadstoffgemische und Toxizitätsendpunkte zuerst in Tests mit einzelligen Organismen (Algen und Bakterien) belegt (Backhaus et al. 2000; Faust et al. 2001, 2003; Rajapakse et al. 2002; Silva et al. 2002; Walter et al. 2002) und kürzlich auch in einem Tierversuch mit Ratten beobachtet worden (Tinwell and Ashby 2004).

Die wissenschaftliche Risikobewertung steht angesichts dieser Evidenzen vor einem Dilemma. Einerseits muss erwartet werden, dass ihre Ergebnisse der Realität komplexer Belastungssituationen angemessen Rechnung tragen, andererseits hängt sie ab von der Verfügbarkeit entsprechender toxikologischer Daten als kritischen Eingangsgrößen. Die große Mehrzahl aller verfügbaren toxikologischen Informationen bezieht sich aber auf isolierte Einzelsubstanzen, nicht auf Stoffgemische (Yang 1994). Darüber hinaus machen es die Gesetze der Kombinatorik von vorneherein unmöglich, jede möglicherweise relevante Stoffkombination einer toxikologischen Testung zu unterziehen. Beispielsweise lassen sich aus nur 100 Chemikalien schon mehr als 10 hoch 23 verschiedene Stoffkombinationen mit 2 bis 100 Komponenten erzeugen, deren Konzentrationsverhältnis und deren Gesamtkonzentration zudem unendlich variieren können. Die direkte experimentelle Bestimmung der Toxizität von Stoffgemischen muss deshalb notwendigerweise auf ausgewählte Einzelfälle beschränkt bleiben. In dieser Situation stellt sich die Frage, ob Abschätzungen der Toxizität von Multi-Komponenten-Gemischen, die für regulative Zwecke ausreichend genau sind, denn nicht aus den Toxizitätsdaten von Einzelstoffen abgeleitet werden können? Dieser Ansatz könnte einen pragmatischen Ausweg aus dem Dilemma des Einzelstoffansatzes bieten. In den vergangen Jahren sind deshalb intensive Anstrengungen unternommen worden, die wissenschaftlichen Grundlagen für eine solche prognostische Risikobewertung von multiplen Stoffgemischen zu verbessern. Die Mehrzahl dieser Arbeiten hat sich bislang mit der Ökotoxikologie und insbesondere mit der aquatischen Toxikologie von multiplen Gemischen unterschiedlicher Schadstoffgruppen befasst. In jüngster Zeit werden zudem auch Untersuchungsergebnisse an Gemischen hormonähnlich wirkender Chemikalien verfügbar, die sowohl für die Beurteilung der Risiken für tierische Organismen als auch für den Menschen von Bedeutung sind.

### 10.2.2 Konzepte für die Vorhersage der Toxizität von Stoffgemischen

Für die Analyse und die quantitative Abschätzung der Kombinationseffekte chemischer Substanzen haben unterschiedliche Zweige der Pharmakologie und Toxikologie im vergangenen Jahrhundert eine verwirrende Vielzahl von Methoden und Modellen hervorgebracht. Im Kern basieren jedoch praktisch alle diese Verfahren auf nur zwei unterschiedlichen grundlegenden Konzepten (Boedeker et al. 1992). Meist werden sie mit *Konzentrations-Additivität* (oder Dosis-Additivität) und *Unabhängige Wirkung* bezeichnet. Diese Konzepte stellen unterschiedliche Hypothesen über einen funktionalen Zusammenhang zwischen den Effekten von Einzelkomponenten und dem erwartbaren Gesamteffekt eines Stoffgemisches dar. Verschiedene Autoren haben versucht, beide Konzepte in einer allgemeinen Theorie zu verschmelzen, aber keiner diese Ansätze hat allgemeine wissenschaftliche Akzeptanz gefunden (Greco et al. 1995; Greco et al. 1992; Kodell and Pounds 1991; Hewlett and Plackett 1979). Unabhängige Wirkung wird oft auch als Wirkungs-Additivität (response addition) bezeichnet (Anderson and Weber 1975). Daneben sind beide Konzepte in verschiedenen pharmakologischen, toxikologischen und epidemiologischen Forschungsfeldern mit unterschiedlichen Zielsetzungen und Modifikationen aber auch noch unter zahlreichen weiteren, teils widersprüchlichen Bezeichnungen verwendet worden, was leider zu einer anhaltenden terminologischen Konfusion geführt hat (Hewlett and Plackett 1979; Berenbaum 1989; Gressel 1990; Kodell and Pounds 1991; Greco et al. 1992, 1995; Altenburger et al. 1993; Pöch 1993; Könemann and Pieters 1996). Eindeutig definiert werden beide Konzepte daher erst durch Angabe ihrer mathematischen Formulierung (Tabelle 10.2).

Dem Konzept der Konzentrations-Additivität liegt die Vorstellung einer „ähnlichen" Wirkung von Mischungskomponenten zugrunde. Wenn Chemikalien die Voraussetzung der ähnlichen Wirkung erfüllen, dann gilt Konzentrations-Additivität als begründete Erwartung für ihr Zusammenwirken, sowohl in der Ökotoxikologie (Calamari and Vighi 1992), als auch bei der Risikoabschätzung für den Menschen (Mumatz et al. 1994; Svendsgaard and Hertzberg 1994). Darüber besteht wissenschaftlicher Konsens. Kein Konsens besteht jedoch darüber, was genau unter „ähnlicher Wirkung" zu verstehen ist, und die Interpretationen dieses Begriffes differieren erheblich. Von einem extremen, rein phänomenologischen Standpunkt aus kann der Begriff in einem sehr breiten Sinn verwendet werden und alle Substanzen einschließen, die einen bestimmten in Betracht stehenden toxikologischen Effekt hervorrufen können. Im Falle sog. „integraler" oder „apikaler" Endpunkte, wie z.B. der Tod eines Organismus oder die Hemmung des Wachstums einer Population von Organismen, könnte dies auf beinah sämtliche Substanzen zutreffen, sofern nur entsprechend hohe bioverfügbare Konzentrationen erreicht werden. In der Tat ist der Standpunkt vertreten worden, dass Konzentrations-Additivität die „generelle Lösung" für das Problem darstelle, den erwartbaren Effekt einer Kombination von Agenzien zu kalkulieren (Berenbaum 1985). Das andere Extrem ist ein sehr enges, strikt mechanistisches Verständnis von Wirkungsähnlichkeit, wonach dieser Begriff nur in dem speziellen Fall der kompetitiven und reversiblen Interaktion von spezifisch wirkenden Substanzen mit einer identischen molekularen Bindungsstelle anwendbar sei (Pöch 1993). Bei dieser Sichtweise ist selbst die Existenz eines gemeinsamen spezifischen molekularen Wirkortes allein noch keine hinreichende Bedingung für die Erwartung einer konzentrations-additiven Mischungstoxizität auf der Ebene des Gesamtorganismus, da unterschiedliche Interaktionen mit zusätzlichen unspezifischen Bindestellen oder unterschiedliches toxiko-kinetisches Verhalten in einer abweichenden Kombinationswirkungsweise resultieren können.

**Tabelle 10.2.** Mathematische Formulierung von Konzepten zur Prognose der Toxizität von Gemischen

| | Konzentrations-Additivität | Unabhängige Wirkung |
|---|---|---|
| Binäre Gemische | $\dfrac{c_1}{ECx_1} + \dfrac{c_2}{ECx_2} = 1$ | $E(c_{mix}) = E(c_1) + E(c_2) - E(c_1) \bullet E(c_2)$ |
| Multiple Gemische | $\sum_{i=1}^{n} \dfrac{c_i}{ECx_i} = 1$ | $E(c_{mix}) = 1 - \prod_{i=1}^{n}(1 - E(c_i))$ |
| Umformungen zur Prognose von Effekt-Konzentrationen (EC) | $ECx_{mix} = \left(\sum_{i=1}^{n} \dfrac{p_i}{F_i^{-1}(x_i)}\right)^{-1}$ | $X = 1 - \prod_{i=1}^{n}(1 - F_i(p_i \bullet (ECx_{mix})))$ |

Notation:
- $c_i$ = Konzentration der Substanz i im Gemisch (i = 1...n)
- $c_{mix}$ = Gesamt-Konzentration der Substanzen 1...n im Gemisch ($c_{mix} = c_1 + c_2 ... + c_n$)
- $ECx_i$ = Konzentration der Substanz i, die, alleine einwirkend, den Effekt X hervorruft
- $ECx_{mix}$ = Gesamt-Konzentration der Substanzen 1...n im Gemisch, die bei gegebenem Mischungsverhältnis $p_1 : p_2 ... : p_n$ den Effekt X hervorruft
- $E(c_i)$ = Effekt der Substanz i in der Konzentration c
- $E(c_{mix})$ = Gesamt-Effekt des Gemisches
- X = bestimmter Wert für den Effekt E
- $p_i$ = Anteil der Substanz i an der Gesamt-Konzentration eines Gemisches ($p_i = c_i / c_{mix}$)
- $F_i$ = Konzentrations-Wirkungsfunktion der Substanz i

Effekte E bezeichnen die relative Intensität oder Häufigkeit eines Wirkparameters (definiert als Fraktionen eines maximal möglichen Wertes) und können deshalb nur Werte zwischen 0% und 100% annehmen: $0 \leq E \leq 1$.

Werden Effekte E nicht als Funktionen der Konzentrationen c, sondern der Dosen d von Substanzen betrachtet, gelten die Formeln äquivalent (alle c werden durch d ersetzt).

Das alternative Konzept der Unabhängigen Wirkung basiert auf der gegenteiligen Annahme, nämlich der einer „unähnlichen" Wirkung von Mischungskomponenten. Die Grundvorstellung ist, dass unterschiedliche Giftstoffe primär mit unterschiedlichen molekularen Wirkorten interagieren und diese Primärwirkungen dann über unterschiedliche Reaktionsketten innerhalb eines Organismus schließlich zu einem gemeinsamen toxikologischen Endpunkt führen, wie beispielsweise einem unspezifischen Krankheitsbild oder dem Tod. Unter dieser Voraussetzung wird postuliert, dass die relativen Effekte von Mischungskomponenten (z.B. 50% Effekt gegenüber einer Kontrolle) im probabilistischen Sinne voneinander „unabhängige" Ereignisse sind, so dass ein erwartbarer Gesamteffekt entsprechend kalkuliert werden kann. Unabhängige Wirkung wird allgemein als theoretisch wichtiges Konzept anerkannt, die praktische Relevanz indes ist von vielen Wissenschaftlern bezweifelt worden, zumindest bei Anwendung auf der Ebene des Gesamtorganismus oder ganzer Populationen von Organismen (Plackett and Hewlett 1967; EIFAC 1987).

### 10.2.3 Experimentelle Ergebnisse zur Vorhersagbarkeit der Toxizität komplexer Stoffgemische

Die vergleichende Analyse des Vorhersagewertes beider Konzepte, Konzentrations-Additivität und Unabhängige Wirkung, ist in umfangreichen systematischen Laboruntersuchungen mit exemplarisch zusammengestellten Schadstoffgemischen, die bis zu 50 Komponenten enthielten, vorangebracht worden und wird in laufenden EU-Projekten weiter analysiert. Der bislang erreichte Erkenntnisstand kann wie folgt zusammengefasst werden:

*(i)* Für ein gegebenes Schadstoffgemisch resultiert die Annahme von Konzentrations-Additivität in der Regel in der Prognose einer höheren Mischungstoxizität als die Hypothese der Unabhängigen Wirkung (Broderius et al. 1995; Altenburger et al. 2000; Backhaus et al. 2000; Backhaus et al. 2000; Faust et al. 2001, 2003; Junghans et al. 2003a). Das bedeutet, dass das Risiko einer Unterschätzung der Gesamttoxizität bei Annahme von Konzentrations-Additivität allgemein geringer ist als bei Annahme Unabhängiger Wirkung.

*(ii)* Konzentrations-Additivität liefert tatsächlich sehr zuverlässige Prognosen der Gesamttoxizität von Multi-Komponenten-Gemischen aus Stoffen, die jeweils alle einen gemeinsamen Wirkungsmechanismus aufweisen; das gilt sowohl für Substanzgruppen mit gleichen spezifischen molekularen Wirkorten als auch für Gruppen unspezifisch wirkender Umweltchemikalien, insbesondere unpolare organische Substanzen, die eine sog. „narkotische" Wirkungsweise bzw. „Basislinientoxizität" aufweisen (EIFAC 1987; De Wolf et al. 1988; Xu and Nirmalakhandan 1998; Altenburger et al. 2000; Backhaus et al. 2000; Faust et al. 2001; Payne et al. 2001; Silva et al. 2002; Junghans et al. 2003a, 2003b; Backhaus et al. 2004).

*(iii)* Unabhängige Wirkung hat einen hohen prognostischen Wert im Falle von multiplen Gemischen aus Substanzen, die allesamt strikt unterschiedliche spezifische molekulare Wirkungsmechanismen aufweisen (Backhaus et al. 2000; Faust et al. 2003).

*(iv)* Es kann erwartet werden, dass die Toxizität heterogener Gemische aus Substanzen mit teils ähnlichen, teils unähnlichen spezifischen, unspezifischen oder unbekannten Wirkungsmechanismen in der Regel innerhalb eines „Vorhersagefensters" liegt, dessen Spannbreite durch Prognosen der beiden alternativen Konzepte, Konzentrations-Additivität und Unabhängige Wirkung,

markiert wird. Diese Einschätzung wird gestützt durch die Ergebnisse des im vergangenen Jahr ausgelaufenen EU-Projekts BEAM[3].

(v) Kombinationseffekte, die erheblich stärker oder aber erheblich schwächer sind als nach jedem der beiden Konzepte erwartbar, sind nach allen vorliegenden empirischen Erkenntnissen offenbar Ausnahmesituationen und nicht etwa der Regelfall. Für Multi-Komponenten-Gemische aus mehr als zwei Substanzen sind solche Fälle unseres Wissens nicht dokumentiert. Das bedeutet nicht etwa, dass Kombinationseffekte keinen Anlass zur Besorgnis geben, sondern vielmehr, dass mit den beiden dargestellten Konzepten ein wissenschaftliche Ausgangsbasis für die prognostische Einschätzung der Toxizität von Gemischen für regulatorische Zwecke zur Verfügung steht.

### 10.2.4 Optionen für die Anwendung des verfügbaren Wissens

Angesichts dieses empirischen Erkenntnisstandes ergeben sich für die Entwicklung regulatorischer Vorgehensweisen zur Abschätzung der Toxizität von Stoffgemischen prinzipiell drei denkbare Optionen:

- fallweise Auswahl des jeweils geeignetsten Vorhersage-Konzeptes,
- generelle Verwendung des Konzepts der Unabhängigen Wirkung als Standard-Annahme („default assumption"), oder alternativ
- generelle Anwendung des Konzepts der Konzentrations-Additivität als Standard-Annahme für die prognostische Gefährlichkeits- und Risikoabschätzung von Stoffgemischen.

Der Ansatz der Einzelfallentscheidung trägt den Unterschieden der verfügbaren Vorhersage-Konzepte mit ihren sich wechselseitig ausschließenden theoretischen Grundannahmen Rechnung. Die Auswahl desjenigen Konzepts, von dem fallweise angenommen werden kann, dass es die jeweils bestmögliche Vorhersage liefern sollte, muss sich entsprechend auf eine Einschätzung der Ähnlichkeit oder Unähnlichkeit von Wirkungsmechanismen stützen. Folglich erfordert diese Vorgehensweise gut begründete Kriterien für eine entsprechende wirkungsmechanistische Klassifizierung aller relevanten Substanzen. Der gesicherte wissenschaftliche Erkenntnisstand über Wirkungsmechanismen von Umweltchemikalien ist jedoch außerordentlich lückenhaft und in sehr vielen Fällen praktisch gleich Null. Indikatoren für eine ähnliche oder unähnliche Wirkung müssen deshalb aus Informationen über die chemische Struktur und die physiko-chemischen Eigenschaften der Substanzen abgeleitet werden. Dies ist eine herausfordernde Aufgabe für die Chemometrie und die (Q)SAR-Forschung. Die Entwicklung entsprechender Techniken durch diese Disziplinen hat zwar bereits beachtliche Fortschritte erbracht, aber dennoch besteht erheblicher Weiterentwicklungsbedarf (Calamari and Vighi 1992;

---

[3] BEAM = Bridging Effect Assessment of Mixtures to Ecosystem Situations and Regulation; EU Project *EVK1-CT1999-00012*; Zusammenfassung von Zielen, Vorgehensweise und Zwischenergebnissen in Backhaus et al. 2003; Publikationen der abschließenden Ergebnisse in Vorbereitung.

Van Leeuwen et al. 1996; Gramatica et al. 2001; Vighi et al. 2003; Altenburger et al. 2003). REACH wird hierbei zusätzliche Impulse setzen (s. Abschnitt 10.4). Nichtsdestoweniger hängt die generelle Anwendbarkeit einer fallweisen Vorgehensweise vom ungewissen zukünftigen wissenschaftlichen Fortschritt ab. Derzeit ist dieser Ansatz nur sehr begrenzt anwendbar.

Mit der Verwendung nur eines der beiden Konzepte als Standard-Annahme (default assumption) könnten all die Schwierigkeiten umschifft werden, die heute noch einer verlässlichen wirkungsmechanistischen Klassifizierung von Schadstoffen entgegenstehen. Vorwiegend im Bereich der Humantoxikologie tendieren Autoren dazu, Risikoabschätzungen für Stoffgemische im Allgemeinen auf das Konzept der Unabhängigen Wirkung stützen zu wollen (z.B. Streffer et al. 2000, Kapitel 2) Das wesentliche Argument ist, dass die kompetitive Interaktion mit einer gemeinsamen Bindungsstelle an einem molekularen Rezeptor für die in der Umwelt gemeinsam vorkommenden Schadstoffe wohl nur einen Ausnahmefall und keineswegs die Regel darstellt. Typischerweise sollten Umweltchemikalien unterschiedliche Wirkungsmechanismen aufweisen. Auf der anderen Seite muss aber bedacht werden, dass eine gute Vorhersagequalität des Konzeptes Unabhängige Wirkung im Labor bisher nur für solche artifiziell „komponierten" Multi-Komponenten-Gemische demonstriert werden konnte, bei denen für sämtliche Mischungskomponenten bekannt war, dass sie allesamt spezifisch mit jeweils strikt unterschiedlichen molekularen Wirkorten interagieren. Dieser Extremfall sollte unter realistischen Expositionsszenarien aber wohl eine mindestens ebenso seltene Situation darstellen. Typischerweise sind wir eher mit heterogenen Gemischen aus spezifisch wirkenden Substanzen, unspezifisch wirkenden Chemikalien und Multi-Site-Inhibitoren konfrontiert. Die vorliegenden experimentellen Befunde liefern gute Gründe für die Annahme, dass solche Gemische oftmals stärker wirksam sind, als unter der Annahme von Unabhängiger Wirkung vorhergesagt würde. Die Verwendung des Konzepts Unabhängiger Wirkung als Standard-Annahme würde deshalb ein erhebliches Risiko mit sich bringen, die tatsächliche Mischungstoxizität deutlich zu unterschätzen. Diese Vorgehensweise würde folglich dem Paradigma zuwider laufen, regulatorische Risikoabschätzungen auf der Grundlage des realistisch anzunehmenden ungünstigsten Falles („realistic worst case assumption") vorzunehmen. Ein weiteres Gegenargument ergibt sich aus praktischen Überlegungen. Die sachgerechte Anwendung des Konzepts der Unabhängigen Wirkung für Multi-Komponenten-Gemische setzt nämlich voraus, dass zuverlässige statistische Schätzungen geringer Einzeleffekte von Mischungskomponenten im Niedrigdosisbereich zur Verfügung stehen (Scholze et al. 2001; Faust et al. 2003). Auf Basis der in standardisierten Testverfahren für regulatorische Zwecke erstellten Datensätze kann diese Anforderung in aller Regel nicht erfüllt werden.

Alternativ in Betracht zu ziehen bleibt schließlich die Option der generellen Anwendung von Konzentrations-Additivität als Standard-Annahme, ungeachtet des mangelhaften Wissens über Mechanismen von Schadstoffwirkungen. Dieser Ansatz kann als pragmatische Vorgehensweise für ein vorsorgendes Handeln unter Ungewissheit gerechtfertigt werden, denn die Annahme von Konzentrations-Additivität birgt ein deutlich geringeres Risiko der Unterschätzung der tatsächlichen Mischungstoxizität als die Annahme Unabhängiger Wirkung und gleichzeitig sind die Datenanforderungen für eine statistisch valide Anwendung dieses Prognose-Konzepts wesentlich leichter erfüllbar. In der Konsequenz ist Konzentrations-Additivität daher als „Realistic Worst Case Assumption" für die Zwecke regulatorischer Gefährlichkeits- und Risikoabschätzungen vorgeschlagen worden (Bödeker et al. 1993).

Ein Argument gegen diese Empfehlung ist, dass diese Vorgehensweise im Einzelfall zu einer erheblichen Überschätzung der tatsächlichen Mischungstoxizität führen könnte und somit ein unnötig hohes Schutzniveau resultieren würde, was dem Prinzip der Verhältnismäßigkeit im regulatorischen Management chemischer Risiken zuwiderliefe. In den bisher veröffentlichten experimentellen Studien zur Toxizität von Multi-Komponenten-Gemischen haben sich die quantitativen Unterschiede zwischen beiden Prognosen, Unabhängige Wirkung und Konzentrations-Additivität, jedoch als erstaunlich gering erwiesen, zumindest aus regulatorischer Sicht. Für unterschiedliche Arten von Stoffgemischen mit bis zu 18 Komponenten differierten die auf Basis der beiden alternativen Konzepte jeweils prognostizierten EC50-Werte[4] in keinem Falle um mehr als den Faktor 3 (Altenburger et al. 2000; Backhaus et al. 2000; Backhaus et al. 2000; Faust et al. 2001, 2003). Jüngste, teils noch unveröffentlichte Mischungstoxizitäts-Studien mit bis zu 40 Mischungskomponenten, die im Rahmen des EU-Projekts BEAM[5] durchgeführt wurden, haben den Eindruck allgemein relativ geringer Prognosedifferenzen erhärtet: die beobachtete Spanne zwischen den jeweils alternativen Prognosen von Effektkonzentrationen für einen gegeben Toxizitätsparameter war in allen untersuchten Fällen deutlich kleiner als eine Zehnerpotenz. Zur Einschätzung dieser Marge muss man in Betracht ziehen, dass es bei der prognostischen Gefährlichkeitsbewertung von Umweltchemikalien und ihrer Umsetzung in regulatorische Maßnahmen grundsätzlich um Größenordnungen und nicht um Nachkommastellen geht. Schon Toxizitätsdaten für Einzelstoffe aus standardisierten Tests differieren nach allen Erfahrungen aus Ringversuchen durchaus in der Größenordnung von einer Zehnerpotenz. Hinzu kommen die enormen Unsicherheiten bei der notwendigen Extrapolation von Labordaten auf andere Arten oder Populationen und reale Umweltbedingungen, die man üblicherweise durch Unsicherheitsfaktoren in der Höhe von 10, 100 oder 1.000 aufzufangen sucht. In diesem Kontext können die bisher beobachteten quantitativen Unterschiede zwischen den Mischungstoxizitätsprognosen nach Unabhängiger Wirkung und Konzentrations-Additivität daher als eher marginal eingestuft werden. Entsprechend wären auch die möglichen Toxizitätsüberschätzungen bei Verwendung von Konzentrations-Additivität als Standard-Prognoseinstrument als nicht unverhältnismäßig und daher akzeptabel wertbar.

Allerdings bleibt natürlich anzweifelbar, ob die verfügbaren experimentellen Einzelbefunde denn auch tatsächlich typische ökotoxikologische oder humantoxi-

---

[4] EC50 = Effect Concentration 50%; Konzentration eines Schadstoffs, bei der die Intensität oder Häufigkeit eines unter Beobachtung stehenden definierten toxischen Effektes 50% des maximal möglichen Wertes beträgt, z.B. 50% Wachstumsreduktion gegenüber einer Kontrolle oder 50% Mortalität in einer Versuchstierpopulation.

[5] Siehe Anmerkung oben (Fußnote 3).

kologische Situationen repräsentieren. Der Einwand, dass sie möglicherweise nur für die jeweils untersuchten Gemische, Bedingungen und Toxizitätsendpunkte relevant sind und deshalb keine verallgemeinernden Schlussfolgerungen zulassen, kann durch Experimentieren allein nicht hinreichend entkräftet werden. Ein Konsens über die Akzeptanz oder Nicht-Akzeptanz von Konzentrations-Additivität als wissenschaftlich begründeter Standard-Annahme im Sinne einer realistischen und nicht unverhältnismäßigen „Worst Case Assumption" scheint daher nur erreichbar, wenn die Berechtigung dieser Annahme mit andersartigen Erkenntnisansätzen zusätzlich substanziell untermauert oder aber falsifiziert werden kann.

Als Beitrag zu dieser Problemstellung hat das EU-Projekt BEAM die quantitativen Unterschiede zwischen Unabhängiger Wirkung und Konzentrations-Additivität auf zweierlei Weise analysiert (Faust u. Scholze 2003). Zum Ersten wurden die Höhe der theoretisch prinzipiell möglichen Differenzen und die sie determinierenden Faktoren mittels mathematischer Analysen grundsätzlich abgeklärt. Zum Zweiten wurde die Spannbreite der praktisch tatsächlich relevanten Differenzen zwischen beiden Prognosen mittels Computersimulationen für drei Standard-Ökotoxizitätstests an Algen, Daphnien und Fischen geprüft. Auf der Basis repräsentativer Sets von Dosis-Wirkungsdaten für mehrere hundert Einzelstoffe wurden dabei sämtliche möglichen Konstellationen für Gemische aus diesen Stoffen mit bis zu 100 Komponenten durchgespielt. Im Ergebnis haben die Analysen gezeigt, dass relativ geringe Differenzen zwischen den alternativen Mischungstoxizitätsprognosen, Konzentrations-Additivität und Unabhängige Wirkung, keinesfalls singuläre Phänomene, sondern vielmehr eine typische Situation darstellen. Im Falle der Algen-Wachstumshemmung und ebenso bei der Daphnien-Immobilisierung sind Differenzen zwischen Prognosen von Effektkonzentration, die eine Zehnerpotenz überschreiten, sehr unwahrscheinlich, im Regelfall sind sie sehr viel geringer. Für den Parameter akute Fischletalität gilt entsprechendes allerdings nur für Kombinationen aus maximal zwölf Stoffen. Bei größerer Komponentenzahl können regulatorisch erhebliche Differenzen zwischen beiden Prognosen für bestimmte Mischungsverhältnisse nicht ausgeschlossen werden. Ursächlich dafür sind häufig sehr steile Konzentrations-Wirkungskurven für organische Chemikalien im akuten Fischtoxizitätstest.

Insgesamt kann jedoch festgestellt werden, dass der bisher erreichte Wissensstand die generelle Annahme von Konzentrations-Additivität durchaus als pragmatischen, vorsorgenden und allgemein nicht unverhältnismäßigen Ansatz zur prognostischen Gefährlichkeitsbewertung von Chemikaliengemischen in der aquatischen Umwelt rechtfertigen lässt. Jede Unterschreitung dieses Schutzniveaus sollte durch entsprechende (öko)toxikologische Kenntnisse über das spezifisch in Betracht stehende Stoffgemisch gerechtfertigt werden.

Während sich diese Schlussfolgerungen für den Bereich der ökotoxikologischen Risikobewertung klar herleiten lassen, stellt sich die Situation im Bereich der Humantoxikologie allerdings außerordentlich diffus dar. Das gilt sowohl für den nur bruchstückhaften faktischen Erkenntnisstand als auch für die Debatte über seine Bedeutung in der Risikobewertung. Das Problem von Kombinationseffekten und ihrer prognostischen Bewertung ist in der Humantoxikologie bisher nicht systematisch angegangen worden. Die vorliegenden Untersuchungen beziehen sich ganz überwiegend auf binäre Gemische und nicht auf realitätsnahe Vielkomponentengemische, sie schließen in der Regel den Niedrigdosenbereich nicht ein und weisen so unterschiedliche Versuchsansätze auf, dass ein Vergleich nur schwer oder gar nicht möglich ist (Streffer et al. 2000: 177ff.). In dieser Situation hat ein Beratergremium der EU-Kommission dringend empfohlen, die Validierung existierender Methoden für die Vorhersage humantoxikologischer Effekte von Chemikaliengemischen im Rahmen der „SCALE-Initiative"[6] ihrer „Strategie für Umwelt und Gesundheit" zu fördern (TWG Research Needs 2004). Entsprechende Bestrebungen sind in einigen begonnenen oder derzeit ausgeschriebenen Projekten zum 6. Forschungsrahmenprogramm bereits mit enthalten. Es besteht daher Anlass zu der Hoffnung, dass sich die Basis für eine disziplinenübergreifende Verständigung über wissenschaftlich begründete Strategien der regulatorischen Bewertung kumulativer Risiken in den kommenden Jahren deutlich verbessern wird.

### 10.2.5 Grenzen der Vorhersagbarkeit und weiterer Forschungsbedarf

So beachtlich der bereits erzielte Fortschritt auf dem Gebiet der prognostischen Gefährlichkeitsabschätzung von Stoffgemischen auch ist, so wenig darf dies über die Limitierungen des verfügbaren Instrumentariums und die Begrenztheit des Wissensstandes hinwegtäuschen. Diese Feststellung reicht weit über den skizzierten Aufarbeitungsbedarf im Verhältnis von Human- und Ökotoxikologie hinaus und bezieht sich auf generelle Probleme, die beide Disziplinen betreffen. Denn sowohl auf der Expositions- als auch auf der Effektseite ist die wissenschaftliche Abschätzung kumulativer Risiken mit enormen Datenlücken, Informationsmängeln und Wissensdefiziten konfrontiert:

- Unzureichende Kenntnisse über die tatsächliche *Exposition* von Menschen oder ihrer Umwelt stellen allgemein ein schwerwiegendes Hindernis für die realistische Einschätzung kumulativer Gefährdungspotenziale dar. Jeder Schadstoff, der in ein Umweltkompartiment eingetragen wird, vergrößert das Spektrum der darin bereits vorhandenen Umweltchemikalien. Die vorhandenen Konzepte liefern zwar prinzipiell wertvolle Instrumente für die Beurteilung der Gefährlichkeit des resultierenden Gemisches, ohne zuverlässige Informationen über die Identität und die Konzentrationen der einzelnen Mischungskomponenten sind Human- und Ökotoxikologie jedoch nicht in der Lage, diese Instrumente auch tatsächlich effektiv einzusetzen. Fortschritte bei der Expositionsmodellierung und beim Umweltmonitoring sind daher unabdingbare Elemente einer Strategie zur kontinuierlichen Verbesserung der Informationsbasis für die prospektive Risikobewertung von Chemikaliengemischen.
- Die systematische Erforschung kumulativer *Effekte* hat sich auf Kombinationen von Chemikalien allein konzentriert. Zum Einfluss physikalischer oder biologi-

---

[6] SCALE = „a comprehensive, long-term approach [...] based on *Science* [...] focusing on *Children* [...] that raises *Awareness* [...] uses the *Legal instruments* [...] including constant and continuous *Evaluation*" (CEC 2003a: 3f.).

scher Stressfaktoren auf die Chemikalienwirkung liegen hingegen bislang nur bruchstückhafte Informationen vor. Zudem sind die bisherigen Untersuchungsansätze und Prognosekonzepte nur für Szenarien einer gleichzeitigen Exposition gegenüber mehreren Schadstoffen ausgelegt. Das Problem der Beurteilung aufeinander folgender Expositionen gegen unterschiedliche Agenzien und die Fragen der Bedeutung von Vorbelastungen und Vorschädigungen von Organismen für die Chemikalienwirkung erfordern hingegen die Entwicklung neuartiger Ansätze. Darüber hinaus richten sich die bisherigen Ansätze auf die Abschätzung von Kombinationseffekten, die nach einer festgelegten Expositionsdauer eintreten, während das schwierigere Problem der Bestimmung von Expositions-Zeit-Wirkungsbeziehungen für komplexe Belastungssituationen bisher nicht systematisch angegangen worden ist. Schließlich darf nicht außer Acht gelassen werden, dass die verfügbaren Prognosekonzepte nur dafür geeignet sind, *quantitative* Abschätzungen der Häufigkeit oder der Intensität eines a priori definierten Schadeffektes zu liefern, der – bei entsprechend hohen Expositionskonzentrationen – prinzipiell auch durch jede Mischungskomponente allein hervorgerufen werden kann. *Qualitative* Wirkungsveränderungen, wie z.B. das Phänomen einer Tumorinduktion durch Kombinationen von Substanzen, die jeweils allein nicht kanzerogen wirken, oder die Verstärkung der Toxizität einer Substanz durch eine zweite allein unwirksame Verbindung, sind damit nicht abschätzbar. Die Verbesserung unseres Wissens über Mechanismen von Stoffwirkungen und Stoffinteraktionen ist dazu unverzichtbar.

### 10.2.6 Leitlinien für die regulatorische Praxis

Die in Europa existierenden Leitfäden für die regulatorische Bewertung chemischer Risiken folgen weitgehend dem Paradigma, jede Substanz einzeln und isoliert zu betrachten. Dies gilt insbesondere auch für das „Technical Guidance Document" (TGD) der Europäischen Kommission (EC 2003b). Richtlinien für die Durchführung kumulativer Risikobewertungen für Situationen der Mehrfachbelastung durch unterschiedliche Schadstoffe oder Kombinationen von Chemikalien mit physikalischen oder biologischen Stressfaktoren stehen der regulatorischen Praxis nicht zur Verfügung. In den USA stellt sich die Situation anders dar. Die US-amerikanische Umweltbehörde (US EPA) hat nicht nur eine langfristige Forschungsinitiative zur Problematik kumulativer Risiken auf den Weg gebracht, sondern sie hat für ihre Zwecke auch bereits einen Rahmenleitfaden für die Durchführung kumulativer Risikobewertungen, den „Framework for Cumulative Risk Assessment", entwickelt (US EPA 2003). Dieser Leitfaden richtet sich allerdings ausschließlich auf die Risikobewertung für die menschliche Gesundheit. Für die Abschätzung ökologischer Risiken ist er nicht geeignet. Zudem ist dieser Leitfaden speziell auf die Situation der ortsbezogenen Risikobewertung für bestimmte belastete Bevölkerungsgruppen ausgelegt, das sog. „Site-Specific Risk Assessment". Auf andersartige Risikobewertungssituationen, wie sie in Europa durch unterschiedliche nationale oder gemeinschaftliche Regulierungen angesprochen werden, ist er nicht oder zumindest nicht unmittelbar anwendbar. Dies gilt für prozessbezogene und produktbezogene Bewertungsansätze ebenso wie für die generische Risikobewertung für Gruppen von Chemikalien und physikalischen oder biologischen Belastungsfaktoren.

Mit ihrer „Strategie für Umwelt und Gesundheit" (CEC 2003a) hat die Europäische Kommission der Thematik kumulativer Risiken zwar einen deutlichen Stellenwert in der Forschungsförderung zugesprochen. Anders als in den USA wird bisher aber nicht gleichzeitig an der Frage gearbeitet, wie das bereits vorhandene Wissen über Kombinationswirkungen von Chemikalien in praktisches regulatorisches Handeln umgesetzt werden kann. Die Einführung des REACH Systems wird die Kenntnisse über viele Einzelstoffe systematisch erweitern und damit auch die Datengrundlage für die Abschätzung kumulativer Risiken stetig verbessern. Die angemahnten oder bereits angestoßenen Forschungsanstrengungen können gleichzeitig die Konzepte und Modelle für die Prognose kumulativer Effekte unter realistischen Expositionsbedingungen validieren und weiterentwickeln. Vermehrtes Wissen schlägt aber nicht automatisch in verbessertes Handeln um. Einerseits gibt es ein ausgeprägtes Beharrungsvermögen eingespielter regulativer Verfahren gegenüber herausfordernden Forschungsergebnissen, solange deren Relevanz und Sicherheit noch irgendwie bezweifelt werden kann und starke gegenläufige Interessenlagen im Spiel sind. Andererseits können Forschungsergebnisse völlig an den praktischen Fragen und Möglichkeiten des regulativen Chemikalienmanagements vorbeigehen, wenn dessen Erfordernisse nicht frühzeitig ins Kalkül gezogen werden. Der Förderpolitik muss deshalb dringend empfohlen werden, die Bearbeitung der Schnittstelle zwischen der wissenschaftlichen Erforschung und dem regulatorischen Management kumulativer chemischer Risiken gezielt zu organisieren. Andernfalls wird es eine konsistente und effektive europäische Strategie zur Abschätzung und zum Management kumulativer Risiken in absehbarer Zeit nicht geben.

## 10.3 Integrierte Risikobewertung für Mensch und Umwelt

### 10.3.1 Die Vision des integrierten Ansatzes

Aus dem Eingebundensein des Menschen in die natürliche Umwelt ergeben sich teilweise enge Wechselbeziehungen zwischen humantoxikologischen und ökotoxikologischen Risikoabschätzungen. Auf der Effektseite können einerseits ökotoxikologische Wirkmechanismen Indikatoren auch für potenzielle Wirkungen am Menschen liefern, und andererseits können ökosystemare Effekte mittelbare Wirkungen auf den Menschen entfalten. Auf der Expositionsseite werden die in den Umweltmedien Wasser, Boden, Luft und Nahrung auftretenden Konzentrationen wesentlich durch die ökosystemaren Mechanismen der Verteilung, des Transports und der Umwandlung von Stoffen sowie der Anreicherung in Nahrungsketten mitbestimmt. Ökotoxikologische Aspekte können deshalb auch in humantoxikologischen Risikoabschätzungen nicht völlig unberücksichtigt bleiben. Allerdings sind die Verfahren, Modelle und Methoden der humantoxikologischen Risikobewertung und der ökotoxikologischen Risikobewertung getrennt und weitgehend unabhängig voneinander entwickelt worden. Wissenschaftliche Bearbeitung und administrative Durchführung erfolgen in disziplinär stark fragmentierten Zirkeln und teilweise unter unterschiedlichen rechtlichen Rahmenbedingungen. Zunehmend verbreitet sich daher die Besorgnis, dass auf diese Weise inkonsistente Ergebnisse produziert werden, und vor allem, dass der separierte Wissensaufbau insgesamt ineffizient ist. Angetrieben von dieser Sorge hat eine internationale Expertengruppe, die sich unter dem Dach des gemeinsamen „WHO/UNEP/ILO International Programme on Chemical Safety" (IPCS) zusammengefunden hat, im Jahre 2001 ein Papier mit dem programmatischen Titel „Integrated Risk Assessment" publiziert (WHO 2001). Das Papier wirbt für einen Neuaufbruch in der Risikobewertung, hin zu einem „integrierten, holistischen Ansatz". Es versucht die Einsicht in die Notwendigkeit eines solchen Ansatzes zu wecken, die Akzeptanz zu stärken und die Weiterentwicklung entsprechender Verfahren anzuregen. Die grundsätzliche Vision der Autoren ist, eine Strategie zu entwickeln, „die auf reale Lebenssituationen der Exposition vieler Organismenarten gegenüber vielen Chemikalien in vielen Medien und über viele Expositionspfade ausgerichtet ist" (WHO 2001, Preface). Der spezifische Gegenstand des Papiers ist allerdings nicht das Problem der kumulativen Risikobewertung vieler Umweltchemikalien. Vielmehr konzentriert es sich ganz auf die Frage, wie ökotoxikologische und humantoxikologische Ansätze in einer „integrierten Risikobewertung" so miteinander verknüpft werden können, dass „Entscheidungsprozessen eine kohärentere Grundlage zur Verfügung gestellt wird" (WHO 2001, Executive Summary). Als ersten und wichtigen Schritt in diese Richtung behandeln die Autoren die Fragestellung auf der Ebene einzelner Chemikalien, einzelner Gruppen ähnlicher Chemikalien, und einzelner physikalischer Belastungsfaktoren. Das Papier skizziert den Entwurf einer allgemeinen Konzeption für integrierte Risikobewertungen.

Die Europäische Kommission hat die Besorgnis der WHO-Expertengruppe über die Ineffizienz inkonsistenter und zersplitterter Bewertungsverfahren in Human- und Ökotoxikologie und die Unzulänglichkeiten der isolierten Betrachtung einzelner Schadstoffe aufgegriffen. In ihrer Mitteilung über „Eine europäische Strategie für Umwelt und Gesundheit" hat sie den Begriff „integriertes Konzept" zum strategischen Schlüsselelement erkoren (CEC 2003a). Die Kommissionsvorstellungen darüber, was es alles in diesem Konzept zu integrieren gilt, reichen allerdings noch weit über die in dem WHO-Papier angesprochenen Aspekte hinaus. Dieses „integrierte Konzept" der Kommission umfasst nicht weniger als

- die *Integration der Information* über den Status der Umwelt und der menschlichen Gesundheit,
- die *Integration der Forschung* über Umweltfragen und Gesundheitsprobleme,
- die weitere Integration von Umwelt- und Gesundheitsfragen in andere Politikbereiche der Gemeinschaft,
- ein *integriertes Verständnis von Schadstoffkreisläufen*, das es ermöglichen wird, Schadstoffkontaminationen des Menschen mit den jeweils effizientesten Mitteln zu verhindern,

- die *integrierte Intervention* gegen umweltbedingte Gesundheitsrisiken unter Einbeziehung von Fragen der Kosteneffizienz und der Durchführbarkeit und unter Beachtung ethischer Gesichtspunkte sowie
- die *Integration der beteiligten Interessengruppen* zur Sicherstellung einer erfolgreichen Strategieumsetzung (CEC 2003a: 8f.).

Als Teil der Strategie wurde ein entsprechender Kanon von Themen in den Arbeitsprogrammen zum 5. und 6. Forschungs-Rahmenprogramm verankert. Von diesen Projekten wird erwartet, dass sie uns all die Kenntnisse, Methoden und Verfahren bescheren, die heute noch fehlen, um die komplexen Integrationsziele der anspruchsvollen Strategie wenigstens ansatzweise Wirklichkeit werden zu lassen. 2010 werden wir wissen, inwieweit die Forschungsrealität den politischen Ansprüchen genügen konnte.

### 10.3.2 Barrieren und Entwicklungsperspektiven

Die Überwindung traditioneller Barrieren zwischen den vielen beteiligten wissenschaftlichen Fachrichtungen stellt ein nicht unerhebliches Problem auf dem Wege zu einer integrierten Risikobewertung dar. Viele der angesprochenen Wissenschaftler hören zwar die herausfordernde Botschaft und erkennen auch, dass „Integration" zu einem Zauberwort bei der Einwerbung von EU-Fördermittel geworden ist. Gleichzeitig müssen sie sich aber fragen, wie sie dem komplexen Bündel von Anforderungen genügen können, ohne ihre wissenschaftliche Exaktheit aufzugeben und ihre Glaubwürdigkeit damit aufs Spiel zu setzen. Forscher haben gelernt, wissenschaftliche Ehren durch reduktionistische Ansätze in hoch spezialisierten Nischen zu erlangen. Grenzgänge zwischen den Disziplinen bergen immer ein hohes Risiko, sich dem Vorwurf des Dilettantismus auszusetzen. Forscher haben also einerseits gute Gründe, dem Ruf nach einem Paradigmenwechsel hin zu einem holistischen Ansatz mit einer gehörigen Portion vorsichtiger Zurückhaltung zu begegnen. Andererseits erzeugt die frustrierende Erfahrung der Schwerfälligkeit, Unzulänglichkeit und Ineffizienz herkömmlicher Risikobewertungsprozesse ein Klima wachsender Bereitschaft, sich der Anforderung transdisziplinärer Teamarbeit zu öffnen und die Durchführbarkeit neuer Konzepte zu erproben. Prinzipielle Zustimmung zur Notwendigkeit eines integrierten Ansatzes und gleichzeitig profunde Skepsis bezüglich der praktischen Durchführbarkeit eines solchen Ansatzes prägen daher den derzeitigen Diskussionsstand (s. Munns et al. 2003).

Inhaltlich ist das Konzept der „Integrierten Risikobewertung" für Mensch und Umwelt derzeit eine Baustelle. Bislang ist der Begriff nicht viel mehr als der Ausdruck eines Konsenses über die Unzulänglichkeiten bestehender Verfahren sowie der allgemeinen Vision, etwas erreichen zu wollen, das besser ist als der Status Quo, und zwar durch intelligente Verknüpfung bisher separierter Erkenntniswege und Bewertungsverfahren. Die praktischen Ansatzpunkte für eine solche integrierte Beschreibung menschlicher Gesundheitsrisiken und ökologischer Bedrohungen ergeben sich aus zentralen Elementen, die beiden Bewertungssträngen gemein sind, nämlich gemeinsam in Betracht stehenden Schadstoffquellen, gemeinsamen

Abschnitten von Ausbreitungswegen und Expositionspfaden sowie einigen gemeinsamen Mechanismen biologischer Schadwirkungen. So jedenfalls propagieren es die Autoren des WHO-Papiers. Dieser Betonung von Gemeinsamkeiten lässt sich natürlich leicht die Vielfalt der unübersehbaren Unterschiede in Toxikokinetik[7], Toxikodynamik[8], Bewertungsendpunkten[9] und spezifischen Schutzzielen[10] gegenüberstellen. Sie bilden ein unerschöpfliches Reservoir an Gegenargumenten zum integrierten Ansatz. Um ein differenziertes Urteil über die Leistungsfähigkeit des integrierten Ansatzes bilden zu können und um die Idee tatsächlich in ein praktikables Instrument umzusetzen, ist es erforderlich, in detaillierter Kleinarbeit zu prüfen, wo die Bewertung ökologischer Risiken und die Bewertung gesundheitlicher Risiken wirklich voneinander profitieren können und wo die Integration nur zu einer kontraproduktiven Erhöhung von Komplexität, Zeit und Kosten der Bewertungsverfahren führt.

Als ersten Schritt auf diesem Weg hat die WHO-Expertengruppe versucht, die Möglichkeiten und Grenzen ihres holistischen Ansatzes in vier explorativen Fallstudien auszuloten, die sich ausschließlich auf vorhandene Literaturdaten stützten. Es ging dabei um die Risikobewertung von persistenten organischen Umweltchemikalien (POPs[11]), Organozinnverbindungen, Organophosphor-Pestiziden und UV-Strahlung. Im Ergebnis konnten mit diesen exemplarisch-retrospektiven Betrachtungen zwar die Beweggründe und die erhofften Vorteile des integrierten Ansatzes argumentativ verdeutlicht werden. Die letztendliche Schlussfolgerung war jedoch, dass wesentlich mehr und wesentlich vertiefte Fallstudien erforderlich sind, um dem Ziel eines international akzeptierten Leitfadens für integrierte Risikobewertungen näher zu kommen. Am ehesten greifbar scheint eine praktische Realisierung des integrierten Ansatzes bisher im zweiten Teilschritt des Risikobewertungsprozesses, nämlich der Expositionsabschätzung. Europa gilt dabei weltweit als Vorreiter. Der Grund dafür ist, dass mit dem „Technical Guidance

---

[7] Toxikokinetik = Aufnahme, Verteilung, Umwandlung und Ausscheidung von Fremdstoffen in einem Organismus.
[8] Toxikodynamik = Primäre Interaktion von Fremdstoffen mit spezifischen Strukturen oder Prozessen in einem Organismus (Wirkorten) sowie sekundäre biochemische und physiologische Folgereaktionen, die in der Konsequenz letztendlich zu dem auf der Ebene des Gesamtorganismus beobachtbaren Schadbild führen.
[9] Bestimmte humantoxikologisch brisante Endpunkte, wie z.B. die Auslösung von Krebserkrankungen, spielen für die ökotoxikologische Risikobewertung praktisch keine nennenswerte Rolle, da sie auf den Schutz von Arten und Populationen und nicht von Individuen ausgerichtet ist. Umgekehrt sind bestimmte ökotoxikologische Endpunkte, wie z.B. die Hemmung des Wachstums von Primärproduzenten (Photosynthese treibende Organismen, die am Anfang der biologischen Nahrungskette stehen) für die Beurteilung *direkter* Chemikalienwirkungen auf den Menschen irrelevant.
[10] Spezifische Ziele des menschlichen Gesundheitsschutzes, wie insbesondere der Schutz vor chemischen Risiken am Arbeitsplatz, beim Umgang mit Konsumgütern oder beim Aufenthalt in Gebäuden, erfordern andere Methoden und Modelle der Expositionsabschätzung als beispielsweise der Schutz der Lebensgemeinschaften in Oberflächengewässern.
[11] POPs = Persistent Organic Pollutants.

Document" partiell bereits eine enge Verzahnung zwischen der Abschätzung der Humanexposition und der Umweltexposition geschaffen worden ist, und zwar insoweit als menschliche Belastungen mit Schadstoffen nicht am Arbeitsplatz oder über Konsumgüter erfolgen. Dabei werden im ersten Schritt erwartbare Schadstoff-Konzentrationen, so genannte PEC-Werte[12], in den Umweltmedien Luft, Boden, Sediment, Grundwasser und Oberflächengewässer abgeschätzt. Auf Grundlage dieser Umweltkonzentrationen wird im zweiten Schritt dann die Exposition des Menschen sowohl durch direkten Kontakt mit Umweltmedien als auch über die Nahrungskette modelliert. Gleichzeitig dienen die im ersten Schritt ermittelten PEC-Werte aber auch als Grundlage für die separat durchzuführende Bewertung ökotoxikologischer Risiken.

Angesichts dieses Standes ist es verfrüht, die Entwicklungsperspektiven der integrierten Risikobewertung einschätzen zu wollen. Ob die Vision tatsächlich zu einem wirksamen Instrument in der Realisierung des Generationsziels der Nachhaltigkeitsstrategie führt oder ob sie auf absehbare Zeit im Dickicht der Interessen, Disziplinen und Detailprobleme stecken bleiben wird, das müssen die Entwicklungen der nächsten Jahre zeigen. Eine gewisse Pilotfunktion könnten dabei die laufenden EU-Großprojekte zur Erforschung des Risikos hormonähnlicher Wirkungen von Umweltchemikalien beim Menschen und bei wild lebenden Tieren haben, die zu einem gewichtigen Teil im Forschungsverbund CREDO[13] organisiert sind. Es gibt wohl gegenwärtig kein anderes umweltrelevantes Forschungsgebiet, in dem die Notwendigkeit und die Bereitschaft zur Kooperation über die Disziplingrenzen hinweg größer sind. Und es dürfte wohl kein anderes Forschungskonsortium geben, in dem die kritische Masse zur Erreichung des anspruchsvollen Ziels einer integrierten Risikobewertung besser gegeben ist als im CREDO-Verbund, der mehr als 60 europäische Forschungslabors umfasst. Und es gibt wohl auch keine andere Forschungsinitiative, in der die Gemeinsamkeiten, die Zusammenhänge, die Wechselbeziehungen und die Unterschiede zwischen dem Menschen und den Organismen seiner Umwelt sowohl hinsichtlich der Exposition als auch hinsichtlich der Schadeffekte einer Chemikaliengruppe intensiver untersucht werden. Außerdem arbeiten die CREDO-Projekte nicht nur an der Schnittstelle zwischen Humantoxikologie und Ökotoxikologie, sondern gehen auch der Frage nach Kombinationseffekten hormonähnlich wirkender Chemikalien nach. Ähnliche „Integrierte Projekte" stehen zwar derzeit in den Startlöchern, im Bereich chemischer Risiken ist der CREDO-Verbund jedoch am Ende des Jahres 2002 als erster seiner Art installiert worden und sollte daher auch als erster Ergebnisse liefern. Hormonähnlich wirkende Chemikalien liefern somit einen ersten herausragenden Prüfstein für die Fragen nach dem Für und Wider des Konzepts der integrierten Risikobewertung. Wenn es tatsächlich ein konzeptioneller Durchbruch und nicht nur ein neues Schlagwort ist, dann sollte dies für hormonähnlich wirkende Stoffe demonstrierbar sein. Spätestens 2007 sollten wir mehr wissen.

---

[12] PEC = Predicted Environmental Concentration.
[13] CREDO = Cluster of research into endocrine disruption in Europe; (http://www.credocluster.info).

## 10.4 Risikobewertung ohne Tierversuche: QSARs und In-Vitro-Tests

### 10.4.1 Alternativmethoden zum Tierversuch und der Stand ihrer Validierung für regulatorische Zwecke

Ob konventionelle Einzelstoffbewertung, kumulative Risikobewertung für reale Belastungssituationen oder integrierte Risikobewertung für Mensch und Umwelt, in jedem Falle ist die naturwissenschaftliche Abschätzung chemischer Risiken auf zuverlässige qualitative und quantitative Informationen über die gefährlichen Eigenschaften von Stoffen angewiesen und in jedem Falle stellen Laborversuche an Tieren dafür bisher die Hauptinformationsquelle dar. Das gilt für die humantoxikologische Risikobewertung uneingeschränkt und für die ökotoxikologische Risikobewertung zumindest insoweit, als es um Risiken für tierische Organismen in der Umwelt geht. Sowohl aus ethischen als auch aus ökonomischen Gründen wird seit mehreren Jahrzehnten darüber debattiert und daran geforscht, wie diese Abhängigkeit von Tierversuchen überwunden werden kann, ohne die Unsicherheiten prognostischer Risikobewertungen noch weiter zu vergrößern. Als Erfolg versprechende Alternativen werden dabei vor allem zweierlei Arten von Methoden diskutiert, die unter den Sammelbegriffen „In-vitro-Tests" und „(Q)SARs" zusammengefasst werden.

In-vitro-Tests sind experimentelle Untersuchungen an isolierten Organen, Geweben, Zellen oder biochemischen Systemen. Ihre Verwendung in der Risikobewertung erfordert systemtheoretisch den Aufwärtsschluss von der Ebene physiologischer oder biochemischer Teilreaktionen auf die komplexere Ebene ganzer Organismen oder Populationen von Organismen. Die Validität solcher Schlüsse wird durch vergleichende Prüfungen auf den unterschiedlichen Ebenen biologischer Komplexität untersucht. Allgemein nimmt sie mit wachsendem Wissen um Wirkungsmechanismen von Stoffen sowie deren Konsequenzen auf organismischer Ebene zu.

Das Kürzel (Q)SAR steht für (Quantitative) Struktur-Aktivitäts-Beziehungen (R = Relationship) und bezeichnet Modelle, die den Zusammenhang zwischen Molekülstruktur oder daraus resultierenden physiko-chemischen Moleküleigenschaften und der Art oder Stärke eines biologischen Effekts in Form computergestützter Expertensysteme oder mathematischer Funktionen qualitativ (SAR) oder quantitativ (QSAR) beschreiben[14]. (Q)SAR-Modelle basieren auf einem experimentellen Erfahrungsschatz über biologische Wirkungen von Stoffen mit einem

---

[14] Im weiteren Sinne wird der Begriff QSAR auch für Modelle verwendet, die keine biologischen Wirkungen, sondern physiko-chemische Moleküleigenschaften (wie z.B. Wasserlöslichkeit, Dampfdruck etc.), oder das Verhalten von Chemikalien in der Umwelt (Verteilung, Transport, Akkumulation, Umwandlung etc.) prognostizieren, Diese Parameter sind für den Gesamtprozess der Risikobewertung zwar von erheblicher Bedeutung, insbesondere für die Expositionsmodellierung. Für die Diskussion um den Ersatz von Tierversuchen spielen sie aber keine wesentliche Rolle und sind in dieser Definition deshalb unberücksichtigt.

oder mehreren gemeinsamen Strukturmerkmalen. Nach dem Prinzip des Analogieschlusses liefern sie Prognosen über Art oder Stärke der Wirkung strukturähnlicher Substanzen. Allgemein nimmt die Validität dieses Prognoseinstruments mit wachsendem Umfang empirischer Datensätze über die Toxizität von Stoffen zu.

Die Entwicklung beider Ansätze, In-vitro-Tests und QSARs, zur Anwendungsreife in der Risikobewertung kommt also nicht von vornehereiin ohne Daten aus experimentellen toxikologischen Untersuchungen an ganzen lebenden Organismen aus, sondern benötigt diese als Ausgangs- und Vergleichspunkte, allerdings mit dem Ziel, sie für die Risikoabschätzung bislang ungeprüfter Stoffe oder Stoffgemische letztendlich mehr und mehr verzichtbar werden zu lassen. Die entscheidende Frage ist, wann genau und für welche Detailfragen der Punkt erreicht ist, an dem auf die Durchführung eines Tierversuchs ganz oder teilweise verzichtet werden kann, bzw. was und wie viel noch getan werden muss, um diesen Punkt zu erreichen. Genau daran scheiden sich derzeit die Meinungen.

Seit 1992 wird die Validierung von Alternativmethoden zum Tierversuch in Europa zentral durch das „European Centre for the Validation of Alternative Methods" (ECVAM) koordiniert. Validierung meint dabei die Prüfung der Zuverlässigkeit und der Relevanz einer Testmethode für einen spezifischen Verwendungszweck. Diese Arbeit an Methoden ist in mehr als 20 Jahren allerdings nicht weniger schleppend vorangekommen als die Risikobewertung von Chemikalien selbst. Von einem wirklich gelungenen *Ersatz* des Tierversuchs für die Zwecke der Risikobewertung kann bislang nur in einem einzigen Punkt gesprochen werden, nämlich bei der Prüfung von Substanzen auf hautverätzende Eigenschaften. Eine zweite Erfolgsstory bezieht sich auf die *Reduktion* der Tierverbrauchszahlen im Test auf akute orale Toxizität. Ansonsten stecken Alternativmethoden zum Tierversuch, soweit sie für die Risikobewertung im Rahmen der europäischen Chemikalienregulierung relevant sein können, entweder in den Mühlen des Validierungsprozesses oder im Stadium von Forschung und Entwicklung (Worth and Balls 2002; Hartung et al. 2003.)

### 10.4.2 Kann eine reformierte Chemikalienregulierung auf Tierversuche verzichten?

Mit der Vorlage des Weißbuchs der EU-Kommission zur Reform der europäischen Chemikalienpolitik im Februar 2001 (CEC 2001b) ist die Debatte um Alternativen zum Tierversuch in eine neue Phase eingetreten. Das erklärte Ziel, mehrere tausend Chemikalien innerhalb von elf Jahren einer Risikobewertung zu unterziehen, rief zwangsläufig und umgehend den Protest der europäischen Tierschutzverbände auf den Plan. Gestützt auf eine Studie der Universität Leicester (IEH 2001) prangerten sie an, dass dieses Ziel bei Anwendung konventioneller Verfahren mit dem Leiden von rund 50 Millionen Versuchstieren erkauft werden würde. Noch im selben Jahr legten sie einen Bericht vor, in dem die Möglichkeiten der Umstellung auf tierversuchsfreie Alternativen für 14 Standardkriterien der toxikologischen Prüfung Punkt für Punkt diskutiert wurden (BUAV and ECEAE 2001). In allen 14 Punkten kam das Papier zu der Schlussfolgerung, dass der

Stand der Forschung bereits soweit fortgeschritten sei, dass Tierversuche schon relativ kurzfristig durch eine intelligente Kombination von QSAR- und In-vitro-Methoden vollständig abgelöst werden könnten. Je nach Prüfkriterium wurde der dafür noch notwendige Zeitraum auf ein bis höchstens fünf Jahre veranschlagt. Konsequenterweise wären die Ziele des neuen REACH-Systems auch völlig ohne Tierversuche erreichbar.

Dieser herausfordernden These musste sich die EU-Kommission stellen. Sie verwies das Papier der Tierschutzverbände deshalb zur Prüfung der wissenschaftlichen Qualität und zur Kommentierung des Forschungsstandes an das zuständige wissenschaftliche Beratergremium CSTEE[15]. Das CSTEE veröffentlichte seine Stellungnahme im Januar 2004 (EC 2004). Darin wird der Auffassung der Tierschutzverbände in allen Punkten widersprochen. Das bedeutet, dass es nach Meinung des CSTEE sehr unwahrscheinlich ist, dass die diskutierten Alternativmethoden in absehbarer Zeit eine solide Grundlage für die Bewertung der Gesundheitsrisiken von Chemikalien liefern werden. Weiter können die Standpunkte kaum voneinander entfernt sein. Wie kommt es zu diesen konträren Einschätzungen und wie kann die Debatte konstruktiv voran gebracht werden?

Die Auffassung der Tierschutzverbände und die durch das CSTEE repräsentierte „herrschende" wissenschaftliche Meinung prallen deshalb so unversöhnlich aufeinander, weil die Forderung nach vollständigem Verzicht auf Tierversuche auf dem gegenwärtigen oder in naher Zukunft erwartbaren Erkenntnisstand an Grundprinzipien etablierter Risikobewertungsstrategien rüttelt. Denn die gesamte Risikobewertung hängt entscheidend davon ab, dass im ersten Hauptschritt, dem sog. „Effect Assessment" (s. Abschnitt 10.1), eine Dosis[16] oder Konzentration[17] bestimmt wird, unterhalb derer *keinerlei* schädliche Wirkungen beobachtet werden, die sog. NOAEL[18] bzw. NOEC[19], oder unterhalb derer die Wahrscheinlichkeit für das Auftreten schädlicher Effekte einen als „vernachlässigbar" oder „akzeptabel" einstufbaren Wert nicht überschreitet, die sog. „Benchmark Dose" (BMD). Diese Konzeption setzt voraus, dass die verwendeten Testsysteme jede mögliche Art von Schadeffekt erkennen lassen können und dass die Dosen oder Konzentrationen, bei denen diese Schadeffekte beobachtet oder noch nicht beobachtet werden, für den intakten Gesamtorganismus relevant oder zumindest darauf übertragbar sind, und zwar auch und gerade bei langfristiger Exposition. Genau diese Voraussetzungen sind nach Auffassung einschlägiger Expertengremien wie des CSTEE mit In-vitro-Tests aber absehbar nicht erfüllbar, zumindest nur mit weit größerer Un-

---

[15] CSTEE = Scientific Committee on Toxicity, Ecotoxicity and the Environment. (Die Committologie der EU-Kommission ist 2004 neu geordnet worden. Das CSTEE ist aufgelöst und seine Zuständigkeiten sind auf verschiedene Nachfolge-Committees aufgeteilt worden.)
[16] Dosis = Stoffmenge pro Biomasse und Zeiteinheit (z.B. mg/kg Körpergewicht/Tag).
[17] Konzentration = Stoffmenge pro Volumen- oder Masseneinheit eines Mediums; das Medium kann externer Art (z.B. Atemluft) oder interner Art (z.B. Blut) sein.
[18] NOAEL = No Observed Adverse Effect Level.
[19] NOEC = No Observed Effect Concentration.

sicherheit als mit möglichst langfristigen Versuchen an lebenden Tieren, und zwar aus den folgenden Gründen:

- Unterschiedliche Schadstoffe können ein ganz unterschiedliches Spektrum biochemischer und physiologischer Primärreaktionen in unterschiedlichen Zellen, Geweben und Organen induzieren, und sie können dort ganz unterschiedlichen Transport-, Verteilungs-, und Umwandlungsprozessen unterliegen. Es erscheint unwahrscheinlich, dass wenige ausgewählte In-vitro-Modellsysteme die gesamte Vielfalt dieser Mechanismen ausreichend repräsentieren können.
- Die Entstehung von Krankheitsbildern auf der Ebene des Gesamtorganismus ist oft ein komplexes und langfristiges Geschehen, das eine komplizierte Kaskade von Folgereaktionen und Wechselwirkungen zwischen verschiedenen Wirkungsmechanismen, Teilprozessen und Teilstrukturen einschließt. Dies gilt insbesondere für Beeinträchtigungen integrativer Leistungen des Gesamtorganismus, die auf der Ebene einzelner Zellen, Gewebe oder Organe nicht hinreichend verstanden werden können, wie beispielsweise das Immunsystem oder die Systeme hormoneller und neuronaler Steuerung. Auf der Basis des gegenwärtigen Verständnisses biologischer Komplexität sind diese Prozesse auch bei Kenntnis primärer Wirkungsmechanismen nicht ausreichend modellierbar.
- Die in In-vitro-Tests festgestellten Wirkkonzentrationen (effect concentrations) oder nicht wirksamen Konzentrationen (no observed effect concentrations) sind auf dem derzeitigen Stand der Modellbildung im Allgemeinen nicht oder nur mit erheblichen Unsicherheiten auf die Ebene des Gesamtorganismus übertragbar. Zum ersten wegen des dargestellten Risikos, dass bestimmte Arten von Schadeffekten gar nicht erkannt werden. Und zum zweiten, weil die Testkonzentrationen in einem In-vitro-Test, beispielsweise die statische Schadstoffkonzentration im Medium einer Zellkultur, nicht ohne weiteres mit den dynamischen Konzentrationsverhältnissen im internen Milieu eines Organismus, beispielsweise im Blutstrom, vergleichbar ist, da ja die im Gesamtorganismus ablaufenden Prozesse der Aufnahme, Verteilung, Akkumulation, Umwandlung und Ausscheidung von Stoffen in einem solchen Test ausgeblendet sind.
- Selbst wenn aus In-vitro-Tests relevante NOEC- oder Benchmark-Werte für interne Konzentrationen in einem Organismus ableitbar sein sollten, so sind diese für die Risikobewertung noch nicht unmittelbar nutzbar. Denn die Wirkungsbewertung (Hauptschritt 1) und die Expositionsbewertung (Hauptschritt 2) müssen direkt vergleichbare Zahlenwerte liefern, damit diese in der abschließenden Risikocharakterisierung (Hauptschritt 3) zu Indikatoren der Risikohöhe verdichtet werden können. Die stehenden Verfahren der Expositionsbewertung liefern externe Konzentrationen in Umweltmedien und daraus abgeleitete Schätzungen von Aufnahmemengen, aber noch keine internen Konzentrationen. Diese Lücke muss für In-vitro-In-vivo-Extrapolationen erst durch einen weiteren Modellierungsschritt überbrückt werden. Entsprechende toxikokinetische Modellbildungen sind derzeit zwar intensiver Forschungsgegenstand aber längst noch nicht „Stand der Kunst".

Die Debatte um die zweite Gruppe von Alternativmethoden, die (Q)SAR-Modelle, wird weniger prinzipiell geführt als die Diskussion um In-vitro-Methoden. Sie dreht sich eher um spezifische Limitierungen des vorhandenen Erkenntnisstandes für spezifische Anwendungen innerhalb des Risikobewertungsprozesses. Die Reserviertheit gegenüber ihrer Verwendung als vollständigem Ersatz für Tierversuche ist aber kaum geringer. Dies gilt insbesondere für die Humantoxikologie und weniger ausgeprägt für die Ökotoxikologie und, vor dem Hintergrund weltweit unterschiedlicher rechtlicher Rahmenbedingungen, vor allem für Europa und am wenigsten ausgeprägt für Kanada und die USA. Wegen erheblicher Zweifel an der Zuverlässigkeit von QSAR-Modellen hat die europäische Chemikalienregulierung bislang auf die Strategie strikter Prüfanforderungen nach international normierten Testverfahren gesetzt und keine Anreize für deren Ersatz durch (Q)SAR-Modelle geboten. Auch in der Arbeit von ECVAM haben (Q)SAR-Modelle in der Vergangenheit keine nennenswerte Rolle gespielt. Erst im Zuge der REACH-Debatte ist die „JRC[20] Activity on (Q)SARs" eingerichtet worden, die von ECVAM koordiniert wird.

(Q)SAR-Modelle basieren auf der Grundannahme, dass strukturähnliche Substanzen ähnliche physiko-chemische Eigenschaften und ähnliche biologische Wirkeigenschaften aufweisen. Diese Annahme kann sehr richtig oder auch grundfalsch sein. Für beide Situationen lassen sich zahlreiche Beispiele anführen. Zentraler Problempunkt bei der Validierung von (Q)SARs für den prognostischen Einsatz im regulatorischen Kontext ist deshalb die Abgrenzung der sog. „Domain", d.h. die exakte Definition einer struktur- und wirkungsähnlichen Chemikalienklasse, für die das Modell, innerhalb festzusetzender Genauigkeitsgrenzen, als gültig angenommen werden kann. Die bisher entwickelten (Q)SAR-Modelle decken ein begrenztes Spektrum diskreter Strukturgruppen, Wirkungsmechanismen und toxikologischer Endpunkte ab, aber nicht etwa das Universum chemischer Verbindungen oder die Vielfalt biologischer Wirkmuster. In der Praxis sieht sich die Validierung und Weiterentwicklung dieses Instrumentariums für die Risikobewertung vor allem mit drei praktischen Problemen konfrontiert: (*i*) einem eklatanten Mangel an biologischen Datensätzen, die für das „Training" und die Validierung der Modelle tauglich sind, (*ii*) einem unangemessen simplizistischen Stand der Modellbildung für komplexe toxikologische Phänomene, wie beispielsweise die Krebsentstehung, und (*iii*) einer oftmals völlig unzureichenden Abklärung der „Domain" eines Modells, so dass die Risikobewertung nicht feststellen kann, ob eine in Betracht stehende Chemikalie in diese Domain fällt oder nicht (Cronin 2002).

Nach Maßgabe des im TGD niedergelegten Standes der Expertendiskussion können (Q)SARs in Europa zwar im Rahmen der Risikobewertung verwendet werden, dies jedoch ausschließlich als ein komplementäres Hilfsmittel, das den Prozess effizienter gestalten lässt und das *zusammen* mit experimentellen Testergebnissen die Zuverlässigkeit der Bewertung insgesamt steigern lässt. Eine Risikobewertung allein auf der Grundlage von (Q)SAR-Modellierungen ist hingegen ausgeschlossen (EC 2003b, Chapter 4, p. 6). Darüber hinaus gilt als Grundregel für die europäischen Behörden, dass (Q)SAR-Schätzungen ausschließlich „konservativ" verwendet werden (EC 2003b, Chapter 4, p. 14). Das bedeutet, dass (Q)SAR-Schätzungen Risikoverdachtslagen begründen oder erhärten können,

---

[20] JRC = Joint Research Centre of the European Commission.

nicht jedoch den Schluss, dass kein signifikantes Risiko bestehe oder dass das Risiko geringer sei, als auf Grund anderer Evidenzen vermutet. Das TGD betont die Notwendigkeit der Verwendung „validierter" (Q)SARs und empfiehlt selbst eine Reihe von Modellen. Diese sind aber ausschließlich für den Bereich der umweltbezogenen Risikoabschätzung relevant. Für den Bereich der Abschätzung menschlicher Gesundheitsrisiken kann hingegen auf dem derzeitigen Stand keinerlei Modell empfohlen werden (EC 2003b, Chapter 4, p. 40). Tatsächlich ist von schätzungsweise mehreren tausend (Q)SAR-Modellen, die in der wissenschaftlichen Literatur veröffentlicht wurden, bis heute nicht ein einziges für die Verwendung im regulatorischen Kontext validiert worden. Diesem Zustand soll nun die neue „JRC Activity on (Q)SARs" in den kommenden Jahren abhelfen. Dass dieser Prozess derartig schnell und erfolgreich vorankommen könnte, wie von den Tierschutzverbänden veranschlagt, ist dabei nicht ernsthaft in Erwägung gezogen worden, weder von den Behörden, noch von der Industrie, noch von der Wissenschaft.

Unzweifelhaft birgt die Risikobewertung auf der Basis von Tierversuchen enorme Unsicherheiten. Diese Unsicherheiten ergeben sich zwangsläufig aus der Notwendigkeit von Extrapolationsschritten: vom Versuchstier auf den Menschen oder andere Arten in der Umwelt und von Laborbedingungen auf reale Umwelt- und Lebensbedingungen. Es ist Konvention, diese Unsicherheiten durch das Einschalten von Extrapolationsfaktoren zu überbrücken, die auch als Sicherheits- oder Unsicherheitsfaktoren bezeichnet werden. Aus der Vergangenheit lassen sich etliche Beispiele anführen, in denen dieses Vorgehen versagt hat. Darauf gestützt kommen die europäischen Tierschutzverbände zu der Auffassung, dass der Tierversuch insgesamt eine derart unsichere und wissenschaftlich fragwürdige Grundlage der Risikobewertung darstelle, dass der rasche und radikale Verzicht und die völlige Umstellung auf Alternativmethoden die Zuverlässigkeit der Bewertungsergebnisse nur erhöhen könne. Dem muss das CSTEE in seiner Stellungnahme natürlich die ebenfalls zahlreichen Untersuchungen entgegenhalten, die die These stützen, dass das Tiermodell im Allgemeinen einen guten Prognosewert für Schadwirkungen am Menschen aufweist, nicht zuletzt wegen des großen Erfahrungsschatzes, den man in der Durchführung und der Interpretation von Tierversuchen gesammelt hat. In ähnliche Richtung wie die Tierschutzverbände, aber mit pragmatischerem Ansatz, argumentiert allerdings auch ECVAM: „Da es als akzeptabel erachtet wird, bei der Verwendung von Tierdaten für die Risikobewertung Unsicherheitsfaktoren anzuwenden, sollte es auch akzeptabel sein, das Konzept der Unsicherheit beim Gebrauch von In-vitro-Daten anzuwenden; beispielsweise zur Extrapolation von einem Zellkultursystem auf ganze Tiere oder Menschen" (Worth and Balls 2002: 21). Demgegenüber hält das CSTEE daran fest, dass der Verzicht auf Tierversuche auf jeden Fall eine Erhöhung der Unsicherheit bei der Extrapolation auf den Menschen bedeute und damit das Ziel verletzt werde, das Niveau chemischer Sicherheit nicht abzusenken. Das CSTEE warnt sogar, dass eine stärkere Schwerpunktsetzung auf tierversuchsfreie Alternativen auch zu einer Nachfrage nach Sicherheitsprüfungen am Menschen führen könne (EC 2004: 5).

Wie groß der Unsicherheitszuwachs bei Umstellung von Tierversuchen auf Alternativmethoden wäre und inwieweit dieser durch ein erweitertes Extrapolationsfaktoren-Konzept abgefangen werden könnte, darüber lassen sich derzeit keine fundierten Aussagen treffen. Während sich in den vergangenen Jahren verschiedene Forschungsarbeiten darum bemüht haben, die empirischen und methodischen Grundlagen der Extrapolation von Daten aus Tierversuchen voranzubringen (s. z.B. Kalberlah u. Schneider 1998), fehlt es an systematischen Untersuchungen zur Problematik der In-vitro-In-vivo-Extrapolation.

Auf diesem Stand des Diskurses und der Erkenntnis hat die EU-Kommission getan, was sie tun konnte. Der REACH-Entwurf hält zwar an Tierversuchen fest, begrenzt aber einerseits deren möglichen Umfang und setzt andererseits erstmals einen klaren ökonomischen Anreiz zur Entwicklung und Validierung von Alternativmethoden. REACH verlangt bislang tierversuchsabhängige Informationen im Mindestumfang des „Base Set", und damit eine Grundlage für vollständige Risikobewertungen, nur für Stoffe mit einem Produktionsvolumen von mehr als 10 Jahrestonnen. Dies betrifft rund 10.000 sog. Altstoffe („Existing Chemicals"). Gleichzeitig lässt der Entwurf grundsätzlich zu, dass die kostspieligen Tierversuchsdaten durch Daten aus (Q)SAR-Modellen oder In-vitro-Tests ersetzt werden. Uneingeschränkt gilt diese Option allerdings nur unter der Voraussetzung, dass die „wissenschaftliche Validität" dieser Alternativmethoden festgestellt worden ist (CEC 2003b, Annex IX). Die Beantwortung der Frage ob, wie schnell und in welchem Umfang Tierversuche tatsächlich ersetzbar sind, wird damit gleichsam einem Markt für Wissen und Methoden überantwortet, wobei die Qualität neuer methodischer Produkte allerdings der Kontrolle durch Validierungsgremien standhalten muss. Das JRC hat geschätzt, dass die Industrie von 2,4 Mrd. € Testkosten, die durch REACH maximal verursacht würden (Pedersen et al. 2003a), allein durch (Q)SARs 740 bis 940 Mill. € einsparen könne, und zwar bei einem notwendigen Investitionsvolumen für Weiterentwicklung und Validierung in Höhe von nur 5 bis 10 Mill. € (Pedersen et al. 2003b). Ob und inwieweit diese neue Regulierungsstrategie aufgeht und die teils hochgespannten Erwartungen erfüllen wird, bleibt spannend. Die Industrie hat den ihr zugespielten Ball grundsätzlich angenommen, betont aber, dass die möglichen Kostenentlastungen in Wahrheit gering seien und dass die Entwicklung valider Alternativmethoden über ihren Aufgabenbereich hinausginge. Diese Leistung könne nur gemeinsam mit der Wissenschaft erbracht werden und bedürfe der finanziellen Unterstützung durch die Politik (s. z.B. Bias 2004).

### 10.4.3 Alternativmethoden als Instrumente einer effektiveren Chemikalienkontrolle

Die Debatte um Alternativmethoden krankt oft an der fehlenden Differenzierung zwischen der Identifizierung gefährlicher Eigenschaften von Stoffen („Hazard Identification") und der Risikobewertung von Stoffen. Die Risikobewertung zielt darauf festzustellen, ob die gegebene oder zukünftig erwartbare Exposition gegenüber einem oder mehreren potenziell gefährlichen Stoffen so hoch ist, dass signifikante Schäden zu befürchten sind. Die Ermittlung der sog. „inhärenten" gefährlichen Eigenschaften von Stoffen ist dabei nur ein erster Teilschritt. Dosis-Wirkungs-Analysen und Expositionsanalysen müssen hinzukommen. Die Identifizierung gefährlicher Eigenschaften ist aber nicht nur Grundlage für Risikobewertungen, sondern die dabei gewonnenen Informationen können gleichzeitig auch alleine schon für vorbeugende Maßnahmen zum Schutz vor chemischen Risiken genutzt werden, und zwar auch dann, wenn sie nach Art und Umfang für eine vollständige Risikobewertung noch unzureichend sind. Der klassische Ansatz der europäischen Chemikalienregulierung ist dabei die Einstufung und Kennzeichnung von Stoffen nach Gefährlichkeitsmerkmalen. Auf dieser Grundlage soll der Verwender eine informierte Entscheidung über den Einsatz von Stoffen und die dabei gegebenenfalls notwendigen Sicherheitsvorkehrungen treffen können. Ebenso wie die Risikobewertung kranken aber auch die Einstufung und Kennzeichnung von Stoffen sowie die daran anknüpfenden Instrumente der Chemikalienkontrolle am eklatanten Mangel an Daten über die Gefährlichkeit der sog. chemischen Altstoffe.

Die große Potenz von Alternativmethoden liegt nun unbestritten darin, aus großen Anzahlen von Stoffen diejenigen herauszufiltern, die sehr wahrscheinlich bestimmte Gefährlichkeitsmerkmale erfüllen. Schon In-vitro-Methoden sind für ein solches „Screening" weit eher geeignet als klassische In-vivo-Tests. Das allergrößte Potenzial aber bieten hierfür (Q)SAR-Modelle, mit deren Hilfe es prinzipiell möglich ist, zehntausende von Substanzen schnell und kostengünstig auf Indizien für bestimmte Gefährlichkeitsmerkmale hin zu überprüfen. Die Ergebnisse können sowohl für die sog. „Prioritätensetzung" in der Risikobewertung als auch für die (vorläufige) Klassifizierung gefährlicher Stoffe genutzt werden. Weltweit gibt es schon jetzt zahlreiche Beispiele für beide Arten der Nutzung des (Q)SAR-Instrumentariums durch Regulierungsbehörden (Cronin 2003a, 2003b). In Europa herausragend sind dabei die Aktivitäten der Dänischen Umweltbehörde, die (Q)SAR-Analysen für rund 47.000 auf dem europäischen Markt befindliche organische Altstoffe durchgeführt hat. Für 20.000 dieser Stoffe ergaben die Analysen, dass ein oder mehrere der geltenden Kriterien für „Gefahrstoffe" erfüllt seien. Entsprechende Empfehlungen für die Klassifizierung dieser 20.000 Stoffe wurden veröffentlicht (Danish EPA 2001). Dabei standen (Q)SAR-Modelle nur für einen Teil der in Europa geltenden Gefährlichkeitskriterien zur Verfügung[21], und diese Modelle sind auch nur für einen Teil der auf dem europäischen Markt befindlichen Altstoffe anwendbar. Im Rahmen dieser Einschränkungen wird die Zuverlässigkeit des Einstufungsergebnis auf rund 75% geschätzt, d.h. 25 von hundert Stoffen werden entweder nicht als gefährlich erkannt (falsch negativ) oder fälschlich als gefährlich eingestuft (falsch positiv).

Dieses Beispiel zeigt, dass Alternativmethoden wichtige Instrumente für ein effektives Chemikalienmanagement darstellen können, unabhängig von der Frage, ob sie kurz- oder mittelfristig direkt zu einer Reduktion von Tierversuchen für die Risikobewertung führen. Das Beispiel zeigt aber auch, dass die immer noch weit verbreitete Vorstellung irrig ist, dass nur ein kleiner Bruchteil der heute verwendeten Chemikalien gefährliche Eigenschaften habe und dass eine (Q)SAR-basierte Prioritätensetzung das aufwendige Instrumentarium der Risikobewertung auf die-

---

[21] Einstufungskriterien waren: akute orale Toxizität, Sensibilisierung bei Hautkontakt, Mutagenität, Kanzerogenität und Gefährlichkeit für aquatische Organismen.

sen vermeintlich kleinen Kreis von Chemikalien konzentrieren könne. Das wäre allenfalls dann möglich, wenn man sich nur auf ein oder wenige Gefährlichkeitsmerkmale konzentrieren würde, die als ganz besonders Besorgnis erregend eingestuft werden. Dem entgegen steht jedoch die Befürchtung, dass auch Stoffe mit relativ geringem toxischen Potenzial durchaus zu signifikanten Risiken für Mensch und Umwelt führen können, nämlich dann, wenn sie in großen Mengen so hergestellt und verwendet werden, dass daraus relativ hohe und weit reichende Belastungen von Mensch oder Umwelt resultieren. Die bisherigen Erfahrungen mit der Risikobewertung von Altstoffen haben in diesem Zusammenhang viele interessante Überraschungen zutage gebracht. So erwiesen sich beispielsweise Stoffe, von denen auf Grund verfügbarer Vorinformationen vermutet wurde, dass sie ein Risiko „nur" für das Schutzziel Umwelt darstellten, im Endeffekt gerade als besonders risikoreich für den Menschen. Als wichtigste Ursache dafür werden nicht etwa neue Erkenntnisse über die toxikologischen Eigenschaften der Stoffe angegeben, sondern vielmehr die Tatsache, dass zahlreiche Stoffverwendungen und die daraus resultierende Höhe der potenziellen Exposition von Menschen erst im Laufe der Risikobewertungsverfahren offenkundig wurden (Bodar et al. 2003).

Sicheres Wirtschaften mit Chemikalien hängt in großem Maße davon ab, ob potenziell gefährliche Stoffe sicher gehandhabt werden können. Die gefährlichen Eigenschaften vieler Stoffe sind die Kehrseite ihres Nutzeneffektes. Das gilt nicht nur für so offensichtliche und deshalb speziell geregelte Fälle wie Pestizide, Biozide oder Arzneimittel, sondern offenbar auch für sehr viele Industriechemikalien. Weil dem so ist, muss die Industrie aus ihrer Interessenlage darauf insistieren, dass regulatorische Beschränkungen von Stoffen oder Stoffverwendungen auf der Basis von Risikobewertungen ausgesprochen werden und nicht allein auf der Grundlage von Gefährlichkeitsmerkmalen, wie oft von Umwelt- und Tierschutzverbänden gefordert. Andererseits aber kann unmöglich für jeden Gefahrstoff eine vollständige Risikobewertung nach derzeitigem „Stand der Kunst" in absehbarer Zeit durchgeführt werden. Als Ausweg aus diesem Dilemma wird derzeit vor allem von Industrieseite eine „expositions-getriggerte" Risikobewertungsstrategie favorisiert, die auch als „Reverse Risk Assessment" bezeichnet wird (s. Combes et al. 2003). Dabei wird die Risikobewertung nicht mit der Frage nach der Gefährlichkeit eines Stoffes eröffnet, sondern vielmehr mit der Frage, ob Mensch oder Umwelt gegenüber diesem Stoff exponiert sind? Kann die Frage nicht eindeutig bejaht werden, so besteht niedrigste Priorität für die Risikobewertung. Dieses Konzept ist aus vielerlei Gründen, die hier nicht diskutiert werden sollen, derzeit heftig umstritten und stößt allgemein auf wenig Gegenliebe bei Regulierungsbehörden. Wichtig ist aber, dass (Q)SAR-Modelle auch für eine transparente und wissenschaftlich nachvollziehbare Expositionsabschätzung sowie darauf aufbauende Prioritätensetzungen ein effektives Hilfsinstrument sein können, da sie nicht nur toxische Effekte, sondern auch das Verhalten von Chemikalien in der Umwelt prognostizieren lassen. Voraussetzung des validen Einsatzes derartiger Modelle sind aber möglichst genaue Informationen über Stoffmengen und Stoffverwendungen. Genau daran hapert es aber bislang. REACH ist angetreten, diese Situation zu verbessern, aber die Industrie hat reklamiert, dass genaue Angaben zu Verwendungsarten und Verwendungsmengen von Stoffen zu den wettbewerbsrelevanten

Geschäftsgeheimnissen gehörten. Der derzeit gültige REACH-Entwurf sieht deshalb vor, dass diese Informationen von den Behörden in der Regel vertraulich zu handhaben sind (CEC 2003b, Article 116, 2.b). Daraus abgeleitete Expositionsabschätzungen werden folglich für Wissenschaft und Öffentlichkeit intransparent bleiben.

Der REACH-Entwurf sieht implizit zwei Arten von Prioritätssetzungen für die Risikobewertung vor. Einerseits das Festhalten an der sog. „Tonnenphilosophie", die im Prinzip als vages, aber pragmatisches Surrogat für eine expositionsabhängige Prioritätensetzung gerechtfertigt wird[22]. Und andererseits das neue Zulassungsverfahren, das im Prinzip einer Prioritätensetzung auf der Basis „stoffinhärenter" Eigenschaften gleichkommt, wobei der Katalog maßgeblicher Eigenschaften allerdings neben toxischen Wirkpotenzialen auch Persistenz in der Umwelt und Akkumulation in biologischen Systemen mit einschließt. Die „Tonnenphilosophie" bedeutet, dass der für eine vollständige Risikobewertung mindestens erforderliche Basis-Datensatz ab einer Mengenschwelle automatisch fällig wird, die gegenüber dem bisherigen Neustoffverfahren von 1 auf 10 Jahrestonnen heraufgesetzt wird, und dass für Stoffe mit mindestens 100 bzw. 1.000 Jahrestonnen weitere Prüfanforderungen anfallen, die Risiken noch sicherer bewerten lassen sollen. Das Zulassungsverfahren bedeutet, dass Verwendungen von Stoffen mit besonders Besorgnis erregenden Eigenschaften künftig nur noch zulässig sein sollen, wenn gezeigt werden kann, dass das „Risiko angemessen kontrolliert" ist *oder* dass der „sozio-ökonomische Nutzen das Risiko für die menschliche Gesundheit oder die Umwelt aufwiegt" (CEC 2003b, Article 57). Die Zulassungspflicht soll für Stoffe gelten, die mindestens einer aus vier Gruppen von Eigenschaften zugeordnet werden können. Dies sind die so genannten CMRs[23], PBTs[24], vPvBs[25] und EDs[26]. Die Kriterien für die Zuordnung zu diesen Gruppen sind in erheblichem Maße an In-vivo-Tests mit Wirbeltieren gebunden. Dies gilt nach derzeitigem Stand für die Eigenschaften kanzerogen („C"), mutagen („M"), reproduktionstoxisch („R") und bioakkumulativ („B" und „vB") und absehbar auch für hormonähnlich wirkende Stoffe („EDs")[27]. Die Zulassungspflicht gilt zwar prinzipiell unabhängig von der Produktions- oder Vermarktungsmenge. Die von der Tonnage abhängigen Standard-Prüfanforderungen unter REACH sehen aber vor, dass die für die Zulassungspflicht maßgeblichen Informationen aus Tierversuchen automatisch nur ab einer Produktions- oder Vermarktungsmenge von mindestens 100 Jahrestonnen

---

[22] „Die Informationsanforderungen werden durch die Tonnage moduliert, da diese eine Indikation für die potentielle Exposition liefert." (CEC 2003b: 13)
[23] CMR = kanzerogen oder mutagen oder reproduktionstoxisch.
[24] PBT = persistent und bioakkumulativ und toxisch.
[25] vPvB = sehr persistent und sehr bioakkumlativ (v = very).
[26] ED = endokrine Disruptoren (= hormonähnlich wirkend).
[27] Für endocrine Disruptoren gibt es nach derzeitigem Stand keine konsensfähigen Standard-Testverfahren. REACH sieht daher eine fallweise Prüfung der Zulassungspflicht vor. Diese muss von der zuständigen Behörde eines Mitgliedsstaates initiiert werden. Diese Behörde muss dazu ein Dossier vorlegen, das wissenschaftliche Belege für die hormonähnlichen Wirkeigenschaften liefert.

anfallen. Der effektive Einsatz des Zulassungsinstrument setzt deshalb voraus, dass es in einem absehbaren Zeitraum gelingt, aus zehntausenden von Stoffen mit geringeren Produktions- oder Vermarktungsvolumina diejenigen herauszufiltern, die sehr wahrscheinlich zulassungspflichtig sind, um diese dann verdachtsabhängig abschließend im Tierversuch zu prüfen. Die für Stoffe mit weniger als 100 Jahrestonnen geltenden Prüfanforderungen werden entsprechende Indizien nur eingeschränkt und erst nach einer vorgesehenen Übergangsfrist von elf Jahren liefern. Neuen In-vitro-Tests und vor allem weiter entwickelten und validierten (Q)SAR-Tests zur Identifizierung potenziell zulassungspflichtiger Stoffe wird deshalb ganz entscheidende Bedeutung bei der effektiven Umsetzung der REACH-Strategie zukommen.

### 10.4.4 Freier Zugang zu Tierversuchsdaten als Voraussetzung der Entwicklung valider Alternativmethoden

Wie zuvor schon erwähnt, ist der Mangel an geeigneten und der Wissenschaft zugänglichen Datensätzen über die in konventionellen Verfahren gewonnenen Ergebnisse der toxikologischen und ökotoxikologischen Prüfung von Stoffen ein in der Diskussion um die Weiterentwicklung und Validierung von Alternativmethoden immer wieder auftauchender Problempunkt. Nach Cronin (2002) ist diese praktische Limitierung zumindest für den (Q)SAR-Bereich so gravierend, dass sie alle anderen Probleme derzeit in den Schatten stellt. Im Rahmen des geltenden Neustoffverfahrens unterliegen die Identität und die Prüfdaten von Chemikalien wegen der Eigentumsrechte der Hersteller einer strikten Geheimhaltung durch die Behörden. Das bedeutet, dass im Prinzip vorhandene Prüfdaten für mehr als 3.700 Chemikalien für die wissenschaftliche Modellbildung und Modellvalidierung nicht zugänglich sind. Und das bedeutet insbesondere, dass vorhandene Tierversuchsdaten nicht effektiv für die Entwicklung von Alternativmethoden genutzt werden können. Das wissenschaftliche Argument, dass man Tierversuche braucht, um Alternativen zum Tierversuch entwickeln zu können, wird durch diese Praxis der Regulierung konterkariert. REACH ist mit dem Anspruch angetreten, diesem Missstand ein Ende zu bereiten und weitgehende Transparenz und Zugänglichkeit zu Prüfdaten herzustellen. Ob dieser Anspruch in den weiteren Beratungen uneingeschränkt durchsetzbar bleibt, ist allerdings angesichts widerstrebender Interessen nicht sicher. Es muss deshalb empfohlen werden zu prüfen, ob die Prüfung von Chemikalien oder physikalischen Stressoren oder biologischen Agenzien in Tierversuchen nicht grundsätzlich an die Pflicht gekoppelt werden kann, die Ergebnisse, einschließlich der Dokumentation der Versuchsmethodik und der Identifikation der eingesetzten Chemikalien oder Stressoren, zu veröffentlichen und in geeigneten Datenbanken zu hinterlegen. Auf diese Weise würde sichergestellt, dass Tierversuche, wenn sie denn schon nicht verzichtbar sind, zumindest den größtmöglichen wissenschaftlichen Nutzeffekt erzielen. Eine angemessene Entschädigung des Kostenträgers durch privatwirtschaftliche Datennutzer sollte anders als durch Geheimhaltung gewährleistbar sein[28].

## 10.5 Wirkungsmechanistische Risikobewertung mit molekularbiologischen Techniken: Toxikogenomik, Toxikoproteomik und Toxikometabolomik

### 10.5.1 Die moderne Molekularbiologie eröffnet der Risikobewertung neue Perspektiven

Das klassische Vorgehen der Toxikologie ist eine „Top-Down"-Ansatz. Da man die Wirkungsmechanismen von Chemikalien und die resultierenden physiologischen Folgereaktionen a priori nicht kennt, werden für die Risikobewertung sog. „integrale" Endpunkte untersucht, wie beispielsweise die Mortalität in einer Versuchstierpopulation. Gestützt werden diese Analysen routinemäßig noch von histologischen Verfahren. Die vertiefende Analyse der Wirkungsmechanismen, die den beobachteten Schadphänomenen zu Grunde liegen, ist hingegen keine Voraussetzung der Risikobewertung. Sie hat in der Vergangenheit oft Jahre und Jahrzehnte der Forschung in Anspruch genommen, ohne letztlich immer von durchschlagendem Erfolg gekrönt zu sein. Schon mit der Debatte um die Verwendung von In-vitro-Tests ist allerdings begonnen worden, am Paradigma des „Top-Down"-Ansatzes zu rütteln, da sich ja unausweichlich die Frage stellt, ob Erkenntnisse über Wirkungen auf Organ- oder Zellebene nicht bereits Risiken abschätzen lassen können (s. Abschnitt 10.4). Viel weitergehender, viel radikaler und viel drängender stellt sich die Frage nach der Umkehrung des „Top-Down"-Ansatz in einen „Bottom-Up"-Ansatz aber angesichts der völlig neuen Möglichkeiten, die die rasante Entwicklung molekularbiologischer Techniken in den letzten Jahren eröffnet hat.

Die Methoden, um die es hierbei geht, werden unter dem Stichwort „Omics"-Verfahren diskutiert. Dieser Begriff fast dreierlei Techniken zusammen:

*(i) Genomics.* Hierunter wird die biochemische Analyse der Aktivität des Genoms, d.h. der Gesamtheit aller Gene eines Organismus, nach tatsächlicher oder vermuteter Exposition gegenüber einem oder mehreren Chemikalien verstanden. Diese Untersuchungen erfolgen mit Hilfe sog. „DNA-Chips", auf denen die DNA-Sequenzen des Organismus fixiert sind.

*(ii) Proteomics.* Dies ist die Untersuchung der als Reaktion auf eine Chemikalien-Exposition neu gebildeten oder aber verstärkt abgebauten Proteine des betrachteten Organismus.

*(iii) Metabolomics.* Ein Großteil der Proteine dient als biologische Katalysatoren (Enzyme) sowohl dem Auf-, Ab- und Umbau körpereigener Stoffe (Metabolismus) als auch der Transformation von Fremdstoffen. Durch die analytische

---

[28] Siehe dazu Kapitel 9 von *Wagenknecht* in diesem Band.

Bestimmung dieser Enzyme wird ein metabolisches Profil aufgenommen, das den momentanen physiologischen Zustandes eines Organismus widerspiegelt (Schmidt 2004).

Je nach spezifischem Anwendungszweck werden diese drei Techniken weiter differenziert. Drei wichtige Anwendungsfelder der *Genomics* sind beispielsweise:

- *Pharmakogenomics*, d.h. der Einsatz genomischer Methoden zur Entwicklung von Arzneistoffen,
- *Toxikogenomics*, d.h. der Einsatz genomischer Methoden zur Analyse toxischer Wirkungen auf den Menschen, und
- *Ökotoxikogenomics*, d.h. die Analyse schädlicher Wirkungen auf Organismen in der Umwelt des Menschen.

Die Vision ist, alle drei Techniken – Genomics, Proteomics und Metabolomics – in einer integrierten „Systems Biology" bzw. „Systems Toxicology" zusammenzuführen, mit deren Hilfe die Wirkung einer Chemikalie durch die verschiedenen Ebenen des biologischen Geschehens verfolgt und auch prognostiziert werden kann (Waters et al. 2003). In der Entwicklung zur praktischen Anwendbarkeit sind die genomischen Techniken allerdings derzeit den „Proteomics" und den „Metabolomics" weit voraus. Die nachfolgenden Ausführungen konzentrieren sich deshalb auf die für die Risikobewertung wichtigen „Toxicogenomics".

Toxikogenomische Techniken eröffnen den Weg zu einer „mechanismusbasierten Risikoabschätzung". Darin wird ihr entscheidender Vorteil gegenüber dem herkömmlichen Methodenarsenal gesehen (Oberemm u. Gundert-Remy 2003; ILSI 2003). Die genomische Analyse der Wirkung einer Chemikalienexposition liefert einen sog. „genetischen Fingerprint", d.h. ein spezifisches Muster der Genaktivität. Je nach Wirkungsmechanismus der in Frage stehenden Chemikalie ergeben sich ganz unterschiedliche Bilder. Der Fingerprint einer bislang nicht untersuchten Chemikalie kann mit dem einer gut untersuchten Chemikalie verglichen werden. Auf diese Weise lassen sich Einschätzungen über Wirkungsmechanismen und erwartbare toxische Wirkungen neuer Stoffe gewinnen. Die außerordentliche Schnelligkeit, mit der dies möglich wird, ist ein zweiter großer Vorteil der toxikogenomischen Methodik. Erste „Proof-of-Principle"-Experimente, die demonstrierten, dass dies keine reine Zukunftsversion ist, sondern tatsächlich praktisch funktionieren kann, sind bereits vor einigen Jahren durchgeführt worden (Burczynski et al. 2000). Da die toxikogenomischen Untersuchungen auf rein biochemischer Ebene ablaufen, sind Tierversuche in diesem Schritt nicht notwendig. Sie tragen also gleichzeitig zur Reduzierung der Abhängigkeit von Tierversuchen bei. Darin wird ihr dritter großer Vorteil gesehen. Toxikogenomische Analysen können mit Material menschlichen Ursprungs durchgeführt werden, beispielsweise Kulturen menschlicher Zelllinien. Als vierter diskutierter Vorteil entfällt damit die Spezies-Spezies-Extrapolation vom Versuchstier auf den Menschen. Wie bei allen In-vitro-Untersuchungen steht dem allerdings das Problem der Systemebenen-Extrapolation von der Genaktivität auf die menschliche Gesundheit gegenüber. Spezies-Spezies-Extrapolationen sind nicht nur in der humantoxikologischen, sondern auch in der ökotoxikologischen Risikoabschätzung ein Grundproblem. Denn nur sehr wenige „Laborarten" könne stellvertretend für die Millionen Arten in der Umwelt untersucht werden. Von toxikogenomischen Untersuchungen wird erhofft, dass sie zu einem besseren Verständnis der Sensitivitätsunterschiede zwischen Arten und Populationen führen und damit die Grundlagen für Spezies-Spezies-Extrapolationen generell verbessern.

Nicht nur in der Wirkungsabschätzung, sondern auch in der Expositionsanalyse sind die „Omics"-Verfahren einsetzbar. Gedacht ist dabei insbesondere an die Entwicklung und Validierung sog. „Biomarker", die die Exposition gegenüber einem bestimmten Stoff oder einer Stoffgruppe retrospektiv detektieren lassen (ILSIS 2003; Merrick and Tomer 2003). Sollte sich dieser Ansatz als erfolgreich erweisen, dann würden sich die Grundlagen für den bislang meist unmöglichen kausalen Rückschluss von gesundheitlichen Beeinträchtigungen auf dafür ursächliche Chemikalienbelastungen dramatisch verbessern, und das auf der Ebene von Individuen oder besonders sensitiven Populationen. Damit eröffneten sich ungeahnte Möglichkeiten gezielten regulatorischen Handelns. Vor allem aber werden enorme Konsequenzen aus der Verwendung in Schadensersatz-Verfahren erwartet, insbesondere unter den Bedingungen des US-amerikanischen Rechtssystems (Marchant 2002).

Diese Perspektiven der „Toxicogenomics" sind von manchen Interessengruppen geradezu euphorisch aufgegriffen worden. Im Mai 2000 wagte „Friends of the Earth" (FOE) die Prognose, dass die aus dem Humangenom-Projekt folgende Entwicklung, die sog. „Biomedical Revolution", schon bis zum Jahre 2010 unser Verständnis von Chemikalienwirkungen radikal verbessern würde. Diese Entwicklung würde zu einer Krise der Regulierung und einer Krise der Verwendung von Chemikalien führen, mit enormen finanziellen Konsequenzen für die chemische Industrie. Diese Krise sei unausweichlich, wenn nicht umgehend weit reichende Vorsorgemaßnahmen zur Minderung chemischer Risiken getroffen würden (FOE 2000, 2002). Nachdem bald die Hälfte des Prognosezeitraums verstrichen ist, haben sich die Indizien für das Krisenszenario einer unmittelbar bevorstehenden toxikogenomischen „Revolution" in der Risikobewertung allerdings nicht wesentlich verdichtet. Zahlreiche Schwachstellen sind noch zu beseitigen, ehe die neue Technologie den Durchbruch zum wirkungsmechanistischen „Bottom-Up"-Ansatz induzieren kann. Sie reichen von technischen Detailproblemen bis zu nicht einmal hinreichend angedachten Fragen gesellschaftspolitischer Kontrolle.

### 10.5.2 Probleme auf dem Weg zur Anwendungsreife

Im Vergleich zu stehenden toxikologischen Untersuchungsmethoden sind die empirischen Erfahrungen mit genomischen Techniken zwangsläufig gering und die bislang beobachtete Variabilität der gewonnen Daten hoch. Wegen dieser inhärenten Unsicherheiten wird es als zwingend notwendig erachtet, toxikogenomische Daten im Kontext mit Ergebnissen aus etablierten Methoden auszuwerten, wie beispielsweise histochemischen und histopathologischen Befunden (Pennie et al. 2004). Dadurch werden die erhofften Vorteile der Einsparung von Tierversuchen und der hohen Geschwindigkeit von Analysen jedoch gerade wieder zunichte gemacht. Will man die Potenz der toxikogenomischen Methodik für ein breit angelegtes „Screening" bislang nicht oder schlecht untersuchter Substanzen oder Substanzgemische nutzen, dann kann dabei der Forderung nach Kopplung mit klassischen Methoden sicherlich nicht entsprochen werden. Angesichts dieses Dilemmas werden toxikogenomische Techniken derzeit nicht als Lösung der Risikobewertungsprobleme, sondern eher als Verfahren zur Generierung von Hypothesen über das Verhalten von Chemikalien im exponierten Organismus eingestuft (Pennie et al. 2004). Ein Anwendungsfeld, in dem toxikogenomische Methoden trotz ihrer noch bestehenden Unsicherheiten tatsächlich wirkungsvoll einsetzbar sein könnten, ist deshalb die Prioritätensetzung für der Risikobewertung von Stoffen, an die sich dann weiterführende Analysen mit konventionellen Methoden anschließen könnten (Oberemm u. Gundert-Remy 2003). Im Zuge dieser Verwendung würden dann nach und nach die notwendigen empirischen Daten gewonnen, auf deren Basis sich die Leistungsfähigkeit der Methodik in Zukunft besser abschätzen ließe. Die Toxikogenomik ist also prinzipiell mit der gleichen Validierungsproblematik konfrontiert wie (Q)SARs und In-vitro-Tests. Allerdings werden toxikogenomische Verfahren speziell in der Humantoxikologie als Erfolg versprechender eingestuft als die in diesem Bereich bislang wenig überzeugenden (Q)SAR-Modelle (Oberemm u. Gundert-Remy 2003).

Hängt die Zuverlässigkeit des klassischen „Top-Down"-Ansatzes daran, dass möglichst jede mögliche Wirkungsweise eines Stoffes in dem verwendeten Biotest-System zu einem sichtbaren Effekt führt, so hängt die zuverlässige Anwendung des „Bottom-Up"-Ansatzes mit den neuen Techniken entscheidend davon ab, dass das komplette Genom bzw. der daraus resultierende Pool an Proteinen und metabolischen Zwischenprodukten einer Analyse zugänglich wird. Für die toxikogenomische Abschätzung schädlicher Wirkungen von Chemikalien auf die menschliche Gesundheit ist diese Voraussetzung mit der nahezu vollständigen Sequenzierung des Humangenoms zumindest prinzipiell erfüllt worden. Für die Zwecke der ökotoxikologischen Gefährdungsabschätzung hingegen ist diese essentielle Voraussetzung weitgehend unerfüllt. Nur für einige wenige Organismen ist die Struktur des Genoms bereits aufgeklärt worden.

Ein weiteres schwerwiegendes Problem toxikogenomischer Verfahren erwächst aus der hohen genetischen Variabilität innerhalb einer Spezies, dem sog. genetischen Polymorphismus. So wird geschätzt, dass jedes menschliche Gen in etwa zwölf verschiedenen Formen vorkommt (Travis et al. 2003). Bei den angenommenen 30.000 Genen eines Menschen ergeben sich so mehr als $5 \times 10^{53}$ verschiedene individuelle Genome. Oder anders ausgedrückt, zwischen zwei beliebigen Menschen bestehen durchschnittlich 3 Millionen genetische Unterschiede (Marchant 2003). Dies macht die Zusammenstellung geeigneter, universell einsetzbarer DNA-Chips naturgemäß schwierig. Komplizierend kommt noch hinzu, dass die Aktivität des Genpools in Abhängigkeit vom betrachteten Organ oder Gewebe sowie Alter, Geschlecht, Ernährungszustand und zahlreichen weiteren Faktoren stark schwankt. Eine systematische Untersuchung des Einflusses aller dieser Faktoren scheidet aufgrund der hohen Anzahl möglicher Kombinationen weitgehend aus[29]. Vor diesem Hintergrund natürlicher Fluktuationen der Genaktivität ist die sichere Erkennung einer Chemikalienwirkung problematisch, insbesondere im Bereich umweltrelevanter niedriger Dosen. So verwundert es nicht unbedingt, wenn im Rahmen der Arbeiten des „Technical Committee on Application of Genomics to Mechanism-Based Risk Assessment" beispielsweise gezeigt wurde, dass toxikogenomische Methoden die Genotoxizität von Benzo(a)pyren offensichtlich weniger empfindlich detektieren lassen als konventionelle Biotests (ILSI 2003).

Die hohe Variabilität des menschlichen Genoms macht zwar einerseits Probleme in der Entwicklung toxikogenomischer Methoden zur Verwendung in einer allgemein gültigen Risikobewertung. Andererseits ist es aber gerade die genetische Variabilität, aus der sich die wohl brisanteste Perspektive für die Anwendung der toxikogenomischen Technologie ergibt. Denn die Variabilität des Genoms wird für die individuell sehr unterschiedlichen Reaktionen auf die Exposition gegenüber Schadstoffen verantwortlich gemacht. Wie bereits einleitend skizziert, wird deshalb erwartet, dass mit Hilfe individueller DNA-Chips, die mit den spezifischen DNA-Sequenzen des betroffenen Individuums bestückt sind, eine individuelle Risikobewertung möglich werden wird. Die denkbaren Konsequenzen einer solchen Technologie werfen tief greifende gesellschaftspolitische Fragen auf, einerseits nach dem Schutz individueller toxikogenomischer Daten, andererseits nach der Zulässigkeit und der Kontrolle möglicher Verwendungen dieser Daten. Ein in diesem Zusammenhang oft beschworenes Negativ-Szenario ist, dass für Arbeiten mit Gefahrstoffen „geeignete" unempfindliche menschliche Subpopulationen selektiert und Arbeitsschutzmassnahmen entsprechend „angepasst" werden. Demgegenüber steht das Positiv-Szenario, in dem die Analyse genetisch bedingter Empfindlichkeitsunterschiede gegenüber Umweltchemikalien dazu führt, dass Umweltqualitätsziele so verschärft werden, dass auch ganz besonders empfindliche Individuen wirksam geschützt werden (Marchant 2003).

Bis es dazu kommen kann, müssen allerdings noch eine ganze Reihe vergleichsweise profaner technischer und ökonomischer Schwierigkeiten aus dem Weg geräumt werden:

- Die Kosten der Produktion von DNA-Chips für toxikogenomische Analysen sowie die Schaffung der dafür notwendigen technischen Voraussetzungen sind bislang noch außerordentlich hoch. Auf dem Stand von 2003 wurde der Einsatz der Chips für ein Massen-Screening von Chemikalien deshalb als noch nicht möglich eingestuft (ILSI 2003).
- Die in „Omics"-Verfahren produzierten multivariaten Datensätze stellen besondere Anforderungen an die Datenanalyse. Die dafür notwendigen spezifischen biometrischen Methoden stehen aber bislang erst teilweise zur Verfügung (ILSI 2003).

---

[29] Werden Untersuchungen nur an je 4 Gewebeproben, zu je 3 Zeitpunkten, für je 3 Altersstufen, an 2 Geschlechtern mit jeweils 3 unterschiedlichen Dosen eines Schadstoffes durchgeführt, so ergeben sich rein rechnerisch bereits 4x3x3x2x3=216 notwendige Studien.

- Toxikogenomische Analysen weisen bislang eine mangelhafte Reproduzierbarkeit der Ergebnisse auf. Ursachen werden insbesondere in unterschiedlichen Chips als auch in der verwendeten Messmethodik gesehen (ILSIS 2003). Zwar sind die gewonnenen Daten in der Regel robust genug, um qualitative Erkenntnisse über Wirkungsmechanismen zu erlangen, aber eine reproduzierbare Quantifizierung von Effekten scheint bislang zumindest teilweise problematisch (Pennie et al. 2004).
- Mangelnde Standardisierung, sowohl auf der technischen Seite als auch bei der Datenanalyse, ist eine weitere „Kinderkrankheit" toxikogenomischer Verfahren. Derzeit wird insbesondere an der Entwicklung und Validierung normierter Datenbanken und Datenaustauschverfahren gearbeitet. Besondere Bedeutung kommt hierbei der Entscheidung zu, welche Arten von Daten für eine Risikoabschätzung notwendig sind und welche nicht (Waters et al. 2003; Pennie et al. 2004).

### 10.5.3 Entwicklungsperspektiven und Handlungsbedarf

Zusammenfassend kann festgestellt werden, dass die „Omics"-Techniken sicherlich großes Potenzial für eine Anwendung in der Gefährdungs- und Expositionsabschätzung von Chemikalien haben. Am weitesten fortgeschritten ist momentan die Entwicklung genomischer Methoden für die Abschätzung von Risiken für die menschliche Gesundheit. Verschiedene Organisationen erkunden derzeit die entsprechenden Möglichkeiten einer mechanismusbasierten toxikogenomischen Risikobewertung. In den USA wurde dazu im Jahre 2000 das „National Centre for Toxicogenomics" eingerichtet[30]. Auf internationaler Ebene, aber ebenfalls wesentlich getragen von US-amerikanischem Engagement, existiert außerdem bereits seit 1999 ein entsprechendes Gemeinschaftsprojekt von staatlichen Institutionen und privater Wirtschaft, das ILSI-HESI „Technical Committee on Application of Genomics to Mechanism-Based Risk Assessment" (s. ILSI 2003; Pennie et al. 2004). Diese Einrichtungen arbeiten derzeit insbesondere an der notwendigen Standardisierung toxikogenomischer Techniken, so dass in absehbarer Zeit mit Normierungsvorschlägen zu rechnen ist, die den Weg für die Anwendung im regulatorischen Kontext prinzipiell frei machen. Auf europäischer Ebene gibt es bisher keine vergleichbaren Initiativen. Diese weitgehend abwartende Haltung sollte zugunsten einer proaktiven Rolle aufgegeben werden. Andernfalls scheinen zweierlei Risiken hoch. Einerseits, dass Chancen der „Omics"-Technologie für den Umwelt- und Gesundheitsschutz unnötig verschleppt werden und andererseits, dass Europa in nicht all zu ferner Zukunft von der technologischen Entwicklung überrollt werden könnte.

Die laufenden Entwicklungsarbeiten weisen zweierlei Defizite auf. Einerseits konzentriert sich die Weiterentwicklung der „Omics" zur Anwendung in der Risikobewertung bislang auf den humantoxikologischen Bereich. Die ökotoxikologische Risikoabschätzung wird vergleichsweise stiefmütterlich behandelt, und eine

---

[30] Siehe http://www.niehs.nih.gov/nct/home.htm.

Routineanwendung in diesem Feld scheint nach derzeitigem Wissensstand noch in weiter Ferne zu liegen. Andererseits liegt der Schwerpunkt der Entwicklungsarbeiten eindeutig im wissenschaftlich-technischen Sektor. Die Abschätzung und die Diskussion der gesellschaftspolitischen Konsequenzen, die eine weit verbreitete Anwendung der Technologie für individuelle oder populationsspezifische Risikoabschätzungen mit sich bringen könnte, sowie die Entwicklung entsprechender Kontrollinstrumente scheinen demgegenüber vernachlässigt zu werden. Zur Beseitigung beider Defizite ist europäische Initiative gefragt.

## 10.6 Zusammenfassung und Schlussfolgerungen

Naturwissenschaftliche Bewertungen chemischer Risiken sind ein Schlüsselinstrument der europäischen Nachhaltigkeitsstrategie. Die etablierten Risikobewertungsverfahren tragen jedoch der realen Situation komplexer Belastungen von Mensch und Umwelt mit einer Vielzahl von Schadstoffen nicht angemessen Rechnung, sie sind gekennzeichnet durch eine mangelhafte Integration disziplinär fragmentierter Bewertungsansätze für menschliche Gesundheitsrisiken und Umweltrisiken, sie sind in hohem Maße abhängig von ethisch umstrittenen und kostspieligen Tierversuchen, und sie ignorieren die neuartigen Bewertungsmöglichkeiten, die sich aus der rasanten Entwicklung toxikogenomischer Techniken ergeben können. Ansätze zur Überwindung dieser Defizite sind zwar grundsätzlich vorhanden, sie bedürfen jedoch der weiteren Ausarbeitung und der Umsetzung in wirksame Strategien regulatorischen Handelns. Mit der Etablierung des neuen REACH-Systems werden die Voraussetzungen für eine solchen Entwicklungsprozess verbessert, darüber hinaus sind aber spezifische Anstrengungen erforderlich, wenn möglichst zuverlässige Risikobewertungen mit möglichst geringem Zeit- und Kostenaufwand realisierbar werden sollen. Dazu werden die folgenden spezifischen Zielsetzungen und Maßnahmen empfohlen:

*(i)* Entwicklung eines europäischen Rahmenleitfadens für die regulatorische *Bewertung kumulativer Risiken*, die sich aus der gleichzeitigen oder sequentiellen Exposition gegenüber einer Vielzahl von Chemikalien ergeben. Dazu müssen Arbeiten an der Schnittstelle zwischen wissenschaftlicher Erforschung und regulatorischem Management kumulativer Risiken gezielt gefördert werden.

*(ii)* Erarbeitung eines europäischen Rahmenleitfadens für die *integrierte Bewertung* und das integrierte regulatorische Management *chemischer Risiken für Mensch und Umwelt*. Stärken und Schwächen des integrierten Ansatzes sollten dazu in einer Reihe konkreter Fallstudien eingehend abgeklärt werden.

*(iii)* Gewährleistung der bestmöglichen *Nutzbarkeit von Tierversuchsdaten*, insbesondere als Ausgangs- und Vergleichsbasis *für die Entwicklung von Alternativmethoden*. Dazu sollte geprüft werden, ob die Testung von Chemikalien oder anderen Noxen in Tierversuchen nicht an die uneingeschränkte Bedingung gebunden werden kann, die Ergebnisse wissenschaftlich zu veröffentlichen und in geeigneten Datenbanken zu hinterlegen.

*(iv)* Aufbau europäischer Kompetenz auf dem Feld der *toxikogenomischen Bewertung chemischer Risiken*. Die Arbeiten dazu sollten auf zwei besonders defizitäre Teilaspekte fokussiert werden, nämlich einerseits die Anwendung toxikogenomischer Techniken in der ökotoxikologischen Risikobewertung und andererseits die gesellschaftspolitische Folgenabschätzung einschließlich der Entwicklung geeigneter Kontrollinstrumente für die neue Technologie.

Die Beseitigung der in diesem Beitrag diskutierten Defizite etablierter Risikobewertungsverfahren wird in jedem Falle lange Zeiträume in Anspruch nehmen. Zudem wird der Einsatz des Instrumentariums der Risikobewertung auch unter REACH begrenzt bleiben auf einen mehr oder minder großen Ausschnitt von Stoffen und Stoffgemischen in der Umwelt. Naturwissenschaftliche Risikobewertungsverfahren sind deshalb zwar ein notwendiges Instrument nachhaltiger Chemikalienpolitik, für die Realisierung des Generationsziels chemischer Sicherheit bis zum Jahre 2020 alleine aber unzureichend. Der Risikobewertungsansatz der europäischen Chemikalienregulierung muss deshalb ergänzt werden durch Anreize für ein proaktives Handeln aller Beteiligten, das darauf gerichtet ist, Gefahrstoffe zu substituieren und Expositionspotenziale zu minimieren, auch wenn noch keine abgeschlossenen Risikobewertungen vorliegen, die ein regulatorisches Eingreifen unausweichlich werden lassen.

## Literatur

Altenburger R, Backhaus T, Boedeker W, Faust M, Scholze M, Grimme LH (2000) Predictability of the toxicity of multiple chemical mixtures to Vibrio fischeri: Mixtures composed of similarly acting chemicals. Environ Toxicol Chem 19: 2341–2347

Altenburger R, Boedeker W, Faust M, Grimme LH (1993) Aquatic toxicology – Analysis of combination effects. In: Corn M (ed) Handbook of Hazardous Materials. Academic Press, San Diego, pp 15–27

Altenburger R, Nendza M, Schüürmann G (2003) Mixture toxicity and its modeling by quantitative structure-activity relationships. Environ Toxicol Chem 22: 1900–1915

Anderson PD, Weber LJ (1975) The toxicity to aquatic populations of mixtures containing certain heavy metals. Proceedings of the International Conference on Heavy Metals in the Environment. Toronto, 27–31 October 1975, vol 2, pp 933–953

Backhaus T, Altenburger R, Arrhenius Å, Blanck H, Faust M, Finizio A, Gramatica P, Grote M, Junghans M, Meyer M, Pavan M, Porsbring T, Scholze M, Todeschini R, Vighi M, Walter H, Grimme KH (2003) The BEAM-project: Prediction and assessment of mixture toxicities in the aquatic environment. Continental Shelf Research 23: 1757–1769

Backhaus T, Altenburger R, Boedeker W, Faust M, Scholze M., Grimme LH (2000) Predictability of the toxicity of a multiple mixture of dissimilarly acting chemicals to Vibrio fischeri. Environ Toxicol Chem 19: 2348–2356

Backhaus T, Faust M, Scholze M, Gramatica P, Vighi M, Grimme LH (2004) Joint algal toxicity of phenylurea herbicides is equally predictable by concentration addition and independent action. Environ Toxicol Chem 23: 258–264

Backhaus T, Scholze M, Grimme LH (2000) The single substance and mixture toxicity of quinolones to the bioluminescent bacterium Vibrio fischeri. Aquat Toxicol 49: 49–61

Berenbaum MC (1985) The expected effect of a combination of agents: the general solution. J Theor Biol 114: 413–431

Berenbaum MC (1989) What is synergy? Pharmacol Rev 41: 93–141

Bias R (2004) REACH und QSAR – gemeinsame Aufgabe von Industrie und Wissenschaft. Mitteilungen der Fachgruppe Umweltchemie und Ökotoxikologie 10(1), Editorial

Bodar CWM, Berthault F, de Bruijn JHM, van Leeuwen CJ, Pronk MEJ, Vermeire TG (2003) Evaluation of EU risk assessment existing chemicals (EC Regulation 793/93). Chemosphere 53: 1039–1047

Bödeker W, Drescher K, Altenburger R, Faust M, Grimme LH (1993) Combined effects of toxicants: The need and soundness of assessment approaches in ecotoxicology. Sci Total Environ, Supplement, 931–939

Boedeker W, Altenburger R, Faust M, Grimme LH (1992) Synopsis of concepts and models for the quantitative analysis of combination effects: from biometrics to ecotoxicology. Archives of Complex Environmental Studies 4(3): 45–53

Broderius SJ, Kahl MD, Hoglund MD (1995) Use of joint toxic responses to define the primary mode of toxic action for diverse industrial organic chemicals. Environ Toxicol Chem 14: 1591–1605

BUAV (The British Union for the Abolition of Vivisection) and ECEAE (European Coalition to End Animal Experiments) (2001). The way forward – Action to end animal toxicity testing. Report compiled for the BUAV by Dr Gill Langley. (available at http://www.eceae.org/pdf/TheWayForward_part1.pdf)

Burczynski ME, McMillian M, Ciervo J, Li L, Parker JB, Dunn RT, Hicken S, Farr S, Johnson MD (2000) Toxicogenomics-based discrimination of toxic mechanism in HepG2 human hepatoma cells. Toxicol Sci 58: 399–415

Calamari D, Vighi M (1992) A proposal to define quality objectives for aquatic life for mixtures of chemical substances. Chemosphere 25: 531–542

CEC (Commission of the European Communities) (2001a). A sustainable Europe for a better world: A European Union strategy for sustainable development. Brussels, 15.5.2001, COM(2001) 264 final. (zitiert in der amtlichen deutschen Textversion)

CEC (Commission of the European Communities) (2001b). White Paper „Strategy for a future chemicals policy". Brussels, 27.2.2001, COM(2001) 88 final

CEC (Commission of the European Communities) (2003a) A European environment and health strategy. Communication from the Commission to the Council, the European Parliament and the European Economic and Social Committee. Brussels, COM (2003) 338 final

CEC (Commission of the European Communities) (2003b). Proposal for a regulation of the European Parliament and the Council concerning the registration, evaluation, authorisation and restriction of chemicals (REACH), establishing a European Chemicals Agency and amending directive 1999/45/EC and regulation (EC) on persistent organic pollutants. Brussels, 29.10.2003, COM(2003) 644 final. (Zitate aus dem Englischen übersetzt)

Combes R, Barrat M, Balls M (2003). An overall strategy for the testing of chemicals for human hazard and risk assessment under the EU REACH system. ATLA 31: 7–19

Corn M (ed) (1993) Handbook of Hazardous Materials. Academic Press, San Diego

Cronin MTD (2002). The current status and future applicability of quantitative structure-activity relationships (QSARs) in predicting toxicity. ATLA 30, Supplement 2, 81–84

Cronin MTD, Walker JD, Jaworska, JS, Comber MHI, Watts CD, Worth AP (2003a) Use of QSARs in international decision-making framework to predict ecologic effects and environmental fate of chemical substances. Environ Health Perspect 111: 1376–1390

Cronin MTD, Jaworska, JS, Walker JD, Comber MHI, Watts CD, Worth AP (2003b) Use of QSARs in international decision-making framework to predict health effects of chemical substances. Environ Health Perspect 111: 1391–1401

Danish EPA (Danish Environmental Protection Agency) (2001) Report on the advisory list for selfclassification of dangerous substances. Environmental Project no. 636. (available at http://www.mst.dk)

De Wolf W, Canton JH, Deneer JW, Wegmann RCC, Hermens JLM (1988) Quantitative structure-activity relationships and mixture-toxicity studies of alcohols and chlorohydrocarbons: reproducibility of effects on growth and reproduction of Daphnia magna. Aquatic Toxicol 12: 39–49

EC (European Commission) (2003a) The future of risk assessment in the European Union. The second report on the harmonization of risk assessment procedures. SSC (Scientific Steering Committee), Health & Consumer Protection Directorate-General, European Commission

EC (European Commission) (2003b) Technical guidance document on risk assessment in support of Commission Directive 93/67/EEC on risk assessment for new notified substances, Commission Regulation (EC) No. 1488/94 on risk assessment for existing substances, Directive 98/8/EC of the European Parliament and of the Council concerning the placing of biocidal products on the market. Part I–IV. European Commission, Joint Research Center, Institute for Health and Consumer Protection, European Chemicals, EUR 20418 EN/1–4

EC (European Commission) (2004) Opinion of the Scientific Committee on Toxicity, Ecotoxicity and the Environment (CSTEE) on the BUAV-ECEAE report on „The way forward – Action to end animal toxicity testing". Adopted by the CSTEE during the 41$^{st}$ plenary meeting of 8 January 2004. Health & Consumer Protection Directorate-General, Directorate C – Public Health and Risk Assessment, C7 – Risk Assessment, Brussels, C7/VR/csteeop/anat/080104 D(04)

ECB (European Chemicals Bureau) (2004) (available at http://ecb.jrc.it/existing-chemicals/, 01.08.04)

EIFAC (European Inland Fisheries Advisory Commission, Working Party on Water Quality Criteria for European freshwater fish) (1987) Revised report on combined effects on freshwater fish and other aquatic life of mixtures of toxicants in water. EIFAC Tech Pap 37, Rev 1

EP&C (European Parliament and the Council) (2002) Decision No. 1600/2002/EC of the European Parliament and of the Council of July 2002 laying down the sixth community environment action programme. Official Journal of the European Communities, 10.9.2002, L 242/1-15

Esbjerg Declaration (1995) Ministerial declaration of the 4th international conference on the protection of the north sea. Esbjerg, 8–9 June 1995. (available at http://odin.dep.no/md/nsc/declaration/022001-990243/dok-bn.html#1.MINISTERIAL). (Zitate aus dem Englischen übersetzt)

European Council (2001) Gothenborg European Council, 15 and 16 June 2001 – presidency conclusions. SN 200/01. (zitiert in der amtlichen deutschen Textversion)

Faust M, Altenburger R, Backhaus T, Blanck H, Boedeker W, Gramatica P, Hamer V, Scholze M, Vighi M, Grimme LH (2001) Predicting the joint algal toxicity of multi-component s-triazine mixtures at low-effect concentrations of individual toxicants. Aquat Toxicol 56: 13–32

Faust M, Altenburger R, Backhaus T, Blanck H, Boedeker W, Gramatica P, Hamer V, Scholze M, Vighi M, Grimme LH (2003) Joint algal toxicity of 16 dissimilarly acting chemicals is predictable by the concept of independent action. Aquatic Toxicol 63: 43–63

Faust M, Scholze M (2003) Competing concepts for the prediction of mixture toxicity: Do the differences matter for regulatory purposes? EU-Project BEAM – EVK1-CT1999-00012, Workpackage 7 – Options for predictive mixture toxicity assessment, Final Report to project partners, consultants, and European Commission services. (publication in the open scientific literature in preparation)

FOE (Friends of the Earth) 2000 Crisis in Chemicals – The threat posed by the „Biomedical Revolution" to the profits, liabilities, and regulation of industries making and using chemicals. Written by Warhurst M with assistance of Childs M, Taylor M, Bullock S, Smeardon L, Humber S, Hartley R on behalf of FOE. (available at http://www.foe.co.uk/resource/reports/crisis_chemicals.pdf)

FOE (Friends of the Earth) (2002) Crisis in Chemicals Update. Report written by Warhurst AM (available at http://www.foe.co.uk/resource/reports/crisis_chemicals_update.pdf)

Gramatica P, Vighi M, Consolaro F, Todeschini R, Finizio A, Faust M (2001) QSAR approach for the selection of congeneric compounds with a similar toxicological mode of action. Chemosphere 42: 873–883

Greco WR, Bravo G, Parsons JC (1995) The search for synergy: a critical review from a response surface perspective. Pharmacol Rev 47: 331–385

Greco WR, Unkelbach H-D, Pöch G, Sühnel J, Kundi M, Bödeker W (1992) Consensus on concepts and terminology for combined action assessment: The Saariselkä agreement. Archives of Complex Environmental Studies 4(3): 65–69

Gressel J (1990) Synergizing herbicides. Rev Weed Sci 5: 49–82

Hartung T, Bremer S, Casati S, Coecke S, Corvi R, Fortaner S, Gribaldo L, Halder M, Roi AJ, Prieto P, Sabbioni E, Worth A, Zuang V (2003) ECVAM's response to the changing political environment for alternatives: Consequences of the European Union chemicals and cosmetics policies. ATLA 31: 473–481

Hewlett PS, Plackett RL (1979) The interpretation of quantal responses in biology. Edward Arnold, London

IEH (Institute for Environment and Health) (2001) Testing requirements for proposals under the EC White Paper „Strategy for a future chemicals policy". Web Report W6, Leicester (UK). (available at http://www.le.ac.uk/ieh/webpub/webpub.html, posted July 2001)

ILSI (International Life Sciences Institute) Health and Environmental Sciences Institute (2003) Technical Committee on Application of Genomics to Mechanism-Based Risk Assessment: Status, findings and next Steps, March 2003 (available at http://hesi.ilsi.org/file/ACF5D34.pdf)

Junghans M, Backhaus T, Faust M, Scholze M, Grimme LH (2003a) Predictability of combined effects of 8 chloroacetanilide herbicides on algal reproduction. Pest Management Science 59: 1101–1110

Junghans M, Backhaus T, Faust M, Scholze M, Grimme LH (2003b) Toxicity of sulfonylurea herbicides to the green alga Scenedesmus vacuolatus: Predictability of combination effects. Bull Environ Contam Toxicol 71: 585–593

Kalberlah F, Schneider K (1998) Quantification of extrapolation factors. Wirtschaftsverlag NW, Bremerhaven

Kodell RL, Pounds JG (1991) Assessing the toxicity of mixtures of chemicals. In: Krewski D, Franklin C (eds) Statistics in Toxicology. Gordon and Breach, New York, pp 559–591

Könemann WH, Pieters MN (1996) Confusion of concepts in mixture toxicology. Food Chem Toxicol 34: 1025–1031

Krewski D, Franklin C (eds) (1991) Statistics in Toxicology. Gordon and Breach, New York

Marchant GE (2002) Toxicogenomics and toxic torts. Trends in Biotechnology 20: 329–332

Marchant GE (2003) Genomics and toxic substances: Part II – Genetic susceptibility to environmental agents. Environmental Law Reporter 33: 10641–10667

Merrick BA, Tomer KB (2003) Toxicoproteomics: A parallel approach to identifying biomarkers. Environ Health Perspect 111: A578–579

Mumatz MM, DeRosa CT, Durkin PR (1994) Approaches and challenges in risk assessment of chemical mixtures. In: Yang RSH (ed) Toxicology of Chemical Mixtures. Academic Press, San Diego, pp 565–597

Munns Jr WR, Suter II GW, Damstra T, Kroes R, Reiter LW, Marafante E (2003) Integrated risk assessment – Results from an international workshop. Hum Ecol Risk Assess 9: 379–386

Oberemm A, Gundert-Remy U (2003) Toxicogenomics: Der Einsatz von Genexpressionsanalysen für die Risikobewertung von Chemikalien. Mitteilungen der Fachgruppe Umweltchemie und Ökotoxikologie 9(1): 6–8

Payne J, Scholze M, Kortenkamp A (2001) Mixtures of four organochlorines enhance human breast cancer cell proliferation. Environ Health Perspect 109(4): 391–397

Pedersen F, de Bruijn J, Munn S, van Leeuwen K (2003a) Assessment of additional testing needs under REACH – Effects of (Q)SARs, risk based testing and voluntary initiatives. European Commission, Directorate General JRC, Joint Research Centre, Institute for Health and Consumer Protection (available at http://europa.eu.int/comm/enterprise/reach/docs/reach/testing_needs-2003_10_29.pdf)

Pedersen F, de Bruijn J, Munn S, Worth A, van Leeuwen K (2003b) The cost-saving potential of QSARs. Stakeholder Workshop on Impact Assessment of REACH, 21 November 2003, Brussels. European Commission, Directorate General Joint Research Centre, IHCP (Institute for Health and Consumer Protection) (available at http://europa.eu.int/comm/enterprise/reach/docs/reach/presentat2-2003_11_21.pdf)

Pennie W, Pettit SD, Lord PG (2004) Toxicogenomics in risk assessment: An overview of an HESI collaborative research program. Environ Health Perspect 112: 417–419

Plackett RL, Hewlett PS (1967) A comparison of two approaches to the construction of models for quantal responses to mixtures of drugs. Biometrics 23: 27–44

Pöch G (1993) Combined effects of drugs and toxic agents. Modern evaluation in theory and practice. Springer, Wien

Rajapakse N, Silva E, Kortenkamp A (2002) Combining xenoestrogens at levels below individual No-observed-effect concentrations dramatically enhances steroid hormone action. Environ Health Perspect 110(9): 917–921

Risikokommission (2003) Ad hoc-Kommission „Neuordnung der Verfahren und Strukturen zur Risikobewertung und Standardsetzung im gesundheitlichen Umweltschutz der Bundesrepublik Deutschland". Abschlußbericht der Risikokommission. Im Auftrag des

Bundesministers für Gesundheit und Soziale Sicherung und des Bundesministeriums für Umwelt, Naturschutz und Reaktorsicherheit. Geschäftsstelle der Risikokommission beim Bundesamt für Strahlenschutz, Salzgitter

Schmidt CW (2004) Metabolomics: what's happening downstream of DNA. Environ Health Perspect 112: A410–415

Scholze M, Boedeker W, Faust M, Backhaus T, Altenburger R, Grimme LH (2001) A general best fit method for concentration-response curves and the estimation of low effect concentrations. Environ Toxicol Chem 20: 448–457

Silva E, Rajapakse N, Kortenkamp A (2002) Something from „nothing" – Eight weak estrogenic chemicals combined at concentrations below NOECs produce significant mixture effects. Environ Sci Technol 36(8): 1751–1756

Streffer C, Bücker J, Cansier A, Cansier D, Gethmann CF, Guderian R, Hankamp G, Henschler D, Pöch G, Rehbinder E, Renn O, Slesina M, Wuttke K (2000) Umweltstandards – Kombinierte Exposition und ihre Auswirkungen auf den Menschen und seine Umwelt. Springer, Berlin

Svendsgaard DJ, Hertzberg RC (1994) Statistical methods for the toxicological evaluation of the additivity assumption as used in the Environmental Protection Agency Chemical Mixture Risk Assessment Guidelines. In: Yang RSH (ed) Toxicology of Chemical Mixtures. Academic Press, San Diego, pp 599–642

Tinwell H, Ashby J (2004) Sensitivity of the immature rat uterotrophic assay to mixtures of estrogens. Environ Health Perspect 112(5): 575–582

Travis CC, Bishop WE, Clarke DP (2003) The genomic revolution: What does it mean for human and ecological risk assessment? Ecotoxicology 12: 489–495

TWG Research Needs (Technical Working Group on Research Needs appointed by the European Commission within the Environment & Health Strategy) (2004) Research needs in the framework of the European environment and health strategy ((COM 2003) 338 final) – Proposal for actions. February 27, 2004. (http://www.brussels-conference.org/Download/Proposal_for_Actions_TWG_Research_Needs_fin.pdf)

UN (United Nations) (2002) Report of the world summit on sustainable development, Johannesburg, South Africa, 26 August–4 September 2002. A/CONF.199/20, United Nations, New York. (Zitate aus dem Englischen übersetzt)

US EPA (United States Environmental Protection Agency) (2003) Framework for cumulative risk assessment. USEPA/600/P-02/00F, Office of Research and Development, National Center for Environmental Assessment, Washington Office, Washington D.C.

Van Leeuwen CJ, Verhaar HJM, Hermens JLM (1996) Quality Criteria and risk assessment for mixtures of chemicals in the aquatic environment. Hum Ecol Risk Assess 2: 419–425

Vighi M, Altenburger R, Arrhenius Å, Backhaus T, Boedeker W, Blanck H, Consolaro F, Faust M, Finizio A, Froehner K, Gramatica P, Grimme LH, Grönvall F, Hamer V, Scholze M, Walter H (2003) Water quality objectives for mixtures of toxic chemicals: problems and perspectives. Ecotoxicol Environ Saf 54: 139–150

Walter H, Consolaro F, Gramatica P, Scholze M, Altenburger R (2002) Mixture toxicity of priority pollutants at no observed effect concentrations (NOECs). Ecotoxicology 11: 299–310

Waters M, Boorman G, Bushel P, Cunningham M, Irwin R, Merrick A, Olden K, Paules R, Selkirk J, Stasiewicz S, Weis B, Van Houten B, Walker N, Tennant R (2003) Systems toxicology and the chemical effects in biological systems (CEBS) knowledge base. Environ Health Perspect 111: 811–824

WHO (World Health Organisation) (2001) Integrated risk assessment. Report prepared for the WHO/UNEP/ILO International Programme on Chemical Safety. Hum Ecol Risk Assess 9: 267–386. (available at http://www.who.int/pcs/emerg_site/integr_ra/ira_report.htm). (Zitate aus dem englischen übersetzt)

Worth A, Balls M (ed) (2002) Alternative (non-animal) methods for chemical testing. Current status and future prospects. A report prepared by ECVAM and the ECVAM working group on chemicals. ATLA 30, Supplement 1, pp 125 (Zitate aus dem Englischen übersetzt)

WWF (World Wildlife Fund) (2004) Chemical check up – An analysis of chemicals in the blood of members of the European Parliament. WWF DetoX Campaign, Brussels. (available at http://www.panda.org/downloads/europe/checkupmain.pdf)

Xu S, Nirmalakhandan N (1998) Use of QSAR models in predicting joint effects in multi-component mixtures of organic chemicals. Water Resources 32: 2391–2399

Yang RSH (1994) Introduction to the toxicology of chemical mixtures. In: Yang RSH (ed) Toxicology of Chemical Mixtures. Academic Press, San Diego, pp 1–10

Yang RSH (ed) (1994) Toxicology of Chemical Mixtures. Academic Press, San Diego

# Teil IV:

# Zusammenfassung

# Kapitel 11

# Zusammenfassung der Ergebnisse und Empfehlungen

Bernd Hansjürgens[1], Michael Faust[2], Ralf Nordbeck[3], Gerd Winter[4]

[1] UFZ-Umweltforschungszentrum Leipzig-Halle GmbH, Department Ökonomie, Permoserstr. 15, 04318 Leipzig
[2] Faust und Backhaus Environmental Consulting, Bremer Innovations- und Technologiezentrum, Fahrenheitstraße 1, 28359 Bremen
[3] BOKU-Universität für Bodenkultur, Institut für Wald-, Umwelt- und Ressourcenpolitik, Feistmantelstr. 4, 1180 Wien
[4] Universität Bremen, Forschungsstelle für Europäisches Umweltrecht, Universitätsallee, GW 1, 28359 Bremen

## 11.1 Einleitung

Die europäische Chemikalienregulierung steht auf dem Prüfstand. Nach einer Phase sehr intensiv geführter Debatten soll mit dem neuen REACH-System einerseits ein Beitrag zu einem verbesserten Gesundheits-, Umwelt- und Verbraucherschutz geleistet werden, andererseits sollen die Innovationen in den europäischen Volkswirtschaften nicht behindert werden, um unter dem Einfluss einer zunehmenden Globalisierung der Märkte die Wettbewerbsposition behaupten (oder besser noch: verbessern) zu können. Eine wichtige Regelung ist dabei die prinzipielle Gleichstellung von Neu- und Altstoffen. Während im bestehenden europäischen Regulierungssystem für Neustoffe umfangreiche Prüf- und Anmeldeverfahren bestehen, sind die Altstoffe von solcher Regulierung weitgehend freigestellt. Dieses „duale" System der getrennten Neu- und Altstoffregulierung hat allokative Verzerrungen hervorgerufen und dazu beigetragen, dass Innovationen in den europäischen Volkswirtschaften, jedenfalls was die Neustoffe anbetraf, aus der Sicht der Industrie und einiger Autoren geringer ausfielen als in den USA und in Japan (Fleischer et al. 2000). Durch die im REACH-System vorgesehene Gleichstellung der Neu- und Altstoffe sollen diese Verzerrungen weitgehend vermieden werden.

Der vorliegende Band greift die Diskussion um Chemikalienregulierung und Innovationswirkungen auf und untersucht aus unterschiedlichen Blickwinkeln die Effektivität (im Hinblick auf die Wirksamkeit gegenüber gesundheits- und umweltbezogene Zielsetzungen) und die Innovationswirkungen der bestehenden Chemikalienregulierung sowie des neuen REACH-Systems.

Die Diskussion über die Innovationswirkungen der neuen Chemikalienpolitik gewinnt an Genauigkeit, wenn man bei der abhängigen Variable zwischen der Innovationsrate und der Innovationsrichtung unterscheidet. Die Unterscheidung erhöht das argumentative Verständnis, wenn einerseits die EU-Kommission von den Innovationswirkungen der neuen Chemikalienpolitik vorbehaltlos überzeugt ist, da das System insgesamt als Anreiz zur Verminderung hochkritischer Stoffe wirkt, während andererseits die chemische Industrie befürchtet, dass sich die zukünftige Regulierung negativ auf die Innovationsfähigkeit der Unternehmen auswirken wird. Die Aussage der Kommission bezieht sich dabei auf die Änderung der Innovationsrichtung durch die neue Regulierung, während die chemische Industrie ausschließlich von der Innovationsrate spricht.

Im Rahmen dieses Schlusskapitels sollen nun die wichtigsten Ergebnisse des vorliegenden Bandes aus den Einzelkapiteln zusammengefasst und Empfehlungen hinsichtlich möglicher Reformmaßnahmen der europäischen Chemikalienregulierung ausgesprochen werden. Da nicht alle Argumente aus den vorangegangenen Kapiteln wiederholt werden können und sollen, erfolgt hier eine Beschränkung auf die zentralen Fragen nach

- den Bestimmungsgrößen und Stellgrößen von Innovationen,
- den Innovationswirkungen der bestehenden Chemikalienregulierung,
- den erwartbaren Innovationswirkungen des neuen REACH-Systems,
- der Relevanz der Porter-Hypothese für die Chemikalienregulierung,
- der optimalen rechtlichen Ausgestaltung der Regulierungsinstrumente sowie
- der Verbesserung naturwissenschaftlicher Risikobewertungsverfahren.

## 11.2 Bestimmungsgrößen und Stellgrößen für Innovationen zum nachhaltigen Wirtschaften

Die Innovationswirkungen der europäischen Chemikalienregulierung angemessen zu erfassen und zu bewerten, ist, wie sich zeigte, mit einer Vielzahl von methodischen und datentechnischen Problemen verknüpft. Zwischen der Regulierungswirkung und dem unternehmerischen Innovationsverhalten ist nur schwer ein direkter kausaler Zusammenhang herzustellen. Weitere Faktoren wie betriebsinterne Determinanten und die Wettbewerbsbedingungen auf den Märkten für chemische Stoffe spielen für das Innovationsverhalten der Unternehmen ebenfalls eine tragende Rolle. Umso schwieriger gestaltet es sich daher, die Effektivität und die Innovationswirkungen der neuen Chemikalienregulierung mit einem Übergangszeitraum von elf Jahren verlässlich abzuschätzen.

Die Chemische Industrie ist zudem gekennzeichnet durch eine große strukturelle Diversität, die sich schon in einer hohen Zahl von Subsektoren widerspiegelt. Sie ist vertikal und horizontal stark differenziert und besteht aus Unternehmen unterschiedlichster Größe, was seinen Ausdruck in der Herstellung einer vielfältigen Produktpalette findet. Auch das Innovationsverhalten in den einzelnen Subsektoren ist daher sehr unterschiedlich. Es entfallen eindeutig mehr Stoffinnovationen auf Großunternehmen als auf kleine und mittlere Unternehmen. Angesichts dieser Ausgangslage ist von vornherein nicht von einer gleichmäßigen Innovationswirkung der Chemikalienregulierung auf die einzelnen Subsektoren und Unternehmensgrößen hinweg auszugehen.

Der von *Frohwein* in Kapitel 2 entwickelte Erklärungsansatz zu den Bestimmungsfaktoren von Innovationen in der Chemischen Industrie lehnt sich eng an frühere Arbeiten von J. Röpke (1977) an. Danach sind als Ausgangspunkte für Innovationen zunächst (1) die *individuelle Fähigkeiten und Handlungsmotive* anzusehen. Hinzu kommen (2) *unternehmensbezogene Faktoren*, die einen Erklärungsbaustein für den Entstehungszusammenhang und die Umsetzungsmöglichkeiten von Innovationen in Organisationseinheiten liefern. Die Erklärung von individuellen Verhaltensvoraussetzungen und unternehmensinternen Innovationsfaktoren wird schließlich (3) in das weitere Umfeld des Marktes und der Wettbewerbsfaktoren eingebunden. Ein Zusammenhang von Regulierung und Innovationen besteht somit über regulativ verursachte Änderungen im Gefüge der Bestimmungsgründe auf den drei Betrachtungsebenen Individuum, Unternehmen und Märkte. Erst die Verknüpfung dieser drei Betrachtungsebenen ermöglicht einen ganzheitlichen Blick auf das Innovationsgeschehen und macht eine detaillierte Analyse des Regulierungseinflusses möglich.

Umweltbezogene Regulierung kann das Innovationsgeschehen direkt beeinflussen, indem sie bestimmten individuellen Handlungsoptionen der Unternehmen Beschränkungen auferlegt. Die Wahrnehmung von Innovationsmöglichkeiten im Rahmen der nicht beschränkten Handlungsmöglichkeiten bleibt *individuellen Entscheidungskalkülen* unterworfen. Aus der detaillierten Auseinandersetzung mit Unternehmenseigenschaften und den für einzelne Unternehmen verschiedenen Marktvariablen kristallisierten sich drei Einflussparameter einer Produktregulierung auf die individuellen Entscheidungskalküle heraus:

(1) Für Unternehmen entstehen unmittelbar zusätzliche *Kosten*, die Entscheidungen über Innovationsprojekte beeinflussen und für die Umschichtung und Verlagerung von Investitionen mitverantwortlich sind.
(2) In dem Maß, wie die Erfüllung der Marktzutrittsbedingung mit erhöhten *Entwicklungszeiten* verknüpft ist, führen die Auflagen einer Produktregulierung zu einem verzögerten Marktzutritt.
(3) Darüber hinaus kann Regulierung als eine zusätzliche Quelle von *Unsicherheit* auftreten. Eine Förderung leistungsmotivierten Innovationsverhaltens bedeutet, für Unternehmen keineswegs sichere, aber gut kalkulierbare Risiken zu schaffen, bei denen günstige Aussichten auf wirtschaftlichen Erfolg aus Innovationstätigkeit bestehen.

Auf der Ebene von Markt und Wettbewerb kann Regulierung Veränderungen im Kausalschema von Marktstruktur, Marktverhalten und Marktergebnis bewirken. Änderungen von relativen Preisen, Transaktionskosten oder der Industriestruktur sind Beispiele möglicher Auswirkungen einer Regulierung, die mit diesem Wirkungsmechanismus das Potenzial besitzt, auch die durch den marktlichen Wettbewerb gesetzten Innovationsanreize entscheidend zu verändern.

Der Regulierungseinfluss auf die Innovationstätigkeit wird schließlich – wie bereits angedeutet – auch durch Änderungen im Zusammenspiel von unternehmensinternen Innovationsfaktoren und marktlichen Anreizmechanismen bestimmt. Beide genannte Felder von Innovationsfaktoren werden aber erst durch das individuelle Innovationsverhalten und die Motivation, nach neuen Handlungsmöglichkeiten zu suchen und zu implementieren, wirksam. Das innovative Potenzial eines Unternehmens ist eine Funktion der Kreativität und der Fähigkeiten, die sich in seinem Wissenskapital widerspiegeln. Hinzu kommt die Motivation, nach Innovationen zu suchen und dazu Ressourcen bereitzustellen und das Ergebnis der Forschungs- und Entwicklungstätigkeit zum Nutzen des Unternehmens in marktreife Produkte übergehen zu lassen.

Wegen der Heterogenität des Chemiesektors können Innovationswirkungen einer Regulierung nicht auf eine gesamte Branche generalisiert werden. Differenzierte Innovationswirkungen sind das Ergebnis unterschiedlicher situativer Gegebenheiten, die in der verschiedenen Ausprägung von Innovationsfaktoren des Verhaltens, des Unternehmens und des relevanten Marktes liegen. Neu gestaltete Marktzutrittsbestimmungen können sich für einige Unternehmen als vorteilhaft erweisen, während sie für andere nachteilige Wirkungen im Wettlauf um Wettbewerbsvorteile besitzen. Auch kann der Regulierungsimpuls keineswegs als uniform bezeichnet werden. Gerade umweltpolitische Regulierungen sind komplex in ihren Zielvariablen und lösen in den verschiedenen Betrachtungsebenen interagierende Änderungen auf die Innovationsfaktoren und damit das Innovationsverhalten aus, die eine generalisierende Aussage sehr schwierig machen. Obwohl das Politikmuster – wie *Nordbeck* in Kapitel 3 gezeigt hat – und damit die Formulierung und Umsetzung einer Regulierung einen erheblichen und teilweise dominierenden Einfluss auf die Art, Anzahl und die Richtung von Innovationen ausüben können, kann mit der hier vorgestellten differenzierten Betrachtung des Innovationsverhaltens und deren vielschichtigen Faktoren einer generalisierenden Vorstellung von innovationshemmenden oder -fördernden Wirkungen der Chemikalienregulierung, wie sie in der öffentlichen Debatte bisweilen vorgetragen werden, nicht gefolgt werden.

## 11.3 Analyse der Effektivitäts- und Innovationswirkungen der gegenwärtigen Chemikalienregulierung

Der internationale Vergleich zwischen der EU, Japan und den USA im Bereich der Chemikalienregulierung zeigt, dass die europäischen Unternehmen in ihren Innovationsaktivitäten keineswegs generell hinter den US-amerikanischen oder japanischen Unternehmen zurückstehen (Nordbeck u. Faust 2003). Die europäische Chemikalienregulierung hat – wie von *Nordbeck* in Kapitel 5 dargelegt – durch das Zusammenspiel von Altstoff- und Neustoffregulierung jedoch zu einer Verlagerung der Innovationen in den Bereich der Altstoffe geführt. Diese Verlagerung zu Lasten der Neustoffentwicklung schlägt sich in der geringeren Zahl von Neustoffanmeldungen in der EU gegenüber den USA nieder. Obwohl sich die Anmeldezahlen in den neunziger Jahren deutlich angenähert haben, sind die Neustoffanmeldungen in den USA immer noch um den Faktor 1,5 bis 2 höher als in der EU. Einen Beitrag hierzu leistet auch die Neustoffrichtlinie der EU (RL 67/548), die in ihrer jetzigen Form Innovationen mehr behindert als fördert. Das sektorale Innovationsmuster der Chemischen Industrie ist auch unter der Neustoffrichtlinie relativ konstant geblieben. Die überwiegende Zahl der Neustoffinnovationen entfällt auf wenige innovative Teilbranchen wie Spezialkunststoffe, Textilhilfsmittel und Lacke. Die Zahl der Stoffinnovationen in dieser Gruppe ist allerdings zurückgegangen. Die Gewinner des gegenwärtigen Regulierungsmusters sind Teilbranchen und Unternehmen, die auf Stoffinnovationen verzichten und stattdessen auf Zubereitungs- und Anwendungsinnovationen setzen und dabei aus dem reichhaltigen Angebot des Altstoffinventars schöpfen.

Die Konsequenz dieser alternativen Innovationsstrategie ist eine ungenügende Dynamik bei der Entwicklung von sichereren Stoffen mit Blick auf das Leitbild einer nachhaltigen Chemiepolitik. Zwar wirkt die Neustoffregulierung durchaus positiv auf die Innovationsrichtung und hat in den vergangenen zwanzig Jahren dafür gesorgt, dass keine CMR-Stoffe mehr neu angemeldet wurden, aber rein zahlen- und mengenmäßig fallen die Neustoffe überhaupt nicht ins Gewicht. Mangels Wettbewerb verbleiben daher zu viele Altstoffe mit problematischen Stoffeigenschaften auf dem Markt und werden zusätzlich noch durch eine ungenügende Altstoffregulierung und komparative Preisvorteile geschützt. Die regulierungsbedingte Diskriminierung der Neustoffe gegenüber den Altstoffen resultiert in zusätzlichen Risiken, die erst durch die Chemikalienregulierung selbst geschaffen wurden. Dieser Missstand wird nicht durch die Vermarktungs- und Verwendungsbeschränkungen für Altstoffe behoben, da die Maßnahmen im Rahmen der Beschränkungsrichtlinie zwar sehr wirksam sein können, aber immer nur isolierte Einzelfallentscheidungen darstellen. Allein auf Stoffverboten lässt sich zudem keine zukunftsfähige Innovationsstrategie aufbauen.

## 11.4 Effektivitäts- und Innovationswirkungen des REACH-Systems

Der Verordnungsvorschlag für das neue System zur Registrierung, Bewertung und Zulassung von Chemikalien (REACH) enthält gegenüber der bestehenden Regulierung eine Fülle von neuen Anreizen, die sich positiv auf die Entwicklung von Neustoffen und auch den Ersatz gefährlicher Altstoffe durch ungefährlichere Stoffe auswirken werden. Er wird somit ohne Zweifel einen wichtigen Beitrag zur Änderung der Innovations*richtung* bei den Stoffherstellern, Weiterverarbeitern und nachgeschalteten Anwendern leisten. Das neue REACH-System setzt den Innovationsschwerpunkt zukünftig im Bereich der Stoffinnovationen und leitet damit eine Abkehr von der regulativen Bevorzugung der Zubereitungs- und Anwendungsinnovationen ein. Dabei lassen sich zwei unterschiedliche Wirkungsmechanismen identifizieren: (1) Die Einführung eines verwendungsspezifischen Zulassungsverfahrens für Stoffe, die zu großer Besorgnis Anlass geben, übt einen regulativen Druck auf die Hersteller solcher Stoffe aus, nach Substitutionsmöglichkeiten für diese Stoffe zu fahnden. (2) Gleichzeitig wird durch das Transparenzgebot des neuen Systems, mit dem der öffentliche Zugang zu nicht-vertraulichen Daten über die Stoffeigenschaften und Verwendungszwecke garantiert wird, eine Informationsbasis für die nachgeschalteten industriellen und gewerblichen Anwender geschaffen, die ihrerseits eine Suche nach Möglichkeiten zur Substitution dieser hochkritischen Stoffe auslösen wird. Im Hinblick auf zukünftige empirische Studien scheint es deshalb sinnvoll, die potenziellen Innovationswirkungen von REACH neben den positiven Effekten für die Umwelt und die menschliche Gesundheit als dritte Nutzenkategorie der neuen Chemikalienregulierung zu begreifen.

Mit Blick auf die Innovations*rate* fällt der Befund nüchterner aus. Zwar wird die Neustoffentwicklung durch die Anhebung der Mengenschwellen und großzügiger Ausnahmegenehmigungen für prozessorientierte FuE-Stoffe begünstigt. Ob dies zu einer wesentlichen Steigerung der gegenwärtigen Innovationsrate von ca. 300 Neustoffanmeldungen pro Jahr in der EU führen wird, ist jedoch eher zweifelhaft. Es kann vernünftiger Weise davon ausgegangen werden, dass die neue Chemikalienregulierung durch die entstehenden Unsicherheiten bei den betroffenen Unternehmen in einer zeitlich befristeten Übergangsphase nach Einführung der neuen Regulierung zu einem Rückgang bei der Zahl der Innovation führen wird, wie dies auch bei vorangegangenen Reformen der Chemikalienregulierung der Fall war.

*Nordbeck* weist in Kapitel 5 darauf hin, dass ein wesentliches Argument zu den Innovationswirkungen des neuen REACH-Systems in der Diskussion zunächst zu wenig beachtet worden ist: Innovationen in der chemischen Industrie sind nur zu einem geringen Teil Stoffinnovationen, den Hauptteil der Innovationen machen Anwendungsinnovationen für bereits existierende Stoffe aus. Dies ist in erster Linie das Innovationsfeld von kleinen und mittleren Unternehmen der chemischen Industrie. Problematisch erscheint daher, wenn als Folge der neuen EU-Stoffpolitik bei den Herstellern und Zubereitern erhebliche Rationalisierungen der Produktlinien eintreten würden (low volume-/low value-Stoffe), da dies vor allem zu Lasten der Wettbewerbs- und Innovationsfähigkeit kleiner und mittlerer Unternehmen gehen würde. Zudem bleibt offen, ob es sich dabei um Stoffe handeln wird, die aus Sicht der Schutzziele Umwelt und Gesundheit vom Markt genommen werden müssten. Vielmehr könnten einige dieser Stoffe sogar potenzielle Kandidaten für die Substitution tatsächlicher Gefahrstoffe sein. Insofern erfassen die vorliegenden empirischen Studien fast zwangsläufig nur einen Bruchteil der Innovationsaktivitäten in der chemischen Industrie, da über die Zahl der gegenwärtig stattfindenden Anwendungsinnovationen keine Daten verfügbar sind und damit positive oder negative Veränderungen in diesem Bereich empirisch zum jetzigen Zeitpunkt nur schwer nachweisbar sind.

Aus diesem Grund bedarf es hinsichtlich der Wirkung von REACH auf die Altstoffinnovationen genauerer Untersuchungen. Die Befürchtungen der Industrie drehen sich zum einen um die Frage einer Produktrationalisierung als Folge der Kosten von REACH und den Verlust der Flexibilität im Bereich der Anwendungsinnovationen durch den Zeitaufwand für die Registrierung. Um den möglichen negativen Auswirkungen einer Produktrationalisierung entgegenzuwirken, empfiehlt sich die Einführung des Prinzips „ein Stoff – eine Registrierung". Die Vorteile der erzwungenen Unternehmenskonsortien bei einer Beschränkung der Zusammenarbeit auf stoffspezifische Daten überwiegen so deutlich, dass ein Verzicht auf diese Maßnahme im weiteren Verlauf der Reformdiskussion kaum vorstellbar ist. Zu erwägen ist auch die Ausweitung der Übergangsfrist auf alle Stoffe im Altstoffinventar, um den Unternehmen mehr Handlungsspielräume für die notwendige Anpassung an das REACH-System zu geben.

Kritisch zu betrachten ist laut *Nordbeck* und *Faust* nach wie vor die ungenügende Kontrolle der Importe von Erzeugnissen. Die vorgeschlagene Regelung läuft Gefahr, eine Schutzlücke erheblichen Ausmaßes zu produzieren, die zum Nachteil der internationalen Wettbewerbsfähigkeit der europäischen Chemieindustrie gereicht. Für Unternehmen in Nicht-EU Staaten ist dies Möglichkeit und Anreiz zugleich, das neue System an dieser Stelle zu unterlaufen. Dementsprechend würden positive Wettbewerbseffekte durch REACH aufgrund der internationalen Vorreiterrolle nicht zum Tragen kommen, da die internationalen Ausstrahlungseffekte schlicht unterbleiben. Ob dieses Szenario eintritt, wird von der zukünftigen Diffusion europäischer Risikostandards auf dem Weltmarkt abhängen. Aussagefähige Analysen zu diesem Problembereich liegen bisher noch nicht vor und sind deshalb Herausforderung für zukünftige Arbeiten.

Insgesamt betrachtet dürften nach Auffassung der Autoren von Kapitel 6 jedoch mittel- bis langfristig die positiven Innovationseffekte von REACH überwiegen, auch wenn es kurzfristig zunächst zu einem Absinken der Innovationsrate bei den registrierten Neustoffen kommen wird. Ob die Chancen, die REACH bietet, tatsächlich genutzt werden, hängt sowohl von der Regulierungspraxis der Europäischen Chemikalienagentur und der nationalen Behörden als auch vom Verhalten der Unternehmen ab. Nicht zuletzt wird dies davon beeinflusst, ob es durch das Zulassungsverfahren zu einer Substitution der hochkritischen Stoffe in den nächsten Jahren kommt.

## 11.5 Wildavsky-These und Porter-Hypothese

Es bleibt die Frage, wie die Überlegungen zur Chemikalienregulierung und den Innovationswirkungen in der Chemischen Industrie unter dem Eindruck der viel diskutierten konzeptionellen Ansätze von Wildavsky und Porter einzuschätzen sind. Diese Frage wird in mehreren Kapiteln dieses Buches angesprochen.

*Nordbeck* kommt in Kapitel 5 zu dem Ergebnis, dass sich die Wildavsky-These von den Risiken der Risikoregulierung weder bei der gegenwärtigen Chemikalienregulierung noch für die zukünftige Chemikalienregulierung als besonders stichhaltig erweist. Unter dem gegenwärtigen Regulierungsmuster resultieren zusätzliche Risiken vor allem aus der Ungleichbehandlung von Alt- und Neustoffen. Geschuldet ist dieser Umstand einer strukturell mangelhaften Chemikalienpolitik und nicht der überzogenen Anwendung des Vorsorgeprinzips. Auch für das neue REACH-System kann – wie auch *Nordbeck* und *Faust* in Kapitel 6 zeigen – die

Wildavsky-These insgesamt nicht bestätigt werden. Die neue Regulierung sorgt im Gegenteil für mehr Handlungsspielraum und Innovationsfreiräume, und von den Beschränkungen im Rahmen des Zulassungsverfahrens gehen positive Innovationssignale im Sinne der Nachhaltigkeit aus, da die Adressaten durch die veränderten Rahmenbedingungen zur Entwicklung risikoärmerer Alternativen angehalten werden. Mit der neuen Regulierung werden die potenziellen Risiken der gegenwärtigen Chemikalienregulierung, die vor allem aus der Ungleichbehandlung von Alt- und Neustoffen resultieren, wirksam bekämpft. Allerdings entstehen durch REACH womöglich andere Risiken der Risikoregulierung. Als potenzielle neue Risiken zu nennen sind hier das Problem der Produktrationalisierung und die Möglichkeit der globalen Risikoverlagerung. Das potenziell größte Risiko der neuen Risikoregulierung ist die globale Risikoverlagerung. Die Möglichkeit, dass risikoreiche Produktionsprozesse unter dem Druck der Regulierung vermehrt in Drittländer verlagert werden und Chemikalien die EU zunehmend nur noch in verarbeiteter Form als importierte Gebrauchsgüter erreichen, ist nicht von der Hand zu weisen und bedarf näherer Untersuchungen.

Die Erklärung des Einflusses von Umweltpolitik auf die Wettbewerbs- und Innovationsfähigkeit von Unternehmen und die daran anschließende Porter-Hypothese sind an ein umfassendes Konzept des strategischen Unternehmensmanagements gekoppelt. In dem von Porter entwickelten Ansatz des strategischen Managements stellen der Wettbewerb und die Wettbewerbskräfte einer Branche die entscheidenden innovationsbeeinflussenden Faktoren dar. Die Wettbewerbs- und Innovationswirkungen einer Regulierung erklären sich wiederum über die Beeinflussung der Wettbewerbskräfte. Aus dieser Zusammenhang heraus beschränken sich die Wettbewerbs- und Innovationswirkungen einer Umweltregulierung darauf, die Chancen, einen Wettbewerbsvorteil durch Innovationen zu erzielen, zu beschleunigen oder zu erhöhen. Die Regulierung kann den Vorteil aber selbst nicht schaffen.

Gemäß Porter werden zwei grundsätzliche Konzepte strategischen Unternehmensmanagements unterschieden: die Strategie der Kostenführerschaft und die Differenzierungsstrategie. Beide Strategiekonzepte sind an bestimmte Markt- und Wettbewerbsfaktoren gebunden. Kostenführerschaft und Differenzierung besitzen jeweils spezifische Erfolgsfaktoren, die Wettbewerbsvorteile ermöglichen, die aber durch eine Regulierung in unterschiedlicher Weise beeinflusst werden. Wettbewerbsvorteile der Strategie der *Kostenführerschaft* basieren auf einer vergleichsweise niedrigen Kostenstruktur und auf Verfahrensinnovationen. Auf beide Erfolgsfaktoren nimmt die neue Chemikalienregulierung – so jedenfalls die Folgerungen von *Frohwein* in Kapitel 7 – jedoch keinen Einfluss. Eher sind mit der neuen Chemikalienregulierung bedeutende wettbewerbswirksame Auswirkungen für spezialisierte Unternehmen in nachgelagerten Bereichen der Wertschöpfung von Fein- und Spezialchemie verbunden (*Differenzierungsstrategie*). Es ist offen, ob mit den in diesen Bereichen auftretenden Kostenwirkungen und einem zeitlich verzögerten Marktzugang Differenzierungsvorteile eingeschränkt und die Innovationsfähigkeit behindert werden. Vorreitereffekte und überkompensierende Innovationseffekte sind durch das System der neuen Chemikalienregulierung in diesen Bereichen vermutlich eher nicht erreichbar. *Frohwein* folgert daraus, dass das der

Porter-Hypothese zu Grunde liegende Verständnis von Unternehmensstrategien, Wettbewerbskräften und Regulierung im Fall der neuen europäischen Chemikalienregulierung – soweit es überhaupt übertragbar erscheint – für bestimmte Bereiche der Chemischen Industrie damit eher negative Wettbewerbs- und Innovationswirkungen nahe lege (Kapitel 7).

## 11.6 Reformvorschläge zur Ausgestaltung der Stoffregulierung

Innovationsrate und Innovationsrichtung werden letztlich durch die konkrete rechtliche Ausgestaltung der Regulierungsinstrumente beeinflusst. Zwei Beiträge in diesem Band untersuchen, wie dies im REACH-Entwurf geschieht. *Winter* befasst sich mit den Kriterien und Instrumenten der Regulierung, *Wagenknecht* mit den Modalitäten der Beschaffung von Risikowissen, also der wichtigsten Voraussetzung dafür, dass Regulierung möglich ist.

### 11.6.1 Kriterien und Instrumente der Stoffregulierung

Die Untersuchungen von *Winter* (Kapitel 8) zeigen, dass die Beschränkung des Inverkehrbringens von potenziell gefährlichen Produkten dazu führt, dass

- ein bestimmtes Niveau von Gesundheits- und Umweltschutz erreicht wird,
- der Gebrauchsnutzen des Stoffes von diesem nicht mehr bedient wird,
- die Industrie Ersatzprodukte entwickelt oder importiert, die einen ähnlichen Gebrauchsnutzen hervorbringen,
- Umstellungskosten entstehen, aber aus Substituten auch neue Erträge erzielbar sind.

Diese Folgen können in einem Missverhältnis stehen. Zum Beispiel könnte wegen überschätzter Umstellungskosten auf eine Vermarktungsbeschränkung und damit auf Umweltschutz verzichtet werden, oder eine Vermarktungsbeschränkung könnte wegen überschätzter Umweltrisiken verhängt werden, weswegen dann ein essentieller Gebrauchsnutzen unbefriedigt bleibt oder unnötige Umstellungskosten entstehen.

Fehlentscheidungen solcher Art können neben inhaltlichen auch instrumentelle Ursachen haben. Eine Regulierungsentscheidung, die inhaltlich an sich abgewogen ist, kann dennoch Schaden verursachen, wenn sie nicht zum richtigen Zeitpunkt kommt. Eine Vormarktkontrolle (etwa ein Registrierungs- oder Zulassungsvorbehalt) hemmt unnötig Innovationen, wenn sie sich auf ungefährliche Stoffe bezieht; andererseits entstehen bei bloßer Nachmarktkontrolle (etwa einer nachlaufenden Vermarktungsbeschränkung) unnötige Umweltschäden, wenn sich herausstellt, dass ein Stoff schädlich ist.

Zu den Weichen, die eine Optimierung der betroffenen Belange bewerkstelligen oder verfehlen können, gehören also sowohl die Kriterien wie auch die Instrumente der Regulierung. Die Kriterien bestimmen, wohin die Reise geht (im Bild: wie viele Abzweigungen es gibt), die Instrumente, zu welchem Zeitpunkt in den Prozess der Herstellung und Vermarktung der Produkte eingegriffen wird (im Bild: an welchem Ort der Zug umgelenkt wird).

Zu den Kriterien zählen das Gesundheits- und Umweltrisiko, der Gebrauchsnutzen, die Substitutionsmöglichkeit und die Regulierungskosten. Zu den Instrumenten gehören Grundpflichten, Anmeldepflichten, Zulassungsvorbehalte und Beschränkungsbefugnisse.

Die Frage, ob diese Kriterien und Instrumente das Risiko unnötiger Markthemmnisse und das Risiko unterbleibenden Schutzes vor Gesundheits- und Umweltschäden angemessen austarieren, stellt sich einerseits rechtspolitisch, andererseits aber auch verfassungsrechtlich. Denn ein unnötiges Markthemmnis kann wirtschaftliche Grundrechte, ein unterbleibender Schutz dagegen Schutzpflichten verletzen.

Die nähere Analyse ergibt, dass die im REACH-Entwurf vorgesehenen Kriterien zwar noch verdeutlicht werden könnten, so insbesondere hinsichtlich der Rolle des Vorsorgeprinzips und des Verhältnisses von Nutzen- und Kostenprüfung, dass sie aber im Sinne einer Optimierung der Belange angewendet werden können. Hierzu empfiehlt es sich wegen der Vielfalt betroffener Belange, statt im Schema einer Verhältnismäßigkeitsprüfung in einer Matrix zu denken, in der in der einen Dimension die verschiedenen Handlungsoptionen (z.B. Stoffverbot, Grenzwertsetzung, unverbindliche öffentliche Warnung) und in der anderen die betroffenen Schutzgüter aufgetragen werden, während die Bewertung der Art und des Grades der Erreichung/Beeinträchtigung eines Schutzgutes in den Kästen erfolgt. Das Kapitel 8 von *Winter* macht einzelne Vorschläge zur Ausgestaltung der Prüfungsschritte Risikoabschätzung, Gebrauchsnutzen mit Substitutionsmöglichkeiten und Umstellungskosten.

Hinsichtlich der Instrumentierung der Regulierung (Grundpflichten, Registrierungspflicht, Beschränkungsvorbehalt, Zulassungsvorbehalt) ergibt sich, dass die – im Kommissionsentwurf anders als in Vorentwürfen *nicht* enthaltenen – Grundpflichten eine rechtlich unverbindliche, gleichwohl aber adhortativ relevante Vorgabe darstellen, die sich aber einer verfassungsrechtlichen Bewertung entzieht. Die anderen Instrumente sind rechtspolitisch und verfassungsrechtlich im Wesentlichen angemessen. Bedenken bestehen allerdings gegen eine Registrierungspflicht bereits als ungefährlich erkannter Stoffe. Die Vermarktungsbeschränkung steht besonders wegen des aufwendigen mehrstufigen Verfahrens in Gefahr, dass zu spät entschieden wird und insofern unnötig Schäden an Gesundheit und Umwelt entstehen. Der Zulassungsvorbehalt steht umgekehrt in Gefahr, dass Produkte unnötig vom Markt ferngehalten werden. Diese Gefahr wird durch die Möglichkeit, das Verfallsdatum für die Produktvermarktung flexibel zu gestalten, allerdings minimiert oder eher in das Gegenteil verkehrt, dass nämlich zulassungspflichtige Produkte jahrelang ohne Zulassung auf dem Markt verbleiben.

## 11.6.2 Modalitäten der Beschaffung von Risikowissen

Risikowissen zu erzeugen ist einerseits Voraussetzung für eine angemessene Risikoabschätzung, andererseits aber ein Kostenfaktor, weil die erforderlichen Tests z.T. sehr aufwendig sind. Unterstellt man die Notwendigkeit, dass für einen Stoff ein bestimmtes Mindestmaß an Daten beschafft werden muss – welches dies ist, erschließt sich aus dem Beitrag von *Faust* und *Backhaus* in Kapitel 10 – bleibt die Frage, ob die Daten von jedem einzelnen Hersteller oder Importeur eines Stoffes verlangt werden sollen, oder ob das Prinzip „One Substance, One Registration" (OSOR) gelten soll. Dieser Frage ging *Wagenknecht* in Kapitel 9 nach.

Diejenigen, die die Daten unter Kosteneinsatz erzeugt haben und den Behörden vorlegen, haben ein Interesse an der Wahrung des in der Erstanmeldung liegenden Wettbewerbsvorsprungs. Sie machen zudem geltend, dass die exklusive Verwendung der Prüfdaten für ihr eigenes Verfahren einen Anreiz für Stoffinnovationen darstelle. Nachanmeldern desselben Stoffes dürfe kein free-riding erlaubt werden.

Andererseits ist es volkswirtschaftlich nicht effizient, dass alle einzelnen Hersteller und Importeure die Prüfnachweise neu erarbeiten. Kleinen und mittleren Unternehmen (KMU) wird wegen der hohen Kosten der Marktzutritt erschwert. Auch ist es für die Behörden sehr aufwändig und überdies für den Aufbau von übergreifender Bewertungsexpertise hinderlich, wenn sie die Prüfnachweise für jedes einzelne Verfahren getrennt speichern und sich bei der Risikobewertung eines nachträglich angemeldeten Stoffes ignorant stellen müssen. Vor allem aber führt die Mehrfachvorlage bei Prüfnachweisen, die Tierversuche erfordern, zu einer unnötigen Quälerei und Tötung von Tieren.

Das Recht muss hier einen Mittelweg finden. Bisher ist das europäische Recht eher individualistisch ausgerichtet, während manche nationale Rechtsordnungen wie die deutsche eher kollektive Lösungen verwirklicht haben. Im REACH-Entwurf hat sich die Kommission vorsichtig in Richtung kollektiver Konzepte bewegt; und nach jüngsten Berichten (Februar 2005) soll nunmehr sogar das Prinzip OSOR konsequent verwirklicht werden. Dies bedeutet, dass jedenfalls für Daten aus Tierversuchen ein data sharing vorgesehen wird. Der Vorteil, der dadurch denen erwächst, die denselben Stoff vermarkten aber die Kosten für die Datengenerierung vermeiden, wird durch die Pflicht zur Beteiligung an den Kosten ausgeglichen. Dies geschieht technisch unterschiedlich, je nachdem, ob es sich um die „konsekutive" Registrierung eines bereits registrierten Stoffes durch einen Zweitvermarkter oder um die „simultane" Registrierung eines Stoffes durch mehrere Vermarkter handelt. Im ersten Fall obliegt dem Zweitregistrierer die Pflicht zum Kostenausgleich gegenüber dem Erstregistrierer, im zweiten Fall wird ein Konsortium gebildet, in dem ein Hauptverantwortlicher bestimmt wird, dessen Kosten mit den anderen Beteiligten geteilt wird.

Im REACH-System wird data sharing vermutlich nur für Tierversuchsdaten vorgesehen. Effizienzgesichtspunkte sprechen aber dafür, es auch auf andere kostspielige Daten auszudehnen.

## 11.7 Naturwissenschaftliche Risikobewertungsverfahren

Naturwissenschaftlichen Abschätzungen chemischer Risiken wird eine Schlüsselfunktion für die Realisierung von Innovationen zum nachhaltigen Wirtschaften im Rahmen einer europäischen Nachhaltigkeitsstrategie beigemessen. Der Entwurf für das neue REACH-System begreift die Umsetzung des Konzeptes der prognostischen Risikobewertung in erster Linie als ein *quantitatives* Problem. Für möglichst viele wirtschaftlich wichtige Stoffe sollen die Risiken in möglichst kurzer Zeit abschätzbar werden, und zwar nach Maßgabe der bislang etablierten Risikobewertungsverfahren. Die etablierten Risikobewertungsverfahren tragen jedoch der realen Situation komplexer Belastungen von Mensch und Umwelt mit einer Vielzahl von Schadstoffen nicht angemessen Rechnung, sie sind gekennzeichnet durch eine mangelhafte Integration disziplinär fragmentierter Bewertungsansätze für menschliche Gesundheitsrisiken und Umweltrisiken, sie sind in hohem Maße abhängig von ethisch umstrittenen und kostspieligen Tierversuchen, und sie ignorieren die neuartigen Bewertungsmöglichkeiten, die sich aus der rasanten Entwicklung toxikogenomischer Techniken ergeben können. Wie der Beitrag von *Faust* und *Backhaus* (Kapitel 10) zeigt, sind Ansätze zur Überwindung dieser *qualitativen* Defizite aber durchaus vorhanden. Ihre Weiterentwicklung und ihre wirksame Umsetzung erfordern allerdings Anstrengungen, die über die Implementierung des REACH-Systems hinausgehen.

**Kumulative Risikobewertung**

REACH wird die Voraussetzungen für die prognostische Bewertung kumulativer Risiken aus komplexen Belastungssituationen mit einer Vielzahl von Stoffen verbessern, in dem es für die Bereitstellung risikorelevanter Informationen für eine wachsende Zahl von Einzelstoffen sorgt. Gleichzeitig werden im 6. Forschungsrahmenprogramm der EU die wissenschaftlichen Kenntnisse über kumulative Risiken und deren Prognostizierbarkeit weiter vorangebracht werden. Woran es aber mangelt, sind gezielte Anstrengungen zur Umsetzung des bereits vorhandenen umfangreichen Kenntnisstandes zu Kombinationseffekten von Schadstoffen in die Praxis vorsorgenden regulatorischen Handelns. In diesem Punkt bleibt Europa hinter dem Stand US-amerikanischen Anstrengungen zurück.

Es wird deshalb empfohlen, Arbeiten an der Schnittstelle zwischen wissenschaftlicher Erforschung und regulativem Management kumulativer Risiken gezielt voran zu bringen. Ziel muss die Entwicklung eines europäischen Rahmenleitfadens für die regulatorische Bewertung kumulativer Risiken sein.

**Integrierte Risikobewertung**

Die europäische Chemikalienregulierung behandelt den Schutz der menschlichen Gesundheit und den Schutz der Umwelt als gleichrangige Ziele und ist damit weltweit führend. Von einer Integration der humantoxikologischen und der ökotoxikologischen Risikobewertung zu einem abgestimmten und insgesamt effizienteren Instrumentarium, wie es der WHO (2001) vorschwebt, kann jedoch bislang allenfalls in spezifischen Teilaspekten die Rede sein. Insbesondere werden mittelbare Rückwirkungen chemischer Umweltschäden auf die menschliche Gesundheit in den etablierten Verfahren unzureichend berücksichtigt. Die von der Europäischen Kommission vorgeschlagene *Strategie für Umwelt und Gesundheit* (CEC 2003) hat zwar die Idee des *Integrierten Ansatzes* aufgegriffen, sie aber gleichzeitig zu einem derart komplexen Gesamtkonzept erweitert, dass die konkreten Vorstellungen der WHO-Expertengruppe über die weiteren Arbeitsschritte darin kaum mehr wieder findbar sind.

Es wird deshalb empfohlen, dem Ansatz der WHO-Expertengruppe zu folgen, in dem in einer Reihe konkreter Fallstudie für ausgewählte Stoffe, Stoffgruppen und Expositionsszenarien systematisch und dezidiert geprüft wird, wo und wie die Bewertung ökologischer Risiken und die Bewertung gesundheitlicher Risiken effektiv voneinander profitieren können und wo die *Integrierte Risikobewertung* nur zu einer Erhöhung der Komplexität, aber nicht der Leistungsfähigkeit des Instrumentariums führt.

**Alternativen zum Tierversuch**

Tierversuche werden auf absehbare Zeit als unverzichtbares Mittel der Risikobewertung eingestuft. Diese Sichtweise gilt insbesondere für die einschlägigen humantoxikologischen Expertengremien in Europa. REACH will erstmals klare ökonomische Anreize für die Entwicklung und Validierung von Alternativmethoden setzen, insbesondere (Q)SARs[1] und In-vitro-Tests. Diese Arbeiten sind daran gebunden, dass Daten aus Tierversuchen als Ausgangs- und Vergleichsbasis zur Verfügung stehen. Der Mangel an solchen Datensätzen stellt gegenwärtig einen gravierenden Engpass dar, insbesondere bei der raschen Weiterentwicklung des (Q)SAR-Ansatzes. Ursächlich ist zum einem, dass es entsprechende Daten tatsächlich noch gar nicht im nötigen Umfang gibt. In diesem Punkt wird die Umsetzung des REACH-Verfahrens nach und nach Abhilfe schaffen. Ursächlich ist aber auch, dass prinzipiell vorhandene Tierversuchsdaten der Wissenschaft nicht oder nur unzureichend zugänglich sind, weil sie aus Wettbewerbsgründen der Geheimhaltung durch Industrie oder Behörden unterliegen. Das bedeutet, dass Tierversuche durchgeführt wurden oder werden, ohne dass daraus der größtmögliche wissenschaftliche Nutzen gezogen werden kann.

Um diesen Missstand zu beseitigen, wird empfohlen zu prüfen, ob die Testung von Chemikalien oder anderen Noxen in Tierversuchen nicht an die uneingeschränkte Bedingung gebunden werden kann, die Ergebnisse wissenschaftlich zu veröffentlichen und in geeigneten Datenbanken zu hinterlegen.

**Toxikogenomische Risikobewertung**

Die rasche Entwicklung der Toxikogenomik und der damit zusammen hängenden Techniken der Toxikoproteomik und Toxikometabolomik eröffnen völlig neue Perspektiven einer wirkungsmechanistisch orientierten individuen- oder populationsspezifischen Risikoabschätzung. Wie leistungsfähig diese Techniken in abseh-

---

[1] (Quantitative) Structure Activity Relationships.

barer Zeit tatsächlich werden können, wie die damit gewonnenen Informationen in der Risikobewertung genutzt werden können und wie die absehbaren Probleme der gesellschaftspolitischen Kontrolle dieser Techniken gehandhabt werden können, ist weitgehend unklar. In den USA werden die Optionen toxikogenomischer Risikobewertungen zurzeit aktiv erkundet. Die europäische Haltung ist demgegenüber eher abwartend.

Es wird empfohlen, die passive Rolle in der EU aufzugeben und eigene europäische Kompetenz auf dem Feld der toxikogenomischen Bewertung chemischer Risiken aufzubauen, um Nutzungschancen nicht zu verschleppen und die Nutzung der neuen Technologie aktiv mitzugestalten.

**Anreize für proaktives Handeln**

REACH will die Risikobewertung der auf dem europäischen Markt befindlichen Chemikalien quantitativ enorm voranbringen, benötigt für seine vollständige Implementierung aber auf jeden Fall mehr als eine Dekade. Auch die Beseitigung der hier diskutierten qualitativen Defizite etablierter Risikobewertungsverfahren dürfte kaum schneller vonstatten gehen. Hinzu kommt, dass der Einsatz des Instrumentariums der Risikobewertung nicht nur lange Zeiträume in Anspruch nehmen wird, sondern er wird auch begrenzt bleiben auf einen mehr oder minder großen Ausschnitt von Stoffen und Stoffgemischen. Unter diesen Bedingungen dürfte das Generationsziel chemischer Sicherheit bis zum Jahre 2020 (CEC 2001) weitgehend politische Illusion bleiben, wenn Innovationskräfte in Richtung auf die Senkung chemischer Risikopotenziale immer erst dann mobilisiert werden, wenn die Ergebnisse einer Risikobewertung unabwendbar zu regulatorischem Eingreifen zwingen.

Der Risikobewertungsansatz des REACH-Systems muss deshalb ergänzt werden durch Anreize für ein proaktives Handeln aller Beteiligten. Ein solches proaktives Handeln kann prinzipiell entweder auf der Seite der Gefährlichkeitspotenziale oder auf Expositionsseite ansetzen. Die Senkung des Gefährlichkeitspotenzials erfolgt durch die Substitution gefährlicher Stoffe, Prozesse oder Produkte durch weniger gefährliche Alternativen. Die Senkung des Expositionspotenzials gegenüber einem gefährlichen Stoff erfolgt durch die Minimierung von Aufwandmengen, die Minimierung von Emissionsmengen nach dem Prinzip geschlossener Systeme und Kreisläufe sowie die Minimierung von Aufnahmemengen durch entsprechende Schutzmaßnahmen. Das *Substitutionsprinzip* erfordert die Kenntnis von Gefahrenpotenzialen, aber keine vollständige Risikobewertung. Das *Prinzip der Emissions- und Expositionsminimierung* kann selbst noch auf dieses Wissen verzichten.

Damit ergibt sich eine reiche Spannbreite an Möglichkeiten zur Durchsetzung des Nachhaltigkeitsprinzips im Wirtschaften mit Chemikalien. Sie reicht von Zulassungsverfahren für besonders Besorgnis erregende Stoffe oder Stoffverwendungen bis zur Förderung von Technologien oder Prozessen, die die jeweils gewünschte Nutzenfunktion gänzlich ohne Chemikalieneinsatz bewerkstelligen.

## Literatur

CEC (Commission of the European Communities) (2001). A sustainable Europe for a better world: A European Union strategy for sustainable development. COM (2001) 264 final, Brussels

CEC (Commission of the European Communities) (2003) A European environment and health strategy. Communication from the Commission to the Council, the European Parliament and the European Economic and Social Committee. COM (2003) 338 final, Brussels

Fleischer M, Kelm S, Palm D (2000) The impact of EU regulation on innovation of European industry regulation and innovation in the chemical industry. Institute for Prospective Technological Studies (IPTS), Sevilla (Spain)

Nordbeck R, Faust M (2003) European Chemicals Regulation and its Effect on Innovation: an Assessment of the EU's White Paper on the Strategy for a Future Chemicals Policy. European Environment 13(2): 79–99

Röpke J (1977) Die Strategie der Innovation. Mohr-Siebeck, Tübingen

WHO (World Health Organisation) (2001) Integrated risk assessment. Report prepared for the WHO/UNEP/ILO International Programme on Chemical Safety. http://www.who.int/pcs/emerg_site/integr_ra/ira_report.htm

Winter G (Hrsg) (2000) Risk Assessment and Risk Management of Toxic Chemicals in the European Union, Nomos, Baden-Baden

Winter G, Ginzky H, Hansjürgens B (1999) Die Abwägung von Risiken und Kosten in der europäischen Chemikalienregulierung. Berichte des Umweltbundesamts 7/99. Erich Schmidt, Berlin

If you have any concerns about our products,
you can contact us on
**ProductSafety@springernature.com**

In case Publisher is established outside the EU,
the EU authorized representative is:
**Springer Nature Customer Service Center GmbH
Europaplatz 3, 69115 Heidelberg, Germany**

Printed by Libri Plureos GmbH
in Hamburg, Germany